广东丹霞山植物图鉴

凡　强　赵万义　廖文波　谢庆伟　叶华谷　等　著
陈　昉　陈再雄　陈素芳　张信坚

科学出版社
北　京

内 容 简 介

本书作者对广东韶关丹霞山国家级自然保护区进行了生物多样性综合科学考察，针对维管植物多样性进行了实地采集、拍摄，记述了各物种的简明形态特征及其生境特点。本书共收录丹霞山地区的野生维管植物183科686属1349种。物种编排均采用分子数据构建的新系统，即蕨类植物采用PPG I（2016）系统，裸子植物采用GPG I系统（Christenhusz et al.，2011），被子植物采用APG IV（2016）系统。本书对丹霞山维管植物鉴定，以及开展生物多样性保护和生态可持续旅游等均具有实际指导意义。

本书可供生物学、生态学、地理学、林学等领域的科研人员、高等院校师生，以及政府与自然保护区管理部门的工作人员参考，也可供生态旅游爱好者等参考。

图书在版编目（CIP）数据

广东丹霞山植物图鉴 / 凡强等著. — 北京：科学出版社，2022.3
ISBN 978-7-03-064051-2

Ⅰ. ①广… Ⅱ. ①凡… Ⅲ. ①植物 – 广东 – 图集 Ⅳ. ①Q948.526.5-64

中国版本图书馆CIP数据核字（2020）第014774号

责任编辑：王　静　王　好／责任校对：郑金红
责任印制：肖　兴／书籍设计：北京美光设计制版有限公司

科 学 出 版 社 出版

北京东黄城根北街16号
邮政编码：100717
http://www.sciencep.com

北京九天鸿程印刷有限责任公司 印刷
科学出版社发行　各地新华书店经销

*

2022年3月第 一 版　　开本：880×1230 1/16
2022年3月第一次印刷　　印张：37
字数：1 280 000

定价：628.00元
（如有印装质量问题，我社负责调换）

项目组

项目组织单位

广东韶关丹霞山国家级自然保护区管理局

项目负责人

凡 强　廖文波　谢庆伟　陈 昉

承担单位和主要研究人员

中山大学生命科学学院

凡 强	赵万义	张信坚	陈素芳	廖文波	叶华谷	李 贞	石祥刚
刘蔚秋	阴倩怡	许可旺	黄翠莹	黄燕双	迟盛南	袁天天	丁巧玲
李朋远	施 诗	景慧娟	冯 璐	王龙远	冯慧喆	刘逸嵘	王浩威
宋含章	刘 佳	孟开开	关开朗	孙延军	叶 矾	胡 亮	刘 宇
刘 莹	周仁超	王英永					

广东韶关丹霞山国家级自然保护区管理局

谢庆伟　侯荣丰　陈 昉　陈再雄　顾丽娟　朱定文　黄 涛

首都师范大学资源环境与旅游学院

王 蕾　刘忠成　张记军　刘楠楠　张 伟

华南农业大学林学与风景园林学院

崔大方　施 诗　吴保欢　羊海军　李飞飞

其他参加考察或提供照片的拍摄人员（按姓氏汉语拼音排序）

陈 彬	陈炳华	邓伟胜	冯 健	郭 微	郭剑强	胡月养	黄兰珍
黄芹香	李泽贤	廖浩斌	刘 冰	刘 蕾	刘 演	刘加青	马丽莹
任 毅	孙延军	谭东明	王晓兰	吴雪芳	许会敏	严岳鸿	杨小波
易伟嵘	张 忠	张继方	张宪春	郑海燕	朱家强	朱仁斌	朱鑫鑫

David E. Boufford〔美〕

前 言

　　丹霞山位于广东省韶关市仁化县境内，地理位置位于北纬 24° 51′ 48″-25° 04′ 12″，东经 113° 36′ 25″ -113° 47′ 53″，总面积 292 km²。丹霞地貌，属于红层地貌。距今 1.4 亿到7000 万年，丹霞山地区是一个大型内陆湖盆，受燕山运动影响，四周山地强烈隆起，盆地内大量碎屑沉积，形成了巨厚的红色地层；距今 7000 万年前后，地壳上升而逐渐受侵蚀；距今 600 万年以来，盆地发生多次间歇上升，平均大约每万年上升 0.94 m，同时流水下切侵蚀，丹霞红层被切割成一片红色山群，即今天的丹霞山。丹霞山由丹霞地貌命名地，是发育到壮年中晚期簇群式峰丛峰林型丹霞的代表。在中国丹霞系列世界自然遗产提名地中，丹霞山以丰富的热带成分、较典型的沟谷季雨林成分，以及中旱生性硬灌丛、岩壁植物等最突出，是丹霞生物谱系、丹霞"孤岛效应"与"热岛效应"发育较为典型的区域。1928 年，冯景兰等在丹霞山考察首先命名"丹霞层"，1939 年陈国达命名"丹霞地貌（Danxia landform）"。之后历经吴尚时、曾昭璇、黄进、彭华等几代学者的持续深入研究，丹霞地貌在中国逐步形成了完整的体系。1988 年，丹霞山被国务院批准为国家级风景名胜区；1995 年被国务院批准为国家级自然保护区；2001 年，被国土资源部批准为国家地质公园；2004 年 2 月，经联合国教科文组织世界地质公园网络委员会批准为世界地质公园。2010 年 8 月在巴西利亚举行的第 34 届世界遗产大会上，丹霞山与中国其他 5 省共同申报的"中国丹霞"被联合国教科文组织世界遗产委员会批准列入《世界遗产名录》。

　　丹霞山位于南岭山脉南麓，属中亚热带南缘，南亚热带北缘，锦江支流自北向南穿越其中部，因此，丹霞山在中亚热带、南亚热带自然地理、生物地理分界线上具有特殊的意义。热带气流，以及热带、南亚热带生物区系成分常沿锦江溯流而上，向北延伸，或温带成分沿南北通道往南分布，形成特殊的生物区系。在全面研究地质地貌的基础上，生物多样性、生态系统研究也得到了深入开展。

　　1993-1995 年，中山大学硕士研究生刘蔚秋在广东仁化丹霞山开展了较全面的植物采集和区系研究。1993 年 5 月，刘蔚秋、廖文波等在丹霞山采集标本 300 多号。此后，刘蔚秋在此陆续采集了标本近 1000 号，编写了"丹霞山风景地貌的植物区系研究"，共记载维管植物 166 科 477 属 871 种。2004 年，为迎接世界地质公园评估，廖文波、凡强、缪汝槐在丹霞山采集、鉴定、制作了 300 多号标本供示范展览。2008 年，丹霞山申报世界自然遗产地，中山大学彭少麟、廖文波等在此组织了全面的生物多样性和生态环境考察，2011 年由科学出版社出版了《广东丹霞山动植物资源综合科学考察》专著，其中由李贞等撰写的"丹霞山植被类型及其特征"共调查了 35 片典型植物群落样地，并划分了 9 个植被型，24 个群系 32 个群丛。该书重新修订了"丹霞山维管植物多样性编目"，共记录野生维管植物 206 科 778 属 1706 种，并撰写了植物区系报告。截至 2018 年，丹霞山已陆续发现和发表的丹霞山植物新种，包括丹霞梧桐、丹霞小花苣苔、丹霞兰、丹霞堇菜、霞客鳞毛蕨、丹霞柿等区域特有种，也是典型的地貌特征种。

　　自 2016 年以来，生态环境部进一步加大了各区域生物多样性的调查和保护力度。本书主要由丹霞山管委会丹霞山生物多样性与生态环境研究和监测项目（2016-0293）资助，同时还得到广州市科技计划项目（201903010076）、全国第四次中药资源普查项目（2017-152-003-3）、国家公园建设专项（2021GJGY034）的资助。目前，为建立国家公园，针对丹霞山开展的新一轮全面采集和调查研究仍在进行中。本次考察，共增补丹霞山约 100 多个新记录，包括新种 8 种，广东省新记录种 10 种，同时也排除了其他可能未见于丹霞山的种，总体上种类略有增加，即丹霞山野生维管植物为 193 科 800 属 1732 种，本书共收集丹霞山维管植物彩色照片约 4130 张，近 1550 种。本书的完成是在韶关市丹霞山管理委员会的支持下，课题组各位成员共同努力的结果，其中 2014-2017 年，中山大学生命科学学院组织本科生在此开展野外实习和采集，拍摄了大量植物照片，为本项目的完成提供了帮助。同时，也得到了许多丹霞山科普爱好者、植物发烧友的大力支持，他们提供了大量不同季节、不同角度拍自丹霞山地区的植物照片。在此，谨向各位照片拍摄者、协助者、支持者表示衷心的感谢

著　者

2021 年 9 月 12 日

目 录

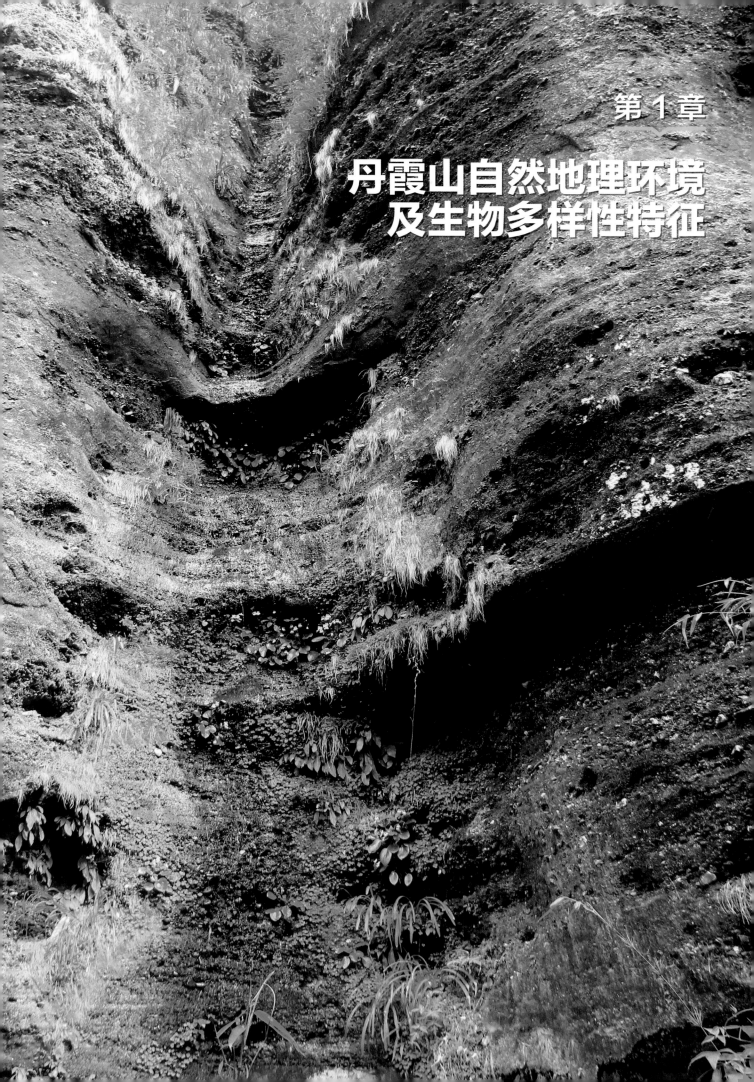

第 1 章

丹霞山自然地理环境
及生物多样性特征

1.1 丹霞山自然地理环境

1.1.1 地理位置

丹霞山位于广东省韶关市东北部，地理位置北纬 24° 51′ 48″-25° 04′ 12″，东经 113° 36′ 25″ -113° 47′ 53″，总面积 292 km²，其中核心区（世界自然遗产地主体）168 km²，缓冲区 124 km²。

1.1.2 地质地貌

丹霞山发育于南岭褶皱带中央的构造盆地——丹霞盆地，具有单体类型的多样性和地貌景观的多样性，是中国丹霞地貌命名地，是发育到壮年中晚期簇群式峰丛峰林型丹霞的典型代表。丹霞山地区海拔 50-619.2 m，为河流阶地、低丘、峰林地，最高峰巴寨。出露的地层主要为白垩系的长坝组和丹霞组，均为红色岩层。燕山运动、喜山运动后，长坝组一般发育为低缓丘陵，丹霞组经侵蚀、切割、剥蚀，以及长期的流水、风化、重力崩塌作用，发育形成了"顶平、身陡、麓缓"的典型的丹霞地貌，包括悬崖、方山、石峰、岩堡、岩墙、岩柱和岩洞等各种类型，尤以赤壁丹崖为特征。

1.1.3 土壤

土壤母岩上部的丹霞组为一套河流相为主夹有洪水堆积的红色碎屑岩建造，下部的长坝组为一套湖泊相红色碎屑岩建造，岩性以紫红色粉砂岩和泥质岩为主。形成土壤类型以森林赤红壤、山地红壤和山地黄棕壤，总体土层较薄，呈酸性，农田为水稻田。土壤砂粒含量高，含水量低，质地为中轻壤土、砂壤土为主，速效磷和速效钾含量低，呈酸性至强酸性，土壤综合肥力低。

1.1.4 气候、水文

丹霞山地区属南亚热带湿润季风气候，水网密集，东南缘有浈江，南北向有贯穿的锦江支流。年平均气温 19.6℃，最热 7 月平均气温 28.4℃；最冷 1 月平均气温 9.3℃；年降雨量 1665 mm；相对湿度 75%。

丹霞山属南岭山脉中段，具有中亚热带向南亚热带过渡的季风性湿润气候特点，夏长冬短，夏热冬凉，春夏多云雨，秋冬降水较少。南方北上暖气流沿北江流域河岸低地向北延伸，与北方沿南岭山脉谷地通道南下的冷气流在丹霞山一带相遇、交汇，加剧了区域小气候的

环境分异，为动植物提供了良好的栖息地，使其成为生物多样性较为丰富的区域。

1.1.5 植被与生态系统

丹霞山植被覆盖率达 80% 以上，地带性植被为南亚热带季风常绿阔叶林。植被现状可分为 9 个亚型，即天然植被 8 个亚型 19 个群系 26 个群丛，人工植被 1 个亚型 6 个群系 6 个群丛。天然植被型 8 个亚型分别是：亚热带暖性针阔叶混交林、亚热带暖性落叶阔叶林、南亚热带季风常绿阔叶林、亚热带常绿阔叶林、亚热带山地硬叶常绿阔叶矮林、亚热带山地落叶灌丛、亚热带灌草丛、湿地群落。其中秀丽锥群系、木荷群系和马尾松群系为优势群系；丹霞梧桐林、紫薇林等落叶阔叶林。岩壁上还有卷柏、短序唇柱苣苔、丹霞堇菜等草本群落，均为丹霞山特色植物群落。

丹霞山植被景观是由多个生态系统组成的镶嵌体。在水平地带梯度上，丹霞山位于南亚热带的北缘，原生植被具有南亚热带（山地）常绿阔叶林和南亚热带季风常绿阔叶林的过渡特征。在垂直地带梯度上，复杂的丹霞峰林，加强了局部的热辐射，在沟谷形成了夏干热、冬湿暖的"热谷"环境，热带成分沿锦江流域逆江而上，并沿沟谷、低地向山顶分布。海拔 250 m 以下分布有南亚热带季风常绿阔叶林，局部形成南亚热带沟谷雨林层片；海拔 250-300 m 以上的土层较薄地段和悬崖陡壁，出现低地亚热带硬叶常绿阔叶矮林、落叶灌丛（丹霞梧桐、圆叶小石积、紫薇等）。海拔 350-619.2 m（海螺峰、燕岩、巴寨）分布有亚热带山地常绿阔叶林。在较开阔的河流阶地、台地上，有人类活动形成的经济林、水稻田与村落等农业景观。

丹霞山景观资源丰富，以丹霞地貌特征为骨架，自然植被、人文景观为辅，形成各类风景植被模式，即地貌 / 生境 + 植被亚型 / 生物景观。

1.2 丹霞山生物多样性特征

1.2.1 植物区系、珍稀濒危种、特有种、特征种

（1）**植物区系** 丹霞山具有丰富的植物区系，据统计野生维管植物共有 193 科 800 属 1732 种。

蕨类植物 28 科 68 属 142 种，蕨类植物以华南至西南的优势成分占主导地位，如水龙骨科 Polypodiaceae、

凤尾蕨科 Pteridaceae、卷柏科 Selaginellaceae、铁角蕨科 Aspleniaceae、铁线蕨科 Adiantaceae、鳞毛蕨科 Dryopteridaceae 等。

种子植物 165 科 732 属 1590 种。表征科主要为壳斗科 Fagaceae、金缕梅科 Hamamelidaceae、山茶科 Theaceae、蔷薇科 Rosaceae、锦葵科 Malvaceae、忍冬科 Caprifoliaceae、山矾科 Symplocaceae、猕猴桃科 Actinidiaceae、安息香科 Styracaceae、冬青科 Aquifoliaceae、芸香科 Rutaceae、桑科 Moraceae、荨麻科 Urticaceae、樟科 Lauraceae、紫金牛科 Myrsinaceae、菝葜科 Smilacaceae、木犀科 Oleaceae、马鞭草科 Verbenaceae、茜草科 Rubiaceae、鼠李科 Rhamnaceae、桃金娘科 Myrtaceae、苦苣苔科 Gesneriaceae、杜鹃花科 Ericaceae、榆科 Ulmaceae 等。世界分布属 60 属，非世界分布属 672 属。其中以热带成分为主，约占非世界分布属的 65.8%；又以泛热带属和热带亚洲分布属最为丰富，分别占非世界分布属的 26.8% 和 15.2%；温带成分占非世界分布属的 34.2%；含中国特有属 5 属，约占非世界分布属的 0.74%。单种属 392 属，寡种属 295 属，共占丹霞山全部属数 93.8%，充分显示本地区植物区系属处于过渡区的组成特点。热带性质的属在丹霞山相对集中，在植被组成、区系优势科属组成方面，与南亚热带植物区系极为相似，充分说明位于亚热带南部地区的丹霞山受到热带植物区系的强烈影响。

（2）**珍稀濒危种**　丹霞山共有各类珍稀濒危保护植物 44 种，隶属于 23 科 37 属。被《中国高等植物受威胁物种名录》（2017）收录的共 30 种，其中，极危种（CR）2 种，为仙湖苏铁 Cycas fairylakea 和丹霞梧桐 Firmiana danxiaensis；濒危种（EN）8 种，为蛇足石杉 Huperzia serrata、褐苞薯蓣 Dioscorea persimilis、白桂木 Artocarpus hypargyreus、金线兰 Anoectochilus roxburghii、白及 Bletilla striata、南方带唇兰 Tainia ruybarrettoi、拟高粱 Sorghum propinquum、金柑 Fortunella japonica；易危种（VU）21 种，包含仙霞铁线蕨 Adiantum juxtapositum、水蕨 Ceratopteris thalictroides、罗汉松 Podocarpus macrophyllus、通城虎 Aristolochia fordiana、金耳环 Asarum insigne、粘木 Ixonanthes reticulata、花榈木 Ormosia henryi、密花豆 Spatholobus suberectus、龙舌草 Ottelia alismoides、建兰 Cymbidium ensifolium、春兰 Cymbidium goeringii 等。被《国家重点保护野生植物名录》（2021）收录的共 30 种，其中，国家 I 级重点保护野生植物 1 种，即仙湖苏铁；国家 II 级重点保护野生植物 29 种，为蛇足石杉、福建观音座莲 Angiopteris fokiensis、金毛狗 Cibotium barometz、桫

椤 Alsophila spinulosa、黑桫椤 Alsophila podophylla、水蕨 Ceratopteris thalictroides、罗汉松 Podocarpus macrophyllus、金耳环 Asarum insigne、金线兰 Anoectochilus roxburghii、白及 Bletilla striata、丹霞兰 Danxiaorchis singchiana、建兰、春兰、寒兰、美花石斛 Dendrobium loddigesii、铁皮石斛 Dendrobium officinale 等。

（3）**特有成分、特征种**　丹霞山有东亚特有科 1 个，即猕猴桃科。丹霞山有中国特有属 5 个，即丹霞兰属 Danxiaorchis、半蒴苣苔属 Hemiboea、青檀属 Pteroceltis、伞花木属 Eurycorymbus、盾果草属 Thyrocarpus。有中国特有种 347 种，隶属于 97 科 204 属，与我国其他地区共有种依次为，与华东地区共有种约 271 种（其中台湾 60 种），与华中地区共有种约 232 种，与西南地区共有种 198 种，与西北地区共有种 46 种，与华北地区共有种 13 种，与东北地区共有 5 种。丹霞山地区特有种中，以丹霞梧桐、丹霞兰、丹霞小花苣苔、丹霞堇菜、彭华柿（丹霞柿）、黄进报春苣苔、丹霞铁马鞭、丹霞螺序草等最为突出并具有代表性。特别是从植物区系地理角度看，丹霞山有数十种植物分布格局较为特殊，可以认为是丹霞地貌发育的一些特殊成分，除丹霞梧桐、丹霞小花苣苔外，圆叶小石积、粤柳、白桂木、萱草、黄花石蒜、还魂草等，是与丹霞地貌生境密切相关的特殊类群，均为丹霞地貌岩壁植物特征种。其他如黄桐、秀丽锥、粗齿桫椤、小叶买麻藤是南亚热带沿珠江、北江流域上溯向北扩散的结果。

圆叶小石积：构成干旱区优势群落，广泛分布于丹霞山各景区，主要生长在崖壁及山顶灌丛中，组成了丹霞山崖壁植被的主要群落，除分布于丹霞山外，还间断分布于琉球群岛和菲律宾群岛，尽管该种在中国的分布区域狭小，但在丹霞山广泛分布，且密度较大。

丹霞梧桐：在丹霞山形成陡壁群落，为区域特有种、特征种，局部地区形成优势种。丹霞山地区各类生境（如山顶、山腰、沟谷），各种植被型（如常绿阔叶林、山顶矮林、竹林）中均有出现。丹霞梧桐在南岭的狭隘分布，以及在丹霞山的泛境分布很值得注意，这是一个生物地理区系现象与生态地理区系现象相结合的重要例证。丹霞梧桐是该梧桐属中分布区最为狭小的一个物种，该属 12 种，分布于旧世界、东部非洲。在东亚分布的常见种为 Firmiana simplex (L.) W. Wight，而丹霞梧桐的分布与该种向特殊生境的分布有极为密切的联系，形成特别突出的生境狭窄特有现象。

丹霞小花苣苔 Primulina danxiaensis：丹霞山特有种，本种与浅裂小花苣苔近缘，但花大，花冠长 12-

15 mm，花萼裂片长 5-10 mm，花冠黄色，退化雄蕊 2，易区别。生长于丹霞山多个荫蔽山谷岩石上。

1.2.2 动物区系

（1）**昆虫**　丹霞山已知昆虫 16 目 176 科 783 属 1023 种。地理成分组成以东洋区成分为主，约占种数的 75%，另广布种占 20%，古北种仅占约 5%。东洋区成分中，包括又以南亚、东南亚成分为主占 80%，另中国特有种约占 20%。已知昆虫中有 3 种被列入《中国物种红色名录》，即：阳彩臂金龟 *Cheirotonus jansoni*（易危，VU A4cd）、宽尾凤蝶 *Agehana elwesi*（易危，VU A2acd）、麝凤蝶 *Byasa alcinous*（易危，VU A2acd）。其中阳彩臂金龟 *Cheirotonus jansoni* 也国家 II 级保护野生动物。

（2）**两栖类**　调查共记录丹霞山地区的两栖纲动物 1 目（即无尾目）7 科 20 属 29 种。其中，国家 II 级重点保护野生动物 1 种；《中国物种红色名录》易危种（VU）4 种、近危种（NT）2 种；中国特有种 10 种。从动物地理学角度看，丹霞山中亚热带成分向南亚热带过渡的性质十分显著，也是部分蛙类的南北分布界（北界或南界）。

（3）**爬行类**　调查共记录有丹霞山爬行纲动物 2 目 21 科 48 属 72 种。其中，国家 II 级重点保护野生动物 8 种；《IUCN 红色名录》极危种（CR）3 种、濒危种（EN）2 种、易危种（VU）4 种；《中国物种红色名录》濒危种（EN）11 种、易危种（VU）11 种。中国特有种 11 种。

（4）**鸟类**　调查共记录有丹霞山鸟类 18 目 60 科 236 种。其中，国家 I 级重点保护野生动物 2 种，国家 II 级重点保护野生动物 37 种；《IUCN 红色名录》极危种（CR）1 种、濒危种（EN）1 种；《中国物种红色名录》濒危种（EN）2 种、易危种（VU）1 种。

（5）**哺乳类**　调查记录有丹霞山地区哺乳动物 6 目 16 科 47 种。其中，国家 II 级重点保护野生动物 2 种；

《IUCN 红色名录》易危种（VU）1 种；《中国物种红色名录》受威胁物种 4 种。

1.2.3 丹霞地貌区特殊的生态效应

（1）**植被的原生演替**　从裸露的岩石开始，早期形成地衣、苔藓先锋群落，进而形成草本群落。随着岩石的进一步风化，以及出现新的崩塌，地衣、苔藓等植物的作用加强，土壤层增厚，原生演替不断推进，直至出现原生林群落。

（2）**特殊的沟谷生态效应**　首先，丹霞地貌演变过程中形成众多石峰隆起和沟谷凹陷，特殊的地貌环境，四周崖壁对阳光的反射和富集效应，使得沟谷中的生态因子与其他非丹霞地貌开阔区域产生差异，小气候相对封闭，水热条件极好，为喜高温高湿的热带物种提供了较好的生存环境。其次，沟谷的热效应，使得热带植物区系成分明显增强。实际上，丹霞山两侧有锦江、浈江，汇合后形成北江，向南进入珠江，暖气流以及南亚热带、热带成分均沿河谷上逆进入丹霞山谷地，发展形成季风雨林层片。出现大量热带种，如桫椤科的刺桫椤 *Alsophila spinulosa*、黑桫椤 *Alsophila podophylla*；原始厚囊蕨类有合囊蕨科的福建莲座蕨 *Angiopteris fokiensis*；木质藤本有买麻藤科的买麻藤属 *Gnetum*，番荔枝科的瓜馥木属 *Fissistigma*、紫玉盘属 *Uvaria*，豆科的油麻藤属 *Mucuna*、崖豆藤属 *Millettia*、羊蹄甲属 *Bauhinia* 等；绞杀和茎花植物有桑科的榕属 *Ficus*、波萝蜜属 *Artocarpus*。

（3）**地貌山顶生态效应**　丹霞地貌的山体以"顶平、身陡、麓缓"为主要特征，四壁陡立，山顶"孤岛效应"明显，水热条件差，而且边缘风化作用较强，周边形成沙砾地，适生干旱性群落，如乌冈栎、圆叶小石积、乌饭树、紫薇等。实际上，山顶与山谷的生态因子差异，也使得植物物种个体特征出现差异，如生长于山顶、山谷的荷木，其树皮特征明显不同。

目 1. 石松目 Lycopodiales
P1. 石松科 Lycopodiaceae

1. 蛇足石杉
Huperzia serrata (Thunb. ex Murray) Trev.

土生植物。茎直立或斜生，高 10-30 cm。叶螺旋状排列，狭椭圆形，长 1-3 cm，下延有柄，中脉突出明显，薄革质。孢子叶与不育叶同形；孢子囊生于孢子叶的叶腋，肾形，黄色。

生于海拔 600 m 以下的林下。全国大部分省区均产。亚洲东南部、大洋洲、中美洲有分布。

2. 藤石松
Lycopodiastrum casuarinoides (Spring) Holub ex Dixit

大型土生植物。地上主茎木质藤状，具疏叶。叶螺旋排列，贴生，卵状披针形至钻形，长 1.5-3.0 mm，全缘，具 1 膜质长芒或芒脱落；无柄。不育枝柔软，黄绿色，多回不等位二叉分枝；能育枝柔软，红棕色，小枝扁平，多回二叉分枝。孢子囊穗生于孢子枝顶端，排列成圆锥形，长 1-4 cm，红棕色；孢子叶阔卵形，覆瓦状排列，长 2-3 mm，具膜质长芒，边缘具不规则钝齿；孢子囊圆肾形，黄色。

生于海拔 100-600 m 林下、林缘、灌丛下或沟边。产华东、华南、华中及西南大部分省区。亚洲热带及亚热带地区均有分布。

3. 垂穗石松
Palhinhaea cernua (L.) Vasc. et Franco

土生植物，主茎直立，基部的小枝匍匐状，上部的小枝多回二叉分枝，上斜。叶螺旋状排列，钻形至线形，长 3-5 mm，无柄。孢子囊穗单生于小枝顶端，短圆柱形，成熟时通常下垂，长 3-10 mm，淡黄色，无柄；孢子叶长约 0.6 mm；孢子囊生于孢子叶腋，内藏，圆肾形，黄色。

生于海拔 100-500 m 的阳光充足的林缘、路旁。产长江以南地区。热带及亚热带分布。

目 3. 卷柏目 Selaginellales

P3. 卷柏科 Selaginellaceae

1. 缘毛卷柏
Selaginella ciliaris Spring

　　植株形体较小，长约 5 cm。主茎纤细，横走；分枝向上。叶交互排列，二型，略具白边；侧叶不对称，上侧基部边缘具睫毛；中叶多少对称，排列紧密，背部略呈龙骨状，先端具尖头到芒。孢子叶穗紧密，背腹压扁，单生于小枝末端；孢子叶二型，侧叶较大，长卵形，呈龙骨状，边缘具睫毛，中叶与侧叶形态相似，略较狭。

　　生于岩石上，海拔 100-300 m。产广东、广西、海南、香港、台湾、云南。分布于南亚及东南亚。

2. 薄叶卷柏
Selaginella delicatula (Desv.) Alston

　　土生，近直立，基部横卧，高 35-50 cm。主茎自中下部羽状分枝，无关节；侧枝 5-8 对，一回羽状分枝，或基部二回。叶交互排列，二型；表面光滑，背部不呈龙骨状，边缘全缘，具狭窄的白边，不分枝主茎上的叶较大，一型；中叶窄椭圆形或镰形，长 1.8-2.4 mm，基部斜，边缘全缘；侧叶长圆状卵形，长 3.0-4.0 mm，先端具微齿。孢子叶穗四棱柱形，单生于小枝末端，长 5.0-15 mm；孢子叶一型，宽卵形，边缘全缘，具白边。

　　生于海拔 100-600 m 林下土生或生阴处岩石上。产澳门、安徽、重庆、福建、广东、广西、贵州、海南、湖北、湖南、江西、四川、台湾、香港、云南、浙江。不丹、尼泊尔、印度、斯里兰卡及东南亚各国也有分布。

3. 深绿卷柏
Selaginella doederleinii Hieron.

　　土生，近直立，基部横卧，高 25-45 cm。主茎下部开始分枝，无关节；侧枝 3-6 对，二至三回羽状分枝。叶交互排列，二型，纸质，边缘有细齿，不具白边；中叶先端具芒或尖头，基部钝，长 1.1-2.7 mm，背部明显龙骨状隆起，先端具尖头或芒；侧叶长圆状镰形，略斜升，长 2.3-4.4 mm，上侧基部覆盖小枝。孢子叶穗紧密，四棱柱形，单个或对生，长 5-30 mm；孢子叶一形，卵状三角形，白边不明显，先端龙骨状。

　　林下海拔 200-600 m 土生。产安徽、重庆、福建、广东、贵州、广西、湖南、海南、江西、四川、台湾、香港、云南、浙江。日本、印度、越南、泰国、马来西亚东部也有分布。

P3. 卷柏科 Selaginellaceae

4. 异穗卷柏
Selaginella heterostachys Baker

　　植株长约 20 cm，主茎匍匐。根托自茎分叉处下方生出，长 0.5-3.5 cm，纤细，被毛。茎生叶两列。小枝的不育叶二型：侧叶不对称，长圆状卵圆形，长 1.5-2.5 mm，便于膜质白色并有疏齿；中叶不对称，卵形或卵状披针形，长 1.0-1.6 mm，先端具尖头或短芒，边缘具白色膜质边并有微齿。孢子叶穗紧密，背腹压扁，单生于小枝末端，长 5-25 mm；孢子叶明显二型，侧叶较狭，椭圆状披针形，中叶较阔，长卵形，通常大孢子囊生于囊穗下部，小孢子囊位于囊穗上部。

　　生于林下岩石上。产华东、华南及西南。分布日本及越南。

5. 细叶卷柏
Selaginella labordei Heron. ex Christ

　　土生或石生，高 10-25 cm。主茎中下部开始分枝，无关节；侧枝 3-5 对，二至三回羽状分枝。叶交互排列，二型，草质，具白边，主茎上的叶较大，背部不呈龙骨状，边缘具短睫毛；中叶长 0.9-2.0 mm，先端具芒，常向后反折，基部近心形，边缘具细齿或睫毛；侧叶长 1.7-3.2 mm，先端急尖，边缘具细齿，基部覆盖小枝。孢子叶穗紧密，单生，长 5.0-18 mm；孢子叶二型，倒置，具白边，上侧的孢子叶卵状披针形，下侧的孢子叶卵圆形。

　　生于海拔 200-500 m 林下或岩石上。产重庆、福建、甘肃、广东、广西、贵州、河南、湖北、湖南、江西、陕西、四川、重庆、台湾、西藏、青海、浙江、安徽、云南、西藏。缅甸也有分布。

6. 耳基卷柏
Selaginella limbata Alston

　　土生，匍匐，长 50-100 cm。主茎通体分枝，无关节；侧枝 2-5 对，二至三次分叉。叶交互排列，二型，相对肉质，较硬，背部不呈龙骨状，边缘全缘，白边明显，主茎上的叶略大，一型，长圆形，斜伸，下侧基部单耳状；中叶长 0.8-1.6 mm，先端交叉，先端具长尖头，外侧基部单耳状；侧叶长 1.5-3 mm，先端急尖，上侧基部不覆盖小枝。孢子叶穗紧密，四棱柱形，单生，长 5.0-12 mm；孢子叶一型，卵形，具白边，先端渐尖，龙骨状。

　　生于海拔 80-450 m 林下或山坡阳面。产福建、广西、广东、香港、湖南、江西、浙江。日本南部也有分布。

P3. 卷柏科 Selaginellaceae

7. 江南卷柏
Selaginella moellendorffii Hieron.

土生或石生，直立，高 20-55 cm。主茎中上部分枝，无关节，禾秆色或红色；侧枝 5-8 对，二至三回羽状分枝。叶交互排列，二型，边缘有细齿，具白边，主茎上的叶不大于分枝上的，一型；中叶卵圆形，长 0.6-1.8 mm，背部略呈龙骨状，先端具芒，基部近心形；侧叶长 2-3 mm，卵状三角形，先端急尖，上侧基部不覆盖小枝。孢子叶穗四棱柱形，单生，长 5.0-15 mm；孢子叶一型，卵状三角形，具白边，先端龙骨状。

生于海拔 100-500 m 岩石缝中。产西南、华南、华中、华东及甘肃、陕西。越南、柬埔寨、菲律宾也有分布。

8. 卷柏
Selaginella tamariscina (P. Beauv.) Spring

土生或石生，复苏植物，呈垫状。茎及分枝密集形成树状主干。主茎自中部开始羽状分枝，无关节，主茎高 10-30 cm；侧枝 2-5 对，二至三回羽状分枝。叶交互排列，二型，叶质厚，边缘有细齿，具白边，主茎上的叶较大；中叶椭圆形，长 1.5-2.5 mm，背部不呈龙骨状，先端具芒；侧叶卵形到三角形，长 1.5-2.5 mm，先端具芒，基部覆盖小枝。孢子叶穗四棱柱形，单生，长 12-15 mm；孢子叶一型，卵状三角形，边缘有细齿，具白边，先端具芒。

常见于海拔 100-550 m 石灰岩上。全国广布。俄罗斯西伯利亚、朝鲜半岛、日本、印度和菲律宾也有分布。

9. 翠云草
Selaginella uncinata (Desv.) Spring

土生，主茎先直立而后攀援状，长 50-100 cm。主茎自近基部分枝，无关节；侧枝 5-8 对，二回羽状分枝。叶交互排列，二型，草质，表面具虹彩，边缘全缘，白边明显。主茎上的叶较大，二型；中叶卵圆形，长 1.0-2.4 mm，背部不呈龙骨状，先端长渐尖，基部钝；侧叶长圆形，长 2.2-3.2 mm，先端急尖，上侧基部不覆盖小枝。孢子叶穗四棱柱形，单生，长 5.0-25 mm；孢子叶一型，卵状三角形，具白边，先端龙骨状。

生于海拔 90-500 m 林下。中国特有种。产安徽、重庆、福建、广东、广西、贵州、湖北、湖南、江西、陕西、四川、陕西、香港、云南、浙江。其他国家有栽培。

目 4. 木贼目 Equisetales

P4. 木贼科 Equisetaceae

1. 笔管草（纤弱木贼）
Equisetum ramosissimum subsp. *debile* (Roxb. ex Vauch.) Hauke

大中型植物。枝一型，高达 60 cm，节间长 3-10 cm，绿色，成熟主枝分枝较少。主枝有脊 10-20，有一行小瘤或有浅色小横纹；鞘筒短；鞘齿 10-22，狭三角形，膜质，早落或有时宿存。侧枝较硬，有脊 8-12，脊上有小瘤或横纹；鞘齿 6-10，披针形，较短，膜质，早落或宿存。孢子囊穗短棒状或椭圆形，长 1-2.5 cm，顶端有小尖突，无柄。

海拔 100-600 m。产陕西、甘肃、山东、江苏、上海、安徽、浙江、江西、福建、台湾、河南、湖北、湖南、广东、香港、广西、海南、四川、重庆、贵州、云南、西藏。日本、印度、尼泊尔、缅甸、泰国、菲律宾、马来西亚、印度尼西亚、新加坡、新几内亚岛、瓦努阿图群岛、新喀里多尼亚、斐济等有分布。

目 6. 瓶尔小草目 Ophioglossales

P6. 瓶尔小草科 Ophioglossaceae

1. 瓶儿小草
Ophioglossum vulgatum L.

根状茎短而直立，具一簇肉质粗根，如匍匐茎一样向四面横走，生出新植物。叶通常单生，总叶柄长 6-9 cm，深埋土中，下半部为灰白色，较粗大。营养叶卵状长圆形或狭卵形，长 4-6 cm，无柄，全缘，网状脉明显。孢子叶长 9-18 cm，自营养叶基部生出，孢子囊穗长 2.5-3.5 cm，先端尖，远超出于营养叶之上。

生低海拔的草地或疏林下。产长江下游省份、台湾、华南及西南。欧洲、亚洲、美洲等地广泛分布。

目 7. 合囊蕨目 Marattiales

P7. 合囊蕨科 Marattiaceae

1. 福建观音座莲（马蹄蕨）
Angiopteris fokiensis Hieron.

植株高 1.5 m 以上。根状茎块状，直立。叶柄粗壮，长约 50 cm；叶宽广，长 60 cm 以上；羽片 5-7 对，互生，长 50-60 cm，基部不变狭，羽柄长 2-4 cm，奇数羽状；小羽片 35-40 对，对生或互生，具短柄，长 7-9 cm，宽 1-1.7 cm，披针形，基部几圆形，下部小羽片较短，顶生小羽片有柄，叶缘具浅三角形锯齿。叶草质，两面光滑。叶轴光滑，腹部具纵沟，羽轴具狭翅。孢子囊群棕色，长圆形，长约 1 mm，距叶缘 0.5-1 mm，由 8-10 个孢子囊组成。

生林下溪沟边。产福建、湖北、贵州、广东、广西、香港。块茎可取淀粉，曾为山区一种食粮的来源。

目 8. 紫萁目 Osmundales

P8. 紫萁科 Osmundaceae

1. 紫萁

Osmunda japonica Thunb.

植株高 50-80 cm。叶簇生，直立；柄长 20-30 cm，禾秆色，幼时被密绒毛，不久脱落；叶长 30-50 cm，宽 25-40 cm，顶部一回羽状，其下为二回羽状；羽片 3-5 对，对生，长 15-25 cm，基部一对稍大，有柄，奇数羽状；小羽片 5-9 对，对生或近对生，无柄，长 4-7 cm，宽 1.5-1.8 cm，顶生小羽片有柄，边缘具细锯齿。叶纸质，无毛。孢子叶同营养叶等高，羽片和小羽片均短缩，小羽片线形，长 1.5-2 cm，沿中肋两侧背面密生孢子囊。

生于林下或溪边阴湿酸性土上。北起山东，南达两广，东自海边，西迄云、贵、川，向北至秦岭南坡。日本、朝鲜、印度北部也广泛分布。嫩叶可食。

2. 华南紫萁

Osmunda vachellii Hook.

植株高达 1 m。叶簇生；柄长 20-40 cm，棕禾秆色；叶长圆形，长 40-90 cm，宽 20-30 cm，一型，但羽片为二型，一回羽状；羽片 15-20 对，近对生，有短柄，长 15-20 cm，宽 1-1.5 cm，顶生小羽片有柄，边缘全缘。叶厚纸质，两面光滑。下部数对羽片为能育，生孢子囊，羽片紧缩为线形，宽仅 4 mm，中肋两侧密生圆形的分开的孢子囊穗，深棕色。

生于草坡和溪边阴湿酸性土上，最耐火烧。产香港、海南、广东、广西、福建、贵州及云南。印度、缅甸、越南也有分布。美丽的庭园观赏植物，终冬不凋。

目 9. 膜蕨目 Hymenophyllales

P9. 膜蕨科 Hymenophyllaceae

1. 蕗蕨（栗色蕗蕨）

Mecodium badium (Hook. et Grev.) Cop.

植株高 15-25 cm。根状茎铁丝状，长而横走，褐色。叶远生，相距约 2 cm；叶柄长 5-10 cm，无毛，两侧宽翅几达叶柄基部；叶长 10-15 cm，三回羽裂；羽片 10-12 对，互生，有短柄，长 1.5-4 cm；小羽片 3-4 对，互生，无柄，长 1-1.5 cm，基部下侧下延；末回裂片 2-6，互生，长 2-5 mm，全缘；叶薄膜质，光滑无毛；叶轴及各回羽轴均全部有阔翅，无毛，稍曲折。孢子囊群大，多数，着生于向轴的短裂片顶端；囊苞近圆形，直径 1.5-2 mm。

生于海拔 200-600 m 密林下溪边潮湿的岩石上。产湖北、江西、福建、台湾、广东、海南、广西、贵州、云南等地。日本、印度、越南、马来西亚等地有分布。

目 10. 里白目 Gleicheniales

P12. 里白科 Gleicheniaceae

1. 芒萁

Dicranopteris pedata (Houtt.) Nakaike

植株通常高 45-100 cm。叶远生；柄长 24-56 cm；叶轴一至二（三）回二叉分枝，一回羽轴长约 9 cm，被暗锈色毛，渐变光滑，二回羽轴长 3-5 cm；腋芽密被锈黄色毛；各回分叉处两侧均各有 1 对托叶状羽片，生于一回分叉处的长 9.5-16.5 cm，生于二回分叉处的较小；末回羽片长 16-23.5 cm，尾状，篦齿状深裂几达羽轴；裂片 35-50 对，长 1.5-2.9 cm。叶纸质，下面灰白色，沿脉疏被锈色毛。孢子囊群圆形，一列。

生于强酸性土的荒坡或林缘。产江苏、浙江、江西、安徽、湖北、湖南、贵州、四川、福建、台湾、广东、香港、广西、云南。日本、印度、越南均有分布。

2. 中华里白

Diplopterygium chinense (Ros.) De Vol

植株高约 3 m。根状茎横走，密被棕色鳞片。叶片巨大，二回羽状，叶柄初密被红棕鳞片；羽片长圆形，长约 1 m，小羽片互生，多数，长 14-18 cm，羽状深裂；裂片 50-60 对，侧脉两面凸起，明显，叉状。叶坚质，上面绿色，沿小羽轴被分叉的毛，下面灰绿色，密被星状柔毛，后脱落。叶轴褐棕色，初密被红棕色鳞片。孢子囊群圆形，一列，位于中脉和叶缘之间。

生山谷溪边或林中。产台湾、福建、广东、广西、香港、贵州、四川。越南北部也有。

目 11. 莎草蕨目 Schizaeales

P13. 海金沙科 Lygodiaceae

1. 曲轴海金沙

Lygodium flexuosum (L.) Sw.

植株高达 7 m。叶三回羽状；羽片对生于叶轴上的短距上，距端有一丛淡棕色柔毛；羽片长圆三角形，长 16-25 cm，羽轴多少向左右弯曲，一回小羽片 3-5 对，基部一对最大，长 9-10.5 cm，下部羽状；末回裂片 1-3 对，近无柄，基部一对长 1.2-5 cm，宽 1-1.5 cm，向上的羽片渐短，顶端一片特长，叶缘有细锯齿。叶草质，小羽轴两侧有狭翅和棕色短毛。孢子囊穗长 3-9 mm，线形，棕褐色，无毛，小羽片顶部通常不育。

生于海拔 100-600 m 疏林中。产广东、海南、广西、贵州、云南等地南部。越南、泰国、印度、马来西亚、菲律宾、澳大利亚均有分布。

P13. 海金沙科 Lygodiaceae

2. 海金沙
Lygodium japonicum (Thunb.) Sw.

植株高达 1-4 m。叶轴上面有 2 条狭边，羽片对生于叶轴上的短距两侧；边缘有一丛黄色柔毛覆盖腋芽。不育羽片长宽 10-12 cm，二回羽状；一回羽片 2-4 对，互生，基部一对长 4-8 cm；二回羽片 2-3 对，互生，掌状三裂；末回裂片中央一条长 2-3 cm。叶纸质；两面沿中肋及脉上略有短毛。能育羽片长宽均 12-20 cm，二回羽状；一回羽片 4-5 对，互生，长 5-10 cm；二回羽片 3-4 对，羽状深裂。孢子囊穗长 2-4 mm，暗褐色，无毛。

产江苏、浙江、安徽、福建、台湾、广东、香港、广西、湖南、贵州、四川、云南、陕西南部。日本、琉球群岛、斯里兰卡、爪哇、菲律宾、印度、热带澳大利亚都有分布。

3. 小叶海金沙
Lygodium microphyllum (Cav.) R. Br. [*Lygodium scandens* (L.) Sw.]

植株蔓攀，高达 5-7 m。叶轴纤细如铜丝，二回羽状；羽片对生于叶轴的距上，距端密生红棕色毛。不育羽片生于叶轴下部，长 7-8 cm，奇数羽状，小羽片 4 对，互生，边缘有矮钝齿。叶薄草质，两面光滑。能育羽片长 8-10 cm，通常奇数羽状，小羽片三角形或卵状三角形，钝头，长 1.5-3 cm。孢子囊穗 5-8 对，线形，一般长 3-5 mm，黄褐色，光滑。

生于海拔 100-200 m 溪边灌木丛中。产福建、台湾、广东、香港、海南、广西、云南。印度南部、缅甸、马来群岛也有分布。

目 12. 槐叶苹目 Salviniales

P16. 槐叶苹科 Salviniaceae

1. 满江红
Azolla pinnata subsp. *asiatica* R. M. K. Saunders et K. Fowler

小型漂浮植物。根状茎细长横走，下生须根。叶小如芝麻，互生，无柄，覆瓦状排列成两行，叶片深裂分为背裂片和腹裂片两部分，背裂片在秋后常变为紫红色，腹裂片贝壳状，无色透明，斜沉水中。孢子果双生于分枝处，大孢子果体积小，长卵形，顶部喙状；小孢子果体积远较大，圆球形或桃形，顶端有短喙。

生于水田和静水沟塘中。广布于长江流域和南北各省区。朝鲜、日本也有。

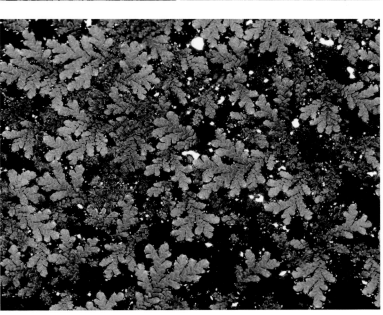

P17. 苹科 Marsileaceae

1. 苹
Marsilea quadrifolia L.

漂浮植物，植株高 5-20 cm。根状茎细长横走，分枝，顶端被有淡棕色毛，茎节远离，向上发出一至多数叶。叶柄长 5-20 cm；叶由 4 倒三角形的小叶组成，呈十字形，长宽各 1-2.5 cm，外缘半圆形，基部楔形，全缘，放射状叶脉。孢子果双生或单生于短柄上，长椭圆形，木质，坚硬。每个孢子果内含多数孢子囊，大小孢子囊同生于孢子囊托上，一个大孢子囊内只有一个大孢子，而小孢子囊内有多数小孢子。

生于水田、沟塘中。广布长江以南各省区，北达华北和辽宁，西到新疆。全草入药，清热解毒、利水消肿。

目 13. 桫椤目 Cyatheales

P21. 瘤足蕨科 Plagiogyriaceae

1. 华东瘤足蕨
Plagiogyria japonica Nakai

根状茎短粗直立或为高达 7 cm 的圆柱状的主轴。叶簇生。不育叶的柄长 12-20 cm，近四方形，暗褐色；叶长圆形，长 20-35 cm，宽 12-16 cm，羽状；羽片 13-16 对，互生，长 7-9 cm，宽 1.5 cm，无柄，基部下侧分离，上侧略与叶轴合生，略上延，顶生羽片特长，7-10 cm，与其下的较短羽片合生。叶纸质，两面光滑，上面两侧各有一条狭边。能育叶高与不育叶相等，柄远较长，叶片长 16-30 cm；羽片线形，长 5-6.5 cm，有短柄。

生于海拔 200-550 m 林下沟内。产浙江、福建、江苏、安徽南部、湖南、贵州、四川、广东、广西、台湾。日本、朝鲜、印度广泛分布。

P22. 金毛狗科 Cibotiaceae

1. 金毛狗
Cibotium barometz (L.) J. Sm.

根状茎粗大，顶端生出一丛大叶。叶柄长达 120 cm，棕褐色，基部被有一大丛垫状的金黄色长茸毛，有光泽；叶长达 180 cm，三回羽状分裂；一回小羽片长约 15 cm，互生，有小柄，羽状深裂；末回裂片线形，长 1-1.4 cm，边缘有浅锯齿。叶为革质或厚纸质，有光泽，下面为灰白或灰蓝色，两面光滑。孢子囊群 1-5 对生于下部的小脉顶端，囊群盖坚硬，棕褐色，两瓣状，成熟时张开如蚌壳；孢子为三角状的四面形，透明。

生于山麓沟边及林下。产云南、贵州、四川、广东、广西、福建、台湾、海南、浙江、江西和湖南。印度、中南半岛、马来西亚及印度尼西亚都有分布。根状茎顶端的长软毛作为止血剂，也可栽培为观赏植物。

P25. 桫椤科 Cyatheaceae

1. 黑桫椤
Alsophila podophylla Hook.

植株高 1-3 m，有短主干，或树状主干。叶柄红棕色，被褐棕色披针形厚鳞片；叶片大，长 2-3 m，一至二回羽状，沿叶轴和羽轴上面有棕色鳞片；羽片互生，斜展，长圆状披针形，长 30-50 cm，顶端长渐尖；小羽片约 20 对，近平展；叶脉两边均隆起，小脉 3-4 对，相邻两侧的基部一对小脉顶端通常联结成三角状网眼，并向叶缘延伸出一条小脉，叶为坚纸质，两面均无毛。孢子囊群圆形，着生于小脉背面近基部处，无囊群盖，隔丝短。

生于海拔 100-300 m 的山谷林中。产台湾、福建、广东、香港、海南、广西、云南、贵州。分布于日本南部及中南半岛。

2. 桫椤（刺桫椤）
Alsophila spinulosa (Wall. ex Hook.) R. M. Tryon

茎干高达 6 m，上部有残存的叶柄。叶簇生于茎顶；茎段端及叶柄基部密被鳞片和糠秕状鳞毛；叶柄长 30-50 cm，连同叶轴和羽轴有刺状突起；叶长 1-2 m，三回羽状深裂；裂片 18-20 对，中部裂片长约 7 mm，边缘有锯齿；叶纸质；羽轴、小羽轴和中脉上面被糙硬毛，下面被灰白色小鳞片。孢子囊群孢生于侧脉分叉处，囊托突起，囊群盖球形，膜质；囊群盖球形，外侧开裂。

生于海拔 260-600 m 山地溪旁或疏林中。产福建、台湾、广东、海南、香港、广西、贵州、云南、四川、重庆、江西。日本、越南、柬埔寨、泰国、缅甸、孟加拉国、不丹、尼泊尔和印度。

目 14. 水龙骨目 Polypodiales

P29. 鳞始蕨科 Lindsaeaceae

1. 异叶鳞始蕨
Lindsaea heterophylla Dry.

植株高 30-40 cm。根状茎短而横走。叶近生，柄长 12-22 cm，四棱，暗栗色；叶片阔披针形或长圆三角形，向先端渐尖，长 15-30 cm，宽 5-15 cm，一回羽状或下部常为二回羽状；羽片披针形，长 3-5 cm，宽约 1 cm，渐尖，基部为阔楔形而斜截形，近对称，向上部的羽片逐渐缩短；基部一二对羽片常多少为一回羽状，较长，达 7 cm，有 2-5 对小羽片。中脉显著，侧脉羽状二叉分枝。孢子囊群线形，从顶端至基部连续不断，囊群盖线形，棕灰色，连续不断，全缘。

生海拔 100-200 m 的林下。产台湾、福建、广东、海南、香港、广西及云南。分布于南亚至东南亚。

P29. 鳞始蕨科 Lindsaeaceae

2. 团叶鳞始蕨（圆叶林蕨）
Lindsaea orbiculata (Lam.) Mett.

植株高达 30 cm。叶近生；叶柄长 5-11 cm，栗色，光滑；叶线状披针形，长 15-20 cm，一回羽状，下部常二回羽状；羽片 20-28 对，有短柄，长 9 mm；在二回羽状植株上，其基部一对或数对羽片伸出成线形，长可达 5 cm，一回羽状，其小羽片与上部各羽片相似而较小。叶草质，叶轴有四棱。孢子囊群长线形；囊群盖线形，棕色，膜质，几达叶缘。

产台湾、福建、广东、海南、广西、贵州、四川、云南。热带亚洲各地及澳大利亚都有分布。

3. 乌蕨（乌韭）
Odontosoria chinensis J. Sm. [*Stenoloma chusanum* Ching]

植株高达 65 cm。叶近生；叶柄长达 25 cm，有光泽；叶披针形，长 20-40 cm，宽 5-12 cm，四回羽状；羽片 15-20 对，互生，有短柄，卵状披针形，长 5-10 cm，下部三回羽状；末回小羽片小，倒披针形，先端截形，有齿牙，基部楔形，下延，其下部小羽片常再分裂。叶坚草质，通体光滑。孢子囊群边缘着生，每裂片上 1-2，顶生；囊群盖灰棕色，革质，半杯形，与叶缘等长，宿存。

生于海拔 200-600 m 林下或灌丛中阴湿地。产浙江、福建、台湾、安徽、江西、广东、海南、香港、广西、湖南、湖北、四川、贵州及云南。日本、菲律宾、波利尼西亚群岛，南至马达加斯加等地也有分布。

P30. 凤尾蕨科 Pteridaceae

1. 条裂铁线蕨
Adiantum capillus-veneris f. *dissectum* (Mart. et Galeot.) Ching

植株高 15-40 cm。根状茎密被棕色披针形鳞片。叶柄长 5-20 cm，栗黑色有光泽，叶卵状三角形，长 10-25 cm，中部以下多为二回羽状，中部以上为一回奇数羽状；羽片 3-5 对，基部一对较大；末回小羽片 2-4 对，斜扇形或近斜方形，长 1-2 cm，顶端深裂成一些条状的裂片。孢子囊群每羽片 3-10；囊群盖全缘，宿存。

产福建、广东、广西、湖南、四川、贵州、云南、北京。也分布于越南及日本。

P30. 凤尾蕨科 Pteridaceae

2. 鞭叶铁线蕨
Adiantum caudatum L.

植株高 15-40 cm。根状茎被深栗色披针形鳞片。叶簇生；叶柄长约 6 cm，栗色，密被褐色或棕色硬毛；叶长 15-30 cm，宽 2-4 cm，向基部略变狭，一回羽状；羽片 28-32 对，互生；下部的羽片逐渐缩小，上缘及外缘分裂成许多狭裂片；裂片线形，先端平截，边缘全缘。叶干后纸质，两面均疏被棕色长硬毛和密而短的柔毛；叶轴与叶柄疏被毛，先端常延长成鞭状，能着地生根。囊群盖圆形或长圆形，褐色，被毛，全缘。

生于海拔 100-600 m 林下或山谷石上及石缝中。产台湾、福建、广东、海南、广西、贵州、云南。亚洲其他热带及亚热带地区广布。

3. 北江铁线蕨
Adiantum chienii Ching

植株高 20-30 cm。根状茎先端被栗棕色线形鳞片。叶簇生；叶柄长 5-10 cm，栗黑色，光滑；叶长 13-18 cm，奇数一回羽状；羽片 4-9 对，对生或近对生；小羽片长宽各约 1.5 cm，倒卵状三角形，顶部平截，边缘全缘，软骨质，基部近圆形或圆楔形，具短柄，顶端具关节，上部的羽片略小。叶干后纸质，上面有光泽，下面略呈灰白色，无毛。囊群盖长方形，横生羽片的上缘，长可达 1 cm，通直，上缘平直，棕色，革质，全缘，宿存。

特产广东北江流域。

4. 扇叶铁线蕨
Adiantum flabellulatum L.

植株高 20-45 cm。根状茎密被棕色有光泽的披针形鳞片。叶簇生；叶柄长 10-30 cm，紫黑色，有光泽；叶扇形，长 10-25 cm，二至三回不对称的二叉分枝，中央羽片奇数一回羽状；小羽片 8-15 对，互生，长 6-15 mm，具短柄，半圆形（能育的），或为斜方形（不育的）。叶干后近革质，两面均无毛；各回羽轴及小羽柄上面均密被红棕色短刚毛，下面光滑。孢子囊群每羽片 2-5，横生于裂片上缘和外缘，以缺刻分开；囊群盖宿存。

生于海拔 100-600 m 阳光充足的酸性红、黄壤上。产台湾、福建、江西、广东、海南、湖南、浙江、广西、贵州、四川、云南。日本、越南、缅甸、印度、斯里兰卡及马来群岛均有分布。本种全草入药，清热解毒、舒筋活络、利尿、化痰、消肿。

P30. 凤尾蕨科 Pteridaceae

5. 仙霞铁线蕨
Adiantum juxtapositum Ching

　　植株高 8-20 cm。根状茎先端被黑棕色披针形鳞片。叶簇生；叶柄长 2-9 cm，栗色，有光泽；叶披针形，长 4-11 cm，宽 1.5-3 cm，奇数一回羽状，羽片 5-9 对，对生，向顶端近互生，平展；小羽片近圆形、阔团扇形，长约 1 cm，宽 1.2-1.5 cm，上缘圆形，略呈波状，基部圆楔形，具短柄，柄端具关节，上部略小，倒三角形或扇形。两面无毛。孢子囊群每羽片通常 3-4；囊群盖圆形或圆肾形，黑色，革质，全缘或呈微波状。

　　生石灰岩的石缝中。产福建、广东。

6. 粉背蕨
Aleuritopteris anceps (Blanf.) Panig.

　　植株高 20-50 cm。根状茎顶端密被鳞片。叶簇生；叶柄长 10-30 cm，栗褐色，有光泽；叶长 10-25 cm，基部三回羽裂，中部二回羽裂，向顶部羽裂；侧生羽片 5-10 对，对生或近对生；基部一对羽片二回羽裂；小羽片 5-6 对，基部下侧的一片小羽片一回羽裂，裂片 5-6 对，羽轴上侧小羽片较短，全缘；第二对以上羽片具 4-5 对小羽片，羽轴两侧小羽片近同大。叶上面淡褐绿色，光滑，下面被白色粉末。孢子囊群线形；囊群盖断裂，棕色。

　　生于海拔 300-600 m 林缘石上。产云南、贵州、广东、广西、福建、江西、湖南。

7. 银粉背蕨
Aleuritopteris argentea (Gmel.) Fee

　　植株高 15-30 cm。根状茎先端被棕色有光泽的鳞片。叶簇生；叶柄长 10-20 cm，红棕色、有光泽；叶五角形，长 5-7 cm，羽片 3-5 对，基部三回羽裂，中部二回羽裂，上部一回羽裂；基部一对羽片长 3-5 cm，基部上侧与叶轴合生，基部下侧一片有裂片 3-4 对；第二对羽片一回羽裂，基部往往与基部一对羽片汇合；自第二对羽片向上渐次缩短。叶背面被乳白色或淡黄色粉末，裂片边缘具细齿牙。孢子囊群较多；囊群盖连续，黄绿色，全缘。

　　生于海拔 600 m 石灰岩石缝或墙缝中。全国广布。尼泊尔、印度、俄罗斯、蒙古、朝鲜、日本均有分布。

P30. 凤尾蕨科 Pteridaceae

8. 水蕨

Ceratopteris thalictroides (L.) Brongn.

植株幼嫩时呈绿色，多汁柔软，成株形态差异较大，高可达 70 cm。叶簇生，二型，两面无毛；叶柄长 3-40 cm，绿色，肉质，光滑无毛。不育叶片直立，长 6-30 cm，二至四回羽状深裂，裂片 5-8 对，互生，一至三回羽状深裂；末回裂片线状披针形，长约 2 cm，下部沿羽轴下沿成翅。能育叶片长 15-40 cm，二至三回羽状深裂；羽片 3-8 对，一至二回分裂；裂片狭线形，长 1.5-5 cm，边缘薄而透明，强度反卷。叶孢子囊沿裂片主脉两侧着生，稀疏，棕色。

生于池沼、水田或水沟的淤泥中。产广东、台湾、福建、江西、浙江、山东、江苏、安徽、湖北、四川、广西、云南等地。广布世界热带及亚热带各地，日本也产。本种可供药用，茎叶入药可治胎毒，消痰积；嫩叶可做蔬菜。

9. 毛轴碎米蕨

Cheilanthes chusana Hook. [*Cheilosoria chusana* (Hook.) Ching et Shing]

植株高 10-30 cm。根状茎被栗黑色披针形鳞片。叶簇生；叶柄长 2-5 cm，亮栗色，密被红棕色披针形鳞片及少数短毛，叶轴具棕色粗短毛；叶长 8-25 cm，二回羽状全裂；羽片 10-20 对，几无柄，中部羽片最大，长 1.5-3.5 cm，下侧斜出，深羽裂；裂片边缘有圆齿；下部羽片略渐缩短，基部一对三角形。叶干后草质，绿色或棕绿色，两面无毛。孢子囊群圆形，生小脉顶端，位于裂片的圆齿上，每齿 1-2；囊群盖肾形，黄绿色，宿存。

生于海拔 120-530 m 路边、林下或溪边石缝。产河南、甘肃、陕西、江苏、浙江、安徽、江西、湖南、湖北、四川、贵州、广西。越南、菲律宾、日本也有分布。

10. 隐囊蕨

Cheilanthes nudiuscula T. Moore [*Notholaena hirsuta* (Poir.) Desv.]

植株高 20-30 cm。根状茎密被红棕色钻状小鳞片。叶簇生；叶柄长 8-12 cm，栗色；叶长 10-16 cm，中部以上二回羽状深裂，中部以下三回羽状深裂；羽片 8-10 对，下部的长 2-4.5 cm，宽 1-3 cm，二回羽裂；一回小羽片 5-7 对，有短柄；末回小羽片 2-4 对，长圆形，几无柄，波状浅裂至全缘。叶厚纸质，干后褐色，正面疏被灰色节状柔毛，背面密被暗棕色节状长柔毛；叶轴及羽轴均疏被柔毛。孢子囊群生小脉顶端。多数。

生于海拔 200-300 m 河边石上或田边。产福建、台湾、广东、广西。热带亚洲、澳大利亚及波利尼西亚群岛广布。

P30. 凤尾蕨科 Pteridaceae

11. 碎米蕨

Cheilanthes opposita Kaulfuss [*Cheilosoria mysurensis* (Wall. ex Hook.) Ching et Shing]

植株高 10-25 cm。根状茎密被棕色或栗黑色钻形鳞片。叶簇生；叶柄长 2-7 cm，基部以上疏被小鳞片；叶长 8-18 cm，二回羽状；羽片 12-20 对，长 1-1.5 cm，下侧斜出，几无柄，羽状或深羽裂，小羽片有 3-4 对圆裂片；下部羽片逐渐缩短，三角形，基部一对变成小耳形。叶干后草质，褐色，两面无毛。孢子囊群每裂片 1-2；囊群盖小，肾形，边缘淡棕色。

生于灌丛或溪旁石上。产广东、海南、福建、台湾。越南、印度、斯里兰卡及其他亚热带地区也有分布。

12. 薄叶碎米蕨

Cheilanthes tenuifolia (Burm. f.) Sw. [*Cheilosoria tenuifolia* (Burm.) Trev.]

植株高 10-40 cm。根状茎密被棕黄色钻状鳞片。叶簇生；叶柄长 6-25 cm，下部略有一二鳞片；叶长 4-18 cm，三回羽状；羽片 6-8 对，基部一对最大，长 2-9 cm，基部上侧与叶轴并行，下侧斜出，二回羽状；小羽片 5-6 对，下侧基部一片最大，一回羽状；末回小羽片羽状半裂；裂片椭圆形。叶干后薄草质，褐绿色，上面略有一二短毛。孢子囊群生裂片上半部的叶脉顶端；囊群盖连续或断裂。

生于海拔 50-600 m 溪旁、田边或林下石上。产广东、海南、广西、云南、湖南、江西、福建。热带亚洲、澳大利亚、波利尼西亚群岛等地广布。

13. 凤了蕨

Coniogramme japonica (Thunb.) Diels

植株高 60-120 cm。叶柄长 30-50 cm，基部以上光滑；叶长 30-50 cm，二回羽状；羽片通常 5 对，基部一对最大，长 20-35 cm，羽状（偶有二叉）；侧生小羽片 1-3 对，长 10-15 cm；顶生小羽片远较侧生的为大，长 20-28 cm，宽 2.5-4 cm，阔披针形，基部为不对称的楔形或叉裂；第二对羽片三出、二叉或单一，渐变小；羽片边缘具疏矮齿。叶脉网状，小脉顶端有纺锤形水囊，不到锯齿基部。叶干后纸质，两面无毛。孢子囊群沿叶脉分布，几达叶边。

生于海拔 100-600 m 湿润林下和山谷阴湿处。产江苏、浙江、福建、台湾、江西、安徽、湖北、湖南、广西、四川、贵州、广东。朝鲜及日本也有分布。

P30. 凤尾蕨科 Pteridaceae

14. 野雉尾金粉蕨
Onychium japonicum (Thunb.) Kze.

植株高 60 cm 左右。根状茎长而横走，疏被棕色或红棕色鳞片。叶散生；叶柄长 2-30 cm，基部褐棕色，向上禾秆色，光滑；叶长几和叶柄相等，宽约 10 cm，四回羽状细裂；羽片 12-15 对，互生，柄长 1-2 cm，基部一对最大，长 9-17 cm，三回羽裂；末回能育小羽片或裂片长 5-7 mm；末回不育裂片短而狭，线形或短披针形。叶干后坚草质或纸质，遍体无毛。孢子囊群长 4-6 mm；囊群盖线形或短长圆形，膜质，灰白色，全缘。

生于海拔 150-600 m 林下沟边或溪边石上。广泛分布于华东、华中、东南及西南，向北达陕西、河南、河北。日本、菲律宾、印度尼西亚及波利尼西亚群岛也有分布。全草有解毒作用。

15. 刺齿半边旗
Pteris dispar Kze.

植株高 30-80 cm。根状茎斜向上。叶簇生，近二型；柄与叶轴均为栗色，有光泽；叶片卵状长圆形，二回深裂或二回半边深羽裂；顶生羽片披针形，长 12-18 cm，先端渐尖，篦齿状深羽状几达叶轴，裂片 12-15 对，略呈镰刀状，长 1-2 cm，宽 3-5 mm，不育叶缘有长尖刺状的锯齿；侧生羽片 5-8 对，与顶生羽片同形。羽轴上面有浅栗色的纵沟，纵沟两旁有啮蚀状的浅灰色狭翅状的边，侧脉明显，小脉直达锯齿的软骨质刺尖头。

生海拔 200-600 m 的山谷疏林下。产江苏、安徽、浙江、江西、福建、台湾、广东、广西、湖南、贵州、四川。分布于东亚至东南亚地区。

16. 剑叶凤尾蕨（井边茜）
Pteris ensiformis Burm.

植株高 30-50 cm。根状茎被黑褐色鳞片。叶密生；二型；叶柄长 10-30 cm，光滑；叶长 10-25 cm，羽状；羽片 3-6 对，对生，上部的无柄，下部的有短柄；不育叶长 2.5-3.5（8）cm，小羽片 2-3 对，对生，无柄，基部下侧下延，上部具尖齿；能育叶的羽片通常为二至三叉，中央的分叉最长，下部两对羽片有时羽状，小羽片 2-3 对，狭线形，基部下侧下延，先端不育的叶缘有密尖齿，余均全缘；侧脉密接，通常分叉。叶无毛。

生于海拔 150-500 m 林下或溪边。产浙江、江西、福建、台湾、广东、广西、贵州、四川、云南。日本、越南、老挝、柬埔寨、缅甸、印度、斯里兰卡、马来西亚、波利尼西亚群岛、斐济及澳大利亚也有分布。全草入药，有止痢的功效。

P30. 凤尾蕨科 Pteridaceae

17. 傅氏凤尾蕨
Pteris fauriei Hieron.

　　植株高 50-90 cm。根状茎先端密被鳞片。叶簇生；叶柄长 30-50 cm，光滑；叶长 25-45 cm，二回深羽裂（或基部三回深羽裂）；侧生羽片 3-8 对，几无柄，镰刀状披针形，长 13-23 cm，先端具线状尖尾，篦齿状深羽裂；顶生羽片较宽，具 2-4 cm 长的柄，最下一对羽片基部下侧有 1 片小羽片，略短；裂片 20-30 对，中部的长 1.5-2.2 cm，全缘。羽轴纵沟两旁有针状扁刺。叶无毛。孢子囊群线形，沿裂片边缘延伸；囊群盖线形，全缘，宿存。

　　生于海拔 50-600 m 林下沟旁的酸性土壤上。产台湾、浙江、福建、江西、湖南、广东、广西、云南。越南北部及日本均有分布。

18. 林下凤尾蕨
Pteris grevilleana Wallich ex J. Agardh

　　植株高 20-45 cm。先端被黑褐色鳞片。叶簇生，同型；能育叶的柄比不育叶的柄长 2 倍以上，长 20-30 cm，栗褐色，有光泽，顶部有狭翅；叶长 10-15 cm，宽 8-12 cm，二回深羽裂；顶生羽片阔披针形，长 8-12 cm，先端尾状，基部下延，两侧篦齿状羽裂几达羽轴，裂片长 1.5-2 cm，边缘有短尖锯齿；侧生羽片 1-2 对，对生，无柄，基部一对羽片二叉；能育羽片与不育羽片相似。叶两面均有密接的细斜条纹。

　　生于海拔 150-600 m 林下岩石旁。产台湾、广东、海南、广西、云南。日本、越南、泰国、印度北部、尼泊尔、不丹、马来西亚、菲律宾及印度尼西亚也有分布。

19. 线羽凤尾蕨（三角眼凤尾蕨）
Pteris linearis Poir.

　　植株高 1-1.5 m。根状茎先端被黑褐色鳞片。叶簇生；叶柄约与叶等长，光滑；叶长 50-70 cm，二回深羽裂（或基部三回深羽裂）；侧生羽片 5-15 对，近无柄，长 15-28 cm，先端长尾尖，篦齿状深羽裂，基部一对羽片基部下侧有 1 片篦齿状羽裂的小羽片；裂片 25-35 对，互生，长 2-3 cm，宽 5-8 mm，全缘。羽轴两侧的翅宽 6-10 mm。相邻裂片基部相对的两小脉在缺刻底部开口或相交成一高尖三角形。叶干后近革质，绿色、黄绿色或棕绿色，无毛。

　　生于海拔 100-600 m 密林下或溪边阴湿处。产台湾、广东、海南、广西、贵州、云南。亚洲热带和马达加斯加广布。

P30. 凤尾蕨科 Pteridaceae

20. 井栏边草（凤尾草）
Pteris multifida Poir.

植株高 30-45 cm。根状茎先端被黑褐色鳞片。叶密而簇生，明显二型；不育叶柄长 15-25 cm，光滑；叶长 20-40 cm，一回羽状，羽片常 3 对，无柄，线状披针形，长 8-15 cm，叶缘有尖锯齿及软骨质的边，下部 1-2 对通常分叉，上部羽片基部显著下延，在叶轴两侧形成宽 3-5 mm 的狭翅；能育叶有较长的柄，羽片 4-6 对，狭线形，长 10-15 cm，仅不育部分具锯齿，余均全缘。叶干后草质，暗绿色，无毛。

生于海拔 600 m 以下墙壁、井边及石灰岩缝隙或灌丛下。产河北、山东、河南、陕西、四川、贵州、广西、广东、福建、台湾、浙江、江苏、安徽、江西、湖南、湖北。越南、菲律宾及日本也有分布。全草入药。

21. 栗柄凤尾蕨
Pteris plumbea Christ

植株高 25-35 cm。根状茎先端被黑褐色鳞片。叶簇生；叶柄四棱，长 10-20 cm，连同叶轴为栗色，有光泽，光滑；叶近一型，长 20-25 cm，一回羽状；羽片常 2 对，基部羽片有短柄，通常二至三叉，顶生小羽片长 10-15 cm，基部稍偏斜，两侧的小羽片远短于顶生小羽片，顶生羽片常与其下一对侧生羽片合生而成三叉，基部多少下延；叶缘有软骨质的边，能育部分全缘，不育部分有锐锯齿。叶干后草质，灰绿色，无毛。

生于海拔 200-500 m 石灰岩地区疏林下的石隙中。产江苏、浙江、江西、福建、湖南、广东、广西。印度、越南、柬埔寨、菲律宾、日本也有分布。

22. 半边旗
Pteris semipinnata L.

植株高 35-100 cm。根状茎先端及叶柄基部被褐色鳞片。叶簇生，近一型；叶柄长 15-55 cm，栗红色，光滑；叶长 15-50 cm，二回半边深裂；顶生羽片长 10-18 cm，先端尾状，裂片 6-12 对，长 2.5-5 cm，基部下延达下一对裂片；侧生羽片 4-7 对，长 5-15 cm，先端长尾头，上侧仅有一条阔翅，几不分裂，下侧深羽裂，裂片 3-6，长 1.5-5 cm，不育裂片的叶有尖锯齿，能育裂片仅顶端具 1-3 个尖锯齿。羽轴具狭翅边。叶干后草质，灰绿色，无毛。

生于海拔 550 m 以下林下、溪边。产台湾、福建、江西、广东、广西、湖南、贵州、四川、云南。日本、菲律宾、越南、老挝、泰国、缅甸、马来西亚、斯里兰卡及印度也有分布。

P30. 凤尾蕨科 Pteridaceae

23. 蜈蚣凤尾蕨
Pteris vittata L.

植株高 25-120 cm。根状茎密被蓬松的黄褐色鳞片。叶簇生；叶柄长 10-30 cm；叶长 20-90 cm，一回羽状；顶生羽片与侧生羽片同形；侧生羽片可达 40 对，互生或近对生，无柄，基部羽片仅为耳形，中部羽片狭线形，长 6-15 cm，基部扩大为浅心形，两侧耳形，上侧耳片常覆盖叶轴，不育叶缘具细密锯齿。叶干后薄革质，暗绿色，无光泽，无毛；叶轴疏被鳞片。几乎全部羽片均能育。

生于海拔 600 m 以下钙质土或石灰岩上，也常生于石隙或墙壁上。广布我国热带和亚热带，产陕西、甘肃、河南、浙江、福建、江西、安徽、湖北、湖南、四川、贵州、云南、西藏、广西、广东及台湾。旧大陆热带及亚热带地区广布。

P31. 碗蕨科 Dennstaedtiaceae

1. 华南鳞盖蕨
Microlepia hancei Prantl

植株高达 1.5 m，根状茎横走。叶远生，柄长 30-40 cm，叶片长 50-60 cm，卵状长圆形，三回羽状深裂，羽片 10-16 对，基部一对略短，长约 10 cm，中部的长 13-20 cm，二回羽状深裂，一回小羽片 14-18 对，阔披针形。叶脉上面不明显，下面稍隆起。叶草质，两面沿叶脉有刚毛疏生；叶轴、羽轴和叶柄同色，粗糙，略有灰色细毛。孢子囊群圆形，生小裂片基部上侧近缺刻处；囊群盖近肾形，膜质，灰棕色。

生林中或溪边湿地。产福建、台湾、广东、香港、海南。日本、印度、中南半岛均有分布。

2. 边缘鳞盖蕨
Microlepia marginata (Houtt.) C. Chr.

植株高约 60 cm。叶远生；叶柄长 20-30 cm，深禾秆色，上面有纵沟，几光滑；叶片羽状深裂，长 20-30 cm，一回羽状；羽片 20-25 对，基部对生，上部互生，有短柄，长 10-15 cm，基部上侧钝耳状，下侧楔形，边缘缺裂至浅裂，小裂片三角形，偏斜，上部各羽片渐短，无柄。叶纸质，叶轴密被锈色开展的硬毛。孢子囊群圆形，每小裂片上 1-6，向边缘着生；囊群盖杯形，棕色，坚实，多少被短硬毛，距叶缘较远。

生于海拔 300-500 m 林下或溪边。产江苏、安徽、江西、浙江、台湾、福建、广东、海南、广西、湖南、湖北、贵州、四川至云南。日本、越南至印度及尼泊尔也有分布。

P31. 碗蕨科 Dennstaedtiaceae

3. 蕨
Pteridium aquilinum var. *latiusculum* (Desv.) Underw. ex Heller

植株高达 1 m。根状茎长而横走。叶远生；柄长 20-80 cm，光滑，上面有浅纵沟 1 条；叶片阔三角形或长圆三角形，三回羽状；羽片 4-6 对，对生或近对生，斜展，基部一对最大，三角形；小羽片约 10 对，互生，斜展；裂片 10-15 对，平展，彼此接近，长圆形；中部以上的羽片逐渐变为一回羽状。叶脉稠密，仅下面明显。叶上面无毛，下面在裂片主脉上多少被毛或近无毛。叶轴及羽轴均光滑，小羽轴上面光滑，下面被疏毛，各回羽轴上面均有深纵沟 1 条，沟内无毛。

生山地阳坡及阳光充足的林缘、路边。产全国各地。广布于世界其他热带及温带地区。

4. 毛轴蕨
Pteridium revolutum (Bl.) Nakai

植株高达 1 m 以上。根状茎横走。叶远生；柄长 35-50 cm，上面有纵沟 1 条，幼时密被灰白色柔毛，老则脱落而渐变光滑；叶片阔三角形或卵状三角形，渐尖头，长 30-80 cm，三回羽状；羽片 4-6 对，对生，斜展，下部羽片略呈三角形；小羽片 12-18 对，平展，与羽轴合生，深羽裂几达小羽轴；裂片约 20 对，披针状镰刀形；裂片下面被灰白色或浅棕色密毛。叶轴、羽轴及小羽轴的下面和上面的纵沟内均密被灰白色或浅棕色柔毛，老时渐稀疏。

生海拔 100-500 m 的山坡阳处或山谷疏林中的林间空地。产秦岭以南各地。广泛分布于亚洲热带及亚热带地区。

P37. 铁角蕨科 Aspleniaceae

1. 线裂铁角蕨
Asplenium coenobiale Hance [*Asplenium fuscipes* Bak.]

植株高 18-35 cm。根状茎先端密被褐色线形鳞片。叶簇生；叶柄长 10-20 cm，乌木色，光滑；叶三角形披针状，长 15-22 cm，四回羽裂，羽片 11-13 对，互生，上侧覆盖叶轴，下侧楔形；小羽片彼此密接或呈覆瓦状；第二回小羽片 4-5，羽状或羽裂；裂片披针形，长 2-2.5 mm，基部上侧一片较大，三深裂，全缘。叶薄草质；叶轴乌木色，有光泽。孢子囊群粗线形，长 1.5-2 mm，棕色；囊群盖粗线形，灰棕色，薄膜质，全缘，宿存。

生于疏林下岩石上。产福建、广东、广西。

P37. 铁角蕨科 Aspleniaceae

2. 倒挂铁角蕨（倒挂草）
Asplenium normale D. Don

植株高 15-40 cm。根状茎黑色，密被黑褐色鳞片。叶簇生；叶柄长 5-18 cm，略呈四棱形；叶长 12-26 cm，中部宽 2-3.5 cm，一回羽状；羽片 20-35 对，互生，无柄，长 8-18 mm，基部宽 4-8 mm 基部上侧截形并略呈耳状，紧靠或稍覆迭叶轴，下侧楔形，边缘具粗锯齿。叶草质，两面无毛；叶轴近先端处常有 1 枚芽胞，能在母株上萌发。孢子囊群椭圆形，棕色，每羽片有 3-5；囊群盖椭圆形，淡棕色或灰棕色，膜质，全缘。

生于海拔 300-600 m 密林下或溪旁石上。产江苏、浙江、江西、福建、台湾、湖南、广东、广西、四川、贵州、云南、西藏。尼泊尔、印度、斯里兰卡、缅甸、越南、马来西亚、菲律宾、日本、澳大利亚、马达加斯加及夏威夷等地广布。

3. 长叶铁角蕨
Asplenium prolongatum Hook.

植株高 20-40 cm。根状茎先端密被黑褐色鳞片。叶簇生；叶柄长 8-18 cm；叶长 10-25 cm，二回羽状；羽片 20-24 对，中部羽片长 1.3-2.2 cm，羽状；小羽片互生，上侧有 2-5，下侧 0-3，狭线形，长 4-10 mm，基部与羽轴合生，上侧基部 1-2 羽片常再二至三裂。叶近肉质；叶轴顶端往往延长成鞭状而生根，羽轴两侧有狭翅。孢子囊群狭线形，长 2.5-5 mm，深棕色，每小羽片或裂片 1；囊群盖狭线形，灰绿色，膜质，全缘，宿存。

附生于海拔 150-600 m 林中树干或岩石上。产甘肃、浙江、江西、福建、台湾、湖北、湖南、广东、广西、四川、贵州、云南。印度、斯里兰卡、中南半岛、日本、韩国、斐济均有分布。

4. 石生铁角蕨
Asplenium saxicola Rosent.

植株高 20-50 cm。根状茎连同叶柄基部密被褐色鳞片；鳞片有虹色光泽。叶近簇生；叶柄长 10-22 cm；叶长 12-28 cm，顶生一片多少呈三叉状，向下为一回羽状；羽片 5-12 对，柄长 5-10 mm，基部羽片长 3-6 cm，菱形，边缘具小圆齿牙，或为片裂，先端有细圆齿，两侧全缘。叶革质；叶轴疏被鳞片，以后脱落。孢子囊群狭线形，长 4-15 mm，深棕色，彼此密接，单生，每裂片 3-6，扇状排列；囊群盖狭线形，棕色，厚膜质，全缘。

生于海拔 300-600 m 密林下潮湿岩石上。产湖南、广东、广西、贵州、云南、四川。越南也有分布。

P37. 铁角蕨科 Aspleniaceae

5. 狭翅铁角蕨
Asplenium wrightii Eaton ex Hook.

植株高达 1 m。根状茎密被褐棕色鳞片。叶簇生；叶柄长 20-32 cm，淡绿色；叶片长 30-80 cm，宽 16-28 cm，一回羽状；羽片 16-24 对，有长 4-8 mm 的柄，长 9-20 cm，基部宽 1.5-2 cm，披针形，尾状长渐尖，基部下延，上侧多少呈耳状，下侧阔楔形，边缘有明显的粗锯齿或重锯齿。叶纸质；叶轴绿色，光滑，中部以上两侧有狭翅。孢子囊群线形，长约 1 cm，褐棕色，生于上侧一脉；囊群盖线形，灰棕色，后变褐棕色，膜质，全缘，宿存。

生于海拔 230-600 m 林下溪边岩石上。产江苏、浙江、江西、福建、台湾、湖南、广东、广西、四川、贵州。越南及日本也有分布。

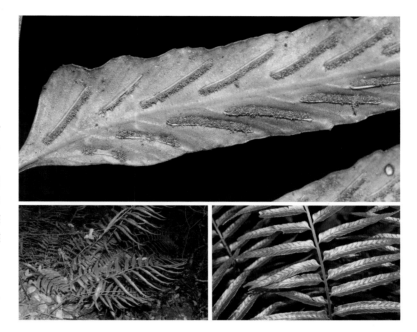

6. 齿果膜叶铁角蕨
Hymenasplenium cheilosorum Tagawa
[*Asplenium cheilosorum* Kunze ex Mett.]

植株高 30-50 cm。根状茎先端密被深棕色鳞片。叶柄长 9-16 cm，略四棱形；叶线状披针形，长 14-35 cm，一回羽状；羽片 25-40 对，互生，近无柄，长 1.8-3 cm，基部宽 5-9 mm，不等边四边形，外缘及上缘浅裂为 9-14 椭圆形的裂片，裂片顶端有 1-2 浅缺刻。叶膜质或草质，两面无毛；叶轴栗褐色，有光泽。孢子囊群椭圆形，棕色，位于锯齿内，每裂片通常 1；囊群盖椭圆形，黄棕色，膜质，全缘，宿存。

生于海拔 300-600 m 密林下或溪旁阴湿石上。产云南、广西、广东、海南、福建、台湾、西藏和贵州。不丹、尼泊尔、印度、斯里兰卡、缅甸、泰国、越南、菲律宾、马来西亚、印度尼西亚及日本广布。

7. 切边膜叶铁角蕨
Hymenasplenium excisum (C. Presl) S. Lindsay
[*Asplenium excisum* Presl]

植株高 40-60 cm。根状茎先端密被黑褐色鳞片。叶远生，相距 4-10 mm；叶柄长 15-32 cm，栗褐色，有光泽；叶长 22-40 cm，基部宽 10-18 cm，先端尾状，一回羽状；羽片 18-22 对，基部 1-2 对有时向下反折，有短柄，彼此密接或略呈覆瓦状，镰刀菱形状，基部不对称，下侧斜切到主脉，中部以上有粗锯齿。叶薄草质，两面无毛；叶轴栗褐色有光泽。孢子囊群阔线形，长 4-6 mm，棕色，生于小脉中部；囊群盖阔线形，黄棕色，膜质，全缘。

生于海拔 300-600 m 密林下阴湿处或溪边乱石中或附生树干上。产台湾、广东、海南、广西、贵州、云南及西藏。印度、缅甸、泰国、越南、马来西亚及菲律宾均有分布。

P37. 铁角蕨科 Aspleniaceae

8. 培善膜叶铁角蕨
Hymenasplenium wangpeishanii Li Bing Zhang et K. W. Xu

植株高达 45 cm。根状茎先端密被深棕色鳞片。叶柄长 12-20 cm，暗棕色，有光泽；叶狭卵形，长 15-30 cm，一回羽状；羽片 20-30 对，基部近对生，中上部互生，羽柄较短，顶部羽片近无柄，中部羽片 2-3.5×0.7 cm，镰状披针形，边缘具锯齿，锯齿尖，不具缺刻。叶草质，两面无毛；叶轴棕色，有光泽。孢子囊群孢子囊群线形，位于主脉与叶边偏上或近边缘；囊群盖棕色，线形，膜质，全缘，羽片基部上侧第二个孢子囊群的囊群盖开向叶边，其他开向主脉。

生于石灰岩生境或石生于阴湿的环境。特产中国中部、南部和西南部。

P40. 乌毛蕨科 Blechnaceae

1. 乌毛蕨
Blechnum orientale L.

植株高 0.5-2 m。叶簇生；柄长 3-80 cm，坚硬，无毛；叶片长达 1 m 左右，宽 20-60 cm，一回羽状；羽片多数，二型，互生，无柄，下部羽片不育，极度缩小为圆耳形，长仅数 mm，向上羽片突然伸长，能育，线状披针形，长 10-30 cm，宽 5-18 mm，基部下侧往往与叶轴合生，全缘或微波状，顶生羽片较长。主脉两面隆起，上面有纵沟。叶近革质，无毛。孢子囊群线形，连续，紧靠主脉两侧；囊群盖线形，宿存。

生于海拔 300-600 m 水沟旁及坑穴边缘，也生于山坡灌丛中或疏林下。产广东、广西、海南、台湾、福建、西藏、四川、重庆、云南、贵州、湖南、江西、浙江。印度、斯里兰卡、日本至波利尼西亚和东南亚均有分布。

2. 狗脊
Woodwardia japonica (L. f.) Sm.

植株高 60-120 cm。叶近生；叶柄长 15-70 cm，坚硬；叶长 25-80 cm，下部宽 18-40 cm，二回羽裂；顶生羽片较大，其基部一对裂片往往伸长；侧生羽片 5-16 对，近无柄，下部羽片较长，长 12-24 cm，羽状半裂；裂片 11-16 对，基部一对缩小，裂片椭圆形，长 1.3-2.2 cm，宽 7-10 mm，边缘有细密锯齿。羽轴及主脉浅棕色，两面隆起。叶近革质，两面近无毛。孢子囊群线形，着生于主脉两侧的狭长网眼上，不连续，单行排列；囊群盖线形，棕褐色，宿存。

生于疏林下。产长江流域及其以南各省区。朝鲜南部和日本也有分布。狗脊有镇痛、利尿及强壮之效，为我国应用已久的中药。根状茎富含淀粉，可酿酒。

P40. 乌毛蕨科 Blechnaceae

3. 珠芽狗脊（胎生狗脊）
Woodwardia prolifera Hook. et Arn.

植株高 70-230 cm。叶柄粗壮，长 30-110 cm；叶长 35-120 cm，宽 30-40 cm，二回深羽裂；羽片 5-11 对，先端长渐尖，一回深羽裂；裂片 10-18 对，基部以阔翅相连，边缘有细密锯齿，裂片长 3-8 cm，中部宽 5-9 mm，基部沿羽轴下延，羽片基部下侧斜切，缺失 1-4 裂片。叶革质，无毛，羽片上面常生小珠芽。孢子囊群形似新月形，着生于主脉两侧的狭长网眼上，深陷叶肉内，在叶上面形成清晰的印痕；囊群盖同形，薄纸质，宿存。

生于海拔 100-600 m 疏林或溪边，喜酸性土。产广西、广东、湖南、江西、安徽、浙江、福建及台湾。日本也有分布。

P41. 蹄盖蕨科 Athyriaceae

1. 长江蹄盖蕨
Athyrium iseanum Rosenst.

根状茎先端和叶柄基部密被深褐色披针形的鳞片；叶簇生；叶柄长 10-25 cm；能育叶片长 14-45 cm，二回羽状，小羽片深羽裂；羽片 10-20 对，互生，有短柄，基部一对略缩短；第二对羽片长 6-10 cm，一回羽状，小羽片羽裂至二回羽状；小羽片 10-14 对；裂片 4-6 对。叶干后草质，两面无毛；叶轴和羽轴交汇处密被短腺毛，上面连同主脉有贴伏的针状软刺。孢子囊群每裂片 1；囊群盖黄褐色，膜质，全缘，宿存。

生于海拔 150-600 m 山谷林下阴湿处。产江苏、安徽、浙江、江西、福建、台湾、湖北、湖南、广东、广西、四川、重庆、贵州、云南和西藏。日本和韩国也有分布。

2. 单叶对囊蕨（单叶双盖蕨）
Deparia lancea (Thunb.) Fraser-Jenkins
[*Diplazium subsinuatum* (Wall. ex Hook. et Grev.) Tagawa]

根状茎被黑褐色披针形鳞片。叶远生；能育叶长达 40 cm；叶柄长 8-15 cm；叶长 10-25 cm，边缘全缘或稍呈波状。叶干后近革质。孢子囊群线形，通常多分布于叶片上半部，沿小脉斜展，单生或偶有双生；囊群盖成熟时膜质，浅褐色；孢子赤道面观圆肾形，周壁薄而透明，表面具不规则粗刺状或棒状突起。

生于海拔 200-600 m 溪旁林下酸性土或岩石上。产河南、江苏、安徽、浙江、江西、福建、台湾、湖南、广东、海南、广西、四川、贵州、云南。日本、菲律宾、越南、缅甸、尼泊尔、印度、斯里兰卡广布。

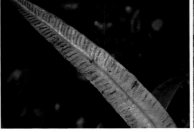

P41. 蹄盖蕨科 Athyriaceae

3. 中华双盖蕨（中华短肠蕨）
Diplazium chinense (Baker) C. Chr. [*Allantodia chinensis* (Bak.) Ching]

　　植株高约 60 cm。根状茎横走，先端密被鳞片。叶近生，柄长 20-50 cm，光滑，上面有浅沟；叶片三角形，长 30-60 cm，三回羽状；侧生羽片达 13 对，基部 1 对最大，近叶片顶部的几对缩小；侧生小羽片约达 13 对，平展，羽状深裂达中肋，裂片以狭翅相连；小羽片的裂片达 15 对，矩圆形至线状披针形，边缘有粗齿；叶脉羽状。叶草质，两面光滑；叶轴及羽轴禾秆色，光滑，上面有浅沟。孢子囊群细短线形，在小羽片的裂片上达 5-6 对，生于小脉中部或接近主脉，多数单生于小脉上侧，部分双生；囊群盖成熟时浅褐色，膜质，从一侧张开。

　　生于山谷林下。产华东、华南及西南。分布于韩国、日本及越南。

4. 边生双盖蕨
Diplazium conterminum Christ [*Allantodia contermina* (Christ) Ching]

　　根状茎先端密被黑色或黑褐色鳞片。叶远生至近生或簇生；叶柄长 20-100 cm；叶三角形，长 30-120 cm，二回羽状；侧生羽片 5-10 对，互生，长 5-10 cm；侧生小羽片约 13 对，互生，长达 16 cm，先端长渐尖至圆钝头；小羽片的裂片达 15 对左右。叶干后纸质，淡绿色，上面光滑，下面主脉上疏被浅褐色线形小鳞片。孢子囊群椭圆形，多数生于小脉中部以上，较近边缘；囊群盖薄膜质，灰白色。

　　生于海拔 200-550 m 山谷密林下或林缘溪边。产浙江、江西、福建、湖南、广东、广西、重庆、贵州、云南。越南、泰国及日本也有分布。

5. 厚叶双盖蕨
Diplazium crassiusculum Ching

　　根状茎直立或斜升，黑褐色，木质，坚硬，先端密被鳞片。叶簇生，柄长 40-60 cm，密被鳞片，向上光滑；叶片椭圆形，长 30-50 cm，奇数一回羽状，偶为单叶；侧生羽片通常 2-4 对，同大，有短柄，长椭圆形，长 16-23 cm，中部宽 3.5-4.4 cm，向两端变狭，边缘下部近全缘或略呈浅波状，先端有细锯齿，中脉明显；侧生小脉两面均明显，每组有小脉 3-4 条。叶坚草质。孢子囊群与囊群盖长线形，常单生小脉上侧，自中脉向外行，距叶边约 5 mm 处，每组叶脉有 1 条，生于基部上出 1 脉。

　　生山谷溪边林中。产浙江、江西、福建、湖南、广东、广西、贵州。分布于日本。

P41. 蹄盖蕨科 Athyriaceae

6. 毛柄双盖蕨

Diplazium dilatatum Blume [*Allantodia dilatata* (Bl.) Ching]

根状茎先端密被褐色鳞片。叶疏生至簇生；叶柄粗壮，长可达 1 m；叶三角形，长可达 2 m，二回羽状，小羽片羽状半裂；侧生羽片达 14 对，互生，长可达 70 cm；小羽片达 15 对，互生，长达 20 cm，先端长渐尖，两侧羽状浅裂至半裂；小羽片的裂片达 15 对。叶干后纸质，下疏被褐色小鳞片及短柔毛；叶轴和羽轴光滑。孢子囊群线形，多数单生于小脉上侧，少数双生；囊群盖褐色，膜质，边缘睫毛状，从一侧张开，宿存。

生于海拔 100-600 m 热带山地阴湿阔叶林下。产云南、四川、重庆、贵州、广西、海南、广东、香港、福建、浙江及台湾。尼泊尔、印度、缅甸、泰国、老挝、越南、日本、印度尼西亚、马来西亚、菲律宾、热带澳大利亚和波利尼西亚群岛也有分布。

7. 菜蕨（食用双盖蕨）

Diplazium esculentum (Retz.) Sm. [*Callipteris esculenta* (Retz.) J. Sm. ex Moore et Houlst.]

植株高 60-120 cm。根状茎直立，高达 15 cm，密被鳞片。叶簇生，柄长 50-60 cm；叶片三角形或阔披针形，长 60-80 cm，顶部羽裂渐尖，下部一回或二回羽状；羽片 12-16 对，长 16-20 cm；小羽片 8-10 对，长 4-6 cm，基部截形，两侧稍有耳，边缘有锯齿或浅羽裂；叶脉在裂片上羽状，小脉 8-10 对，下部 2-3 对通常联结。叶坚草质，两侧均无毛，叶轴平滑，无毛，羽轴上面有浅沟。孢子囊群多数，线形，稍弯曲，几生于全部小脉上，达叶缘；囊群盖线形。

生于山谷林下湿地及河沟边。产江西、安徽、浙江、福建、台湾、广东、海南、香港、湖南、广西、四川、贵州、云南。分布于亚洲及大洋洲热带地区。

P42. 金星蕨科 Thelypteridaceae

1. 星毛蕨

Ampelopteris prolifera (Retz.) Cop.

蔓状蕨类。根状茎长而横走。叶簇生或近生，叶柄长可达 40 cm；叶片披针形，叶轴顶端常延长成鞭状，着地生根，形成新的植株，一回羽状；羽片可达 30 对，披针形，边缘浅波状，羽片腋间常生有鳞芽，并由此长出一回羽状的小叶片。叶脉明显，侧脉顶端连接。孢子囊群着生于侧脉中部，无盖。

生阳光充足的溪边河滩沙地上。产福建、台湾、江西、湖南、广东、海南、广西、四川、贵州和云南。除美洲以外的世界其他热带和亚热带地区均有分布。

P42. 金星蕨科 Thelypteridaceae

2. 异果毛蕨
Cyclosorus heterocarpus (Bl.) Ching

　　植株高达 1 m。根状茎粗壮，直立。叶簇生，柄长约 30 cm，幼时密被灰黄色的短柔毛；叶片长 60-70 cm，长圆状披针形，基部突然变狭，二回羽裂；羽片约 40 对，无柄，近平展，彼此相距约 2 cm，下部 5-10 对向下缩短成耳片状，最下的为瘤状；裂片 20-30 对，斜展，彼此接近，先端钝圆，全缘。叶草质，羽轴下面有密的柔毛和针状毛混生，沿主脉两面和侧脉上面疏生灰白色针状毛，下面满布淡黄色的球形腺体。孢子囊群圆形，生于侧脉中部。

　　生海拔 100-300 m 山谷溪边阴处。产福建、广东、香港、海南。东南亚至波利尼西亚有分布。

3. 毛蕨
Cyclosorus interruptus (Willd.) H. Ito

　　植株高 60-130 cm。根状茎横走。叶近生，柄长 20-70 cm；叶片二回羽裂，羽片 22-25 对，顶生羽片长约 5 cm，羽裂达 2/3，侧生中部羽片线状披针形，羽裂达 1/3；裂片约 30 对，三角形，尖头。叶脉下面明显，每裂片有侧脉 8-10 对。叶近革质，上面光滑，下面沿各脉疏生柔毛及少数橙红色小腺体。孢子囊群圆形，生于侧脉中部，每裂片 5-9 对，下部 1-2 对不育，因此在羽轴两侧各形成一条不育带。

　　生海拔 100-200 m 的山谷溪旁湿处或旷野湿地。产台湾、福建、海南、广东、香港、广西、江西。广布于世界热带和亚热带。

4. 华南毛蕨
Cyclosorus parasiticus (L.) Farwell.

　　植株高达 70 cm。根状茎连同叶柄基部有深棕色披针形鳞片。叶近生；叶柄长达 40 cm，基部以上偶有一二柔毛；叶长 35 cm，二回羽裂；羽片 12-16 对，无柄，中部以下的对生，羽裂达 1/2 或稍深；裂片 20-25 对，全缘。叶草质，正面疏生短糙毛，背面沿叶轴、羽轴及叶脉密生具一二分隔的针状毛，脉上并饰有橙红色腺体。孢子囊群圆形，生侧脉中部以上，每裂片 3-6 对；囊群盖小，膜质，棕色，上面密生柔毛，宿存。

　　生于海拔 90-600 m 山谷密林下或溪边湿地。产浙江、福建、台湾、广东、海南、湖南、江西、重庆、广西、云南。日本、韩国、尼泊尔、缅甸、印度、斯里兰卡、越南、泰国、印度尼西亚、菲律宾均有分布。

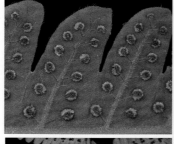

P42. 金星蕨科 Thelypteridaceae

5. 戟叶圣蕨
Dictyocline sagittifolia Ching

　　植株高 30-40 cm。根状茎疏被褐色线状披针形鳞片；鳞片边缘有长睫毛。叶簇生；叶柄长 15-30 cm，密被棕色短刚毛；叶长达 17 cm，基部宽 11-13 cm，戟形，基部深心形，全缘或波状。主脉两面均隆起，侧脉明显，叶粗纸质，正面沿主脉密生短柔毛，脉间有伏贴的短毛，背面沿主脉和侧脉密生短柔毛，沿网脉疏生柔毛。孢子囊沿网脉散生。

　　生于海拔 200-550 m 常绿林下及石缝中。产广西、广东、湖南和江西。

6. 三羽新月蕨
Pronephrium triphyllum (Sw.) Holtt.

　　植株高 20-50 cm。根状茎密被灰白色钩状短毛及棕色鳞片。叶疏生，一型或近二型；叶柄长 10-40 cm，基部疏被鳞片，通体密被钩状短毛；叶长 12-20 cm，卵状三角形，三出，侧生羽片一对，长 5-9 cm，全缘；顶生羽片远较大，长 15-18 cm。叶干后坚纸质，正面除沿主脉凹槽密被钩状毛外，其余无毛，背面沿主脉、侧脉及小脉均被钩状毛。能育叶略高出于不育叶，有较长的柄，羽片较狭。孢子囊群生于小脉上，无盖；孢子囊体上有 2 根钩状毛。

　　生于海拔 120-600 m 林下。产台湾、福建、广东、香港、广西、云南。泰国、缅甸、印度、斯里兰卡、马来西亚、印度尼西亚、日本、韩国及澳大利亚均有分布。

P44. 肿足蕨科 Hypodematiaceae

1. 肿足蕨
Hypodematium crenatum (Forssk.) Kuhn

　　植株高 15-55 cm。根状茎连同叶柄基部密被亮红棕色鳞片。叶近生；叶柄长 6-28 cm，被灰白色柔毛；叶长 10-30 cm，卵状五角形，三回羽状；羽片 8-12 对；一回小羽片 6-10 对，长 2-7 cm，基部下延成具狭翅的短柄；末回小羽片长 1-2.5 cm，基部多少与小羽轴合生，羽状深裂。叶草质，两面连同叶轴和羽轴密被灰白色柔毛。孢子囊群圆形，背生于侧脉中部，每裂片 1-3；囊群盖大，肾形，浅灰色，膜质，背面密被柔毛，宿存。

　　生于海拔 80-500 m 干旱的山洞中。产甘肃、河南、安徽、台湾、广东、广西、四川、贵州、云南。亚洲亚热带和非洲广布。

P45. 鳞毛蕨科 Dryopteridaceae

1. 刺头复叶耳蕨
Arachniodes exilis (Hance) Ching

植株高 50-70 cm。叶柄长 28-36 cm，禾秆色，基部密被红棕色鳞片；叶五角形或卵状五角形，长 22-34 cm，宽 14-24 cm，顶部羽片具柄，三回羽状；侧生羽片 4-6 对，基部一对特别大，长三角形，长 12-15 cm，基部宽 8-12 cm，基部二回羽状；小羽片 16-20 对，互生，有柄，基部下侧一片伸长，披针形，长 8-10 cm，羽状；末回小羽片 10-14 对。孢子囊群每小羽片 5-8 对，位于中脉与叶边中间；囊群盖脱落。

生于海拔 200-500 m 山地林下或岩上。产山东、江苏、安徽、浙江、江西、福建、台湾、湖南、广东和广西。

2. 斜方复叶耳蕨
Arachniodes rhomboidea (Wall. ex Mett.) Ching

植株高 40-80 cm。叶柄长 20-38 cm，基部密被棕色鳞片，向上光滑；叶长卵形，薄纸质，光滑，长 25-45 cm，宽 16-32 cm，顶生羽状羽片长尾状，二回羽状；侧生羽片 3-6 对，基部一对最大，三角状披针形，长 15-22 cm，基部宽 5-7 cm，羽状或二回羽状；小羽片 16-22 对，有短柄；末回小羽片 7-12 对，菱状椭圆形，长约 1 cm，基部不对称，上侧边缘具有芒刺齿。孢子囊群生小脉顶端，近叶边；囊群盖棕色，边缘有睫毛，脱落。

生于海拔 260-600 m 山林下岩缝、沟谷溪边。产江苏、安徽、浙江、江西、福建、台湾、湖北、湖南、广东、广西、四川、贵州、云南和喜马拉雅。日本也有分布。

3. 华南实蕨
Bolbitis subcordata (Cop.) Ching

根状茎密被灰棕色盾状着生鳞片。叶簇生；叶柄长 30-60 cm，疏被鳞片。叶二型。不育叶椭圆形，长 20-50 cm，一回羽状；羽片 4-10 对，有短柄；顶生羽片基部三裂，其先端常延长入土生根；侧生羽片长 9-20 cm，叶缘有深波状裂片，缺刻内有一明显的尖刺；叶草质，两面光滑。能育叶与不育叶同形而较小；羽片长 6-8 cm，宽约 1 cm。孢子囊群初沿网脉分布，后满布羽片背面。

生于海拔 300-550 m 山谷水边密林下石上。产浙江、江西、台湾、福建、广东、海南、广西、云南。日本、越南也有分布。

P45. 鳞毛蕨科 Dryopteridaceae

4. 二型肋毛蕨
Ctenitis dingnanensis Ching

　　根状茎直立，密被红棕色鳞片。叶簇生；叶柄禾秆色，长 13-21 cm，具棕色鳞片；叶片草质，三至四回羽裂，三角形，长 15-30 cm；羽片 6-10 对，基部一对羽片最长。叶脉羽状，小脉 2-3 对，分离。孢子囊群圆形，靠近主脉，无囊群盖，偶被鳞片覆盖。

　　生海拔 100-300 m 的林下溪边岩石上。产广东、江西。

5. 亮鳞肋毛蕨
Ctenitis subglandulosa (Hance) Ching

　　植株高约 1 m。根状茎短，顶部及叶柄基部密被鳞片；鳞片线形，长 2-3 cm，全缘，锈棕色。叶簇生；叶柄长 40-50 cm，向上深禾秆色，上面有两条纵沟，基部以上被鳞片，鳞片长 2-3 mm，全缘，棕色并有虹色光泽；叶三角状卵形，长 45-60 cm，基部宽 30-40 cm，四回羽裂；羽片 12-14 对，基部一对羽片最大，斜三角形，其下侧特别伸长；第二对羽片二回羽状；基部羽片的一回小羽片 10-12 对。叶脉羽状，小脉 3-4 对。孢子囊群圆形；囊群盖心形，全缘，宿存。

　　生于海拔 300-550 m 山谷林下、沟旁石缝。产台湾、广东、福建、浙江。日本也有分布。

6. 贯众
Cyrtomium fortunei J. Sm.

　　植株高 25-50 cm。根茎直立，密被棕色鳞片。叶簇生，纸质，两面光滑；叶柄长 12-26 cm，密生鳞片，鳞片边缘有齿；叶矩圆披针形，长 20-42 cm，宽 8-14 cm，奇数一回羽状；侧生羽片 7-16 对，互生，中部的长 5-8 cm，宽 1.2-2 cm，基部偏斜，全缘或具前倾的小齿；羽状脉，小脉联结成 2-3 行网眼；顶生羽片狭卵形，下部偶有浅裂片，长 3-6 cm，宽 1.5-3 cm。孢子囊群遍布羽片背面；囊群盖圆形，盾状，全缘。

　　生于海拔 600 m 以下空旷地、岩壁上、林下。产河北、山西、陕西、甘肃、山东、江苏、安徽、浙江、江西、福建、台湾、河南、湖北、湖南、广东、广西、四川、贵州、云南。日本、朝鲜、越南、泰国也有分布。

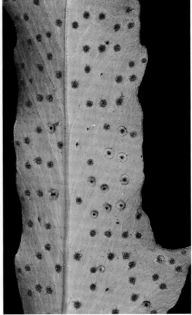

P45. 鳞毛蕨科 Dryopteridaceae

7. 阔鳞鳞毛蕨
Dryopteris championii (Benth.) C. Chr.

　　植株高 50-80 cm。根状茎顶端及叶柄基部密被棕色、全缘的鳞片。叶簇生；叶柄长 30-40 cm，密被有齿鳞片；叶片卵状披针形，长 40-60 cm，宽 20-30 cm，二回羽状，羽片 10-15 对，卵状披针形；小羽片 10-13 对，长 2-3 cm，顶端具细尖齿，边缘羽裂，基部一对裂片明显最大。侧脉羽状，下面明显。叶轴密被有细齿的棕色鳞片，羽轴具泡状鳞片。孢子囊群大，在小羽片中脉两侧各一行；囊群盖圆肾形，全缘。

　　生于海拔 200-600 m 阔叶林下、山坡灌丛。产山东、江苏、浙江、江西、福建、河南、湖南、湖北、广东、香港、广西、四川、贵州、云南、西藏。日本、朝鲜也有分布。

8. 德化鳞毛蕨
Dryopteris dehuaensis Ching et Shing

　　植株高 40-70 cm。根状茎横卧或斜升。叶簇生，柄长 25-35 cm，基部淡褐色，密被栗黑色鳞片，向上鳞片逐渐变小和变黑；叶片卵状披针形，长 35-45 cm，基部宽 25-30 cm，三回羽状，顶端羽裂渐尖，基部下侧一对小羽片向后伸长；羽片 10-14 对，披针形，基部一对最大，长约 17 cm；小羽片 15-18 对，披针形。叶脉羽状，叶轴和羽轴密被黑色鳞片，小羽片中脉下面密被棕色的泡状鳞片。孢子囊群着生于小羽片或末回小羽片的中脉与边缘之间，无囊群盖。

　　生海拔 300-600 m 的林下。产浙江、江西、福建。

9. 黑足鳞毛蕨
Dryopteris fuscipes C. Chr.

　　植株高 50-80 cm。叶簇生，纸质；叶柄长 20-40 cm，最基部为黑色，其余为深禾秆色，基部密被披针形、有光泽的鳞片，鳞片长 1.5-2 cm；叶卵状披针形或三角状卵形，二回羽状，长 30-40 cm，宽 15-25 cm；羽片 10-15 对，披针形；小羽片 10-12 对，三角状卵形，边缘有浅齿，中部下侧小羽片较长。侧脉羽状。羽轴具较密的泡状鳞片。孢子囊群大，在小羽片中脉两侧各一行，靠近中脉着生；囊群盖圆肾形，边缘全缘。

　　生于海拔 300-600 m 疏密林下。产江苏、安徽、浙江、福建、台湾、湖南、湖北、广东、广西、四川、贵州、云南。日本、朝鲜、中南半岛也有分布。

P45. 鳞毛蕨科 Dryopteridaceae

10. 霞客鳞毛蕨
Dryopteris shiakeana H. Shang et Y. H. Yan

植株高 40-60 cm。根状茎顶端密被红棕色的披针形鳞片，有光泽。叶簇生，每株 3-5 叶；叶柄长 20-30 cm，基部密被披针形、红棕色鳞片；叶卵状披针形，长 20-30 cm，基部宽 20-30 cm，三回羽状；羽片 8-12 对，互生，披针形，基部有柄；小羽片 15-18 对，长圆形。叶草质，干后黄绿色，叶轴和羽轴密被红褐色伏贴鳞片，小羽片中脉下面密被棕色的泡状鳞片。孢子囊群小；无囊群盖。

特产广东丹霞山。

11. 奇羽鳞毛蕨
Dryopteris sieboldii (van Houtte ex Mett.) O. Ktze.

植株高 0.5-1.0 m。根状茎粗短，连同叶柄下部密生披针形鳞片。叶簇生，厚革质，下面偶有小鳞片；叶柄长 20-60 cm，中部以上近光滑；叶长 25-40 cm，长圆形或三角状卵形，奇数一回羽状；侧生羽片 1-4 对，长 15-20 cm，阔披针形或长圆状披针形；顶生羽片和其下的同形，羽片全缘或有浅锯齿；侧脉羽状分叉。孢子囊群圆形，生于小脉的中部稍下处，沿羽轴两侧各排列成不整齐的 3-4 行，近叶边处不育；囊群盖圆肾形，全缘。

生于海拔 300-600 m 林下、溪边。产安徽、浙江、江西、福建、湖南、广东、广西、贵州。日本也有分布。

12. 稀羽鳞毛蕨
Dryopteris sparsa (Buch.-Ham. ex D. Don) O. Ktze.

植株高 50-70 cm。根状茎短，连同叶柄基部密被全缘的鳞片。叶簇生，近纸质，两面光滑；叶柄长 20-40 cm，基部以上连同叶轴、羽轴均无鳞片；叶卵状长圆形至三角状卵形，长 30-45 cm，宽 15-25 cm，顶端长渐尖并为羽裂，二回羽状至三回羽裂；羽片 7-9 对，近对生，基部一对最大，三角状披针形，长 10-18 cm，顶端尾状渐尖；小羽片 13-15 对，一回羽状；裂片长圆形，边缘有疏细齿。孢子囊群圆形，生于小脉中部；囊群盖圆肾形，全缘。

生于海拔 300-600 m 林下溪边。产陕西、安徽、浙江、江西、福建、台湾、广东、海南、香港、广西、四川、贵州、云南、西藏。印度、不丹、尼泊尔、缅甸、泰国、越南、印度尼西亚、日本也有分布。

P45. 鳞毛蕨科 Dryopteridaceae

13. 变异鳞毛蕨
Dryopteris varia (L.) O. Ktze.

植株高 50-70 cm。根状茎顶端及叶基部密被狭披针形鳞片，鳞片长 1.5-2 cm，顶端毛状卷曲。叶簇生；叶柄长 20-30 cm；叶片五角状卵形，长 30-40 cm，三回羽状或二回羽状深裂，基部下侧小羽片向后伸长呈燕尾状；羽片 10-12 对，披针形，基部一对最大；末回裂片或小羽片披针形，边缘羽状浅裂或有齿。叶脉下面明显，羽状。叶近革质，小羽轴和裂片背面疏被泡状鳞片。孢子囊群较大，近边缘着生；囊群盖圆肾形，全缘。

生于海拔 200-600 m 山坡疏林下。产陕西、河南、江苏、安徽、浙江、江西、福建、台湾、湖南、湖北、广东、广西、四川、贵州、云南。日本、朝鲜、菲律宾、印度也有分布。

14. 镰羽贯众（巴郎耳蕨）
Polystichum balansae Christ [*Cyrtomium balansae* (Christ) C. Chr.]

植株高 25-60 cm。根茎密被鳞片。叶簇生，纸质；叶柄长 12-35 cm，腹面有浅纵沟，有鳞片，鳞片边缘有小齿；叶披针形或宽披针形，长 16-42 cm，宽 6-15 cm，一回羽状；羽片 12-18 对，镰状披针形，基部上侧截形并有尖的耳状凸，下侧楔形，边缘有前倾的钝齿；具羽状脉，小脉联结成 2 行网眼。孢子囊位于中脉两侧各成 2 行；囊群盖圆形，盾状，边缘全缘。

生于海拔 80-600 m 林下。产安徽、浙江、江西、福建、湖南、广东、广西、海南、贵州。日本、越南也有分布。

15. 基羽鞭叶耳蕨（单叶鞭叶蕨）
Polystichum basipinnatum Diels
[*Cyrtomidictyum basipinnatum* (Bak.) Ching]

植株高 30-40 cm。根状茎直立，连同叶柄密被鳞片，鳞片边缘有睫毛。叶簇生，二型，厚革质，上面光滑；柄长 6-16 cm。可育叶线状披针形，长 15-20 cm，基部近截形，羽状浅裂至全裂；基部一对长圆形，长 1.3-1.8 cm；中部以上羽片为浅裂至深裂，裂片先端全缘。不育叶与可育叶同形，叶轴伸长呈鞭状匍匐茎，顶端有 1 芽胞。叶脉分离，侧脉二至三叉。孢子囊群圆形，生小脉上，在主脉两侧各排成 1 行；无囊群盖。

生于海拔 200-500 m 分水岭岩缝。产广东、香港。

P45. 鳞毛蕨科 Dryopteridaceae

16. 小戟叶耳蕨（小三叶耳蕨）
Polystichum hancockii (Hance) Diels

　　植株高 30-50 cm。根状茎先端及叶柄基部密被鳞片。叶簇生，薄草质；叶柄长 10-20 cm；叶戟状披针形，长 20-25 cm，基部宽 8-12 cm，具 3 线状披针形的羽片；侧生一对羽状羽片，长 2-5 cm，小羽片 5-6 对；中央羽片长 20-25 cm，一回羽状，小羽片 20-25 对；中部小羽片长 1.5-2 cm，宽 6-8 mm，斜长方形，基部上侧有三角形耳状突起，边缘具刺头粗齿；羽状脉，小脉单一。孢子囊群圆形，生于小脉顶端；囊群盖圆盾形，边缘啮蚀状，早落；孢子具小瘤状突起。

　　生于海拔 300-550 m 林下。产安徽、浙江、江西、福建、台湾、湖南、广东、广西。日本、朝鲜半岛也有分布。

17. 灰绿耳蕨
Polystichum scariosum (Roxb.) C. V. Morton
[*Polystichum eximium* (Mett. ex Kuhn) C. Chr.]

　　植株高 0.7-2 m。根状茎斜升，顶端及叶下部密生二型鳞片。叶簇生，柄长 20-80 cm，上面有深沟槽；叶片长 40-100 cm，宽 12-25 cm，二回羽状，有时一回羽状，侧生小羽片约 15 对，叶脉两面均不明显，小脉单一。叶革质，灰绿色，叶轴近顶部有 1-2 个密被棕色鳞片的芽胞，偶见羽轴近顶部也有芽胞；小羽片及上部羽片下面疏生钻形细小鳞片。孢子囊群生于小脉背部或顶端，较接近中肋，囊群盖小，全缘。

　　生山谷密林下溪沟边。产浙江、江西、湖南、台湾、海南、香港、广西、四川、贵州、云南。分布于斯里兰卡、泰国、越南、日本。

P46. 肾蕨科 Nephrolepidaceae

1. 肾蕨
Nephrolepis cordifolia (L.) C. Presl

　　附生或土生。根状茎直立，被钻形鳞片，匍匐茎横展，生有块茎，密被鳞片。叶簇生，坚草质；叶柄长 6-11 cm，密被淡棕色线形鳞片；叶线状披针形，长 30-70 cm，宽 3-5 cm，一回羽状；小羽片 45-120 对，呈覆瓦状排列，中部羽片长约 2 cm，宽 6-7 mm，基部心形，不对称，下侧为圆楔形或圆形，上侧为三角状耳形，叶缘具钝锯齿。叶脉明显，小脉顶端具纺锤形水囊。孢子囊群成 1 行位于主脉两侧，肾形，生于小脉顶端；囊群盖肾形，无毛。

　　生于海拔 30-500 m 溪边林下。产浙江、福建、台湾、湖南、广东、海南、广西、贵州、云南、西藏。世界热带及亚热带地区广布。块茎可食，供药用。

P48. 叉蕨科 Tectariaceae

1. 毛叶轴脉蕨

Tectaria devexa Copel. [*Ctenitopsis devexa* (Kunze) Ching et C. H. Wang]

植株高 30-70 cm。根状茎直立，顶部与叶柄基部密被鳞片。叶簇生，柄长 25-30 cm，上面有浅沟并疏被有关节的淡棕色短毛；叶片三角形，长 25-40 cm，三回羽裂，羽片 3-5 对，近对生，基部一对羽片最大，长 12-14 cm，中部的羽片披针形，长 7-9 cm；裂片镰状披针形，长 1-1.5 cm。叶脉沿羽轴及裂片主脉两侧联结成 1 行网眼，向外分离。叶薄纸质，两面疏被淡棕色毛，叶缘具睫毛。孢子囊群圆形，生于小脉顶端，接近叶缘，囊群盖圆肾形，全缘。

生密林下或山洞边潮湿处。产台湾、广东、海南、广西、四川、云南。分布热带亚洲。

2. 三叉蕨

Tectaria subtriphylla (Hook. et Arn.) Cop.

植株高 50-70 cm。根状茎长而横走。叶近生，纸质；叶柄长 20-40 cm，疏被有关节的淡棕色短毛；叶二型。不育叶三角状五角形，长 25-35 cm，基部宽 20-25 cm，先端长渐尖，基部近心形，一回羽状。能育叶形状相似，但各部缩狭；顶生羽片三角形，基部楔形而下延，两侧羽裂；基部一对羽片最大，三角披针形至三角形，两侧有小裂片。叶脉具六角形网眼，有内藏小脉。孢子囊群圆形，生于小脉联结处；囊群盖圆肾形，脱落。

生于海拔 100-450 m 密林下阴湿处、溪边岩石上。产台湾、福建、广东、海南、广西、贵州、云南。印度、斯里兰卡、缅甸、越南、印度尼西亚、波利尼西亚群岛也有分布。

P50. 骨碎补科 Davalliaceae

1. 圆盖阴石蕨

Humata tyermanni Moore

植株高达 20 cm。根状茎长而横走，密被蓬松的鳞片；鳞片线状披针形，长约 7 mm。叶远生，革质，两面光滑；叶柄长 6-8 cm；叶长三角状卵形，长 10-15 cm，三至四回羽状深裂；羽片约 10 对，基部一对最大，长 5.5-7.5 cm，宽 3-5 cm，三回深羽裂；一回小羽片 6-8 对，上侧的常较短；二回小羽片 5-7 对，长 5-8 mm，深羽裂；裂片全缘。叶脉上面隆起，小脉不达叶边。孢子囊群生于小脉顶端；囊群盖近圆形，全缘，几分离。

生于海拔 300-560 m 林中树干上、石上。产华东、华南及湖南、贵州、重庆、云南。越南、老挝也有分布。根状茎入药。

P51. 水龙骨科 Polypodiaceae

1. 槲蕨
Drynaria roosii Nakaike

　　根状茎直径 1-2 cm，密被鳞片；鳞片盾状着生，边缘有齿。叶螺旋状攀援；叶二型。基生不育叶圆形，长 5-9 cm，宽 3-7 cm，基部心形，浅裂至叶片宽度的 1/3。能育叶柄长 4-10 cm，具明显的狭翅；叶长 20-45 cm，深羽裂到距叶轴 2-5 mm 处，裂片 7-13 对，披针形，长 6-10 cm，边缘有疏钝齿。孢子囊群圆形、椭圆形，沿裂片中肋两侧各排列成 2-4 行，成熟时相邻 2 侧脉间有圆形孢子囊群 1 行，混生有大量腺毛。

　　常附生于海拔 100-600 m 岩石上、树干上。产江苏、安徽、江西、浙江、福建、台湾、海南、湖北、湖南、广东、广西、四川、重庆、贵州、云南。越南、老挝、柬埔寨、泰国和印度也有分布。根状茎药用。

2. 伏石蕨
Lemmaphyllum microphyllum C. Presl

　　小型附生蕨类。根状茎细长横走，淡绿色，疏生鳞片；鳞片粗筛孔，顶端钻状，下部略近圆形，两侧不规则分叉。叶远生；二型。不育叶近无柄；近球圆形或卵圆形，基部圆形或阔楔形，长 1.6-2.5 cm，宽 1.2-1.5 cm，全缘。能育叶柄长 3-8 mm；狭缩成舌状或狭披针形，长 3.5-6 cm，干后边缘反卷。叶脉网状，内藏小脉单一。孢子囊群线形，位于主脉与叶边之间，幼时被隔丝覆盖。

　　附生于海拔 95-600 m 林中树干上或岩石上。产台湾、浙江、福建、江西、安徽、江苏、湖北、广东、广西、云南。越南、朝鲜和日本也有分布。

3. 抱石莲
Lepidogrammitis drymoglossoides (Baker) Ching

　　根状茎细长横走，被钻状有齿棕色披针形鳞片。叶远生，相距 1.5-5 cm；二型。不育叶长圆形至卵形，长 1-3 cm，圆头或钝圆头，基部楔形，几无柄，全缘。能育叶舌状或倒披针形，长 3-6 cm，宽不及 1 cm，基部狭缩，具短柄，肉质，干后革质，正面光滑，背面疏被鳞片。孢子囊群圆形，沿主脉两侧各成一行，位于主脉与叶边之间。

　　附生于海拔 200-600 m 阴湿树干、岩石上。产长江流域各省及福建、广东、广西、贵州、陕西、甘肃。全草入药。

P51. 水龙骨科 Polypodiaceae

4. 瓦韦
Lepisorus thunbergianus (Kaulf.) Ching

植株高 8-20 cm。根状茎横走，密被披针形鳞片；鳞片褐棕色，仅叶边 1-2 行网眼透明，具锯齿。叶柄长 1-3 cm，禾秆色；叶线状披针形，中部最宽 0.5-1.3 cm，渐尖头，基部渐变狭并下延，干后黄绿色至淡黄绿色，纸质。主脉上下均隆起，小脉不见。孢子囊群圆形或椭圆形，彼此相距较近，成熟后扩展几密接，幼时被圆形褐棕色的隔丝覆盖。

附生于海拔 200-600 m 山坡林下树干、岩石上。产台湾、福建、江西、浙江、安徽、江苏、湖南、湖北、北京、山西、甘肃、四川、贵州、云南、西藏。朝鲜、日本、菲律宾也有分布。

5. 线蕨
Leptochilus ellipticus (Thunb.) Noot. [*Colysis elliptica* (Thunb.) Ching]

植株高 20-60 cm。根状茎长而横走，密生鳞片；鳞片卵状披针形，边缘有疏锯齿。叶远生，纸质，两面无毛；近二型。不育叶的叶柄长 6.5-38.5 cm，基部密生鳞片，向上光滑；叶片长圆状卵形或卵状披针形，一回羽裂深达叶轴；羽片或裂片 3-11 对，狭长披针形或线形，基部狭楔形而下延，在叶轴形成狭翅，翅宽不超过 1 cm，全缘。能育叶和不育叶近同形。孢子囊群线形，在每对侧脉间各排列成一行，伸达叶边；无囊群盖。

生于海拔 100-600 m 山坡林下、溪边岩石上。产江苏、安徽、浙江、江西、福建、湖南、广东、海南、香港、广西、贵州、云南。日本、越南也有分布。

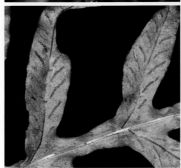

6. 褐叶线蕨
Leptochilus wrightii (Hook. et Bak.) X. C. Zhang [*Colysis wrightii* (Hook.) Ching]

植株高 20-50 cm。根状茎长而横走，密生鳞片，根密生；鳞片褐棕色，质薄。叶远生，叶柄短，长 1-3 cm，基部疏生鳞片；叶片倒披针形，长 20-35 cm，中部宽 2-4.5 cm，顶端渐尖呈尾状，向基部渐变狭并以狭翅长下延；叶脉明显，叶轴上疏生鳞片，侧脉斜展，小脉网状。叶薄草质，干后褐棕色，叶背疏生小鳞片。孢子囊群线形，着生于网脉上，在每对侧脉间排列成一行，从中脉斜出，直达叶边，无囊群盖，孢子囊群中有鳞片状隔丝着生。

附生于阴湿岩石上。产江西、福建、台湾、广东、广西、香港和云南等省区。日本、越南也有分布。

P51. 水龙骨科 Polypodiaceae

7. 柳叶剑蕨
Loxogramme salicifolia (Makino) Makino

多年生草本，植株高 15-35 cm。根状茎横走，被棕褐色、卵状披针形鳞片。叶远生，相距 1-2 cm；叶柄长 2-5 cm，基部有卵状披针形鳞片，向上光滑；叶披针形，长 12-32 cm，中部宽 1-3 cm，顶端长渐尖，基部渐缩狭并下延至叶柄下部，全缘；中肋上面明显，不达顶端，小脉网状，无内藏小脉；叶稍肉质。孢子囊群线形，通常在 10 对以上，与中肋斜交，稍密接，分布于叶片中部以上，下部不育，无隔丝；孢子较短，椭圆形，单裂缝。

附生于海拔 200-600 m 树干、岩石上。产浙江、安徽、河南、湖北、湖南、江西、福建、台湾、广东、广西、贵州、四川、甘肃。韩国、日本也有分布。

8. 江南星蕨
Neolepisorus fortunei (T. Moore) Li Wang
[*Microsorum fortunei* (T. Moore) Ching]

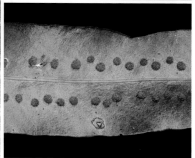

附生，植株高 30-100 cm。根状茎长而横走，顶部被鳞片；鳞片卵状三角形，有疏齿，筛孔较密，盾状着生，易脱落。叶远生，相距 1.5 cm，叶厚纸质，两面无毛；叶柄长 5-20 cm，禾秆色；叶线状披针形至披针形，长 25-60 cm，宽 1.5-7 cm，基部下延于叶柄成狭翅，全缘，有软骨质的边；中脉隆起。孢子囊群大，圆形，沿中脉两侧排列 1-2 行，靠近中脉；孢子豆形，周壁具不规则褶皱。

生于海拔 300-600 m 林下溪边岩石上、树干上。产长江流域及其以南各省区。马来西亚、不丹、缅甸、越南也有分布。全草药用。

9. 盾蕨
Neolepisorus ovatus (Bedd.) Ching

多年生草本，植株高 20-40 cm。根状茎横走，密生鳞片；卵状披针形，边缘有疏锯齿。叶远生；叶柄长 10-20 cm，密被鳞片；叶片卵状，基部圆形，宽 7-12 cm，全缘或下部分裂，下面有稀疏小鳞片。主脉隆起，侧脉明显，小脉网状，有内藏小脉。孢子囊群圆形，沿主脉两侧排成不整齐的多行，或在侧脉间排成不整齐的一行，幼时被盾状隔丝覆盖。

生于林下、溪边。产华东、华中、西南至华南各省区。

P51. 水龙骨科 Polypodiaceae

10. 相近石韦
Pyrrosia assimilis (Baker) Ching

　　植株高 5-15 cm。根状茎长而横走，密被线状披针形鳞片；鳞片边缘睫毛状，中部近黑褐色。叶近生，一型，纸质；无柄；叶片线形，长度变化很大，通常为 6-20 cm，上半部较宽，达 2-10 mm，钝圆头，向下不变狭；正面疏被星状毛，背面密被绒毛状长臂星状毛。主脉粗壮，下面明显隆起，上面稍凹陷。孢子囊群聚生于叶片上半部，幼时被星状毛覆盖，成熟时扩散并汇合而布满叶片下面；无盖。

　　附生于海拔 220-550 m 山坡林下阴湿岩石上。产河南、安徽、浙江、江西、湖南、广东、广西、贵州、四川。

11. 光石韦
Pyrrosia calvata (Baker) Ching

　　植株高 25-70 cm。根状茎短粗，横卧，被狭披针形鳞片；鳞片具长尾状渐尖头，边缘具睫毛。叶近生，一型；叶柄长 6-15 cm，木质，基部密被鳞片和长臂状星状毛；叶狭长披针形，长 25-60 cm，中部最宽达 2-5 cm，长尾状渐尖头，基部长下延，全缘，上面有黑色点状斑点，幼时被两层星状毛，渐脱落。主脉粗壮，下面圆形隆起。孢子囊群近圆形，聚生于叶片上半部，幼时略被星状毛覆盖；无盖。

　　附生于海拔 300-650 m 林下树干或岩石上。产浙江、福建、广东、广西、湖南、湖北、陕西、甘肃、贵州、四川、云南。全草用药。

12. 石韦
Pyrrosia lingua (Thunb.) Farwell

　　植株高 10-30 cm。根状茎长而横走，密被鳞片。叶远生，革质，近二型；叶柄与叶片大小和长短变化很大。能育叶通常远比不育叶得高而较狭窄，两者的叶片略比叶柄长。不育叶片近长圆形，下部 1/3 处为最宽，宽 1.5-5 cm，长 10-20 cm，全缘，下面淡棕色或砖红色，被星状毛。侧脉在下面隆起。孢子囊群近椭圆形，在侧脉间整齐成多行排列，布满整个叶片下面，初时为星状毛覆盖，成熟后呈砖红色。

　　附生于海拔 100-600 m 林下树干上、岩石上。产长江以南各省区，北至甘肃，西到西藏，东至台湾。印度、越南、朝鲜、日本也有分布。全草药用。

第3章

裸子植物

目 1. 苏铁目 Cycadales

G1. 苏铁科 Cycadaceae

1. 仙湖苏铁
Cycas fairylakea D. Yue Wang

植株高 1.5- 2 m。茎干圆柱形，有时主干不明显，呈丛生状。羽叶多数，长 2-3 m，平展，成熟后两侧多少下弯，叶柄具刺；幼叶具锈色毛；小羽片 66-130 对，羽片条形至镰刀状条形，革质，长 17-39 cm，中脉在两面隆起。小孢子叶球圆柱状长椭圆形，长 35-60 cm；大孢子叶球包被紧密，近半球形，大孢子叶阔卵形，密被黄褐色绒毛，后逐渐脱落近柄部有残留，不育顶片卵圆形，长 5-8.5 cm，边缘齿状深裂，顶裂片条形且多分叉，基部明显宽于侧裂片；胚珠 2-8。种子倒卵形至扁球形，黄褐色，无毛。

生海拔 100-300 m 的沟谷林下。我国特有种。主产广东，福建亦发现有少量分布。

目 4. 买麻藤目 Gnetales

G5. 买麻藤科 Gnetaceae

1. 小叶买麻藤
Gnetum parvifolium (Warb.) C. Y. Cheng ex Chun

缠绕藤本，高 4-12 m。茎枝圆形，皮土棕色或灰褐色，皮孔较明显。叶椭圆形至长倒卵形，革质，长 4-10 cm，宽 2.5 cm；侧脉细，在叶背隆起，弯曲前伸；叶柄长 5-8 mm。雄球花序不分枝或一次分枝，雄球花穗长 1.2-2 cm，具 5-10 轮环状总苞。雌球花序多生于老枝上，一次三出分枝，雌球花穗细长，每轮总苞内有雌花 5-8；雌球花序成熟时长 10-15 cm。成熟种子假种皮红色，长椭圆形，长 1.5-2 cm，先端常有小尖头；无种柄或近无柄。

生于海拔较低的干燥平地或湿润谷地林中，缠绕在大树上。产福建、广东、广西和湖南等地。

目 6. 松目 Pinales

7. 松科 Pinaceae

1. 马尾松（青松）
Pinus massoniana Lamb.

乔木，高达 45 m。树皮裂成不规则的鳞状块片；枝淡黄褐色；冬芽圆柱形，芽鳞边缘丝状。针叶 2 针一束，稀 3 针一束，长 12-20 cm，细柔，两面有气孔线。雄球花淡红褐色，圆柱形，弯垂，长 6-15 cm。雌球花单生或 2-4 聚生于新枝近顶端，淡紫红色。球果卵圆形，长 4-7 cm，有短梗，下垂。种鳞的鳞盾横脊微明显；种子长卵圆形，长 4-6 mm，连翅长 2-2.7 cm。花期 4-5 月，球果第二年 10-12 月成熟。

海拔 200-500 m。产江苏、安徽、河南、陕西、长江中下游各省区，南达福建、广东、台湾，西至四川，西南至贵州。越南北部有马尾松人工林。

目 7. 南洋杉目 Araucariales

G9. 罗汉松科 Podocarpaceae

1. 罗汉松（罗汉杉）
Podocarpus macrophyllus (Thunb.) D. Don

乔木，高达 20 m；树皮浅纵裂成薄片状脱落。叶螺旋状着生，条状披针形，微弯，长 7-12 cm，正面中脉显著隆起。雄球花穗状，腋生，常 3-5 簇生，长 3-5 cm。雌球花单生叶腋，有梗。种子卵圆形，径约 1 cm，先端圆，熟时肉质假种皮紫黑色，有白粉；种托肉质圆柱形，红色或紫红色；柄长 1-1.5 cm。花期 4-5 月，种子 8-9 月成熟。

野生种群稀少，栽培于庭园作观赏树。产江苏、浙江、福建、安徽、江西、湖南、四川、云南、贵州、广西、广东等地。日本也有分布。

目 8. 柏目 Cupressales

G1. 柏科 Cupressaceae

1. 刺柏（山刺柏）
Juniperus formosana Hayata

　　乔木，高达 12 m；树皮纵裂成长条薄片脱落；小枝下垂，三棱形。叶三叶轮生，条状刺形，长 1.2-2 cm，先端具锐尖头，上面稍凹，两侧各有 1 条白色气孔带。雄球花圆球形或椭圆形，长 4-6 mm。球果近球形，长 6-10 mm，熟时淡红褐色，被白粉或白粉脱落，间或顶部微张开。种子半月圆形，具 3-4 棱脊，顶端尖。

　　多散生于海拔 200-500 m 林中。中国特有种。产台湾、江苏、安徽、浙江、福建、江西、湖北、湖南、陕西、甘肃、青海、西藏、四川、贵州和云南。

第 4 章

被子植物

目 3. 木兰藤目 Austrobaileyales

A7. 五味子科 Schisandraceae

1. 红毒茴（莽草）
Illicium lanceolatum A. C. Smith

　　灌木或小乔木，高 3-10 m；枝条纤细。叶互生或假轮生，革质，披针形，长 5-15 cm，宽 1.5-4.5 cm，基部窄楔形；中脉凹陷；叶柄纤细，长 7-15 mm。花单生或 2-3，红色、深红色；花梗纤细，长 15-50 mm；花被片 10-15，肉质，长 8-12.5 mm。果梗长可达 6 cm，纤细、蓇葖 10-14 轮状排列，直径 3.4-4 cm。花期 4-6 月，果期 8-10 月。

　　生于海拔 200-500 m 阴湿峡谷和溪流沿岸，见混交林、疏林、灌丛中。产江苏、安徽、浙江、江西、福建、湖北、湖南、贵州。果和叶可提芳香油；根、根皮、果实有毒，不可作八角茴香使用。

2. 黑老虎（臭饭团）
Kadsura coccinea (Lem.) A. C. Smith

　　藤本，全株无毛。叶厚纸质，全缘，网脉不明显。花单生于叶腋，雌雄异株。雄花：花托长圆锥形，长 7-10 mm，顶端具钻状附属体；花被片 10-16，红色；雄蕊 14-48；花梗长 1-4 cm；雌花：花柱短钻状，顶端无盾状柱头冠，心皮 50-80，长圆柱形。聚合果近球形，红色或暗紫色；小浆果倒卵球形，外果皮革质，不显出种子。种子心形或卵状心形。花期 4-7 月，果期 7-11 月。

　　生于海拔 200-500 m 林下或林缘。产江西、湖南、广东、香港、海南、广西、四川、贵州、云南。越南也有分布。根药用，能行气活血，消肿止痛，治胃病、风湿骨痛。果味甜，可食。

3. 异形南五味子（大风沙藤）
Kadsura heteroclita (Roxb.) Craib

　　常绿木质大藤本，无毛。小枝褐色，干时黑色，老枝木栓层厚，块状纵裂。叶卵状椭圆形至阔椭圆形，全缘或上半部边缘有疏离的小锯齿。花单生叶腋，花被片白色或浅黄色，雌雄异株；雄花：具多数小苞片，花托顶端伸长圆柱状，突出于雄蕊群外，雄蕊 50-65，长 0.8-1.8 mm。雌花：雌蕊 30-55，子房长倒卵柱形，花柱顶端具盾状的柱头冠。聚合果近球形。种子长圆状肾形。花期 5-8 月，果期 8-12 月。

　　生于海拔 300-500 m 山谷、溪边、密林中。产湖北、广东、海南、广西、贵州、云南。孟加拉国、越南、老挝、缅甸、泰国、印度、斯里兰卡也有分布。藤及根称鸡血藤，药用，行气止痛，祛风除湿，治风湿骨痛、跌打损伤。

A7. 五味子科 Schisandraceae

4. 南五味子
Kadsura longipedunculata Finet et Gagnep.

藤本，无毛。叶卵状、倒卵状披针形，边有疏齿；正面具淡褐色透明腺点。花单生叶腋，雌雄异株；雄花：花梗长 0.7-4.5 cm，花被片白色或淡黄色，花托顶端伸长圆柱状，不凸出雄蕊群外，雄蕊 30-70，长 1-2 mm；雌花：花梗长 3-13 cm，雌蕊 40-60，花柱具盾状心形的柱头冠。聚合果球形。种子肾形。花期 6-9 月，果期 9-12 月。

生于海拔 200-600 m 山坡、林中。产江苏、安徽、浙江、江西、福建、湖北、湖南、广东、广西、四川、云南。根、茎、叶、种子均可入药；种子为滋补强壮剂和镇咳药，治神经衰弱、支气管炎等症；茎、叶、果实可提取芳香油。茎皮可作绳索。

目 5. 胡椒目 Piperales

A10. 三白草科 Saururaceae

1. 蕺菜（鱼腥草）
Houttuynia cordata Thunb.

腥臭草本，高 30-60 cm。茎下部伏地，上部直立。叶薄纸质，有腺点，卵形，长 4-10 cm，宽 2.5-6 cm，背面常呈紫红色；叶脉 5-7，全部基出或最内 1 对离基约 5 mm 从中脉发出；叶柄长 1-3.5 cm；托叶膜质，下部与叶柄合生而成长 8-20 mm 的鞘。花序长约 2 cm，宽 5-6 mm；总花梗长 1.5-3 cm。蒴果长 2-3 mm。花期 4-7 月。

生于沟边、溪边或林下湿地上。产华中、东南至西南。亚洲东部和东南部广布。全株入药，有清热、解毒、利水之效等。嫩根茎可食。

2. 三白草（塘边藕）
Saururus chinensis (Lour.) Baill.

湿生草本，高约 1 m。茎粗壮，有纵长粗棱和沟槽。叶纸质，密生腺点，茎顶端的 2-3 叶于花期常为白色，呈花瓣状；叶脉 5-7，均自基部发出；叶柄基部与托叶合生成鞘状，略抱茎。花序白色，长 12-20 cm；总花梗长 3-4.5 cm，无毛，但花序轴密被短柔毛；苞片近匙形。果近球形，直径约 3 mm，表面多疣状凸起。花期 4-6 月。

生于低湿沟边，塘边或溪旁。产河北、山东、河南和长江流域及其以南各省区。日本、菲律宾至越南也有分布。全株药用。

A11. 胡椒科 Piperaceae

1. 石蝉草

Peperomia blanda (Jacq.) Kunth

　　肉质草本，高 10-45 cm。茎基部匍匐，被短柔毛。叶对生轮生，膜质，有腺点，椭圆形，长 2-4 cm，宽 1-2 cm，顶端圆钝，基部渐，两面被短柔毛；基出脉 5 条；叶柄长 6-18 mm，被毛。穗状花序单生或 2-3 丛生，长 5-8 cm；总花梗被疏柔毛，长 5-15 mm；花疏离；苞片盾状，有腺点。浆果球形，顶端稍尖，直径 0.5-0.7 mm。花期 4-7 月及 10-12 月。

　　生于林谷、溪旁或湿润岩石上。产台湾经东南至西南。印度至马来西亚也有分布。全草药用，有散瘀消肿、止血等效能，治跌打刀伤、烧烫伤等。

2. 草胡椒

Peperomia pellucida (L.) Kunth

　　一年生肉质草本，高 20-40 cm。茎直立。叶互生，膜质，半透明，阔卵形或卵状三角形；叶脉 5-7，基出；叶柄长 1-2 cm。穗状花序顶生和与叶对生，细弱，长 2-6 cm，其与花序轴均无毛；花疏生；苞片近圆形，直径约 0.5 mm；花药近圆形，有短花丝；子房椭圆形，柱头顶生，被短柔毛。浆果球形，顶端尖，直径约 0.5 mm。花期 4-7 月。

　　生于林下湿地、石缝中或宅舍墙脚下，逸生。产福建、广东、广西、云南各地南部。原产热带美洲，现广布世界热带地区。

3. 华山蒟

Piper cathayanum M. G. Gilbert et N. H. Xia
[*Piper sinense* (Champ.) C. DC.]

　　攀援藤本；幼枝被较密的软柔毛，老枝近无毛。叶纸质，卵形、卵状长圆形或长圆形，基部深心形，两耳圆，有时重叠；叶脉 7 条，侧脉通常对生。花单性，雌雄异株，聚集成与叶对生的穗状花序。雌花序比雄花序短。浆果球形，无毛。花期 3-6 月。

　　生于密林中或溪涧边，攀援于树上或石上。产四川、贵州、广西、广东。

A11. 胡椒科 Piperaceae

4. 山蒟
Piper hancei Maxim.

攀援藤本，长数至 10 余米，除花序轴和苞片柄外，余均无毛。茎、枝具细纵纹，节上生根。叶纸质或近革质，卵状披针形或椭圆形；叶脉 5-7；叶柄长 5-12 mm。花单性，雌雄异株，穗状花序与叶对生。雄花序长 6-10 cm；苞片近圆形；雄蕊 2，花丝短。雌花序长约 3 cm，于果期延长。浆果球形，黄色，直径 2.5-3 mm。花期 3-8 月。

生于山地溪涧边、密林或疏林中，攀援于树上或石上。产浙江、福建、江西、湖南、广东、广西、贵州及云南。茎、叶药用，治风湿、咳嗽、感冒等。

5. 石南藤
Piper wallichii (Miq.) Hand.-Mazz.

攀援藤本；幼枝被疏毛，后脱落变无毛。叶硬纸质，狭卵形至卵形，长 7-14 cm，顶端长渐尖，有小尖头，基部短狭或钝圆，两侧近相等，有时下部的叶呈微心形；叶脉 5-7 条。花单性，雌雄异株，聚集成与叶对生的穗状花序。雄花序于花期几与叶片等长，雌花序比叶片短；总花梗远长于叶柄。浆果球形，有疣状凸起。

生于林中荫处或湿润地。产湖北、湖南、广东、广西、贵州、云南、四川、甘肃。广布于尼泊尔、印度、孟加拉国和印度尼西亚。

6. 假蒟
Piper sarmentosum Roxb.

多年生匍匐草本；长数至 10 余米。小枝近直立。叶近膜质，下部叶阔卵形，长 7-14 cm，宽 6-13 cm；上部的叶小，卵形或卵状披针形；叶脉 7；叶柄长 2-5 cm，匍匐茎的叶柄长可达 7-10 cm；叶鞘长约为叶柄之半。花单性，雌雄异株，穗状花序与叶对生。雄花序长 1.5-2 cm；花序轴被毛；苞片扁圆形；雄蕊 2。雌花序长 6-8 mm；苞片近圆形。浆果近球形，具 4 角棱。花期 4-11 月。

生于林下或村旁湿地上。产福建、广东、广西、云南、贵州及西藏各地。印度、越南、马来西亚、菲律宾、印度尼西亚、巴布亚新几内亚也有分布。药用；根治风湿骨痛、跌打损伤、风寒咳嗽、妊娠和产后水肿；果序治牙痛、胃痛、腹胀、食欲不振等。

A12. 马兜铃科 Aristolochiaceae

1. 通城虎（万丈藤）
Aristolochia fordiana Hemsl.

草质藤本。叶革质或薄革质，卵状心形，长 10-12 cm，宽 5-8 cm，叶背粉绿色仅网脉上密被茸毛；基出脉 5-7；密布油点，揉之具芳香；叶柄长 2-4 cm。总状花序长达 4 cm，有 3-4 花或有时仅 1 花，腋生；花梗长约 8 mm。蒴果长圆形或倒卵形，长 3-4 cm，直径 1.5-2 cm，褐色。种子卵状三角形，长和宽均约 5 mm。花期 3-4 月，果期 5-7 月。

生于山谷林下灌丛中和山地石隙中。产广西、广东、江西、浙江和福建。根供药用，味苦、辛，性温，有小毒，有解毒消肿、祛风镇痛、行气止咳之效。

2. 尾花细辛（顺河香）
Asarum caudigerum Hance

多年生草本，全株被散生柔毛。叶片阔卵形，长 4-10 cm，宽 3.5-10 cm，叶面深绿色，脉两旁偶有白色云斑，疏被长柔毛，叶背浅绿色，稀稍带红色，被较密的毛。花被绿色，被紫红色圆点状短毛丛；花梗长 1-2 cm，有柔毛；花被裂片直立，外面被柔毛；子房下位，具 6 棱，花柱合生，顶端 6 裂，柱头顶生。果近球状，直径约 1.8 cm，具宿存花被。花期 4-5 月，云南、广西可晚至 11 月。

生于海拔 350-600 m 林下、溪边和路旁阴湿地。产浙江、江西、福建、台湾、湖北、湖南、广东、广西、四川、贵州、云南等地。越南也有分布。全草入药，多作土细辛用。

3. 金耳环
Asarum insigne Diels

多年生草本；根状茎粗短，根丛生，有浓烈的麻辣味。叶片长卵形、卵形或三角状卵形，长 10-15 cm，基部耳状深裂，叶面中脉两旁有白色云斑，偶无；叶柄长 10-20 cm，有柔毛。花紫色，直径 3.5-5.5 cm，花被管钟状，中部以上扩展成一环突，然后缢缩，喉孔窄三角形，无膜环，花被裂片宽卵形至肾状卵形，长 1.5-2.5 cm，中部至基部有一半圆形白色垫状斑块。

生林下阴湿地或土石山坡上。产广东、广西、江西。本种全草具浓烈麻辣味，为广东产的"跌打万花油"的主要原料之一。

目 6. 木兰目 Magnoliales

A14. 木兰科 Magnoliaceae

1. 紫花含笑
Michelia crassipes Law

灌木或小乔木；芽、嫩枝、叶柄、花梗均密被红褐色或黄褐色长绒毛。叶革质，狭长圆形，长 7-13 cm，宽 2.5-4 cm，叶背面脉上被长柔毛；叶柄长 2-4 mm。花极芳香；紫红色或深紫色，花被片 6，长椭圆形，长 18-20 mm；雌蕊群不超出雄蕊群，密被柔毛。聚合果长 2.5-5 cm，具 10 以上蓇葖；蓇葖扁卵圆形，有乳头状突起和残留有毛，果梗粗短，长 1-2 cm。花期 4-5 月，果期 8-9 月。

生于海拔 300-600 m 的山谷密林中。产广东、湖南、江西、广西。

2. 金叶含笑
Michelia foveolata Merr. ex Dandy

乔木，高达 30 m；芽、幼枝、叶柄、叶背、花梗、密被红褐色短绒毛。叶厚革质，长圆状椭圆形，长 17-23 cm，宽 6-11 cm，基部阔楔形，圆钝或近心形，通常两侧不对称，叶面深绿色，有光泽，叶背被红铜色短绒毛；无托叶痕。花被片 9-12，淡黄绿色，花丝深紫色。聚合果长 7-20 cm；蓇葖长圆状椭圆形，长 1-2.5 cm。花期 3-5 月，果期 9-10 月。

生于海拔 300-600 m 的阴湿林中。产贵州东南部、湖北、湖南、江西、广东、广西、云南。越南也有分布。

A18. 番荔枝科 Annonaceae

1. 假鹰爪
Desmos chinensis Lour.

直立或攀援灌木；枝皮粗糙，有纵条纹，有灰白色凸起的皮孔。叶薄纸质，长圆形，长 4-13 cm，宽 2-5 cm，基部圆形或稍偏斜，叶面有光泽，叶背粉绿色。花黄白色，单生；外轮花瓣长达 9 cm，宽达 2 cm，顶端钝，内轮花瓣长圆状披针形，长达 7 cm，宽达 1.5 cm。果有柄；念珠状，长 2-5 cm，内有种子 1-7。种子球状，直径约 5 mm。花期夏至冬季，果期 6 月至翌年春季。

生于丘陵山坡、林缘灌木丛中或低海拔旷地、荒野及山谷等地。产广东、广西、云南和贵州。印度、老挝、柬埔寨、越南、马来西亚、新加坡、菲律宾和印度尼西亚也有分布。根、叶可药用，主治风湿骨痛、跌打、皮癣等。海南民间有用其叶制酒饼，故有"酒饼叶"之称。

A18. 番荔枝科 Annonaceae

2. 白叶瓜馥木
Fissistigma glaucescens (Hance) Merr.

攀援灌木，长达 3 m；枝条无毛。叶近革质，长圆形，基部圆形或钝形，两面无毛，叶背白绿色，干后苍白色；叶柄长约 1 cm。花数朵集成聚伞式的总状花序，花序顶生，长达 6 cm，被黄色绒毛；外轮花瓣阔卵圆形，长约 6 mm，内轮花瓣卵状长圆形，长约 5 mm；心皮约 15，被褐色柔毛，每心皮有 2 胚珠。果圆球状，直径约 8 mm，无毛。花期 1-9 月，果期几乎全年。

生于山地林中，为常见的植物。产广西、广东、福建和台湾。根可供药用，活血除湿，可治风湿和痨伤。茎皮纤维坚韧，广西民间有做绳索和点火绳用。广东民间有取叶作酒饼药。

3. 瓜馥木（山龙眼藤）
Fissistigma oldhamii (Hemsl.) Merr.

攀援灌木，长约 8 m；小枝被黄褐色柔毛。叶革质，倒卵状椭圆形，长 6-12.5 cm，宽 2-5 cm，基部阔楔形或圆形，叶面无毛，叶背被短柔毛；叶柄长约 1 cm，被短柔毛。花 1-3 集成密伞花序；外轮花瓣长 2.1 cm，宽 1.2 cm，内轮花瓣长 2 cm，宽 6 mm；每心皮约有 10 胚珠，2 排。果圆球状，直径约 1.8 cm，密被黄棕色绒毛。种子圆形，直径约 8 mm；果柄长不及 2.5 cm。花期 4-9 月，果期 7 月至翌年 2 月。

生于低海拔山谷水旁灌木丛中。产浙江、江西、福建、台湾、湖南、广东、广西、云南。越南也有分布。花可提制瓜馥木花油或浸膏，用于调制化妆品、皂用香精的原料。种子油供工业用油和调制化妆品。根可药用，治跌打损伤和关节炎。果成熟时味甜，去皮可吃。

4. 香港瓜馥木
Fissistigma uonicum (Dunn) Merr.

攀援灌木，除果实和叶背被稀疏柔毛外无毛。叶纸质，长圆形，长 4-20 cm，宽 1-5 cm，基部圆形或宽楔形，叶背淡黄色，干后呈红黄色。花黄色，有香气，1-2 聚生于叶腋；花梗长约 2 cm；萼片卵圆形；外轮花瓣长 2.4 cm，宽 1.4 cm，顶端钝，内轮花瓣长 1.4 cm，宽 6 mm；每心皮有 9 胚珠。果圆球状，直径约 4 cm，成熟时黑色，被短柔毛。花期 3-6 月，果期 6-12 月。

生于丘陵山地林中。产广西、广东、湖南和福建等地。叶可制酒饼药。果味甜，可食。

A18. 番荔枝科 Annonaceae

5. 光叶紫玉盘（挪藤）
Uvaria boniana Finet et Gagnep.

攀援灌木，除花外全株无毛。叶纸质，长圆形，基部楔形或圆形；叶柄长 2-8 mm。花紫红色，1-2；花梗长 2.5-5.5 cm；花瓣革质，外轮花瓣长和宽约 1 cm，内轮花瓣比外轮花瓣稍小；柱头马蹄形，顶端 2 裂，每心皮有 6-8 胚珠。果球形或椭圆状卵圆形，直径约 1.3 cm，成熟时紫红色，无毛；果柄细长，长 4-5.5 cm，无毛。花期 5-10 月，果期 6 月至翌年 4 月。

生于丘陵山地疏密林中较湿润的地方。产江西、广东和广西。越南也有分布。

6. 紫玉盘（油椎）
Uvaria macrophylla Roxb.

直立灌木，高约 2 m，枝条蔓延性；幼枝、幼叶、叶柄、花梗、苞片、萼片、花瓣、心皮和果均被黄色星状柔毛，老渐无毛。叶革质，长倒卵形，长 10-23 cm，宽 5-11 cm，基部近心形或圆形。花 1-2，与叶对生，暗紫红色，直径 2.5-3.5 cm；花梗长 2 cm 以下；花瓣内外轮相似，卵圆形。果卵圆形或短圆柱形，长 1-2 cm，直径 1 cm，暗紫褐色。种子圆球形，直径 6.5-7.5 mm。花期 3-8 月，果期 7 月至翌年 3 月。

生于低海拔灌木丛中或丘陵山地疏林中。产广西、广东和台湾。越南和老挝也有分布。根可药用，治风湿、跌打损伤、腰腿痛等；叶可止痛消肿。

目 7. 樟目 Laurales

A23. 莲叶桐科 Hernandiaceae

1. 小花青藤
Illigera parviflora Dunn

藤本。茎具沟棱；幼枝被微柔毛。指状复叶互生，具 3 小叶；叶柄长 4-8 cm，无毛；小叶纸质，椭圆状披针形，长 7-14 cm，先端渐尖，基部偏斜，两面无毛；小叶柄长 1.2-2.5 cm。聚伞状圆锥花序腋生，长 10-20 cm，密被灰褐色微柔毛；花绿白色；花萼管密被灰褐色微柔毛；萼片 5；花瓣长 4 mm，外面被毛；子房下位，柱头波状扩大成鸡冠状。果具 4 翅，直径 7-9 cm，长 4-4 cm。花期 5-10 月，果期 11-12 月。

生于海拔 200-500 m 山地密林、疏林或灌丛中。产云南、贵州、广西、广东及福建等地。越南、马来西亚也有分布。根药用，有驱风除湿之效，治疗风湿骨痛。

A23. 莲叶桐科 Hernandiaceae

2. 红花青藤（毛青藤）
Illigera rhodantha Hance

藤本；幼枝、花梗及叶柄被金黄褐色绒毛。茎具沟棱。指状复叶互生，有 3 小叶；叶柄长 4-10 cm；小叶纸质，卵形，长 6-11 cm，宽 3-7 cm，先端钝，基部圆形或近心形，全缘。聚伞花序组成的圆锥花序腋生，狭长；花瓣玫红色；雄蕊 5，被毛；附属物花瓣状；子房下位，花柱长 5 mm，被黄色绒毛，柱头波状扩大成鸡冠状。果具 4 翅，长 2.5-3.5 cm。花期（6-）9-11 月，果期 12 月至翌年 4-5 月。

生于海拔 200-500 m 山谷密林或疏林灌丛中。产广东、广西、云南。

A25. 樟科 Lauraceae

1. 广东黄肉楠
Actinodaphne koshepangii Chun ex H. T. Chang

小乔木，高达 10 m。小枝被灰褐色柔毛，基部有时宿存的芽鳞片。叶簇生于枝顶成轮生状，长圆状卵形或长圆形，长 9-13 cm，背面幼时被柔毛，老时脱落无毛，羽状脉，中脉在上面下陷，在下面突起，侧脉每边 7-9 条。伞形花序 1-4 个，腋生或生于无叶的当年生枝侧；苞片外面有贴伏灰褐色柔毛。果球形。

生密林中。产广东、湖南。

2. 无根藤（无头草）
Cassytha filiformis L.

寄生缠绕草本，借盘状吸根攀附于寄主植物上。茎线形，绿色或绿褐色。叶退化为微小的鳞片。穗状花序长 2-5 cm，密被锈色短柔毛；花小，白色，长不及 2 mm；无梗；花被裂片 6，排成二轮；子房卵珠形，几无毛，花柱短，略具棱，柱头小，头状。果小，卵球形，包藏于花后增大的肉质果托内，但彼此分离，顶端有宿存的花被片。花果期 5-12 月。

生于海拔 280-600 m 山坡灌木丛或疏林中。产云南、贵州、广西、广东、湖南、江西、浙江、福建及台湾等地。热带亚洲、非洲和澳大利亚也有分布。

A25. 樟科 Lauraceae

3. 毛桂（假桂皮）
Cinnamomum appelianum Schewe

　　小乔木，高 4-6 m，极多分枝，分枝对生；树皮灰褐色或榄绿色。枝条略芳香，圆柱形，当年生枝密被污黄色硬毛状绒毛，老枝无毛，黄褐色或棕褐色，疏生有灰褐色长圆形皮孔。叶互生或近对生，椭圆形，基部楔形至近圆形，革质，叶背密被皱波状污黄色疏柔毛，离基三出脉。圆锥花序生于当年生枝条基部叶腋内，各级序轴被黄褐色微硬毛状短柔毛或柔毛；花白色，长 3-5 mm；子房宽卵球形，长 1.2 mm，无毛。未成熟果椭圆形，长约 6 mm，宽 4 mm，绿色；果托增大，漏斗状，长达 1 cm，顶端具齿裂。花期 4-6 月，果期 6-8 月。

　　生于海拔 300-600 m 山坡或谷地的灌丛和疏林中。产湖南、江西、广东、广西、贵州、四川、云南等地。树皮可代肉桂入药。木材作一般用材，并可作造纸糊料。

4. 阴香
Cinnamomum burmannii (Nees et T. Nees) Blume

　　乔木，高达 14 m；树皮光滑。叶互生或近对生，卵圆形至披针形，长 5.5-10.5 cm，革质，两面无毛，离基三出脉；叶柄长 0.5-1.2 cm。圆锥花序腋生或近顶生，长 2-6 cm，密被灰白微柔毛；花绿白色，长约 5 mm；花梗纤细，长 4-6 mm，被灰白微柔毛；花被两面密被灰白微柔毛。果卵球形，长约 8 mm；果托长 4 mm，具齿裂。花期秋、冬季，果期在冬末及春季。

　　生于海拔 100-500 m 疏林、密林、灌丛或溪边路旁。产广东、广西、云南及福建。印度，经缅甸和越南，至印度尼西亚和菲律宾也有分布。树皮作肉桂皮代用品。皮、叶、根均可提制芳香油。

5. 樟
Cinnamomum camphora (L.) Presl

　　常绿大乔木，高可达 30 m；枝、叶及木材均有樟脑气味；树皮黄褐色，有不规则的纵裂。叶互生，卵状椭圆形，基部宽楔形至近圆形，边缘全缘，软骨质，有时呈微波状，两面无毛，具离基三出脉，侧脉及支脉脉腋下面有明显腺窝，窝内常被柔毛；叶柄纤细，长 2-3 cm。圆锥花序腋生，长 3.5-7 cm；总梗长 2.5-4.5 cm；花绿白或带黄色，长约 3 mm；花梗长 1-2 mm，无毛。果卵球形，直径 6-8 mm，紫黑色；果托杯状，长约 5 mm。花期 4-5 月，果期 8-11 月。

　　多生于山坡或沟谷中，但常有栽培。产西南。越南、朝鲜、日本也有分布，其他国家常有引种栽培。木材及根、枝、叶可提取樟脑和樟油。

A25. 樟科 Lauraceae

6. 野黄桂（稀花樟）
Cinnamomum jensenianum Hand.-Mazz.

小乔木，高不达 6 m；树皮灰褐色，有桂皮香味。枝条曲折，二年生枝褐色，密布皮孔，一年生枝具棱角。叶常近对生，披针形，长 5-10（-20）cm，宽 1.5-3（-6）cm，基部宽楔形至近圆形，厚革质，叶背被蜡粉，但鲜时几不灰白色，离基三出脉。花序伞房状，具 2-5 花，通常长 3-4 cm；苞片早落；花黄色或白色，长约 4（-8）mm；花梗长 5-10（-20）mm。果卵球形，长 1 cm，直径达 6 mm；果托倒卵形，具齿裂。花期 4-6 月，果期 7-8 月。

生于海拔 300-600 m 山坡常绿阔叶林或竹林中。产湖南、湖北、四川、江西、广东及福建等地。

7. 黄樟
Cinnamomum parthenoxylon (Jack.) Meissn

常绿乔木，树干通直，高 10-20 m；树皮暗灰褐色，深纵裂，小片剥落，具有樟脑气味。枝条粗壮，圆柱形，绿褐色，小枝具棱角。芽卵形，鳞片近圆形，被绢状毛。叶椭圆形卵状，长 6-12 cm，宽 3-6 cm，革质，叶下面腺窝具毛簇，羽状脉。圆锥花序于枝条上部腋生或近顶生；花小，绿带黄色；花梗纤细，长达 4 mm。果球形，直径 6-8 mm，黑色；果托狭长倒锥形，红色，有纵长的条纹。花期 3-5 月，果期 4-10 月。

生于海拔 600 m 以下的常绿阔叶林或灌木丛中。产广东、广西、福建、江西、湖南、贵州、四川、云南。巴基斯坦、印度经马来西亚至印度尼西亚也有分布。

8. 少花桂（三条筋）
Cinnamomum pauciflorum Nees

乔木，高 3-14 m；树皮黄褐色，具白色皮孔，有香气。枝条具纵向细条纹，幼枝多少呈四棱形。叶互生，卵圆形，边缘内卷，厚革质，三出脉或离基三出脉，侧脉对生。圆锥花序腋生，3-5（-7）花，常呈伞房状；总梗长 1.5-4 cm；花黄白色，长 4-5 mm；花梗长 5-7 mm，被灰白微柔毛。果椭圆形，长 11 mm，直径 5-5.5 mm，成熟时紫黑色，具栓质斑点；果托浅杯状；果梗长达 9 mm，先端略增宽。花期 3-8 月，果期 9-10 月。

生于海拔 300-600 m 石灰岩或砂岩上的山地或山谷疏林或密林中。产湖南、湖北、四川、云南、贵州、广西及广东。印度也有分布。树皮及根入药。

A25. 樟科 Lauraceae

9. 香桂
Cinnamomum subavenium Miq.

乔木，高达 20 m；树皮灰色，平滑。小枝纤细，密被黄色平伏绢状短柔毛。叶在幼枝上近对生，在老枝上互生、椭圆形、卵状椭圆形至披针形，长 4-13.5 cm，下面密被黄色平伏绢状短柔毛，老时毛被渐脱落但仍明显可见，三出脉或近离基三出脉，中脉及侧脉在上面凹陷，下面显著凸起。花淡黄色，花梗密被黄色平伏绢状短柔毛。花被内外两面密被短柔毛。果椭圆形。

生于海拔 300-600 m 的山坡或山谷的常绿阔叶林中。产云南、贵州、四川、湖北、广西、广东、安徽、浙江、江西、福建及台湾等省区。分布于印度、中南半岛及马来群岛。

10. 辣汁树
Cinnamomum tsangii Merr.

小乔木。小枝压扁或具棱角，初时被浓密银白色绢毛，以后毛被渐消失。叶披针形或长圆状披针形，长 5-10 cm，先端明显镰状渐尖，基部宽楔形，薄革质，幼时两面有银白色绢毛，老时上面无毛，下面密被浅褐色绢毛或两面变无毛，离基三出脉。花序聚伞状，腋生，单一或簇生，多少被银白色绢毛，具 3-5 花，花梗长达 5 mm，密被银白色绢毛，花被内外两面密被绢毛。

生山顶疏林或混交林中。产广东、湖南、江西及福建。

11. 厚壳桂（硬壳槁、香花桂）
Cryptocarya chinensis (Hance) Hemsl.

乔木，高达 20 m；树皮暗灰色，粗糙。老枝多少具棱角，疏布皮孔；小枝圆柱形，具纵向细条纹。叶互生或对生，长椭圆形，长 7-11 cm，宽（2-）3.5-5.5 cm，基部阔楔形，革质，叶面光亮，叶背苍白色，具离基三出脉。圆锥花序腋生及顶生，长 1.5-4 cm；具梗，被黄色小绒毛；花淡黄色，长约 3 mm；花梗极短。果球形，长 7.5-9 mm，直径 9-12 mm，熟时紫黑色，有纵棱。花期 4-5 月，果期 8-12 月。

生于海拔 300-600 m 山谷荫蔽的常绿阔叶林中。产四川、广西、广东、福建及台湾。本种木材纹理通直，结构细致，材质稍硬和稍重，适于上等家具、高级箱盒、工艺等用材。

A25. 樟科 Lauraceae

12. 硬壳桂（仁昌厚壳桂）
Cryptocarya chingii Cheng

乔木，高至 12 m。老枝有稀疏长圆形的皮孔，具纵向条纹；幼枝密被灰黄色短柔毛。叶互生，长圆形，长 6-13 cm，宽 2.5-5 cm，基部楔形，两面有伏贴的灰黄色丝状短柔毛。圆锥花序腋生及顶生，长（3-）3.5-6 cm，花序各部密被灰黄色丝状短柔毛。果幼时椭圆形，淡绿色，成熟时椭圆球形，长约 17 mm，瘀红色，有 12 纵棱。花期 6-10 月，果期 9 月至翌年 3 月。

生于海拔 300-550 m 常绿阔叶林中。产广东、广西、江西、福建及浙江等。越南北部也有。木材刨片浸水所溶出的黏液可作发胶等用。叶尚合樟油。

13. 乌药（鳞毗树）
Lindera aggregata (Sims) Kosterm

常绿灌木或小乔木，高可达 5 m；树皮灰褐色。幼枝青绿色，具纵向细条纹，密被金黄色绢毛，老时无毛。叶互生，卵形，通常长 2.7-5 cm，宽 1.5-4 cm，基部圆形，革质，叶面绿色，叶背苍白色，幼时密被棕褐色柔毛，三出脉。伞形花序腋生，无总梗，常 6-8 花序集生于 1-2 mm 长的短枝上，有 7 花；花被片 6，黄色或黄绿色，子房椭圆形，长约 1.5 mm，被褐色短柔毛，柱头头状。果卵形，长 0.6-1 cm，直径 4-7 mm。花期 3-4 月，果期 5-11 月。

生于海拔 200-600 m 向阳坡地、山谷或疏林灌丛中。产浙江、江西、福建、安徽、湖南、广东、广西、台湾等。越南、菲律宾也有。根药用，为散寒理气健胃药。

14. 香叶树（香叶子）
Lindera communis Hemsl.

常绿灌木或小乔木，高（1-）3-4（-5）m；树皮淡褐色。当年生枝条具纵条纹，被黄白色短柔毛，基部有密集芽鳞痕。叶互生，革质，叶背被黄褐色柔毛，后渐脱落成疏柔毛或无毛，羽状脉。伞形花序具 5-8 花，总梗极短；雄花黄色，花被片 6，卵形；雌花黄色或黄白色，花被片 6，卵形。果卵形，长约 1 cm，宽 7-8 mm，成熟时红色；果梗长 4-7 mm，被黄褐色微柔毛。花期 3-4 月，果期 9-10 月。

常见于干燥沙质土，散生或混生于常绿阔叶林中。产陕西、甘肃、湖南、湖北、江西、浙江、福建、台湾、广东、广西、云南、贵州、四川等。中南半岛也有。种仁可供食用，作可可豆脂代用品。枝叶入药，民间用于治疗跌打损伤及牛马癣疥等。

A25. 樟科 Lauraceae

15. 山胡椒（假死柴）
Lindera glauca (Sieb. et Zucc.) Bl.

落叶灌木或小乔木，高达 8 m；冬芽长角锥形，芽鳞裸露部分红色。幼枝条白黄色，初有褐色毛。叶互生，长 4-9 cm，宽 2-4（-6）cm，叶背被白色柔毛，纸质，羽状脉；叶枯后不落，翌年新叶发出时落下。伞形花序腋生，总梗短；雄花花被片黄色，椭圆形，花梗密被白色柔毛；雌花花被片黄色，椭圆或倒卵形，花梗长 3-6 mm。熟时黑褐色；果梗长 1-1.5 cm。花期 3-4 月，果期 7-8 月。

生于海拔 500 m 以下山坡、林缘、路旁。产山东、河南、陕西、甘肃、山西、江苏、安徽、浙江、江西、福建、台湾、广东、广西、湖北、湖南、四川等。中南半岛、朝鲜、日本也有。木叶、果皮可提芳香油。根、枝、叶、果药用。

16. 黑壳楠
Lindera megaphylla Hemsl.

常绿乔木，高达 20 m，树皮灰黑色。顶芽大，卵形，芽鳞外面被白色微柔毛。叶互生，倒披针形至倒卵状长圆形，有时长卵形，长 10-23 cm，下面淡绿苍白色。伞形花序多花，通常着生于叶腋长 3.5 mm 具顶芽的短枝上，具总梗。果椭圆形至卵形，长约 1.8 cm，成熟时紫黑色，宿存果托杯状。

生于山坡、山谷湿润常绿阔叶林中。产陕西、甘肃、四川、云南、贵州、湖北、湖南、安徽、江西、福建、广东、广西等省区。

17. 绒毛山胡椒（绒钓樟）
Lindera nacusua (D. Don) Merr.

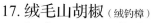

常绿灌木或小乔木，高 2-10（-15）m；树皮灰色，有纵向裂纹。枝条褐色，具纵向细条纹，幼时密被黄褐色长柔毛。叶互生，革质，光亮，叶面中脉有时略被黄褐色柔毛，叶背密被黄褐色长柔毛。伞形花序单生或 2-4 簇生于叶腋。雄花黄色，每伞花序约有 8 花；花被片 6，卵形。雌花黄色，每伞形花序（2-）3-6 花；花被片 6，宽卵形。果近球形，成熟时红色。花期 5-6 月，果期 7-10 月。

生于海拔 300-600 m 谷地或山坡的常绿阔叶林中。产广东、广西、福建、江西、四川、云南及西藏东南部。尼泊尔、印度、缅甸及越南也有。

A25. 樟科 Lauraceae

18. 尖脉木姜子
Litsea acutivena Hay.

常绿小乔木，高达 7 m。嫩枝密被黄褐色长柔毛，老枝近无毛。叶互生或聚生枝顶，披针形、倒披针形或长圆状披针形，长 4-11 cm，先端急尖或短渐尖，基部楔形，下面有黄褐色短柔毛，沿叶脉毛较密，羽状脉，侧脉每边 9-10 条，中脉、侧脉在叶上面均下陷，在下面突起，横脉在叶下面明显突起，与侧脉几垂直相连。伞形花序生于当年生枝上端，簇生。果椭圆形。

生于山坡密林中。产台湾、福建、广东、广西。分布于中南半岛。

19. 山鸡椒（山苍子）
Litsea cubeba (Lour.) Pers.

落叶灌木或小乔木，高达 8-10 m；幼树树皮黄绿色，光滑，老树树皮灰褐色。小枝细长，绿色，枝、叶具芳香味。叶互生，纸质，两面均无毛，羽状脉。伞形花序单生或簇生，每一花序有 4-6 花，先叶开放或与叶同时开放。果近球形，直径约 5 mm，无毛，幼时绿色，成熟时黑色；果梗长 2-4 mm，先端稍增粗。花期 2-3 月，果期 7-8 月。

生于海拔 300-600 m 向阳的山地、灌丛、疏林或林中路旁、水边。产广东、广西、福建、台湾、浙江、江苏、安徽、湖南、湖北、江西、贵州、四川、云南、西藏。东南亚也有。根、茎、叶和果实均可入药，有祛风散寒、消肿止痛之效。

20. 黄丹木姜子（长叶木姜子）
Litsea elongata (Wall. ex Nees) Benth. et Hook. f.

乔木，高达 12 m；树皮灰黄色或褐色。小枝密被褐色绒毛。叶互生，革质，叶面无毛，叶背被短柔毛，羽状脉；叶柄密被褐色绒毛。伞形花序单生，少簇生，总梗密被褐色绒毛，每花序有 4-5 花，雌花序较雄花序略小；花被裂片 6，卵形。果长圆形，长 11-13 mm，直径 7-8 mm，成熟时黑紫色；果托杯状；果梗长 2-3 mm。花期 5-11 月，果期 2-6 月。

生于海拔 300-600 m 山坡路旁、溪旁、杂木林下。产广东、广西、湖南、湖北、四川、贵州、云南、西藏、安徽、浙江、江苏、江西、福建。尼泊尔、印度也有。木材可供建筑及家具等用。种子可榨油，供工业用。

A25. 樟科 Lauraceae

21. 潺槁木姜子（潺槁树）
Litsea glutinosa (Lour.) C. B. Rob.

　　乔木，高 3-15 m；树皮灰褐色，内皮有黏质。小枝幼时有灰黄色绒毛。叶互生，革质，幼时两面均有毛，老时上面仅中脉略有毛，羽状脉；叶柄有灰黄色绒毛。伞形花序生于小枝上部叶腋，每花序有数花；花梗被灰黄色绒毛，花被不完全或缺。果球形，直径约 7 mm，果梗长 5-6 mm，先端略增大。花期 5-6 月，果期 9-10 月。

　　生于海拔 300-600 m 山地林缘、溪旁、疏林或灌丛中。产广东、广西、福建及云南南部。越南、菲律宾、印度也有。树皮和木材含胶质，可作黏合剂。根皮和叶民间入药，清湿热、消肿毒，治腹泻，外敷治疮痈。

22. 假柿木姜子（假柿树）
Litsea monopetala (Roxb.) Pers.

　　常绿乔木，高达 18 m；树皮灰色或灰褐色。小枝淡绿色，密被锈色短柔毛。叶互生，宽卵形，长 8-20 cm，宽 4-12 cm，薄革质，叶背密被锈色短柔毛，羽状脉，叶柄长 1-3 cm，密被锈色短柔毛。伞形花序簇生叶腋，每花序有 4-6 花或更多，花序总梗长 4-6 mm；花梗长 6-7 mm，有锈色柔毛；雄花花被片 5-6，黄白色；雌花较小。果长卵形，长约 7 mm，直径 5 mm；果托浅碟状。花期 11 月至翌年 5-6 月，果期 6-7 月。

　　生于阳坡灌丛或疏林中，海拔可至 500 m，但多见于低海拔的丘陵地区。产广东、广西、贵州西南部、云南南部。东南亚各国及印度、巴基斯坦也有。叶民间用来外敷治关节脱臼。为紫胶虫的寄主植物之一。

23. 豺皮樟（圆叶木姜子）
Litsea rotundifolia Hemsl. var. *oblongifolia* (Nees) Allen

　　常绿灌木或小乔木，高可达 3 m；树皮灰色或灰褐色，常有褐色斑块。小枝灰褐色，纤细，无毛或近无毛。叶散生，叶卵状长圆形，长 2.5-5.5 cm，宽 1-2.2 cm，薄革质，两面无毛，羽状脉。伞形花序常 3 簇生叶腋，几无总梗，每花序有 3-4 花，花小，近于无梗；花被筒杯状，花被裂片 6，倒卵状圆形。果球形，直径约 6 mm，几无果梗，成熟时灰蓝黑色。花期 8-9 月，果期 9-11 月。

　　生于海拔 600 m 以下丘陵地下部的灌木林中或疏林中或山地路旁。产广东、广西、湖南、江西、福建、台湾、浙江。越南也有。叶、果可提芳香油。叶含黄酮甙、酚类、氨基酸、糖类等，可入药。

A25. 樟科 Lauraceae

24. 轮叶木姜子（槁木姜）
Litsea verticillata Hance

常绿灌木或小乔木，高 2-5 m；树皮灰色。小枝灰褐色，密被黄色长硬毛，老枝褐色，无毛。叶 4-6 轮生，披针形，薄革质，叶面边缘有长柔毛，叶背有黄褐色柔毛，羽状脉；叶柄密被黄色长柔毛。伞形花序 2-10 集生于小枝顶部，每花序有 5-8 花；淡黄色，近于无梗。果卵形，长 1-1.5 cm，直径 5-6 mm，顶端有小尖头；果托碟状，边缘常残留有花被片；果梗短。花期 4-11 月，果期 11 月至翌年 1 月。

生于海拔 500 m 以下山谷、溪旁、灌丛中或杂木林中。产广东、广西、云南南部。越南、柬埔寨也有。

25. 华润楠（桢南）
Machilus chinensis (Champ. ex Benth.) Hemsl.

乔木，高 8-11 m，无毛。芽细小。叶倒卵状长椭圆形，长 5-8（-10）cm，宽 2-3（-4）cm，革质，中脉在叶面凹下，叶背凸起；叶柄长 6-14 mm。圆锥花序顶生，2-4 聚集，长约 3.5 cm，有 6-10 花；花白色，花梗长约 3 mm。果球形，直径 8-10 mm；花被裂片通常脱落，间有宿存。花期 11 月，果期翌年 2 月。

生于山坡阔叶混交疏林或矮林中。产广东、广西。越南也有。木材坚硬，可作家具。

26. 黄绒润楠（黄桢楠）
Machilus grijsii Hance

乔木，高可达 5 m；芽、小枝、叶柄、叶下面有黄褐色短绒毛。叶革质，中脉和侧脉在叶面凹下，在叶背隆起。花序短，丛生小枝枝梢，长约 3 cm，密被黄褐色短绒毛；总梗长 1-2.5 cm；花梗长约 5 mm，花被裂片薄，长椭圆形，近相等，长约 3.5 mm，两面均被绒毛。果球形，直径约 10 mm。花期 3 月，果期 4 月。

生于灌木丛中或密林中。产福建、广东、江西、浙江。

A25. 樟科 Lauraceae

27. 广东润楠
Machilus kwangtungensis Yang

　　乔木，高达 10 m。当年生枝密被锈色绒毛。叶长椭圆形或倒披针形，长 6-11（15）cm，下面淡绿色，有贴伏小柔毛，侧脉每边 10-12 条。圆锥花序生于新枝下端，长 5-10.5 cm，有灰黄色小柔毛，在上端分枝，花梗纤细，长 5-7 mm；花被裂片近等长，长圆形，两面都有小柔毛。果近球形，略扁，直径 8-9 mm。

　　生山地或山谷林中。产广东、广西、湖南、贵州。

28. 建润楠
Machilus oreophila Hance

　　灌木或乔木，高 5-8 m；树皮灰色或黑褐色。嫩枝、顶芽、嫩叶叶面和叶背的中脉上被黄棕色绒毛，三年生枝上的皮孔散生，纵裂。叶长披针形，薄革质，叶面深绿色，无毛，但不光亮，叶背带粉绿色，有柔毛，中脉在叶面凹陷，叶背明显凸起。圆锥花序多数，丛生枝梢；花梗长约 5 mm，花被裂片长圆形。果球形，直径 7-10 mm，嫩时绿色，熟时紫黑色；果梗长 7-8 mm，有小柔毛。花期 3-4 月，果期 5-8 月。

　　生于山谷林边水旁或河边；适生于河旁水边，宜作护岸防堤树种。产福建、广东、湖南、广西、贵州。

29. 刨花润楠（刨花楠）
Machilus pauhoi Kanehira

　　乔木，高 6.5-20 m；树皮灰褐色，有浅裂。小枝绿带褐色。叶常集生小枝梢端，革质，叶面无毛，叶背嫩时除中脉和侧脉外密被灰黄色贴伏绢毛，中脉上面凹下，叶背明显突起。聚伞状圆锥花序生当年生枝下部，疏花；花被裂片卵状披针形，长约 6 mm，先端钝，两面都有小柔毛，子房无毛，近球形，花柱较子房长，柱头小，头状。果球形，直径约 1 cm，熟时黑色。

　　生于土壤湿润肥沃的山坡灌丛或山谷疏林中。产浙江、福建、江西、湖南、广东、广西等。木材供建筑、制家具，刨成薄片，叫"刨花"，浸水中可产生黏液，加入石灰水中，用于粉刷墙壁，能增加石灰的黏着力，并可用于制纸。

A25. 樟科 Lauraceae

30. 凤凰润楠
Machilus phoenicis Dunn

中等乔木，高约 5 m；树皮褐色，全株无毛。枝和小枝粗壮，紫褐色，干时有纵向皱纹。叶二三年不脱落，厚革质，叶面中脉略凹下，有时近平坦，带红褐色。花序多数，生于枝端，长 5-8 cm，在上端分枝；总梗与分枝带红褐色；花被裂片近等长，长圆形或狭长圆形，绿色，子房无毛。果球形，直径约 9 mm；宿存的花被裂片革质；花梗增粗。

生于混交林中。产广东、湖南、福建、浙江南部。

31. 红楠
Machilus thunbergii Sieb. et Zucc.

常绿中等乔木，通常高 10-15（-20）m；树皮黄褐色。枝条紫褐色，老枝粗糙，嫩枝紫红色，二三年生枝上有少数纵裂和唇状皮孔。叶倒卵形，长 4.5-9（-13）cm，宽 1.7-4.2 cm，革质；叶柄和中脉一样带红色。花序顶生或在新枝上腋生，多花，总梗带紫红色；子房球形，无毛，花梗长 8-15 mm。果扁球形，直径 8-10 mm，初时绿色，后变黑紫色；果梗鲜红色。花期 2 月，果期 7 月。

生于山地阔叶混交林中，在东部各省及湖南，垂直分布在海拔 600 m 以下。产山东、江苏、浙江、安徽、台湾、福建、江西、湖南、广东、广西。日本、朝鲜也有。树皮入药，有舒筋活络之效。

32. 绒毛润楠（绒楠）
Machilus velutina Champ. ex Benth.

乔木，高可达 18 m；枝、芽、叶下面和花序均密被锈色绒毛。叶狭倒卵形，长 5-11（-18）cm，宽 2-5（-5.5）cm，革质，叶面有光泽，中脉叶面稍凹下。花序单独顶生或数个密集在小枝顶端，近无总梗，分枝多而短，近似团伞花序；花黄绿色，有香味，被锈色绒毛，子房淡红色。果球形，直径约 4 mm，紫红色。花期 10-12 月，果期翌年 2、3 月。

产广东、广西、福建、江西、浙江。中南半岛也有。

A25. 樟科 Lauraceae

33. 锈叶新木姜子（石槁）
Neolitsea cambodiana Lec.

　　乔木，高达 12 m。小枝近轮生，幼时密被锈色绒毛。顶芽鳞片被锈色短柔毛。叶 3-5 近轮生，长圆状披针形，长 10-17 cm，革质，幼叶两面密被锈色绒毛；叶柄长 1-1.5 cm，密被锈色绒毛。伞形花序多簇生叶腋或枝侧，近无总梗；花梗长约 2 mm，密被锈色长柔毛；雄花花被卵形，密被长柔毛，能育雄蕊 6；雌花退化雄蕊基部有柔毛，柱头 2 裂。果球形，直径 8-10 mm；果托扁平盘状。花期 10-12 月，果期翌年 7-8 月。

　　生于海拔 600 m 以下山地混交林中。产福建、江西、湖南、广东、广西。柬埔寨、老挝也有。

34. 鸭公树（大叶樟）
Neolitsea chuii Merr.

　　乔木，高 8-18 m；树皮灰青色或灰褐色。小枝绿黄色，除花序外，其他各部均无毛。叶互生或聚生枝顶呈轮生状，椭圆形，长 8-16 cm，宽 2.7-9 cm，革质，离基三出脉，中脉与侧脉于两面突起。伞形花序腋生或侧生，多个密集，总梗极短或无，每花序有 5-6 花；花梗长 4-5 mm，被灰色柔毛。果椭圆形或近球形，长约 1 cm，直径约 8 mm；果梗长约 7 mm，略增粗。花期 9-10 月，果期 12 月。

　　生于海拔 300-600 m 山谷或丘陵地的疏林中。产广东、广西、湖南、江西、福建、云南东南部。果核含油量 60% 左右，油供制肥皂和润滑等用。

35. 美丽新木姜子
Neolitsea pulchella (Meissn.) Merr.

　　乔木，高 6-8 m；树皮灰色或灰褐色。小枝纤细，幼时具褐色短柔毛。叶互生或聚生于枝端呈轮生，椭圆形，革质，叶背幼时具灰色长柔毛，离基三出脉，最下一对侧脉离叶基部 4-10 mm 处发出，其余侧脉自中脉中上部发出；叶柄幼时密被褐色柔毛。伞形花序腋生，单独或 2-3 簇生，雄花序有 4-5 花；花梗密被长柔毛。果球形，直径 4-6 mm；果托浅盘状；果梗细。花期 10-11 月，果期 8-9 月。

　　生于混交林中或山谷中。产广东、广西、福建。

A25. 樟科 Lauraceae

36. 紫楠
Phoebe sheareri (Hemsl.) Gamble

大灌木至乔木，高 5-15 m；树皮灰白色，小枝、叶柄及花序密被黄褐色或灰黑色柔毛或绒毛。叶革质，倒卵形，长 8-27 cm，宽 3.5-9 cm，叶背密被黄褐色长柔毛，中脉和侧脉上面下陷。圆锥花序在顶端分枝；花长 4-5 mm，花被片卵形，两面被毛。果卵形，长约 1 cm，直径 5-6 mm；果梗略增粗，被毛；宿存花被片卵形，两面被毛，松散。

生于海拔 500-650 m 的山地阔叶林中。产长江流域及其以南各省区。

目 8. 金粟兰目 Chloranthales

A26. 金粟兰科 Chloranthaceae

1. 丝穗金粟兰
Chloranthus fortunei (A. Gray) Solms-Laub

多年生草本，高 15-40 cm；根状茎粗短，茎直立。叶对生，通常 4 片生于茎上部，纸质，宽椭圆形、长椭圆形或倒卵形，长 5-11 cm，边缘有圆锯齿或粗锯齿，嫩叶背面密生细小腺点；侧脉 4-6 对，网脉明显；叶柄长 1-1.5 cm；托叶条裂成钻形。穗状花序单一，由茎顶抽出，连总花梗长 4-6 cm；苞片倒卵形，通常 2-3 齿裂；花白色，有香气；雄蕊 3 枚，着生于子房上部外侧，药隔伸长成丝状，长 1-1.9 cm。核果球形，淡黄绿色。

生于海拔 100-300 m 山坡或低山林下阴湿处和竹林中。产山东、江苏、安徽、浙江、台湾、江西、湖北、湖南、广东、广西、四川。

2. 华南金粟兰
Chloranthus sessilifolius var. *austrosinensis* K. F. Wu

多年生草本。根状茎粗壮；茎直立，有 4-5 明显的节，下部节上对生 2 膜质鳞状叶。叶无柄；叶对生，4 片近轮生于茎顶，纸质，叶椭圆形，边缘具锐锯齿，齿端有腺体，叶背中脉和侧脉密被皮屑状鳞毛。穗状花序自茎顶抽出，有 2-4 下垂的分枝，总花梗长 4-9 cm；花白色，子房卵形，无花柱，柱头截平，边缘有齿突。核果近球形；具短柄。花期 3-4 月，果期 5-7 月。

生于海拔 260-600 m 密林下、山坡、路旁林边、草丛。产湖南、江西、福建、广东、广西、贵州。

A26. 金粟兰科 Chloranthaceae

3. 金粟兰
Chloranthus spicatus (Thunb.) Makino

半灌木，直立或平卧，高 30-60 cm；茎圆柱形。叶对生，厚纸质，椭圆形或倒卵状椭圆形，长 5-11 cm，顶端急尖或钝，基部楔形，边缘具圆齿状锯齿，腹面深绿色，光亮侧脉 6-8 对，两面稍凸起；叶柄长 8-18 mm，基部多少合生；托叶微小。穗状花序排列成圆锥花序状，通常顶生；苞片三角形；花小，黄绿色，极芳香；雄蕊 3 枚，药隔合生成一卵状体，上部不整齐 3 裂。果倒卵形或梨形，长约 4 mm。

生于山坡、沟谷密林下。产云南、四川、贵州、福建、广东。

4. 草珊瑚（节骨茶）
Sarcandra glabra (Thunb.) Nakai

常绿半灌木，高 50-120 cm；茎与枝均有膨大的节。叶革质，椭圆形，长 6-17 cm，宽 2-6 cm，边缘具粗锐锯齿，齿尖有一腺体，两面均无毛；叶柄长 0.5-1.5 cm，基部合生成鞘状；托叶钻形。穗状花序顶生，连总花梗长 1.5-4 cm，苞片三角形；花黄绿色，雄蕊 1，子房球形或卵形，无花柱，柱头近头状。核果球形，直径 3-4 mm，熟时亮红色。花期 6 月，果期 8-10 月。

生于海拔 320-600 m 山坡、沟谷林下阴湿处。产湖南、华东、华南、西南。朝鲜、日本、马来西亚、菲律宾、越南、柬埔寨、印度、斯里兰卡也有。全株药用。

目 9. 菖蒲目 Acorales

A27. 菖蒲科 Acoraceae

1. 金钱蒲（石菖蒲）
Acorus gramineus Soland. [*Acorus tatarinowii* Schott]

多年生草本，高 20-30 cm。根茎长 5-10 cm，横走或斜伸；根肉质，多数；须根密集；根茎上部多分枝，呈丛生状。叶基对折，叶，线形，绿色，长 20-30 cm，无中肋。花序柄长 2.5-9（-15）cm；叶状佛焰苞短，为肉穗花序长的 1-5 倍，稀比肉穗花序短；肉穗花序黄绿色，圆柱形，长 3-9.5 cm，粗 3-5 mm。果序粗达 1 cm，果黄绿色。花期 5-6 月，果 7-8 月成熟。

生于海拔 600 m 以下的水旁湿地或石上。产浙江、江西、湖北、湖南、广东、广西、陕西、甘肃、四川、贵州、云南、西藏。各地常栽培。根茎入药。

目 10. 泽泻目 Alismatales

A28. 天南星科 Araceae

1. 尖尾芋

Alocasia cucullata (Lour.) Schott

直立草本。地上茎黑褐色，具环形叶痕，通常由基部发出新枝，成丛生状。叶柄由中部至基部强烈扩大成宽鞘；叶膜质至亚革质，中肋和一级侧脉均较粗。花序柄圆柱形，常单生，长 20-30 cm；佛焰苞近肉质；肉穗花序比佛焰苞短，长约 10 cm，雌花序长 1.5-2.5 cm，基部斜截形，不育雄花序长 2-3 cm，能育雄花序近纺锤形，长 3.5 cm，黄色；附属器黄绿色。浆果近球形，直径 6-8 mm，通常有种子 1。花期 5 月。

生于海拔 600 m 以下的溪谷湿地或田边。在浙江、福建、广西、广东、四川、贵州、云南等地星散分布。孟加拉国、斯里兰卡、缅甸、泰国也有。全株药用，为治毒蛇咬伤要药。能清热解毒、消肿镇痛。本品有毒，内服久煎 6 h 以上可避免中毒。

2. 海芋

Alocasia odora (Roxb.) K. Koch [*Alocasia macrorrhiza* (L.) Schott]

大型草本。具匍匐根茎，有直立茎，基部长出不定芽条。叶柄螺状排列，长可达 1.5 m；叶多数亚革质，草绿色，箭状卵形，边缘波状，长 50-90 cm。花序柄 2-3 丛生，圆柱形，长 12-60 cm；肉穗花序芳香，雌花序白色，长 2-4 cm，不育雄花序绿白色，能育雄花序淡黄色，长 3-7 cm；附属器淡绿色至乳黄色，圆锥状，长 3-5.5 cm。浆果红色，卵状，长 8-10 mm。种子 1-2。花期四季。

常成片生于海拔 400 m 以下林缘或河谷野芭蕉林下。产江西、福建、台湾、湖南、广东、广西、四川、贵州、云南等。孟加拉国、印度、中南半岛、新加坡、马来西亚、菲律宾、印度尼西亚都有。根茎供药用，对腹痛、霍乱、疝气等有良效。茎、叶有毒，勿食。

3. 南蛇棒 (蛇枪头)

Amorphophallus dunnii Tutcher

块茎球形。叶柄、花序柄皆呈苍白色，光滑，斑块灰绿色；叶 3 裂，Ⅰ 次裂片下部羽状分裂，基部以上二歧分裂；Ⅱ 次裂片羽状分裂；裂片互生。花序柄长 25-60 cm，光滑；佛焰苞兜状；肉穗花序与佛焰苞近等长，雌花序长 8-20 mm，雄花序长 2.5-3 cm；附属器浅黄色。浆果熟时蓝色，长约 1 cm，内有 2 种子。花期 4-5 月，果 9 月成熟。

生于海拔 600 m 以下的林下或灌丛中。中国特有种。产广东和广西大部分地区。

A28. 天南星科 Araceae

4. 东亚魔芋
Amorphophallus kiusianus (Makino) Makino

多年生宿根草本。块茎扁球形，直径 3-20 cm；鳞叶 2，卵形，有青紫色、淡红色斑块。叶柄长达 1.5 m，光滑，具白色斑块；叶 3 裂，第一次裂片二歧分叉，最后羽状深裂，小裂片长 6-10 cm。花序柄长 25-45 cm，具白色斑块；佛焰苞长 15-20 cm，外面绿色，具白色斑块，内面暗青紫色；肉穗花序长 10-22 cm，雌花序长 2-3 cm，雄花序长 3-4 cm；附属器长圆锥状，长 7-14 cm，深青紫色，散生紫色硬毛。浆果蓝色。花期 5 月。

生于海拔 600 m 以下林下、灌丛中。产江苏、浙江、福建、江西、湖南等。块茎供药用，或作蔬食。

5. 天南星
Arisaema heterophyllum Blume

块茎扁球形。叶柄圆柱形，粉绿色，下部 3/4 鞘筒状；叶常单 1，鸟足状分裂，裂片 13-19，全缘，叶面暗绿色，叶背淡绿色。花序柄长 30-55 cm；佛焰苞管部圆柱形，粉绿色，内面绿白色；肉穗花序两性和雄花序单性；两性花序：下部雌花序长 1-2.2 cm，上部雄花序长 1.5-3.2 cm；单性雄花序长 3-5 cm，各种花序附属器苍白色；雌花球形，雄花具柄。浆果黄红色、红色，圆柱形。种子黄色，具红色斑点。花期 4-5 月，果期 7-9 月。

生于海拔 600 m 以下的林下、灌丛或草地。除西北、西藏外，全国均产。日本、朝鲜也有。块茎入药称天南星，为历史悠久的中药之一，用胆汁处理过的称胆南星。近年来用鲜南星制成南星阴道栓剂或南星宫颈管栓剂治疗子宫颈癌有良效。

6. 野芋
Colocasia antiquorum Schott

湿生草本。块茎球形，有多数须根；匍匐茎常从块茎基部外伸，具小球茎。叶柄肥厚，直立，长可达 1.2 m；叶片盾状卵形，基部心形，长 40-50 cm。花序柄比叶柄短许多。佛焰苞苍黄色，长 15-25 cm，管部淡绿色，长圆形；檐部狭长的线状披针形，先端渐尖。肉穗花序短于佛焰苞，雌花序与不育雄花序等长，各长 2-4 cm；能育雄花序和附属器各长 4-8 cm。

生于沼泽地。产长江以南各省区。

A28. 天南星科 Araceae

7. 浮萍
Lemna minor L.

飘浮植物。叶状体对称，叶面绿色，叶背浅黄色或绿白色或常为紫色，近圆形，倒卵形或倒卵状椭圆形，全缘，长1.5-5 mm，宽2-3 mm，叶面沿中线隆起，脉3条，叶背垂生丝状根1条，根白色，长3-4 cm，根冠钝头，根鞘无翅。叶状体背面一侧具囊，新叶状体于囊内形成浮出，以极短的细柄与母体相连，随后脱落。雌花具弯生胚珠1。果实无翅，近陀螺状。种子具凸出的胚乳并具12-15纵肋。

生于水田、池沼或其他静水水域。全国均产。

8. 滴水珠（石半夏）
Pinellia cordata N. E. Brown

块茎球形至长圆形。叶1；叶柄常紫色或绿色具紫斑，下部及顶头各有1珠芽。幼株叶心状长圆形；多年生植株叶片心形，叶背淡绿色或红紫色。花序柄短于叶柄；佛焰苞绿色，淡黄带紫色；肉穗花序：雌花序长1-1.2 cm，雄花序长5-7 mm；附属器青绿色。花期3-6月，果8-9月成熟。

生于海拔600 m以下林下溪旁、潮湿草地、岩石边、岩隙中或岩壁上。中国特有种。产安徽、浙江、江西、福建、湖北、湖南、广东、广西、贵州。块茎入药，有小毒，能解毒止痛、散结消肿。

9. 半夏（三步跳）
Pinellia ternata (Thunb.) Breit.

块茎圆球形。叶柄基部具鞘；珠芽在母株上萌发或落地后萌发；叶2-5，有时1，幼苗叶卵状心形至戟形，全缘，老株叶3全裂。花序柄长于叶柄；佛焰苞绿色或绿白色；肉穗花序：雌花序长2 cm，雄花序长5-7 mm，其中间隔3 mm；附属器绿色变青紫色。浆果卵圆形，黄绿色，先端渐狭为明显的花柱。花期5-7月，果8月成熟。

常见于海拔500 m以下的草坡、荒地、田边或疏林下。除内蒙古、新疆、青海、西藏尚未发现野生种外，全国均产。朝鲜、日本也有。块茎入药，有毒，能燥湿化痰，降逆止呕，生用消疖肿。

A28. 天南星科 Araceae

10. 石柑子（毒蛇上树、上树葫芦）
Pothos chinensis (Raf.) Merr.

附生藤本，长 0.4-6 m。茎亚木质，淡褐色，近圆柱形，具纵条纹，节上常束生气生根；分枝下部常具 1 线形鳞叶。叶纸质，叶面深绿色，叶背淡绿色，中肋在叶面稍下陷，叶背隆起；叶柄倒卵状长圆形或楔形。花序腋生；佛焰苞卵状，绿色；肉穗花序短，椭圆形至近圆球形，淡绿色、淡黄色，长 7-8 (-11) mm，粗 5-6 (-10) mm。浆果黄绿色至红色，卵形或长圆形，长约 1 cm。花果期四季。

生于海拔 600 m 以下的阴湿密林中，常匍匐于岩石上或附生于树干上。产湖北、台湾、广东、广西、四川、贵州、云南。越南、老挝、泰国也有。

11. 紫萍
Spirodela polyrhiza (L.) Schleid.

叶状体扁平，阔倒卵形，长 5-8 mm，先端钝圆，表面绿色，背面紫色，具掌状脉 5-11 条，背面中央生 5-11 条根，根长 3-5 cm，白绿色；根基附近的一侧囊内形成圆形新芽，萌发后，幼小叶状体渐从囊内浮出，由一细弱的柄与母体相连。

生于水田、水塘、水沟。产南北各地。世界温带及热带地区广布。

12. 犁头尖（野附子）
Typhonium blumei Nicolson et Sivadasan

块茎近球形、头状或椭圆形。幼株叶 1-2，叶深心形至戟形；多年生植株有叶 4-8，叶戟状三角形，前裂片、后裂片长卵形，中肋 2 面稍隆起。花序柄单 1，淡绿色，圆柱形，直立；佛焰苞：管部绿色，卵形，檐部绿紫色，卷成长角状，内面深紫色，外面绿紫色；肉穗花序无柄；雌花序圆锥形，中性花序淡绿色，雄花序橙黄色；附属器深紫色，具强烈的粪臭。花期 5-7 月。

生于海拔 600 m 以下地边、田头、草坡、石隙中。产浙江、江西、福建、湖南、广东、广西、四川、云南。印度、缅甸、越南、泰国至印度尼西亚、帝汶岛，北至日本。块茎入药。有毒。能解毒消肿、散结、止血。一般外用，不作内服。

A30. 泽泻科 Alismataceae

1. 矮慈姑（瓜皮草）
Sagittaria pygmaea Miq.

一年生，稀多年生沼生或沉水草本。叶条形，稀披针形，通常具横脉。花葶高 5-35 cm，直立；花序总状，长 2-10 cm，具花 2（-3）轮；花单性，外轮花被片绿色，倒卵形，宿存，内轮花被片白色，圆形或扁圆形，雌花 1，单生，或与 2 雄花组成 1 轮。瘦果两侧压扁，具翅，近倒卵形。花果期 5-11 月。

生于沼泽、水田、沟溪浅水处。产陕西、山东、江苏、安徽、浙江、江西、福建、台湾、河南、湖北、湖南、广东、海南、广西、四川、贵州、云南等。越南、泰国、朝鲜、日本等也有。全草入药，有清热、解毒、利尿等作用。

2. 野慈姑
Sagittaria trifolia L.

多年生挺水草本。根状茎横走，末端膨大或否。挺水叶箭形，叶片长短、宽窄变异很大，通常顶裂片短于侧裂片。花葶直立，挺水，高 20-70 cm。花序总状或圆锥状，长 5-20 cm，具分枝 1-2 枚，具花多轮，每轮 2-3 花；苞片 3 枚，基部多少合生，先端尖。花单性；花被片反折，内轮花被片白色或淡黄色；雌花心皮多数，花柱自腹侧斜上；雄花雄蕊多数，花药黄色，花丝长短不一，通常外轮短，向里渐长。瘦果两侧压扁，倒卵形，具翅；果喙短，自腹侧斜上。

生于池塘、沼泽、沟渠、水田等水域。产全国各地。分布于亚洲及欧洲东南部。

A32. 水鳖科 Hydrocharitaceae

1. 水筛（广东省新记录）
Blyxa japonica (Miq.) Maxim. ex Asch. u. Gurk.

沉水草本。具根状茎。直立茎分枝，高 10-20 cm，圆柱形。叶螺旋状排列，披针形，基部半抱茎，边缘有细锯齿，中脉明显；无柄。佛焰苞腋生，绿色；花两性，花瓣 3，白色，线形。果圆柱形，长 1-2.5 cm。种子多数，长椭圆形，光滑。花果期 5-10 月。

生于水田、池塘和水沟中。产辽宁、江苏、安徽、浙江、江西、福建、台湾、湖北、湖南、广东、海南、广西、四川等。印度、孟加拉国、尼泊尔、马来西亚、朝鲜、日本、意大利和葡萄牙均有。

A32. 水鳖科 Hydrocharitaceae

2. 黑藻（水王孙）
Hydrilla verticillata (L. f.) Royle

多年生沉水草本。茎圆柱形，质较脆。苞叶多数，螺旋状紧密排列。叶 3-8 轮生，线形或长条形，主脉 1，明显。花单性，雌雄同株或异株；雄佛焰苞近球形，绿色；雄花萼片 3，白色，花瓣 3，反折开展，白色或粉红色，雄花成熟后自佛焰苞内放出，漂浮于水面开花；雌佛焰苞管状，绿色；苞内 1 雌花。果实圆柱形，表面常有 2-9 刺状凸起。植物以休眠芽繁殖为主。花果期 5-10 月。

生于淡水中。产黑龙江、河北、陕西、山东、江苏、安徽、浙江、江西、福建、台湾、河南、湖北、湖南、广东、海南、广西、四川、贵州、云南等。欧亚大陆热带至温带地区广布。

3. 小茨藻
Najas minor All.

一年生沉水草本。植株纤细，基部节上生有不定根；株高 4-25 cm。茎圆柱形，节间长 1-10 cm，分枝多，呈二叉状；上部叶呈 3 叶假轮生，下部叶近对生，于枝端较密集，无柄；叶片线形，渐尖，柔软或质硬，长 1-3 cm，宽 0.5-1 mm，边缘每侧有 6-12 枚锯齿，齿长为叶片宽的 1/5-1/2；叶鞘上部呈倒心形，长约 2 mm，叶耳截圆形至圆形。花小，单性，单生于叶腋。瘦果狭长椭圆形，长 2-3 mm。

丛生于池塘、湖泊、水沟和稻田中。产南北各省区。分布于亚洲、欧洲、非洲和美洲各地。

4. 龙舌草
Ottelia alismoides (L.) Pers.

沉水草本，茎短缩。叶基生，膜质，叶形多变，在植株个体发育的不同阶段，初生叶线形，后出现披针形、椭圆形、广卵形等叶；叶柄长短随水体的深浅而异。两性花，偶见单性花，佛焰苞椭圆形至卵形，长 2.5-4 cm，顶端 2-3 浅裂，有 3-6 条纵翅；总花梗长 40-50 cm；花无梗，单生；花瓣白色、淡紫色或浅蓝色；雄蕊 3-9（-12）枚；子房下位，近圆形，心皮 3-9（-10）枚。果长 2-5 cm。

生于沟渠、水塘、水田以及积水洼地。产南北各省区。广布于非洲、亚洲至澳大利亚。

A34. 水蕹科 Aponogetonaceae

1. 水蕹（田干菜）
Aponogeton lakhonensis A. Camus

　　多年生淡水草本。根茎卵球形或长锥形。叶沉没水中或漂浮水面，草质，狭卵形至披针形，全缘；沉水叶柄长 9-15 cm，浮水叶柄长 40-60 cm。穗状花序单一，顶生，花期挺出水面，佛焰苞早落，花两性，无梗；花被片 2，黄色，离生，匙状倒卵形。果为蓇葖果，卵形，顶端渐狭成一外弯的短钝喙。花期 4-10 月。

　　生于浅水塘、溪沟及蓄水稻田中。产浙江、福建、江西、广东、海南、广西（永福）等。印度、泰国、柬埔寨、越南和马来西亚均有。

A38. 眼子菜科 Potamogetonaceae

1. 菹草（虾藻）
Potamogeton crispus L.

　　多年生沉水草本，根茎近圆柱形。茎稍扁，多分枝。叶条形，叶缘多少呈浅波状；无柄。休眠芽腋生，略似松果，长 1-3 cm。穗状花序顶生，具花 2-4 轮；花序梗棒状，较茎细；花小，被片 4，淡绿色。果实卵形，长约 3.5 mm，果喙长可达 2 mm。花果期 4-7 月。

　　生于池塘、水沟、水稻田、灌渠及缓流河水中，水体多呈微酸至中性。全国均产。世界广布种。本种为草食性鱼类的良好天然饵料。我国一些地区选其为囤水田养鱼的草种。

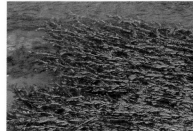 

2. 鸡冠眼子菜
Potamogeton cristatus Regel et Maack

　　多年生水生草本，茎纤细，近基部常匍匐地面，于节处生出多数纤长的须根，具分枝。叶两型，花期前全部为沉水型叶，线形，互生，无柄，长 2.5-7 cm，宽约 1 mm，先端渐尖，全缘；近花期或开花时出现浮水叶，通常互生，在花序梗下近对生，叶片椭圆形或矩圆形，革质，长 1.5-2.5 cm，宽 0.5-1 cm，具长 1-1.5 cm 的柄。穗状花序顶生，或呈假腋生状，具花 3-5 轮，密集；花小，被片 4。果实斜倒卵形，长约 2 mm，背部中脊明显成鸡冠状。

　　生于静水池塘及水稻田中。产南北各省区。俄罗斯、朝鲜、日本也有分布。

A38. 眼子菜科 Potamogetonaceae

3. 竹叶眼子菜

Potamogeton wrightii Morong [*Potamogeton malaianus* Miq.]

多年生沉水草本。根茎发达，白色，节处生有须根。茎圆柱形，直径约 2 mm。叶条形或条状披针形，具长柄；叶片长 5-19 cm，宽 1-2.5 cm，先端钝圆而具小凸尖，边缘浅波状，有细微的锯齿；中脉显著，自基部至中部发出 6 至多条与之平行、并在顶端连接的次级叶脉，三级叶脉清晰可见；托叶大而明显，近膜质，与叶片离生，鞘状抱茎，长 2.5-5 cm。花果期 6-10 月。

生于灌渠、池塘、河流等水体。产我国南北各省区。俄罗斯、朝鲜、日本、东南亚各国及印度也有分布。

目 12. 薯蓣目 Dioscoreales

A43. 沼金花科 Nartheciaceae

1. 短柄粉条儿菜

Aletris scopulorum Dunn

植株具球茎。叶 1-5 片丛生，线形，长 5-15 cm，宽 2-4 mm。花葶高 10-30 cm，纤细，有毛，中下部有几枚长 7-15 mm 的苞片状叶；总状花序长 4-11 cm，疏生几朵花；苞片 2 枚，条状披针形，位于花梗的中部，长 3-5 mm，短于花；花梗长 1-2.5（-3.5）mm，有毛；花被白色，有毛，分裂到中部，裂片条形。蒴果近球形，长 2.5-3 mm。

生崖壁或草坡上。产浙江、江西、湖南、广东、福建。分布于日本。

A44. 水玉簪科 Burmanniaceae

1. 头花水玉簪

Burmannia championii Thw.

一年生腐生草本；根茎块状。茎直立，高 6-8 cm，纤细，白色。基生叶无，茎生叶退化呈鳞片状，披针形，长 1.5-5 mm。苞片披针形，长 3.5-5.5 mm。花近无柄，通常 2-7（12）朵簇生于茎顶呈头状，白色，无翅而仅有 3 脉；外轮花被裂片三角形，长 4-5 mm，淡红棕色，上部具内卷的侧裂片；内轮花被裂片圆匙形，长 0.5 mm，边缘稍有乳突。蒴果倒卵形，长约 2.5 mm。

生于潮湿林下。产广东。分布于斯里兰卡、马来西亚、印度尼西亚、日本。

A45. 薯蓣科 Dioscoreaceae

1. 大青薯
Dioscorea benthamii Prain et Burkill

缠绕草质藤本。茎较细弱，无毛，右旋，无刺。叶片纸质，通常对生，卵状披针形至长圆形或倒卵状长圆形，长 2-7 (-9) cm，宽 0.7-4 cm，基部圆形，两面无毛，基出脉 3-5 (-7)。雄花序穗状，长 2-3 cm，2-3 个簇生或单生于叶腋，有时排列呈圆锥状；花序轴明显地呈之字状曲折。雌花序穗状，长 3-10 cm，通常 1-2 个着生于叶腋。蒴果三棱状扁圆形，长约 1.5 cm。

生于海拔 300-600 m 的山地、山坡、山谷、水边、路旁的灌丛中。产福建、台湾、广东、广西。

2. 黄独 (黄药子)
Dioscorea bulbifera L.

缠绕草质藤本。块茎卵圆形或梨形。茎左旋，浅绿色稍带红紫色，光滑无毛。叶腋内有紫棕色球形珠芽。单叶互生，两面无毛。雄花序穗状，下垂；雄花单生，密集，花被片紫色。雌花序与雄花序相似。蒴果反折下垂，三棱状长圆形，成熟时草黄色，表面密被紫色小斑点，无毛。种子深褐色，扁卵形。花期 7-10 月，果期 8-11 月。

多生于河谷边、山谷阴沟或杂木林边缘。产河南、安徽、江苏、浙江、江西、福建、台湾、湖北、湖南、广东、广西、陕西、甘肃、四川、贵州、云南、西藏。日本、朝鲜、印度、缅甸及大洋洲、非洲均有。块茎可用于治甲状腺肿大、淋巴结核、咽喉肿痛、吐血、咯血、百日咳；外用治疮疖。

3. 薯莨
Dioscorea cirrhosa Lour.

藤本，粗壮，长可达 20 m。块茎一般生长在表土层。茎绿色，无毛，右旋，下部有刺。单叶，在茎下部的互生，中部以上的对生；叶革质，全缘，两面无毛，基出脉 3-5。雌雄异株。雄花序为穗状花序，通常排列呈圆锥花序，有时穗状花序腋生。雌花序为穗状花序，单生于叶腋。蒴果不反折，近三棱状扁圆形。种子着生于每室中轴中部，四周有膜质翅。花期 4-6 月，果期 7 月至翌年 1 月仍不脱落。

生于海拔 350-500 m 的山坡、路旁、河谷边的杂木林中、阔叶林中、灌丛中或林边。产浙江、江西、福建、台湾、湖南、广东、广西、贵州、四川、云南、西藏。越南也有。块茎富含单宁，可提制栲胶；也可作酿酒的原料；入药能活血、补血、收敛固涩，治跌打损伤、血瘀气滞等症。

A45. 薯蓣科 Dioscoreaceae

4. 粉背薯蓣
Dioscorea collettii var. *hypoglauca* (Palibin) C. T. Ting et al.

缠绕草质藤本。根状茎横生，竹节状，段面黄色。茎左旋，长圆柱形。单叶互生，三角形或卵圆形，有些植株叶片边缘呈半透明干膜质，顶端渐尖，基部心形、宽心形或有时近截形，边缘波状或近全缘，背面灰白色。花单性，雌雄异株。雄花序单生或 2-3 个簇生于叶腋；雄蕊 3 枚，着生于花被管上，花丝较短，花药卵圆形，药隔宽为花药的 1/2。雌花序穗状。蒴果宽椭圆形，顶端圆。

生山坡疏林中。产河南、安徽、浙江、福建、台湾、江西、湖北、湖南、广东、广西。

5. 山薯
Dioscorea fordii Prain et Burkill

缠绕草质藤本。块茎长圆柱形，垂直生长，断面白色。茎右旋，基部有刺。单叶，在茎下部的互生，中部以上的对生；叶片纸质；宽披针形、长椭圆状卵形或椭圆状卵形，长 4-14 cm，宽 1.5-8 cm，基出脉 5-7。雌雄异株。雄花序穗状，长 1.5-3 cm，2-4 个簇生或单生于花序轴上排列呈圆锥花序；雌花序穗状，结果时长可达 25 cm，常单生于叶腋。蒴果三棱状扁圆形，长 1.5-3 cm。

生于海拔 100-500 m 的山坡、山凹、溪沟边或路旁的杂木林中。分布于浙江、福建、广东、广西、湖南。

6. 福州薯蓣
Dioscorea futschauensis Uline ex R. Kunth

缠绕草质藤本。根状茎横生，不规则长圆柱形，外皮黄褐色。茎左旋，无毛。单叶互生，微革质，茎基部叶为掌状裂叶，7 裂，大小不等，基部深心形，中部以上叶为卵状三角形，边缘波状或全缘，基部深心形或广心形。花单性，雌雄异株。雄花序总状，通常分枝呈圆锥花序，单生或 2-3 个簇生于叶腋；雌花序与雄花序相似。蒴果三棱形，每棱翅状。

生于海拔 600 m 以下的山坡灌丛和林缘、沟谷边。产浙江、福建、湖南、广东、广西。

A45. 薯蓣科 Dioscoreaceae

7. 日本薯蓣（山蝴蝶）
Dioscorea japonica Thunb.

缠绕草质藤本。块茎长圆柱形。茎绿色，右旋。单叶，在茎下部的互生，中部以上的对生；叶纸质，变异大，全缘，两面无毛。叶腋内有珠芽。雌雄异株。雄花序为穗状花序；雄花绿白色或淡黄色，花被片有紫色斑纹。雌花序为穗状花序；雌花的花被片为卵形或宽卵形。蒴果不反折，三棱状扁圆形或三棱状圆形。种子着生于每室中轴中部，四周有膜质翅。花期 5-10 月，果期 7-11 月。

喜生于海拔 150-600 m 向阳山坡、山谷、溪沟边、路旁的杂木林下或草丛中。产安徽淮河以南、江苏、浙江、江西、福建、台湾、湖北、湖南、广东、广西、贵州东部、四川。日本、朝鲜也有。块茎入药，为强壮健胃药；也供食用。

8. 五叶薯蓣
Dioscorea pentaphylla L.

缠绕草质藤本。块茎形状不规则。茎有皮刺。掌状复叶有 3-7 小叶；小叶长 6.5-24 cm，宽 2.5-9 cm，全缘。叶腋内有珠芽。雄花无梗或梗极短；穗状花序排列成圆锥状，长可达 50 cm，花序轴密生棕褐色短柔毛。雌花序为穗状花序，单一或分枝。蒴果三棱状长椭圆形，薄革质，成熟时黑色，疏生短柔毛。种子通常两两着生于每室中轴顶部，种翅向蒴果基部延伸。花期 8-10 月，果期 11 月至翌年 2 月。

生于海拔 500 m 以下的林边或灌丛中。产江西、福建、台湾、湖南、广东、广西、云南、西藏。亚洲和非洲也产。

9. 褐苞薯蓣
Dioscorea persimilis Prain et Burkill

缠绕草质藤本。块茎长圆柱形，垂直生长，断面白色。茎右旋，常有棱 4-8 条。单叶，在茎下部的互生，中部以上的对生；叶片纸质，卵形、三角形至长椭圆状卵形，长 4-15 cm，基部心形、箭形或戟形，基出脉 7-9，两面网脉明显。叶腋内有珠芽。雌雄异株。雄花序穗状，长 1-4 cm，2-4 个簇生或单生于花序轴上排列呈圆锥花序。雌花序穗状，1-2 个着生于叶腋，结果时长可达几十厘米。蒴果三棱状扁圆形，长 1.5-2.5 cm。

生于海拔 100-400 m 的山坡、路旁、山谷杂木林中或灌丛中。产湖南、广东、广西、贵州、云南。分布于越南。

A45. 薯蓣科 Dioscoreaceae

10. 裂果薯（水田七）

Tacca plantaginea (Hance) Drenth [*Schizocapsa plantaginea* Hance]

多年生草本，高 20-30 cm。根状茎粗短。叶狭椭圆形，长 10-20 cm，宽 4-6 cm，顶端渐尖，基部下延；叶柄长 6-14 cm，基部有鞘。花葶长 6-13 cm；伞形花序有 8-18 花；花被裂片 6，雄蕊 6，花丝极短，柱头 3 裂。蒴果近倒卵形，3 瓣裂，长 0.6-0.8 cm。种子多数，半月形、长圆形，长约 2 mm，有条纹。花果期 4-11 月。

生于海拔 200-600 m 的水边、沟边、山谷、林下、路边、田边。产湖南、江西、广东、广西、贵州、云南。泰国、越南、老挝也有。根状茎药用，治牙痛等；外敷治跌打。

目 13. 露兜树目 Pandanales

A46. 霉草科 Triuridaceae

1. 大柱霉草

Sciaphila secundiflora Thw. ex Benth. [*Sciaphila megastyla* Fukuyama et Suzuki]

腐生草本，淡红色。根多，纤细而稍成束。茎坚挺，通常不分枝，少有分枝者，直立或不规则地左右曲折，连同花序高 4-12 cm，直径 0.5-1.5 mm。叶少数，鳞片状，卵状披针形，长 2-4 mm，向上渐小而狭。花雌雄同株；总状花序短而直立，疏松排列 3-9 花；花梗向上略弯，苞片长 1-3 mm，花被大多 6 裂，裂片钻形，长 2-3 mm；雄花位于花序上部；雄蕊 3；雌花具多数堆集成球的倒卵形子房，呈乳突状；花柱自子房近基部伸出，棒状，超过子房很多，成熟心皮棒状、倒卵形，长约 1 mm，先端圆，向基部变狭，上部多疣。

生海拔 100-300 m 的密林或竹林下。产广东、香港、台湾。分布于日本、马来西亚、印度尼西亚、斯里兰卡及太平洋群岛。

A48. 百部科 Stemonaceae

1. 大百部（对叶百部，九重根）

Stemona tuberosa Lour.

块根通常纺锤状，长达 30 cm。茎下部木质化，分枝表面具纵槽。叶对生或轮生，极少兼有互生，边缘稍波状，纸质或薄革质；叶柄长 3-10 cm。花单生或 2-3 花排成总状花序，生于叶腋或偶尔贴生于叶柄上；花被片黄绿色带紫色脉纹，子房小，卵形，花柱近无。蒴果光滑，具多数种子。花期 4-7 月，果期 (5-)7-8 月。

生于海拔 370-540 m 的山坡丛林下、溪边、路旁及山谷和阴湿岩石中。产长江以南。中南半岛、菲律宾和印度北部也有。根入药，外用于杀虫、止痒、灭虱；内服有润肺、止咳、祛痰之效。

目 14. 百合目 Liliales

A53. 藜芦科 Melanthiaceae

1. 牯岭藜芦

Veratrum schindleri (Baker) Loes. f.

植株高达 1 m，基部具棕褐色带网眼的纤维网。叶在茎下部的宽椭圆形，有时狭矩圆形，长约 30 cm，宽 5-10 cm，两面无毛，先端渐尖，基部收狭为柄，叶柄通常长 5-10 cm。圆锥花序长而扩展，具多数近等长的侧生总状花序；总轴和枝轴生灰白色绵状毛；花被片，淡黄绿色、绿白色或褐色，近椭圆形或倒卵状椭圆形。蒴果直立，长 1-2 cm。

生山坡林下。产江西、江苏、浙江、安徽、湖南、湖北、广东、广西和福建。

A59. 菝葜科 Smilacaceae

1. 肖菝葜

Heterosmilax japonica Kunth

攀援灌木，无毛。小枝有钝棱。叶纸质，主脉 5-7；叶柄长 1-3 cm，在下部 1/4-1/3 处有卷须和狭鞘。伞形花序有 20-50 花，生于叶腋或生于褐色的苞片内；总花梗扁，长 1-3 cm；雄花花被筒矩圆形或狭倒卵形，顶端有 3 钝齿；雌花花被筒卵形，具 3 退化雄蕊，子房卵形，柱头 3 裂。浆果球形而稍扁，长 5-10 mm，宽 6-10 mm，熟时黑色。花期 6-8 月，果期 7-11 月。

生于海拔 200-600 m 山坡密林中或路边杂木林下。产安徽、浙江、江西、福建、台湾、广东、湖南、四川、云南、陕西和甘肃。

2. 西南菝葜 （广东省新记录）

Smilax biumbellata T. Koyama

攀援灌木，具粗短的根状茎。茎长 2-5 m，无刺。叶纸质或薄革质，矩圆状披针形、条状披针形至狭卵状披针形，长 7-15 cm，宽 1-5 cm，先端长渐尖，基部浅心形至宽楔形，中脉区在上面多少凹陷，主脉 5-7 条，最外侧的几与叶缘结合；叶柄长 5-20 mm，具鞘部分不及全长的 1/3，有卷须，脱落点位于近顶端。伞形花序生于叶腋或苞片腋部，具几朵至 10 余朵花；总花梗纤细，比叶柄长许多倍；花序托稍膨大；花紫红色或绿黄色；雄花内外花被片相似，长 2.5-3 mm，宽约 1 mm；雌花略小于雄花，具 3 枚退化雄蕊。浆果直径 8-10 mm，熟时蓝黑色。花期 5-7 月，果期 10-11 月。

生于林下。产甘肃、四川、湖南、贵州、广西、云南和西藏。也分布于缅甸。

A59. 菝葜科 Smilacaceae

3. 菝葜
Smilax china L.

攀援灌木。根状茎为不规则的块状；茎疏生刺。叶薄革质或坚纸质，叶背通常淡绿色，较少苍白色；叶柄具鞘，几乎都有卷须。伞形花序生于叶尚幼嫩的小枝上，具十几或更多的花，常呈球形；花绿黄色。浆果直径 6-15 mm，熟时红色，有粉霜。花期 2-5 月，果期 9-11 月。

生于海拔 600 m 以下的林下、灌丛中、路旁、河谷或山坡上。产山东、江苏、浙江、福建、台湾、江西、安徽、河南、湖北、四川、云南、贵州、湖南、广西和广东。缅甸、越南、泰国、菲律宾也有。根状茎可以提取淀粉和栲胶，或用来酿酒。

4. 柔毛菝葜
Smilax chingii F. T. Wang et Tang

攀援灌木。枝条通常疏生刺。叶革质，叶背苍白色且多少具棕色或白色短柔毛；叶柄约占全长的一半，具鞘，少数有卷须。伞形花序生于叶尚幼嫩的小枝上，总花梗长 5-30 mm。浆果直径 10-14 mm，熟时红色。

生于海拔 100-300 m 山谷阴处。产四川、湖北、湖南、江西、福建、广东、广西、贵州和云南。

5. 小果菝葜
Smilax davidiana A. DC.

攀援灌木，具粗短的根状茎。茎长 1-2 m，具疏刺。叶坚纸质，通常椭圆形，长 3-10 cm，宽 2-7 cm，先端微凸或短渐尖，基部楔形或圆形，下面淡绿色；叶柄较短，一般长 5-7 mm，占全长的 1/2-2/3 具鞘，有细卷须，脱落点位于近卷须上方；鞘耳状，明显比叶柄宽。伞形花序生于叶尚幼嫩的小枝上，具几朵至 10 余朵花，多少呈半球形；总花梗长 5-14 mm；花序托膨大，近球形，较少稍延长，具宿存的小苞片；花绿黄色。浆果直径 5-7 mm，熟时暗红色。

生于林下、灌丛中或山坡、路边阴处。产江苏、安徽、江西、浙江、福建、广东、广西。分布于越南、老挝、泰国。

A59. 菝葜科 Smilacaceae

6. 土茯苓
Smilax glabra Roxb.

攀援灌木。根状茎块状，常由匍匐茎相连接。枝条光滑，无刺。叶薄革质，叶背通常绿色，有时带苍白色；叶柄占全长的 1/5-1/4；具狭鞘，有卷须。伞形花序通常具 10 余花；在总花梗与叶柄之间有一芽；花绿白色，六菱状球形；雄花外花被片近扁圆形，内花被片近圆形；雌花外形与雄花相似，具 3 退化雄蕊。浆果直径 7-10 mm，熟时紫黑色，具粉霜。花期 7-11月，果期 11 月至翌年 4 月。

生于海拔 600 m 以下的林中、灌丛下、河岸或山谷中，也见于林缘与疏林中。产甘肃和长江以南，直到台湾、海南和云南。越南、泰国和印度也有。根状茎入药，称土茯苓，性甘平，利湿热解毒，健脾胃，且富含淀粉，可用来制糕点或酿酒。

7. 黑果菝葜
Smilax glaucochina Warb.

攀援灌木，具粗短的根状茎。茎长 0.5-4 m，通常疏生刺。叶厚纸质，通常椭圆形，长 5-8（-20）cm，宽 2.5-5（-14）cm，先端微凸，基部圆形或宽楔形，下面苍白色，多少可以抹掉；叶柄长 7-15（25）mm，约占全长的一半具鞘，有卷须，脱落点位于上部。伞形花序通常生于叶稍幼嫩的小枝上，具几朵或 10 余朵花；总花梗长 1-3 cm；花序托稍膨大，具小苞片；花绿黄色。浆果直径 7-8 mm，熟时黑色，具粉霜。

生于林下、灌丛中或山坡上。产华东、华南北部、华中和西北地区东南部。根状茎富含淀粉，可制作糕点或加工食用。

8. 马甲菝葜（折枝菝葜、暗色菝葜）
Smilax lanceifolia Roxb. [*S. lanceifolia* var. *elongata* (Warb.) F. T. Wang et T. Tang; *S. lanceifolia* var. *opaca* A. DC.]

攀援灌木。枝条常左右弯曲，无刺或极少具疏刺。叶披针形，具狭鞘，有卷须，脱落点位于近中部。伞形花序通常单个生于叶腋，具几十花；花黄绿色；雌花比雄花小一半，具 6 退化雄蕊。浆果直径 6-8 mm，熟时紫黑色，球形。种子无沟或有时有 1-3 纵沟。

生于海拔 100-600 m 林下、灌丛中或山坡阴处。华南至西南地区广泛分布。东南亚及南亚也有。

A59. 菝葜科 Smilacaceae

9. 抱茎菝葜
Smilax ocreata A. DC.

　　攀援灌木。茎长可达 7 m，通常疏生刺。叶革质，卵形或椭圆形，长 9-20 cm，宽 4.5-15 cm，先端短渐尖，基部宽楔形至浅心形；叶柄基部两侧具耳状的鞘，有卷须，脱落点位于近中部；鞘外折或近直立，长约为叶柄的 1/3-1/2，作穿茎状抱茎。圆锥花序长 4-10 cm，具 2-4（-7）个伞形花序，基部着生点的上方有一枚与叶柄相对的鳞片（先出叶）；花黄绿色，稍带淡红色。浆果直径约 8 mm，熟时暗红色，具粉霜。

　　生于海拔 500 m 以下的林中、灌丛下，丹霞山优势种。产广东、广西、四川、贵州和云南。分布于越南、缅甸、尼泊尔、不丹和印度。

10. 牛尾菜 (草菝葜、软叶菝葜)
Smilax riparia A. DC.

　　多年生草质藤本。茎中空，有少量髓，干后凹瘪并具槽。叶较厚，形状变化较大，叶背绿色，无毛；叶柄通常在中部以下有卷须。伞形花序总花梗较纤细；小苞片在花期一般不落；雌花比雄花略小，不具或具钻形退化雄蕊。浆果直径 7-9 mm。花期 6-7 月，果期 10 月。

　　生于海拔 600 m 以下的林下、灌丛、山沟或山坡草丛中。除内蒙古、新疆、西藏、青海、宁夏、四川及云南高山地区外，全国均产。朝鲜、日本和菲律宾也有。根状茎有止咳祛痰作用；嫩苗可供蔬食。

A60. 百合科 Liliaceae

1. 野百合
Lilium brownii F. E. Brown ex Miellez

　　鳞茎球形；鳞片披针形，无节，白色。茎高 0.7-2 m，有的有紫色条纹。叶散生，通常自下向上渐小，具 5-7 脉，全缘，两面无毛。花单生或几花排成近伞形；花喇叭形，有香气，乳白色，外面稍带紫色，长 13-18 cm，外轮花被片宽 2-4.3 cm，内轮花被片宽 3.4-5 cm，雄蕊向上弯，花丝长 10-13 cm，花柱长 8.5-11 cm，柱头 3 裂。蒴果矩圆形，长 4.5-6 cm，宽约 3.5 cm，有棱，具多数种子。花期 5-6 月，果期 9-10 月。

　　生于海拔 100-550 m 山坡、灌木林下、路边、溪旁或石缝中。产广东、广西、湖南、湖北、江西、安徽、福建、浙江、四川、云南、贵州、陕西、甘肃和河南。鳞茎含丰富淀粉，可食，亦作药用。

目 15. 天门冬目 Asparagales

A61. 兰科 Orchidaceae

1. 金线兰（花叶开唇兰）
Anoectochilus roxburghii (Wall.) Lindl.

植株高 8-18 cm。根状茎具节，节上生根。茎具 2-4
叶。叶卵圆形，长 1.3-3.5 cm，宽 0.8-3 cm，叶面暗紫
色，具金红色网脉，叶背淡紫红色；叶柄长 4-10 mm。
总状花序长 3-5 cm；花序轴和花序梗均被柔毛；花白
色或淡红色，萼片背面被柔毛，中萼片卵形，与花瓣
黏合呈兜状，花瓣近镰刀状，唇瓣长约 12 mm，呈 "Y"
形，先端钝，其两侧各具 6-8 流苏状细裂条，柱头 2，
离生，位于蕊喙基部两侧。花期 8-12 月。

生于海拔 150-500 m 的常绿阔叶林下或沟谷阴湿
处。产浙江、江西、福建、湖南、广东、海南、广西、
四川、云南、西藏。日本、泰国、老挝、越南、印度、
不丹至尼泊尔、孟加拉国也有。

2. 无叶兰
Aphyllorchis montana Rchb. f.

植株高 43-70 cm，具直生的、多节的根状茎。
茎直立，无绿叶，下部具多枚长 0.5-2 cm 抱茎的鞘，
上部具数枚鳞片状的、长 1-1.3 cm 的不育苞片。总
状花序长 10-20 cm，疏生数朵至 10 余朵花；花苞片
反折，线状披针形，长 6-14 mm，明显短于花梗和子
房；花黄色，近平展，后期常下垂；中萼片舟状，长
9-11 mm；侧萼片稍短且不为舟状；花瓣较短而质薄，
近长圆形；唇瓣长 7-9 mm，在下部接近基部处缢缩
而形成上下唇；蕊柱长 7-10 mm，稍弯曲，顶端略扩
大生疏林下。产台湾、广东、海南、广西和云南。分
布于南亚至东南亚。

3. 白及
Bletilla striata (Thunb. ex A. Murray) Rchb. f.

植株高 18-60 cm。假鳞茎扁球形，上面具环带。茎
粗壮，劲直。叶 4-6，狭长圆形或披针形，基部收狭成
鞘并抱茎。花序具 3-10 花，常不分枝；花序轴多少呈
之字状曲折；花大，紫红色或粉红色，唇瓣倒卵状椭圆
形，白色带紫红色，具紫色脉，唇盘上面具 5 纵褶片，
蕊柱长 18-20 mm，柱状，具狭翅，稍弓曲。花期 4-5 月。

生于海拔 100-600 m 的常绿阔叶林下，栎树林或针
叶林下、路边草丛或岩石缝中，在北京和天津有栽培。
产陕西、甘肃、江苏、安徽、浙江、江西、福建、湖
北、湖南、广东、广西、四川和贵州。朝鲜半岛和日本
也有。

A61. 兰科 Orchidaceae

4. 芳香石豆兰
Bulbophyllum ambrosia (Hance) Schltr.

　　附生草本；根状茎匍匐，直径 2-3 mm，每相距 3-9 cm 生 1 个假鳞茎。根成束从假鳞茎基部长出。假鳞茎直立或稍弧曲上举，圆柱形，长 2-6 cm，粗 3-8 mm，顶生 1 枚叶，基部被鞘腐烂后残留的纤维。叶革质，长圆形，长 3.5-13 cm，宽 1.2-2.2 cm，先端钝并且稍凹入，基部骤然收窄为长 3-7 mm 的柄。花葶出自假鳞茎基部，1-3 个，圆柱形，直立，顶生 1 朵花。花稍下垂，淡黄色带紫色；中萼片近长圆形，长约 1 cm；侧萼片斜卵状三角形，与中萼片近等长；花瓣三角形，长约 6 mm；唇瓣近卵形，上面具 1-2 条肉质褶片；蕊柱粗短。

　　生于岩石或山地林中树干上。产福建、广东、海南、香港、广西、云南。分布于越南。

5. 广东石豆兰
Bulbophyllum kwangtungense Schltr.

　　根状茎具假鳞茎。假鳞茎直立，圆柱状，顶生 1 叶，幼时被膜质鞘。叶革质，长圆形，通常长约 2.5 cm；基部具长 1-2 mm 的柄。花葶从假鳞茎基部或根状茎节上发出，直立，纤细，远高出叶外；总状花序缩短呈伞状，具 2-4 (-7) 花；花淡黄色，萼片离生，狭披针形，具 3 脉，侧萼片比中萼片稍长，花瓣狭卵状披针形，唇瓣肉质，狭披针形，上面具 2-3 小的龙骨脊，蕊柱长约 0.5 mm，药帽上面密生细乳突。花期 5-8 月。

　　通常生于海拔约 400 m 的山坡林下岩石上。产浙江、福建、江西、湖北、湖南、广东、香港、广西、贵州、云南。

6. 泽泻虾脊兰
Calanthe alismatifolia Lindl.

　　地生兰，根状茎不明显。假鳞茎细圆柱形，长 1-3 cm，具 3-6 枚叶，无明显的假茎。叶在花期全部展开，椭圆形至卵状椭圆形，形似泽泻叶，通常长 10-14 cm，宽 4-10 cm，基部收狭为柄，边缘稍波状；叶柄纤细，长 6-20 cm 或更长。花葶 1-2 个，从叶腋抽出，直立，约与叶等长；总状花序长 3-4 cm，具 3-10 朵花；花白色或有时带浅紫堇色；萼片近相似，近倒卵形，长约 1 cm；花瓣近菱形，长 8 mm；唇瓣基部与整个蕊柱翅合生，比萼片大，3 深裂；距圆筒形，与子房近平行，长约 1 cm；蕊柱长约 3 mm。花期 6-7 月。

　　生沟谷密林下。产广东、台湾、湖北、四川、云南和西藏。分布于印度、不丹、越南、日本。

A61. 兰科 Orchidaceae

7. 钩距虾脊兰（纤花根节兰）
Calanthe graciliflora Hayata

根状茎不明显。假鳞茎短，具 3-4 鞘和 3-4 叶。叶在花期尚未完全展开，先端急尖或锐尖，基部收狭为长达 10 cm 的柄，两面无毛。花葶长达 70 cm，密被短毛；总状花序疏生多数花，无毛；花张开，萼片和花瓣在背面褐色，内面淡黄色，中萼片近椭圆形，侧萼片近似于中萼片，花瓣倒卵状披针形，基部具短爪，具 3-4 脉，无毛，唇瓣浅白色，3 裂，距圆筒形，长 10-13 mm，常钩曲。花期 3-5 月。

生于海拔 200-600 m 的山谷溪边、林下等阴湿处。产安徽、浙江、江西、台湾、湖北、湖南、广东、香港、广西、四川、贵州和云南。

8. 流苏贝母兰
Coelogyne fimbriata Lindl.

根状茎细长，匍匐。假鳞茎顶端生 2 叶，基部具 2-3 鞘。叶纸质。花葶长 5-10 cm，基部具鞘；总状花序通常具 1-2 花，但每次只有 1 花开放；花苞片早落；花淡黄色或近白色，仅唇瓣上有红色斑纹，花瓣丝状或狭线形，唇瓣卵形，3 裂，侧裂片近卵形，顶端多少具流苏，中裂片近椭圆形，边缘具流苏。蒴果倒卵形，长 1.8-2 cm；果梗长 6-7 mm。花期 8-10 月，果期翌年 4-8 月。

生于海拔 200-600 m 溪旁岩石上或林中、林缘树干上。产江西、广东、海南、广西、云南、西藏。越南、老挝、柬埔寨、泰国、马来西亚和印度也有。

9. 建兰（四季兰）
Cymbidium ensifolium (L.) Sw.

地生植物。假鳞茎包藏于叶基之内。叶 2-4（-6），带形，有光泽，长 30-60 cm，前部边缘有时有细齿。花葶一般短于叶；总状花序具 3-9（-13）花；花常有香气，色泽变化较大，通常为浅黄绿色而具紫斑，花瓣狭椭圆形，长 1.5-2.4 cm，宽 5-8 mm，近平展，唇瓣近卵形，略 3 裂。蒴果狭椭圆形，长 5-6 cm，宽约 2 cm。花期通常为 6-10 月。

生于海拔 200-600 m 的疏林下、灌丛中、山谷或草丛中。产安徽、浙江、江西、福建、台湾、湖南、广东、海南、广西、四川、贵州和云南。东南亚和南亚广布，北至日本。

A61. 兰科 Orchidaceae

10. 春兰
Cymbidium goeringii (Rchb. f.) Rchb. f.

地生植物。假鳞茎较小包藏于叶基之内。叶 4-7，带形，通常较短小，长 20-40（-60）cm，宽 5-9 mm，下部常多少对折而呈 "V" 形，边缘无齿或具细齿。花葶明显短于叶；花序具单花，极罕 2 花；花通常为绿色或淡褐黄色而有紫褐色脉纹，有香气，花瓣倒卵状椭圆形，长 1.7-3 cm，展开或多少围抱蕊柱，唇瓣近卵形，不明显 3 裂。蒴果狭椭圆形，长 6-8 cm，宽 2-3 cm。花期 1-3 月。

生于海拔 300-600 m 多的石山坡、林缘、林中透光处。产陕西南部、甘肃南部、江苏、安徽、浙江、江西、福建、台湾、河南南部、湖北、湖南、广东、广西、四川、贵州、云南。日本与朝鲜半岛南端也有。

11. 寒兰
Cymbidium kanran Makino

地生植物。假鳞茎包藏于叶基之内。叶 3-5（-7），带形，薄革质，长 40-70 cm，宽 9-17 mm，前部边缘常有细齿。花葶长 25-60（-80）cm；总状花序疏生 5-12 花；花常为淡黄绿色而具淡黄色唇瓣，常有浓烈香气；花瓣常为狭卵形，长 2-3 cm，唇瓣近卵形，不明显的 3 裂。蒴果狭椭圆形，长约 4.5 cm，宽约 1.8 cm。花期 8-12 月。

生于海拔 300-600 m 的林下、溪谷旁或稍荫蔽、湿润、多石之土壤上。产安徽、浙江、江西、福建、台湾、湖南、广东、海南、广西、四川、贵州和云南。日本和朝鲜半岛也有。

12. 兔耳兰
Cymbidium lancifolium Hook. f.

地生或半附生植物；假鳞茎近扁圆柱形或狭梭形，长 2-7（-15）cm，顶端聚生 2-4 枚叶。叶倒披针状长圆形至狭椭圆形，长 6-17 cm，宽 2-4 cm；叶柄长 3-18 cm。花葶从假鳞茎下部侧面节上发出，直立，长 8-20 cm；花序具 2-6 朵花，花通常白色至淡绿色，花瓣上有紫栗色中脉，唇瓣上有紫栗色斑。花期 5-8 月。

生于海拔 500-650 m 的山坡林下。产浙江、福建、台湾、湖南、广东、海南、广西、四川、贵州、云南和西藏。分布南亚至东南亚。

A61. 兰科 Orchidaceae

13. 丹霞兰
Danxiaorchis singchiana J. W. Zhai, F. W. Xing et Z. J. Liu

腐生草本，高 20-40 cm。根状茎块茎状，肉质，长 5-6 cm。叶鞘膜质，抱茎，长 2.3-3.5 cm。花葶直立，淡红棕色，微染有绿黄色；总状花序长 5-8.5 cm；花梗无毛；萼片和花瓣黄色，花萼侧裂片上有浅紫色红色条纹，中裂片具紫红色斑点，花瓣狭椭圆形，2-2.2 cm，唇瓣侧裂片直立，近方形，长约 5 mm；中裂片长圆形，7-8 mm，先端圆钝，唇瓣基部有两个液囊，中央具"Y"形肉质囊状附属物。花期 4-5 月，果期 5-6 月。

生于海拔 100-500 m 的山地林下、石上潮湿处。产广东韶关丹霞山、江西齐云山。

14. 美花石斛
Dendrobium loddigesii Rolfe

茎柔弱，常下垂，长 10-45 cm，有时分枝，具多节；干后金黄色。叶纸质，二列，互生于整个茎上，舌形，通常长 2-4 cm，宽 1-1.3 cm；叶鞘膜质，干后鞘口常张开。花白色或紫红色，每束 1-2 花侧生于具叶的老茎上部；花序柄长 2-3 mm；花瓣椭圆形，与中萼片等长，宽 8-9 mm，先端稍钝，全缘，具 3-5 脉，唇瓣近圆形，直径 1.7-2 cm，上面中央金黄色，周边淡紫红色，边缘具短流苏，两面密布短柔毛。花期 4-5 月。

生于海拔 300-600 m 的山地林中树干上或林下岩石上。产广西、广东、海南、贵州、云南。老挝、越南也有。

15. 铁皮石斛
Dendrobium officinale Kimura et Migo

茎直立，圆柱形，粗 2-4 mm，不分枝，具多节；常在中上部互生 3-5 叶。叶二列，纸质，长圆状披针形，先端钝多少钩转，基部下延鞘状抱茎；叶鞘常具紫斑。总状花序具 2-3 花；花序柄长 5-10 mm，基部具 2-3 短鞘；花苞片干膜质，花梗和子房长 2-2.5 cm，萼片和花瓣黄绿色，长圆状披针形，长约 1.8 cm，宽 4-5 mm，侧萼片阔卵形，宽约 1 cm，萼囊圆锥形，末端圆形，唇瓣黄白色，中部反折，先端急尖，唇盘密布细乳突状的毛，具 1 紫红色斑块，蕊柱黄绿色，长约 3 mm，先端两侧各具 1 紫点，药帽白色，顶端 2 裂。花期 3-6 月。

生于海拔 200-600 m 的山地半阴湿岩石、树上。产安徽、浙江、福建、广西、四川、云南东部、广东。

A61. 兰科 Orchidaceae

16. 双唇兰
Didymoplexis pallens Griff.

　　植株矮小，高 6-8 cm；根状茎梭形或多少念珠状，淡褐色，长 8-15 mm，向末端逐渐变为细长，在茎与根状茎相连处具 2-3 条根。茎直立，淡褐色至近红褐色，无绿叶，有 3-5 枚鳞片状鞘。总状花序较短，具 4-8 朵花；花苞片卵形，长约 2 mm；花梗和子房长 9-12 mm，花梗在果期明显延长；花白色，逐个开放；中萼片与花瓣形成的盔长约 9 mm，离生部分卵状三角形，长 4-4.5 mm，先端圆钝，覆盖于蕊柱上方；两枚侧萼片合生部分达全长的 1/2 以上；侧萼片与花瓣合生部分长约 3 mm；唇瓣倒三角状楔形，长 4.5-5 mm，宽 6-7 mm；唇盘上有多数褐色疣状突起；蕊柱稍向前弯，长约 4 mm，中部宽约 1.5 mm。蒴果圆柱状或狭矩圆形。花果期 4-6 月。

　　产广东、台湾。生于沟谷密林下或竹林下。分布于热带亚洲及澳大利亚。

17. 半柱毛兰（黄绒兰）
Eria corneri Rchb. f.

　　植物体无毛；假鳞茎密集着生，顶端具 2-3 叶。叶长 15-45 cm，宽 1.5-6 cm；基部收狭成长 2-3 cm 的柄。花序 1，具 10 余花，有时可多达 60 余花；花白色或略带黄色，花瓣线状披针形，3 裂，花粉团黄色，倒卵形。蒴果倒卵状圆柱状，长约 1.5 cm，粗 5-6 mm；果柄长约 3 mm。花期 8-9 月，果期 10-12 月，翌年 3-4 月蒴果开裂。

　　生于海拔 200-600 m 的林中树上或林下岩石上。产福建、台湾、海南、广东、香港、广西、贵州和云南。日本和越南也有。

18. 钳唇兰
Erythrodes blumei (Lindl.) Schltr.

　　地生草本，植株高 18-60 cm。根状茎匍匐，具节，节上生根。茎直立，圆柱形，下部具 3-6 枚鞘。叶片卵形、椭圆形或卵状披针形，长 4.5-10 cm，宽 2-6 cm，具 3 条明显的主脉；叶柄长 2.4-4 cm，下部扩大成抱茎的鞘。花茎被短柔毛，长 12-40 cm；总状花序顶生，具多数密生的花，长 5-10 cm；花苞片披针形，带红褐色；子房红褐色，扭转，被短柔毛；花较小，萼片带红褐色或褐绿色，背面被短柔毛，中萼片直立，凹陷，长椭圆形；侧萼片张开，偏斜的椭圆形或卵状椭圆形；花瓣倒披针形，与中萼片粘合呈兜状；唇瓣基部具距，前部 3 裂，腹面和距均为带红褐色。花期 4-5 月。

　　生于海拔 100-300 m 的沟谷常绿阔叶林下阴处。产台湾、广东、广西、云南。分布于南亚至东南亚。

A61. 兰科 Orchidaceae

19. 无叶美冠兰
Eulophia zollingeri (Rchb. f.) J. J. Smith

腐生植物，无绿叶。花葶粗壮，褐红色，高 25-80 cm，自下至上有多枚鞘；总状花序直立，长达13 cm；花梗和子房长 1.6-1.8 cm，花褐黄色，直径2.5-3 cm，中萼片椭圆状长圆形，长 1.5-1.8 mm，侧萼片明显长于中萼片，稍斜歪，花瓣倒卵形，长 1.1-1.4 cm，唇瓣近倒卵形，长 1.4-1.5 cm，3 裂，蕊柱长约 5 mm，基部有长达 4 mm 的蕊柱足。花期 4-6 月。

生于海拔 400-500 m 的疏林下、竹林或草坡上。产江西、福建、台湾、广东、广西和云南。斯里兰卡、印度、马来西亚、印度尼西亚、新几内亚岛、澳大利亚和日本也有。

20. 多叶斑叶兰（高岭斑叶兰）
Goodyera foliosa (Lindl.) Benth. ex Clarke

植株高 15-25 cm。根状茎伸长，匍匐，具节。茎直立，长 9-17 cm，绿色，具 4-6 叶。叶偏斜，长 2.5-7 cm，宽 1.6-2.5 cm，绿色；具柄，叶柄基部扩大成鞘。花茎被毛；总状花序具几至多数密生而常偏向一侧的花；花半张开，白带粉红色、白带淡绿色或近白色，花瓣斜菱形，具爪，具 1 脉，与中萼片黏合呈兜状，唇瓣基部凹陷呈囊状，蕊喙直立，叉状 2 裂，柱头 1个，位于蕊喙之下。花期 7-9 月。

生于海拔 300-500 m 的林下或沟谷阴湿处。产福建、台湾、广东、广西、四川、云南、西藏。尼泊尔、不丹、印度、缅甸、越南、日本、朝鲜半岛也有。

21. 绿花斑叶兰（鸟喙斑叶兰）
Goodyera viridiflora (Bl.) Bl.

植株高 13-20 cm。根状茎伸长，匍匐，具节。茎直立，具 2-3（-5）叶。叶偏斜，绿色，甚薄，叶柄和鞘长 1-3 cm。花茎长 7-10 cm，带红褐色，被短柔毛；总状花序具 2-3（-5）花；花较大，绿色，张开，花瓣斜菱形，白色，先端带褐色，长 1.25-1.5 cm，宽4.5-6.5 mm，具 1 脉，无毛，与中萼片黏合呈兜状，唇瓣卵形，舟状，较薄，蕊喙直立，长 7-8 mm，2 裂。花期 8-9 月。

生于海拔 300-600 m 的林下、沟边阴湿处。产江西、福建、台湾、广东、海南、香港、云南。尼泊尔、不丹、印度、泰国、马来西亚、日本、菲律宾、印度尼西亚和澳大利亚也有。

A61. 兰科 Orchidaceae

22. 小小斑叶兰
Goodyera yangmeishanensis T. P. Lin

植株高约 8 cm。根状茎葡匐。茎红褐色，疏生 3-5 叶。叶椭圆形，长 1.5-2.6 cm，宽 0.9-1.6 cm，绿色，叶面具白色网脉纹，先端急尖，基部圆形；叶柄长约 5 mm。花茎长约 4 cm，具 12 密生的花；花小，红褐色，微张开，多偏向一侧，中萼片红褐色，基部白色，与花瓣黏合呈兜状，侧萼片斜卵形，花瓣斜菱状倒披针形，长 3 mm，白色，唇瓣肉质，凹陷呈深囊状，蕊柱短。花期 8-9 月。

生于海拔约 500 m 的林下阴湿处。产广东、台湾、江西、湖南。

23. 鹅毛玉凤花 (白凤兰)
Habenaria dentata (Sw.) Schltr.

植株高 35-87 cm。块茎肉质。茎粗壮，具 3-5 疏生叶，叶之上具数枚苞片状小叶。叶片基部抱茎。总状花序常具多花，长 5-12 cm，花序轴无毛；花白色，较大，萼片和花瓣边缘具缘毛，中萼片与花瓣靠合呈兜状，花瓣直立，镰状披针形，不裂，长 8-9 mm，宽 2-2.5 mm，具 2 脉，唇瓣宽倒卵形，3 裂，距细圆筒状棒形，下垂，长达 4 cm，柱头 2 个。花期 8-10 月。

生于海拔 190-500 m 的山坡林下或沟边。产安徽、浙江、江西、福建、台湾、湖北、湖南、广东、广西、四川、贵州、云南和西藏。尼泊尔、印度、缅甸、越南、老挝、泰国、柬埔寨和日本也有。块茎药用，有利尿消肿、壮腰补肾之效，治腰痛、疝气等症。

24. 橙黄玉凤花
Habenaria rhodocheila Hance

植株高 8-35 cm。茎粗壮，直立，下部具 4-6 叶，向上具 1-3 苞片状小叶。叶线状披针形，长 10-15 cm。总状花序长 3-8 cm，花茎无毛；萼片和花瓣绿色，唇瓣橙黄色、橙红色或红色，中萼片凹陷，长约 9 mm，与花瓣靠合呈兜状，侧萼片反折，花瓣直立，匙状线形，唇瓣长 1.8-2 cm，4 裂，基部具短爪，侧裂片开展，中裂片 2 裂，距细污黄色，长 2-3 cm。蒴果纺锤形，长约 1.5 cm。花期 7-8 月，果期 10-11 月。

生于海拔 300-500 m 的山坡或沟谷林下阴处地上或岩石上覆土中。产江西、福建、湖南、广东、香港、海南、广西和贵州。越南、老挝、柬埔寨、泰国、马来西亚和菲律宾也有。

A61. 兰科 Orchidaceae

25. 叉唇角盘兰
Herminium lanceum (Thunb.) Vuijk

地生草本，高 10-80 cm。块茎球形或椭圆形，长 1-1.5 cm。茎直立，基部具 2 枚筒状鞘，中部具 3-4 片叶。叶线状披针形，长达 15 cm，宽达 1 cm，基部渐狭并抱茎。总状花序具多数密生的花，圆柱形，最长可达 40 cm；花小，黄绿色或绿色；中萼片直立，凹陷呈舟状；侧萼片张开，长圆形或卵状长圆形；花瓣直立，线形，与中萼片相靠；唇瓣在中部呈叉状 3 裂，侧裂片线形或线状披针形，较中裂片长很多或稍长，先端或多或少卷曲。花期 6-8 月。

生山地林下或路边草坡。产陕西、甘肃、安徽、浙江、江西、福建、台湾、河南、湖北、湖南、广东、广西、四川、贵州、云南和喜马拉雅。分布于朝鲜半岛、日本、中南半岛。

26. 全唇盂兰
Lecanorchis nigricans Honda

腐生草本，高 25-40 cm，具坚硬的根状茎。茎直立，常分枝，无绿叶，具数枚鞘。总状花序顶生，具数朵花；花淡紫色；萼片狭倒披针形，长 1-1.6 cm，宽 1.5-2.5 mm；侧萼片略斜歪；花瓣倒披针状线形，与萼片大小相近；唇瓣亦为狭倒披针形，不与蕊柱合生，不分裂，与萼片近等长，上面多少具毛；蕊柱细长，白色，长 6-10 mm。花期不定，主要见于夏秋。

生海拔 100-600 m 的林下阴湿处。产广东、海南、福建、台湾。日本也有分布。

27. 镰翅羊耳蒜
Liparis bootanensis Griff.

附生草本。假鳞茎密集，顶端生 1 叶。叶纸质或坚纸质，长（5-）8-22 cm，宽（5-）11-33 mm，基部收狭成柄，有关节。花葶长 7-24 cm；花序柄两侧具很狭的翅，下部无不育苞片；总状花序外弯或下垂，长 5-12 cm，具数至 20 余花；花通常黄绿色，花瓣狭线形，长 3.5-6 mm，宽 0.4-0.7 mm，唇瓣近宽长圆状倒卵形，通常整个前缘有不规则细齿。蒴果倒卵状椭圆形，长 8-10 mm，宽 5-6 mm。花期 8-10 月，果期 3-5 月。

生于海拔 300-600 m 的林缘、林中或山谷阴处的树上或岩壁上。产江西、福建、台湾、广东、海南、广西、四川、贵州、云南和西藏。不丹、印度、缅甸、越南、泰国、马来西亚、印度尼西亚、菲律宾和日本也有。

A61. 兰科 Orchidaceae

28. 见血青
Liparis nervosa (Thunb. ex A. Murray) Lindl.

　　地生草本。茎圆柱状，肉质，有数节，通常包藏于叶鞘之内。叶（2-）3-5，膜质或草质，全缘，基部收狭成柄，无关节。花葶长 10-20（-25）cm；总状花序通常具数至 10 余花；花紫色，花瓣丝状，长 7-8 mm，宽约 0.5 mm，具 3 脉，唇瓣长圆状倒卵形，蕊柱上部两侧有狭翅。蒴果倒卵状长圆形，长约 1.5 cm；果梗长 4-7 mm。花期 2-7 月，果期 10 月。

　　生于海拔 200-600 m 的林下、溪谷旁、草丛阴处或岩石覆土上。产浙江、江西、福建、台湾、湖南、广东、广西、四川、贵州、云南和西藏。世界热带与亚热带广布。

29. 毛叶芋兰
Nervilia plicata (Andr.) Schltr.

　　地生草本。块茎肉质，圆球形。叶 1 枚，近圆心形，在花凋谢后长出，上面暗绿色，有时带紫绿色，背面绿色或暗红色，质地较厚，长 7.5-11 cm，宽 10-13 cm，先端急尖，基部心形，边缘全缘，具 20-30 条在叶两面隆起的粗脉，两面的脉上、脉间和边缘均有粗毛；叶柄长 1.5-3 cm。总状花序具 2（-3）朵花，花多少下垂；萼片和花瓣棕黄色或淡红色，唇瓣带白色或淡红色，凹陷，近中部不明显的 3 浅裂。花期 5-6 月。

　　生于林下或沟谷阴湿处。产甘肃、福建、广东、香港、广西、四川和云南。分布于南亚、东南亚及澳大利亚。

30. 小沼兰
Oberonioides microtatantha (Schlechter) Szlachetko

　　地生小草本。假鳞茎小，卵形，长 3-8 mm。叶 1，接近铺地，卵形，长 1-2 cm，宽 5-13 mm，基部近截形；有抱茎短柄。花葶直立，纤细，常紫色，两侧具狭翅；总状花序长 1-2 cm，通常具 10-20 花；花很小，黄色，中萼片宽卵形，长 1-1.2 mm，侧萼片三角状卵形；花瓣线状披针形，长约 0.8 mm，唇瓣舌状，长约 0.7 mm，基部两侧有耳，耳线形或狭长圆形，长 6-7 mm，蕊柱粗短，长约 0.3 mm。花期 4 月。

　　生于海拔 200-600 m 的林下或阴湿处的岩石上。产广东、江西、福建和台湾。

A61. 兰科 Orchidaceae

31. 腐生齿唇兰 （广东省新记录）
Odontochilus saprophyticus (Averyanov) Ormerod

　　腐生草本，高可达 22 cm。地下茎长 2-4.5 cm。茎直立，粉棕色，具 6-7 鞘状鳞片。花序被短柔毛，具 3-16 朵花。花梗及子房被短柔毛。中萼片紧贴花瓣，呈兜状，先端圆钝；侧萼片略斜展。花瓣白色，下半部分略带粉棕色，披针形。唇瓣白色，"T"形，基部凹陷呈囊状，中唇瓣两侧具多数疣状乳突，上唇瓣开展，2 裂。花期 5-7 月。

　　生海拔约 100 m 的竹林下。产广东（丹霞山）、广西、海南。越南也有分布。

32. 黄花鹤顶兰 （黄鹤兰）
Phaius flavus (Bl.) Lindl.

　　假鳞茎长 5-6 cm，粗 2.5-4 cm，被鞘。叶 4-6，通常具黄色斑块，长 25 cm 以上，宽 5-10 cm，基部收狭为长柄，具 5-7 条在背面隆起的脉。花葶 1-2，直立，粗壮，不高出叶层之外，长达 75 cm；总状花序长达 20 cm，具数至 20 花；花柠檬黄色，不甚张开，干后变靛蓝色，花瓣长圆状倒披针形，具 7 脉，唇瓣倒卵形，前端 3 裂，距白色，长 7-8 mm，末端钝，蕊柱白色，正面两侧密被白色长柔毛，花期 4-10 月。

　　生于海拔 300-500 m 的山坡林下阴湿处。产福建、台湾、湖南、广东、广西、香港、海南、贵州、四川、云南和西藏。斯里兰卡、尼泊尔、不丹、印度东北部、日本、菲律宾、老挝、越南、马来西亚、印度尼西亚和新几内亚岛也有。

33. 鹤顶兰
Phaius tankervilleae (Banks ex L'Herit.) Bl.

　　植物体高大。假鳞茎被鞘。叶 2-6，长达 70 cm，宽达 10 cm；基部收狭为柄。花葶直立，长达 1 m；总状花序具多数花；花大，美丽，背面白色，内面暗赭色或棕色，唇瓣背面白色带茄紫色的前端，内面茄紫色带白色条纹，中部以上浅 3 裂，距细圆柱形，长约 1 cm，蕊柱白色，正面两侧多少具短柔毛。花期 3-6 月。

　　生于海拔 200-600 m 的林缘、沟谷或溪边阴湿处。产台湾、福建、广东、香港、海南、广西、云南和西藏。亚洲热带和亚热带以及大洋洲广布。

A61. 兰科 Orchidaceae

34. 细叶石仙桃
Pholidota cantonensis Rolfe

根状茎匍匐，分枝，密被鳞片状鞘；假鳞茎长 1-2 cm，顶端生 2 叶。叶纸质，长 2-8 cm，宽 5-7 mm。葶长 3-5 cm；总状花序通常具 10 余花；花序轴不曲折；花小，白色或淡黄色，花瓣宽卵状菱形或宽卵形，长宽各 2.8-3.2 mm，唇瓣宽椭圆形，唇盘上无附属物，蕊柱顶端两侧有翅。蒴果倒卵形，长 6-8 mm；果梗长 2-3 mm。花期 4 月，果期 8-9 月。

生于海拔 200-550 m 的林中或荫蔽处的岩石上。产浙江、江西、福建、台湾、湖南、广东和广西。

35. 石仙桃
Pholidota chinensis Lindl.

根状茎较粗壮；假鳞茎狭卵状长圆形，大小变化甚大。叶 2，长 5-22 cm，宽 2-6 cm；叶柄长 1-5 cm。花葶长 12-38 cm；总状花序具数至 20 余花；花序轴稍左右曲折；花白色或带浅黄色，花瓣披针形，长 9-10 mm，宽 1.5-2 mm，唇瓣略 3 裂，蕊柱中部以上具翅。蒴果倒卵状椭圆形，长 1.5-3 cm，有 6 棱，3 个棱上有狭翅；果梗长 4-6 mm。花期 4-5 月，果期 9 月至翌年 1 月。

生于海拔在 500 m 以下的林中或林缘树上、岩壁上或岩石上。产浙江、福建、广东、海南、广西、贵州、云南和西藏。越南和缅甸也有。

36. 香港绶草
Spiranthes hongkongensis S. Y. Hu et Barretto

地生草本，直立。叶片 2-6 枚，线形至披针形。花茎直立，被腺状柔毛。总状花序，具多数密生的花，在花序轴上螺旋状排列；苞片卵状披针形；花乳白色，有时带淡粉红色，长圆形，微偏斜；子房被腺毛；中萼片与花瓣形成兜状；侧萼片长圆状披针形，稍偏斜。花期 3-8 月。

生湿润的开阔草地或沼泽地中。产广东、香港。

A61. 兰科 Orchidaceae

37. 南方带唇兰
Tainia ruybarrettoi (S. Y. Hu et Barretto) Z. H. Tsi

　　地生草本；假鳞茎暗绿色或紫红色，近聚生，卵球形，长 2.5-5.5 cm，粗 2.5-4 cm，具 2 枚鞘和 1 枚顶生的叶。叶披针形，长 30-45 cm，宽 4.5-5.3 cm，基部具长 15-25 cm 的柄。花葶直立，从假鳞茎基部长出，长 30-45 cm；花苞片暗紫色，狭披针形，比花梗和子房短；总状花序长 10-30 cm，疏生 5-28 朵花；花暗红黄色；萼片和花瓣带 3-5 条紫色脉纹；唇瓣白色，3 裂。花期 3 月。

　　生密林下。产广东、广西、香港。

38. 短穗竹茎兰
Tropidia curculigoides Lindl.

　　地生草本，高 30-70 cm，具粗短、坚硬的根状茎。茎直立，常数个丛生，不分枝或偶见分枝，下部在叶鞘枯萎后常裸露，上部为叶鞘所包。叶通常有 10 枚以上，疏松地生于茎上；叶片狭椭圆状披针形至狭披针形，长 10-25 cm，宽 2-4 cm，先端长渐尖或尾状，基部收狭为抱茎的鞘。总状花序生于茎顶端和茎上部叶腋，长 1-2.5 cm，具数朵至 10 余朵花；花绿白色，密集；萼片披针形或长圆状披针形；唇瓣基部凹陷，舟状。蒴果近长圆形。花果期 6-10 月。

　　生于密林下或沟谷旁阴处。产台湾、广东、海南、香港、广西、云南和西藏。分布于南亚至东南亚。

39. 竹茎兰（广东省新记录）
Tropidia nipponica Masamune

　　地生草本，直立。茎纤细，长 20-50 cm，常有分枝，下部为鞘所包。叶数枚，叶片椭圆形或卵状披针形，长 10-16 cm，宽 4-8 cm。总状花序生于小枝顶端，具 5-10 朵密生的花；总花梗长 4-8 cm，疏被短柔毛；花苞片披针形，长 5-6 mm；花近白色，不扭转；中萼片卵状披针形，长约 7 mm，宽约 3 mm，先端钝；侧萼片几乎完全合生成合萼片；合萼片倒披针形，长 7-8 mm，先端 2 裂；花瓣椭圆形，长约 6 mm，宽约 3 mm，先端急尖；唇瓣卵状披针形，长约 6 mm，先端反折，基部囊状；蕊柱长约 3 mm；花药位于背侧，心形，长约 2.5 mm；花粉团柄细长；蕊喙直立，先端 2 裂。花期 5-6 月。

　　生密林下。产广东、云南、台湾。日本南部至琉球群岛也有分布。

A61. 兰科 Orchidaceae

40. 宽叶线柱兰
Zeuxine affinis (Lindl.) Benth. ex Hook. f.

地生草本。植株高 13-30 cm。根状茎伸长，匍匐，肉质，具节。茎直立，具 4-6 枚叶。叶片卵形、卵状披针形或椭圆形，花开放时常凋萎，向下垂，常带红色，长 2.5-4 cm，宽 1.2-2.5 cm，基部收狭成长达 1 cm 的柄。花茎淡褐色，具 1-2 枚鞘状苞片；总状花序具几朵至 10 余朵花，长 3-9 cm；花苞片卵状披针形，与子房等长或稍较短；子房圆柱形，扭转，被柔毛，连花梗长 8-9 mm；花较小，黄白色，萼片背面被柔毛；中萼片宽卵形，长 4-5 mm，凹陷，先端钝或急尖；侧萼片斜的卵状长圆形，长 5-6 mm；花瓣白色，斜的长椭圆形，与中萼片粘合呈兜状；唇瓣白色，长 6-7 mm，呈"Y"形，前部扩大成 2 裂，基部扩大并凹陷呈囊状，囊内两侧各具 1 枚钩状的胼胝体。花期 2-4 月。

生于山坡或沟谷林下阴处。产台湾、广东、海南、云南。马来西亚、泰国、老挝、缅甸、孟加拉国、印度、不丹也有分布。

41. 线柱兰
Zeuxine strateumatica (L.) Schltr.

植株高 4-28 cm。根状茎匍匐。茎具多叶。叶淡褐色，叶线状披针形，长 2-8 cm，宽 2-6 mm；无柄，抱茎。总状花序几无梗，长 2-5 cm；花小，黄白色，中萼片狭卵状长圆形，凹陷，长 4-5.5 mm，侧萼片斜长圆形，长 4-5 mm，花瓣歪斜，半卵形，与中萼片等长，唇瓣舟状，淡黄色，基部凹陷呈囊状。蒴果椭圆形，长约 6 mm，淡褐色。花期春天至夏天。

生于海拔 400 m 以下的沟边或河边的潮湿草地。产福建、台湾、湖北、广东、香港、海南、广西、四川和云南。日本、菲律宾、马来西亚、新几内亚岛、老挝、柬埔寨、越南、缅甸、斯里兰卡、印度和阿富汗也有。

A66. 仙茅科 Hypoxidaceae

1. 大叶仙茅
Curculigo capitulata (Lour.) O. Ktze.

粗壮草本，高 1 m 多。根状茎粗厚，具细长的走茎。叶通常 4-7，长圆状披针形，长 40-90 cm，宽 5-14 cm，纸质，全缘，具折扇状脉；叶柄长 30-80 cm，侧背面均密被短柔毛。花茎长 15-30 cm，被褐色长柔毛；总状花序强烈缩短成头状，俯垂，长 2.5-5 cm，具多数排列密集的花；花黄色，具长约 7 mm 的花梗，花被裂片卵状长圆形，长约 8 mm。浆果近球形，白色，直径 4-5 mm。花期 5-6 月，果期 8-9 月。

生于海拔 150-500 m 的林下或阴湿处。产福建、台湾、广东、广西、四川、贵州、云南和西藏。印度、尼泊尔、孟加拉国、斯里兰卡、缅甸、越南、老挝和马来西亚也有。

A66. 仙茅科 Hypoxidaceae

2. 仙茅（地棕）
Curculigo orchioides Gaertn.

根状茎近圆柱状，粗厚，直生，长可达 10 cm。叶大小变化甚大，基部渐狭成短柄，两面散生疏柔毛或无毛。花茎长 6-7 cm，大部分藏于鞘状叶柄基部之内，亦被毛；总状花序多少呈伞房状，通常具 4-6 花；花黄色，花梗长约 2 mm，花被裂片长圆状披针形，长 8-12 mm，宽 2.5-3 mm，外轮的背面有时散生长柔毛。浆果近纺锤状，长 1.2-1.5 cm，宽约 6 mm，顶端有长喙。种子表面具纵凸纹。花果期 4-9 月。

生于海拔 600 m 以下的林中、草地或荒坡上。产浙江、江西、福建、台湾、湖南、广东、广西、四川、云南和贵州。东南亚各国至日本也有。本种以其叶似茅，根状茎久服益精补髓，增添精神，故有仙茅之称。

A70. 鸢尾科 Iridaceae

1. 蝴蝶花（日本鸢尾）
Iris japonica Thunb.

多年生草本。根状茎可分为直立根状茎和横走根状茎。叶基生，近地面处带红紫色，长 25-60 cm，宽 1.5-3 cm，无明显的中脉。花茎高于叶片，顶生稀疏总状聚伞花序，分枝 5-12；苞片 3-5，叶状，包含有 2-4 花，花淡蓝色或蓝紫色，直径 4.5-5 cm；花被管明显，外花被裂片中脉上有隆起的黄色鸡冠状附属物。蒴果椭圆状柱形，长 2.5-3 cm，无喙，成熟时自顶端开裂至中部。种子黑褐色，无附属物。花期 3-4 月，果期 5-6 月。

生于海拔 200-580 m 的山坡较荫蔽而湿润的草地、疏林下或林缘草地。产华东、华中、华南、西南、陕西和甘肃。日本也有。民间草药，用于清热解毒、消瘀逐水，治疗小儿发烧、肺病咳血、喉痛、外伤瘀血等。

2. 小花紫鸢尾（六轮茅）
Iris speculatrix Hance

多年生草本。根状茎二歧状分枝。叶略弯曲，长 15-30 cm，宽 0.6-1.2 cm，有 3-5 纵脉。花茎光滑，高 20-25 cm，有 1-2 茎生叶；苞片内包含有 1-2 花；花蓝紫色或淡蓝色，直径 5.6-6 cm，花被管短而粗，外花被裂片匙形，有深紫色的环形斑纹，中脉上有鲜黄色的鸡冠状附属物，附属物表面平坦。蒴果椭圆形，长 5-5.5 cm，直径约 2 cm，顶端有细长而尖的喙。种子旁附有小翅。花期 5 月，果期 7-8 月。

生于山地、路旁、林缘或疏林下。产安徽、浙江、福建、湖北、湖南、江西、广东、广西、四川和贵州。

A72. 阿福花科 Asphodelaceae

1. 山菅兰

Dianella ensifolia (L.) DC.

植株高可达 1-2 m。根状茎圆柱状。叶长 30-80 cm，宽 1-2.5 cm，基部收狭成鞘，边缘和背面中脉具锯齿。顶端圆锥花序长 10-40 cm，分枝疏散；花常多数生于侧枝上端，花被片条状披针形，长 6-7 mm，绿白色、淡黄色至青紫色，5 脉。浆果近球形，深蓝色，直径约 6 mm，具 5-6 种子。花果期 3-8 月。

生于海拔 600 m 以下的林下、山坡或草丛中。产云南、四川、贵州、广西、广东、江西、浙江、福建和台湾。亚洲热带地区至非洲的马达加斯加岛也有。有毒植物。根状茎磨干粉，调醋外敷，可治痈疮脓肿、癣、淋巴结炎等。

2. 萱草

Hemerocallis fulva (L.) L.

根近肉质，中下部有纺锤状膨大。叶一般较宽。花早上开晚上凋谢，无香味，橘红色至橘黄色，花被管较粗短，长 2-3 cm，内花被裂片宽 2-3 cm，下部一般有"∧"形彩斑。花果期为 5-7 月。

全国各地常见栽培，秦岭以南有野生的。

A73. 石蒜科 Amaryllidaceae

1. 文殊兰

Crinum asiaticum var. *sinicum* (Roxb. ex Herb.) Baker

多年生粗壮草本。鳞茎长柱形。叶 20-30，多列，长可达 1 m，宽 7-12 cm，边缘波状。花茎几与叶等长；伞形花序有 10-24 花，佛焰苞状总苞片披针形，小苞片狭线形；花高脚碟状，芳香，花被管纤细，伸直，长 10 cm，直长 4.5-9 cm，宽 6-9 mm，白色。蒴果近球形，直径 3-5 cm，通常种子 1。花期夏季。

常生于海滨地区或河旁沙地；现栽培供观赏。产福建、台湾、广东、广西等。叶与鳞茎药用，有活血散瘀、消肿止痛之效，治跌打损伤、风热头痛、热毒疮肿等症。

A73. 石蒜科 Amaryllidaceae

2. 忽地笑（铁色箭）
Lycoris aurea (L'Her.) Herb.

　　鳞茎卵形。秋季出叶，长约 60 cm，最宽处达 25 cm，中间淡色带明显。花茎高约 60 cm；伞形花序有 4-8 花；花黄色，花被裂片背面具淡绿色中肋，强度反卷和皱缩，花被筒长 12-15 cm，花丝黄色，花柱上部玫瑰红色。蒴果具三棱，室背开裂。种子少数，近球形，直径约 0.7 cm，黑色。花期 8-9 月，果期 10 月。

　　生于阴湿山坡；庭园也栽培。产福建、台湾、湖北、湖南、广东、广西、四川和云南。日本和缅甸也有。本种鳞茎为提取加兰他敏的良好原料，为治疗小儿麻痹后遗症的药物。

3. 石蒜（龙爪花）
Lycoris radiata (L'Her.) Herb.

　　鳞茎近球形。秋季出叶，长约 15 cm，宽约 0.5 cm，中间有粉绿色带。花茎高约 30 cm；伞形花序有 4-7 花，花鲜红色；花被裂片强度皱缩和反卷，花被筒绿色，长约 0.5 cm，雄蕊显著伸出于花被外，比花被长 1 倍左右。花期 8-9 月，果期 10 月。

　　野生于阴湿山坡和溪沟边；庭院也栽培。产华东、华中、华南、西南和陕西。日本也有。鳞茎有解毒、祛痰、利尿、催吐、杀虫等的功效，但有小毒；石蒜碱具一定抗癌活性，并能抗炎、解热、镇静及催吐；加兰他敏和力可拉敏为治疗小儿麻痹症的要药。

A74. 天门冬科 Asparagaceae

1. 山文竹
Asparagus acicularis Wang et S. C. Chen

　　攀援植物，长可达 1 m 以上。茎和分枝不具纵凸纹或棱。叶状枝通常每 3-7 成簇，近针状，伸直，略有几条不明显的棱，长 6-12（-15）mm，粗约 0.3 mm；茎上的鳞片状叶基部有长 4-6 mm 的硬刺，分枝上的长 1-2 mm。雄花每 2 腋生，很小，绿白色；花梗长 4-5 mm，关节位于中部；花被球形，长约 2 mm。浆果直径 5-6 mm，通常有 1 种子。花果期 6-11 月。

　　生于海拔 180-340 m 的草地、湖边或灌丛中。产江西、湖南、湖北、广东和广西。

A74. 天门冬科 Asparagaceae

2. 天门冬
Asparagus cochinchinensis (Lour.) Merr.

攀援植物。茎平滑，常弯曲或扭曲，长可达1-2 m，分枝具棱或狭翅。叶状枝通常每 3 枚成簇，扁平或由于中脉龙骨状而略呈锐三棱形，长 0.5-8 cm，宽 1-2 mm；茎上的鳞片状叶基部延伸为长 2.5-3.5 mm的硬刺，在分枝上的刺较短或不明显。花通常每 2 朵腋生，淡绿色；花梗长 2-6 mm，关节一般位于中部；雄花：花被长 2.5-3 mm；雌花大小和雄花相似。浆果直径 6-7 mm，熟时红色，有 1 种子。花期 5-6 月，果期 8-10 月。

生海拔 550 m 以下的山坡、路旁、疏林下、山谷或荒地上。从河北、山西、陕西、甘肃等省的南部至华东、中南、西南各省区都有分布。也见于朝鲜、日本、老挝和越南。天门冬的块根是常用的中药，有滋阴润燥、清火止咳之效。

3. 流苏蜘蛛抱蛋
Aspidistra fimbriata Wang et K. Y. Lang

多年生草本。根状茎匍匐，密具节。叶单生，彼此相距 2-3 cm 或更近，矩圆状披针形，长 30-43 cm，宽 3.5-6 cm，两端渐狭；叶柄明显，坚硬，长 26-35 cm。总花梗短，长 0.3-1 cm；苞片 4-5 枚；花被钟形，长 13-15 mm，上部 8-10 裂，裂片卵状三角形，内面有 4 条裂成流苏状的肉质的脊状隆起；雄蕊 8-10枚，贴生于花被筒下部 1/4 处，花丝不明显，花药宽卵形；柱头盾状膨大，圆形，中央明显凸出，4 裂，裂片先端凹缺。花期 11-12 月。

生于海拔 100-400 m 的山谷密林下。产福建、广东、海南。

4. 九龙盘
Aspidistra lurida Ker-Gawl.

根状茎圆柱形，具节和鳞片。叶单生，矩圆状披针形或带形，长 13-46 cm，宽 2.5-11 cm，有时多少具黄白色斑点；叶柄长 10-30 cm。总花梗长 2.5-5 cm；花被近钟状，长 8-15 mm，直径 10-15 mm；花被筒上部 6-8（-9）裂，裂片矩圆状三角形；雄蕊 6-8（-9），花丝不明显子房基部膨大，花柱无关节。

生于海拔 300-600 m 的山坡林下或沟旁。产广东、福建、台湾、浙江、江西、湖北、湖南、四川、贵州和广西。根状茎药用。治跌打损伤、腰痛、咳嗽及疟疾和蛇咬伤等。

A74. 天门冬科 Asparagaceae

5. 小花蜘蛛抱蛋
Aspidistra minutiflora Stapf

根状茎密生节和鳞片。叶 2-3 簇生，带形，长 26-65 cm，宽 1-2.5 cm，先端渐尖，基部渐狭，近先端的边缘有细锯齿。总花梗纤细，长 1-2.5 cm；苞片 2-4；花被坛状，长 4.5-5 mm，青带紫色，具紫色细点，上部具（4-）6 裂；裂片不向外弯；雄蕊（4-）6，生于花被筒底部，花丝极短；雌蕊长 2.5-3 mm，子房几不膨大，长约 1.5 mm，花柱粗短，柱头稍膨大，边缘具（4-）6 圆齿。花期 7-10 月。

生于路旁或山腰石上或石壁上。产贵州、广东和广西。

6. 绵枣儿
Barnardia japonica (Thunb.) Schult. et Schult. f.

鳞茎近球形，高 2-5 cm，鳞茎皮黑褐色。基生叶 2-5 枚，狭带状，长 15-40 cm，宽 2-9 mm，柔软。花葶比叶长；总状花序长 2-20 cm，具多花；花紫红色至白色，直径 4-5 mm，花梗长 5-12 mm，花被片近椭圆形，长 2.5-4 mm，先端钝而增厚。果近倒卵形，长 3-6 mm。种子 1-3，黑色，狭倒卵形，长 2.5-5 mm。花果期 7-11 月。

生于海拔 600 m 以下的山坡、草地、路旁或林缘。产东北、华北、华中、四川、云南、广东、江西、江苏、浙江和台湾。朝鲜、日本和苏联也有。

7. 禾叶山麦冬
Liriope graminifolia (L.) Baker

具地下走茎。叶长 20-55 cm，宽 2-4 mm，近全缘。花葶通常稍短于叶；总状花序长 6-15 cm；花通常 3-5 簇生于苞片腋内，花梗长约 4 mm，关节位于近顶端；花被片长 3.5-4 mm，白色或淡紫色，子房近球形，花柱长约 2 mm。种子卵圆形或近球形，直径 4-5 mm，初期绿色，成熟时蓝黑色。花期 6-8 月，果期 9-11 月。

生于海拔 100-500 m 的山坡、山谷林下、灌丛中或山沟阴处及草丛中。产河北、山西、陕西、甘肃、河南、安徽、湖北、贵州、四川、江苏、浙江、江西、福建、台湾和广东。

A74. 天门冬科 Asparagaceae

8. 阔叶山麦冬
Liriope muscari (Decaisne) L. H. Bailey

多年生草本。根状茎短，根细长，末端常局部膨大成肉质纺锤形的小块根。叶密集成丛，革质，长 25-65 cm，宽 1-3.5 cm。花葶通常长于叶，长 45-100 cm；总状花序长 25-40 cm，多花；花 3-8 朵簇生于苞片腋内；花梗长 4-5 mm，关节位于中部或中部偏上；花被片紫色或红紫色；花丝长约 1.5 mm，花药长 1.5-2 mm。果早期破裂，露出浆果状种子；种子球形，直径 6-7 mm，成熟时黑紫色。花期 7-8 月，果期 9-11 月。

生于海拔 50-620 m 的山地、山谷的疏、密林下。产长江流域及其以南各省区。也分布于日本。块根可代中药麦冬用。

9. 山麦冬
Liriope spicata (Thunb.) Lour.

植株有时丛生。根稍粗，近末端处常膨大成肉质小块根；根状茎短，木质，具地下走茎。叶长 25-60 cm，宽 4-7 mm，先端急尖或钝，基部常包以褐色的叶鞘。花葶通常长于叶；总状花序长 6-18 cm；花通常 2-5 簇生于苞片腋内，花梗长约 4 mm，关节位于中部以上或近顶端，花被片长 4-5 mm，先端钝圆，淡紫蓝色，子房近球形，花柱长约 2 mm。种子近球形，直径约 5 mm。花期 5-7 月，果期 8-10 月。

生于海拔 150-500 m 的山坡、山谷林下、路旁或湿地；为常见栽培的观赏植物。除黑龙江，吉林，辽宁、内蒙古、青海、新疆、西藏外，其他地区广泛分布和栽培。日本和越南也有。

10. 麦冬
Ophiopogon japonicus (L. f.) Ker-Gawl.

根较粗，中间或近末端常膨大成小块根；地下走茎细长。茎很短，叶基生成丛，禾叶状，长 10-50 cm，宽 1.5-3.5 mm。花葶长 6-22 cm，通常比叶短得多，总状花序长 2-5 cm；花单生或成对着生于苞片腋内，花梗长 3-4 mm，关节位于中部以上或近中部，花被片常稍下垂而不展开，长约 5 mm，白色或淡紫色，花柱长约 4 mm。种子球形，直径 7-8 mm。花期 5-8 月，果期 8-9 月。

生于海拔 600 m 以下的山坡阴湿处、林下或溪旁。产广东、广西、福建、台湾、浙江、江苏、江西、湖南、湖北、四川、云南、贵州、安徽、河南、陕西和河北。日本、越南、印度也有。本种小块根是中药麦冬，有生津解渴、润肺止咳之效。

A74. 天门冬科 Asparagaceae

11. 多花黄精
Polygonatum cyrtonema Hua

　　根状茎肥厚，通常连珠状或结节成块，少有近圆柱形，直径 1-2 cm。茎高 50-100 cm，通常具 10-15 叶。叶互生，少有稍作镰状弯曲，长 10-18 cm，宽 2-7 cm。伞形花序具 1-12 花，总花梗长 1-5 cm，花梗长 0.5-2.5 cm；花被黄绿色，全长 18-25 mm，裂片长约 3 mm，子房长 3-6 mm，花柱长 12-15 mm。浆果黑色，直径约 1 cm，具 3-9 种子。花期 5-6 月，果期 8-10 月。

　　生于海拔 200-500 m 的林下、灌丛或山坡阴处。产四川、贵州、湖南、湖北、河南、江西、安徽、江苏、浙江、福建、广东和广西。

目 16. 棕榈目 Arecales

A76. 棕榈科 Arecaceae

1. 毛鳞省藤
Calamus thysanolepis Hance

　　无茎，丛生，高 2-3 m。叶羽状全裂，长 0.8-1.6 m，顶端不具纤鞭；2-6 羽片成组聚生于叶轴两侧，长 30-37 cm，宽 1.5-2 cm，脉上及边缘疏被微刺；叶轴背面具爪状刺；叶柄疏被直刺。雄花序为部分三回分枝，长约 50 cm，约 6 分枝花序；雌花序顶端不具纤鞭，二回分枝，约 6 下弯的分枝花序，长约 20 cm。果被梗状，果实阔卵状椭圆形，长 15 mm，鳞片淡红黄色，边缘具流苏状纤毛。种子椭圆形。花期 6-7 月，果期 9-10 月。

　　产浙江、江西、福建、广东等。

目 17. 鸭跖草目 Commelinales

A78. 鸭跖草科 Commelinaceae

1. 穿鞘花
Amischotolype hispida (Less. et A. Rich.) Hong

　　多年生粗大草本。根状茎长，节上生根，无毛；茎直立，根状茎和茎总长可达 1 m 多。叶鞘长达 4 cm，密生褐黄色细长硬毛；叶长 15-50 cm，宽 5-10.5 cm，基部渐狭成柄，边缘及叶背主脉密生褐黄色细长硬毛。头状花序有数十花，果期直径达 4-6 cm；萼片舟状，花期长约 5 mm，果期伸长至 13 mm，花瓣长圆形。蒴果卵球状三棱形，长约 7 mm。种子长约 3 mm，多皱。花期 7-8 月，果期 9 月以后。

　　生于海拔 600 m 以下的林下及山谷溪边。产台湾、福建南部、广东、海南、广西、贵州、云南和西藏。日本、巴布亚新几内亚、印度尼西亚至中南半岛也有。

A78. 鸭跖草科 Commelinaceae

2. 饭包草
Commelina bengalensis L.

多年生披散草本。茎大部分匍匐，节上生根，长可达 70 cm，被疏柔毛。叶有柄；叶片长 3-7 cm，宽 1.5-3.5 cm；叶鞘具睫毛。总苞片与叶对生，常多数集于枝顶，长 8-12 mm，被疏毛；花序下面一枝具细长梗，具 1-3 不孕花，伸出佛焰苞，上面一枝有数花，结实，不伸出佛焰苞；萼片膜质，长 2 mm，花瓣蓝色，长 3-5 mm，内面 2 具长爪。蒴果椭圆状，长 4-6 mm。种子长近 2 mm，黑色。花期夏秋。

生于海拔 300 m 以下的湿地。产山东、河北、河南、陕西、四川、云南、广西、海南、广东、湖南、湖北、江西、安徽、江苏、浙江、福建和台湾。亚洲和非洲的热带、亚热带广布。药用，有清热解毒，消肿利尿之效。

3. 二色鸭跖草（广东省新记录）
Commelina bicolor D. Q. Wang et M. E. Cheng

一年生草本。茎高 20-40 cm，多分枝。叶披针形，长 3-6 cm，宽 1-1.5 cm，基部边缘和鞘顶部边缘被长缘毛。聚伞花序与叶对生，1-3 花；花序梗丝形，长 0.8-2 cm，无毛；总苞片佛焰苞状，对折，肾形，长 1-1.5 cm，宽 1.5-1.9 cm，顶端具短尖头，基部心形，背面在中部基出脉上被长柔毛。萼片 3，白色，膜质，无毛。花瓣 3，无毛，2 上方花瓣卵圆形或宽卵形，长 8-13 mm，上方大部呈深蓝色，基部和长 3 mm 的爪呈白色，下方 1 枚花瓣白色，披针形，长 7 mm。能育雄蕊 3，无毛，花药淡黄色。不育雄蕊 3，无毛，花药橙色，蝴蝶形。子房狭长圆形。蒴果黑色，近倒卵球形，长 2-4 mm。

生于山坡阳处或路边。产安徽、湖北、广东。

4. 鸭跖草
Commelina communis L.

一年生披散草本。茎匍匐生根，多分枝，长可达 1 m。叶长 3-9 cm，宽 1.5-2 cm。总苞片与叶对生，长 1.2-2.5 cm，边缘常有硬毛；聚伞花序，下面一枝仅有 1 花，具长 8 mm 的梗，不孕，上面一枝具 3-4 花，具短梗，几乎不伸出佛焰苞；花梗花期长仅 3 mm，果期长不过 6 mm，萼片膜质，长约 5 mm，花瓣深蓝色，内面 2 具爪，长近 1 cm。蒴果椭圆形，长 5-7 mm。种子长 2-3 mm，棕黄色。

生于湿地。产云南、四川及甘肃以东各地区。越南、朝鲜、日本、俄罗斯远东地区以及北美也有分布。药用，为消肿利尿、清热解毒之良药，此外对麦粒肿、咽炎、扁桃腺炎、宫颈糜烂、腹蛇咬伤有良好疗效。

A78. 鸭跖草科 Commelinaceae

5. 竹节菜
Commelina diffusa Burm. f.

一年生披散草本。茎匍匐生根，长可达 1 m，多分枝。叶长 3-12 cm，宽 0.8-3 cm；叶鞘上常有红色小斑点。蝎尾状聚伞花序单生叶腋，或假顶生；总苞片外面无毛或被短硬毛；花序二叉分枝，一枝具长 1.5-2 cm 的花序梗，其上有 1-4 不育花，另一枝具短得多的梗，其上有花 3-5，可育；萼片浅舟状，长 3-4 mm，花瓣蓝色。蒴果矩圆状三棱形，长约 5 mm。种子黑色，卵状长圆形，长 2 mm。花果期 5-11 月。

生于海拔 500 m 以下的林中、灌丛中或溪边或潮湿的旷野。产西藏、云南、贵州、广西、广东、台湾和海南。广布世界热带、亚热带。药用，能消热、散毒、利尿；花汁可作青碧色颜料，用于绘画。

6. 大苞鸭跖草
Commelina paludosa Blume

多年生粗壮大草本。茎常直立，高达 1 m，有时上部分枝，无毛或疏生短毛。叶无柄；叶片长 7-20 cm，宽 2-7 cm；叶鞘长 1.8-3 cm。总苞片漏斗状，长约 2 cm，宽 1.5-2 cm，无毛，无柄，常数个在茎顶端集成状头；蝎尾状聚伞花序有数花，几不伸出；花瓣蓝色，长 5-8 mm，宽 4 mm，内面 2 具爪。蒴果卵球状三棱形，3 室。种子椭圆状，黑褐色，长约 3.5 mm。花期 8-10 月，果期 10 月至翌年 4 月。

生于海拔 500 m 以下的林下及山谷溪边。产西藏南部、云南、四川、贵州、广西、湖南、江西、广东、福建和台湾。尼泊尔、印度至印度尼西亚也有。可供药用。

7. 蛛丝毛蓝耳草（珍珠露水草）
Cyanotis arachnoidea C. B. Clarke

多年生草本。主茎不育，具多枚丛生叶；可育茎由叶丛下部发出，披散而节上生根，长 20-70 cm，被蛛丝状毛。主茎叶带状，长 8-35 cm，宽 0.5-1.5 cm，上面疏生蛛丝状毛，下面密被蛛丝状毛；可育茎上的叶短得多，被毛与主茎叶相同，叶鞘密被蛛丝状毛。蝎尾状聚伞花序数个簇生，无梗或有长至 4 cm 的花序梗；花无梗，花瓣蓝紫色，蓝色或白色。蒴果宽长圆状三棱形，长 2.5 mm。种子灰褐色。花期 6-9 月，果期 10 月。

生于溪边、山谷湿地及湿润岩石上。产台湾、福建、江西、广东、海南、广西、贵州和云南。印度、斯里兰卡至越南、老挝、柬埔寨也有。根入药，通经活络、除湿止痛，主治风湿关节疼痛。植株含脱皮激素。

A78. 鸭跖草科 Commelinaceae

8. 聚花草
Floscopa scandens Lour.

植株具极长的根状茎。植株全体或部分被多细胞腺毛。茎高 20-70 cm，不分枝。叶无柄或有带翅的短柄；叶长 4-12 cm，宽 1-3 cm，上面有鳞片状突起。圆锥花序多数，组成长达 8 cm 的扫帚状复圆锥花序，下部总苞片叶状，上部的比叶小得多；花梗极短，花瓣蓝色或紫色。蒴果卵圆状，长宽 2 mm，侧扁。种子半椭圆状，灰蓝色。花果期 7-11 月。

生于海拔 400 m 以下的水边、山沟边草地及林中。产浙江、福建、江西、湖南、广东、海南、广西、云南、四川、西藏和台湾。亚洲热带及大洋洲热带广布。全草药用，性苦凉。

9. 牛轭草
Murdannia loriformis (Hassk.) R. S. Rao et Kammathy

多年生草本。主茎不发育，有莲座状叶丛，多条可育茎从叶丛中发出，披散或上升，下部节上生根，长 15-50（100）cm。主茎上的叶密集，成莲座状，禾叶状或剑形，长 5-15（30）cm，宽近 1 cm；可育茎上的叶较短。蝎尾状聚伞花序单支顶生或有 2-3 支集成圆锥花序；聚伞花序有数朵非常密集的花，几乎集成头状；苞片早落；萼片浅舟状；花瓣紫红色或蓝色，倒卵圆形；能育雄蕊 2 枚。蒴果卵圆状三棱形，长 3-4 mm。花果期 5-10 月。

生于低海拔的山谷溪边林下、山坡草地。产西南、华东至华南各省区。热带亚洲分布。

10. 裸花水竹叶
Murdannia nudiflora (L.) Brenan

多年生草本。茎多条自基部发出，披散，长 10-50 cm，主茎发育。叶几乎全部茎生；叶禾叶状，长 2.5-10 cm，宽 5-10 mm。蝎尾状聚伞花序数个排成顶生圆锥花序；聚伞花序有数朵密集排列的花，总梗长达 4 cm；苞片早落，花梗长 3-5 mm，萼片浅舟状，长约 3 mm，花瓣紫色，长约 3 mm。蒴果卵圆状三棱形，长 3-4 mm。种子黄棕色。花果期（6）8-9（10）月。

生于低海拔的水边潮湿处，少见于草丛中。产云南、广西、广东、湖南、四川、河南南部、山东、安徽、江苏、浙江、江西和福建。老挝、印度、斯里兰卡、日本、印度尼西亚、巴布亚新几内亚和夏威夷等也有。全草和烧酒捣烂，外敷可治疮疖红肿。

A78. 鸭跖草科 Commelinaceae

11. 细竹篙草（书带水竹叶）
Murdannia simplex (Vahl) Brenan

多年生草本，全体近无毛。主茎不育，有丛生叶；可育茎1-4支，通常直立，高达50 cm。主茎叶禾叶状，长15-35 cm，宽0.6-1.5 cm；在可育茎上的叶常仅2-3，下部的长可达12 cm，上部的有时长仅1 cm。蝎尾状聚伞花序数个组成顶生狭圆锥花序，长约5 cm；总苞片膜质，早落；花序梗长至1 cm；花蕾期下垂，花后上升，苞片早落，花梗在果期长约5 mm，伸直，萼片浅舟状，长约4 mm，花瓣紫色。蒴果卵圆状三棱形，长4-5 mm。种子褐黑色。花期4-9月。

生于海拔600 m以下的林下、沼地或湿润的草地、水田边。产广东、香港、海南、广西、云南、贵州和四川。非洲东部、印度至印度尼西亚也有。

12. 水竹叶
Murdannia triquetra (Wall.) Bruckn.

多年生草本，根状茎横走。茎肉质，下部匍匐，通常多分枝，长达40 cm，密生一列白色硬毛。叶无柄；叶竹叶形，长2-6 cm，宽5-8 mm。花序通常仅有单花，花序梗长1-4 cm，顶生者梗长，腋生者短；萼片绿色，浅舟状，长4-6 mm，花瓣粉红色，紫红色或蓝紫色。蒴果卵圆状三棱形，长5-7 mm。种子短柱状，红灰色。花期9-10月，果期10-11月。

生于海拔600 m以下的水稻田边或湿地上。产云南、四川、贵州、广西、海南、广东、湖南、湖北、陕西、河南、山东、江苏、安徽、江西、浙江、福建和台湾。印度至越南、老挝、柬埔寨也有。可作用饲料，幼嫩茎叶可供食用，全草有清热解毒、利尿消肿之效。

13. 杜若
Pollia japonica Thunb.

多年生草本，根状茎长而横走。茎直立，粗壮，不分枝，高30-80 cm，被短柔毛。叶鞘无毛；叶几无柄；叶长椭圆形，长10-30 cm，宽3-7 cm，叶面粗糙。蝎尾状聚伞花序长2-4 cm，常多数成轮排列，花序总梗长15-30 cm，各级花序轴和花梗密被钩状毛，总苞片披针形；花梗长约5 mm，萼片3，长约5 mm，花瓣白色，倒卵状匙形，长约3 mm。果球状，果皮黑色，直径约5 mm。种子灰色带紫色。花期7-9月，果期9-10月。

生于海拔500 m以下的山谷林下。产台湾、福建、浙江、安徽、江西、湖北、湖南、广东、广西、贵州和四川。日本、朝鲜也有。药用，治虫咬伤及腰痛。

A80. 雨久花科 Pontederiaceae

1. 鸭舌草
Monochoria vaginalis (Burm. f.) Presl

　　水生草本，根状茎极短。茎直立或斜上，高
8-45 cm，全株无毛。叶形变化较大，由心状宽卵形至披
针形，长 2-7 cm，宽 0.8-5 cm，全缘；叶柄长 10-20 cm，
基部扩大成开裂的鞘，顶端有舌状体，长 7-10 mm。
总状花序从叶柄中部抽出；花序梗长 1-1.5 cm；花通常
3-5，蓝色，花被片长 10-15 mm，花梗长不及 1 cm。蒴
果卵形至长圆形，长约 1 cm。种子多数，椭圆形，长约
1 mm，灰褐色。花期 8-9 月，果期 9-10 月。

　　生于平原至海拔 400 m 的稻田、沟旁、浅水池塘等
水湿处。全国均产。日本、马来西亚、菲律宾、印度、
尼泊尔和不丹也有。嫩茎和叶可作蔬食，也可做猪饲料。

目 18. 姜目 Zingiberales

A85. 芭蕉科 Musaceae

1. 野蕉（山芭蕉）
Musa balbisiana Colla

　　假茎丛生，高约 6 m，黄绿色，有大块黑斑，具匍
匐茎。叶长约 2.9 m，宽约 90 cm，基部耳形，两侧不对
称，叶面微被蜡粉；叶柄长约 75 cm。花序长 2.5 m，
雌花的苞片脱落，中性花及雄花的苞片宿存，苞片外
面暗紫红色，被白粉，内面紫红色，开放后反卷；合
生花被片淡紫白色；离生花被片乳白色，透明。果丛
共 8 段，每段有果 2 列，15-16 个。浆果倒卵形，长约
13 cm，灰绿色，棱角明显，果内具多数种子。种子扁
球形，褐色，具疣。

　　生于沟谷坡地的湿润常绿林中。产云南西部、广
西、广东。亚洲南部、东南部也有。假茎可作猪饲料；
本种是目前世界上栽培香蕉的亲本种之一。

A88. 闭鞘姜科 Costaceae

1. 闭鞘姜
Cheilocostus speciosus (J. Koenig) C. D. Specht

　　多年生草本，高 1-3 m，基部近木质，顶部常分枝，
旋卷。叶片长圆形或披针形，长 15-20 cm，叶背密被
绢毛。穗状花序顶生；苞片卵形，具短尖头，小苞片
淡红色；花萼红色，3 裂；花冠管短，长 1 cm，裂片
长约 5 cm，白色或顶部红色；唇瓣宽喇叭形，纯白色，
顶端具裂齿及皱波状；雄蕊花瓣状，长约 4.5 cm 白色。
蒴果稍木质，长约 1.3 cm，红色。花期 7-9 月，果期
9-11 月。

　　生于疏林下、村边及路边草丛、荒坡、水沟边等处。
产台湾、广东、广西、云南等省区。热带亚洲广布。

A89. 姜科 Zingiberaceae

1. 山姜
Alpinia japonica (Thunb.) Miq.

株高 35-70 cm，具分枝根茎。叶通常 2-5，长 25-40 cm，宽 4-7 cm，两面被短柔毛；叶柄长达 2 cm 至近无；叶舌 2 裂。总状花序顶生，长 15-30 cm，花序轴密生绒毛；总苞片长约 9 cm，开花时脱落；花通常 2 聚生，小花梗长约 2 mm，花冠管长约 1 cm，花冠裂片长约 1 cm，外被绒毛，唇瓣卵形，宽约 6 mm，白色而具红色脉纹。果球形，直径 1-1.5 cm，被短柔毛，熟时橙红色。种子多角形，长约 5 mm，有樟脑味。花期 4-8 月，果期，7-12 月。

生于林下阴湿处。产东南、南部至西南。日本亦有。果实供药用，为芳香性健胃药；根茎性温，味辛，能理气止痛、祛湿、消肿、活血通络，治风湿性关节炎。

2. 箭杆风
Alpinia jianganfeng T. L. Wu

多年生草本，高 50-100 cm。叶片长圆状披针形至长圆形，长 15-35 cm，宽 3-7 cm，两面无毛。总状花序顶生；小苞片半圆形，极小，早落；花黄白色，唇瓣倒卵形，长 0.7-1.3 cm，边缘皱波状或浅裂，先端 2 裂。蒴果球形，成熟时红色。花期 4-6 月，果期 6-11 月。

生海拔 300-500 m 的山坡密林下。产广东、广西、贵州、湖南、江西、四川及云南。全草可供药用。

3. 长柄山姜
Alpinia kwangsiensis T. L. Wu et Senjen

多年生草本，株高 1.5-3 m。叶片长圆状披针形，长 40-60 cm，宽 8-16 cm，顶端具旋卷的小尖头，叶背密被短柔毛；叶舌顶端 2 裂，被长硬毛；叶柄长 4-8 cm。总状花序直立，长 13-30 cm，果密被黄色粗毛；花序上的花很稠密，小苞片壳状包卷，褐色，顶端 2 裂，果时宿存；花萼筒状，淡紫色，顶端 3 裂；花冠白色，花冠管长 12 mm，花冠裂片长约 2 cm；唇瓣卵形，长 2.5 cm，白色，内染红。果圆球形，直径约 2 cm，被疏长毛。花果期 4-6 月。

生海拔 50-400 m 的林缘、沟谷林下。产广东、广西、贵州、云南。

A89. 姜科 Zingiberaceae

4. 假益智
Alpinia maclurei Merr.

株高 1-2 m。叶披针形, 长 30-60 cm, 宽 8-15 cm, 顶端尾状渐尖, 基部渐狭, 叶背被短柔毛; 叶柄长 1-5 cm; 叶舌 2 裂, 长 1-2 cm, 被绒毛。圆锥花序直立, 长 30-40 cm, 被灰色短柔毛; 花 3-5 聚生于分枝的顶端, 花梗极短, 花冠管长 1.2 cm, 裂片长圆形, 兜状, 唇瓣长圆状卵形, 长 10-12 mm, 花时反折。果球形, 无毛, 直径约 1 cm, 果皮易碎。花期 3-7 月, 果期 4-10 月。

生于山地疏或密林中。产广东、广西和云南。越南也有。

5. 华山姜
Alpinia oblongifolia Hayata

株高约 1 m。叶披针形或卵状披针形, 长 20-30 cm, 宽 3-10 cm, 顶端渐尖, 基部渐狭, 两面无毛; 叶柄长约 5 mm。花组成狭圆锥花序, 长 15-30 cm, 分枝短, 长 3-10 mm, 其上有 2-4 花; 花白色, 萼管状, 长 5 mm, 顶端具 3 齿, 花冠管略超出, 花冠裂片长圆形, 长约 6 mm, 唇瓣卵形, 长 6-7 mm, 顶端微凹, 子房无毛。果球形, 直径 5-8 mm。花期 5-7 月, 果期 6-12 月。

生于海拔 100-500 m 林下, 为常见草本。产东南至西南。越南、老挝亦有。根茎药用, 能温中暖胃, 散寒止痛。

6. 光叶云南草蔻
Alpinia blepharocalyx var. *glabrior* (Hand.-Mazz.) T. L. Wu

多年生草本, 株高 1-2 m。叶片披针形, 长 20-40 cm, 宽 4-8 cm, 叶面深绿色, 无毛, 叶背淡绿色, 无毛或疏被毛; 叶舌顶端有长柔毛。总状花序直立, 长 10-20 cm, 花序轴被粗硬毛, 花梗长 4-6 mm, 密被柔毛。果近球形, 长 1-2 cm, 密被毛。花期 4-6 月, 果期 7-12 月。

生海拔 200-400 m 的密林下。产广东、广西、云南。

A89. 姜科 Zingiberaceae

7. 蘘荷
Zingiber mioga (Thunb.) Rosc.

　　株高 0.5-1 m；根茎淡黄色。叶长 20-37 cm，宽 4-6 cm，两面无毛；近无柄；叶舌膜质，2 裂。穗状花序椭圆形，长 5-7 cm；苞片覆瓦状排列，红绿色，具紫脉，花萼长 2.5-3 cm，一侧开裂，花冠管裂片披针形，长 2.7-3 cm，淡黄色，唇瓣卵形，3 裂。果倒卵形，熟时裂成 3 瓣，果皮里面鲜红色。种子黑色，被白色假种皮。花期 8-10 月。

　　生于山谷中阴湿处。产安徽、江苏、浙江、湖南、江西、广东、广西和贵州。日本亦有。根茎性温，味辛，祛风止痛、消肿、活血、散淤，治腹痛气滞，痛疽肿毒，跌打损伤，腰痛，荨麻症，并解草乌中毒。

目 19. 禾本目 Poales

A90. 香蒲科 Typhaceae

1. 香蒲（东方香蒲）
Typha orientalis Presl.

　　多年生水生或沼生草本。根状茎乳白色。地上茎高 1.3-2 m。叶长 40-70 cm，宽 0.4-0.9 cm，光滑无毛；叶鞘抱茎。雌雄花序紧密连接；雄花序长 2.7-9.2 cm，花序轴具白色弯曲柔毛，叶状苞片 1-3，花后脱落；雌花序长 4.5-15.2 cm，叶状苞片 1，花后脱落；雄花通常由 3 雄蕊组成；雌花无小苞片。小坚果椭圆形至长椭圆形；果皮具长形褐色斑点。种子褐色，微弯。花果期 5-8 月。

　　生于湖泊、池塘、沟渠、沼泽及河流缓流带。产黑龙江、吉林、辽宁、内蒙古、河北、山西、河南、陕西、安徽、江苏、浙江、江西、广东、云南和台湾等。菲律宾、日本、苏联及大洋洲等地均有。本种经济价值较高，是重要的水生经济植物之一。

A94. 谷精草科 Eriocaulaceae

1. 谷精草
Eriocaulon buergerianum Koern.

　　草本。叶线形，丛生，具横格，长 4-20 的 cm，中部宽 2-5 mm，脉 7-12。花葶多数，长达 25 cm，粗 0.5 mm，扭转，具 4-5 棱；鞘状苞片长 3-5 cm，口部斜裂；花序熟时近球形；总苞片倒卵形至近圆形，禾秆色，长 2-2.5 mm，宽 1.5-1.8 mm；总花托常有密柔毛；苞片背面上部及顶端有白短毛；雄花花萼佛焰苞状，外侧裂开，3 浅裂，长 1.8-2.5 mm，花冠裂片 3，近顶处各有 1 黑色腺体，雄蕊 6，花药黑色；雌花萼合生，外侧开裂，顶端 3 浅裂，长 1.8-2.5 mm，花瓣 3，离生，扁棒形，肉质，顶端各具 1 黑色腺体及若干白短毛，内面常有长柔毛，子房 3 室。种子矩圆状，表面具横格及 "T" 形突起。果果期 7-12 月。

　　生于海拔 100-450 m 稻田、水边。产江苏、安徽、浙江、江西、福建、台湾、湖北、湖南、广东、广西、四川和贵州。日本也有。

A97. 灯心草科 Juncaceae

1. 灯心草
Juncus effusus L.

多年生草本，高 27-91 cm。根状茎粗壮横走。茎丛生，直立。叶呈鞘状或鳞片状，包围在茎的基部，长 1-22 cm；叶退化为刺芒状。聚伞花序假侧生；总苞片圆柱形，长 5-28 cm；小苞片 2，花淡绿色，花被片线状披针形，长 2-12.7 mm，花柱极短，柱头 3 分叉。蒴果长圆形，长约 2.8 mm，黄褐色。种子卵状长圆形，长 0.5-0.6 mm。花期 4-7 月，果期 6-9 月。

生于海拔 250-600 m 的河边、池旁、水沟、稻田旁、草地及沼泽湿处。全国广布。世界温暖地区均有分布。茎内白色髓心除供点灯和烛芯用外，入药有利尿、清凉、镇静作用；茎皮纤维可作编织和造纸原料。

2. 笄石菖
Juncus prismatocarpus R. Br.

多年生草本，高 17-65 cm。茎丛生，圆柱形，直径 1-3 mm。叶基生和茎生，短于花序；基生叶少；茎生叶 2-4 枚；叶片线形通常扁平，长 10-25 cm，宽 2-4 mm。花序由 5-20（-30）个头状花序组成，排列成顶生复聚伞花序，花序常分枝，具长短不等的花序梗；头状花序半球形至近圆球形，直径 7-10 mm，有（4-）8-15（-20）朵花；叶状总苞片常 1 枚，线形，短于花序；花被片内外轮等长或内轮者稍短，顶端尖锐；雄蕊通常 3 枚，花柱甚短，柱头 3 分叉。蒴果三棱状圆锥形，长 3.8-4.5 mm，顶端具短尖头。花期 3-6 月，果期 7-8 月。

生海拔 50-400 m 的路旁沟边、疏林草地以及沼泽。产华东、华南至西南各省区。亚洲及大洋洲广布。

2a. 圆柱叶灯心草
Juncus prismatocarpus subsp. *teretifolius* K. F. Wu

本亚种和原亚种的区别在于叶圆柱形，有时干后稍压扁，具明显的完全横隔膜，单管；植株常较高大。

生于田边湿地、沼泽。产江苏、浙江、广东、云南、西藏。

A97. 灯心草科 Juncaceae

3. 野灯心草（秧草）
Juncus setchuensis Buchen.

多年生草本，高 25-65 cm。根状茎短而横走。茎丛生，直立。叶呈鞘状或鳞片状，包围在茎的基部，长 1-9.5 cm；叶退化为刺芒状。聚伞花序假侧生；总苞片长 5-15 cm；花淡绿色，花被片长 2-3 mm，宽约 0.9 mm，雄蕊 3；子房 1 室，花柱极短，柱头 3 分叉，长约 0.8 mm。蒴果通常卵形，成熟时黄褐色至棕褐色。种子斜倒卵形，长 0.5-0.7 mm。花期 5-7 月，果期 6-9 月。

生于海拔 300-600 m 的山沟、林下阴湿地、溪旁、道旁的浅水处。产山东、江苏、安徽、浙江、江西、福建、河南、湖北、湖南、广东、广西、四川、贵州、云南和西藏。

A98. 莎草科 Cyperaceae

1. 广东薹草
Carex adrienii E. G. Camus

根状茎近木质。秆丛生，高 30-50 cm，三棱形，密被短粗毛。基生叶长 25-35 cm，宽 2-3 cm，基部下延至叶柄，全缘，叶背密被短粗毛，叶面无毛；叶柄长 5-15 cm；秆生叶退化呈佛焰苞状，下部绿色，上部淡褐色，密生褐色斑点和短线。圆锥花序复出，具 2-6 支花序；支花序柄纤细，长 2-4 cm。果囊椭圆形，三棱形，长约 3 mm，褐白色，密生褐色斑点和短线。小坚果卵状三棱形，长约 1.5 mm，成熟时褐色。花果期 5-6 月。

生于海拔 300-600 m 的常绿阔叶林林下、水旁或阴湿地。产福建、湖南、广东、广西、四川、云南。越南、老挝也有。

2. 浆果薹草（红稗子）
Carex baccans Nees

根状茎木质。秆直立而粗壮，高 80-150 cm，三棱形，无毛，中部以下生叶。叶长于秆，平张，宽 8-12 mm，叶背光滑，叶面粗糙，基部具红褐色网状叶鞘。圆锥花序复出，长 10-35 cm；支花序 3-8，长 5-6 cm，宽 3-4 cm；花序轴钝三棱柱形，几无毛；小穗多数。果囊近球形，肿胀，长 3.5-4.5 mm，近革质，成熟时鲜红色或紫红色，有光泽。小坚果椭圆形，三棱形，长 3-3.5 mm，成熟时褐色。花果期 8-12 月。

生于海拔 200-600 m 的林边、河边及村边。产福建、台湾、广东、广西、海南、四川、贵州和云南。马来西亚、越南、尼泊尔、印度也有。

A98. 莎草科 Cyperaceae

3. 褐果薹草
Carex brunnea Thunb.

　　多年生草本。秆密集，丛生，高 40-70 cm。叶略长于秆，宽 2-3 mm，具短鞘，一般不超过 5 cm。苞片下面的叶状，上面的刚毛状，具鞘；鞘长 7-20 mm。小穗 4-10 个，常 1-2 个出自同一苞片鞘内，排列稀疏；小穗圆柱状，1.5-3 cm，雄花部分较雌花部分短很多。雄花鳞片卵形，长约 3 mm，顶端急尖，背面具 1 条脉；雌花鳞片卵形，长约 2.5 mm，顶端无短尖，具褐色短条纹，背面具 3 条脉。小坚果近圆形，扁双凸状，基部无柄。

　　生于海拔 400 m 以下山坡、山谷疏林或河边。产安徽、福建、甘肃、广东、广西、湖北、湖南、江苏、江西、陕西、四川、台湾、西藏、云南、浙江。印度、日本、韩国、尼泊尔、菲律宾、越南、澳大利亚亦有分布。

4. 陈氏薹草（广东省新记录）
Carex cheniana Tang et Wang ex S. Y. Liang

　　多年生草本。秆高 40-57 cm。叶长于秆，宽 5-9 mm。苞片短叶状，具长鞘。小穗 4-5 个，顶生 1 个雄性，棍棒状圆柱形，长 1-2.7 cm；其余小穗雌性，顶端有极少数的雄花，圆柱形，长 3.5-6 cm，花密生。雌花鳞片椭圆状披针形，长 6-6.5 mm，无毛，背面 3 脉，延伸成长芒。果囊菱状椭圆形，被疏柔毛，具多条脉，下部狭窄，上部急缩成长喙。小坚果卵状椭圆形，长 3 mm；花柱基部稍膨大，柱头 3。果期 4-5 月。

　　生于山坡林下。产福建、湖南、江西、广东、浙江、江西。

5. 中华薹草
Carex chinensis Retz.

　　根状茎短，斜生，木质。秆丛生，高 20-55 cm，纤细，钝三棱形，基部具褐棕色纤维状叶鞘。叶长于秆，宽 3-9 mm，边缘粗糙，革质。小穗 4-5，远离；顶生 1 雄性小穗，柄长 2.5-3.5 cm；侧生雌性小穗，柄直立，纤细。果囊长于鳞片，斜展，近膨胀三棱形，长 3-4 mm，膜质，黄绿色。小坚果紧包于果囊中，菱形，三棱形，棱面凹陷。花果期 4-6 月。

　　生于海拔 200-600 m 山谷阴处，溪边岩石上和草丛中。产陕西、浙江、江西、福建、湖南、广东、四川、贵州。

A98. 莎草科 Cyperaceae

6. 十字薹草（烟火薹）
Carex cruciata Wahlenb.

　　根状茎粗壮，木质，具匍匐枝。秆丛生，高 40-90 cm，三棱形，平滑。叶长于秆，宽 4-13 mm，边缘具短刺毛，基部具纤维状叶鞘。圆锥花序复出，长 20-40 cm；支圆锥花序数个，通常单生，长 4-15 cm，宽 3-6 cm；小穗极多数，横展，长 5-12 mm。果囊椭圆形，肿胀三棱形，长 3-3.2 mm，淡褐白色，具棕褐色斑点和短线，基部几无柄，上部渐狭成中等长的喙。小坚果卵状椭圆形，三棱形，长约 1.5 mm，成熟时暗褐色。花果期 5-11 月。

　　生于海拔 330-500 m 林边或沟边草地、路旁、火烧迹地。产浙江、江西、福建、台湾、湖北、湖南、广东、广西、海南、四川、贵州、云南、西藏和喜马拉雅。印度、马达加斯加、印度尼西亚、中南半岛和日本南部也有。

7. 隐穗薹草（多序宿柱薹）
Carex cryptostachys Brongn

　　根状茎长，木质，外被纤维状老叶鞘。秆侧生，高 12-30 cm，扁三棱形，柔弱。叶长于秆，宽 6-15 mm，革质。小穗 6-10，长圆形，长 8-25 mm，花疏生，雄花部分短，长 3-5 mm；小穗柄长 7-25 mm。果囊长于鳞片，长圆状菱形，微三棱状，长 4-5 mm，膜质，黄绿色，上部密被短柔毛，边缘具纤毛。小坚果三棱状菱形，长 2.5-3 mm，棱的中部凹缢；花柱基部宿存，弯曲；柱头 3。花果期冬季开花，翌年春季结果。

　　生于海拔 100-600 m 密林下湿处、溪边。产福建、台湾、广东、海南、广西和云南。越南、马来半岛、印度尼西亚、菲律宾、澳大利亚也有。

8. 二型鳞薹草（垂穗薹草）
Carex dimorpholepis Steud.

　　多年生草本。秆丛生，高 35-80 cm，基部具无叶片的叶鞘。叶短于或等长于秆，宽 4-7 mm。下部 2 枚苞片叶状，长于花序，上部苞片刚毛状。小穗 5-6 个，长 4-5.5 cm，顶端 1 个雌雄顺序；侧生小穗雌性，上部 3 个小穗基部具雄花，圆柱形；小穗柄纤细，长 1.5-6 cm，下垂。雌花鳞片倒卵状长圆形，具粗糙长芒，3 脉。果囊长于鳞片，椭圆形，长约 3 mm，密生乳头状突起，顶端急缩成短喙；柱头 2。花果期 4-6 月。

　　生于海拔 150-400 m 沟边、路边、草地。产安徽、甘肃、广东、河南、湖北、江苏、江西、辽宁、陕西、山东、四川、浙江。印度、日本、韩国、缅甸、尼泊尔、斯里兰卡、泰国、越南亦有分布。

A98. 莎草科 Cyperaceae

9. 穹隆薹草
Carex gibba Wahlenb.

多年生草本。秆丛生，高 20-60 cm。叶长于或等长于秆，宽 3-4 mm。苞片叶状，长于花序。小穗卵形或长圆形，长 0.5-1.2 mm，雌雄顺序，花密生；穗状花序上部小穗较接近，下部小穗远离，基部 1 枚小穗有分枝，长 3-8 mm。雌花鳞片圆卵形，长 1.8-2 mm，具 3 脉，向顶端延伸成芒。果囊长于鳞片，宽卵形或倒卵形，长 3.2-3.5 mm，无脉，边缘具翅，顶端急缩成短喙，喙口具 2 齿。小坚果圆卵形，长约 2.2 mm；柱头 3。花果期 4-8 月。

生于海拔 150-500 m 山谷、山坡草地、林下。中国南北均产。朝鲜、日本亦有分布。

10. 长囊薹草
Carex harlandii Boott

多年生草本。根状茎短粗，木质。秆侧生，高 30-90 cm。不育叶长于秆，宽 10-22 mm，革质。苞片叶状，长于花序。小穗 3-4 个，顶端 1 个雄性，线状圆柱形，长 4.5-8 cm；侧生小穗多为雌花，仅顶端具少数雄花，圆柱形，长 4.5-9 cm，宽 8-13 mm，花密生。雌花鳞片卵状长圆形，长 3-3.5 mm，背面 3 脉，向顶端延伸成芒。果囊长于鳞片 1 倍，长 9-10 mm，椭圆状菱形，具多条脉。小坚果，菱状椭圆形，喙顶端膨大呈环状；柱头 3。花果期 4-7 月。

生于林下、灌丛、溪边及山坡草地。产安徽、福建、广东、广西、海南、湖北、江西、浙江。印度尼西亚、缅甸、泰国、越南亦有分布。

11. 镜子薹草
Carex phacota Spreng.

多年生草本。秆丛生，高 20-75 cm。叶与秆近等长，宽 3-5 mm。下部苞片叶状，长于花序，无鞘；上部苞片刚毛状。小穗 3-5 个，顶端 1 个雄性，稀顶部具少数雌花，线状圆柱形，长 4.5-6.5 cm；侧生小穗雌性，稀顶部具少数雄花，长圆柱形，长 2.5-6.5 cm。雌花鳞片长圆形，长约 2 mm，顶端截形或凹，3 脉。果囊长于鳞片，宽卵形，长 2.5-3 mm。小坚果宽卵形，长 1.5 mm，密生小乳头状突起；柱头 2 个。花果期 3-5 月。

生于沟边、草丛及水边阴湿处。产安徽、福建、广东、广西、贵州、海南、湖南、江苏、江西、山东、四川、台湾、云南、浙江。印度、印度尼西亚、日本、马来西亚、缅甸、尼泊尔、斯里兰卡、泰国、越南亦有分布。

A98. 莎草科 Cyperaceae

12. 密苞叶薹草
Carex phyllocephala T. Koyama

　　根状茎粗短，木质。秆高 20-60 cm，钝三棱形，下部具红褐色无叶片的鞘。叶排列紧密，长于秆，宽 8-15 mm，边缘向下面卷。苞片叶状，密集于秆的顶端。小穗 6-10，密集生于秆的上端；顶生小穗为雄小穗，线状圆柱形；其余小穗为雌小穗。果囊斜展，宽倒卵形。小坚果倒卵形，长约 2 mm，基部无柄。花果期 6-9 月。

　　生于海拔 200-400 m 的林下、路旁、沟谷等潮湿地。产福建和广东。日本也有。

13. 粉被薹草
Carex pruinosa Boott

　　秆丛生，高 30-80 cm，坚挺。叶与秆近等长，宽 3-5 mm，边缘反卷。苞片叶状，长于花序。小穗 3-5 个，顶生 1 个雄性，其上偶具少数雌花，窄圆柱形，长 2-3 cm；侧生小穗雌性，顶端偶具雄花，圆柱形，长 2-4 cm；小穗柄纤细，下垂。雌花鳞片长圆状披针形，具短尖，长 2.8-3 mm，密生锈色点线，3 脉。果囊长圆状卵形，长 2.5-3 mm，密生乳头状突起。小坚果宽卵形，双凸状，长约 2 mm，宽约 1.5 mm；柱头 2。花果期 3-6 月。

　　生海拔 50-500 m 山谷、溪旁、草地潮湿处。产安徽、福建、广东、广西、贵州、河南、湖南、江苏、山东、四川、云南、浙江。不丹、印度、印度尼西亚、泰国亦有分布。

14. 松叶薹草
Carex rara Boott

　　秆丛生，高 20-30 cm。叶短或稍长于秆，宽 0.5-1 mm，基部叶鞘撕裂成纤维状。小穗 1 个，顶生，雄雌顺序，雄花部分线形，长 4-12 mm，具花 5-17 朵；雌花部分长圆形至短圆柱形，长 4-10 mm，具花 6-18 朵。鳞片长圆状椭圆形至卵形，长 1.5-2.5 mm，棕色，先端钝圆，3 脉。果囊稍长于鳞片，宽卵形至椭圆状卵形，长 1.5-2.5 mm，上部渐狭成短喙。小坚果椭圆形三棱状，长 1-2 mm；花柱基部不膨大，柱头 3。花果期 4-5 月。

　　生于海拔 300-700 m 林下、林缘、溪旁阴湿处。产安徽、广东、黑龙江、湖南、江苏、江西、辽宁、四川、西藏、云南、浙江。不丹、印度、日本、韩国、尼泊尔亦有分布。

A98. 莎草科 Cyperaceae

15. 柄果薹草
Carex stipitinux C. B. Clarke

秆丛生，细弱，高 65-100 cm，基部包被无叶片的鞘。叶短于秆或等长，宽 4-5 mm，质坚挺。苞片最下面一片为叶状，上部刚毛状。小穗多数，1-3 个出自同一苞片鞘内；鞘内顶端 1 个小穗纯雄性，其余为雄雌顺序，上部为雄花，下部为雌花，小穗线状圆柱形。雄花鳞片卵状披针形，长约 4.5 mm；雌花鳞花宽卵形，长约 2.5 mm。果囊椭圆形，背面具 9-11 条细脉，上部被短硬毛。小坚果椭圆形，扁双凸状，无柄；柱头 2。花果期 6-9 月。

生于海拔 150-600 m 山坡、山谷疏林。产安徽、甘肃、广西、贵州、湖北、湖南、江西、陕西、四川、浙江。

16. 截鳞薹草
Carex truncatigluma C. B. Clarke

秆侧生，纤细，高 10-30 cm。叶长于秆，宽 6-10 mm，两面粗糙。苞片短叶状，具 6-9 mm 长的鞘。小穗 4-6 个，顶生小穗雄性，狭圆柱形，长 1-1.5 cm；小穗长 0.5-2 cm 或无柄；侧生小穗雌性，长圆柱形，长 2-5 cm。雄花鳞片长圆形，长 3-3.5 mm；雌花鳞片宽倒卵形。果囊长于鳞片，纺锤形，长 4-6 mm，被短柔毛，具多条脉。小坚果纺锤状三棱形，长 2.5-3.5 mm；柱头 3。花果期 3-5 月。

生于海拔 200-600 m 林中、山坡、溪旁。产安徽、福建、广东、广西、贵州、海南、湖南、江西、四川、台湾、云南、浙江。马来西亚、菲律宾、越南亦有分布。

17. 扁穗莎草
Cyperus compressus L.

丛生草本；根为须根。秆稍纤细，高 5-25 cm，锐三棱形，基部具较多叶。叶短于秆，宽 1.5-3 mm，灰绿色；叶鞘紫褐色。苞片叶状，长于花序；长侧枝聚伞花序简单，具 1-7 辐射枝；穗状花序近于头状；花序轴很短，具 3-10 小穗；小穗排列紧密，长 8-17 mm。小坚果倒卵形，三棱形，侧面凹陷，长约为鳞片的 1/3，深棕色。花果期 7-12 月。

生于空旷的田野里。产江苏、浙江、安徽、江西、湖南、湖北、四川、贵州、福建、广东、海南、台湾和喜马拉雅山区。印度、越南和日本也有。

A98. 莎草科 Cyperaceae

18. 莎状砖子苗
Cyperus cyperinus (Retz.) J. V. Suringar
[*Mariscus cyperinus* Vahl]

秆散生，粗壮，高 15-65 cm。叶短于秆，宽 5-7 mm。长侧枝聚伞花序，具 6-10 辐射枝，最长达 4.5 cm；穗状花序长 12-18 mm，宽 8-12 mm，具多数小穗；小穗线状披针形，长 4-6.5 mm，小穗轴具宽翅。鳞片长约 3.5 mm，背面具多条脉。小坚果狭长圆形，三棱形，稍弯，长约为鳞片的 2/3，具密的微突起细点。花果期 4-9 月。

生于山谷、缓坡潮湿处、草地、村旁。产福建、广东、广西、海南、湖南、江西、四川、台湾、西藏、云南、浙江。广布于亚洲东部、东南部、南部、西南部、大洋洲及太平洋岛屿。

19. 异型莎草
Cyperus difformis L.

一年生草本。秆丛生，高 2-65 cm，扁三棱形，平滑。叶短于秆，宽 2-6 mm；叶鞘褐色。苞片叶状，长于花序；长侧枝聚伞花序简单，具 3-9 长短不等的辐射枝，或有时近于无花梗；头状花序球形，具极多数小穗，直径 5-15 mm；小穗密聚，长 2-8 mm；花柱极短。小坚果倒卵状椭圆形，三棱形，几与鳞片等长，淡黄色。花果期 7-10 月。

生于稻田中或水边潮湿处。在我国分布很广，东北、河北、山西、陕西、甘肃、云南、四川、湖南、湖北、浙江、江苏、安徽、福建、广东、广西、海南和喜马拉雅山区。苏联、日本、朝鲜、印度、非洲和中美洲也有。

20. 畦畔莎草
Cyperus haspan L.

多年生草本，根状茎短缩。秆稍细弱，高 2-100 cm，扁三棱形，平滑。叶短于秆，宽 2-3 mm，或有时仅剩叶鞘而无叶片。长侧枝聚伞花序复出或简单，第一次辐射枝最长达 17 cm；小穗通常 3-6 呈指状排列，线形或线状披针形，长 2-12 mm；鳞片密复瓦状排列，长圆状卵形，长约 1.5 mm，两侧紫红色或苍白色，具三脉。小坚果宽倒卵形，三棱形，长约为鳞片的 1/3，淡黄色，具疣状小突起。花果期很长，随地区而改变。

生于水田或浅水塘等多水的地方，山坡上亦能见到。产福建、台湾、广西、广东、云南、四川。朝鲜、日本、越南、印度、马来西亚、印度尼西亚、菲律宾及非洲也有。

A98. 莎草科 Cyperaceae

21. 碎米莎草
Cyperus iria L.

一年生草本，无根状茎。秆丛生，高 8-85 cm，扁三棱形，叶短于秆，宽 2-5 mm，叶鞘红棕色。长侧枝聚伞花序复出，具 4-9 辐射枝，辐射枝最长达 12 cm，每辐射枝具 5-10 穗状花序；穗状花序长 1-4 cm，具 5-22 小穗；小穗排列松散，压扁，长 4-10 mm；鳞片排列疏松，有 3-5 脉，两侧呈黄色或麦秆黄色。小坚果倒卵形或椭圆形，三棱形，与鳞片等长，褐色，具密的微突起细点。花果期 6-10 月。

生于田间、山坡、路旁阴湿处。产东北、河北、河南、山东、陕西、甘肃、新疆、江苏、浙江、安徽、江西、湖南、湖北、云南、四川、贵州、福建、广东、广西和台湾。俄罗斯远东地区、朝鲜、日本、越南、印度、伊朗、大洋洲、非洲北部及美洲也有。

22. 毛轴莎草
Cyperus pilosus Vahl

秆散生，粗壮，高 25-80 cm。叶短于秆，宽 6-8 mm。苞片常 3 枚，长于花序；复出长侧枝聚伞花序具 3-10 辐射分枝，每一级辐射枝具 3-7 个次级辐射枝；穗状花序长卵形，长 2-3 cm，花序轴密被黄色粗硬毛；小穗线状披针形，长 5-14 mm，具花 8-24 朵。鳞片宽卵形，长 2 mm，脉 5-7 条；雄蕊 3，花药线状长圆形，药隔突出于花药顶端；柱头 3。小坚果宽椭圆形三棱状，顶端具短尖，熟时黑色。花果期 8-11 月。

生于田边、河岸潮湿处。产安徽、重庆、福建、广东、广西、贵州、海南、湖北、湖南、江苏、江西、山西、四川、台湾、西藏、云南、浙江和喜马拉雅山区。分布于日本、越南、印度、尼泊尔、马来西亚、印度尼西亚和澳大利亚。

23. 香附子（香头草）
Cyperus rotundus L.

匍匐根状茎长，具椭圆形块茎。秆稍细弱，高 15-95 cm，锐三棱形，平滑。叶较多，短于秆，宽 2-5 mm；鞘常裂成纤维状。长侧枝聚伞花序简单或复出，具 2-10 辐射枝；辐射枝最长达 12 cm；穗状花序稍疏松，具 3-10 小穗；小穗线形，长 1-3 cm；小穗轴具白色透明的翅；鳞片长约 3 mm，具 5-7 脉。小坚果长圆状倒卵形，三棱形，长为鳞片的 1/3-2/5，具细点。花果期 5-11 月。

生于山坡荒地草丛中或水边潮湿处。产陕西、甘肃、山西、河南、河北、山东、江苏、浙江、江西、安徽、云南、贵州、四川、福建、广东、广西、台湾等。世界广布。其块茎名为香附子，可供药用。

A98. 莎草科 Cyperaceae

24. 透明鳞荸荠
Eleocharis pellucida Presl

一年生草本。秆丛生，直立，高 5-20 cm，具沟槽；叶鞘 2，管状，长 1.5-4 cm，先端具三角状齿。小穗狭卵球形至圆筒状，长 5-10 mm，直径 1.5-3 mm，花多数。小穗基部鳞片空，包裹小穗；可育鳞片苍白锈色，松散的螺旋覆瓦状，长圆形，长 2 mm，先端圆钝。花被刚毛 6，锈色，长为坚果的 1.5 倍，密被倒刺；柱头 3。小坚果倒卵形，三棱状，长 0.8-1.2 mm，黄色；宿存花柱基部圆锥状，先端渐尖。花果期 3-11 月。

生于海拔 100-500 m 池塘、沼泽、河边。产东北、华北、华东、华中、华南、西南。印度、印度尼西亚、日本、韩国、马来西亚、缅甸、菲律宾、俄罗斯、斯里兰卡、泰国也有分布。

25. 龙师草
Eleocharis tetraquetra Nees

有时有短的匍匐根状茎。秆多数，丛生，锐四棱柱状，直，无毛，高 25-90 cm。叶缺如；秆基部有 2-3 叶鞘。小穗稍斜生，长 7-20 mm，直径 3-5 mm；鳞片长近 3 mm，有 1 脉，两侧近锈色；下位刚毛 6，长或多或少等于小坚果；花柱基圆锥形，顶端渐尖，扁三棱形，有少数乳头状突起，柱头 3。小坚果倒卵形或宽倒卵形，长 1.2 mm，宽约 9 mm，淡褐色。花果期 9-11 月。

生于水塘边或沟旁水边。产江苏、浙江、安徽、湖南、江西、河南、福建、广西和台湾。日本也有。

26. 牛毛毡
Eleocharis yokoscensis (Franch. et Sav.) Tang et F. T. Wang

多年生草本。秆丛生，丝状，高 2-12 cm；叶鞘管状，长 0.5-1.5 cm。小穗浅紫色，卵形，长约 3 mm，宽约 2 mm，花少。颖片松散覆瓦状，近二列的在小穗的基部；基部颖片空，长圆形，长约 2 mm，3 脉，全小穗基部抱茎，先端钝；可育颖片中部带绿色和边紫色，卵形，长 1.8 mm，先端锐尖。花被刚毛 1-4，具倒刺。花柱 3。小坚果狭长圆形，三棱状，长约 1 mm。花果期 4-11 月。

生于海拔 150-400 m 池塘、湖边、沼泽湿润处。产东北、华北、西北、华中、华南、西南、台湾。印度、印度尼西亚、日本、韩国、蒙古、菲律宾、俄罗斯、越南亦有分布。

A98. 莎草科 Cyperaceae

27. 夏飘拂草
Fimbristylis aestivalis (Retz.) Vahl

无根状茎。秆密丛生，纤细，高 3-12 cm，扁三棱形，平滑。叶短于秆，宽 0.5-1 mm，丝状；叶鞘短，外面被长柔毛。长侧枝聚伞花序复出，疏散，具 3-7 辐射枝，最长达 3 cm；小穗单生于辐射枝顶端，长 2.5-6 mm；鳞片红棕色，长约 1 mm，有 3 脉。小坚果倒卵形，双凸状，长约 0.6 mm，黄色，表面近于平滑，有时具不很明显的六角形网纹。花期 5-8 月。

生于海拔 300-600 m 的荒草地、沼地及稻田中。产浙江、福建、台湾、广东、海南、广西、云南和四川。日本、尼泊尔、印度及大洋洲也有。

28. 矮扁鞘飘拂草
Fimbristylis complanata var. *exaltata* (T. Koyama) Y. C. Tang ex S. R. Zhang et T. Koyama

根状茎纤细。秆丛生，纤细，具槽，高 10-50 cm。叶短于秆，宽 1-2.5 mm；叶鞘两侧压扁，鞘口具缘毛；叶舌具缘毛。苞片 2-4 枚，近于直立，较花序短；小苞片刚毛状；长侧枝聚伞花序，具 1-2 个辐射枝；辐射枝扁，长 1-7 cm；小穗单生，长圆形或卵状披针形，长 5-9 mm，有 5-13 朵花；鳞片卵形，长 3 mm，有 1 条脉延伸成短尖；雄蕊 3，花药长圆形；子房三棱状长圆形，柱头 3。小坚果钝三棱状倒卵形。花果期 7-10 月。

生于山坡、山谷、路旁。产山东、江苏、浙江、安徽、江西、福建、台湾、广东、贵州。斯里兰卡、马来西亚、朝鲜、日本以及非洲也有分布。

29. 两歧飘拂草
Fimbristylis dichotoma (L.) Vahl

秆丛生，高 15-50 cm，无毛或被疏柔毛。叶线形，略短于秆或与秆等长，宽 1-2.5 mm；鞘革质，上端近于截形。长侧枝聚伞花序复出；小穗单生于辐射枝顶端，长 4-12 mm，宽约 2.5 mm；鳞片长 2-2.5 mm，褐色，有光泽，脉 3-5 条。小坚果宽倒卵形，双凸状，长约 1 mm，具 7-9 显著纵肋，网纹近似横长圆形，无疣状突起；具褐色的柄。花果期 7-10 月。

生于稻田或空旷草地上。产云南、四川、广东、广西、福建、台湾、贵州、江苏、江西、浙江、河北、山东、山西及东北。印度、中南半岛、大洋洲和非洲等也有。

A98. 莎草科 Cyperaceae

29a. 绒毛飘拂草
Fimbristylis dichotoma subsp. *podocarpa* (Nees) T. Koyama

秆丛生，高 20-100 cm，被长柔毛。叶长约为秆的 2/3，宽 2 mm，两面被长柔毛，顶端急尖。苞片叶状，2-3 枚，通常短于花序，被长柔毛；长侧枝聚伞花序复出或多次复出，有多数辐射枝；小穗单生于辐射枝顶端，长圆状卵形或卵形，长 7-12 mm，宽 2.5-3 mm，最下面 1-3 个鳞片内无花；雄蕊 3；花柱扁平，上部有缘毛，基部稍宽，柱头 2。小坚果宽倒卵形，双凸状，长约 1 mm，乳白色，具褐色短柄，表面有近似六角形网纹，略具纵肋及稀疏的疣状突起，有时不甚明显。花果期 7 月。

生于山坡草地上。产广东、广西、海南、江西、云南、台湾。分布于热带亚洲至非洲。

30. 水虱草
Fimbristylis littoralis Grandich

秆丛生，扁四棱形，高 10-60 cm，基部具 1-3 个无叶片的鞘。叶侧扁，套褶，剑状，向顶端渐狭成刚毛状，宽 1.5-2 mm；鞘侧扁，鞘口斜裂，无叶舌。苞片 2-4 枚，刚毛状，较花序短。长侧枝聚伞花序复出；辐射枝 3-6 个，纤细，长 0.8-5 cm；小穗单生于辐射枝顶端，球形或近球形，长 1.5-5 mm；鳞片膜质，卵形，3 脉；雄蕊 2，花药长圆形；花柱三棱形，无缘毛；柱头 3。小坚果钝三棱形，具疣状突起和网纹。花果期 5-10 月。

分布于水塘边、路旁阴湿处。除东北各省、新疆、西藏外，中国各省均产。广布于世界各地。

31. 芙兰草
Fuirena umbellata Rottb.

秆丛生，五棱状，高 60-120 cm，基部膨大成球茎。秆生叶矛状披针形，长 10-20 cm，5 脉在叶背面明显地隆起；叶鞘长 1.2-6.5 cm，叶舌膜质，截形。苞片叶状；小苞片刚毛状，无鞘；圆锥花序狭长，由顶生和侧生的长侧枝聚伞花序组成；花序梗被白绒毛；小穗 6-15 个聚生成簇；小穗卵形或长圆形，长 7-12 mm；鳞片宽椭圆形，背部有 3 脉；雄蕊 3，花药长圆形，顶端具短尖；柱头 3。小坚果三棱状倒卵形。花果期 6-11 月。

生于海拔 100-400 m 湿地、河边。产福建、广东、广西、海南、台湾、西藏、云南。广布于亚洲、非洲、美洲、大洋洲及太平洋群岛的热带和亚热带。

A98. 莎草科 Cyperaceae

32. 黑莎草
Gahnia tristis Nees

丛生。须根粗，具根状茎。秆粗壮，高 0.5-1.5 m，圆柱状，有节。叶具红棕色鞘，长 10-20 cm；叶狭长，极硬，长 40-60 cm，宽 0.7-1.2 cm，边缘及背面具刺状细齿。圆锥花序紧缩成穗状，长 14-35 cm；鳞片螺旋状排列，初期为黄棕色，后期为暗褐色，具 1 脉，坚硬。小坚果倒卵状长圆形，三棱形，长约 4 mm，平滑，具光泽，骨质，成熟时为黑色。花果期 3-12 月。

生于海拔 130-600 m 干燥的荒山坡或山脚灌木丛中。产福建、海南、广东、广西和湖南。琉球群岛也有。全株植物在产地常用作小茅屋顶的盖草和墙壁材料；小坚果可用以榨油。

33. 割鸡芒
Hypolytrum nemorum (Vahl) Spreng.

根状茎粗短，木质，密被坚韧带红色的鳞片。秆坚韧，直立，三棱形，高 30-90 cm，具基生叶并常具 1 秆生叶。叶线形，长 3.5-11.5 cm，宽 8-2.6 mm，近革质，无毛，基部呈鞘状。穗状花序排列成伞房花序或复伞房花序，长 3-7 cm，宽 4.5-6 cm；花序轴棱上具细刺粗糙，枝花序轴棱被糙硬毛；球穗单生，长 3-7 mm，具多数鳞片和小穗；鳞片长 2 mm，褐色，背面具 1 中脉；小穗两性。小坚果圆卵形，双凸状，长 2-2.5 mm，褐色。花果期 4-8 月。

生于林中湿地或灌木丛中。产广东、广西、台湾和云南。印度、泰国、斯里兰卡、缅甸和越南也有。

34. 短叶水蜈蚣
Kyllinga brevifolia Rottb.

根状茎长而匍匐，外被鳞片，具多数节间，每节上长一秆。秆散生，细弱，高 7-20 cm，扁三棱形，平滑；具 4-5 圆筒状叶鞘。叶柔弱，宽 2-4 mm，上部边缘和背面中肋上具细刺。穗状花序常单个，球形，长 5-11 mm；小穗披针形，压扁，长约 3 mm，宽 0.8-1 mm，具 1 花；鳞片长 2.8-3 mm，白色，具锈斑。小坚果倒卵状长圆形，扁双凸状，长约为鳞片的 1/2，表面具密的细点。花果期 5-9 月。

生于海拔 600 m 以下的山坡荒地、路旁草丛中、田边草地、溪边、海边沙滩上。产湖北、湖南、贵州、四川、云南、安徽、浙江、江西、福建、广东、海南、广西和喜马拉雅山区。非洲西部热带地区、印度、缅甸、越南、马来西亚、印度尼西亚、菲律宾、日本、琉球群岛和大洋洲、美洲。

A98. 莎草科 Cyperaceae

35. 单穗水蜈蚣
Kyllinga monocephala Rottb.

　　多年生草本，根状茎匍匐。秆细弱，扁锐三棱形。叶宽 2.5-4.5 mm，边缘具疏锯齿；叶鞘短。穗状花序常单个，圆卵形或球形，长 5-9 mm，宽 5-7 mm；小穗近于倒卵形，压扁，长 2.5-3 mm，具 1 花；鳞片苍白色或麦秆黄色，具锈色斑点。小坚果长圆形，较扁，长约为鳞片的 1/2，棕色，具密的细点。花果期 5-8 月。

　　生于坡林下、沟边、田边近水处、旷野潮湿处。产广东、广西、海南、云南和喜马拉雅山区。印度、缅甸、泰国、越南、马来西亚、印度尼西亚、菲律宾、琉球群岛、大洋洲及美洲热带也有。

36. 鳞籽莎（辣死鸡草）
Lepidosperma chinense Nees

　　多年生草本，具匍匐根状茎。秆丛生，高 45-90 cm，近圆柱状，直立；基部被叶鞘。叶圆柱状，基生，较秆稍短，直径 2-3 mm，平滑。圆锥花序紧缩成穗状，长 3-10 cm；小穗密集，纺锤状长圆形，长 6-8 mm；鳞片长 4-6.5 mm。小坚果椭圆形，长 3.5-4 mm，褐黄色，平滑。花果期 7-12 月，有时在 5 月抽穗。

　　生于海拔 100-600 m 的山边、山谷疏林、湿地和溪边。产福建、湖南、广东。马来西亚也有。

37. 球穗扁莎
Pycreus flavidus (Retz.) T. Koyama

　　秆丛生，细弱，高 7-50 cm，钝三棱形。叶少，短于秆，宽 1-2 mm；叶鞘长，下部红棕色。苞片 2-4，细长，长于花序；简单长侧枝聚伞花序具 1-6 辐射枝，有时极短缩成头状，每一辐射枝具 2-20 余小穗；小穗密聚呈球形，极压扁，长 6-18 mm，具 12-45 花，小穗轴近四棱形。小坚果倒卵形，顶端有短尖，双凸状，褐色。花果期 6-11 月。

　　生于田边、沟旁潮湿处或溪边湿润的沙土上。全国均产。地中海地区或非洲南部、中亚细亚、印度、越南、日本、朝鲜及大洋洲。

A98. 莎草科 Cyperaceae

38. 刺子莞
Rhynchospora rubra (Lour.) Makino

　　根状茎极短。秆丛生，直立，圆柱状，高 30-65 cm，平滑。叶基生，叶狭长，长达秆的 1/2 或 2/3，宽 1.5-3.5 mm，纸质，三棱形，稍粗糙。头状花序顶生，直径 15-17 mm，棕色；小穗钻状披针形，长约 8 mm，有光泽；鳞片棕色；下位刚毛 4-6。小坚果倒卵形，长 1.5-1.8 mm，双凸状，近顶端被短柔毛，成熟后为黑褐色，表面具细点；宿存花柱基短小，三角形。花果期 5-11 月。

　　生于海拔 100-600 m 各种环境条件下。本种分布甚广，产长江流域及其以南各省区。亚洲、非洲及大洋洲的热带亦有。

39. 白喙刺子莞
Rhynchospora rugosa subsp. *brownii* (Roem. et Schult.) T. Koyama

　　秆丛生，直立，纤细，高 30-60 cm。叶鞘闭合，长 2.6-6 cm，鞘口具极短叶舌；叶多数基生，秆生叶少而疏，狭线形。苞片叶状，小苞片刚毛状；圆锥花序由顶生和侧生长侧枝聚伞花序组成，具多数小穗；小穗椭圆形，长 4.5 mm，具花 3-4 朵，最下部的 3-4 片鳞片中空无花；有花鳞片 3，宽卵形；无花鳞片较有花鳞片短小；雄蕊（1-2）3；子房倒卵形，柱头 2。小坚果倒卵形，双凸状，表面被白色粉状物。花果期 6-10 月。

　　生于沼泽、河边、路旁。产福建、广东、广西、贵州、湖南、江西、四川、台湾及云南。分布于世界热带及亚热带地区。

40. 萤蔺
Schoenoplectus juncoides (Roxb.) Palla

　　丛生，根状茎短。秆稍坚挺，近圆柱状，平滑，基部具 2-3 鞘。小穗 2-6 聚成头状，假侧生，卵形，长 8-17 mm，宽 3.5-4 mm，棕色；鳞片长 3.5-4 mm，背面绿色，具 1 中肋；下位刚毛 5-6。小坚果倒卵形，平凸状，长约 2 mm，稍皱缩，成熟时黑褐色，具光泽。花果期 8-11 月。

　　生于海拔 300-600 m 的路旁、荒地潮湿处，或水田边、池塘边、溪旁、沼泽中。除内蒙古、甘肃、西藏尚未见到外，全国均有产。亚洲热带和亚热带地区，如印度、中南半岛、马来西亚，以及大洋洲、北美洲亦有。

A98. 莎草科 Cyperaceae

41. 水毛花

Schoenoplectus mucronatus (L.) Palla subsp. *robustus* (Miq.) T. Koyama

根状茎粗短，无匍匐根状茎。秆丛生，稍粗壮，高 50-120 cm，锐三棱形；基部具 2 叶鞘，鞘棕色，长 7-23 cm，顶端呈斜截形；无叶片。苞片 1，为秆的延长，长 2-9 cm；小穗 3-15 聚集成头状，假侧生，卵形至披针形，顶端钝圆或近于急尖，长 8-16 mm，宽 4-6 mm，具多数花；鳞片近于革质，长 4-4.5 mm，淡棕色，具红棕色短条纹，背面具 1 脉；下位刚毛 6，有倒刺，雄蕊 3，花药线形，长 2 mm；花柱长，柱头 3。小坚果扁三棱形，长 2-2.5 mm，成熟时暗棕色，具光泽，稍有皱纹。花果期 5-8 月。

生于海拔 300-500 m 的水塘边、沼泽地、溪边牧草地、湖边等，常和慈菇、莲花同生。除新疆、西藏外，全国均产。亚洲、欧洲等亦有。

42. 百球藨草

Scirpus rosthornii Diels

秆粗壮，高 70-100 cm。叶较坚挺，秆上部的叶高出花序，宽 6-15 mm，叶鞘长 3-12 cm。叶状苞片 3-5 枚，长于花序；多次复出长侧枝聚伞花序，顶生，具 6-7 个一级辐射枝；4-15 个小穗聚合成头状着生于辐射枝顶端，小穗无柄，卵形或椭圆形，长 2-3 mm；鳞片宽卵形，顶端纯，长约 1 mm，3 脉，两条侧脉明显地隆起；下位刚毛 2-3 条，中部以上有顺刺；柱头 2。小坚果椭圆形，双凸状。花果期 5-9 月。

生于林缘、路旁、湿地。产安徽、重庆、福建、甘肃、广东、广西、贵州、河南、湖北、湖南、江西、陕西、四川、西藏、云南、浙江。日本、尼泊尔亦有分布。

43. 二花珍珠茅

Scleria biflora Roxb.

秆丛生，纤细，高 40-60 cm。叶秆生，线形，被疏短硬毛；叶舌半圆形。苞片叶状，鞘口密被微柔毛；小苞片刚毛状，与小穗等长或稍长；圆锥花序，支花序长 1.2-3 cm，具少数小穗，花序柄常具狭翅，被微柔毛；小穗披针形，长 4-5 mm，多为单性；雌小穗具 4-5 鳞片和 1 朵雌花，雄小穗具 7-9 片或更多；雄花具雄蕊 2-3 个；子房倒卵球形，密被毛。小坚果近球形，顶端具白色短尖，无毛；下位盘黄白色，3 浅裂。花果期 7-10 月。

生长海拔 400 m 以下山坡、路旁、荒地、稻田中。产福建、广东、广西、海南、江苏、台湾、云南。也分布于印度、斯里兰卡、尼泊尔、越南、老挝、马来西亚、日本、朝鲜及澳大利亚。

A98. 莎草科 Cyperaceae

44. 毛果珍珠茅
Scleria levis Retz.

秆散生，稀丛生，高 70-90 cm。叶线形，长约 30 cm；叶鞘无翅；叶舌近半圆形，具髯毛。圆锥花序；支圆锥花序长 3-8 cm，花序轴有棱，被微柔毛；小苞片刚毛状，基部有耳；小穗无柄，单生或 2 个生在一起，单性；雄小穗长圆状卵形，鳞片厚膜质，具稀疏缘毛；雌小穗披针形，鳞片卵形，顶端具芒或短尖；雄花有 3 个雄蕊，花药线形，药隔突出于花药；柱头 3。小坚果球形，顶端具短尖，面具隆起的横皱纹，被微硬毛。花果期 6-10 月。

生于山坡、密林下、草地。产华东、华南、华中、西南。分布于亚洲东部、东南部、南部及澳大利亚和太平洋群岛。

45. 高秆珍珠茅
Scleria terrestris (L.) Fassett

多年生草本。根状茎被深紫色鳞片。秆散生，三棱柱形，高 60-100 cm，直径 4-7 mm。叶条形，长 30-40 cm，宽 6-10 mm；基部叶鞘顶端具 3 齿，中部的具宽翅。圆锥花序具 1-4 支花序，花序轴被短毛；支花序长 3-8 cm；苞片刚毛状；小穗单生，长 3-4 mm，紫褐色，单性；雄小穗鳞片长 2-3 mm；雌小穗生于分枝基部，鳞片宽卵形或卵披针形，长 2-4 mm；雄花有 3 雄蕊；雌花子房有柱头 3。小坚果球形，淡褐色，表面具四角至六角形网纹。

生于田边、山坡。产广东、广西、福建、台湾、云南、四川和西藏。印度、斯里兰卡、中南半岛、马来西亚、印度尼西亚和大洋洲也有。

46. 玉山针蔺（龙须草）
Trichophorum subcapitatum (Thwaites et Hook.) D. A. Simpson

根状茎短，密丛生。秆细长，高 20-90 cm，近于圆柱形，平滑，无秆生叶，基部具 5-6 叶鞘，鞘棕黄色，最长可达 15 cm，顶端具很短的、贴状的叶片，最长的叶达 2 cm，边缘粗糙。蝎尾状聚伞花序小，具 2-5 小穗；小穗长 5-10 mm，宽约 mm；鳞片长 3.5-4.5 mm，麦秆黄色或棕色，背面具 1 绿色的脉；下位刚毛 6。小坚果长圆形，三棱形，棱明显隆起，长约 2 mm，黄褐色。花果期 3-6 月。

生于海拔 300-600 m 的林边湿地、山溪旁、山坡路旁湿地上或灌木丛中。产浙江、安徽、福建、江西、湖南、台湾、广东、广西、贵州和四川。日本、菲律宾、马来半岛和加里曼丹岛亦有。

A103. 禾本科 Gramineae

1. 毛颖草
Alloteropsis semialata (R. Br.) Hitchc.

多年生草本。秆丛生，直立，节密生髭毛。叶鞘密生白色柔毛，宿存；叶舌长约 1 mm；叶片长线形，长 20-30 cm，宽 2-8 mm。总状花序 3-4 枚，长 4-12 cm；穗轴生柔毛。小穗卵状椭圆形，长 5-6 mm；第一颖卵圆形，长 2-3 mm，3 脉，顶端具短尖头；第二颖与小穗等长，5 脉，边缘具翼及纤毛，顶端具短芒；第一外稃与第二颖等长，上部边缘生细毛；第二外稃卵状披针形，具短芒；花药橙黄色；柱头伸出。花果期 2-8 月。

生于旷野、丘陵荒坡。产福建、广东、广西、海南、四川、台湾、云南。分布于热带亚洲东南部、热带非洲、印度及太平洋岛屿。

2. 看麦娘
Alopecurus aequalis Sobol.

一年生。秆少数丛生，细瘦，光滑，节处常膝曲，高 15-40 cm。叶鞘光滑；叶舌膜质，长 2-5 mm；叶扁平，长 3-10 cm，宽 2-6 mm。圆锥花序圆柱状，灰绿色，长 2-7 cm；小穗椭圆形，长 2-3 mm；颖膜质；外稃膜质，芒长 1.5-3.5 mm；花药橙黄色，长 0.5-0.8 mm。颖果长约 1 mm。花果期 4-8 月。

生于海拔较低的田边及潮湿地。产我国大部分省区。在欧亚大陆寒温和温暖地区与北美也有。

3. 日本看麦娘
Alopecurus japonicus Steud.

一年生。秆少数丛生，高 20-50 cm。叶舌膜质，长 2-5 mm；叶面粗糙，叶背光滑，长 3-12 mm，宽 3-7 mm。圆锥花序圆柱状，长 3-10 cm，宽 4-10 mm；小穗长圆状卵形，长 5-6 mm；芒长 8-12 mm，近稃体基部伸出；花药色淡或白色，长约 1 mm。颖果半椭圆形，长 2-2.5 mm。花果期 2-5 月。

生于海拔较低的田边及湿地。产广东、浙江、江苏、湖北和陕西。日本和朝鲜也有。

A103. 禾本科 Gramineae

4. 水蔗草
Apluda mutica L.

多年生草本。秆高 50-300 cm，质硬；节间上段常有白粉，无毛。叶舌膜质，长 1-2 mm，上缘微齿裂；叶耳小；叶扁平，长 10-35 cm，宽 3-15 mm，两面无毛。圆锥花序先端常弯垂，由许多总状花序组成；总状花序长 6.5-8 mm，总状花序轴膨胀成陀螺形，长约 1 mm。颖果成熟时腊黄色，卵形，长约 1.5 mm。花果期夏秋季。

多生于海拔 400 m 以下的田边、水旁湿地及山坡草丛中。产西南、华南及台湾等。印度、日本、中南半岛、东南亚、大洋洲及热带非洲也有。幼嫩时可作饲料。

5. 石芒草
Arundinella nepalensis Trin.

多年生草本。秆直立，高 90-190 cm，无毛。叶鞘无毛或被短柔毛；叶舌具纤毛；叶片线状披针形，长 10-40 cm，宽 1-1.5 cm。圆锥花序疏散，无毛；分枝近轮生；小穗长 3.5-4 mm；颖无毛；第一颖卵状披针形，长 2.2-3.9 mm，具 3-5 脉；第二颖具 5 脉，先端长渐尖；第一小花雄性，长 2.5-3 mm；第二小花两性，外稃长 1.6-2 mm，薄革质；芒宿存，针长 1.7-3.4 mm。颖果棕褐色，长卵形。花果期 9-11 月。

生于山坡草丛。产福建、广东、广西、贵州、海南、湖北、湖北、云南、西藏。广布于东南亚至大洋洲、非洲热带。

6. 芦竹
Arundo donax L.

多年生，具发达根状茎 8 秆粗大直立，高 3-6 m。叶鞘长于节间；叶舌截平，长约 1.5 mm，先端具短纤毛；叶扁平，长 30-50 cm，宽 3-5 cm。圆锥花序长 30-80 cm，宽 3-6 cm，分枝稠密，斜升；小穗长 10-12 mm；含 2-4 小花；外稃中脉延伸成 1-2 mm 短芒，背面中部以下密生长柔毛；雄蕊 3，颖果细小黑色。花果期 9-12 月。

生于河岸道旁、沙质土上。产广东、海南、广西、贵州、云南、四川、湖南、江西、福建、台湾、浙江、江苏。亚洲、非洲、大洋洲热带地区广布。秆为制管乐器中的簧片。

A103. 禾本科 Gramineae

7. 吊丝球竹
Bambusa beecheyana Munro [*Dendrocalamopsis beecheyana* (Munro) Keng]

竿高达 16 m，直径 9-10 cm，顶梢弯曲下垂如钓丝状，幼时被白粉并具柔毛，后渐无毛。竿箨大型，箨鞘近革质，背面贴生深棕色刺毛，近基部愈密；箨片卵状披针形，直立或外翻，背面无毛。分枝高，主枝甚粗壮。末级小枝具 6-12 叶；叶长 11-28 cm，宽 15-35 mm，基部圆形，叶缘具小锯齿；叶柄长 2-6 mm。花枝长 30-120 cm，在竿上呈鞭状垂悬；假小穗卵状披针形，紫色，体扁，长 1.5-2 cm，宽 5-8 mm；小穗轴节间粗扁，长约 1 mm；花药长约 5 mm；花柱扁平，柱头 2-4，羽毛状。果实未见。花期 9-12 月，笋期 6-7 月。

产广东、广西和海南。在广东南部栽培甚普遍，其笋可供食用。

8. 细粉单竹
Bambusa cerosissima McClure

竿直立，高 3-7（15）m，直径 2-5 cm；节间长 30-60 cm，幼时密被多量白蜡粉；竿环平坦；枝为多枝簇生，幼时具粉。箨鞘迟落，质坚硬；箨耳狭而长；箨舌低矮；箨片向外强烈翻折，黑灰色，卵状披针形。末级小枝具 4-8 叶；叶鞘无毛；叶长披针形，长 16-20 cm，宽 1.5-2 cm，质薄。花枝无叶，各节上仅生数枚假小穗；小花紫褐色或古铜色；花药长约 5.5 mm，顶端无毛；花柱长 1-2 mm，柱头 3，呈疏稀羽毛状。颖果干燥后呈三角形，未成熟的果皮能变硬。

产广东，广西有引种。

9. 粉单竹
Bambusa chungii McClure

竿直立，顶端微弯曲，高 4-14 m，直径 3-6 cm；节间幼时被白色蜡粉，无毛，长 30-60 cm；箨环最初在节下方密生一圈向下的棕色刺毛环。捧鞘早落，质薄而硬；箨耳呈窄带形；箨舌高约 1.5 mm；箨片强烈外翻，脱落性。分枝高，簇生，被蜡粉。末级小枝大都具 7 叶；叶质地较厚，披针形，大小有变化，长 10-18 cm，宽 1-4 cm，基部的两侧不对称。花枝细长无叶，每节仅生 1-2 假小穗，小穗长可达 2 cm；花柱长 1-2 mm，柱头 2-3，呈疏稀羽毛状。果实干后呈三角形，成熟颖果呈卵形，长 8-9 mm，深棕色，腹面有沟槽。

华南特有种。产广东和广西。两广主要篾用竹种，亦是造纸业的上等原料；宜作为庭园绿化之用。

A103. 禾本科 Graminee

10. 孝顺竹

Bambusa multiplex (Lour.) Raeusch. ex Schult.

丛生竹。竿高 4-7 m，尾梢略弯；节间长 30-50 cm，幼时被白蜡粉，竿壁薄。竿箨幼时被白蜡粉；箨鞘梯形，背面无毛；箨耳不明显，边缘具缝毛；箨舌高 1-1.5 mm，边缘呈不规则的短齿裂；箨片直立，狭三角形，背面散生暗棕色脱落性小刺毛。末级小枝具 5-12 叶；叶鞘无毛；叶耳肾形，边缘具波曲状细长缝毛；叶舌圆拱形；叶片线形，长 5-16 cm，宽 7-16 mm，上表面无毛，下表面粉绿而密被短柔毛。

生于山坡、山谷、溪边。野生或栽培于广东、广西、海南、湖南、江西、四川、台湾、云南。东南亚也有。

11. 撑篙竹

Bambusa pervariabilis McClure

竿高 7-10 m，直径 4-5.5 cm，尾梢近直立；节间长约 30 cm，幼时薄被白蜡粉或有糙硬毛，老时无粉也无毛，竿壁厚，基部数节间具黄绿色纵条纹；分枝低，多枝簇生，中央 3 枝较为粗长。箨鞘早落；箨耳不相等；箨舌高 3-4 mm；箨片直立，易脱落；叶线状披针形，长 10-15 cm，宽 1-1.5 cm，叶面密生短柔毛。假小穗簇生，线形，长 2-5 cm；颖仅 1 片；花柱长 1 mm，柱头 3。颖果幼时宽卵球状，长 1.5 mm，顶端被短硬毛，花柱残留。

生于河溪两岸及村落附近，常见栽培。产华南。竿材坚实而挺直，常用于建筑工程脚手架、撑竿、担竿、扁担、农具及其他竹编制品等。竿表面刮制的"竹茹"可供药用。

12. 菵草

Beckmannia syzigachne (Steud.) Fern.

一年生草本。秆直立，高 15-90 cm，2-4 节。叶鞘多长于节间，无毛；叶舌透明膜质，长 3-8 mm；叶片扁平，长 5-20 cm，宽 3-10 mm。圆锥花序长 10-30 cm，分枝稀疏；小穗扁平，圆形，灰绿色，常含 1 小花，长约 3 mm；颖草质，边缘质薄，具淡色的横纹；外稃披针形，具 5 脉；花药黄色。颖果黄褐色，长圆形，先端具丛生短毛。花果期 4-10 月。

生于湿地及水沟边。全国均产。广布于亚洲、欧洲、北美洲。

A103. 禾本科 Gramineae

13. 臭根子草
Bothriochloa bladhii (Retz.) S. T. Blake

多年生草本。秆疏丛，高 50-100 cm，一侧有凹沟，具多节。叶鞘无毛；叶舌膜质，截平，长 0.5-2 mm；叶长 10-25 cm，宽 1-4 mm，基部圆形，两面疏生疣毛，边缘粗糙。圆锥花序长 9-11 cm，每节具 1-3 总状花序；总状花序长 3-8 cm，具总梗。无柄小穗两性，长圆状披针形，长 3.5-4 mm，灰绿色或带紫色；第一颖背腹扁，具 5-7 脉；第二颖舟形，与第一颖等长，具 3 脉；第一外稃长 2-3 mm；第二外稃线形，先端具一膝曲的芒，芒长 10-16 mm。有柄小穗中性，无芒。花果期 7-10 月。

生于山坡草地。产安徽、湖南、福建、台湾、广东、广西、贵州、四川、云南和陕西。非洲、亚洲至大洋洲的热带和亚热带亦有。

14. 孔颖草
Bothriochloa pertusa (L.) A. Camus

多年生草本。秆丛生，直立或倾斜，节上具白色髯毛。叶鞘常无毛；叶舌膜质，截平；叶片线形，长 10-20 cm，先端长渐尖，疏生疣毛。总状花序呈指状排列，长 4-8 cm，花序轴的节上与小穗柄两侧具丝状毛；无柄小穗披针形，长约 4 mm；第一颖纸质，5-7 脉；第二颖舟形；第一外稃长圆形，长约 3 mm；第二外稃线形，先端延伸成一膝曲的芒。有柄小穗雄性或中性，较小；第一颖具 7-9 脉；第二颖扁平，无毛。花果期 7-10 月。

生于山坡草丛、路旁。产于广东、四川、云南。广布于亚洲东部、东南部、南部。

15. 毛臂形草
Brachiaria villosa (Lam.) A. Camus

一年生草本。秆高 10-40 cm，全体密被柔毛。叶鞘被柔毛；叶舌具长约 1 mm 纤毛；叶卵状披针形，长 1-4 cm，宽 3-10 mm，两面密被柔毛，边缘呈波状皱折，基部钝圆。圆锥花序由 4-8 总状花序组成；总状花序长 1-3 cm；小穗卵形，长约 2.5 mm，通常单生。花果期 7-10 月。

生于田野和山坡草地。产河南、陕西、甘肃、安徽、江西、浙江、湖南、湖北、四川、贵州、福建、台湾、广东、广西和云南等。亚洲东南部也有。

A103. 禾本科 Gramineae

16. 硬秆子草
Capillipedium assimile (Steud.) A. Camus

多年生，亚灌木状草本。秆高 1.8-3.5 m，坚硬，多分枝，分枝常向外开展而将叶鞘撑破。叶线状披针形，长 6-15 cm，宽 3-6 mm，无毛或被糙毛。圆锥花序长 5-12 cm，分枝簇生，枝腋内有柔毛；无柄小穗长圆形，长 2-3.5 mm，背腹压扁，具芒，淡绿色至淡紫色；具柄小穗线状披针形，常较无柄小穗长。花果期 8-12 月。

生于河边、林中或湿地上。产华中、广东、广西及西藏等。印度东北部、中南半岛、马来西亚、印度尼西亚及日本亦有。

17. 细柄草（吊丝草）
Capillipedium parviflorum (R. Br.) Stapf

多年生，簇生草本。秆高 50-100 cm。叶舌干膜质，长 0.5-1 mm，边缘具短纤毛；叶线形，长 15-30 cm，两面无毛或被糙毛。圆锥花序长圆形，长 7-10 cm，纤细光滑无毛，枝腋间具细柔毛，小枝为具 1-3 节的总状花序；无柄小穗长 3-4 mm，基部具髯毛；有柄小穗中性或雄性，无芒。花果期 8-12 月。

生于山坡草地、河边、灌丛中。产华东、华中以至西南。旧大陆热带与亚热带也有。

18. 酸模芒（假淡竹叶）
Centotheca lappacea (L.) Desv.

多年生草本，具短根状茎。秆直立，高 40-100 cm，具 4-7 节。叶鞘平滑，一侧边缘具纤毛；叶舌干膜质，长约 1.5 mm；叶片长椭圆状披针形，长 6-15 cm，宽 1-2 cm，具横脉，上面疏生硬毛，顶端渐尖，基部渐窄，成短柄状或抱茎。圆锥花序长 12-25 cm，分枝斜升或开展，微粗糙，基部主枝长达 15 cm；小穗含 2-3 小花，长约 5 mm；颖披针形，具 3-5 脉，脊粗糙；第一外稃长约 4 mm，具 7 脉，顶端具小尖头，第二与第三外稃长 3-3.5 mm，两侧边缘贴生硬毛；内稃长约 3 mm，狭窄，脊具纤毛；雄蕊 2 枚。颖果椭圆形，长 1-1.2 mm。花果期 6-10 月。

生于林下、林缘和山谷荫蔽处。产台湾、福建、广东、海南、云南、广西、香港。分布于印度、泰国、马来西亚和非洲、大洋洲。

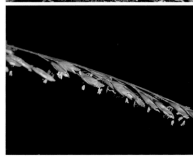

A103. 禾本科 Gramineae

19. 薏苡
Coix lacryma-jobi L.

一年生粗壮草本。秆直立丛生，高 1-2 m；叶扁平宽大，长 10-40 cm，宽 1.5-3 cm。总状花序腋生成束，长 4-10 cm；雌小穗外面包以骨质念珠状总苞，总苞卵圆形，长 7-10 mm，珐琅质，坚硬，有光泽，雄蕊常退化，雌蕊具细长柱头，从总苞顶端伸出；雄小穗 2-3 对，着生于总状花序上部，长 1-2 cm。颖果小，常不饱满。花果期 6-12 月。

多生于海拔 200-500 m 的湿润池边、河沟、山谷、溪涧或农田等。全国均产。亚洲东南部与太平洋岛屿也有。

20. 扭鞘香茅
Cymbopogon tortilis (J. Presl) A. Camus

多年生草本，具香味。秆直立，丛生，高 50-110 cm。叶鞘无毛；叶舌膜质，截圆形，长约 2 mm；叶片线形，扁平，无毛，长 30-60 cm。伪圆锥花序狭窄，长 20-35 cm；佛焰苞长 1.2-1.5 cm，红褐色；总梗长约 3 mm；总状花序较短，具 3-5 节，长 8-12 mm。无柄小穗长 3.5-4 mm；第一颖具 2 脉，顶端钝；第二外稃长约 1.5 mm，芒长 7-8 mm。有柄小穗长 3-3.5 mm，第一颖具 7 脉。花果期 7-10 月。

生于海拔 600 m 以下的草地。产安徽、福建、广东、贵州、海南、台湾、云南、浙江。菲律宾及越南亦有分布。

21. 狗牙根（绊根草）
Cynodon dactylon (L.) Pers.

低矮草本，具根茎。秆细而坚韧，下部匍匐地面蔓延甚长，节上常生不定根，直立部分高 10-30 cm，秆光滑无毛，有时略两侧压扁。叶鞘无毛或有疏柔毛；叶舌仅为一轮纤毛；叶片长 1-12 cm，宽 1-3 mm，两面无毛。穗状花序 2-6 枚，长 2-6 cm；小穗灰绿色或带紫色，长 2-2.5 mm，仅含 1 小花；颖长 1.5-2 mm；花药淡紫色；子房无毛，柱头紫红色。颖果长圆柱形。花果期 5-10 月。

多生于村庄附近、道旁河岸、荒地山坡，常用以铺建草坪或球场。广布于我国黄河以南各省。世界温暖地区均有。可做牧草；全草可入药，有清血、解热、生肌之效。

A103. 禾本科 Gramineae

22. 弓果黍
Cyrtococcum patens (L.) A. Camus

一年生。秆较纤细，花枝高 15-30 cm。叶鞘边缘及鞘口被疣基毛；叶舌膜质，长 0.5-1 mm，叶片披针形，长 3-8 cm，宽 3-10 mm，基部近圆形，两面贴生短毛，老时渐脱落。圆锥花序长 5-15 cm；分枝纤细；小穗柄长于小穗；小穗长 1.5-1.8 mm，颖具 3 脉；第一外稃约与小穗等长；第二外稃长约 1.5 mm，顶端具鸡冠状小瘤体；雄蕊 3，花药长 0.8 mm。花果期 9 月至翌年 2 月。

生丘陵杂木林或草地较阴湿处。产江西、广东、广西、福建、台湾和云南等。

23. 升马唐
Digitaria ciliaris (Retz.) Koel.

一年生草本。秆基部横卧地面，高 30-90 cm。叶鞘常短于节间，具柔毛；叶舌长约 2 mm；叶片线形，长 5-20 cm，上面散生柔毛。总状花序 5-8 枚，长 5-12 cm，呈指状排列于茎顶；小穗披针形，长 3-3.5 mm，孪生于穗轴之一侧。花果期 5-10 月。

生于路旁、荒野、荒坡，是一种优良牧草，也是果园旱田中危害庄稼的主要杂草。产我国南北各省区。广泛分布于世界的热带、亚热带地区。

24. 红尾翎
Digitaria radicosa (Presl) Miq.

一年生草本。秆匍匐，下部节生根，高 30-50 cm。叶鞘短于节间；叶舌长约 1 mm；叶片披针形，长 2-6 cm。总状花序 2-3 枚，长 4-10 cm，着生于长 1-2 cm 的主轴上，穗轴具翼，无毛；小穗柄顶端截平，粗糙；小穗狭披针形，长 2.8-3 mm；第一颖三角形；第二颖，具 1-3 脉，脉间及边缘具柔毛；第一外稃等长于小穗，具 5-7 脉，侧脉及边缘生柔毛；第二外稃黄色，厚纸质；花药长 0.5-1 mm。花果期 5-8 月。

生于路边、湿润草地。产安徽、福建、广东、广西、海南、江西、台湾、云南、浙江。分布于亚洲东部及东南部、大洋洲、马达加斯加、太平洋及印度洋岛屿。

A103. 禾本科 Gramineae

25. 马唐
Digitaria sanguinalis (L.) Scop.

一年生草本。秆直立或下部倾斜，高 10-80 cm，无毛或节生柔毛。叶鞘短于节间，无毛或散生疣基柔毛；叶舌长 1-3 mm；叶片线状披针形，长 5-15 cm，宽 4-12 mm，具柔毛或无毛。总状花序长 5-18 cm，4-12 枚成指状着生于主轴上；穗轴两侧具宽翼；小穗椭圆状披针形，长 3-3.5 mm。花果期 6-9 月。

生于路旁、田野，是一种优良牧草，但又是危害农田、果园的杂草。产西藏、四川、新疆、陕西、甘肃、山西、河北、河南及安徽等。广布于温带和亚热带山地。

26. 海南马唐
Digitaria setigera Roth ex Roem. et Schult.

一年生草本。茎秆下部匍匐地面，高 30-100 cm。叶鞘短于节间；叶舌长 1-2 mm，叶片线状披针形，长 5-20 cm。总状花序长 5-15 cm，5-12 枚着生于主轴，腋间具长刚毛；穗轴具翼，宽约 0.6 mm，下部散生长刚毛；小穗柄长约 1 mm，粗糙；小穗椭圆形，长 2-2.5 mm；第一颖缺；第二颖长约 0.5 mm，具 1-3 脉；第一外稃与小穗等长，具 7 脉，边缘被柔毛。花果期 10 月至翌年 3 月。

生于山坡、路旁和沙地上。产福建、广东、广西、贵州、海南、台湾、云南。广布于亚洲东部、南部、东南部，以及大洋洲、非洲东部、马达加斯加、印度洋岛屿、太平洋岛屿。

27. 紫马唐
Digitaria violascens Link

一年生草本。秆疏丛生，高 20-60 cm，基部倾斜，具分枝，无毛。叶鞘短于节间，无毛或生柔毛；叶舌长 1-2 mm；叶片线状披针形，长 5-15 cm，宽 2-6 mm。总状花序长 5-10 cm，4 至 10 枚呈指状排列于茎顶；小穗椭圆形，长 1.5-1.8 mm，2 至 3 枚生于各节。花果期 7-11 月。

生于海拔 200-500 m 的山坡草地、路边、荒野。产山西、河北、河南、山东、江苏、安徽、浙江、台湾、福建、江西、湖北、湖南、四川、贵州、云南、广西、广东、陕西和新疆等。美洲及亚洲的热带地区皆有分布。

A103. 禾本科 Gramineae

28. 光头稗（芒稗）
Echinochloa colonum (L.) Link

一年生草本。秆直立，高 10-60 cm。叶鞘无毛；叶舌缺；叶片长 3-20 cm，宽 3-7 mm，无毛。圆锥花序狭窄，长 5-10 cm；主轴具棱，棱边上粗糙。花序分枝长 1-2 cm；小穗卵圆形，长 2-2.5 mm，具小硬毛，无芒，较规则地成四行排列一侧；第一颖三角形，长约为小穗的 1/2；第二颖与第一外稃等长而同形；第一小花常中性，其外稃具 7 脉，内稃膜质，稍短于外稃；第二外稃椭圆形，平滑，包着同质的内稃；鳞被 2，膜质。花果期夏秋季。

田野、园圃、路边湿润地上。产河北、河南、安徽、江苏、浙江、江西、湖北、四川、贵州、福建、广东、广西、云南及西藏墨脱。分布于世界的温暖地区。可作饲料。

29. 稗（旱稗）
Echinochloa crus-galli (L.) Beauv.

一年生。秆高 50-150 cm，光滑无毛。叶鞘疏松，平滑无毛，叶舌缺；叶片长 10-40 cm，宽 5-20 mm，无毛，边缘粗糙。圆锥花序直立，长 6-20 cm；主轴具棱，粗糙或具疣基长刺毛；小穗卵形，长 3-4 mm，具短柄或近无柄，密集在穗轴的一侧；第一颖三角形，长为小穗的 1/3-1/2，具 3-5 脉；第二颖与小穗等长；第一小花通常中性，其外稃草质，顶端具粗芒，芒长 0.5-2 cm，内稃薄膜质；第二外稃椭圆形，平滑，光亮，包着同质的内稃。花果期夏秋季。

生沼泽地、沟边及水稻田中。分布几遍全国。世界温暖地区。

29a. 无芒稗
Echinochloa crus-galli var. *mitis* (Pursh) Peterm.

秆直立，粗壮，高 50-120 cm。叶片长 20-30 cm，宽 6-12 mm。圆锥花序直立，长 10-20 cm，分枝斜上举而开展；小穗卵状椭圆形，长约 3 mm，无芒或具极短芒，芒长常不超过 0.5 mm，脉上被硬毛。

多生于水边或路边草地。全国均产。分布于世界亚热带，至温暖地区。

A103. 禾本科 Gramineae

30. 牛筋草
Eleusine indica (L.) Gaertn.

一年生草本。根系极发达。秆丛生，基部倾斜，高 10-90 cm。叶鞘两侧压扁而具脊，松弛；叶舌长约 1 mm；叶片线形，长 10-15 cm，宽 3-5 mm，无毛或上面被疣基柔毛。穗状花序 2-7 个指状着生于秆顶，长 3-10 cm；小穗长 4-7 mm，含 3-6 小花；颖披针形，具脊，脊粗糙。囊果卵形，长约 1.5 mm，基部下凹，具明显的波状皱纹。花果期 6-10 月。

多生于荒芜之地及道路旁。全国均产。分布于世界温带和热带地区。

31. 日本纤毛草
Elymus ciliaris var. *hackelianus* (Honda) G. Zhu et S. L. Chen

秆直立，丛生，高 70-90 cm。叶片线形，长 17-25 cm，宽 7-9 mm，上面粗糙。穗状花序长 10-22 cm；小穗长 14-17 mm，含 7-9 花；颖椭圆状披针形，先端锐尖，具 5-7 脉，第一颖长 6-7 mm，第二颖长 7-8 mm；外稃长圆状披针形，边缘具短纤毛，5 脉，第一外稃长 8-8.5 mm，芒长 2-2.5 cm；内稃长约为外稃的 2/3，先端截平。

生于山坡、路边。产安徽、北京、福建、贵州、黑龙江、河南、湖北、湖南、江苏、江西、陕西、山东、山西、四川、云南、浙江。日本及韩国亦有分布。

32. 柯孟披碱草（鹅观草）
Elymus kamoji (Ohwi) S. L. Chen
[*Roegneria kamoji* Ohwi]

秆直立或倾斜，高 30-100 cm。叶片扁平，长 5-40 cm，宽 3-13 mm。穗状花序长 7-20 cm，弯曲；小穗绿色或带紫色，长 13-25 mm，含 3-10 小花；颖卵状披针形，先端锐尖至具短芒，第一颖长 4-6 mm，第二颖较第一颖长；外稃披针形，上部具 5 脉，第一外稃长 8-11 mm，先端延伸成粗糙的芒，长 20-40 mm；内稃与外稃等长，先端钝，脊具翼，翼缘有细小纤毛。

生于海拔 100-300 m 的山坡、湿润草地。全国均产。日本、韩国、俄罗斯远东地区亦有分布。

A103. 禾本科 Gramineae

33. 鼠妇草
Eragrostis atrovirens (Desf.) Trin. ex Steud.

多年生草本。秆直立，丛生，高 50-100 cm，具 5-6 节。叶鞘光滑，鞘口有毛；叶片扁平，长 4-17 cm。圆锥花序开展，长 5-20 cm，每节有一个分枝，腋间无毛；小穗柄长 0.5-1 cm，小穗窄矩形，长 5-10 mm，含 8-20 小花；颖具 1 脉，第一颖长约 1.2 mm，卵圆形；第二颖长约 2 mm，长卵圆形；第一外稃长约 22 mm，具 3 脉；内稃长约 1.8 mm，脊上有疏纤毛。颖果长约 1 mm。花果期 5-9 月。

多生于路边、溪旁。产福建、广东、广西、贵州、海南、湖南、四川、云南。分布于亚洲、非洲热带和亚热带地区。

34. 疏穗画眉草
Eragrostis perlaxa Keng ex Keng f. et L. Liu

多年生草本。秆丛生，直立而纤细，高 40-90 cm，2-3 节。叶鞘光滑，鞘口有毛；叶舌纤毛状；叶片内卷，直立，疏生长柔毛，长 3-8 cm。圆锥花序开展，长 7-25 cm，每节具 1 分枝，腋间无毛，小枝上疏生 2-5 个小穗；小穗线形或狭卵形，长 0.5-2.5 cm，含 6-60 小花；颖具 1 脉，第一颖狭卵形；第二颖卵形；外稃广卵形，侧脉明显，第一外稃长约 2 mm；内稃稍短于外稃，脊上有纤毛。颖果长约 0.6 mm。果期 8 月。

生于路旁、村边。产安徽、福建、广东、广西、台湾。

35. 画眉草（星星草）
Eragrostis pilosa (L.) Beauv.

一年生。秆丛生，高 15-60 cm，通常具 4 节，光滑。叶鞘松裹茎，扁压，鞘口有长柔毛；叶舌为一圈纤毛；叶片扁平或卷缩，长 6-20 cm，宽 2-3 mm，无毛。圆锥花序长 10-25 cm，宽 2-10 cm，分枝多直立向上，腋间有长柔毛，小穗具柄，长 3-10 mm；颖为膜质，披针形。第一颖长约 1 mm，无脉，第二颖长约 1.5 mm，具 1 脉；第一外稃长约 1.8 mm；内稃长约 1.5 mm。颖果长圆形，长约 0.8 mm。花果期 8-11 月。

荒芜田野草地上。全国均产。分布于世界温暖地区。为优良饲料；药用治跌打损伤。

A103. 禾本科 Gramineae

36. 牛虱草
Eragrostis unioloides (Retz.) Nees ex Steud.

　　秆直立，具匍匐枝，高 20-60 cm。叶鞘光滑无毛，鞘口具长毛；叶舌极短，膜质；叶片披针形，长2-20 cm。圆锥花序开展，长 5-20 cm，每节一个分枝，腋间无毛；小穗长圆形，长 5-10 mm，含小花 10-20朵；小花覆瓦状排列；颖披针形，具 1 脉，第一颖长1.5-2 mm，第二颖长 2-2.5 mm；第一外稃广卵圆形，侧脉隆起；内稃稍短于外稃，具 2 脊，脊上有纤毛；雄蕊 2 枚，花药紫色。颖果椭圆形。花果期 8-10 月。

　　生于荒山、草地、路旁。产福建、海南、江西、台湾、云南。分布于亚洲热带及非洲西部。

37. 蜈蚣草
Eremochloa ciliaris (L.) Merr.

　　多年生草本。秆密丛生，纤细直立，高 40-60 cm。叶鞘压扁，互相跨生，鞘口具纤毛；叶舌膜质，极短；叶片常直立，长 2-5 cm，宽 2-3 mm。总状花序单生，常弓曲，长 2-4 cm。无柄小穗卵形，覆瓦状排列于总状花序轴一侧。颖果长圆形，长约 2 mm。有柄小穗完全退化。花果期夏秋季。

　　生于山坡、路旁草丛中。产云南、贵州、广西、广东、海南及福建等。印度及中南半岛都有分布。

38. 野黍
Eriochloa villosa (Thunb.) Kunth

　　一年生草本。秆直立，基部分枝，高 30-100 cm。叶鞘松弛，节具髭毛；叶舌具纤毛；叶片长 5-25 cm，宽 5-15 mm，表面具微毛，背面光滑。圆锥花序狭长，7-15 cm，具 4-8 枚总状花序；总状花序密生柔毛，花常排列于主轴一侧；小穗卵状椭圆形，长 4.5-5 mm；小穗柄极短，密生长柔毛；第一颖微小；第二颖与第一外稃膜质，等长于小穗；第二外稃革质，具细点状皱纹；雄蕊 3；花柱分离。颖果卵圆形，长约 3 mm。花果期 7-10 月。

　　生于山坡、沟边、路旁。产东北、华北、华东、华中、西南、华南等。日本、韩国、越南、俄罗斯远东地区也有分布。

A103. 禾本科 Gramineae

39. 甜茅（广东省新记录）

Glyceria acutiflora subsp. *japonica* (Steud.)
T. Koyama et Kawano

秆压扁，基部常横卧，高 40-70 cm。叶鞘光滑，常较节间长；叶舌膜质，长 4-7 mm；叶片长 5-15 cm，宽 4-5 mm。圆锥花序退化呈总状，长 15-30 cm，下部各节分枝，每分枝 2-3 小穗，上部各节仅 1 小穗；小穗线形，长 2-3.5 cm，含 5-12 小花；颖长圆形，第一颖长 2.5-4 mm，第二颖 4-5 mm；外稃草质，7 脉，第一外稃长 7-9 mm；内稃长于外稃，顶端 2 裂，脊具狭翼；雄蕊 3，花药长 1-1.5 mm。颖果长圆形，长约 3 mm。花期 3-6 月。

生于农田、村边、水沟。产安徽、福建、贵州、河南、湖北、湖南、江苏、江西、四川、云南、浙江、广东。分布于日本、韩国、北美洲。

40. 扁穗牛鞭草

Hemarthria compressa (L. f.) R. Br.

多年生草本，具横走的根茎片。秆高 20-40 cm，质稍硬，鞘口及叶舌具纤毛；叶片长可达 10 cm，宽 3-4 mm，两面无毛。总状花序长 5-10 mm，略扁，光滑无毛。无柄小穗陷入总状花序轴凹穴中，长 4-5 mm；第一颖近革质，等长于小穗；第二颖纸质，略短于第一颖，完全与总状花序轴的凹穴愈合。有柄小穗披针形，等长或稍长于无柄小穗；第一颖草质；第二颖舟形，完全与总状花序轴的凹穴愈合。颖果长卵形，长约 2 mm。花果期夏秋季。

生海拔 600 m 以下的田边、路旁湿润处，为一种杂草。产广东、广西、云南。印度、中南半岛也有分布。

41. 黄茅（地筋）

Heteropogon contortus (L.) Beauv. ex Roem. et
Schult.

多年生，丛生草本。秆高 20-100 cm，光滑无毛。叶鞘光滑无毛，鞘口常具柔毛；叶舌膜质；叶片长 10-20 cm，宽 3-6 mm。总状花序长 3-7 cm，诸芒常于花序顶扭卷成 1 束；花序基部 1 小穗为同性，无芒，宿存。上部为异性小穗，无柄小穗线形，两性，长 6-8 mm；第一小花外稃长圆形；第二小花外稃极窄，延伸成 2 回膝曲的芒，长 6-10 cm，芒柱扭转被毛。有柄小穗无芒，常偏斜扭转覆盖无柄小穗，绿色或带紫色。花果期 4-12 月。

生于海拔 400-600 m 的山坡草地。产河南、陕西、甘肃、浙江、江西、福建、台湾、湖北、湖南、广东、广西、四川、贵州、云南、西藏等。世界温暖地区皆有。嫩时牲畜喜食，但至花果期小穗的芒及基盘为害牲畜；秆供造纸、编织，根、秆、花可为清凉剂。

A103. 禾本科 Gramineae

42. 大距花黍
Ichnanthus pallens var. *major* (Nees) Stieber

秆匍匐，节上生根，高 15-50 cm。叶鞘短于节间；叶舌膜质，顶部截平有纤毛；叶片卵状披针形，长 3-8 cm，宽 1-2.5 cm。圆锥花序长约 15 cm，分枝脉间具柔毛；小穗披针形，长 3-5 mm；颖革质，顶端尖，第一颖长 3-3.5 mm，具 3 脉；第二颖与第一颖近等长，具 5 脉；第一外稃草质，顶端略钝；第一内稃椭圆形，膜质；第二外稃革质，长 2-2.5 mm，长圆形，基部两侧贴生膜质附属物。花果期 8-11 月。

生于山谷、水旁及林下阴湿处。产福建、广东、广西、贵州、海南、湖南、江西、台湾、云南。亚洲、大洋洲、非洲、南美洲热带地区也有分布。

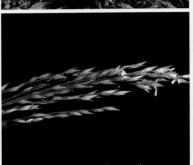

43. 大白茅
Imperata cylindrica var. *major* (Nees) C. E. Hubb.

多年生草本，长根状茎横走，被鳞片。秆直立，高 25-90 cm，2-4 节，节具白柔毛。叶鞘集中于秆基部；叶舌干膜质，顶端具细纤毛；叶片线形，长 10-40 cm。圆锥花序穗状；小穗柄顶端膨大成棒状；小穗披针形，基部密生长 12-15 mm 的丝状柔毛；两颖具 5 脉，背部疏生长于小穗 3-4 倍的丝状柔毛；第一外稃卵状长圆形；第二外稃长约 1.5 mm；内稃无芒；雄蕊 2 枚，花药黄色；柱头 2 枚，紫黑色。颖果椭圆形，长约 1 mm。花果期 5-8 月。

生于荒地、田坎、路旁草地。中国广布。广布于亚洲、非洲、大洋洲。

44. 箬叶竹
Indocalamus longiauritus Hand.-Mazz.

散生竹。竿直立，高约 1 m，节下方有淡棕色毛环；竿环较箨环略高；竿每节分 1 枝，惟上部则有时为 1-3 枝。箨鞘厚革质；箨耳镰形，有放射状长缝毛，长约 1 cm；箨舌截形，边缘有缝毛；箨片长三角形至卵状披针形，直立。叶鞘坚硬，无毛或幼时背部贴生棕色小刺毛，外缘生纤毛；叶耳镰形，边缘有放射状缝毛；叶舌截形，边缘生粗硬缝毛；叶片长 10-35.5 cm，宽 1.5-6.5 cm。圆锥花序形细长，花序轴密生白毛毡毛。花期 5-7 月，笋期 4-5 月。

生于山坡和路旁。中国特有种。产福建、广东、广西、贵州、河南、湖南、江西、四川。

A103. 禾本科 Gramineae

45. 柳叶箬
Isachne globosa (Thunb.) Ktze.

多年生。秆丛生，高 30-60 cm，节上无毛。叶鞘无毛，但一侧边缘具疣基毛；叶舌纤毛状；叶片长 3-10 cm，宽 3-8 mm，基部钝圆或微心形，两面均具微细毛，边缘质地增厚，软骨质，全缘。圆锥花序长 3-11 cm，分枝和小穗柄均具黄色腺斑；小穗椭圆状球形，长 2-2.5 mm，淡绿色，或成熟后带紫褐色；第一小花通常雄性；第二小花雌性，近球形，外稃边缘和背部常有微毛。颖果近球形。花果期夏秋季。

生低海拔的缓坡、平原草地中，亦为稻田中的杂草。产辽宁、山东、河北、陕西、河南、江苏、安徽、浙江、江西、湖北、四川、贵州、湖南、福建、台湾、广东、广西、云南。日本、印度、马来西亚、菲律宾、太平洋诸岛以及大洋洲均有分布。

46. 粗毛鸭嘴草（芒穗鸭嘴草）
Ischaemum barbatum Retz.

多年生草本。秆直立，高可达 100 cm，质硬，无毛，节上被髯毛。叶鞘被柔毛，老时脱落；叶舌长 1-2 mm；叶片先端渐尖，基部收缩成短柄状，长可达 20 cm，宽 3-8 mm。总状花序孪生，长 5-10 cm，相互紧贴成圆柱状；花序轴节间三棱柱形，长约 4 mm。无柄小穗长 6-7 mm；第一颖无毛；第二颖等长于第一颖，边缘常有短纤毛。有柄小穗较无柄小穗稍短；第一颖无芒；第二颖舟形，稍短于第一颖。颖果卵形。花果期夏秋季。

生山坡草地。产华北、华东、华中、华南及西南。南亚至东南亚各国也有分布。本种幼嫩时可作饲料。须根发达坚韧，可作扫帚。

47. 细毛鸭嘴草
Ischaemum ciliare Retz.

多年生草本。秆直立至斜升，高 40-50 cm，节上密被白色髯毛。叶鞘疏生疣毛；叶舌膜质，长约 1 mm；叶片线形，长可达 12 cm，两面被疏毛。总状花序 2（-4）；花序轴节间和小穗柄的棱上有长纤毛。无柄小穗倒卵状矩圆形，第一颖革质，长 4-5 mm，先端具 2 齿；第二颖较薄，边缘有纤毛；第一小花雄性，外稃纸质；第二小花两性，外稃先端 2 深裂至中部，裂齿间着生芒；芒在中部膝曲；柱头紫色。有柄小穗具膝曲芒。花果期 6-8 月。

生于山坡草丛、路旁、草地。产安徽、福建、广东、广西、贵州、海南、湖北、湖南、江苏、四川、台湾、云南、浙江。印度、中南半岛和东南亚都有分布。

A103. 禾本科 Gramineae

48. 李氏禾
Leersia hexandra Swartz.

多年生，具发达匍匐茎和细瘦根状茎。秆倾卧地面并于节处生根，直立部分高 40-50 cm，节部膨大且密被倒生微毛。叶鞘多平滑；叶舌长 1-2 mm；叶片长 5-12 cm，宽 3-6 mm，粗糙，质硬有时卷折。圆锥花序长 5-10 cm，分枝较细，不具小枝，长 4-5 cm，具角棱；小穗长 3.5-4 mm，具短柄；颖不存在。颖果长约 2.5 mm。花果期 6-8 月，热带地区秋冬季也开花。

生于河沟田岸水边湿地。产广西、广东、海南、台湾、福建。分布于世界热带地区。

49. 千金子
Leptochloa chinensis (L.) Nees

一年生。秆直立，基部膝曲，高 30-90 cm，平滑无毛。叶鞘大多短于节间；叶舌膜质，长 1-2 mm；叶片长 5-25 cm，宽 2-6 mm。圆锥花序长 10-30 cm，分枝及主轴均微粗糙；小穗多带紫色，长 2-4 mm，含 3-7 小花；颖具 1 脉，脊上粗糙，第一颖较短而狭窄，长 1-1.5 mm，第二颖长 1.2-1.8 mm；外稃顶端钝，无毛或下部被微毛，第一外稃长约 1.5 mm；花药长约 0.5 mm。颖果长圆球形，长约 1 mm。花果期 8-11 月。

生于海拔 200-400 m 潮湿之地。产陕西、山东、江苏、安徽、浙江、台湾、福建、江西、湖北、湖南、四川、云南、广西、广东等。亚洲东南部也有分布。

50. 淡竹叶
Lophatherum gracile Brongn.

多年生，具木质根头。须根中部膨大呈小块根。秆直立，疏丛生，高 40-80 cm，具 5-6 节。叶鞘平滑或外侧边缘具纤毛；叶舌质硬，长 0.5-1 mm，褐色；叶片长 6-20 cm，宽 1.5-2.5 cm，具横脉，基部收窄成柄状。圆锥花序长 12-25 cm，分枝长 5-10 cm；小穗线状披针形，长 7-12 mm，具极短柄；第一颖长 3-4.5 mm，第二颖长 4.5-5 mm；第一外稃长 5-6.5 mm，内稃较短；不育外稃互相密集包卷，顶端具长约 1.5 mm 的短芒。颖果长椭圆形。花果期 6-10 月。

生于山坡、林地或林缘、道旁荫蔽处。产江苏、安徽、浙江、江西、福建、台湾、湖南、广东、广西、四川、云南。印度、斯里兰卡、缅甸、马来西亚、印度尼西亚、新几内亚岛及日本均有分布。叶为清凉解热药，小块根作药用。

A103. 禾本科 Gramineae

51. 蔓生莠竹

Microstegium fasciculatum (L.) Henrard

多年生草本。秆高达 1 m。叶片长 12-15 cm，宽 5-8 mm，不具柄，两面无毛。总状花序 3-5 枚，带紫色，长约 6 cm；总状花序轴节间呈棒状；无柄小穗长圆形，长 3.5-4 mm；第一小花雄性；第二外稃长约 0.5 mm，2 裂，芒从裂齿间伸出，长 8-10 mm。有柄小穗与其无柄小穗相似。花果期 8-10 月。

生于海拔 600 m 以下的林缘和林下阴湿地。产广东、海南、云南。也分布于印度、缅甸、泰国、印度尼西亚爪哇、马来西亚。

52. 五节芒

Miscanthus floridulus (Lab.) Warb. ex Schum. et Laut.

多年生草本，具发达根状茎。秆高大似竹，高 2-4 m，无毛，节下具白粉，叶鞘无毛；叶舌长 1-2 mm，顶端具纤毛；叶片披针状线形，长 25-60 cm，宽 1.5-3 cm，中脉粗壮隆起，两面无毛，边缘粗糙。圆锥花序稠密，长 30-50 cm，主轴无毛；分枝较细弱，长 15-20 cm，具 2-3 回小枝；小穗卵状披针形，长 3-3.5 mm，黄色；雄蕊 3 枚，花药橘黄色；花柱极短，柱头紫黑色。花果期 5-10 月。

生于低海拔撂荒地与丘陵潮湿谷地和山坡或草地。产江苏、浙江、福建、台湾、广东、海南、广西等。也分布于亚洲东南部太平洋诸岛屿至波利尼西亚群岛。

53. 芒

Miscanthus sinensis Anderss.

多年生苇状草本。秆高 1-2 m。叶鞘无毛，长于其节间；叶舌膜质，长 1-3 mm，顶端及其后面具纤毛；叶片线形，长 20-50 cm，宽 6-10 mm，下面疏生柔毛及被白粉，边缘粗糙。圆锥花序直立，长 15-40 cm，主轴无毛；分枝较粗硬，直立，长 10-30 cm；小穗披针形，长 4.5-5 mm，黄色有光泽；雄蕊 3 枚，花药稃褐色，先雌蕊而成熟；柱头羽状，长约 2 mm，紫褐色。颖果长圆形，暗紫色。花果期 7-12 月。

生于海拔 600 m 以下的山地、丘陵和荒坡原野。产江苏、浙江、江西、湖南、福建、台湾、广东、海南、广西、四川、贵州、云南等。也分布于朝鲜、日本。秆纤维用途较广，作造纸原料等。

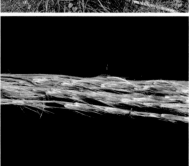

A103. 禾本科 Gramineae

54. 类芦（假芦）
Neyraudia reynaudiana (Kunth) Keng ex Hitchc.

多年生，具木质根状茎。秆直立，高 2-3 m，通常节具分枝，节间被白粉；叶鞘无毛，仅沿颈部具柔毛；叶舌密生柔毛；叶片长 30-60 cm，宽 5-10 mm。圆锥花序长 30-60 cm，分枝细长；小穗长 6-8 mm，第一外稃不孕，无毛；颖片长 2-3 mm；外稃长约 4 mm，边脉生有长约 2 mm 的柔毛，顶端具长 1-2 mm 向外反曲的短芒；内稃短于外稃。花果期 8-12 月。

生于河边、山坡或砾石草地，海拔 300-600 m。产海南、广东、广西、贵州、云南、四川、湖北、湖南、江西、福建、台湾、浙江、江苏。印度、缅甸至马来西亚、亚洲东南部均有分布。

55. 竹叶草（多穗缩箬）
Oplismenus compositus (L.) Beauv.

秆较纤细，基部平卧地面，节着地生根，秆高 20-80 cm。叶鞘近无毛；叶片长 3-8 cm，宽 5-20 mm，基部多少包茎而不对称，近无毛，具横脉。圆锥花序长 5-15 cm，主轴近无毛；分枝长 2-6 cm；小穗孪生，长约 3 mm；颖草质，第一颖先端芒长 0.7-2 cm；第二颖芒长 1-2 mm；第一小花中性，外稃革质，先端具芒尖，内稃膜质，狭小或缺；第二外稃革质，平滑，光亮，长约 2.5 mm，边缘内卷，包着同质的内稃；花柱基部分离。花果期 9-11 月。

生于疏林下阴湿处。产江西、四川、贵州、台湾、广东、云南等。分布于东半球热带地区。

55a. 大叶竹叶草
Oplismenus compositus var. *owatarii* (Honda) Ohwi

与原变种区别为：叶鞘、叶片、花序轴密生长柔毛或疣基毛，叶片较大，披针形，长 10-20 cm，宽 15-30 mm；小穗孪生，长约 4 mm，第一颖的芒长约 8 mm，具 5 脉；第二颖有长约 1 mm 的芒，具 5-7 脉；第一外稃顶端具小尖头，具 7-9 脉。

生于山地疏林下阴湿处。产广东、贵州、台湾、云南。分布于日本、泰国北部。

A103. 禾本科 Gramineae

56. 糠稷
Panicum bisulcatum Thunb.

一年生草本。秆纤细，较坚硬，高 0.5-1 m。叶鞘边缘被纤毛；叶舌长约 0.5 mm，顶端具纤毛；叶片质薄，长 5-20 cm，宽 3-15 mm，几无毛。圆锥花序长 15-30 cm，分枝纤细；小穗椭圆形，长 2-2.5 mm，绿色或有时带紫色，具细柄；第一颖近三角形，长约为小穗的 1/2；第二颖与第一外稃同形等长；第一内稃缺；第二外稃椭圆形，长约 1.8 mm，成熟时黑褐色。鳞被长约 0.26 mm，宽约 0.19 mm，具 3 脉，折叠。花果期 9-11 月。

生荒野潮湿处。产我国东南部、南部、西南部和东北部。印度、菲律宾、日本、朝鲜以及大洋洲也有分布。

57. 短叶黍
Panicum brevifolium L.

一年生草本。秆基部常伏卧地面，节上生根，花枝高 10-50 cm。叶鞘被柔毛或边缘被纤毛；叶舌长约 0.2 mm，顶端被纤毛；叶片长 2-6 cm，宽 1-2 cm，基部心形包秆，两面疏被粗毛，边缘粗糙或基部具疣基纤毛。圆锥花序开展，长 5-15 cm，主轴直立，常被柔毛；小穗长 1.5-2 mm，具蜿蜒的长柄；颖背部被疏刺毛。花果期 5-12 月。

生阴湿地和林缘。产福建、广东、广西、贵州、江西、云南等。非洲和亚洲热带地区也有分布。

58. 心叶稷
Panicum notatum Retz.

多年生草本。秆直立或斜升，具分枝，高 60-120 cm。叶鞘短于节间，边缘被纤毛；叶舌为一圈毛；叶片披针形，长 5-12 cm，基部心形，边缘粗糙。圆锥花序开展，长 10-23 cm，分枝纤细，上部疏生小穗；小穗椭圆形，长 2.3-2.5 mm，具长柄；第一颖卵状椭圆形，与小穗等长，具 5 脉；第一外稃与第二颖同形，具 5 脉，内稃缺失；第二外稃革质，平滑、光亮，具脊，椭圆形。花果期 5-11 月。

生于山坡林缘。产福建、广东、广西、台湾、西藏、云南。不丹经东南亚至印度尼西亚均有分布。

A103. 禾本科 Grammineae

59. 铺地黍
Panicum repens L.

多年生草本。根茎粗壮发达。秆高 50-100 cm。叶鞘光滑，边缘被纤毛；叶片质硬，线形，长 5-25 cm，宽 2.5-5 mm，干时常内卷。圆锥花序开展，长 5-20 cm；小穗长圆形，长约 3 mm，无毛；第一小花雄性，其外稃与第二颖等长；第二小花结实，长圆形，长约 2 mm，平滑、光亮，顶端尖。花果期 6-11 月。

生于海边、溪边及潮湿之处。产东南。广布世界热带和亚热带。本种繁殖力特强，可为高产牧草，但亦是难除杂草之一。

60. 两耳草
Paspalum conjugatum Berg.

多年生。植株具长达 1 m 的匍匐茎，秆高 30-60 cm。叶鞘具脊；叶舌极短，具长约 1 mm 的一圈纤毛；叶片长 5-20 cm，宽 5-10 mm，质薄。总状花序 2 枚，纤细，长 6-12 cm，开展；穗轴宽约 0.8 mm，边缘有锯齿；小穗柄长约 0.5 mm；小穗卵形，长 1.5-1.8 mm，复瓦状排列成两行；第二颖与第一外稃质地较薄，第二颖边缘具长丝状柔毛，毛长与小穗近等。第二外稃变硬。颖果长约 1.2 mm。花果期 5-9 月。

生于田野、林缘、潮湿草地上。产台湾、云南、海南、广西。世界热带及温暖地区有分布。为一种有价值的牧草。

61. 双穗雀稗
Paspalum distichum L.

多年生草本。匍匐茎横走，直立部分高 20-40 cm，节上生柔毛。叶鞘短于节间，背部具脊；叶舌长 2-3 mm，无毛；叶片披针形，长 5-15 cm，无毛。总状花序 2 枚对生，长 2-6 cm；小穗倒卵状长圆形，长约 3 mm，顶端尖，疏生微柔毛；第一颖退化；第二颖贴生柔毛，中脉明显；第一外稃具 3-5 脉，顶端尖；第二外稃草质，等长于小穗，顶端尖，被毛。花果期 5-9 月。

生于田边、池塘边、路旁。产安徽、福建、广西、贵州、海南、河南、香港、湖北、湖南、江苏、山东、四川、台湾、云南、浙江。世界热带、亚热带地区均有分布。

A103. 禾本科 Gramineae

62a. 囡雀稗
Paspalum scrobiculatum var. *bispicatum* Hack.

多年生草本。秆丛生，高 30-50 cm。叶片长 5-15 cm，宽 0.2-0.6 cm，常具柔毛，稀无毛。小穗单生，常近圆形，长 2-2.3 mm；第二颖和第一外稃 5-7 脉，脉通常同色具背；第二内稃成熟时深棕色。花果期 6-10 月。

生于山坡、池塘边、村旁。产福建、广东、广西、江苏、四川、台湾、云南、浙江。广布于欧洲、亚洲、大洋洲的热带和亚热带。

62b. 圆果雀稗
Paspalum scrobiculatum var. *orbiculare* (G. Forster) Hackel

多年生草本。秆直立，丛生，高 30-90 cm。叶鞘长于其节间，无毛，鞘口有少数长柔毛；叶舌长约 1.5 mm；叶片长披针形至线形，长 10-20 cm，宽 5-10 mm，大多无毛。总状花序长 3-8 cm，分枝腋间有长柔毛；小穗椭圆形或倒卵形，长 2-2.3 mm，单生于穗轴一侧，覆瓦状排列成二行；小穗柄微粗糙，长约 0.5 mm。花果期 6-11 月。

广泛生于低海拔区的荒坡、草地、路旁及田间。产江苏、浙江、台湾、福建、江西、湖北、四川、贵州、云南、广西、广东。亚洲东南部至大洋洲均有分布。

63. 狼尾草
Pennisetum alopecuroides (L.) Spreng.

多年生。秆丛生，高 30-120 cm。叶鞘光滑，两侧压扁，长于节间；叶舌具长约 2.5 mm 纤毛；叶片长 10-80 cm，宽 3-8 mm。圆锥花序直立，长 5-25 cm，宽 1.5-3.5 cm；主轴密生柔毛；总梗长 2-4 mm；刚毛粗糙，淡绿色或紫色，长 1.5-3 cm；小穗通常单生，线状披针形，长 5-8 mm；第一颖微小或缺；第二颖具 3-5 脉，长为小穗 1/3-2/3；第一外稃与小穗等长；第二外稃与小穗等长。颖果长圆形，长约 3.5 mm。花果期夏秋季。

生于海拔 150-300 m 的田岸、荒地、道旁及小山坡上。我国自东北、华北经华东、中南及西南各省区均有分布。日本、印度、朝鲜、缅甸、巴基斯坦、越南、菲律宾、马来西亚、大洋洲及非洲也有分布。

A103. 禾本科 Gramineae

64. 芦苇
Phragmites australis (Cav.) Trin. ex Steud.

　　多年生，根状茎十分发达。秆直立，高 1-5 m，具 20 多节，节下被蜡粉。叶舌边缘密生一圈长约 1 mm 的短纤毛；叶片披针状线形，长 30 cm，宽 2 cm，无毛，顶端长渐尖成丝形。圆锥花序大型，长 20-40 cm，分枝多数，着生稠密下垂的小穗；小穗柄长 2-4 mm，无毛；小穗长约 12 mm；颖果长约 1.5 mm。为高多倍体和非整倍体的植物。

　　生于江河湖泽、池塘沟渠沿岸和低湿地。产全国各地。为世界广泛分布的多型种。秆为造纸原料或作编席织帘及建棚材料；根状茎供药用，为固堤造陆先锋环保植物。

65. 卡开芦
Phragmites karka (Retz.) Trin ex Steud.

　　多年生草本。根状茎短粗，直径 1-1.2 cm。秆直立，粗壮不具分枝，高 4-6 m。叶鞘平滑；叶舌长约 1 mm；叶片长达 50 cm。圆锥花序大型，具稠密分枝与小穗，长 30-50 cm，宽 10-20 cm；分枝轮生于主轴节上；小穗柄无毛；小穗长 8-10 mm，含 4-6 小花；颖窄椭圆形，具 1-3 脉，第一颖长约 3 mm，第二颖长约 5 mm，第一外稃长 6-9 mm，不孕；第二外稃长约 8 mm，上部渐尖呈芒状；基盘疏生丝状柔毛。花果期 8-12 月。

　　生于河湖岸及湿地旁。产福建、广东、广西、海南、四川、台湾、云南。广布于亚洲东南部和南部、非洲、大洋洲北部、太平洋诸岛。

A103. 禾本科 Gramineae

66. 丹霞山刚竹

Phyllostachys danxiashanensis N. H. Xia et X. R. Zheng

秆高 1.5-4 m，直径 0.5-2 cm；最初有白霜，在较高节间的分枝上方有沟；节上隆起，比鞘痕更突出。竿箨薄，纸质，背面棕色具糙硬毛，边缘具缘毛；无叶耳；鞘叶直立；叶舌截形，2-3 cm，先端具长缘毛（可达 13 mm）。叶线形，6-10 cm × 1-1.5 cm，叶面绿色，叶背稍有白霜。花小枝穗状，长 5-8 cm，鳞状苞片 3-5，长 1-10 mm；总苞 6-8，长 15-30 mm，顶端具退化叶片，大小 10-60 mm × 3-10 mm，披针形或卵状披针形；小穗披针形，长 20-25 mm；颖片 1 或缺，密被刚毛，长 10-15 mm；小花 1，偶 2；外稃长 20-25 mm，密被刚毛，先端芒刺渐尖；内稃稍短，疏生刚毛；雄蕊 3。颖果椭圆柱形，长约 7 mm，具宿存花柱。

生于海拔约 100 m 的低地林缘、竹灌丛。广东丹霞山特有。

新种在有纸质的竿箨、直立的竿鞘叶片和没有竿鞘叶耳方面与竞争对手相似，但它不同于竞争对手，因为它在竿鞘叶舌上的纤毛更长，具糙硬的竿鞘，并且在最终枝上的叶更少。

67. 早熟禾

Poa annua L.

一年生或冬性禾草。秆直立或倾斜，质软，高 6-30 cm，全体平滑无毛。叶鞘稍压扁；叶舌长 1-4 mm，圆头；叶片扁平或对折，长 2-12 cm，宽 1-4 mm，质地柔软，常有横脉纹。圆锥花序宽卵形，长 3-7 cm，开展；分枝 1-3 枚着生各节，平滑；小穗卵形，含 3-5 小花，长 3-6 mm，绿色；花药黄色，长 0.6-0.8 mm。颖果纺锤形，长约 2 mm。花期 4-5 月，果期 6-7 月。

生于海拔 100-600 m 平原和丘陵的路旁草地、田野水沟或荫蔽荒坡湿地。广布我国南北各省。欧洲、亚洲及北美均有分布。

A103. 禾本科 Gramineae

68. 金丝草（金丝茅）
Pogonatherum crinitum (Thunb.) Kunth

秆丛生，高 10-30 cm，通常 3-7 节，节上被白色髯毛，少分枝。叶鞘稍不抱茎，几无毛；叶舌纤毛状；叶片长 1.5-5 cm，宽 1-4 mm，两面均被微毛。穗形总状花序单生，长 1.5-3 cm，细弱，乳黄色；无柄小穗长不及 2 mm；第一颖长约 1.5 mm，具流苏状纤毛；第二颖稍长于第一颖，具 1 脉，脉延伸成弯曲的金黄色芒，长 15-18 mm；柱头帚刷状。颖果卵状长圆形，长约 0.8 mm。花果期 5-9 月。

生于海拔 600 m 以下的山边、路旁、溪边或灌木下阴湿地。产安徽、浙江、江西、福建、台湾、湖南、湖北、广东、海南、广西、四川、贵州、云南等。日本、中南半岛、印度等也有分布。本植物全株入药，有清凉散热，解毒、利尿通淋之药效。

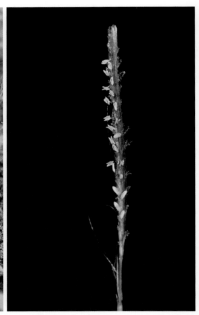

69. 棒头草
Polypogon fugax Nees ex Steud.

一年生草本。秆丛生，基部膝曲，高 10-75 cm。叶鞘光滑无毛；叶舌膜质，长 3-8 mm，常 2 裂或顶端具不整齐的裂齿；叶片扁平，微粗糙或下面光滑，长 2.5-15 cm，宽 3-4 mm。圆锥花序穗状，长圆形或卵形，较疏松，分枝长可达 4 cm；小穗长约 2.5 mm，灰绿色或部分带紫色；颖长圆形，疏被短纤毛，先端 2 浅裂，芒从裂口处伸出，长 1-3 mm；外稃光滑，长约 1 mm，先端具微齿，中脉延伸成长约 2 mm 的芒。颖果椭圆形，长约 1 mm。花果期 4-9 月。

生于山坡、田边、河边潮湿处。产我国南北各地。朝鲜、日本、俄罗斯、印度、不丹及缅甸等也有分布。

70. 筒轴茅
Rottboellia cochinchinensis (Lour.) Clayton

一年生粗壮草本。秆直立，高可达 2 m，亦可低矮丛生，无毛。叶片线形，长可达 50 cm，宽可达 2 cm，中脉粗壮，边缘粗糙。总状花序粗壮直立，长可达 15 cm；总状花序轴节间肥厚。无柄小穗嵌生于凹穴中。颖果长圆状卵形。有柄小穗之小穗柄与总状花序轴节间愈合。花果期秋季。

多生于田野、路旁草丛中。产福建、台湾、广东、广西、四川、贵州、云南等。热带非洲、亚洲、大洋洲也有分布。

A103. 禾本科 Gramineae

71. 斑茅（大密）
Saccharum arundinaceum Retz.

多年生高大丛生草本。秆粗壮，高 2-5 m，具多数节，无毛。叶鞘长于其节间；叶舌膜质，长 1-2 mm；叶片宽大，长 1-2 m，宽 2-5 cm，上面基部生柔毛，边缘锯齿状粗糙。圆锥花序大型，稠密，长 30-80 cm，宽 5-10 cm，主轴无毛；小穗狭披针形，长 3.5-4 mm，黄绿色或带紫色；两颖近等长；外稃稍短于颖；第二内稃长约为其外稃之半。颖果长圆形，长约 3 mm，胚长为颖果之半。花果期 8-12 月。

生于山坡和河岸溪涧草地。产河南、陕西、浙江、江西、湖北、湖南、福建、台湾、广东、海南、广西、贵州、四川、云南等。也分布于印度、缅甸、泰国、越南、马来西亚。嫩叶可供牛马的饲料；秆可编席和造纸。

72. 甜根子草
Saccharum spontaneum L.

多年生草本。秆高 1-2 m，中空，具多数节，节具短毛，节下常敷白色蜡粉。叶片线形，长 30-70 cm，宽 4-8 mm，无毛，灰白色，边缘呈锯齿状粗糙。圆锥花序长 20-40 cm，稠密，主轴密生丝状柔毛；小穗柄长 2-3 mm；无柄小穗披针形，长 3.5-4 mm。有柄小穗与无柄者相似，有时较短或顶端渐尖。花果期 7-8 月。

生于海拔 500 m 以下的平原和山坡，河旁溪流岸边。产陕西、江苏、安徽、浙江、江西、湖南、湖北、福建、台湾、广东、海南、广西、贵州、四川、云南等。也分布于印度、缅甸、泰国、越南、马来西亚、印度尼西亚、澳大利亚东部至日本，以及欧洲南部。

73. 囊颖草
Sacciolepis indica (L.) A. Chase

一年生草本，通常丛生。秆基常膝曲，高 20-100 cm。叶鞘具棱脊，短于节间；叶舌膜质，长 0.2-0.5 mm，顶端被短纤毛；叶片线形，长 5-20 cm，宽 2-5 mm。圆锥花序紧缩成圆筒状，长 1-16 cm（或更长），宽 3-5 mm，分枝短；小穗卵状披针形，绿色或染以紫色，长 2-2.5 mm；第一颖为小穗长的 1/3-2/3，基部包裹小穗，第二颖背部囊状，与小穗等长；第一外稃等长于第二颖；第一内稃退化或短小，透明膜质；第二外稃平滑而光亮，长约为小穗的 1/2，边缘包着较其小而同质的内稃；鳞被 2。颖果椭圆形，长约 0.8 mm。花果期 7-11 月。

多生于湿地或淡水中。产华东、华南、西南、华中。印度至日本及大洋洲也有分布。

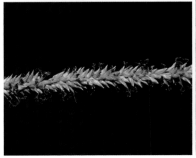

A103. 禾本科 Gramineae

74. 莠狗尾草
Setaria geniculata (Lam.) Beauv.

多年生草本，丛生。秆高 30-90 cm。叶鞘压扁具脊，无毛；叶片质硬，常卷折呈线形，长 5-30 cm，宽 2-5 mm，边缘略粗糙。圆锥花序稠密呈圆柱状，长 2-7 cm，宽约 5 mm（刚毛除外）主轴具短细毛，刚毛粗糙，长 5-10 mm，金黄色，褐锈色至紫色，小穗椭圆形，长 2-2.5 mm。花果期 2-11 月。

生于海拔 500 m 以下的山坡、旷野或路边。产广东、广西、福建、台湾、云南、江西、湖南等。分布于热带和亚热带。植物体可作牲畜饲料。

75. 棕叶狗尾草
Setaria palmifolia (Koen.) Stapf

多年生草本。具根茎。秆直立或基部稍膝曲，高 0.75-2 m。叶鞘松弛，具密或疏疣毛；叶舌长约 1 mm，具长 2-3 mm 的纤毛；叶片纺锤状宽披针形，长 20-59 cm，宽 2-7 cm，具纵深皱折，两面具疣毛或无毛。圆锥花序主轴延伸甚长，长 20-60 cm，宽 2-10 cm，主轴具棱角，分枝排列疏松；小穗卵状披针形，长 2.5-4 mm。颖果卵状披针形、成熟时往往不带着颖片脱落。花果期 8-12 月。

生于山坡或谷地林下阴湿处。产浙江、江西、福建、台湾、湖北、湖南、贵州、四川、云南、广东、广西、西藏等。原产非洲。广布于大洋洲、美洲和亚洲的热带和亚热带地区。

76. 皱叶狗尾草（风打草）
Setaria plicata (Lam.) T. Cooke

多年生草本。秆通常瘦弱，直立或基部倾斜，高 45-130 cm，无毛或疏生毛。叶鞘背脉常呈脊，密或疏生较细疣毛或短毛；叶舌边缘密生长 1-2 mm 纤毛；叶片质薄，披针形，长 4-43 cm，宽 0.5-3 cm，具较浅的纵向皱折，两面或一面具疏疣毛。圆锥花序狭长圆形或线形，长 15-33 cm，主轴具棱角；小穗着生小枝一侧，卵状披针状，绿色或微紫色，长 3-4 mm。颖果狭长卵形，先端具硬而小的尖头。花果期 6-10 月。

生于山坡林下、沟谷地阴湿处或路边杂草地上。产江苏、浙江、安徽、江西、福建、台湾、湖北、湖南、广东、广西、四川、贵州、云南等。印度、尼泊尔、斯里兰卡、马来西亚、马来群岛、日本南部也有分布。果实成熟时，可供食用。

A103. 禾本科 Gramineae

77. 金色狗尾草
Setaria pumila (Poiret) Roemer et Schultes
[*Setaria glauca* (L.) Beauv.]

一年生。秆高 20-90 cm，光滑无毛。叶鞘光滑无毛；叶舌具纤毛，叶片长 5-40 cm，宽 2-10 mm，近基部疏生长柔毛。圆锥花序圆柱状或狭圆锥状，长 3-17 cm，宽 4-8 mm（刚毛除外），直立，主轴具短细柔毛，刚毛金黄色，长 4-8 mm，通常在一簇中仅具一个发育的小穗，第一颖具 3 脉；第二颖具 5-7 脉，第一小花雄性或中性，第一外稃具 5 脉，其内稃膜质，具 2 脉；第二小花两性，外稃革质。花果期 6-10 月。

生于林边、山坡、路边和荒芜的园地及荒野。产全国各地。分布于欧亚大陆的温暖地带，美洲、澳大利亚等也有引入。为田间杂草，秆、叶可作牲畜饲料，可作牧草。

78. 狗尾草（莠）
Setaria viridis (L.) Beauv.

一年生。秆高 10-100 cm。叶鞘近无毛，边缘具密绵毛状纤毛；叶舌极短；叶片长 4-30 cm，宽 2-18 mm，通常无毛。圆锥花序圆柱状或基部稍疏离，直立或稍弯垂，主轴被较长柔毛，长 2-15 cm，宽 4-13 mm（除刚毛外），刚毛长 4-12 mm，绿色或褐黄到紫红色；小穗长 2-2.5 mm，铅绿色；第一颖具 3 脉；第二颖具 5-7 脉；花柱基分离。颖果灰白色。花果期 5-10 月。

生于海拔 600 m 以下的荒野、道旁，为常见杂草。产全国各地。原产欧亚大陆温带和暖温带地区。秆、叶可作饲料，也可入药，治痈瘀、面癣。

79. 拟高粱
Sorghum propinquum (Kunth) Hitchc.

秆丛生，基部具粗壮根状茎。秆高 1.5-3 m，节间被微柔毛。叶鞘无毛，口及边缘具缘毛；叶片线形，长 40-90 cm，中脉粗壮；叶舌被柔毛。圆锥花序开展，长 30-55 cm；初级分枝 3-6 轮生于主枝节上；分枝末端总状花序状，具 3-7 对小穗。无梗小穗卵形，3.8-4.5 mm；第一颖片革质，淡色或略带紫色，薄柔毛，9-13 脉；第二外稃锐尖或凹缺，无芒或具短芒。有梗小穗线状披针形，4-5.5 mm。花果期 6-9 月。

生于河岸、水泽阴湿处。产福建、广东、海南、四川、台湾、云南。印度、印度尼西亚、马来西亚、菲律宾、斯里兰卡亦有分布。

A103. 禾本科 Gramineae

80. 稗荩
Sphaerocaryum malaccense (Trin.) Pilger

一年生。秆下部卧伏地面，上部稍斜升，具多节，高 10-30 cm。叶鞘被柔毛；叶舌短小；叶片卵状心形，基部抱茎，长 1-1.5 cm，宽 6-10 mm，边缘疏生硬毛。圆锥花序长 2-3 cm，宽 1-2 cm，秆上部的 1、2 叶鞘内常有花序，小穗柄长 1-3 mm；颖透明膜质，无毛；外稃与小穗等长，内稃与外稃同质等长；雄蕊 3 枚，花药黄色，长约 0.3 mm；花柱 2，柱头帚状。颖果卵圆形，棕褐色，长约 0.7 mm。花果期秋季。

生于海拔 300 m 以上的灌丛或草甸中。产安徽、浙江、江西、福建、台湾、广东、广西、云南。分布于印度、斯里兰卡、马来西亚、菲律宾、越南、缅甸。

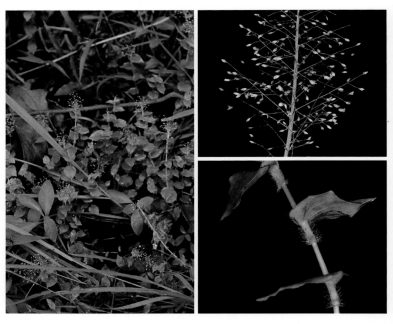

81. 鼠尾粟
Sporobolus fertilis (Steud.) W. D. Clayt.

多年生草本。秆直立，丛生，高 25-120 cm，质较坚硬，平滑无毛。叶鞘平滑无毛或其边缘稀具极短的纤毛；叶舌纤毛状；叶片质较硬，平滑无毛，通常内卷，少数扁平，长 15-65 cm，宽 2-5 mm。圆锥花序较紧缩呈线形，常间断，或稠密近穗形，长 7-44 cm，宽 0.5-1.2 cm，分枝稍坚硬，直立，与主轴贴生或倾斜，通常长 1-2.5 cm；小穗灰绿色且略带紫色，长 1.7-2 mm。囊果成熟后红褐色，长 1-1.2 mm。花果期 3-12 月。

生于海拔 120-600 m 的田野路边、山坡草地及山谷湿处和林下。产华东、华中、西南、陕西、甘肃等。分布于印度、缅甸、斯里兰卡、泰国、越南、马来西亚、印度尼西亚、菲律宾、日本、苏联等地。

82. 菅
Themeda villosa (Poir.) A. Camus

多年生草本。秆多簇生，高 1-2 m，下部直径 1-2 cm。两侧压扁或具棱，通常黄白色或褐色，平滑无毛，实心，髓白色。叶鞘光滑无毛；叶舌顶端具短纤毛；叶片长可达 1 m，宽 0.7-1.5 cm。多回复出的伪圆锥花序长可达 1 m；总状花序长 2-3 cm；每总状花序由 9-11 小穗组成；颖草质。无柄小穗长 7-8 mm，第一小花不孕；第二小花两性，短芒不伸出或略伸出颖外。颖果成熟时栗褐色。有柄小穗似总苞状小穗。花果期 8 月至翌年 1 月。

生于海拔 300-600 m 的山坡灌丛、草地或林缘。产浙江、江西、福建、湖北、湖南、广东、广西、四川、贵州、云南、西藏等。印度、中南半岛、马来西亚和菲律宾等地亦有分布。

A103. 禾本科 Gramineae

83. 棕叶芦

Thysanolaena latifolia (Roxb. ex Hornem.) Honda

多年生，丛生草本。秆高 2-3 m，具白色髓部，不分枝。叶鞘无毛；叶片披针形，长 20-50 cm，宽 3-8 cm，具横脉，基部心形，具柄。圆锥花序大型，柔软，长达 50 cm，分枝多，斜向上升；小穗长 1.5-1.8 mm，小穗柄长约 2 mm，具关节。颖果长圆形，长约 0.5 mm。一年有两次花果期，春夏或秋季。

生于山坡、山谷或树林下和灌丛中。产台湾、广东、广西、贵州。印度、中南半岛、印度尼西亚、新几内亚岛有分布。北美引种。叶可裹粽，花序用作扫帚。

84. 长芒草沙蚕

Tripogon longearistatus Hack. ex Honda

直立草本，高 15-30 cm。基生叶鞘纸质；叶片线形，长 4-13 cm，宽约 0.1 cm。总状花序 8-20 cm，小穗松散直立；小穗长 4.5-9 mm，淡绿色到深灰色；每穗具小花 4-7，松散排列；第一颖片线形披针形，2.5-3 mm；第二颖片狭披针形长圆形，4-4.5 mm；外稃椭圆形至披针形，2.5-3.3 mm，先端 2 齿状，芒反折，长 3.6-8 mm；内稃脊上狭翅状，具缘毛。花药 1.1-1.5 mm。花果期 9-10 月。

生于海拔 200-500 m 山坡石上。产福建、甘肃、广东、贵州、湖南、江西、陕西、四川、云南、浙江。日本，韩国也有分布。

A104. 金鱼藻科 Ceratophyllaceae

1. 金鱼藻（灯笼丝）

Ceratophyllum demersum L.

多年生沉水草本；茎长 40-150 cm，平滑，具分枝。叶 4-12 轮生，1-2 次二叉状分歧，裂片丝状，长 1.5-2 cm，宽 0.1-0.5 mm，先端带白色软骨质。花直径约 2 mm；苞片 9-12，条形，长 1.5-2 mm，浅绿色，透明，先端有 3 齿及带紫色毛；雄蕊 10-16，微密集；子房卵形，花柱钻状。坚果宽椭圆形，长 4-5 mm，黑色，平滑，有 3 刺，顶刺长 8-10 mm，先端具钩，基部 2 刺向下斜伸，长 4-7 mm。花期 6-7 月，果期 8-10 月。

生于池塘、河沟。中国广泛分布。世界分布。为鱼类饲料，又可喂猪；全草药用，治内伤吐血。

目 21. 毛茛目 Ranunculales

A106. 罂粟科 Papaveraceae

1. 北越紫堇（台湾黄堇）
Corydalis balansae Prain

丛生草本，高 30-50 cm。基生叶早枯。下部茎生叶具长柄；长 15-30 cm，叶背苍白色，长 7.5-15 cm，宽 6-10 cm，二回羽状全裂。总状花序多花而疏离；花梗长 3-5 mm，花黄色至黄白色，外花瓣勺状，具龙骨状突起，上花瓣长 1.5-2 cm，距短囊状，约占花瓣全长的 1/4，下花瓣长约 1.3 cm，内花瓣长约 1.2 cm。蒴果线状长圆形，长约 3 cm，具 1 列种子。种子黑亮，具印痕状凹点。花果期 3-6 月。

生于海拔 200-600 m 山谷、沟边湿地。产云南、广西、贵州、湖南、广东、香港、福建、台湾、湖北、江西、安徽、浙江、江苏、山东。日本、越南、老挝也有分布。全草药用，清热祛火。

2. 夏天无
Corydalis decumbens (Thunb.) Pers.

多年生草本。块茎小，圆形或多少伸长。茎高 10-25 cm，柔弱，细长，不分枝，具 2-3 叶。叶二回三出，小叶片倒卵圆形，全缘或深裂成卵圆形或披针形的裂片。总状花序疏具 3-10 花。苞片小，长 5-8 mm。花梗长 10-20 mm。花近白色至淡粉红色或淡蓝色。萼片早落。外花瓣顶端下凹，常具狭鸡冠状突起。上花瓣长 14-17 mm，瓣片多少上弯；距稍短于瓣片，渐狭，平直或稍上弯；蜜腺体短，占距长的 1/3-1/2，末端渐尖。下花瓣宽匙形，通常无基生的小囊。内花瓣具超出顶端的宽而圆的鸡冠状突起。蒴果线形，长 13-18 mm，具 6-14 种子。

生于海拔 80-300 m 的山坡或路边。产江苏、安徽、浙江、福建、江西、湖南、湖北、山西、台湾。日本南部有分布。

3. 地锦苗（尖距紫堇）
Corydalis sheareri S. Moore

多年生草本，高 20-60 cm。基生叶多数，长 12-30 cm，叶轮廓三角形，长 3-13 cm，二回羽状全裂。茎生叶与基生叶同形。总状花序，长 4-10 cm，有 10-20 花；萼片鳞片状，具缺刻状流苏，花瓣紫红色，上花瓣长 2-3 cm，背部具短鸡冠状突起，距圆锥形，下花瓣长 1.2-1.8 cm，匙形，内花瓣提琴形。蒴果狭圆柱形，长 2-3 cm。种子近圆形。花果期 3-6 月。

生于海拔 100-500 m 林下潮湿地、溪谷。产江苏、安徽、浙江、江西、福建、湖北、湖南、广东、香港、广西、陕西、四川、贵州、云南。全草入药，治瘀血。

A108. 木通科 Lardizabalaceae

1. 三叶木通
Akebia trifoliata (Thunb.) Koidz.

落叶木质藤本。茎皮具皮孔及小疣点。掌状复叶；叶柄长 7-11 cm；3 小叶，薄革质，卵形，长 4-7.5 cm，宽 2-6 cm，先端钝或略凹，基部截平或圆形；中央小叶柄长 2-4 cm。总状花序生短枝叶腋，下部有 1-2 雌花，以上有 15-30 雄花，长 6-16 cm；总花梗长约 5 cm；雄花：萼片 3，淡紫色，雄蕊 6，花丝极短；雌花：萼片 3，紫褐色，开花时反折。果长圆形，长 6-8 cm，灰白略带淡紫色。花期 4-5 月，果期 7-8 月。

生于海拔 250-600 m 山地沟谷、疏林、丘陵灌丛。产河北、山西、山东、河南、陕西、甘肃及长江流域各省区。日本。根、茎和果均入药。果可食及酿酒。

2. 牛藤果
Stauntonia elliptica Hems.

木质藤本。叶具羽状 3 小叶；小叶椭圆形、长圆形或倒卵形，长 3-11 cm，侧脉每边 4-5 条。总状花序数个簇生，多花，花较小，长 4-6 cm；总花梗纤细；花雌雄同株，同序或异序，淡绿色至近白色。雄花：花梗长 10-12 mm，外轮萼片卵形，内轮萼片披针形；花瓣卵状披针形，比花丝短。雌花：花梗比雄花的略粗，长 18-20 mm；外轮萼片狭披针形，内轮萼片线状披针形，心皮卵形，柱头锥尖；花瓣披针形，与锥尖的退化雄蕊对生。果长圆形或近球形，直径 2-4 cm，淡褐色。花期 7-10 月。

生于山地林下。产广东、广西、湖南、湖北、江西、四川、贵州、云南等。印度东北部也分布。

3. 尾叶那藤
Stauntonia obovatifoliola subsp. *urophylla* (Hand.-Mazz.) H. N. Qin

木质藤本。掌状复叶有小叶 5-7 片；叶柄纤细，长 3-8 cm；小叶革质，倒卵形或阔匙形，长 4-10 cm，宽 2-4.5 cm，先端猝然收缩为一狭而弯的长尾尖，尾尖长可达小叶长的 1/4 或 1/5，基部狭圆或阔楔形；侧脉每边 6-9 条，与网脉同于两面稍凸起或有时在上面凹入；小叶柄长 1-3 cm。总状花序数个簇生于叶腋，每个花序有 3-5 朵淡黄绿色的花。雄花：花梗长 1-2 cm，外轮萼片卵状披针形，长 10-12 mm，内轮萼片披针形，无花瓣；雄蕊花丝合生为管状，药室顶端具长约 1 mm、锥尖的附属体。果长圆形或椭圆形，长 4-6 cm，直径 3-3.5 cm。花期 4 月，果期 6-7 月。

生于山坡或沟谷林中。产福建、广东、广西、江西、湖南、浙江。

A109. 防己科 Menispermaceae

1. 樟叶木防己
Cocculus laurifolius DC.

　　直立灌木，很少呈藤状，高 1-5 m。枝有条纹，嫩枝稍有棱角，无毛。叶薄革质，长 4-15 cm，宽 1.5-5 cm，两面无毛，光亮，掌状脉 3 条；叶柄长不到 1 cm。聚伞花序或聚伞圆锥花序腋生，长 1-5 cm，近无毛。雄花：萼片 6，两轮，花瓣 6，深 2 裂的倒心形，基部不内折，长 0.2-0.4 mm，雄蕊 6，长约 1 mm；雌花：萼片和花瓣与雄花的相似，退化雄蕊 6，心皮 3，无毛。核果近圆球形，长 6-7 mm。花期春、夏，果期秋季。

　　生于灌丛或疏林中。产我国南部各省区，北至湖南西南部、贵州南部和西藏吉隆。亚洲南部、东南部和东部也有分布。

2. 木防己
Cocculus orbiculatus (L.) DC.

　　木质藤本。小枝被绒毛至疏柔毛，有条纹。叶片近革质，形状变异极大，边全缘或 3 裂，有时掌状 5 裂，长通常 3-8 cm，宽不等，两面被柔毛至近无毛，掌状脉常 3 条；叶柄长 1-3 cm，被稍密的白色柔毛。聚伞花序或狭窄聚伞圆锥花序，长可达 10 cm，被柔毛；雄花：小苞片紧贴花萼，被柔毛，萼片 6，两轮，花瓣 6，长 1-2 mm，下部边缘内折，顶端 2 裂，雄蕊 6，比花瓣短；雌花：萼片和花瓣与雄花相同，退化雄蕊 6，心皮 6，无毛。核果近球形，红色至紫红色，长 7-8 mm。

　　生于灌丛、村边、林缘等处。我国大部分地区都有分布，以长江流域中下游及其以南各省区常见。亚洲东南部和东部以及夏威夷群岛广布。

3. 粉叶轮环藤
Cyclea hypoglauca (Schauer) Diels

　　草质藤本；老茎木质，小枝纤细。叶纸质，盾状着生，阔卵状三角形至卵形，下面粉绿色，长 2.5-7 cm，两面无毛，偶下面被稀疏而长的白毛；掌状脉 5-7 条。花序腋生，雄花序为穗状花序状，花序轴常不分枝，无毛；雄花：萼片分离，倒卵形或倒卵状楔形，长 1-1.2 mm；花瓣通常合生成杯状；雌花序较粗壮，总状花序状，长达 10 cm；雌花：萼片近圆形，直径约 0.8 mm；花瓣 2，不等大。子房无毛，核果红色；果核长约 3.5 mm，背部中肋二侧各有 3 列小瘤状凸起。

　　生于林缘和山地灌丛。产湖南、江西、福建、云南、广西、广东、海南。越南北部有分布。

A109. 防己科 Menispermaceae

4. 秤钩风
Diploclisia affinis (Oliv.) Diels

　　大型木质藤本。老枝红褐色或黑褐色，有皮孔，无毛。叶革质，常为三角状扁圆形或菱状扁圆形，长 3.5-9 cm，宽度稍大于长度；掌状脉常 5 条；叶柄与叶片近等长。聚伞花序腋生，花梗长 2-4 cm；雄花：萼片椭圆形至阔卵圆形，长 2.5-3 mm，有两轮；花瓣卵状菱形，长 1.5-2 mm；雄蕊长 2-2.5 mm。核果红色，倒卵圆形，长 8-10 mm，宽约 7 mm。花期 4-5 月，果期 7-9 月。

　　生于林缘或疏林中。产湖北、四川、贵州、云南、广西、广东、湖南、江西、福建和浙江。

5. 粉绿藤
Pachygone sinica Diels

　　木质藤本，长达 7 m。枝和小枝均具皱纹状条纹，小枝被柔毛。叶薄革质，卵形，较少披针形，长 5-9 cm，宽 2-5 cm，两面无毛；掌状脉 3-5 条，两面凸起；叶柄长 1.5-4 cm，顶端稍膨大而扭曲。总状花序或圆锥花序；花序轴被柔毛，长 1-10 cm，不分枝或分枝短小；小苞片 2；雄花：萼片 2 轮，每轮 3 片，花瓣 6，肉质，披针形，长 1.6-1.7 mm，基部二侧耳状内折，抱着花丝，雄蕊 6，长 1.3-1.6 mm，花药大；雌花：萼片和花瓣与雄花的相似，但通常较小，心皮 3，较少 4。核果扁球形。花期 9-10 月，果期 2 月。

　　常生于林中。产广东、广西。

6. 风龙
Sinomenium acutum (Thunb.) Rehd. et Wils.

　　木质大藤本。叶革质至纸质，心状圆形至阔卵形，长 6-15 cm，顶端渐尖或短尖，基部常心形，有时近截平或近圆，边全缘、有角至 5-9 裂，裂片尖或钝圆，嫩叶被绒毛，老叶常两面无毛，或仅上面无毛，下面被柔毛；掌状脉 5 条，很少 7 条，连同网状小脉均在下面明显凸起；叶柄长 5-15 cm。圆锥花序长可达 30 cm，花序轴和开展、有时平叉开的分枝均纤细，被柔毛或绒毛。花期夏季，果期秋末。

　　生于林中。产长江流域及其以南各省区。也分布于日本。

A109. 防己科 Menispermaceae

7. 细圆藤
Pericampylus glaucus (Lam.) Merr.

　　木质藤本，长 10 余米。小枝常被灰黄色绒毛，有条纹，老枝无毛。叶纸质至薄革质，长 3.5-8 cm，顶端钝或圆，有小凸尖，基部近截平至心形，很少阔楔尖，边缘近全缘，两面被绒毛至近无毛；掌状脉 5 条，很少 3 条；叶柄长 3-7 cm，被绒毛，通常生叶片基部，极少稍盾状着生。聚伞花序伞房状，长 2-10 cm，被绒毛；雄花：萼片 3 轮，花瓣 6，长 0.5-0.7 mm，边缘内卷，雄蕊 6，花丝长 0.75 mm；雌花萼片和花瓣与雄花相似，子房长 0.5-0.7 mm，柱头 2 裂。核果红色或紫色，果核径 5-6 mm。花期 4-6 月，果期 9-10 月。

　　生于林中、林缘和灌丛中。产长江流域及其以南各省区，东至台湾，尤以广东、广西和云南三地南部常见。亚洲东南部广布。细长的枝条在四川等地是编织藤器的重要原料。

8. 金线吊乌龟
Stephania cephalantha Hayata

　　草质藤本。块根团块状或近圆锥状，褐色，有皮孔。叶纸质，三角状扁圆形至近圆形，长 2-6 cm；掌状脉 7-9 条。雌雄花序同形，为头状花序，具盘状花托，雄花序总梗丝状，总状花序式排列，雌花序总梗粗壮，单个腋生。雄花：萼片 6，较少 8，偶有 4；花瓣 3 或 4，近圆形或阔倒卵形；聚药雄蕊短；雌花：萼片 1；花瓣 2 或 4，比萼片小。核果阔倒卵圆形。花期 4-5 月，果期 6-7 月。

　　生于海拔 100-500 m 的村边、田野和山地的灌丛中或草丛中。产陕西、浙江、江苏、台湾、四川、贵州、广西和广东。

9. 粪箕笃
Stephania longa Lour.

　　草质藤本，长 1-4 m；除花序外全株无毛；枝有条纹。叶纸质，三角状卵形，长 3-9 cm，宽 2-6 cm，顶端钝，基部近截平，很少微凹；掌状脉 10-11 条；叶柄长 1-4.5 cm，基部常扭曲。复伞形聚伞花序腋生；总梗长 1-4 cm，雄花序被短硬毛；雄花：萼片 8，偶有 6，2 轮，长约 1 mm，背面被乳头状短毛，花瓣 4 或 3，绿黄色，近圆形，长约 0.4 mm，聚药雄蕊长约 0.6 mm，雌花：萼片和花瓣均 4，很少 3，长约 0.6 mm，子房无毛，柱头裂片平叉。核果红色，长 5-6 mm；果核背部有小横肋。花期春末夏初，果期秋季。

　　生于灌丛或林缘。产云南东南部、广西、广东、海南、福建和台湾。

A110. 小檗科 Berberidaceae

1. 箭叶淫羊藿
Epimedium sagittatum (Sieb. et Zucc.) Maxim.

多年生草本，植株高 30-50 cm。根状茎粗短，节结状。一回三出复叶基生和茎生，小叶 3；小叶革质，卵形至卵状披针形，长 5-19 cm，宽 3-8 cm，基部心形，顶生小叶基部两侧近相等，圆形，侧生小叶基部高度偏斜，叶缘具刺齿。圆锥花序长 10-30 cm；花梗长约 1 cm，花白色，萼片 2 轮，外萼片 4，先端具紫色斑点，内萼片卵状三角形，白色，花瓣囊状，淡棕黄色。蒴果长约 1 cm，宿存花柱长约 6 mm。花期 4-5 月，果期 5-7 月。

生于海拔 200-600 m 山坡草丛、林下、灌丛、溪谷。产浙江、安徽、福建、江西、湖北、湖南、广东、广西、四川、陕西、甘肃。全草供药用，补精强壮、祛风湿。

2. 北江十大功劳
Mahonia fordii Schneid.

灌木，高 0.8-1.5 m。叶长 20-35 cm，宽 7-11 cm，具 5-9 对小叶，叶脉微显，叶背淡绿色；最下一对小叶狭卵形，向上小叶狭卵形至椭圆状卵形，近等大，长 5-8 cm，宽 1.8-2.7 cm，边缘具刺锯齿，顶生小叶稍大，小叶柄长 1.5-2 cm。总状花序 5-7 簇生，长 6-15 cm；花梗长 2.5-4 mm，花黄色，萼片 3 轮，花瓣长约 4 mm，宽约 2.3 mm，基部腺体显著，雄蕊长 2.6 mm，子房长约 2.3 mm，胚珠 2。浆果长约 7 mm，直径约 5 mm。花期 7-9 月，果期 10-12 月。

生于海拔约 450 m 林下或灌丛中。产广东、四川。

3. 南天竹
Nandina domestica Thunb.

常绿小灌木。茎常丛生而少分枝，高 1-3 m，光滑无毛，幼枝常为红色。叶互生，集生于茎的上部，三回羽状复叶，长 30-50 cm；二至三回羽片对生；小叶薄革质，椭圆状披针形，长 2-10 cm，宽 0.5-2 cm，全缘，冬季变红色，两面无毛；近无柄。圆锥花序直立，长 20-35 cm；花小，白色，具芳香，直径 6-7 mm，萼片多轮，花瓣长圆形，长约 4.2 mm。浆果球形，直径 5-8 mm，鲜红色。种子扁圆形。花期 3-6 月，果期 5-11 月。

生于海拔 600 m 以下山地林下、沟旁、路边灌丛。产华东、华中、华南、西南及陕西。日本也有分布。根、叶、果药用。

A111. 毛茛科 Ranunculaceae

1. 小木通
Clematis armandii Franch.

　　木质藤本，高达 6 m。茎有纵条纹，小枝有棱，有白色短柔毛。三出复叶；小叶片革质，卵状披针形至卵形，长 4-15 cm，宽 2-7 cm，全缘，两面无毛。聚伞花序或圆锥状聚伞花序与叶近等长；宿存芽鳞长 0.8-3.5 cm，萼片 4 (-5)，开展，白色，偶带淡红色，大小变异极大，长 1-4 cm，宽 0.3-2 cm，外面边缘具短绒毛，雄蕊无毛。瘦果扁，卵形至椭圆形，长 4-7 mm，疏生柔毛，宿存花柱长达 5 cm，有白色长柔毛。花期 3-4 月，果期 4-7 月。

　　生于山坡、山谷、路边灌丛中、林边或水沟旁。产西藏、云南、贵州、四川、甘肃、陕西、湖北、湖南、广东、广西、福建。越南也有分布。

2. 威灵仙（白钱草）
Clematis chinensis Osbeck

　　木质藤本。茎、小枝近无毛。一回羽状复叶，常 5 小叶，偶尔基部一对以至第二对 2-3 裂至 2-3 小叶；小叶纸质，长 1.5-10 cm，宽 1-7 cm，全缘，两面近无毛。常为圆锥状聚伞花序；花直径 1-2 cm，萼片 4（-5），开展，白色，长 0.5-1.5 cm，顶端常凸尖，外面边缘密生绒毛或中间有短柔毛，雄蕊无毛。瘦果 3-7 扁卵形至宽椭圆形，长 5-7 mm，有柔毛，宿存花柱长 2-5 cm。花期 6-9 月，果期 8-11 月。

　　生于山坡、山谷灌丛中或沟边、路旁草丛中。产云南、贵州、四川、陕西、广西、广东、湖南、湖北、河南、福建、台湾、江西、浙江、江苏、安徽。越南也有分布。根可药用。全株可作农药。

3. 厚叶铁线莲
Clematis crassifolia Benth.

　　藤本，全株除心皮及萼片外，其余无毛。茎带紫红色，有纵条纹。三出复叶；小叶革质，长 5-12 cm，宽 2.5-6.5 cm，全缘。圆锥状聚伞花序长而疏展；花直径 2.5-4 cm，萼片 4，开展，白色或略带水红色，披针形或倒披针形，长 1.2-2 cm，边缘密生短绒毛，内面有较密短柔毛，雄蕊无毛，花药长 1-2 mm，花丝比花药长 3-5 倍。瘦果镰刀状狭卵形，有柔毛，长 4-6 mm。花期 12 月至翌年 1 月，果期 2 月。

　　生于海拔 300-500 m 山地、山谷、平地、溪边、路旁的密林或疏林中。产广西、广东、湖南、福建、台湾。日本九州也有分布。

A111. 毛茛科 Ranunculaceae

4. 山木通
Clematis finetiana Lévl. et Vant.

　　木质藤本，无毛。茎有纵条纹，小枝有棱。三出复叶；小叶薄革质，长 3-12 cm，宽 1.5-5 cm，全缘，两面无毛。花常单生，或为聚伞花序，有 1-5 花，少数多花而成圆锥状聚伞花序，与叶近等长；宿存芽鳞长 5-8 mm，萼片 4（-6），开展，白色，狭椭圆形或披针形，长 1-1.8（-2.5）cm，外面边缘密生短绒毛，雄蕊无毛，药隔明显。瘦果镰刀状狭卵，长约 5 mm，有柔毛，宿存花柱长达 3 cm，有黄褐色长柔毛。花期 4-6 月，果期 7-11 月。

　　生于山坡疏林、溪边、路旁灌丛中及山谷石缝中。产云南、四川、贵州、河南、湖北、湖南、广东、广西、福建、江西、浙江、江苏、安徽。全株可用于清热解毒、止痛、活血、利尿，治感冒、膀胱炎、尿道炎、跌打劳伤等。

5. 锈毛铁线莲
Clematis leschenaultiana DC.

　　木质藤本，全株密被开展的金黄色柔毛。三出复叶；叶柄长 5-11 cm；小叶纸质，卵圆形至卵状披针形，长 7-11 cm，基部常偏斜，上部边缘有钝锯齿，两面被柔毛，基出主脉 3-5 条；小叶柄长 1-2.5 cm。聚伞花序腋生，常 3 花；花序梗长 1-2.5 cm；花梗长 3-5 cm，花萼直立成壶状，顶端反卷，萼片 4，黄色，卵圆形，长 1.8-2.5 cm，花丝上部被长柔毛。瘦果狭卵形，长 5 mm，被棕黄色短柔毛。花期 1-2 月，果期 3-4 月。

　　生于海拔 200-600 m 山坡灌丛中。产云南、四川、贵州、湖南、广西、广东、福建、台湾。越南、菲律宾、印度尼西亚也有分布。叶供药用，治疮毒。

6. 丝铁线莲
Clematis loureiroana DC. [*Clematis filamentosa* Dunn]

　　木质藤本。叶为单叶或 3 出复叶，厚革质或小叶片纸质，宽卵圆形或心形，长 7-16 cm，宽 4-13 cm，顶端钝圆或钝尖，基部常盾状心形，基出脉 5-7 条，下面显著隆起。圆锥花序腋生，连花序梗长 15-26 cm；花梗长 3-5 cm，密生锈色或棕色绒毛；花大；萼片 4-5，蓝紫色或白色，长圆形或狭倒卵形，长 1.6-2 cm，花后反卷，内面无毛，外面密生锈色绒毛；雄蕊外轮较长，内轮较短。瘦果狭卵形，有黄色短柔毛，宿存花柱长 3-8 mm，有开展的长柔毛。花期 11 月至 12 月，果期 12 月至 2 月。

　　生于沟边、山坡及林中，攀援于树枝上。产云南、广东、广西及贵州。分布于印度、越南、印度尼西亚及菲律宾。

A111. 毛茛科 Ranunculaceae

7. 毛柱铁线莲
Clematis meyeniana Walp.

木质藤本。三出复叶；小叶片近革质，常为卵形或卵状长圆形，长 3-9 cm，宽 2-5 cm，全缘，两面无毛。圆锥状聚伞花序多花；通常无宿存芽鳞；苞片小，钻形；萼片 4，开展，白色，长椭圆形或披针形，长 0.7-1.2 cm，外面边缘有绒毛，内面无毛；雄蕊无毛。瘦果小，镰刀状狭卵形或狭倒卵形，有柔毛，宿存花柱长达 2.5 cm。花期 6 月至 8 月，果期 8 月至 10 月。

生山坡疏林、路旁灌丛、山谷及溪边。产云南、四川、贵州、广西、广东、湖南、福建、台湾、江西、浙江。老挝、越南、日本也有分布。

8. 柱果铁线莲
Clematis uncinata Champ.

藤本。茎圆柱形，有纵条纹。一至二回羽状复叶，有 5-15 小叶，基部二对常为 2-3 小叶，茎基部为单叶或三出叶；小叶纸质或薄革质，卵形至披针形，长 3-13 cm，宽 1.5-7 cm，全缘，叶面亮绿，叶背灰绿色。圆锥状聚伞花序具多花；萼片 4，开展，白色，线状披针形至倒披针形，长 1-1.5 cm，雄蕊无毛。瘦果圆柱状钻形，长 5-8 mm，宿存花柱长 1-2 cm。花期 6-7 月，果期 7-9 月。

生于山地、山谷、溪边的灌丛中或林边，石灰岩灌丛中。产云南、贵州、四川、甘肃、陕西、广西、广东、湖南、福建、台湾、江西、安徽、浙江、江苏。越南也有分布。根入药，能祛风除湿、舒筋活络、镇痛。

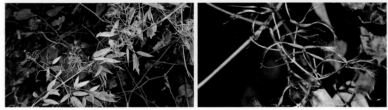

9. 还亮草
Delphinium anthriscifolium Hance

多年生草本。茎高 30-80 cm，上部被短柔毛。二至三回近羽状复叶；叶菱状卵形或三角状卵形，长 5-11 cm，宽 4.5-8 cm，羽片 2-4 对，表面疏被短柔毛；叶柄长 2.5-6 cm。总状花序有 2-15 花；轴和花梗被反曲的短柔毛，花梗长 0.4-1.2 cm，花长 1-2.5 cm，萼片堇色或紫色，椭圆形，长 6-11 mm，距钻形，长 5-15 mm，花瓣紫色。蓇葖长 1.1-1.6 cm。种子扁球形，径 2-2.5 mm，上部有螺旋状生长的横膜翅。花期 3-5 月。

生于海拔 200-600 m 丘陵、山坡草丛、溪边草地。产广东、广西、贵州、湖南、江西、福建、浙江、江苏、安徽、河南、山西。全草药用，治风湿骨痛。

A111. 毛茛科 Ranunculaceae

10. 禺毛茛
Ranunculus cantoniensis DC.

多年生草本。茎高 25-80 cm，茎与叶柄密生糙毛。三出复叶，基生叶和下部叶叶柄长达 15 cm；叶长 3-6 cm，宽 3-9 cm；小叶宽 2-4 cm，2-3 中裂，边缘密生锯齿，两面贴生糙毛；叶鞘膜质耳状；上部叶渐小，3 全裂，近无柄。花序疏生；花梗长 2-5 cm，与萼片均生糙毛，花直径 1-1.2 cm，顶生，萼片长 3 mm，花瓣 5，长 5-6 mm，花托具白色短毛。聚合果近球形，直径约 1 cm；瘦果无毛，喙基部宽扁，顶端弯钩状。花果期 4-7 月。

生于海拔 200-500 m 的平原或丘陵田边、沟旁水湿地。产云南、四川、贵州、广西、广东、福建、台湾、浙江、江西、湖南、湖北、江苏、浙江等。印度、越南、朝鲜、日本也有分布。全草含原白头翁素，捣敷发泡，治黄疸、目疾。

11. 毛茛
Ranunculus japonicus Thunb.

多年生草本。茎高 30-70 cm，中空，有槽，具柔毛。基生叶长及宽为 3-10 cm，通常 3 深裂不达基部，中裂片 3 浅裂，侧裂片 2 裂，两面贴生柔毛；叶柄长 15 cm，具柔毛；下部叶较基生叶小，3 深裂；最上部叶线形，无柄。聚伞花序疏散；花直径 1.5-2.2 cm，花梗长 8 cm，贴生柔毛，萼片长 4-6 mm，生白柔毛，花瓣 5，长 6-11 mm，宽 4-8 mm，花托无毛。聚合果近球形，直径 6-8 mm；瘦果扁平，长 2-2.5 mm，无毛，喙长约 0.5 mm。花果期 4-9 月。

生于海拔 200-500 m 田沟旁和林缘路边的湿草地上。除西藏外，在全国均产。朝鲜、日本、俄罗斯远东地区也有分布。全草含原白头翁素，有毒，为发泡剂和杀菌剂。

12. 石龙芮
Ranunculus sceleratus L.

一年生草本。高 10-50 cm，无毛或疏生柔毛。基生叶长 1-4 cm，宽 1.5-5 cm，3 深裂不达基部，裂片不等地 2-3 裂，无毛；叶柄长 3-15 cm；茎下部叶与基生叶相似；上部叶较小，3 全裂，无毛，膜质叶鞘抱茎。聚伞花序；花直径 4-8 mm，花梗长 1-2 cm，无毛，萼片长 2-3.5 mm，外面有短柔毛，花瓣 5，与花萼近等长，雄蕊 10 多枚，花托生短柔毛。聚合果长圆形，长 8-12 mm；瘦果近百，倒卵球形，长 1-1.2 mm，无毛，喙近无。花果期 5-8 月。

生于河沟边及平原湿地。全国均产。亚洲、欧洲、北美洲亚热带至温带广布。全草含原白头翁素，有毒，可药用。

A111. 毛茛科 Ranunculaceae

13. 猫爪草（广东省新记录）
Ranunculus ternatus Thunb.

　　一年生草本。小块根簇生，卵球形或纺锤形，形似猫爪。茎铺散，高 5-20 cm。基生叶有柄，长 6-10 cm；单叶或 3 出复叶，宽卵形至圆肾形，小叶 3 浅裂至 3 深裂或多次细裂，末回裂片倒卵形至线形。茎生叶无柄，叶小，全裂或细裂，裂片线形。单花顶生，直径 1-1.5 cm；萼片 5-7，外面疏生柔毛；花瓣 5 以上，黄色或后变白色，倒卵形，基部具爪，蜜槽棱形。聚合果近球形，直径约 6 mm；瘦果卵球形，有短喙。花期 3 月，果期 4-7 月。

　　生于平原湿草地或田边荒地。分布于广西、台湾、江苏、浙江、江西、湖南、安徽、湖北、河南等。日本也有。

14. 丹霞山天葵
Semiaquilegia danxiashanensis L. Wu, J. J. Zhou, Q. Zhang et W. S. Deng

　　多年生草本。根状茎厚，黑褐色。茎 1-6 条，高 10-30 cm。基生叶多数，三回羽状复叶；小叶扇状菱形至倒卵状圆形，长 1.0-2.7 cm，3 深裂。茎生叶与基生叶相似，但较小且近无柄。单歧聚伞花序具花 1 或 2；花小，直径 7-9 mm；萼片白色，少粉红色，椭圆形或倒卵形，顶端圆或钝，常微缺。花瓣近圆形，长约 1 mm，金黄色，微凹，无毛；下部具有长爪，明显长于花瓣，约 3.5 mm。雄蕊 12-16；花丝长度不等，3.5-4.5 mm；退化雄蕊约 5 枚，线状披针形，白膜质，无毛，长约 1.5 mm。雌蕊 2-4 枚，疏生短柔毛。蓇葖果卵状长圆形，表面具凸起的横向脉纹；花柱宿存。种子椭圆形，长约 1.5 mm，表面具小瘤状突起。

　　生于海拔 100-200 m 的崖壁上。广东丹霞山特有种。本种花小，花萼白色，椭圆形或倒卵形，花瓣金黄色，下部具有长爪，如棒棒糖状，极易与本属其他种区分。

15. 尖叶唐松草
Thalictrum acutifolium (Hand.-Mazz.) Boivin

　　全株近无毛。根肉质，胡萝卜形，长约 5 cm。茎高 25-65 cm。基生叶 2-3，有长柄，为二回三出复叶，长 7-18 cm；小叶草质，长 2.3-5 cm，宽 1-3 cm，具疏牙齿；叶柄长 10-20 cm；茎生叶较小。花序稀疏；花梗长 3-8 mm；萼片 4，早落；雄蕊多数，长达 5 mm；心皮 6-12，花柱短。瘦果扁，狭长圆形，稍不对称，长 3-4 mm，宽 0.6-1 mm。花期 4-7 月。

　　生于山地谷中坡地或林边湿润处。产四川、贵州、广西、广东、湖南、江西、福建、浙江、安徽。湖北草医用全草治全身黄肿、眼睛发黄等症。

目 22. 山龙眼目 Proteales

A112. 清风藤科 Sabiaceae

1. 香皮树
Meliosma fordii Hemsl.

　　乔木，高达 10 m；小枝、叶柄、叶背及花序被褐色平伏柔毛。叶近革质，倒披针形或披针形，长 9-22 cm，宽 2.5-7 cm，基部下延，近全缘；叶柄长 1.5-3.5 cm。圆锥花序顶生或近顶生，三或四（五）回分枝；花直径 1-1.5 mm，花梗长 1-1.5 mm，萼片 4（5），外面 3 花瓣近圆形，直径约 1.5 mm，内面 2 花瓣长约 0.5 mm，2 裂达中部，雄蕊长约 0.7 mm，雌蕊长约 0.8 mm，子房无毛。果近球形，直径 3-5 mm。花期 5-7 月，果期 8-10 月。

　　生于海拔 600 m 以下的热带、亚热带常绿林中。产云南、贵州、广西、广东、湖南、江西、福建。越南、老挝、柬埔寨及泰国也有分布。树皮及叶药用，有滑肠功效，治便秘。

2. 狭序泡花树
Meliosma paupera Hand.-Mazz.

　　乔木，高达 9 m；小枝纤细，被平伏细毛；二年生枝无毛。单叶、薄革质，长 5.5-14 cm，宽 1-3 cm，基部下延，全缘或上部疏具刺锯齿，叶面近无毛，叶背具平伏细毛；叶柄长 7-13 mm，被细毛。圆锥花序顶生，长 7-14 cm，三（四）次分枝，被稀疏细柔毛；花梗近无，花直径约 1 mm，萼片 5，长约 0.7 mm，外面 3 花瓣近圆形，宽约 1 mm，内面 2 长约 0.6 mm，先端浅 2 裂，雄蕊长约 0.7 mm，子房无毛。果球形，直径 4-5 mm。花期夏季，果期 8-10 月。

　　生于海拔 200-400 m 的山谷、溪边、林间。产云南、贵州、广西、广东、江西。越南也有分布。

3. 笔罗子（野枇杷）
Meliosma rigida Sieb. et Zucc.

　　乔木，高达 7 m；芽、幼枝、叶背中脉、花序均被锈色绒毛，老枝残留有毛。单叶，革质，倒披针形至倒卵形，长 8-25 cm，宽 2.5-4.5 cm，先端渐尖，全缘或中部以上有数个尖锯齿，叶面近无毛，叶背被锈色柔毛，中脉凹下；叶柄长 1.5-4 cm。圆锥花序顶生，花直径 3-4 mm；萼片 4-5，长 1-1.5 mm，外面 3 花瓣白色，近圆形，直径 2-2.5 mm，内面 2 花瓣 2 裂达中部，雄蕊长 1.2-1.5 mm，子房无毛。核果球形，直径 5-8 mm。花期夏季，果期 9-10 月。

　　生于海拔 500 m 以下的阔叶林中。产云南、广西、贵州、湖北、湖南、广东、福建、江西、浙江、台湾。日本也有分布。树皮及叶含鞣质，可提制栲胶。种子可榨油。

A112. 清风藤科 Sabiaceae

4. 灰背清风藤
Sabia discolor Dunn

常绿攀援木质藤本；嫩枝具纵条纹，无毛，老枝深褐色，具白蜡层。叶纸质，卵形至椭圆形，长 4-7 cm，宽 2-4 cm，两面无毛，叶背苍白色；叶柄长 7-1.5 cm。聚伞花序无毛，长 2-3 cm；总梗长 1-1.5 cm；花梗长 4-7 mm，萼片 5，花瓣 5，卵形或椭圆状卵形，长 2-3 mm，有脉纹，雄蕊 5，长 2-2.5 mm，花盘杯状，子房无毛。分果爿红色，倒卵状圆形或倒卵形，长约 5 mm。花期 3-4 月，果期 5-8 月。

生于海拔 600 m 以下的山地灌木林间。产浙江、福建、江西、广东、广西等。

5. 清风藤
Sabia japonica Maxim.

落叶攀援木质藤本；嫩枝被细柔毛，老枝紫褐色，具白蜡层，常留有刺状叶柄基部。叶近纸质，近卵形，长 3.5-9 cm，宽 2-4.5 cm，中脉有稀疏毛，叶背带白色；叶柄长 2-5 mm，被柔毛。花先叶开放，单生于叶腋，基部有 4 苞片；花梗长 2-4 mm，果时增长至 2-2.5 cm；萼片 5；花瓣 5，淡黄绿色，长 3-4 mm；雄蕊 5；花盘杯状，有 5 裂齿；子房被细毛。分果爿近圆形或肾形，直径约 5 mm。花期 2-3 月，果期 4-7 月。

生于海拔 600 m 以下的山谷、林缘、灌木林中。产江苏、安徽、浙江、福建、江西、广东、广西。日本也有分布。植株含清风藤碱甲等多种生物碱，供药用，治风湿、鹤膝、麻痹等症。

6. 柠檬清风藤
Sabia limoniacea Wall. ex Hook. f. et Thoms.

常绿攀援木质藤本；嫩枝无毛。叶革质，椭圆形、长圆状椭圆形或卵状椭圆形，长 7-15 cm，宽 4-6 cm，两面无毛，侧脉每边 6-7 条；叶柄长 1.5-2.5 cm。聚伞花序有花 2-4 朵，再排成狭长的圆锥花序，长 7-15 cm；花淡绿色，黄绿色或淡红色；萼片 5，卵形或长圆状卵形；花瓣 5 片，倒卵形或椭圆状卵形，有 5-7 条脉纹；雄蕊 5 枚，花丝扁平；花盘杯状，有 5 浅裂；子房无毛。分果爿近圆形或近肾形，长 1-1.7 cm，红色。花期 8-11 月，果期翌年 1-5 月。

生于密林中。产云南、广东、四川、福建和湖南。热带亚洲分布。

A112. 清风藤科 Sabiaceae

7. 尖叶清风藤
Sabia swinhoei Hemsl. ex Forb. et Hemsl.

常绿攀援木质藤本；小枝纤细，被长柔毛。叶纸质，近卵形，长 5-12 cm，宽 2-5 cm，叶面近无毛，叶背被短柔毛；叶柄长 3-5 mm，被柔毛。聚伞花序被疏长柔毛，长 1.5-2.5 cm；总梗长 0.7-1.5 cm；花梗长 2-4 mm，萼片 5，花瓣 5，浅绿色，长 3.5-4.5 mm，雄蕊 5，花盘浅杯状，子房无毛。分果爿深蓝色，近圆形或倒卵形，基部偏斜，长 8-9 mm，宽 6-7 mm。花期 3-4 月，果期 7-9 月。

生于海拔 200-500 m 的山谷林间。产江苏、浙江、台湾、福建、江西、广东、广西、湖南、湖北、四川、贵州等。

A115. 山龙眼科 Proteaceae

1. 小果山龙眼
Helicia cochinchinensis Lour.

乔木或灌木，高 4-20 m；枝叶均无毛。叶薄革质或纸质，长 5-14 cm，宽 2.5-5 cm，顶端短渐尖，基部稍下延，全缘或上半部叶缘具疏生浅锯齿；叶柄长 0.5-1.5 cm。总状花序腋生，长 8-18 cm，无毛；花梗常双生，长 3-4 mm，花被管长 10-12 mm，白色或淡黄色，子房无毛。果椭圆状，长 1-1.5 cm，直径 0.8-1 cm，果皮蓝黑色。花期 6-10 月，果期 11 月至翌年 3 月。

生于海拔 20-600 m 丘陵或山地湿润常绿阔叶林中。产云南、四川、广西、广东、湖南、湖北、江西、福建、浙江、台湾。越南、日本也有分布。

2. 网脉山龙眼
Helicia reticulata W. T. Wang

乔木，高 3-10 m；芽被褐色或锈色短毛，小枝和叶均无毛。叶革质，长圆形，长 6-27 cm，宽 3-10 cm，基部楔形，边缘具疏生锯齿或细齿；中脉和侧脉在两面均隆起，网脉两面明显；叶柄长 0.5-3 cm。总状花序腋生，长 10-15 cm，初被短毛；花梗常双生，长 3-5 mm，花被管长 13-16 mm，白色或浅黄色。果椭圆状，长 1.5-1.8 cm，直径约 1.5 cm，顶端具短尖，果皮干后革质，黑色。花期 5-7 月，果期 10-12 月。

生于海拔 300-500 m 山地湿润常绿阔叶林中。产云南、贵州、广西、广东、湖南、江西、福建。木材坚韧；种子可食用。

目 24. 黄杨目 Buxales

A117. 黄杨科 Buxaceae

1. 大叶黄杨
Buxus megistophylla Lévl.

灌木或小乔木，高 0.6-2 m；小枝四棱形，光滑无毛。叶革质，长 4-8 cm，宽 1.5-3 cm，边缘下曲，叶面光亮，两面无毛；叶柄长 2-3 mm，被微细毛。花序腋生，花序轴长 5-7 mm，近无毛；雄花：8-10 朵，花梗长约 0.8 mm，萼片长 2-2.5 mm，雄蕊长约 6 mm；雌花：萼片长约 3 mm，无毛；花柱直立，长约 2.5 mm，先端微弯曲，柱头倒心形，下延达花柱的 1/3 处。蒴果近球形，长 6-7 mm，宿存花柱长约 5 mm。花期 3-4 月，果期 6-7 月。

生于海拔 300-600 m 山地、山谷、河岸或山坡林下。产贵州、广西、广东、湖南、江西。

目 27. 虎耳草目 Saxifragales

A123. 蕈树科 Altingiaceae

1. 蕈树
Altingia chinensis (Champ.) Oliv. ex Hance

常绿乔木，幼枝无毛。叶革质，倒卵状矩圆形，长 7-13 cm，宽 3-4.5 cm，边缘有钝锯齿；叶柄长约 1 cm；托叶细小，早落。雄花：短穗状花序长约 1 cm，排成圆锥花序；花序柄有短柔毛；雄蕊多数。雌花：头状花序，单生或排成圆锥花序，花 15-26，苞片 4-5 片；花序柄长 2-4 cm；萼筒与子房连合，萼齿乳突状，花柱长 3-4 mm，有柔毛。头状果序近球形，基底平截，宽 1.7-2.8 cm。种子多数。花期 3-6 月，果期 7-9 月。

生于海拔 100-410 m 山谷林中。产广东、海南、广西、贵州、云南、湖南、福建、江西、浙江。越南北部也有分布。木材供药用、香料用、建筑及制家具用。

2. 枫香树
Liquidambar formosana Hance

落叶乔木，高达 30 m，树皮方块状剥落。叶薄革质，阔卵形，掌状 3 裂，中央裂片较长，先端尾状渐尖；基部心形，脉腋间有毛，掌状脉 3-5 条，边缘有腺状锯齿；叶柄长达 11 cm；托叶线形，长 1-1.4 cm，早落。雄性：短穗状花序，排成总状；雄蕊多数，花丝不等长。雌性：头状花序，花 24-43；花序柄长 3-6 cm；萼齿 4-7 个，花柱长 6-10 mm，宿存。头状果序圆球形，木质，直径 3-4 cm。花期 3-6 月，果期 7-9 月。

生于海拔 100-450 m 平地、村落附近、低山次生林。产秦岭及淮河以南各地。越南、老挝、朝鲜。树脂、根、叶及果实供药用，木材可制家具。

A124. 金缕梅科 Hamamelidaceae

1. 杨梅叶蚊母树
Distylium myricoides Hemsl.

常绿灌木或小乔木，全株有鳞垢。叶革质，矩圆形或倒披针形，长 5-11 cm，宽 2-4 cm，基部楔形，侧脉约 6 对，上半部有数个小齿突；叶柄长 5-8 mm。总状花序腋生，长 1-3 cm；两性花位于花序顶端，苞片披针形，长 2-3 mm，萼筒极短，萼齿 3-5，雄蕊 3-8，花药红色，子房上位，有星毛，花柱长 6-8 mm；雄花的萼筒很短，雄蕊长短不一。蒴果卵圆形，长 1-1.2 cm，先端 4 裂。种子长 6-7 mm。花期 4-6 月，果期 6-8 月。

生于海拔 200-550 m 山坡灌丛。产四川、安徽、浙江、福建、江西、广东、广西、湖南、贵州。

2. 檵木
Loropetalum chinense (R. Br.) Oliv.

灌木或小乔木，全株有星毛。叶革质，卵形，长 2-5 cm，宽 1.5-2.5 cm，叶背被星毛，侧脉约 5 对，全缘；叶柄长 2-5 mm。花 3-8 簇生，有短花梗，白色，花序柄长约 1 cm；苞片线形，长 3 mm，萼筒杯状；花瓣 4，带状，长 1-2 cm，先端圆或钝，雄蕊 4，退化雄蕊 4，子房下位，胚珠 1 个，垂生于心皮内上角。蒴果卵圆形，长 7-8 mm，被褐色星状绒毛。种子长 4-5 mm，黑色。花期 3-4 月，果期 5-7 月。

生于海拔 100-400 m 向阳的丘陵、山地、次生林下。产华中、华南及西南。日本、印度也有分布。根、叶可供药用。

A126. 虎皮楠科 Daphniphyllaceae

1. 牛耳枫（南岭虎皮楠）
Daphniphyllum calycinum Benth.

灌木。小枝具稀疏皮孔。叶纸质，阔椭圆形或倒卵形，长 12-16 cm，宽 4-9 cm，先端钝，具短尖头，基部阔楔形，全缘，叶背被白粉，侧脉 8-11 对；叶柄长 4-8 cm。总状花序腋生，长 2-3 cm；雄花：花梗长 8-10 mm，花萼盘状，3-4 浅裂，雄蕊 9-10，长约 3 mm，花药侧向压扁，花丝极短；雌花：花梗长 5-6 mm，子房椭圆形，花柱短，柱头 2。果卵圆形，长约 7 mm，被白粉，具小疣状突起。花期 4-6 月，果期 8-11 月。

生于海拔 100-450 m 疏林、灌丛中。产广西、广东、福建、江西等。越南、日本也有分布。种子榨油可制肥皂或作润滑油。根和叶入药，有清热解毒、活血散瘀之效。

A126. 虎皮楠科 Daphniphyllaceae

2. 虎皮楠
Daphniphyllum oldhamii (Hemsl.) Rosenth.

乔木或小乔木，高 5-10 m。叶纸质，披针形或倒卵状披针形或长圆形或长圆状披针形，长 9-14 cm，叶背常被白粉，具细小乳突体，侧脉 8-15 对；叶柄长 2-3.5 cm，上面具槽。雄花序长 2-4 cm；花梗长约 5 mm；花萼小，不整齐 4-6 裂，三角状卵形；雄蕊 7-10，花药卵形，花丝短；雌花序长 4-6 cm；花梗长 4-7 mm；萼片 4-6，披针形，具齿；子房长卵形，被白粉，柱头 2，叉开，外弯或拳卷，宿存。果椭圆或倒卵圆形，径约 6 mm，具疣状突起。花期 3-5 月，果期 8-11 月。

生于海拔 150-600 m 的阔叶林中。产长江以南各省区。朝鲜和日本也有分布。

A127. 鼠刺科 Iteaceae

1. 鼠刺（老鼠刺）
Itea chinensis Hook. et Arn.

灌木或小乔木。叶薄革质，倒卵形或卵状椭圆形，长 5-12 cm，宽 3-6 cm，基部楔形，上部具圆齿状小锯齿，侧脉 4-5 对，两面无毛；叶柄长 1-2 cm。总状花序腋生，短于叶，单生或 2-3 束生，直立；花序轴及花梗被短柔毛；花 2-3 簇生，花梗长约 2 mm，苞片线状钻形，长 1-2 mm，花瓣白色，披针形，长 2.5-3 mm，雄蕊与花瓣近等长，子房上位，被密长柔毛，柱头头状。蒴果长圆状披针形。花期 3-5 月，果期 5-12 月。

生于海拔 140-500 m 疏林、路边及溪边。产福建、湖南、广东、广西、云南、西藏。印度、不丹、越南、老挝也有分布。

A130. 景天科 Crassulaceae

1. 东南景天（变叶景天）
Sedum alfredii Hance

多年生草本，高 10-20 cm。叶互生，下部叶常脱落，上部叶常聚生，线状楔形至匙形，长 1.2-3 cm，宽 2-6 mm，基部有距，全缘。聚伞花序，宽 5-8 cm，有多花；花无梗，直径 1 cm，萼片 5，线状匙形，长 3-5 mm，花瓣 5，黄色，披针形，长 4-6 mm。蓇葖斜叉开。种子多数，长 0.6 mm，褐色。花期 4-5 月，果期 6-8 月。

生于海拔 600 m 以下山坡林下阴湿石上。产广西、广东、台湾、福建、贵州、四川、湖北、湖南、江西、安徽、浙江、江苏。朝鲜、日本也有分布。

A130. 景天科 Crassulaceae

2. 珠芽景天
Sedum bulbiferum Makino

多年生草本。根须状。茎高 7-22 cm，茎下部常横卧。叶腋常有圆球形、肉质、小型珠芽着生。基部叶对生，上部的互生，下部叶卵状匙形，上部叶匙状倒披针形，长 10-15 mm，宽 2-4 mm，先端钝，基部渐狭。花序聚伞状，分枝 3，常再二歧分枝；萼片 5，披针形至倒披针形，长 3-4 mm，有短距，花瓣 5，黄色，披针形，长 4-5 mm，雄蕊 10，长 3 mm，心皮 5。花期 4-5 月。

生于海拔 500 m 以下低山树荫下、沟谷。产广西、广东、福建、四川、湖北、湖南、江西、安徽、浙江、江苏。

3. 大叶火焰草（荷莲豆景天）
Sedum drymarioides Hance

一年生草本。植株全体有腺毛。茎分枝多，高 7-25 cm。下部叶对生或 4 叶轮生，上部叶互生，卵形至宽卵形，长 2-4 cm，宽 1.4-2.5 cm，基部宽楔形并下延成柄；叶柄长 1-2 cm。花序疏圆锥状；花少数，两性；花梗长 4-8 mm，萼片 5，长 2 mm，花瓣 5，白色，长圆形，长 3-4 mm，雄蕊 10，长 2-3 mm，鳞片 5，宽匙形，先端有微缺至浅裂，心皮 5，长 2.5-5 mm。种子长圆状卵形，有纵纹。花期 4-6 月，果期 8 月。

生于海拔 440 m 以下低山阴湿岩石上。产广西、广东、台湾、福建、湖北、湖南、江西、安徽、浙江、河南。

4. 凹叶景天（石板还阳）
Sedum emarginatum Migo

多年生草本。叶对生，匙状倒卵形至宽卵形，长 1-2 cm，宽 5-10 mm，先端有微缺，基部渐狭，有短距。聚伞状花序顶生，有多花，3 分枝；花无梗，萼片 5，披针形至狭长圆形，长 2-5 mm，基部有短距，花瓣 5，黄色，线状披针形至披针形，长 6-8 mm，鳞片 5，长圆形，心皮 5，长圆形，长 4-5 mm，基部合生。蓇葖略叉开，腹面有浅囊状隆起。种子细小，褐色。花期 5-6 月，果期 6 月。

生于海拔 200-500 m 山坡阴湿处。产云南、四川、湖北、湖南、江西、安徽、浙江、江苏、甘肃、陕西。全草药用。

A130. 景天科 Crassulaceae

5. 佛甲草
Sedum lineare Thunb.

多年生草本，无毛。3 叶轮生，少有 4 叶轮生或对生的，叶线形，长 20-25 mm，宽约 2 mm，先端钝尖；基部无柄，有短距。聚伞状花序顶生；中央有一朵有短梗的花，另有 2-3 分枝，分枝常再 2 分枝，着生花无梗，萼片 5，线状披针形，长 1.5-7 mm，不等长，花瓣 5，黄色，披针形，长 4-6 mm，雄蕊 10，鳞片 5，花柱短。蓇葖略叉开，长 4-5 mm。种子小。花期 4-5 月，果期 6-7 月。

生于低山草坡上、溪边。产云南、四川、贵州、广东、湖南、湖北、甘肃、陕西、河南、安徽、江苏、浙江、福建、台湾、江西。日本。全草药用。

6. 火焰草（繁缕景天）（广东省新记录）
Sedum stellariifolium Franch.

一年生或二年生草本。植株被腺毛。茎直立，分枝多数斜上，木质基部，高 10-15 cm，褐色。叶互生，正三角形或三角状宽卵形，长 7-15 mm，宽 5-10 mm，基部宽楔形至截形，入于叶柄，柄长 4-8 mm，全缘。总状聚伞花序；花顶生，花梗长 5-10 mm，萼片 5，披针形至长圆形；花瓣 5，黄色，披针状长圆形，长 3-5 mm；雄蕊 10，较花瓣短；鳞片 5，宽匙形至宽楔形；心皮 5，近直立，长圆形，花柱短。蓇葖下部合生，上部略叉开；种子长圆状卵形，有纵纹，褐色。花期 6-8 月，果期 8-9 月。

生于崖壁、山谷土上或石缝中。产云南、贵州、四川、湖北、湖南、甘肃、陕西、河南、山东、山西、河北、辽宁、台湾。

A133. 扯根菜科 Penthoraceae

1. 扯根菜
Penthorum chinense Pursh

多年生草本，高 40-90 cm。根状茎分枝；茎通常不分枝，上部疏生黑褐色腺毛。叶互生，近无柄，披针形至狭披针形，长 4-10 cm，边缘具细重锯齿，无毛。聚伞花序，长 1.5-4 cm；花序分枝与花梗均被褐色腺毛；苞片小，卵形至狭卵形；花小，黄白色；萼片 5，革质，三角形，无毛，单脉；无花瓣；雄蕊 10，长约 2.5 mm；雌蕊长约 3.1 mm，心皮 5 (-6)，下部合生；子房 5 (-6) 室，胚珠多数，花柱 5 (-6)。蒴果红紫色，直径 4-5 mm；种子多数，表面具小突起。花果期 7-10 月。

生于海拔 100-200 m 的水边湿地。全国均产。俄罗斯、日本、朝鲜均有分布。

A134. 小二仙草科 Haloragidaceae

1. 小二仙草

Gonocarpus micranthus Thunb. [*Haloragis micrantha* (Thunb.) R. Br. ex Sieb. et Zucc.]

多年生草本。茎具纵槽，带赤褐色。叶对生，卵形或卵圆形，长 6-17 mm，宽 4-8 mm，边缘具锯齿，两面无毛，叶背带紫褐色，具短柄；茎上部的叶逐渐缩小成苞片。圆锥花序顶生；花两性，极小；萼筒长 0.8 mm，4 深裂，宿存，花瓣 4，淡红色，雄蕊 8，花药长 0.3-0.7 mm，子房下位，2-4 室。坚果近球形，直径 0.7-0.9 mm，有 8 纵钝棱，无毛。花期 4-8 月，果期 5-10 月。

生于荒山草丛、溪流旁。产河北、河南、山东、江苏、浙江、安徽、江西、福建、台湾、湖北、湖南、四川、贵州、广东、广西、云南。澳大利亚、新西兰、马来西亚、印度、越南、泰国、日本、朝鲜也有分布。全草入药。

2. 穗状狐尾藻

Myriophyllum spicatum L.

多年生沉水草本。根状茎发达，节部生根。叶常 5 轮生，长 3.5 cm，丝状全细裂，裂片长 1-1.5 cm；叶柄极短。花两性，单性或杂性，雌雄同株；穗状花序单生于苞片状叶腋内，长 6-10 cm，生于水面上；雄花：萼筒广钟状，顶端 4 深裂，花瓣 4，粉红色，雄蕊 8；雌花：萼筒管状，4 深裂，花瓣缺，子房下位，4 室，花柱 4，柱头羽毛状，具 4 胚珠。小坚果，分果长 2-3 mm，具 4 纵深沟。花期 3-8 月，果期 4-9 月。

生于池塘、河沟、沼泽中。全国均产。世界广布。全草入药。也可为养猪、养鱼、养鸭的饲料。

目 28. 葡萄目 Vitales

A136. 葡萄科 Vitaceae

1. 广东蛇葡萄 （粤蛇葡萄）

Ampelopsis cantoniensis (Hook. et Arn.) Planch.

木质藤本。卷须二叉分枝，相隔 2 节间断与叶对生。二回羽状复叶，基部一对小叶为 3 小叶，小叶常卵形、卵椭圆形或长椭圆形，长 3-11 cm，宽 1.5-6 cm，侧脉 4-7 对；叶柄长 2-8 cm，顶生小叶柄长 1-3 cm。伞房状多歧聚伞花序，顶生或与叶对生；花序梗长 2-4 cm；花梗长 1-3 mm，萼碟形，花瓣 5，高 1.7-2.7 mm，雄蕊 5，花盘发达，边缘浅裂。果实近球形，种子 2-4。种子表面有肋纹突起。花期 4-7 月，果期 8-11 月。

生于海拔 100-550 m 山谷林中或山坡灌丛。产安徽、浙江、福建、台湾、湖北、湖南、广东、广西、海南、贵州、云南、西藏。

A136. 葡萄科 Vitaceae

2. 三裂蛇葡萄
Ampelopsis delavayana Planch.

木质藤本。卷须二至三叉分枝，间断与叶对生。叶为3小叶，叶柄长3-10 cm，中央小叶披针形或椭圆披针形，长5-13 cm，近无柄，侧生小叶卵椭圆形或卵披针形，长4.5-11.5 cm，无柄，基部不对称，近截形，有粗锯齿，侧脉5-7对。多歧聚伞花序与叶对生，花序梗长2-4 cm，被短柔毛；花梗伏生柔毛；萼碟形，边缘呈波状浅裂，无毛；花瓣5，卵椭圆形，外面无毛，雄蕊5，花盘5浅裂；子房下部与花盘合生。果实近球形，直径0.8 cm。花期6-8月，果期9-11月。

生于山谷林中或山坡灌丛。产福建、广东、广西、海南、四川、贵州、云南。

3. 显齿蛇葡萄
Ampelopsis grossedentata (Hand.-Mazz.) W. T. Wang

木质藤本。全株无毛。卷须二叉分枝，相隔2节间断与叶对生。叶为一至二回羽状复叶；小叶卵圆形，卵椭圆形或长椭圆形，长2-5 cm，边缘每侧有2-5个锯齿，侧脉3-5对；叶柄长1-2 cm；托叶早落。伞房状多歧聚伞花序，与叶对生；花序梗长1.5-3.5 cm；花梗长1.5-2 mm，萼碟形，花瓣5，高1.2-1.7 mm，雄蕊5。果近球形，直径0.6-1 cm。种子2-4，有钝肋纹突起。花期5-8月，果期8-12月。

生于海拔200-500 m沟谷林中或山坡灌丛。产江西、福建、湖北、湖南、广东、广西、贵州、云南。

4. 光叶蛇葡萄
Ampelopsis glandulosa var. *hancei* (Planch.) Momiyama [*Ampelopsis heterophylla* var. *hancei* Planch.]

木质藤本。小枝圆柱状，具纵脊，无毛；卷须2-3分枝，无毛。叶片无毛，营养枝叶片3-5裂，繁殖枝叶不分裂；叶柄长1-7 cm；叶片长3.5-14 cm，宽3-11 cm，基部心形，边缘具锐尖齿。多歧聚伞花序，花序梗1-2.5 cm；花梗1-3 mm；花瓣卵状椭圆形，0.8-1.8 mm。花药狭椭圆形；子房部贴生于花盘；花柱基部稍大。浆果直径5-8 mm，熟时蓝紫色。花期4-6月，果期8-10月。

生于海拔100-300 m山坡、路旁灌丛。产福建、广东、广西、贵州、河南、湖南、江苏、江西、山东、四川、台湾、云南。分布于日本、菲律宾。

A136. 葡萄科 Vitaceae

5. 脱毛乌蔹莓
Cayratia albifolia var. *glabra* (Gagnep.) C. L. Li

半木质或草质藤本。小枝有纵棱纹，被柔毛。卷须 3 分枝，间断与叶对生。叶为鸟足状 5 小叶，小叶长椭圆形或卵椭圆形，长 5-17 cm，边缘每侧有 20-28 个锯齿，两面无毛或中脉上被稀短柔毛；侧脉 6-10 对；叶柄长 5-12 cm，中央小叶柄长 3-5 cm，侧生小叶近无柄。伞房状多歧聚伞花序，腋生；花序梗长 2.5-5 cm，被柔毛；萼浅碟形，外面被柔毛；花瓣 4，卵圆形或卵椭圆形，外面被乳突状毛；雄蕊 4；花盘 4 浅裂；子房下部与花盘合生。果实球形，直径 1-1.2 cm。花期 5-7 月，果期 8-9 月。

生于山坡灌丛或沟谷林中。产安徽、江西、福建、湖北、湖南、广东、广西、四川、贵州、云南。

6. 角花乌蔹莓
Cayratia corniculata (Benth.) Gagnep.

草质藤本，全株无毛。卷须二叉分枝，相隔 2 节间断与叶对生。鸟足状 5 小叶，中央小叶长椭圆披针形，长 3.5-9 cm，宽 1.5-3 cm，侧生小叶卵状椭圆形，边缘有锯齿，侧脉 5-7 对；叶柄长 2-4.5 cm；托叶早落。复二歧聚伞花序，腋生；花序梗长 3-3.5 cm；花梗长 1.5-2.5 mm，萼碟形，花瓣 4，高 1.5-2.5 mm，雄蕊 4，花盘 4 浅裂。果实近球形，直径 0.8-1 cm，种子 2-4，倒卵椭圆形。花期 4-5 月，果期 7-9 月。

生于海拔 200-600 m 山谷溪边疏林或山坡灌丛。产福建、广东、海南、台湾、江西、湖南。块茎入药，清热解毒、祛风化痰。

7. 乌蔹莓
Cayratia japonica (Thunb.) Gagnep.

草质藤本。卷须二至三叉分枝，相隔 2 节间断与叶对生。鸟足状 5 小叶，中央小叶长椭圆形或椭圆披针形，长 2.5-4.5 cm，宽 1.5-4.5 cm，边缘有锯齿，下面微被毛，侧脉 5-9 对；叶柄长 1.5-10 cm，中央小叶柄长 0.5-2.5 cm；托叶早落。复二歧聚伞花序，腋生；花序梗长 1-13 cm；花梗长 1-2 mm，萼碟形，花瓣 4，外面被乳突状毛，雄蕊 4，花盘 4 浅裂。果实近球形，直径约 1 cm，种子 2-4，三角状倒卵形。花期 3-8 月，果期 8-11 月。

生于海拔 300-500 m 山谷林中或山坡灌丛。产陕西、河南、山东、安徽、江苏、浙江、湖北、湖南、福建、台湾、广东、广西、海南、四川、贵州、云南。日本、菲律宾、越南、缅甸、印度、印度尼西亚、澳大利亚也有分布。全草入药。

A136. 葡萄科 Vitaceae

7a. 毛乌蔹莓
Cayratia japonica var. *mollis* (Wall.) Momiyama

与原变种区别为：叶下面满被或仅脉上密被疏柔毛；花期 5-7 月，果期 7 月至翌年 1 月。

生于海拔 300-500 m 山谷林中或山坡灌丛。产广东、广西、海南、贵州、云南。印度也有分布。

8. 苦郎藤（毛叶白粉藤）
Cissus assamica (Laws.) Craib

木质藤本。小枝伏生丁字着毛。卷须二叉分枝，相隔 2 节间断与叶对生。叶阔心形或心状卵圆形，长 5-7 cm，宽 4-14 cm，边缘有尖锐锯齿，叶背脉上伏生丁字着毛，基出脉 5；叶柄长 2-9 cm；托叶草质，卵圆形。伞形花序与叶对生；花序梗长 2-2.5 cm；花梗长约 2.5 mm，萼碟形，花瓣 4，高 1.5-2 mm，雄蕊 4，花盘 4 裂。果实倒卵圆形，紫黑色，宽 0.6-0.7 cm。种子 1，椭圆形，表面有尖锐棱纹。花期 5-6 月，果期 7-10 月。

生于海拔 200-600 m 山谷溪边林中、林缘或山坡灌。产江西、福建、湖南、广东、广西、四川、贵州、云南、西藏。越南、柬埔寨、泰国、印度也有分布。

9. 翼茎白粉藤
Cissus pteroclada Hayata

草质藤本。小枝 4 棱形，棱有翅，无毛。卷须二叉分枝。叶卵圆形，长 5-12 cm，宽 4-9 cm，基部心形，边缘每侧有 6-9 细齿，两面无毛，基出脉 5；叶柄长 2-7 cm，无毛；托叶卵圆形，长约 1.5 mm。花序集生成伞形花序；花序梗长 1-2 cm，被短柔毛；花梗长 2-4 mm，无毛，萼杯形，无毛，花瓣 4。果实倒卵椭圆形，长 1-1.5 cm。种子倒卵长椭圆形，表面棱纹尖锐。花期 6-8 月，果期 8-12 月。

生于海拔 300-600 m 山谷疏林或灌丛。产台湾、福建、广东、广西、海南、云南。中南半岛、新加坡、马来西亚和印度尼西亚也有分布。

A136. 葡萄科 Vitaceae

10. 异叶地锦（异叶爬山虎）
Parthenocissus dalzielil Gagnep.

　　木质藤本，全株无毛。卷须总状 5-8 分枝，卷须顶端遇附着物扩大呈吸盘状。叶二型，短枝上为 3 小叶，长枝上为单叶，单叶卵圆形，长 3-7 cm，宽 2-5 cm，基部心形，3 小叶者，中央小叶长椭圆形，侧生小叶基部极不对称，边缘都具细牙齿；叶柄长 5-20 cm。多歧聚伞花序，假顶生于短枝顶端，长 3-12 cm；萼碟形，花瓣 4，倒卵椭圆形，雄蕊 5。果实近球形，紫黑色。花期 5-7 月，果期 7-11 月。

　　生于海拔 100-500 m 山崖陡壁、林中、灌丛岩石缝中。产河南、湖北、湖南、江西、浙江、福建、台湾、广东、广西、四川、贵州。

11. 绿叶地锦
Parthenocissus laetevirens Rehd.

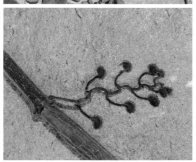

　　木质藤本。小枝被柔毛。卷须总状 5-10 分枝，间断与叶对生，顶端嫩时膨大呈块状。掌状 5 小叶，小叶倒卵长椭圆形或倒卵披针形，长 2-12 cm，上半部具锯齿，下面脉上被短柔毛；侧脉 4-9 对；叶柄长 2-6 cm，被柔毛，小叶柄近无。圆锥状多歧聚伞花序，长 6-15 cm，中轴明显，假顶生，有退化小叶；花瓣 5，椭圆形；雄蕊 5；子房近球形。果实直径 0.6-0.8 cm。花期 7-8 月，果期 9-11 月。

　　生于海拔 100-400 m 的山谷林中、山坡灌丛，攀援树上或崖石壁上。产河南、安徽、江西、江苏、浙江、湖北、湖南、福建、广东、广西。

12. 尾叶崖爬藤
Tetrastigma caudatum Merr. et Chun

　　木质藤本，小枝有纵棱纹。卷须不分枝。3 小叶，或鸟足状 5 小叶，小叶披针形、椭圆披针形，长 6-14 cm，顶端尾状渐尖，侧小叶基部不对称，边缘具牙齿，侧脉 4-6 对；叶柄长 2.5-7 cm。二歧状花序伞形腋生，长 2.5-3 cm，被短柔毛；花序梗长 1-3.5 cm；花梗长 2-4 mm，萼碟形，具齿，花瓣 4，顶端有小角，雄蕊 4，花盘 4 浅裂，柱头显著 4 裂。果实椭圆形，长 1-1.2 cm。种子 1。花期 5-7 月，果期 9 月至翌年 4 月。

　　生于海拔 200-600 m 山谷林中、山坡灌丛荫处。产福建、广东、广西、海南。越南也有分布。

A136. 葡萄科 Vitaceae

13. 三叶崖爬藤
Tetrastigma hemsleyanum Diels et Gilg

草质藤本，小枝纤细，有纵棱纹。卷须不分枝。3 小叶，小叶披针形、长椭圆披针形或卵披针形，长 3-10 cm，宽 1.5-3 cm，侧生小叶基部不对称，边缘具锯齿，侧脉 5-6 对；叶柄长 2-7.5 cm。二歧状伞形花序腋生，长 1-5 cm；花序梗长 1.2-2.5 cm；花梗长 1-2.5 mm，均被短柔毛，萼碟形，具细小萼齿，花瓣 4，高 1.3-1.8 mm，雄蕊 4，花盘 4 浅裂，柱头 4 裂。果实近球形或倒卵球形。种子 1。花期 4-6 月，果期 8-11 月。

生于海拔 200-600 m 山坡灌丛、溪边林下、岩石缝。产江苏、浙江、江西、福建、台湾、广东、广西、湖北、湖南、四川、贵州、云南、西藏。全株供药用。

14. 崖爬藤
Tetrastigma obtectum (Wall.) Planch.

草质藤本。卷须 4-7 呈伞状集生。掌状 5 小叶，小叶菱状椭圆形或椭圆披针形，长 1-4 cm，外侧小叶基部不对称，边缘具锯齿，侧脉 4-5 对；叶柄长 1-4 cm；托叶膜质，常宿存。单伞形花序生于短枝上，长 1.5-4 cm；花序梗长 1-4 cm；萼浅碟形，花瓣 4，长椭圆形，雄蕊 4，花盘 4 浅裂，柱头呈碟形，边缘不规则分裂。果实球形，直径 0.5-1 cm。种子 1。花期 4-6 月，果期 8-11 月。

生于海拔 220-500 m 山坡岩石、林下石壁上。产甘肃、湖南、福建、台湾、广东、广西、四川、贵州、云南。

15. 扁担藤
Tetrastigma planicaule (Hook.) Gagnep.

木质大藤本，茎扁压，深褐色。卷须不分枝。掌状 5 小叶，小叶长圆披针形、披针形、卵披针形，长 6-16 cm，基部楔形，边缘具细锯齿，侧脉 5-6 对；叶柄长 3-11 cm。伞形花序腋生，长 15-17 cm；花序梗长 3-4 cm；花梗长 3-10 mm，萼浅碟形，外面被乳突状毛，花瓣 4，卵状三角形，雄蕊 4，花盘 4 浅裂，子房基部被扁平乳突状毛，柱头 4 裂。果实近球形，直径 2-3 cm。种子 1-3。花期 4-6 月，果期 8-12 月。

生于海拔 100-600 m 山谷林中、山坡岩石缝中。产福建、广东、广西、贵州、云南、西藏。老挝、越南、印度、斯里兰卡也有分布。藤茎供药用，祛风湿。

A136. 葡萄科 Vitaceae

16. 小果葡萄
Vitis balansana Planch.

木质藤本。全株被蛛丝状绒毛，早落。小枝有纵棱纹。卷须二叉分枝，间断与叶对生。叶心状卵圆形或阔卵形，长 4-14 cm，基部心形，基缺顶端呈钝角，边缘具锯齿；基生脉 5 出，中脉有侧脉 4-6 对。圆锥花序与叶对生，长 4-13 cm；花瓣 5，呈帽状粘合脱落；雄蕊 5，花药黄色，在雌花内雄蕊比雌蕊短，败育；花盘 5 裂；雌蕊 1，子房圆锥形。果实球形，紫黑色，直径 0.5-0.8 cm。花期 2-8 月，果期 6-11 月。

生于海拔 100-300 m 的沟谷或山坡阳处，攀援于乔灌木上。产广东、广西、海南。越南也有分布。

17. 闽赣葡萄
Vitis chungii Metcalf

木质藤本。小枝有纵棱纹。卷须二叉分枝，间断与叶对生。叶长椭圆卵形或卵状披针形，长 4-15 cm，基部截形或近圆形，稀微心形，边缘具锯齿，无毛，常被白粉；基生脉 3 出，中脉有侧脉 4-5 对，网脉两面突出；叶柄长 1-3.5 cm，托叶早落。花杂性异株；圆锥花序基部分枝不发达，长 3.5-10 cm，与叶对生，花序梗长 1.5-2.5 cm，初时被短柔毛；花瓣 5，呈帽状粘合脱落；雄蕊 5，花药黄色；花盘 5 裂。果实球形，紫红色，直径 0.8-1 cm。花期 4-6 月，果期 6-8 月。

生于海拔 100-300 m 的山坡、沟谷林中或灌丛。产江西、福建、广东、广西。

18. 连山葡萄
Vitis luochengensis var. *tomentoso-nerva* W. T. Wang

木质藤本。小枝有纵棱纹，常带紫色。卷须二叉分枝，间断与叶对生。叶卵状长圆形或三角状长卵形，长 12-18 cm，顶端渐尖，基部心形，基缺顶端凹成狭缝后分开成钝角，边缘具锯齿，下面脉上密被白色绒毛；基生脉 5 出，中脉有侧脉 5-6 对，网脉显著突起；叶柄长 2.5-5 cm；托叶早落。圆锥花序与叶对生，分枝发达。果序长约 17 cm，花序梗长约 2.5 cm，果序轴和分枝被短柔毛；果梗长 4-7 mm，几无毛；果实圆球形，直径约 0.5 mm。果期 5 月。

生于海拔 100-400 m 的山谷灌丛或山坡疏林。产广东。

目 30. 豆目 Fabales

A140. 豆科 Fabaceae

1. 藤金合欢

Acacia sinuata (Lour.) Merr.

攀援藤本；小枝、叶轴被灰色短茸毛，具倒刺。托叶早落；二回羽状复叶，长 10-20 cm，羽片 6-10 对；总叶柄近基部及最顶 1-2 对羽片之间有 1 个腺体；小叶 15-25 对，线状长圆形，长 8-12 mm，中脉偏于上缘。头状花序球形，排成圆锥花序，被茸毛；花白色或淡黄，芳香；花萼漏斗状。荚果带形，长 8-15 cm，宽 2-3 cm，有 6-10 种子。花期 4-6 月，果期 7-12 月。

生于疏林、灌丛。产江西、湖南、广东、广西、贵州、云南。热带亚洲广布。树皮入药。

2. 合萌

Aeschynomene indica L.

一年生草本或亚灌木状。羽状复叶，具 20-30 对小叶；托叶长约 1 cm，基部下延成耳状；叶柄长约 3 mm；小叶线状长圆形，长 5-15 mm，上面密布腺点，基部歪斜，全缘。总状花序腋生，长 1.5-2 cm；总花梗长 8-12 mm；花梗长约 1 cm，花萼膜质，具纵脉纹，花冠淡黄色，具紫色的纵脉纹，易脱落，旗瓣大，近圆形，翼瓣篦状，雄蕊二体。荚果线状长圆形，长 3-4 cm。种子黑棕色，肾形。花期 7-8 月，果期 8-10 月。

生于林下、林缘、路旁。全国均产。非洲、大洋洲、亚洲热带、朝鲜及日本均有分布。全草入药，能利尿解毒。种子有毒，不可食用。

3. 山槐（山合欢）

Albizia kalkora (Roxb.) Prain

落叶小乔木；枝条被短柔毛，有显著皮孔。二回羽状复叶，羽片 2-4 对；小叶 5-14 对，长圆形或长圆状卵形，长 1.8-4.5 cm，两面被短柔毛，中脉稍偏于上侧。头状花序腋生，或圆锥花序顶生；花白或黄色，花萼管状，5 齿裂，花冠长 6-8 mm，中部以下连合呈管状，裂片披针形，花萼、花冠均密被长柔毛，雄蕊长 2.5-3.5 cm，基部连合呈管状。荚果带状，长 7-17 cm。种子 4-12，倒卵形。花期 5-6 月，果期 8-10 月。

生于山坡灌丛、疏林中。产华北、西北、华东、华南至西南。越南、缅甸、印度也有分布。

A140. 豆科 Fabaceae

4. 猴耳环

Archidendron clypearia (Jack) I. C. Nielsen

[*Pithecellobium clypearia* (Jack) Benth.]

乔木，高可达 10 m；小枝无刺，有明显的棱角，密被黄褐色绒毛。托叶早落；二回羽状复叶，羽片 3-12 对；总叶柄具四棱，密被黄褐色柔毛，叶轴上及叶柄近基部处有腺体；小叶革质，斜菱形，长 1-7 cm，宽 0.7-3 cm，两面稍被褐色短柔毛，基部极不等侧，近无柄。花聚成小头状花序，再排成顶生和腋生的圆锥花序；花冠白色或淡黄色，长 4-5 mm。荚果旋卷，宽 1-1.5 cm，边缘在种子间缢缩。花期 2-6 月，果期 4-8 月。

生于海拔 100-400 m 林中。产浙江、福建、台湾、广东、广西、云南。热带亚洲广布。树皮含单宁，可提制栲胶。

5. 亮叶猴耳环

Archidendron lucidum (Benth.) I. C. Nielsen

[*Pithecellobium lucidum* Benth.]

乔木，高 2-10 m；小枝无刺，嫩枝、叶柄和花序均被褐色短茸毛。羽片 1-2 对；总叶柄近基部、叶轴上均有圆形腺体，下部羽片通常具 2-3 对小叶，上部羽片具 4-5 对小叶；小叶斜卵形，长 5-10 cm，宽 2-4.5 cm，顶生的一对最大，基部略偏斜，两面无毛。头状花序球形，有花 10-20，排成圆锥花序；花瓣白色，长 4-5 mm。荚果旋卷成环状，宽 2-3 cm。花期 4-6 月，果期 7-12 月。

生于疏或密林中或林缘灌木丛中。产浙江、台湾、福建、广东、广西、云南、四川等。印度和越南也有分布。木材用作薪炭。枝叶入药，能消肿祛湿。果有毒。

6. 紫云英

Astragalus sinicus L.

二年生草本，多分枝，匍匐，高 10-30 cm，被白色疏柔毛。奇数羽状复叶具 7-13 小叶，长 5-15 cm；托叶离生，卵形，长 3-6 mm，具缘毛；小叶倒卵形，长 10-15 mm，先端钝圆或微凹，基部宽楔形，上面近无毛，下面散生白色柔毛，具短柄。总状花序生 5-10 花，呈伞形；总花梗腋生；花梗短，花萼钟状，被白色柔毛，萼齿披针形，花冠紫红色或橙黄色。荚果线状长圆形，稍弯曲，长 12-20 mm，黑色。花期 2-6 月，果期 3-7 月。

生于海拔 200-600 m 的山坡、溪边及潮湿处。产长江流域各省区。为重要的绿肥作物和牲畜饲料，嫩梢亦供蔬食。

A140. 豆科 Fabaceae

7. 阔裂叶羊蹄甲
Bauhinia apertilobata Merr. et Metc.

藤本，具卷须；全株被短柔毛。叶纸质，卵形、阔椭圆形或近圆形，长 5-10 cm，宽 4-9 cm，基部阔圆形、截形或心形，先端浅裂为 2 片短而阔的裂片，嫩叶先端常不分裂而呈截形，基出脉 7-9 条。伞房式总状花序，长 4-8 cm；花梗长 18-22 mm，花瓣白色或淡绿白色，具瓣柄，近匙形，能育雄蕊 3，花丝无毛，子房具柄。荚果倒披针形或长圆形，扁平，长 7-10 cm。种子 2-3。花期 5-7 月，果期 8-11 月。

生于海拔 200-600 m 疏密林、灌丛中。产福建、江西、广东、广西。

8. 龙须藤
Bauhinia championii (Benth.) Benth.

藤本，有卷须；嫩枝和花序被柔毛。叶纸质，卵形或心形，长 3-10 cm，先端锐渐尖、圆钝、微凹或 2 裂，基部截形、微凹或心形，基出脉 5-7 条；叶柄长 1-2.5 cm。总状花序长 7-20 cm；花梗长 10-15 mm，花托漏斗形，长约 2 mm，萼片披针形，花瓣白色，具瓣柄，瓣片匙形，能育雄蕊 3，退化雄蕊 2，子房具短柄。荚果倒卵状长圆形或带状，扁平，长 7-12 cm。种子 2-5。花期 6-10 月，果期 7-12 月。

生于海拔 100-600 m 丘陵灌丛、山地疏密林中。产浙江、台湾、福建、广东、广西、江西、湖南、湖北、贵州。印度、越南、印度尼西亚也有分布。

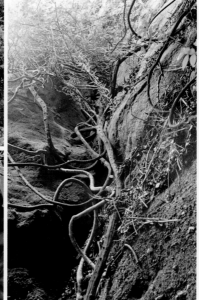

9. 粉叶羊蹄甲
Bauhinia glauca (Wall. ex Benth.) Benth.

木质藤本；卷须略扁，旋卷。叶近圆形，长 5-9 cm，2 裂达中部或更深裂，缺口狭窄，裂片卵形，先端圆钝，心形至截平，下面疏被柔毛，脉上较密；基出脉 9-11 条；叶柄纤细，长 2-4 cm。伞房花序式的总状花序顶生或与叶对生，具密集的花；总花梗长 2.5-6 cm；花序下部的花梗长可达 2 cm；萼片卵形，外被锈色茸毛；花瓣白色，倒卵形，各瓣近相等，具长柄，边缘皱波状，长 10-12 mm，瓣柄长约 8 mm；能育雄蕊 3 枚，花丝无毛，远较花瓣长；退化雄蕊 5-7；子房无毛，具柄，花柱长约 4 mm，柱头盘状。荚果带状，不开裂，长 15-20 cm，宽 4-6 cm，荚缝稍厚，果颈长 6-10 mm；种子 10-20 颗。花期 4-6 月，果期 7-9 月。

生于山坡阳处疏林中或山谷荫蔽的密林或灌丛中。产广东、广西、江西、湖南、贵州、云南。印度、中南半岛、印度尼西亚有分布。

A140. 豆科 Fabaceae

10. 藤槐
Bowringia callicarpa Champ. ex Benth.

攀援灌木。单叶，长圆形或卵状长圆形，长 6-13 cm，宽 2-6 cm，先端渐尖或短渐尖，基部圆形，叶脉两面明显隆起，侧脉 5-6 对，于叶缘前汇合，细脉明显；叶柄两端稍膨大，长 1-3 cm。总状花序或排列成伞房状，长 2-5 cm，花疏生，与花梗近等长；花梗纤细，长 10-13 mm；花冠白色；雄蕊 10，不等长，分离，花药长卵形，基部着生；子房被短柔毛。荚果卵形或卵球形，长 2.5-3 cm，径约 15 mm，先端具喙，沿缝线开裂，表面具明显凸起的网纹，具种子 1-2 粒。花期 4-6 月，果期 7-9 月。

生于低海拔山谷林缘或河溪旁，常攀援于其他植物上。产福建、广东、广西、海南。越南也有分布。

11. 华南云实（假老虎簕）
Caesalpinia bonduc (L.) Roxb.

木质藤本。枝具倒钩刺。二回羽状复叶，长 20-30 cm，羽片 2-4 对；叶轴上有倒钩刺；小叶 4-6 对，革质，卵形或椭圆形，长 3-6 cm，两面无毛。总状花序排列成圆锥花序，长 10-20 cm；花芳香，花梗长 5-15 mm，萼片 5，长约 6 mm，花瓣 5，4 片黄色，卵形，上面 1 片具红色斑纹，向瓣柄渐狭，内面中部有毛，花丝基部膨大，被毛，胚珠 2。荚果斜阔卵形，长 3-4 cm，肿胀。种子 1。花期 4-7 月，果期 7-12 月。

生于海拔 300-600 m 山地林中。产云南、贵州、四川、湖北、湖南、广西、广东、福建、台湾。印度、斯里兰卡、柬埔寨、越南、马来半岛、波利尼西亚群岛、日本也有分布。

12. 云实
Caesalpinia decapetala (Roth) Alston

藤本，枝、叶和花序均被柔毛和钩刺。二回羽状复叶，长 20-30 cm，羽片 3-10 对；小叶 8-12 对，膜质，长圆形，长 10-25 mm，宽 6-12 mm；托叶早落。总状花序顶生，直立，长 15-30 cm；花梗长 3-4 cm，在花萼下具关节，花易脱落，萼片 5，花瓣黄色，圆形或倒卵形，长 10-12 mm，花丝下部被绵毛，子房无毛。荚果长圆状舌形，长 6-12 cm，沿腹缝线开裂。种子 6-9。花果期 4-10 月。

生于海拔 200-500 m 山坡灌丛、河旁。产广东、广西、云南、四川、贵州、湖南、湖北、江西、福建、浙江、江苏、安徽、河南、河北、陕西、甘肃。亚洲热带和温带均有分布。根、茎、果药用。

A140. 豆科 Fabaceae

13. 喙荚云实（南蛇簕）
Caesalpinia minax Hance

有刺藤本，各部被短柔毛。二回羽状复叶，长可达 45 cm，羽片 5-8 对；小叶 6-12 对，椭圆形或长圆形，长 2-4 cm，宽 1.1-1.7 cm；托叶锥状而硬。总状花序或圆锥花序顶生；萼片 5，密生黄色绒毛，花瓣 5，白色，有紫色斑点，倒卵形，长约 18 mm，雄蕊 10，花丝下部密被长柔毛，子房密生细刺，花柱无毛。荚果长圆形，长 7.5-13 cm，喙长 5-25 mm，果瓣表面密生针状刺。种子 4-8。花期 4-5 月，果期 7 月。

生于海拔 300-500 m 山沟、溪旁、灌丛中。产广东、广西、云南、贵州、四川。种子（石莲子）入药。

14. 蔓草虫豆（虫豆）
Cajanus scarabaeoides (L.) Thouars

草质藤本，全株被短绒毛。羽状复叶；3 小叶，小叶纸质，下面有腺状斑点，顶生小叶椭圆形至倒卵状椭圆形，长 1.5-4 cm，侧生小叶斜椭圆形至斜倒卵形，基出 3 脉；叶柄长 1-3 cm。总状花序腋生，长不及 2 cm，有 1-5 花；花萼钟状，4 齿裂，花冠黄色，旗瓣倒卵形，有暗紫色条纹，雄蕊二体，子房密被丝质长柔毛。荚果长圆形，长 1.5-2.5 cm，密被长毛。种子 3-7，种皮黑褐色。花期 9-10 月，果期 11-12 月。

生于海拔 150-500 m 路旁、山坡草丛中。产云南、四川、贵州、广西、广东、海南、福建、台湾。世界较广布。叶入药，健胃、利尿。

15. 香花鸡血藤
Callerya dielsiana (Harms) P. K. Loc ex Z. Wei et Pedley [*Millettia dielsiana* Harms]

攀援灌木。茎皮剥裂。羽状复叶，长 15-30 cm；小叶 2 对，纸质，披针形、长圆形至狭长圆形，长 5-15 cm，侧脉 6-9 对，近边缘环结；叶柄长 5-12 cm；小托叶长 3-5 mm。圆锥花序顶生，长达 40 cm，生花枝伸展，长 6-15 cm，多少被黄褐色柔毛；花长 1.2-2.4 cm，花萼阔钟状，花冠紫红色，旗瓣密被锈色或银色绢毛，雄蕊二体，胚珠 8-9。荚果线形至长圆形，长 7-12 cm，密被灰色绒毛。种子 3-5。花期 5-9 月，果期 6-11 月。

生于海拔 100-500 m 山坡杂木林、灌丛、溪沟、路旁。产陕西、甘肃、安徽、浙江、江西、福建、湖北、湖南、广东、海南、广西、四川、贵州、云南。越南、老挝也有分布。

A140. 豆科 Fabaceae

16. 宽序鸡血藤
Callerya eurybotrya (Drake) Schot [*Millettia eurybotrya* Drake]

攀援灌木。小枝被平伏柔毛。羽状复叶，长 20-40 cm；叶柄长 3-7 cm，叶轴稀被柔毛；托叶锥刺状，基部向下突起成一对距；小叶 2-3 对，纸质，卵状长圆形或披针状椭圆形，长 6-16 cm，侧脉 6-7 对，两面明显。圆锥花序顶生，长约 30 cm，生花枝长 8-10 cm，被绒毛；花单生；花萼钟状至杯状，被绒毛；花冠紫红色，花瓣近等长，旗瓣无毛，基部渐狭延至瓣柄，翼瓣镰形，基部具两小耳，龙骨瓣锐尖头；雄蕊二体，对旗瓣的 1 枚离生。荚果长圆形，无毛，长 10-11 cm，缝线增厚。花期 7-8 月，果期 9-11 月。

生于山谷、陡崖或疏林中。产湖南、广东、广西、贵州、云南。越南、老挝也有分布。

17. 亮叶鸡血藤
Callerya nitida (Benth.) R. Geesink [*Millettia nitida* Benth.]

攀援灌木。羽状复叶，长 15-20 cm；小叶 2 对，硬纸质，卵状披针形或长圆形，长 5-9 cm，宽 3-4 cm，先端钝尖，上面光亮，侧脉 5-6 对；叶柄长 3-6 cm。圆锥花序顶生，长 10-20 cm，密被锈褐色绒毛，生花枝通直，长 6-10 cm；苞片早落，花长 1.6-2.4 cm，花梗长 4-8 mm，花萼钟状，密被绒毛，花冠青紫色，旗瓣密被绢毛，雄蕊二体。荚果线状长圆形，长 10-14 cm，密被黄褐色绒毛。种子 4-5。花期 5-9 月，果期 7-11 月。

生于海拔 100-600 m 灌丛、山地疏林中。产江西、福建、台湾、广东、海南、广西、贵州。茎入药，行血通经。

18. 美丽鸡血藤（牛大力）
Callerya speciosa (Champ. ex Benth.) Schot [*Millettia speciosa* Champ.]

藤本。羽状复叶，长 15-25 cm；小叶通常 6 对，硬纸质，长圆状披针形或椭圆状披针形，长 4-8 cm，宽 2-3 cm，侧脉 5-6 对，二次环结；叶柄长 3-4 cm。圆锥花序腋生，长达 30 cm，密被黄褐色绒毛；花长 2.5-3.5 cm，有香气，花梗长 8-12 mm，花萼钟状，萼齿短于萼筒，花冠白色、米黄色至淡红色，旗瓣无毛，具 2 胼胝体，雄蕊二体，花柱向上旋卷，柱头下指。荚果线状，长 10-15，密被褐色绒毛。种子 4-6。花期 7-10 月，果期翌年 2 月。

生于海拔 600 m 以下灌丛、疏林、旷野。产福建、湖南、广东、海南、广西、贵州、云南。越南也有分布。根可酿酒、入药。

A140. 豆科 Fabaceae

19. 昆明鸡血藤（网络鸡血藤）
Callerya reticulata (Benth.) Schot [*Millettia reticulata* Benth.]

藤本。羽状复叶，长 10-20 cm；叶柄长 2-5 cm；托叶锥刺形，长 3-5 mm，基部向下突起成一对短而硬的距；小叶 3-4 对，硬纸质，卵状长椭圆形或长圆形，长 5-6 cm，宽 1.5-4 cm，侧脉 6-7 对，二次环结。圆锥花序，长 10-20 cm，花序轴被黄褐色柔毛；花长 1.3-1.7 cm，花梗长 3-5 mm，被毛，花萼阔钟状至杯状，花冠红紫色，旗瓣无毛，基部截形，雄蕊二体，胚珠多数。荚果线形，长约 15 cm。种子 3-6。花期 5-11 月。

生于海拔 200-600 m 山地灌丛、沟谷。产江苏、安徽、浙江、江西、福建、台湾、湖北、湖南、广东、海南、广西、四川、贵州、云南。越南也有分布。

20. 喙果鸡血藤
Callerya tsui (Metc.) Z. Wei et Pedl. [*Millettia tsui* Metc.]

木质藤本，长 3-10 m。小枝初时被绒毛。羽状复叶，长 12-28 cm；托叶阔三角形，宿存；小叶常 1 对，近革质，近椭圆形，长 6-18 cm，中脉下面隆起，侧脉两面明显；无小托叶。圆锥花序顶生，长 15-30 cm，生花枝长；花单生；花长 1.5-2.5 cm；花萼杯状；花冠淡黄色带微红或微紫色，旗瓣和萼被绢毛，阔长圆形，基部具 2 耳，翼瓣长圆形，基部戟形，龙骨瓣镰形；雄蕊二体，对旗瓣的 1 枚离生。荚果椭圆形或线状长圆形，初时被绒毛。花期 7-9 月，果期 10-12 月。

生于海拔 300-600 m 山地杂木林中。产湖南、广东、海南、广西、贵州、云南。

21. 菀子梢
Campylotropis macrocarpa (Bge.) Rehd.

灌木，高 1-3 m。小枝近贴生柔毛。羽状复叶具 3 小叶；叶柄长 1-3.5 cm，通常生柔毛；小叶近椭圆形，长 2-7 cm，下面近贴生柔毛。总状花序，常单一腋生或顶生，总花梗长 1-5 cm，具柔毛或绒毛；苞片早落或花后渐落；花萼钟形，常贴生短柔毛，萼裂片近三角形；花冠紫红或粉红色，长 10-13 mm，旗瓣椭圆形、倒卵形或近长圆形，瓣柄长 0.9-1.6 mm，翼瓣微短于旗瓣，龙骨瓣呈直角或微钝角内弯，瓣片上部通常比瓣片下部短 1-3.5 mm。荚果近长圆形，长 9-16 mm，先端具短喙尖，果颈极短。花果期 5-10 月。

生于海拔 300-600 m 的山坡、灌丛、林缘、山谷沟边及林中。产河北、山西、陕西、甘肃、山东以及长江以南、西南各省区。朝鲜也有分布。

A140. 豆科 Fabaceae

22. 小刀豆
Canavalia cathartica Thou.

二年生、粗壮、草质藤本。羽状复叶具 3 小叶。小叶卵形，长 6-10 cm，宽 4-9 cm，两面脉上被极疏的白色短柔毛；叶柄长 3-8 cm。花 1-3 朵生于花序轴的每一节上；花梗长 1-2 mm；萼近钟状；花冠粉红色或近紫色，长 2-2.5 cm，旗瓣圆形，顶端凹入，近基部有 2 枚附属体，无耳，具瓣柄，翼瓣与龙骨瓣弯曲，长约 2 cm；子房被绒毛。荚果长圆形，长 7-9 cm，宽 3.5-4.5 cm，膨胀，顶端具喙尖；种子椭圆形，长约 18 mm，种皮褐黑色，硬而光滑。花果期 3-10 月。

攀援于石壁或灌木上。产广东、海南、台湾。热带亚洲广布，大洋洲及非洲的局部地区亦有。

23. 锦鸡儿（广东省新记录）
Caragana sinica (Buc'hoz) Rehd.

灌木，高 1-2 m。小枝有棱。托叶三角形，硬化成针刺；叶轴脱落或硬化成针刺；小叶 2 对，羽状，有时假掌状，上部 1 对常较大，厚革质或硬纸质，倒卵形或长圆状倒卵形，长 1-3.5 cm。花单生，花梗长约 1 cm，中部有关节；花萼钟状，长 12-14 mm，宽 6-9 mm；花冠黄色，常带红色，长 2.8-3 cm，旗瓣狭倒卵形，具短瓣柄，翼瓣稍长于旗瓣，瓣柄与瓣片近等长，耳短小，龙骨瓣宽钝。荚果圆筒状，长 3-3.5 cm。花期 4-5 月，果期 7 月。

生于山坡和灌丛。产河北、陕西、江苏、江西、浙江、福建、河南、湖北、湖南、广西北部、四川、贵州、云南。

24. 响铃豆
Crotalaria albida Heyne ex Roth

多年生直立草本，枝被紧贴的短柔毛。单叶，倒卵形、长圆状椭圆形或倒披针形，长 1-2.5 cm，宽 0.5-1.2 cm，先端钝或圆；叶近无柄。总状花序，长达 20 cm，有 20-30 花，苞片丝状，长约 1 mm，花梗长 3-5 mm，花萼二唇形，长 6-8 mm，深裂，花冠淡黄色，旗瓣椭圆形，长 6-8 mm，先端具束状柔毛，基部胼胝体可见，龙骨瓣弯曲，几达 90 度。荚果短圆柱形，长约 10 mm。种子 6-12。花果期 5-12 月。

生于海拔 200-600 m 荒地路旁、山坡疏林下。产安徽、江西、福建、湖南、贵州、广东、海南、广西、四川、云南。中南半岛、南亚及太平洋诸岛也有分布。可供药用。

A140. 豆科 Fabaceae

25. 假地蓝
Crotalaria ferruginea Grah. ex Benth.

草本，基部常木质，高 60-120 cm；茎被棕黄色长柔毛。托叶长 5-8 mm；单叶，叶片椭圆形，长 2-6 cm，宽 1-3 cm，两面被毛，基部略楔形，侧脉隐见。总状花序，有 2-6 花；苞片披针形，长 2-4 mm，花梗长 3-5 mm，花萼二唇形，长 10-12 mm，密被粗糙的长柔毛，深裂，花冠黄色，子房无柄。荚果长圆形，无毛，长 2-3 cm。种子 20-30。花果期 6-12 月。

生于海拔 200-600 m 山坡疏林、荒山草地。产江苏、安徽、浙江、江西、湖南、湖北、福建、台湾、广东、广西、四川、贵州、云南、西藏。印度、尼泊尔、斯里兰卡、缅甸、泰国、老挝、越南、马来西亚也有分布。全草入药。

26. 猪屎豆
Crotalaria pallida Ait.

多年生草本，茎枝密被紧贴的短柔毛。托叶极小，早落；柄长 2-4 cm；叶三出；小叶长圆形，长 3-6 cm，叶面无毛，叶背略被短柔毛，小叶柄长 1-2 mm。总状花序顶生，长达 25 cm；花梗长 3-5 mm，花萼近钟形，长 4-6 mm，五裂，萼齿三角形，密被短柔毛，花冠黄色，旗瓣椭圆形，直径约 10 mm，冀瓣长圆形，长约 8 mm，龙骨瓣长约 12 mm。荚果长圆形，长 3-4 cm，幼时被毛。花果期 9-12 月。

生于海拔 100-400 m 荒山草地及沙质土之中。产福建、台湾、广东、广西、四川、云南、山东、浙江、湖南。美洲、非洲、亚洲热带和亚热带也有分布。全草有散结、清湿热等作用。近年来试用于抗肿瘤效果较好。

27. 南岭黄檀
Dalbergia balansae Prain

乔木，高达 15 m。树皮灰黑色，粗糙，有纵裂纹。羽状复叶，长 10-15 cm；小叶 6-7 对，皮纸质，长圆形或倒卵状长圆形，长 2-4 cm，宽约 2 cm，先端圆形，常微缺。圆锥花序腋生，长 5-10 cm；花萼钟状，萼齿 5，最下 1 枚较长，花冠白色，长 6-7 mm，旗瓣先端凹缺，雄蕊 10，子房具柄，密被短柔毛。荚果舌状或长圆形，长 5-6 cm，两端渐狭，种子 1，稀 2-3，果瓣对种子部分有明显网纹。花期 4-6 月，果期 9-11。

生于海拔 300-600 m 山地杂木林、灌丛中。产浙江、福建、江西、湖南、广东、海南、广西、四川、贵州。越南也有分布。

A140. 豆科 Fabaceae

28. 两粤黄檀
Dalbergia benthamii Prain

　　藤本，有时为灌木。羽状复叶长 12-17 cm；小叶 2-3 对，近革质，卵形或椭圆形，长 3.5-6 cm，先端钝，微缺。圆锥花序腋生；总花梗极短，与花梗同被锈色茸毛；花萼钟状，外面被锈色茸毛，萼齿近等长，卵状三角形；花冠白色，旗瓣椭圆形，基部两侧具短耳，翼瓣倒卵状长圆形，一侧具耳，龙骨瓣近半月形，内侧具耳，瓣柄与花萼等长；雄蕊 9，单体；子房具长柄。荚果薄革质，长圆形。

　　生于疏林或灌丛中，常攀援于树上。产广东、海南、广西。越南也有分布。

29. 藤黄檀
Dalbergia hancei Benth.

　　藤本。枝纤细，小枝有时变钩状或旋扭。羽状复叶，长 5-8 cm；小叶 3-6 对，狭长圆或倒卵状长圆形，长 10-20 mm，宽 5-10 mm，嫩时两面被伏贴疏柔毛。总状花序，集成腋生短圆锥花序，短于叶，花梗长 1-2 mm；花萼阔钟状，长约 3 mm，花冠绿白色，芳香，长约 6 mm，具长柄，雄蕊 9，单体，子房线形。荚果扁平，长圆形或带状，无毛，长 3-7 cm，有 1 种子，稀 2-4。种子肾形。花期 3-5 月，果期 6-11 月。

　　生于山坡灌丛中、山谷溪旁。产安徽、浙江、江西、福建、广东、海南、广西、四川、贵州。根、茎入药。

30. 中南鱼藤（霍氏鱼藤）
Derris fordii Oliv.

　　攀援状灌木。羽状复叶长 15-28 cm；小叶 2-3 对，薄革质，卵状椭圆形，长 4-13 cm，宽 2-6 cm，基部圆形，两面无毛，小叶柄长 4-6 mm，黑褐色。圆锥花序腋生；花数朵生于短小枝上，花梗通常长 3-5 mm，花萼钟状，长 2-3 mm，上部被极稀疏的柔毛，花冠白色，长约 10 mm。荚果薄革质，长椭圆形，长 4-10 cm，扁平，无毛。种子褐红色，长肾形，长 14-18 mm。花期 4-5 月，果期 10-11 月。

　　生于海拔 200-450 m 路旁、灌丛、疏林中。产浙江、江西、福建、湖北、湖南、广东、广西、贵州、云南。

A140. 豆科 Fabaceae

31. 假地豆
Desmodium heterocarpon (L.) DC.

小灌木或亚灌木。羽状三出复叶；小叶纸质，顶生小叶椭圆形，长椭圆形或宽倒卵形，长 2.5-6 cm，宽 1.3-3 cm，先端微凹，叶背被贴伏白色短柔毛，全缘，侧脉 5-10 条；托叶宿存，长 5-15 mm；叶柄长 1-2 cm。总状花序，长 2.5-7 cm，花极密，总花梗密被钩状毛；花梗长 3-4 mm，花萼钟形，4 裂，花冠紫红色、紫色或白色，长约 5 mm，雄蕊二体。荚果密集，狭长圆形，长 12-20 mm。花期 7-10 月，果期 10-11 月。

生于海拔 350-600 m 山坡草地、水旁、灌丛或林中。产长江以南各省区。印度、斯里兰卡、缅甸、泰国、越南、柬埔寨、老挝、马来西亚、日本、太平洋群岛、大洋洲也有分布。全株供药用。

32. 饿蚂蟥
Desmodium multiflorum DC.

直立灌木，高 1-2 m。幼枝具棱角，密被柔毛。羽状三出复叶；托叶狭卵形至卵形，长 4-11 mm；叶柄长 1.5-4 cm，密被绒毛；小叶近革质，椭圆形或倒卵形，顶生小叶较大，长 5-10 cm，下面被丝状毛。圆锥花序顶生或总状花序腋生；总花梗密被丝状毛和小钩状毛；花萼密被钩状毛，裂片三角形；花冠紫色，旗瓣近椭圆形至倒卵形，翼瓣狭椭圆形，具瓣柄，龙骨瓣具长瓣柄；雄蕊单体；子房线形，被柔毛。荚果长 15-24 mm，荚节 4-7，密被褐色丝状毛。花期 7-9 月，果期 8-10 月。

生于山坡草地或林缘。产华东、西南至华南各省区。南亚至东南亚分布。

33. 显脉山绿豆
Desmodium reticulatum Champ. ex Benth.

直立亚灌木。羽状三出复叶；小叶厚纸质，顶生小叶狭卵形、卵状椭圆形至长椭圆形，长 3-5 cm，宽 1-2 cm，叶面有光泽，全缘，侧脉 5-7 条，顶生小叶柄长约 1 cm；托叶宿存，长约 10 mm；叶柄长 1.5-3 cm。总状花序顶生，长 10-15 cm，密被钩状毛；花双生，疏离，花梗长约 3 mm，花萼钟形，4 裂，花冠粉红色，后变蓝色，翼瓣与龙骨瓣明显弯曲，雄蕊二体。荚果长圆形，长 10-20 mm。花期 6-8 月，果期 9-10 月。

生于海拔 200-600 m 山地灌丛、草坡上。产广东、海南、广西、云南。缅甸、泰国、越南也有分布。

A140. 豆科 Fabaceae

34. 三点金
Desmodium triflorum (L.) DC.

多年生平卧草本，高 10-50 cm。茎被开展柔毛。羽状三出复叶；小叶纸质，顶生小叶倒心形，倒三角形或倒卵形，长为 2.5-10 mm，先端微凹入，叶脉 4-5 条，小叶柄长 0.5-2 mm，被柔毛；膜质托叶披针形；叶柄长约 5 mm。花单生或 2-3 簇生叶腋；花梗长 3-8 mm，果时延长；花萼密被白色长柔毛，5 深裂；花冠紫红色；雄蕊二体；雌蕊长约 4 mm。荚果扁平，狭长圆形，略呈镰刀状，长 5-12 mm。花果期 6-10 月。

生于海拔 150-540 m 旷野草地、路旁、溪边沙土。产浙江、福建、江西、广东、海南、广西、云南、台湾。印度、斯里兰卡、尼泊尔、缅甸、泰国、越南、马来西亚、太平洋群岛、大洋洲、美洲热带也有分布。全草入药。

35. 圆叶野扁豆
Dunbaria rotundifolia (Lour.) Merr.

多年生藤本。茎纤细，被短柔毛。羽状 3 小叶；顶生小叶纸质，较大，圆菱形，长 1.5-4 cm，宽稍大于长，两面微被黑褐色腺点和短柔毛；基出脉 3。花 1-2 朵腋生；花萼钟状，顶端齿裂，密被红色腺点和短柔毛；花冠黄色，长 1-1.5 cm，旗瓣倒卵状圆形，基部具 2 枚齿状耳，翼瓣倒卵形，具尖耳，龙骨瓣镰状，具钝喙；雄蕊二体；子房无柄。荚果线状长椭圆形，长 3-5 cm，被短柔毛；种子 6-8。花期 9-10 月，果期 9-10 月。

生于山坡灌丛中和旷野草地上。产四川、贵州、广西、广东、海南、江西、福建、台湾、江苏。印度、印度尼西亚、菲律宾亦有分布。

36. 鸡头薯
Eriosema chinense Vog.

多年生直立草本，密被棕色长短柔毛。块根纺锤形，肉质。单小叶，披针形，长 3-7 cm，宽 0.5-1.5 cm，基部圆形或微心形，被长柔毛和短绒毛；近无柄。总状花序腋生，1-2 花；花萼钟状，5 裂，花冠淡黄色，旗瓣背面略被丝质毛，基部具 2 枚下垂、长圆形的耳，雄蕊二体，子房密被白色长硬毛，花柱内弯，无毛。荚果菱状椭圆形，长 8-10 mm，黑色，被褐色长硬毛。种子 2，肾形，黑色。花期 5-6 月，果期 7-10 月。

生于海拔 200-500 m 山间草坡上。产广东、海南、广西、湖南、江西、贵州、云南。印度、缅甸、泰国、越南、印度尼西亚也有分布。块根可食用、入药。

A140. 豆科 Fabaceae

37. 大叶千斤拔
Flemingia macrophylla (Willd.) Prain

直立灌木；幼枝具棱，密被紧贴丝质柔毛。指状 3 小叶；托叶长可达 2 cm，早落；小叶纸质或薄革质，顶生小叶宽披针形至椭圆形，长 8-15 cm，宽 4-7 cm，叶背具小腺点，基出 3 脉，侧生小叶基部偏斜；叶柄长 3-6 cm，具狭翅，被毛。总状花序腋生，长 3-8 cm，密被柔毛；花梗极短，花萼钟状，长 6-8 mm，齿裂线状披针形，花冠紫红色，旗瓣长椭圆形，具短瓣柄及 2 耳，雄蕊二体。荚果椭圆形，长 1-1.6 cm。球形种子 1-2，亮黑色。花期 6-9 月，果期 10-12 月。

生于海拔 200-500 m 林缘、灌丛、草地。产云南、贵州、四川、江西、福建、台湾、广东、海南、广西。印度、孟加拉国、缅甸、老挝、越南、柬埔寨、马来西亚、印度尼西亚也有分布。根供药用。

38. 千斤拔
Flemingia prostrata Roxb. f. ex Roxb.

亚灌木。幼枝三棱柱状，密被灰褐色短柔毛。叶具指状 3 小叶；托叶线状披针形，长 0.6-1 cm，被毛，宿存；叶柄长 2-2.5 cm；小叶厚纸质，长椭圆形，长 4-8 cm，宽 1.7-3 cm，叶面被疏短柔毛，叶背密被灰褐色柔毛，小叶柄极短，密被短柔毛。总状花序腋生，长 2-2.5 cm，各部密被灰褐色至灰白色柔毛；萼裂片披针形，被灰白色长伏毛，花冠紫红色，约与花萼等长。荚果椭圆状，长 7-8 mm，被短柔毛。花果期夏秋季。

常生于海拔 150-300 m 的平地旷野或山坡路旁草地上。产云南、四川、贵州、湖北、湖南、广西、广东、海南、江西、福建和台湾。菲律宾亦有分布。根供药用，有祛风除湿、舒筋活络、强筋壮骨、消炎止痛等作用。

39. 小果皂荚
Gleditsia australis Hemsl.

乔木。枝具褐紫色分枝粗刺，长 3-5 cm。一回或二回羽状复叶，羽片 2-6 对；小叶 5-9 对，纸质至薄革质，斜椭圆形至菱状长圆形，长 2.5-4 cm，边缘具钝齿。花杂性，浅绿色或绿白色，花梗长 1-2.5 mm。雄花：聚伞花序组成总状花序，再复合呈圆锥花序，长可达 28 cm；萼片 5，花瓣 5。两性花：萼管长约 2 mm，裂片 5-6，被柔毛，花瓣 5-6，雄蕊 5，不伸出。荚果带状长圆形，长 6-12 cm。种子 5-12。花期 6-10 月，果期 11 月至翌年 4 月。

生于山谷林中、路旁、水边。产广东、广西。越南也有分布。

A140. 豆科 Fabaceae

40. 华南皂荚
Gleditsia fera (Lour.) Merr.

　　乔木。枝具分枝粗刺，长可达 13 cm。一回羽状复叶，长 11-18 cm；小叶 5-9 对，纸质至薄革质，斜椭圆形至菱状长圆形，长 2-7 cm，边缘具圆齿，网脉细密。花杂性，聚伞花序组成总状花序，绿白色，长 7-16 cm。雄花：萼片 5，三角状披针形，花瓣 5，两面被短柔毛，雄蕊 10。两性花：雄蕊 5-6，子房密被棕黄色绢毛，胚珠多数。荚果扁平，长 13.5-26 cm。种子多数，长 8-11 mm，棕色至黑棕色。花期 4-5 月，果期 6-12 月。

　　生于海拔 300-600 m 山地缓坡、山谷林中、村旁路边。产江西、湖南、福建、台湾、广东和广西。越南也有分布。果可作杀虫药。

41. 野大豆
Glycine soja Sieb. et Zucc.

　　一年生缠绕草本。茎纤细，全体被褐色长硬毛。叶具 3 小叶，长可达 14 cm；托叶卵状披针形，被黄色柔毛。顶生小叶卵圆形或卵状披针形，长 3.5-6 cm，两面被绢状毛，侧生小叶斜卵状披针形。总状花序花小，苞片披针形；花萼钟状，裂片 5，三角状披针形；花冠淡红紫色或白色，旗瓣近圆形，基部具短瓣柄，翼瓣斜倒卵形，有耳，龙骨瓣比旗瓣及翼瓣短小。荚果长圆形，长 17-23 mm，种子间稍缢缩；种子 2-3。花期 7-8 月，果期 8-10 月。

　　生于海拔 50-200 m 的田边、路旁、灌丛。除新疆、青海和海南外，遍布全国。阿富汗、日本、朝鲜和俄罗斯也有分布。

42. 庭藤
Indigofera decora Lindl.

　　灌木。羽状复叶，长 8-25 cm；叶柄长 1-1.5 cm；小叶 3-11 对，通常卵状披针形、卵状长圆形或长圆状披针形，长 2-7 cm，叶背被平贴白色丁字毛。总状花序长 13-30 cm，直立，总花梗长 2-4 cm，花梗长 3-6 mm，无毛，花萼杯状，萼筒长 1.5-2 mm，萼齿三角形，花冠淡紫色或粉红色，稀白色，旗瓣椭圆形，长 1.2-1.8 cm，外面被棕褐色短柔毛，胚珠 10 余。荚果棕褐色，圆柱形，长 2.5-8 cm。种子 7-8。花期 4-6 月，果期 6-10 月。

　　生于海拔 200-600 m 沟谷旁、杂木林中。产安徽、浙江、福建、广东。日本也有分布。

A140. 豆科 Fabaceae

43. 鸡眼草
Kummerowia striata (Thunb.) Schindl.

一年生草本，披散或平卧，被倒生的白色细毛。三出羽状复叶；托叶卵状长圆形，比叶柄长，长 3-4 mm；叶柄极短；小叶纸质，倒卵形、长倒卵形或长圆形，长 6-22 mm，全缘，脉上被密毛。单生或 2-3 花簇生叶腋；花萼钟状，带紫色，5 裂，花冠粉红色或紫色，长 5-6 mm，旗瓣椭圆形，下部渐狭成瓣柄，具耳。荚果圆形或倒卵形，长 3.5-5 mm，被小柔毛。花期 7-9 月，果期 8-10 月。

生于海拔 500 m 以下路旁、田边、溪旁、山坡草地。产东北、华北、华东、中南、西南等。朝鲜、日本、俄罗斯也有分布。全草供药用。

44. 中华胡枝子
Lespedeza chinensis G. Don

小灌木。全株被白色伏毛，茎下部毛渐脱落。羽状复叶；叶柄长约 1 cm；小叶 3，倒卵状长圆形或卵形，长 1.5-4 cm，下面密被白色伏毛，先端近截形，具刺尖，边缘稍反卷。总状花序腋生，不超出叶，花少数；总花梗短；花萼长为花冠一半，5 深裂，裂片狭披针形；花冠白色或黄色，旗瓣椭圆形，基部具瓣柄及 2 耳状物，翼瓣狭长圆形，具瓣柄，闭锁花簇生于茎下部叶腋。荚果卵圆形，表面有网纹。花期 8-9 月，果期 10-11 月。

生于海拔 300-600 m 灌木丛、林缘、路旁、山坡、林下草丛等处。产江苏、安徽、浙江、江西、福建、台湾、湖北、湖南、广东、四川等。

45. 截叶铁扫帚
Lespedeza cuneata (Dum.-Cours.) G. Don

小灌木。茎被毛，上部分枝。叶密集；柄短；小叶楔形或线状楔形，长 1-3 cm，宽 2-5 mm，先端截形成近截形，具小刺尖，基部楔形，叶背密被伏毛。总状花序腋生，具 2-4 花，总花梗极短；花萼狭钟形，密被伏毛，5 深裂，裂片披针形，花冠淡黄色或白色，旗瓣基部有紫斑，闭锁花簇生于叶腋。荚果宽卵形或近球形，被伏毛，长 2.5-3.5 mm。花期 7-8 月，果期 9-10 月。

生于海拔 100-500 m 山坡路旁。产陕西、甘肃、山东、台湾、河南、湖北、湖南、广东、四川、云南、西藏。朝鲜、日本、印度、巴基斯坦、阿富汗、澳大利亚也有分布。

A140. 豆科 Fabaceae

46. 大叶胡枝子
Lespedeza davidii Franch.

直立灌木,高 1-3 m。枝条有棱,密被长柔毛。托叶 2,卵状披针形,长 5 mm;叶柄长 1-4 cm,密被短硬毛;小叶宽卵圆形或宽倒卵形,长 3.5-13 cm,先端圆或微凹,全缘,两面密被绢毛。总状花序腋生或圆锥花序顶生,比叶长;总花梗长 4-7 cm,密被长柔毛;花萼阔钟形,5 深裂;花红紫色,花瓣基部具耳和柄,旗瓣倒卵状长圆形,与龙骨瓣近等长,翼瓣狭长圆形,比旗瓣短,龙骨瓣略呈弯刀形。荚果卵形,长 8-10 mm,表面密被绢毛。花期 7-9 月,果期 9-10 月。

生于海拔 400-600 m 的干旱山坡、路旁或灌丛中。产江苏、安徽、浙江、江西、福建、河南、湖南、广东、广西、四川、贵州等省区。

47. 广东胡枝子
Lespedeza fordii Schindl.

直立灌木,高 0.4-1 m。托叶 2;叶柄长约 1 cm;小叶卵状长圆形至长圆形,长 2.5-5 cm,先端圆或微凹,具短刺尖,下面常贴生短柔毛。总状花序腋生,几无总花梗,比叶短;花萼钟状,5 深裂,上方 2 裂片合生至中部,外面密被毛;花冠紫红色,旗瓣倒卵形,基部有耳和瓣柄,翼瓣狭长圆形,比旗瓣和龙骨瓣短,基部有耳和瓣柄,龙骨瓣倒卵形,比旗瓣稍长,基部具瓣柄。荚果短,长圆状椭圆形,扁平,被贴生短毛。花期 6-8 月,果期 8-10 月。

生于海拔 100-500 m 的山地、路旁、山谷、瘠土和沙土上。产江苏、安徽、浙江、江西、福建、湖南、广东、广西等省区。

48. 美丽胡枝子
Lespedeza formosa (Vog.) Koehne

直立灌木,高 1-2 m。多分枝,被疏柔毛。叶被短柔毛;托叶长 4-9 mm;叶柄长 1-5 cm;小叶椭圆形、长圆状椭圆形或卵形,两端稍尖或稍钝,长 2.5-6 cm,宽 1-3 cm,两面被短柔毛。总状花序单一,腋生,比叶长,总花梗长可达 10 cm;苞片密被绒毛,花萼钟状,5 深裂,花冠红紫色,长 10-15 mm,龙骨瓣比旗瓣稍长,基部有耳和细长瓣柄。荚果倒卵形或倒卵状长圆形,长 8 mm。花期 7-9 月,果期 9-10 月。

生于海拔 200-600 m 林缘、灌丛、路旁。产河北、陕西、甘肃、山东、江苏、安徽、浙江、江西、福建、河南、湖北、湖南、广东、广西、四川、云南。朝鲜、日本、印度也有分布。

A140. 豆科 Fabaceae

49. 短叶胡枝子
Lespedeza mucronata Rick.

半灌木，高约 60 cm。茎直立，上部被绒毛，下部毛渐稀疏，通常基部分枝。托叶线状披针形；羽状复叶具 3 小叶；小叶倒卵形或倒心形，长 1-2 cm，宽 1-1.3 cm，先端截形或微凹，基部宽楔形，上面疏生伏毛，下面密被长硬毛，沿中脉尤多；叶具柄，长 5-6 mm。总状花序腋生，少花；花黄色或白色；苞片及小苞片披针形，长约 1 mm，被毛；花萼密被灰白色毛，长约 4 mm，5 深裂，裂片狭披针形，长约 3 mm，先端有芒尖；花冠长 6-7 mm，旗瓣长约 6 mm，瓣柄短，翼瓣长圆形，长约 7 mm，龙骨瓣长约 7 mm；闭锁花簇生于茎下部叶腋，结实。荚果卵形至宽卵形，长 3-4 mm，宽 2-3 mm，稍超出宿存萼，具刺尖，长 2-4 mm。花期 8-9 月，果期 9-10 月。

生于干旱陡坡上。产浙江、江西、福建、广东等。

50. 厚果崖豆藤
Millettia pachycarpa Benth.

大型木质藤本。嫩枝密被黄色绒毛，老枝具皮孔。羽状复叶，长 30-50 cm；叶柄长 7-9 cm；托叶阔卵形，长 3-4 mm；小叶 6-8 对，草质，长圆状椭圆形至长圆状披针形，长 10-18 cm，宽 3.5-4.5 cm，叶背脉上密被褐色绒毛，侧脉 12-15 对。总状圆锥花序，长 15-30 cm，密被褐色绒毛；花长 2.1-2.3 cm，花梗长 6-8 mm，花萼杯状，花冠淡紫，旗瓣无毛，基部具 2 短耳，雄蕊单体。荚果长圆形，长 5-23 cm，密布浅黄色疣状斑点。种子 1-5。花期 4-6 月，果期 6-11 月。

生于海拔 100-500 m 山坡常绿阔叶林内。产浙江、江西、福建、台湾、湖南、广东、广西、四川、贵州、云南、西藏。缅甸、泰国、越南、老挝、孟加拉国、印度、尼泊尔、不丹。

51. 疏叶崖豆
Millettia pulchra var. *laxior* (Dunn) Z. Wei

灌木或小乔木，高 3-8 m。枝、叶轴、花序被灰黄色柔毛，后渐脱落。叶和花序散布在枝上。羽状复叶，长 8-20 cm；叶柄长 3-4 cm；托叶披针形，密被柔毛；小叶 6-9 对，纸质，披针形或披针状椭圆形，长 3.5-10 cm，两面具毛。总状圆锥花序腋生，长 6-15 cm；花 3-4 朵着生节上；花长 0.9-1.2 cm；花萼钟状，密被柔毛；花冠淡红色至紫红色，花瓣长圆形，具短柄，旗瓣被细柔毛，翼瓣具 1 耳；雄蕊单体。荚果线形，长 5-10 cm，初被灰黄色柔毛，后渐脱落。花期 4-8 月，果期 6-10 月。

生于山地、旷野或杂木林缘。产江西、福建、湖南、广东、海南、广西、贵州、云南。印度也有分布。

A140. 豆科 Fabaceae

52. 白花油麻藤
Mucuna birdwoodiana Tutch.

大型常绿木质藤本。茎断面淡红褐色。羽状复叶具3小叶，叶长17-30 cm；叶柄长8-20 cm；小叶近革质，顶生小叶椭圆形、卵形或略呈倒卵形，长9-16 cm，先端具长达1.3-2 cm的渐尖头，侧生小叶偏斜。总状花序，长20-38 cm；花梗长1-1.5 cm，与花萼均被伏贴毛，萼筒宽杯形，长1-1.5 cm，花冠白色或带绿白色，旗瓣长3.5-4.5 cm，雄蕊管长5.5-6.5 cm。果木质，带形，长30-45 cm，近念珠状，密被红褐色短绒毛，种子5-13，深紫黑色。花期4-6月，果期6-11月。

生于海拔200-600 m山地阳处、溪边，常攀援在树上。产江西、福建、广东、广西、贵州、四川。可药用，种子有毒。

53. 褶皮黧豆
Mucuna lamellata Wilmot-Dear

攀援藤本。茎稍带木质。羽状复叶具3小叶，叶长17-27 cm；托叶长2-2.5 mm，不久脱落；叶柄长7-11 cm；小叶薄纸质，顶生小叶菱状卵形，长6-13 cm，侧生小叶明显偏斜，长8-14 cm，小叶柄长4-5 mm。总状花序腋生，长7-27 cm；花梗长7-8 mm，密被锈色柔毛，花萼密被绢质柔毛，花冠深紫色或红色。荚果革质，长圆形，外形不对称，长6.5-10 cm，宽2-2.3 cm，幼时密被锈褐色刚毛。花期4-7月，果期6-10月。

生于海拔400-1500 m的灌丛、溪边、路旁或山谷，缠绕在灌木上。产浙江、江苏、江西、湖北、福建、广东、广西。

54. 大果油麻藤
Mucuna macrocarpa Wall.

大型木质藤本。茎具纵棱脊和褐色皮孔。羽状复叶具3小叶，叶柄长8-15 cm；顶生小叶椭圆形或卵状椭圆形，长10-19 cm，宽5-10 cm，先端急尖或圆，具短尖头；侧生小叶极偏斜，长10-17 cm；上面无毛或被灰白色或带红色伏贴短毛，在脉上和嫩叶上常较密；侧脉每边5-6；小托叶长5 mm。花序通常生在老茎上，长5-23 cm，有5-12节；花多聚生于顶部，每节有2-3花，常有恶臭；花梗长8-10 mm，密被伏贴毛和细刚毛；花萼密被伏贴的短毛和刚毛，宽杯形；花冠暗紫色，但旗瓣带绿白色。果木质，带形，长25-45 cm，宽3-5 cm，厚7-10 mm，近念珠状，直或稍微弯曲，密被红褐色细短毛，部分近于无毛，具不规则的脊和皱纹，具6-12颗种子，内部隔膜木质；种子黑色，盘状，两面平，长2.2-3 cm，宽1.8-2.8 cm。花期4-5月，果期6-7月。

生于山地林中，或开阔灌丛和干沙地上。产云南、贵州、广东、海南、广西、台湾。印度、尼泊尔、缅甸、泰国、越南和日本也有分布。

A140. 豆科 Fabaceae

55. 花榈木
Ormosia henryi Prain

常绿乔木，高 16 m，树皮灰绿色，平滑，小枝、叶轴、花序密被茸毛。奇数羽状复叶，长 13-35 cm；小叶 2-3 对，革质，椭圆形或长圆状椭圆形，长 4-17 cm，侧脉 6-11 对。圆锥花序顶生，花长 2 cm；花梗长 7-12 mm，花萼钟形，5 深裂，花冠中央淡绿色，边缘微带淡紫，翼瓣长约 1.4 cm，雄蕊 10，不等长，花药淡灰紫色，胚珠 9-10。荚果扁平，长椭圆形，长 5-12 cm，种子 4-8。种皮鲜红色。花期 7-8 月，果期 10-11 月。

生于海拔 100-500 m 山坡、溪谷两旁杂木林内。产安徽、浙江、江西、湖南、湖北、广东、四川、贵州、云南。越南、泰国也有分布。木材致密质重。根、枝、叶入药。

56. 软荚红豆
Ormosia semicastrata Hance

常绿乔木，高达 12 m，树皮褐色，小枝具黄色柔毛。奇数羽状复叶，长 18.5-24.5 cm；小叶 1-2 对，革质，卵状长椭圆形或椭圆形，长 4-14.2 cm，宽 2-5.7 cm，中脉被柔毛，侧脉 10-11 对。圆锥花序顶生，总花梗、花梗均密被黄褐色柔毛；花小，长约 7 mm，花萼钟状，花冠白色，旗瓣近圆形，连柄长约 4 mm，雄蕊 10，5 枚发育，5 枚短小退化，胚珠 2。荚果小，近圆形，革质，长 1.5-2 cm，种子 1。种子鲜红色。花期 4-5 月。

生于海拔 240-600 m 山地、路旁、山谷杂木林中。产江西、福建、广东、海南、广西。韧皮纤维可作人造棉和编绳原料。

56a. 苍叶红豆
Ormosia semicastrata f. *pallida* How

本变型与原变型区别为：树皮青褐色，小叶常为 3-4 对，有时可达 5 对，叶片长椭圆状披针形或倒披针形，长 4-13 cm，宽 1-3.5 cm，基部楔形或稍钝；种子 1-2。

生于海拔 100-300 m 的溪旁、山谷、山坡杂木林中。产江西、湖南、广东、海南、广西、贵州。

A140. 豆科 Fabaceae

57. 排钱树

Phyllodium pulchellum (L.) Desv.

灌木，小枝被短柔毛。托叶三角形；叶柄长5-7 mm，密被灰黄色柔毛；小叶革质，顶生小叶卵形、椭圆形或倒卵形，长6-10 cm，侧生小叶较小，基部偏斜，侧脉6-10条。伞形花序，5-6花，藏于叶状苞片内，叶状苞片排列成总状圆锥花序状；叶状苞片圆形，直径1-1.5 cm，花梗长2-3 mm，花萼长约2 mm，被短柔毛，花冠白色或淡黄色，花柱长4.5-5.5 mm，近基部处有柔毛。荚果长6 mm，荚节2。花期7-9月，果期10-11月。

生于海拔160-500 m山坡疏林、路旁。产福建、江西、广东、海南、广西、云南、台湾。印度、斯里兰卡、缅甸、泰国、越南、老挝、柬埔寨、马来西亚、澳大利亚也有分布。根、叶供药用。

58. 老虎刺

Pterolobium punctatum Hemsl.

木质藤本或攀援性灌木，小枝具黑色、下弯的短钩刺。二回羽状复叶，羽片9-14对；叶轴长12-20 cm；叶柄长3-5 cm；小叶片19-30对，狭长圆形，中部的长9-10 mm，宽2-2.5 mm，两面被毛。总状花序，或排列成圆锥状，长8-13 cm；花梗长2-4 mm，萼片5，不等长，花瓣相等，顶端稍呈啮蚀状，雄蕊10，胚珠2。荚果长4-6 cm，翅一边直，另一边弯曲，长约4 cm，种子1。花期6-8月，果期9月至翌年1月。

生于海拔200-600 m山坡疏林、路旁。产广东、广西、云南、贵州、四川、湖南、湖北、江西、福建。老挝也有分布。

59. 葛

Pueraria montana (Lour.) Merr.

缠绕藤本。基部木质，有块根。除花冠外，全体密被黄褐色长硬毛。叶长20-30 cm；托叶中部着生，披针形，长1.5-1.7 cm，早落；顶生小叶卵形或宽卵形，长10-18 cm，全缘，常不裂。总状花序，腋生，长15-30 cm；花每节2-3朵；花萼钟状，长7-8 mm；花冠紫色，长约8 mm，紫色，有短瓣柄，旗瓣近圆形，基部具2枚片状附属体，与翼瓣近等长，翼瓣、龙骨瓣近长圆形，具耳，龙骨瓣略短于翼瓣。荚果条状长圆形，扁平，密被黄褐色长硬毛。花期9-10月，果期10-12月。

生于海拔50-300 m旷野或林边坡灌丛中。产浙江、江西、福建、台湾、广东、香港、澳门、海南、广西、湖南、湖北、四川、贵州和云南。缅甸、泰国、越南、老挝、菲律宾和日本。

A140. 豆科 Fabaceae

59a. 葛麻姆
Pueraria montana var. *lobata* (Willd.) Maesen et S. M. Almeida ex Sanjappa et Predeep

与原变种区别为：花萼长 0.8-1 cm；花冠长 1-1.2 cm；翼瓣与龙骨瓣近等长；荚果长 5-9 cm，宽 0.8-1.1 cm。

生于海拔 50-400 m 沟边和山坡灌丛中。除青海、新疆和西藏外，全国均产。亚洲东部、东南部和澳大利亚也有分布。

59b. 粉葛
Pueraria montana var. *thomsonii* (Benth.) M. R. Almeida

与原变种区别为：花萼长 1.5-2 cm；花冠长 1.8-2.3 cm；翼瓣稍短于龙骨瓣；荚果长 9-15 cm，宽 1-1.3 cm。

生于海拔 100-400 m 山谷林边。产河南、江西、福建、台湾、广东、香港、澳门、海南、广西、湖北、四川、云南和西藏。不丹、印度、缅甸、泰国、老挝、越南和菲律宾也有分布。

60. 三裂叶野葛
Pueraria phaseoloides (Roxb.) Benth.

草质藤本，全株被长硬毛。羽状复叶具 3 小叶；托叶基着，卵状披针形；小叶宽卵形、菱形或卵状菱形，顶生小叶较宽，长 6-10 cm，宽 4.5-9 cm，侧生小叶偏斜，全缘或 3 裂。总状花序单生，中部以上有花；花具短梗，聚生于节上，萼钟状，花冠浅蓝色或淡紫色，旗瓣近圆形，长 8-12 mm，基部有附属体及 2 枚内弯的耳。荚果近圆柱状，长 5-8 cm。种子长椭圆形，两端近截平，长 4 mm。花期 8-9 月，果期 10-11 月。

生于山地林缘、灌丛中。产云南、广东、海南、广西、浙江。印度、新加坡、马来西亚、中南半岛也有分布。

A140. 豆科 Fabaceae

61. 鹿藿
Rhynchosia volubilis Lour.

缠绕草质藤本，全株被柔毛。羽状 3 小叶；托叶披针形，长 3-5 mm，被短柔毛；叶柄长 2-5.5 cm；小叶纸质，顶生小叶菱形或倒卵状菱形，长 3-8 cm，宽3-5.5 cm，叶背被黄褐色腺点，基出 3 脉，侧生小叶较小，常偏斜，小叶柄长 2-4 mm。总状花序，长 1.5-4 cm；花梗长约 2 mm，花萼钟状，外面被短柔毛及腺点，花冠黄色，雄蕊二体。荚果长圆形，红紫色，长 1-1.5 cm。种子 2，黑色，光亮。花期 5-8 月，果期 9-12 月。

生于海拔 200-600 m 山坡路旁、草丛中。产长江流域及其以南各省区。朝鲜、日本、越南也有分布。根、叶药用。

62. 田菁
Sesbania cannabina (Retz.) Poir.

一年生草本。羽状复叶，叶轴长 15-25 cm；小叶20-30 对，线状长圆形，长 8-20 mm，宽 2.5-4 mm，先端钝至截平，基部圆形，两侧不对称，两面被紫色小腺点，小叶柄长约 1 mm，小托叶钻形。总状花序，长 3-10 cm，总花梗及花梗纤细，下垂，疏被绢毛；苞片早落，花萼斜钟状，花冠黄色，旗瓣散生紫黑点和线，雄蕊二体。荚果细长，长圆柱形，长 12-22 cm，种子 20-35。种子短圆柱状，长约 4 mm。花果期 7-12 月。

生于水田、水沟等潮湿低地。产海南、江苏、浙江、江西、福建、广西、云南。伊拉克、印度、中南半岛、马来西亚、巴布亚新几内亚、新喀里多尼亚、澳大利亚、加纳、毛里塔尼亚。

63. 密花豆
Spatholobus suberectus Dunn

攀援藤本。小叶异形，顶生的两侧对称，宽椭圆形、宽倒卵形至近圆形，长 9-19 cm，宽 5-14 cm，先端骤缩为短尾状，尖头钝，基部宽楔形，侧生的两侧不对称，与顶生小叶等大或稍狭；侧脉 6-8 对，微弯；小叶柄长 5-8 mm；小托叶钻状，长 3-6 mm。圆锥花序腋生或生于小枝顶端，长达 50 cm，花序轴、花梗被黄褐色短柔毛，苞片和小苞片线形，宿存；花瓣白色；雄蕊内藏；子房近无柄，下面被糙伏毛。荚果近镰形，长 8-11 cm，密被棕色短绒毛，基部具长4-9 mm 的果颈。花期 6 月，果期 11-12 月。

生于山地疏林或密林沟谷或灌丛中。我国特产，分布于云南、广西、广东和福建等。茎入药。

A140. 豆科 Fabaceae

64. 葫芦茶
Tadehagi triquetrum (L.) Ohashi

亚灌木，高 1-2 m。幼枝三棱形。叶仅具单小叶；托叶披针形，长 1.3-2 cm；叶柄长 1-3 cm，两侧有宽翅，翅宽 4-8 mm；小叶纸质，狭披针形至卵状披针形，长 5.8-13 cm，基部圆形或浅心形，侧脉 8-14。总状花序，长 15-30 cm，被贴伏丝状毛和小钩状毛；花梗长 2-6 mm，果时伸长，花萼宽钟形，长约 3 mm，花冠淡紫色或蓝紫色，雄蕊二体，胚珠 5-8。荚果长 2-5 cm，密被糙伏毛。种子长 2-3 mm。花期 6-10 月，果期 10-12 月。

生于海拔 100-400 m 荒地、山地林缘、路旁。产福建、江西、广东、海南、广西、贵州、云南。印度、斯里兰卡、缅甸、泰国、越南、老挝、柬埔寨、马来西亚、太平洋群岛、新喀里多尼亚、澳大利亚也有分布。全株供药用。

65. 猫尾草
Uraria crinita (L.) Desv. ex DC.

亚灌木，全株被灰色短毛。茎直立，高 1-1.5 m。奇数羽状复叶，茎下部小叶常为 3，上部为 5；托叶长三角形，长 6-10 mm；叶柄长 5.5-15 cm；小叶近革质，长椭圆形、卵状披针形或卵形，顶端小叶长 6-15 cm，宽 3-8 cm，侧生小叶略小，基部圆形至微心形，侧脉 6-9 条。总状花序顶生，长 15-30 cm，密被长硬毛；花萼 5 裂，花冠紫色，长 6 mm。荚果略被短柔毛；荚节 2-4，椭圆形，具网脉。花果期 4-9 月。

生于海拔 200-550 m 旷野坡地、路旁、灌丛。产福建、江西、广东、海南、广西、云南、台湾。印度、斯里兰卡、中南半岛、新加坡、马来西亚、澳大利亚也有分布。全草供药用。

66. 狸尾豆
Uraria lagopodioides (L.) Desv. ex DC.

平卧或开展草本。枝被短柔毛。小叶多为 3，顶生小叶近圆形至卵形，长 2-6 cm，侧生小叶较小，下面被灰黄色短柔毛，侧脉每边 5-7 条，下面网脉明显。总状花序顶生，长 3-6 cm，花密集；苞片宽卵形，长 8-10 mm，密被灰毛和缘毛；花萼 5 裂，上部 2 裂片三角形，下部 3 裂片刺毛状，较上部裂片长 3 倍以上，被白色长柔毛；花冠淡紫色，旗瓣倒卵形；雄蕊二体。荚果小，包藏于萼内，荚节 1-2 个。花果期 8-10 月。

生于旷野坡地灌丛中。产福建、江西、湖南、广东、海南、广西、贵州、云南及台湾。印度、缅甸、越南、马来西亚、菲律宾、澳大利亚也有分布。

A142. 远志科 Polygalaceae

1. 华南远志（金不换）
Polygala chinensis L.

一年生直立草本。主根粗壮，枝被短柔毛。叶互生，纸质，倒卵形、椭圆形或披针形，长 2.6-10 cm，基部楔形，全缘，疏被短柔毛，主脉上面凹入；叶柄长约 1 mm，被柔毛。总状花序腋上生，长仅 1 cm，花少而密集；花长约 4.5 mm，萼片 5，里面 2 花瓣状，花瓣 3，淡黄色或白带淡红色，雄蕊 8，花药顶孔开裂。蒴果圆形，直径约 2 mm。种子卵形，黑色，密被白色柔毛。花期 4-10 月，果期 5-11 月。

生于海拔 300-600 m 山坡草地、灌丛中。产福建、广东、海南、广西、云南。印度、越南、菲律宾也有分布。全草入药。

2. 黄花倒水莲（黄花参）
Polygala fallax Hemsl.

灌木，高 1-3 m，全株被短柔毛。根粗壮，淡黄色。单叶互生，膜质，披针形至椭圆状披针形，长 8-17 cm，宽 4-6.5 cm，基部楔形至钝圆，全缘，侧脉 8-9 对；叶柄长 9-14 mm。总状花序，长 10-15 cm，直立，花后下垂；萼片 5，早落，花瓣 3 黄色，龙骨瓣盔状，长约 12 mm，鸡冠状附属物流苏状，花柱先端 2 浅裂。蒴果阔倒心形至圆形，绿黄色。种子圆形，径约 4 mm，棕黑色至黑色。花期 5-8 月，果期 8-10 月。

生于海拔 200-600 m 山谷林下、溪边。产江西、福建、湖南、广东、广西、云南。根入药。

3. 香港远志
Polygala hongkongensis Hemsl.

直立草本，高 15-50 cm。茎枝细，被卷曲短柔毛。单叶互生，叶纸质，茎下部叶小，卵形，上部叶披针形，长 4-6 cm，宽 2-2.2 cm，先端渐尖，基部圆形，全缘，两面均无毛；叶柄长约 2 mm，被短柔毛。总状花序顶生，长 3-6 cm，花序轴及花梗被短柔毛，具疏松排列的 7-18 花；花长 7-9 mm，花梗长 1-2 mm，萼片 5，宿存，具缘毛，花瓣 3，白色或紫色，侧瓣长 3-5 mm，深波状，龙骨瓣盔状，长约 5 mm，顶端具广泛流苏状鸡冠状附属物。蒴果近圆形，直径约 4 mm，具阔翅。花期 5-6 月，果期 6-7 月。

生于海拔 200-500 m 沟谷林下或灌丛中。产江西、福建、广东、四川。

A142. 远志科 Polygalaceae

3a. 狭叶香港远志
Polygala hongkongensis var. *stenophylla*
(Hayata) Migo

与原变种区别为：叶狭披针形，小，长 1.5-3 cm，宽 3-4 mm；内萼片椭圆形，长约 7 mm，宽约 4 mm；花丝 4/5 以下合生成鞘。

生于海拔 150-550 m 沟谷林下、林缘或山坡草地。产江苏、安徽、浙江、江西、福建、湖南和广西等。浙江民间用本变种全草祛风。

4. 齿果草（莎萝莽）
Salomonia cantoniensis Lour.

一年生直立草本，高 5-25 cm，全株无毛，茎具狭翅。根芳香。单叶互生，叶膜质，卵状心形或心形，长 5-16 mm，宽 5-12 mm，基出 3 脉；叶柄长 1.5-2 mm。穗状花序顶生，多花，长 1-6 cm，花长 2-3 mm，无梗，萼片 5，线状钻形，花瓣 3，淡红色，无鸡冠状附属物，雄蕊 4，子房肾形，2 室，每室具 1 胚珠，柱头微裂。蒴果肾形，果爿具蜂窝状网纹。种子 2，亮黑色，无毛，无种阜。花期 7-8 月，果期 8-10 月。

生于海拔 200-500 m 山坡林下、灌丛、草地。产华东、华中、华南和西南。印度、缅甸、泰国、越南、菲律宾至热带澳大利亚。全草入药。

目 31. 蔷薇目 Rosales

A143. 蔷薇科 Rosaceae

1. 小花龙芽草
Agrimonia nipponica var. *occidentalis* Skalicky

多年生草本。主根粗短，常呈块状，侧根多数，根茎基部常有地下芽。茎上部密被短柔毛，下部密被黄色长硬毛。叶为间断奇数羽状复叶，小叶片菱状椭圆形或椭圆形，最宽处常在叶片中部或近中部，长 1.5-4 cm，宽 1-2 cm，边缘有圆齿；托叶镰形或半圆形。总状花序，常分枝，花梗长 1-3 mm；苞片小，3 深裂；花小，直径 4-5 mm；雄蕊 5 枚，稀 10 枚；心皮 2，花柱 2。果实小，连钩刺长 4-5 mm，钩刺数层，开展。花果期 8-11 月。

生于海拔 100-300 m 山坡草地、山谷溪边、灌丛、林缘。产安徽、浙江、广东、广西、贵州、江西。老挝也有分布。

A143. 蔷薇科 Rosaceae

2. 龙芽草
Agrimonia pilosa Ldb.

多年生草本，茎高 30-120 cm。全株被疏柔毛。根多呈块茎状。间断奇数羽状复叶，小叶常 3-4 对；小叶倒卵形，倒卵椭圆形或倒卵披针形，长 1.5-5 cm，宽 1-2.5 cm，边缘有急尖至圆钝锯齿，下面有显著腺点；托叶草质，绿色，镰形。穗状总状花序顶生，花梗长 1-5 mm，苞片深 3 裂；萼片 5，花瓣黄色，雄蕊 5-8-15，花柱 2。果实倒卵圆锥形，外面有 10 肋，顶端有数层钩刺，连钩刺长 7-8 mm。花果期 5-12 月。

生于海拔 100-600 m 溪边、路旁、草地、灌丛。全国均产。欧洲中部、俄罗斯、蒙古、朝鲜、日本、越南也有分布。

3. 梅
Armeniaca mume Sieb.

小乔木，高 4-10 m；小枝绿色，光滑无毛。叶片卵形或椭圆形，长 4-8 cm，宽 2.5-5 cm，先端尾尖，叶边常具小锐锯齿；叶柄长 1-2 cm，常有腺体。花单生或有时 2 朵同生于 1 芽内，直径 2-2.5 cm，香味浓，先于叶开放；花梗短，长 1-3 mm，常无毛；萼筒宽钟形，萼片卵形或近圆形，先端圆钝；花瓣倒卵形，白色至粉红色；雄蕊短或稍长于花瓣；子房密被柔毛，花柱短或稍长于雄蕊。果实近球形，直径 2-3 cm，黄色或绿白色，被柔毛，味酸。花期冬春季，果期 5-6 月。

生于海拔 100-200 m 的山谷。原产我国南部，各地栽培较广，以长江流域及其以南各省最多。日本和朝鲜也有。

4. 钟花樱桃（福建山樱花）
Cerasus campanulata (Maxim.) Yü et Li

小乔木，高 3-8 m。冬芽卵形，无毛。叶薄革质，长 4-7 cm，宽 2-3.5 cm，先端渐尖，基部圆形，边有急尖锯齿，常稍不整齐；叶柄长 8-13 mm，无毛，顶端常有 2 腺体；托叶早落。伞形花序，有 2-4 花，先叶开放，花直径 1.5-2 cm；花梗长 1-1.3 cm，萼筒钟状，长约 6 mm，近无毛，基部略膨大，花瓣倒卵状长圆形，粉红色，先端下凹，稀全缘。核果卵球形，纵长约 1 cm，顶端尖；果梗长 1.5-2.5 cm，先端稍膨大并有萼片宿存。花期 2-3 月，果期 4-5 月。

生于海拔 100-600 m 山谷林中及林缘。产浙江、福建、台湾、广东、广西、江西、湖南。日本、越南也有分布。

A143. 蔷薇科 Rosaceae

5. 郁李（爵梅）
Cerasus japonica (Thunb.) Lois.

灌木，高 1-1.5 m。小枝灰褐色，嫩枝无毛，冬芽无毛。叶长 3-7 cm，宽 1.5-2.5 cm，先端渐尖，基部圆形，边有缺刻状尖锐重锯齿，两面无毛；叶柄长 2-3 mm；托叶线形，长 4-6 mm，边有腺齿。花 1-3 簇生，花叶同开或先叶开放；花梗长 5-10 mm；萼筒无毛，萼片椭圆形；花瓣白色或粉红色，倒卵状椭圆形。核果近球形，深红色，直径约 1 cm；核表面光滑。花期 5 月，果期 7-8 月。

生于海拔 100-200 m 山坡林下、灌丛中或栽培。产黑龙江、吉林、辽宁、河北、山东、浙江。日本和朝鲜也有分布。种仁入药，名郁李仁。郁李、郁李仁配剂有显著降压作用。

6. 皱果蛇莓
Duchesnea chrysantha (Zoll. et Mor.) Miq.

多年生草本。茎匍匐，有柔毛。三出复叶，小叶片菱形、倒卵形或卵形，长 1.5-2.5 cm，宽 1-2 cm，基部楔形，边缘具锯齿，下面疏生长柔毛；叶柄长 1.5-3 cm。花单生叶腋，直径 5-15 mm；花梗长 2-3 cm；萼片卵形或卵状披针形，长 3-5 mm；副萼片三角状倒卵形，长 3-7 mm，先端有 3-5 锯齿；花瓣倒卵形，长 2.5-5 mm，黄色，无毛；花托在果期粉红色，无光泽，直径 8-12 mm。瘦果卵形，长 4-6 mm，红色，具多数显明皱纹，无光泽。花期 5-7 月，果期 6-9 月。

生于山谷溪边或旷野草地上。产陕西、四川、云南、广西、广东、福建、台湾。日本、朝鲜、印度、印度尼西亚也有分布。

7. 蛇莓
Duchesnea indica (Andr.) Focke

多年生草本。匍匐茎多数，长 30-100 cm，有柔毛。小叶长 2-5 cm，宽 1-3 cm，边缘有钝锯齿，两面有柔毛，具小叶柄；叶柄长 1-5 cm；托叶长 5-8 mm。花单生于叶腋，直径 1.5-2.5 cm；花梗长 3-6 cm，有柔毛；萼片外面有散生柔毛；副萼片比萼片长；花瓣倒卵形，长 5-10 mm，黄色，先端圆钝；花托在果期膨大，海绵质，鲜红色，有光泽，直径 10-20 mm，外面有长柔毛。瘦果卵形，长约 1.5 mm，鲜时有光泽。花期 6-8 月，果期 8-10 月。

生于海拔 500 m 以下山坡、河岸、草地、潮湿的地方。产辽宁以南各省区。从阿富汗东达日本，南达印度、印度尼西亚，在欧洲及美洲均有分布。全草药用，能散瘀消肿、收敛止血、清热解毒。

A143. 蔷薇科 Rosaceae

8. 腺叶桂樱
Laurocerasus phaeosticta (Hance) Schneid.

常绿灌木或小乔木。小枝暗紫褐色。叶片近革质，狭椭圆形、长圆形或长圆状披针形，长 6-12 cm，宽 2-4 cm，先端长尾尖，全缘，两面无毛，下面散生黑色小腺点，近基部有 2 枚扁平腺体，侧脉 6-10 对；叶柄长 4-8 mm，无腺体；托叶早落。总状花序，单生叶腋，长约 4-6 cm；苞片早落；萼筒杯形，萼片卵状三角形，有缘毛或具小齿；花瓣近圆形，白色，直径 2-3 mm；雄蕊 20-35，长 5-6 mm；子房无毛。果实近球形，紫黑色，无毛。花期 4-5 月，果期 7-10 月。

生于山坡林中。产湖南、江西、浙江、福建、台湾、广东、广西、贵州、云南。印度、缅甸、孟加拉国、泰国和越南也有分布。

9. 大叶桂樱（大叶野樱）
Laurocerasus zippeliana (Miq.) Yu et Lu

常绿乔木，高 10-25 m。小枝具明显小皮孔，无毛。叶革质，长 10-19 cm，宽 4-8 cm，叶边具粗锯齿，齿顶有黑色硬腺体，两面无毛；叶柄长 1-2 cm，有 1 对基腺；托叶线形，早落。总状花序 1-4 簇生于叶腋，长 2-6 cm，被短柔毛；花直径 5-9 mm，花萼外面被短柔毛，花瓣近圆形，白色。果实长圆形，长 18-24 mm，宽 8-11 mm，黑褐色，无毛。花期 7-10 月，果期冬季。

生于海拔 300-600 m 石灰岩山地阳坡杂木林中或山坡混交林下。产甘肃、陕西、湖北、湖南、江西、浙江、福建、台湾、广东、广西、贵州、四川、云南。日本和越南也有分布。

10. 圆叶小石积
Osteomeles subrotunda K. Koch

常绿灌木，高约 2 m，枝条密集。小枝幼时密被灰白色长柔毛，逐渐脱落；冬芽紫褐色。奇数羽状复叶，革质，连叶柄长 2-3.5 cm，小叶 5-8 对；小叶对生，长 4-6 mm，宽 2-3 mm，全缘，上面散生长柔毛，下面密被灰白色丝状长柔毛，小叶柄近无；叶轴上有窄叶翼；叶柄长 3-7 mm，被柔毛；托叶早落。顶生伞房花序，直径 2-3.5 cm；花直径约 1 cm，萼片外被柔毛，花瓣近圆形，白色。果实近球形，直径 6-12 mm，萼片宿存。花期 4-6 月，果期 7-9 月。

生于海拔 200-500 m 路旁混交林边。产广东。琉球群岛和小笠原群岛及菲律宾群岛均有分布。

A143. 蔷薇科 Rosaceae

11. 椤木石楠
Photinia bodinieri H. Lév.

常绿乔木，高 6-15 m。幼枝黄红色至紫褐色，有稀疏平贴柔毛，老枝无毛，有时具刺。叶革质，长 5-15 cm，宽 2-5 cm，边缘有具腺细锯齿，叶面光亮；叶柄长 8-15 mm。花密集成顶生复伞房花序，直径 10-12 mm，总梗和花梗有平贴短柔毛；花直径 10-12 mm，萼筒疏生短柔毛，萼片有柔毛，花瓣圆形，直径 3.5-4 mm，先端圆钝。果实近球形，直径 7-10 mm，黄红色，无毛。种子 2-4，卵形，长 4-5 mm，褐色。花期 5 月，果期 9-10 月。

生于海拔 100-600 m 灌丛中。产陕西、江苏、安徽、浙江、江西、湖南、湖北、四川、云南、福建、广东、广西。

12. 桃叶石楠
Photinia prunifolia (Hook. et Arn.) Lindl.

常绿乔木，高 10-20 m。小枝无毛，灰黑色，具黄褐色皮孔。叶革质，长 7-13 cm，宽 3-5 cm，边缘密生具腺的细锯齿，叶面光亮，叶背满布黑色腺点，两面无毛；叶柄长 10-25 mm，无毛，具多数腺体，有时有锯齿。顶生复伞房花序，直径 12-16 cm，总梗和花梗微有长柔毛；花直径 7-S mm，萼筒有柔毛，萼片三角形，内面微有绒毛，花瓣白色，倒卵形，长约 4 mm。果实椭圆形，长 7-9 mm，直径 3-4 mm，红色。花期 3-4 月，果期 10-11 月。

生于海拔 300-600 m 疏林中。产广东、广西、福建、浙江、江西、湖南、贵州、云南。日本及越南也有分布。

13. 石楠
Photinia serratifolia (Desf.) Kalkman

常绿小乔木，高 4-10 m。枝无毛；冬芽无毛。叶革质，长 9-22 cm，宽 3-6.5 cm，先端尾尖，边缘有疏生具腺细锯齿，上面光亮，成熟后两面皆无毛，叶柄长 2-4 cm。复伞房花序顶生，直径 10-16 cm；总梗和花梗无毛，花梗长 3-5 mm，花密生，直径 6-8 mm，萼筒无毛，萼片无毛，花瓣白色，近圆形，直径 3-4 mm。果实球形，直径 5-6 mm，红色，后成褐紫色。花期 4-5 月，果期 10 月。

生于海拔 200-600 m 杂木林中。产陕西、甘肃、河南、江苏、安徽、浙江、江西、湖南、湖北、福建、台湾、广东、广西、四川、云南、贵州。日本、印度尼西亚也有分布。叶和根供药用为强壮剂、利尿剂，有镇静解热等作用。

A143. 蔷薇科 Rosaceae

14. 蛇含委陵菜
Potentilla kleiniana Wight et Arn.

多年生宿根草本。节处生根并发育出新植株，全株被柔毛。基生叶为鸟足状 5 小叶，连叶柄长 3-20 cm，小叶倒卵形或长圆倒卵形，长 0.5-4 cm，宽 0.4-2 cm，边缘有锯齿；茎生叶 3-5 小叶，小叶几无柄，茎生叶托叶卵形至卵状披针形，全缘。聚伞花序密生枝顶，花梗长 1-1.5 cm；花直径 0.8-1 cm，萼片三角卵圆形，花瓣黄色，倒卵形，顶端微凹，花柱近顶生，圆锥形，基部膨大，柱头扩大。瘦果近圆形，具皱纹。花果期 4-9 月。

生于海拔 300-600 m 田边、水旁、山坡草地。产辽宁、陕西、山东、河南、安徽、江苏、浙江、湖北、湖南、江西、福建、广东、广西、四川、贵州、云南、西藏。朝鲜、日本、印度、马来西亚、印度尼西亚也有分布。全草供药用。

15. 小叶石楠
Pourthiaea parvifolia Pritz. [*Photinia parvifolia* (Pritz.) Schneid.]

落叶灌木，高 1-3 m。枝纤细，小枝红褐色，无毛，有黄色散生皮孔；冬芽卵形，长 3-4 mm。叶草质，椭圆形，长 4-8 cm，宽 1-3.5 cm，先端渐尖或尾尖，基部宽楔形，边缘有具腺尖锐锯齿；叶柄长 1-2 mm。花 2-9 成伞形花序，生于侧枝顶端，无总梗；苞片早落，花梗细，长 1-2.5 cm，有疣点，花直径 0.5-1.5 cm，萼筒杯状，直径约 3 mm，无毛，花瓣白色，圆形，直径 4-5 mm。果实椭圆形，长 9-12 mm，橘红色或紫色，有直立宿存萼片。花期 4-5 月，果期 7-8 月。

生于海拔 500 m 以下的林下、灌丛中。产河南、江苏、安徽、浙江、江西、湖南、湖北、四川、贵州、台湾、广东、广西。根、枝、叶供药用，有行血止血、止痛功效。

16. 华毛叶石楠
Pourthiaea villosa var. *sinica* (Rehd. et Wils.) Migo [*Photinia villosa* var. *sinica* Rehd. et Wils.]

落叶灌木或小乔木。小枝幼时有白色长柔毛，有散生皮孔。叶片草质，椭圆形或长圆椭圆形，长 4-8.5 cm，宽 1.8-4.5 cm，无毛；侧脉 5-7 对；叶柄长 1-5 mm，有长柔毛。伞房花序，花 5-10 朵，花直径 1-1.5 cm；花梗长 1.5-2.5 cm，在果期具疣点；苞片早落；萼筒杯状，长 2-3 mm，萼片三角卵形；花瓣白色，近圆形；雄蕊 20，较花瓣短；花柱 3，离生；子房顶端密生白色柔毛。果实球形，红色或黄红色，直径 9-11 mm。花期 4 月，果期 8-9 月。

生于山坡疏林中。产甘肃、陕西、江苏、安徽、浙江、江西、福建、湖南、湖北、四川、贵州、广东、广西。

A143. 蔷薇科 Rosaceae

17. 豆梨
Pyrus calleryana Decaisne

　　乔木，高达 8 m。嫩枝有绒毛；冬芽三角卵形。叶宽卵形至卵形，稀长椭卵形，长 4-8 cm，宽 3.5-6 cm，先端渐尖，基部圆形至宽楔形，边缘有钝锯齿，两面无毛；叶柄长 2-4 cm；托叶线状披针形，长 4-7 mm。伞形总状花序，具 6-12 花，直径 4-6 mm，花梗长 1.5-3 cm；苞片内面具绒毛，花直径 2-2.5 cm，花瓣白色，卵形，长约 13 mm，具短爪，雄蕊 20。梨果球形，直径约 1 cm，黑褐色，有斑点。花期 4 月，果期 8-9 月。

　　生于海拔 50-600 m 山坡、山谷杂木林中。产山东、河南、江苏、浙江、江西、安徽、湖北、湖南、福建、广东、广西。越南也有分布。

18. 石斑木（车轮梅）
Rhaphiolepis indica (L.) Lindl.

　　常绿灌木。叶集生于枝顶，卵形、长圆形，稀倒卵形或长圆披针形，长 4-8 cm，宽 1.5-4 cm，先端圆钝、急尖、渐尖或长尾尖，基部渐狭连于叶柄，边缘具细钝锯齿，上面光亮，网脉明显；叶柄长 5-18 mm。顶生圆锥花序或总状花序，总花梗和花梗被锈色绒毛，花梗长 5-15 mm；花直径 1-1.3 cm，萼筒筒状，长 4-5 mm，萼片 5，花瓣 5，白色或淡红色，雄蕊 15，花柱 2-3。果实球形，紫黑色，直径约 5 mm。花期 4 月，果期 7-8 月。

　　生于海拔 150-600 m 山坡灌丛、路边、溪边。产安徽、浙江、江西、湖南、贵州、云南、福建、广东、广西、台湾。日本、老挝、越南、柬埔寨、泰国、印度尼西亚也有分布。

A143. 蔷薇科 Rosaceae

19. 小果蔷薇
Rosa cymosa Tratt.

攀援灌木。小枝有钩状皮刺。小叶 3-5，稀 7，连叶柄长 5-10 cm，小叶卵状披针形或椭圆形，长 2.5-6 cm，宽 8-25 mm，基部近圆形，边缘有细锯齿，叶背沿脉有稀疏长柔毛；托叶离生，早落。复伞花序；花直径 2-2.5 cm，花梗长约 1.5 cm，萼片卵形，常有羽状裂片，内面有白色绒毛，花瓣白色，倒卵形，先端凹，基部楔形，花柱离生，密被白色柔毛。果球形，直径 4-7 mm，红色至黑褐色。花期 5-6 月，果期 7-11 月。

生于海拔 200-600 m 山坡、路旁、溪边。产江西、江苏、浙江、安徽、湖南、四川、云南、贵州、福建、广东、广西、台湾。

20. 软条七蔷薇
Rosa henryi Bouleng.

灌木。有长匍枝；小枝弯曲皮刺。小叶常 5，连叶柄长 9-14 cm，小叶长圆形、卵形、椭圆形，长 3.5-9 cm，宽 1.5-5 cm，先端长渐尖或尾尖，边缘有锐锯齿，两面无毛；小叶柄和叶轴有散生小皮刺；托叶贴生于叶柄，部分离生，全缘。伞形伞房状花序；花直径 3-4 cm；萼片披针形，内面有长柔毛，花瓣白色，宽倒卵形，花柱结合成柱，被柔毛。果近球形，直径 8-10 mm，褐红色，有光泽，果梗有腺点。花期 4-7 月，果期 7-9 月。

生于海拔 170-500 m 山谷、林边、灌丛中。产陕西、河南、安徽、江苏、浙江、江西、福建、广东、广西、湖北、湖南、四川、云南、贵州。

21. 广东蔷薇
Rosa kwangtungensis Yü et Tsai

攀援小灌木，有长匍枝。小枝具小皮刺。小叶 5-7，连叶柄长 3.5-6 cm；小叶片椭圆形、长椭圆形或椭圆状卵形，长 1.5-4 cm，有细锐锯齿，叶背被柔毛，脉上散生小皮刺和腺毛；托叶大部贴生于叶柄，边缘具不规则细锯齿，被柔毛。伞房花序顶生，花梗长 1-1.5 cm，密被柔毛和腺毛；萼筒卵球形，萼片卵状披针形，全缘，被短柔毛和腺毛；花瓣白色，倒卵形；花柱合生，被白色柔毛。果实球形，直径 7-10 mm，紫褐色。花期 3-5 月，果期 6-7 月。

生于山坡、路旁或灌丛中。产广东、广西、福建。

A143. 蔷薇科 Rosaceae

22. 金樱子
Rosa laevigata Michx.

常绿攀援灌木。小枝散生扁弯皮刺。羽状 3-5 小叶，小叶连柄长 5-10 cm，叶革质、椭圆状卵形、倒卵形或披针状卵形，长 2-6 cm，宽 1.2-3.5 cm，边缘有锐锯齿，小叶柄和叶轴有皮刺和腺毛；托叶早落。单花腋生，直径 5-7 cm；花梗长 1.8-2.5 cm，花梗和萼筒密被腺毛；萼片有刺毛和腺毛，内面密被柔毛；花瓣白色；雄蕊多数。果梨形、倒卵形，紫褐色，外面密被刺毛，果梗长约 3 cm，萼片宿存。花期 4-6 月，果期 7-11 月。

生于海拔 200-600 m 山野、田边、溪畔灌丛中。产陕西、安徽、江西、江苏、浙江、湖北、湖南、广东、广西、台湾、福建、四川、云南、贵州。根、叶、果药用。

23. 悬钩子蔷薇
Rosa rubus Lévl. et Vant.

匍匐灌木。全株疏被柔毛；具皮刺。羽状 5 小叶，连叶柄长 8-15 cm，小叶片卵状椭圆形、倒卵形或和圆形，长 3-6 cm，宽 2-4 cm，边缘有尖锐锯齿；小叶柄和叶轴有皮刺；托叶大部贴生于叶柄，全缘，常带腺体。圆锥状伞房花序，10-25 花，总花梗和花梗有腺毛；花梗长 1.5-2 cm，花直径 2.5-3 cm，萼筒球形至倒卵球形，萼片披针形，花瓣白色，花柱合生。果近球形，直径 8-10 mm，猩红色至紫褐色。花期 4-6 月，果期 7-9 月。

生于海拔 300-600 m 山坡、路旁、灌丛中。产甘肃、陕西、湖北、四川、云南、贵州、广西、广东、江西、福建、浙江。

24. 粗叶悬钩子
Rubus alceaefolius Poir.

攀援灌木。全株被黄灰色至锈色绒毛状长柔毛，有稀疏皮刺。单叶，近圆形或宽卵形，长 6-16 cm，宽 5-14 cm，顶端圆钝，基部心形，叶面有囊泡状小突起，边缘 3-7 浅裂，有不整齐粗锯齿，基出 5 脉；叶柄长 3-4.5 cm；托叶大，长 1-1.5 cm，羽状深裂。狭圆锥花序、近总状花序，或头状花束；苞片羽状至掌状，或梳齿状深裂，花直径 1-1.6 cm，花瓣白色。果实近球形，径达 1.8 cm，红色；核有皱纹。花期 7-9 月，果期 10-11 月。

生于海拔 300-600 m 山坡、山谷杂木林内或路旁。产江西、湖南、江苏、福建、台湾、广东、广西、贵州、云南。东南亚、日本均有分布。根、叶药用。

A143. 蔷薇科 Rosaceae

25. 小柱悬钩子
Rubus columellaris Tutch.

攀援灌木，高 1-2.5 m。枝无毛，疏生钩状皮刺。小叶 3，近革质，长卵状披针形，长 3-15 cm，宽 1.5-6 cm，顶生小叶比侧生者长得多，基部近心形；叶柄长 2-4 cm，侧生小叶近无柄，疏生小皮刺。花 3-7 成伞房花序；总花梗长 3-4 cm，花梗长 1-2 cm，疏生钩状小皮刺；花大，直径达 3-4 cm，花萼无毛，萼片花后常反折，花瓣长倒卵形，白色。果实近球形，直径达 1.5 cm，橘红色或褐黄色，无毛。花期 4-5 月，果期 6 月。

生于海拔 200-600 m 杂木林内、沟谷、路旁。产江西、湖南、广东、广西、福建、四川、贵州、云南。

26. 山莓
Rubus corchorifolius L. f.

直立灌木，高 1-3 m。枝具皮刺，幼时被柔毛。单叶，卵形至卵状披针形，长 5-12 cm，宽 2.5-5 cm，基部微心形，有时近圆形，边缘不分裂或 3 裂，具不规则锐锯齿或重锯齿，叶背沿中脉疏生小皮刺，基 3 出脉；叶柄长 1-2 cm；托叶线状披针形。花常单生；花梗长 0.6-2 cm；花直径可达 3 cm；花萼外密被细柔毛，无刺；花瓣白色，长 9-12 mm。果实近球形，直径 1-1.2 cm，红色；核具皱纹。花期 2-3 月，果期 4-6 月。

生于海拔 200-600 m 山坡、溪边、山谷、灌丛。除东北、甘肃、青海、新疆、西藏外，全国均产。朝鲜、日本、缅甸、越南均有分布。果、根、叶药用。

27. 密腺白叶莓
Rubus innominatus var. *aralioides* (Hance) Yü et Lu

直立或攀援灌木。小枝、叶柄、叶背、总花梗、花梗和花萼外面密被腺毛和稀疏绒毛状柔毛，疏生钩状皮刺。小叶 3-5 枚，长 4-10 cm，宽 2.5-7 cm，顶生小叶卵形或近圆形，边缘 3 裂或缺刻状浅裂，侧生小叶斜卵状披针形或斜椭圆形，具尖锐锯齿。总状或圆锥花序，花梗长 4-10 mm；苞片线状披针形；萼片卵形，长 5-8 mm；花瓣倒卵形或近圆形，紫红色，边啮蚀状，基部具爪；雄蕊稍短于花瓣；花柱无毛。果实近球形，橘红色。花期 5-6 月，果期 7-8 月。

生于海拔 100-400 m 山坡密林、灌丛中。产江西、广东、浙江、福建。

A143. 蔷薇科 Rosaceae

28. 高粱泡
Rubus lambertianus Ser.

半落叶藤状灌木。枝、叶、叶柄具皮刺。单叶，宽卵形，稀长圆状卵形，长 5-10 cm，宽 1-8 cm，基部心形，两面被疏柔毛，边缘 3-5 裂或呈波状，有细锯齿；叶柄长 2-4 cm；托叶离生，线状深裂，脱落。圆锥花序顶生，或簇生叶腋，被细柔毛；花梗长 0.5-1 cm；花直径约 8 mm；萼片卵状披针形，全缘；花瓣白色，无毛；雌蕊 15-20。果实近球形，直径 6-8 mm，红色；核具明显皱纹。花期 7-8 月，果期 9-11 月。

生于海拔 200-580 m 林缘、山坡灌丛、路旁。产河南、湖北、湖南、安徽、江西、江苏、浙江、福建、台湾、广东、广西、云南。日本也有分布。根、叶、种子供药用。

29. 茅莓
Rubus parvifolius L.

灌木。枝呈弓形弯曲，全株被柔毛和稀疏钩状皮刺。小叶 3，菱状圆形或倒卵形，长 2.5-6 cm，宽 2-6 cm，顶端急尖，叶背密被灰白色绒毛，边缘有粗锯齿，或缺刻状粗重锯齿，基部具浅裂片；叶柄长 2.5-5 cm，顶生小叶柄长 1-2 cm；托叶线形，长 5-7 mm。伞房花序，花梗长 0.5-1.5 cm；花直径约 1 cm，萼片卵状披针形，花瓣粉红至紫红色，具爪，子房具柔毛。果实卵球形，直径 1-1.5 cm，红色；核有浅皱纹。花期 5-6 月，果期 7-8 月。

生于海拔 300-600 m 山坡杂木林下、路旁、荒野。除新疆、西藏等地外，全国均产。日本、朝鲜也有分布。果可食用、酿酒。全株入药。

30. 梨叶悬钩子
Rubus pirifolius Smith

攀援灌木；枝具柔毛和扁平皮刺。单叶，近革质，椭圆状长圆形，长 6-11 cm，宽 3.5-5.5 cm，顶端急尖至短渐尖，基部圆形，两面沿叶脉有柔毛，逐渐脱落至近无毛，侧脉 5-8 对，边缘具不整齐的粗锯齿；托叶分离，早落，条裂，有柔毛。圆锥花序顶生或生于上部叶腋内；总花梗、花梗和花萼密被灰黄色短柔毛；花直径 1-1.5 cm；花瓣小，白色，长 3-5 mm，短于萼片；雄蕊多数，花丝线形；雌蕊 5-10，通常无毛。果实直径 1-1.5 cm，由数个小核果组成，带红色，无毛；小核果较大，长 5-6 mm，有皱纹。花期 4-7 月，果期 8-10 月。

生于山地较荫蔽处。产福建、台湾、广东、广西、贵州、四川、云南。泰国、越南、老挝、柬埔寨、印度尼西亚、菲律宾也有分布。

A143. 蔷薇科 Rosaceae

31. 锈毛莓
Rubus reflexus Ker

攀援灌木。全株被锈色绒毛，有稀疏小皮刺。单叶，心状长卵形，长 7-14 cm，宽 5-11 cm，叶面有明显皱纹，叶背密被锈色绒毛，边缘 3-5 裂，有粗锯齿，顶生裂片披针形或卵状披针形，比侧生裂片长很多；叶柄长 2.5-5 cm；托叶宽倒卵形，梳齿状。花数朵集生叶腋，或总状花序顶生；花梗长 3-6 mm，花直径 1-1.5 cm，外萼片顶端常掌状分裂，花瓣白色。果实近球形，深红色；核有皱纹。花期 6-7 月，果期 8-9 月。

生于海拔 300-600 m 山坡灌丛、山谷疏林、路旁。产江西、湖南、浙江、福建、台湾、广东、广西。果可食。根入药。

31a. 深裂锈毛莓
Rubus reflexus var. *lanceolobus* Metc.

与原变种区别为：叶片心状宽卵形或近圆形，边缘 5-7 深裂，裂片披针形或长圆披针形。

生于低海拔的山谷或路边疏林中。产湖南、福建、广东、广西。

32. 空心泡
Rubus rosaefolius Smith

直立或攀援灌木。全株有浅黄色腺点，疏生直立皮刺。羽状复叶，小叶 5-7；小叶卵状披针形或披针形，长 3-5 cm，宽 1.5-2 cm，基部圆形，边缘有缺刻状重锯齿；叶柄长 2-3 cm，顶生小叶柄长 0.8-1.5 cm；托叶卵状披针形，具柔毛。常 1-2 花；花梗长 2-3.5 cm；花直径 2-3 cm；萼片披针形，顶端长尾尖；花瓣长 1-1.5 cm，白色，具爪；花托具短柄。果实长圆状卵圆形，长 1-1.5 cm，红色；核有深窝孔。花期 3-5 月，果期 6-7 月。

生于海拔 200-600 m 山地杂木林内、草坡、路旁。产江西、湖南、安徽、浙江、福建、台湾、广东、广西、四川、贵州。印度、缅甸、泰国、老挝、越南、柬埔寨、日本、印度尼西亚、大洋洲、非洲、马达加斯加均有分布。根、嫩枝、叶药用。

A143. 蔷薇科 Rosaceae

33. 木莓
Rubus swinhoei Hance

落叶或半常绿灌木，高 1-4 m。茎疏生微弯小皮刺。单叶，叶形变化较大，自宽卵形至长圆披针形，长 5-11 cm，宽 2.5-5 cm，基部截形至浅心形，叶面仅沿中脉有柔毛，叶背密被灰色绒毛或近无毛；叶柄长 5-12 mm，被灰白色绒毛；托叶早落。常 5-6 花，成总状花序；总梗、花梗均被紫褐色腺毛；花直径 1-1.5 cm，花萼被灰色绒毛，花瓣白色，宽卵形，有细短柔毛。果实球形，直径 1-1.5 cm。花期 5-6 月，果期 7-8 月。

生于海拔 200-500 m 疏林、灌丛。产陕西、湖北、湖南、江西、安徽、江苏、浙江、福建、台湾、广东、广西、贵州、四川。果可食。根皮可提取栲胶。

34. 中华绣线菊
Spiraea chinensis Maxim.

灌木，高 1.5-3 m。小枝呈拱形弯曲，幼时被黄色绒毛。叶片菱状卵形至倒卵形，长 2.5-6 cm，宽 1.5-3 cm，边缘有缺刻状粗锯齿，两面具柔毛。伞形花序具花 16-25 朵；花梗长 5-10 mm，具短绒毛；苞片线形；花直径 3-4 mm；萼筒钟状；萼片卵状披针形；花瓣白色；雄蕊 22-25，短于花瓣或与花瓣等长；花盘波状圆环形；子房具短柔毛，花柱短于雄蕊。蓇葖果开张，全体被短柔毛。花期 3-6 月，果期 6-10 月。

生于海拔 200-600 m 山坡、山顶。产华东、华中、华南、西南。

A146. 胡颓子科 Elaeagnaceae

1. 蔓胡颓子（藤胡颓子）
Elaeagnus glabra Thunb.

常绿蔓生或攀援灌木。稀具刺；幼枝密被锈色鳞片。叶革质，卵形或卵状椭圆形，长 4-12 cm，宽 2.5-5 cm，顶端渐尖或长渐尖，叶面幼时具褐色鳞片，后脱落，深绿色，叶背灰绿色或铜绿色，被褐色鳞片，侧脉 6-8 对，下面凸起；叶柄长 5-8 mm。伞形总状花序；花淡白色，下垂，密被银白色和散生少数褐色鳞片，花梗长 2-4 mm，萼筒漏斗形，内面具白色星状柔毛。果实矩圆形，长 14-19 mm，红色。花期 9-11 月，果期翌年 4-5 月。

生于海拔 100-600 m 阔叶林中、林缘。产江苏、浙江、福建、台湾、安徽、江西、湖北、湖南、四川、贵州、广东、广西。日本也有分布。果可食或酿酒。叶、根药用。

A146. 胡颓子科 Elaeagnaceae

2. 胡颓子（羊奶子）
Elaeagnus pungens Thunb.

常绿直立灌木。枝具刺，长 20-40 mm；幼枝扁棱形，密被锈色鳞片。叶革质，椭圆形或阔椭圆形，长 5-10 cm，宽 1.8-5 cm，两端钝形或基部圆形，边缘微反卷，叶面具光泽，叶背密被银白色和少数褐色鳞片，侧脉 7-9 对，上面凸起；叶柄长 5-8 mm。花 1-3 腋生，花白色或淡白色，下垂，密被鳞片；花梗长 3-5 mm；萼筒圆筒形，长 5-7 mm，内面生星状短柔毛。果实椭圆形，长 12-14 mm，红色。花期 9-12 月，果期翌年 4-6 月。

生于海拔 200-600 m 山坡灌丛、路旁。产江苏、浙江、福建、安徽、江西、湖北、湖南、贵州、广东、广西。日本也有分布。种子、叶和根可入药。果实可生食、酿酒。

A147. 鼠李科 Rhamnaceae

1. 多花勾儿茶（牛鼻圈）
Berchemia floribunda (Wall.) Brongn.

藤状或直立灌木。幼枝黄绿色，光滑无毛。叶纸质，上部叶较小，下部叶较大，椭圆形至矩圆形，长达 11 cm，宽达 6.5 cm，顶端钝或圆形，基部圆形，稀心形，侧脉 9-12 条；叶柄长 1-2 cm；托叶狭披针形，宿存。聚伞圆锥花序，花多数，长可达 15 cm；花梗长 1-2 mm，萼三角形，花瓣倒卵形。核果圆柱状椭圆形，直径 4-5 mm，基部有宿存花盘。花期 7-10 月，果期翌年 4-7 月。

生于海拔 200-600 m 阔叶林中、林缘、路旁灌丛中。产山西、陕西、甘肃、河南、安徽、江苏、浙江、江西、福建、广东、广西、湖南、湖北、四川、贵州、云南、西藏。印度、尼泊尔、不丹、越南、日本也有分布。

2. 铁包金（米拉藤）
Berchemia lineata (L.) DC.

藤状或矮灌木。小枝密被短柔毛。叶纸质，矩圆形或椭圆形，长 5-20 mm，宽 4-12 mm，顶端圆形或钝，具小尖头，基部圆形，两面无毛，侧脉 4-5 条；叶柄短，长不超过 2 mm，被短柔毛；托叶披针形，宿存。聚伞总状花序；花白色，长 4-5 mm，无毛，花梗长 2.5-4 mm，萼片条形，花瓣匙形。核果圆柱形，直径约 3 mm，紫黑色，基部有宿存的花盘和萼筒。花期 7-10 月，果期 11 月。

生于海拔 150-400 m 山野、路旁。产广东、广西、福建、台湾。印度、越南、日本也有分布。根、叶药用。

A147. 鼠李科 Rhamnaceae

3. 光枝勾儿茶
Berchemia polyphylla var. *leioclada* Hand.-Mazz.

藤状灌木，高 1-3 m。小枝黄褐色，光滑无毛。叶纸质，卵状椭圆形，长 1.5-3.5 cm，宽 0.8-1.7 cm，顶端圆钝，或具短尖头，基部圆形，两面无毛，侧脉 5-7 对。花浅绿色或白色，无毛；2-4 朵簇生成具短梗的聚伞花序，后组成顶生圆锥花序，花及花序光滑无毛。花梗长 2-5 mm，萼片卵状三角形，顶端尖；花瓣近圆形。核果卵球形，长 7-9 mm，直径 3-3.5 mm，成熟时红色，后变黑色，基部花盘和萼筒宿存。花期 5-9 月，果期 7-11 月。

生于海拔 100-600 m 的路旁、山坡灌丛及林缘。产陕西、四川、云南、贵州、广西、广东、福建、湖南、湖北。越南亦有分布。

4. 枳椇（拐枣）
Hovenia acerba Lindl.

乔木，高达 25 m。小枝具皮孔。叶互生，厚纸质至纸质，宽卵形、椭圆状卵形或心形，长 8-17 cm，宽 6-12 cm，边缘具细锯齿，稀近全缘，叶背沿脉常被短柔毛；叶柄长 2-5 cm。二歧聚伞圆锥花序，被棕色短柔毛；花两性；萼片长 1.9-2.2 mm，花瓣椭圆状匙形，长 2-2.2 mm，具短爪，花盘被柔毛。浆果状核果近球形，直径 5-6.5 mm，黄褐色；果序轴明显膨大。种子黑紫色。花期 5-7 月，果期 8-10 月。

生于海拔 200-500 m 阔叶林中、林缘、路旁。产甘肃、陕西、河南、安徽、江苏、浙江、江西、福建、广东、广西、湖南、湖北、四川、云南、贵州。印度、尼泊尔、不丹、缅甸也有分布。果序轴可生食、酿酒、熬糖、药用。

5. 马甲子（白棘）
Paliurus ramosissimus (Lour.) Poir.

灌木。小枝被短柔毛。叶互生，纸质，宽卵形、卵状椭圆形或近圆形，长 3-7 cm，宽 2.2-5 cm，边缘具钝细锯齿，两面沿脉被细短柔毛，基出 3 脉；叶柄长 5-9 mm，被毛，基部有 2 个针刺，刺长 0.4-1.7 cm。聚伞花序腋生，被黄色绒毛；萼片长 2 mm，花瓣匙形，长 1.5-1.6 mm，子房 3 室，每室具 1 胚珠，花柱 3 深裂。核果杯状，被黄褐色或棕褐色绒毛，周围具窄翅，直径 1-1.7 cm。种子紫红色。花期 5-8 月，果期 9-10 月。

生于海拔 200-600 m 山地林缘、路旁。产江苏、浙江、安徽、江西、湖南、湖北、福建、台湾、广东、广西、云南、贵州、四川。朝鲜、日本、越南也有分布。根、枝、叶、花、果均供药用。

A147. 鼠李科 Rhamnaceae

6. 长叶冻绿
Rhamnus crenata Sieb. et Zucc.

落叶灌木或小乔木。小枝被疏柔毛。叶纸质，倒卵状椭圆形、椭圆形或倒卵形，稀倒披针状椭圆形，长 4-14 cm，宽 2-5 cm，顶端渐尖或骤缩成短尖，边缘具齿，叶背被柔毛，侧脉 7-12；叶柄长 4-10 mm。聚伞花序腋生，总花梗长 4-10 mm；花梗长 2-4 mm，被短柔毛，花瓣顶端 2 裂，子房 3 室，花柱不分裂。核果球形或倒卵状球形，紫黑色，直径 6-7 mm，具 3 分核。种子无沟。花期 5-8 月，果期 8-10 月。

生于海拔 100-600 m 山地林下、灌丛。产陕西、河南、安徽、江苏、浙江、江西、福建、台湾、广东、广西、湖南、湖北、四川、贵州、云南。朝鲜、日本、越南、老挝、柬埔寨也有分布。根、皮药用。

7. 钩齿鼠李
Rhamnus lamprophylla Schneid.

灌木或小乔木，小枝互生，稀近对生，灰褐色或黄褐色；枝端刺状；芽小，具数个鳞片，无毛。叶纸质或薄纸质，互生或在短枝上簇生，长椭圆形或椭圆形，长 5-12 cm，宽 2-5.5 cm，顶端尾状渐尖或渐尖，基部楔形，边缘有钩状内弯的圆锯齿，两面无毛，侧脉每边 4-6 条，两面凸起，具不明显的网脉；叶柄长 5-10 mm；托叶早落。花单性，雌雄异株，4 基数，黄绿色。核果倒卵状球形，长 6-7 mm，成熟时黑色，有 2-3 分核，基部有宿存的萼筒；种子背面仅下部 1/4 具短沟，上部有沟缝。花期 4-5 月，果期 6-9 月。

生于海拔 100-300 m 的山地林中或溪边阴处。产江西、湖南、湖北、四川、贵州、云南、广东、广西、福建。

8. 尼泊尔鼠李
Rhamnus napalensis (Wall.) Laws

直立或藤状灌木。枝无刺；幼枝被短柔毛，小枝具多数皮孔。叶近革质，大小异形，交替互生；小叶近圆形，长 2-5 cm，宽 1.5-2.5 cm；大叶宽椭圆形，长 6-17 cm，宽 3-8.5 cm，两端圆形，边缘具圆齿或钝锯齿，叶背仅脉腋被簇毛；叶柄长 1.3-2 cm。聚伞总状花序腋生，长可达 12 cm；花单性，雌雄异株，5 基数，萼片长三角形，长 1.5 mm；花瓣匙形；雌花的花瓣早落。核果倒卵状球形，直径 5-6 mm。花期 5-9 月，果期 8-11 月。

生于海拔 600 m 以下疏密林、灌丛中。产浙江、江西、福建、广东、广西、湖南、湖北、贵州、云南、西藏。印度、尼泊尔、孟加拉国、缅甸也有分布。

A147. 鼠李科 Rhamnaceae

9. 皱叶鼠李
Rhamnus rugulosa Hemsl.

灌木，高 1 m 以上；老枝深红色或紫黑色，平滑无毛，有光泽，互生，枝端有针刺；腋芽小，卵形，鳞片数个，被疏毛。叶厚纸质，通常互生，或 2-5 个在短枝端簇生，长 3-10 cm，宽 2-6 cm，边缘有钝细锯齿或细浅齿，上面暗绿色，干时常皱褶，下面灰绿色，密被毛或仅沿脉上被毛，侧脉每边 5-7（8）条，上面下陷，下面凸起；叶柄长 5-16 mm，被白色短柔毛。花单性，雌雄异株，黄绿色，被疏短柔毛，4 基数，有花瓣。核果倒卵状球形或圆球形，长 6-8 mm，成熟时紫黑色或黑色，具 2 或 3 分核，基部有宿存的萼筒；种子矩圆状倒卵圆形，背面有与种子近等长的纵沟。花期 4-5 月，果期 6-9 月。

常生于海拔 200-500 m 向阳山坡。产甘肃、陕西、山西、河南、安徽、江西、湖南、湖北、四川及广东。

10. 亮叶雀梅藤
Sageretia lucida Merr.

藤状灌木，无刺或具刺；小枝无毛。叶薄革质，互生，卵状矩圆形或卵状椭圆形，长 3.5-12 cm，宽 1.5-4 cm，基部常不对称，具圆锯齿，上面无毛，有光泽，下面仅脉腋具髯毛，侧脉每边 5-6 条，上面平，下面凸起，叶柄长 8-12 mm。短穗状花序，花近无梗，绿色；花序轴无毛；萼片三角状卵形，长 1.3-1.5 mm；花瓣兜状，短于萼片；雄蕊与花瓣等长。核果，椭圆状卵形，直径 5-7 mm，熟时红色。花期 4-7 月，果期 9-12 月。

生于海拔 300-500 m 的山谷疏林中。产广东、广西和福建。

11. 皱叶雀梅藤
Sageretia rugosa Hance

藤状或直立灌木；幼枝和小枝被锈色绒毛或密短柔毛，侧枝有时缩短成钩状。叶互生或近对生，卵状矩圆形或卵形，长 3-8 cm，宽 2-5 cm，顶端锐尖或短渐尖，基部近圆形，边缘具细锯齿，幼叶上面常被白色绒毛，后渐脱落，下面被锈色绒毛，稀渐脱落，侧脉每边 6-8 条，有明显的网脉，侧脉和网脉上面明显下陷；叶柄长 3-8 mm，上面具沟，被密短柔毛。花无梗，排成顶生或腋生穗状或穗状圆锥花序；花序轴被密短柔毛或绒毛；花瓣匙形，顶端 2 浅裂，短于萼片。核果圆球形，具 2 分核。花期 7-12 月，果期翌年 3-4 月。

生于沟谷密林中。产广东、广西、湖南、湖北、四川、贵州、云南。

A147. 鼠李科 Rhamnaceae

12. 雀梅藤
Sageretia thea (Osbeck) Johnst.

　　藤状或直立灌木。小枝具刺，被短柔毛。叶纸质，近对生，椭圆形、矩圆形或卵状椭圆形，长 1-4.5 cm，宽 0.7-2.5 cm，基部圆形或近心形，边缘具细锯齿，侧脉 3-5；叶柄长 2-7 mm，被短柔毛。圆锥状穗状花序，花序轴长 2-5 cm，被绒毛或密短柔毛；花无梗，黄色，有芳香，花瓣匙形，顶端 2 浅裂，柱头 3 浅裂，子房 3 室，每室具 1 胚珠。核果近圆球形，紫黑色，1-3 分核。花期 7-11 月，果期翌年 3-5 月。

　　生于海拔 100-600 m 山地林下、路旁灌丛。产安徽、江苏、浙江、江西、福建、台湾、广东、广西、湖南、湖北、四川、云南。印度、越南、朝鲜、日本也有分布。叶可代茶、药用。

13. 翼核果
Ventilago leiocarpa Benth.

　　藤状灌木。幼枝被短柔毛。叶薄革质，卵状矩圆形或卵状椭圆形，长 4-8 cm，宽 1.5-3.2 cm，顶端渐尖，具不明显的疏细锯齿，侧脉 4-6；叶柄长 3-5 mm，上面被疏短柔毛。花簇生或聚伞圆锥花序；花小、两性，5 基数，花梗长 1-2 mm，萼片三角形，花瓣倒卵形，顶端微凹，花盘厚，五边形，子房 2 室，每室具 1 胚珠，花柱 2 半裂。核果长 3-6 cm，核径 4-5 mm，翅宽 7-9 mm。花期 3-5 月，果期 4-7 月。

　　生于海拔 200-500 m 疏林下、灌丛中。产台湾、福建、广东、广西、湖南、云南。印度、缅甸、越南也有分布。根入药，补气血、舒筋活络。

A148. 榆科 Ulmaceae

1. 榔榆（小叶榆）
Ulmus parvifolia Jacq.

　　落叶乔木，高达 25 m。树皮呈不规则鳞状薄片剥落，当年生枝密被短柔毛；冬芽卵圆形，红褐色，无毛。叶质地厚，披针状卵形或窄椭圆形，长 1.7-8 cm，宽 0.8-3 cm，基部偏斜，边缘具单锯齿，侧脉 10-15；叶柄长 2-6 mm。聚伞花序簇生；花被片 4，深裂，花梗极短，被疏毛。翅果椭圆形，宽 6-8 mm，果核部分位于翅果的中上部，上端接近缺口。花果期 8-10 月。

　　生于海拔 200-500 m 阔叶林中、林缘、路旁。产河北、山东、江苏、安徽、浙江、福建、台湾、江西、广东、广西、湖南、湖北、贵州、四川、陕西、河南。日本、朝鲜也有分布。

A149. 大麻科 Cannabaceae

1. 紫弹树
Celtis biondii Pamp.

落叶乔木，高达 18 m。嫩枝密被短柔毛，渐脱落；冬芽黑褐色，芽鳞密被柔毛。叶薄革质，宽卵形、卵形至卵状椭圆形，长 2.5-7 cm，宽 2-3.5 cm，基部稍偏斜，先端渐尖至尾状渐尖，中部以上疏具浅齿；叶柄长 3-6 mm；托叶条状披针形，迟落。果序单生叶腋，具 1-3 果，总梗连同果梗长 1-2 cm，被糙毛；果黄色至橘红色，近球形，直径约 5 mm，核径约 4 mm，具 4 肋，表面网孔状。花期 4-5 月，果期 9-10 月。

生于海拔 150-600 m 山地灌丛、杂木林中。广东、广西、贵州、云南、四川、甘肃、陕西、河南、湖北、福建、浙江、台湾、江西、浙江、江苏、安徽。日本、朝鲜也有分布。

2. 朴树
Celtis sinensis Pers.

落叶乔木。树皮平滑，灰色；一年生枝被密毛。叶互生，革质，宽卵形至狭卵形，先端急尖至渐尖，基部偏斜，中部以上有浅锯齿，基出 3 脉，叶面无毛，叶背沿脉及脉腋疏被毛。花杂性，生当年生叶腋。果序 1-3 果，果柄较叶柄近等长；果近球形，直径约 8 mm，黄色至橙黄色；核近球形，直径约 5 mm，红褐色，具 4 条肋，表面有网孔状凹陷。花期 3-4 月，果期 9-10 月。

生于海拔 100-500 m 路旁、山坡、林缘。产山东、河南、江苏、安徽、浙江、福建、江西、湖南、湖北、四川、贵州、广西、广东、台湾。

3. 假玉桂（樟叶朴）
Celtis timorensis Span.

常绿乔木，高达 20 m。嫩枝有金褐色短毛，老枝具短条形皮孔。叶革质，卵状椭圆形或卵状长圆形，长 5-13 cm，宽 2.5-6.5 cm，先端渐尖至尾尖，基部稍不对称，基部一对侧脉延伸达 3/4 以上，中部以上具浅钝齿；叶柄长 3-12 mm。聚伞圆锥花序，具 10 花，幼时被金褐色毛，两性花多生于花序分枝先端。果序常 3-6 果，果宽卵状，长 8-9 mm，黄色、橙红色；核椭圆状球形，具 4 肋及网孔状凹陷。花果期？

生于海拔 150-300 m 阔叶林中、山坡灌丛、路旁。产西藏、云南、四川、贵州、广西、广东、海南、福建。印度、斯里兰卡、缅甸、越南、马来西亚、印度尼西亚也有分布。

A149. 大麻科 Cannabaceae

4. 西川朴
Celtis vandervoetiana Schneid.

落叶乔木，高达 20 m。树皮灰色至褐灰色；当年生小枝、叶柄和果梗均无毛，有散生皮孔；冬芽的内部鳞片具棕色柔毛。叶厚纸质，卵状椭圆形至卵状长圆形，长 8-13 cm，宽 3.5-7.5 cm，基部近圆形，稍不对称，先端渐尖至短尾尖，无毛或脉间有簇毛。果单生叶腋，果梗粗壮，长 17-35 mm，果近球形，熟时黄色，无宿存的花柱基，长 15-17 mm；果核具 4 条纵肋，有网孔状凹陷。花期 4 月，果期 9-10 月。

多生于山谷阴处、林中。产云南、广西、广东、福建、浙江、江西、湖南、贵州、四川。

5. 葎草
Humulus scandens (Lour.) Merr.

缠绕草本，茎、枝、叶柄均具倒钩刺。叶纸质，肾状五角形，掌状 5-7 深裂，长宽 7-10 cm，基部心脏形，叶面粗糙，疏生糙伏毛，叶背有柔毛和黄色腺；叶柄长 5-10 cm。雄花序圆锥花序，黄绿色，长 15-25 cm。雌花序球果状，直径约 5 mm；苞片纸质，三角形，顶端渐尖，具白色绒毛，子房为苞片包围，柱头 2，伸出苞片外。瘦果成熟时露出苞片外。花期 3-7 月，果期 7-11 月。

生于海拔 100-500 m 林缘、溪边。除新疆、青海外，全国均产。日本、越南也有分布。全草药用。

6. 青檀
Pteroceltis tatarinowii Maxim.

乔木，高达 20 m。树皮不规则长片状剥落；小枝具皮孔，冬芽卵形。叶纸质，宽卵形至长卵形，长 3-10 cm，宽 2-5 cm，先端渐尖至尾状渐尖，基部不对称，边缘具锯齿，基出 3 脉，侧出的一对近直伸达叶的上部，叶背脉腋有簇毛；叶柄长 5-15 mm，被短柔毛。翅果状坚果近圆形，直径 10-17 mm，翅宽，下端截形或浅心形，顶端有凹缺；果梗纤细，长 1-2 cm，被短柔毛。花期 3-5 月，果期 8-20 月。

生于海拔 100-500 m 山谷溪边、山地疏林中。产辽宁、河北、山西、陕西、甘肃、青海、山东、江苏、安徽、浙江、江西、福建、河南、湖北、湖南、广东、广西、四川、贵州。

A149. 大麻科 Cannabaceae

7. 光叶山黄麻
Trema cannabina Lour.

　　灌木或小乔木。叶近膜质，卵形或卵状矩圆形，长 4-9 cm，宽 1.5-4 cm，先端尾状渐尖或渐尖，基部圆或浅心形，边缘具圆齿，叶面近光滑，叶背仅脉上疏生柔毛，基出 3 脉，其侧生 2 脉伸达中上部；叶柄长 4-8 mm，被柔毛。花单性，雌雄同株或雌雄同序，聚伞花序，短于叶柄；雄花具梗，花被片 5。核果近球形，直径 2-3 mm，橘红色，有宿存花被。花期 3-6 月，果期 9-10 月。

　　生于海拔 50-500 m 河边、山坡疏林、灌丛。产浙江、江西、福建、台湾、湖南、贵州、广东、海南、广西、四川。印度、中南半岛、新加坡、马来西亚、印度尼西亚、日本、大洋洲也有分布。

8. 山黄麻
Trema tomentosa (Roxb.) Hara

　　小乔木或灌木；小枝灰褐至棕褐色，密被灰色短绒毛。叶宽卵形或卵状矩圆形，长 7-15（-20）cm，宽 3-7（-8）cm，先端渐尖至尾状渐尖，基部心形，明显偏斜，边缘有细锯齿，两面近于同色，叶面极粗糙，有直立的基部膨大的硬毛，叶背有灰色短绒毛，基出脉 3，侧生的一对达叶片中上部，侧脉 4-5 对；叶柄长 7-18 mm。雄花序长 2-4.5 cm；雄花直径 1.5-2 mm，花被片 5，雄蕊 5，退化雌蕊倒卵状矩圆形。雌花序长 1-2 cm；雌花具短梗，在果时增长，花被片 5-4，子房无毛。核果宽卵珠状，压扁，直径 2-3 mm，表面无毛。花期 3-6 月，果期 9-11 月。

　　生于路边旷野。产福建、台湾、广东、海南、广西、四川、贵州、云南和西藏。分布于非洲东部、南亚、东南亚、日本及南太平洋诸岛。

A150. 桑科 Moraceae

1. 白桂木（胭脂木）
Artocarpus hypargyreus Hance

　　大乔木，高达 25 m。树皮深紫色，片状剥落；全株被柔毛。叶互生，革质，椭圆形至倒卵形，长 8-15 cm，宽 4-7 cm，基部楔形，全缘，幼叶羽状浅裂，侧脉 6-7，叶背突起，网脉很明显，干时叶背灰白色；叶柄长 1.5-2 cm。花序单生叶腋。雄花序椭圆形至倒卵圆形，长 1.5-2 cm，总柄长 2-4.5 cm；雄花花被 4 裂，裂片匙形，雄蕊 1。聚花果近球形，浅黄色至橙黄色。花期 3-8 月。

　　生于海拔 160-600 m 常绿阔叶林中。产广东、海南、福建、江西、湖南、云南。

A150. 桑科 Moraceae

2. 二色波罗蜜（小叶胭脂）
Artocarpus styracifolius Pierre

乔木，高达 20 m。树皮粗糙；全株被白色短柔毛。叶互生，排为 2 列，纸质，长圆形或倒卵状披针形，长 4-8 cm，宽 2.5-3 cm，先端渐尖为尾状，基部略下延至叶柄，全缘，侧脉 4-7 对；叶柄长 8-14 mm。花雌雄同株，花序单生叶腋。雄花序椭圆形，花序轴长约 1.5 cm，总花梗长 6-12 mm，雌花花被片先端 2-3 裂。聚花果球形，直径约 4 cm，黄色。花期 9-10 月，果期 11-12 月。

生于海拔 200-500 m 阔叶林中。产广东、海南、广西、云南。中南半岛也有分布。

3. 藤构
Broussonetia kaempferi var. *australis* Suzuki

蔓生藤状灌木。树皮黑褐色；嫩枝被浅褐色柔毛。叶互生，螺旋状排列，卵状椭圆形，长 3.5-8 cm，宽 2-3 cm，先端渐尖至尾尖，基部心形或截形，边缘具细锯齿，齿尖具腺体，全缘，叶面稍粗糙；叶柄长 8-10 mm，被毛。花雌雄异株。雄花序短穗状，长 1.5-2.5 cm，花序轴约 1 cm；雄花花被片 4-3，裂片外面被毛，雄蕊 4-3。雌花为球形头状花序。聚花果直径 1 cm，花柱线形，延长。花期 4-6 月，果期 5-7 月。

生于海拔 200-500 m 山谷灌丛中、沟边、山坡路旁。产浙江、湖北、湖南、安徽、江西、福建、广东、广西、云南、四川、贵州、台湾。韧皮纤维为造纸优良原料。

4. 构树
Broussonetia papyifera (L.) L'Hert. ex Vent.

乔木，高达 20 m。小枝密生柔毛。叶螺旋状排列，广卵形至长椭圆状卵形，长 6-18 cm，宽 5-9 cm，基部心形，两侧不等，边缘具粗锯齿，不分裂或 3-5 裂，背面密被绒毛，基出 3 脉，中脉侧脉 6-7 对；叶柄长 2.5-8 cm；托叶卵形，长 1.5-2 cm。花雌雄异株。雄花：柔荑花序，长 3-8 cm；花被 4 裂，雄蕊 4。雌花：球形头状花序，苞片棍棒状，顶端被毛。聚花果橙红色，直径 1.5-3 cm；瘦果表面有小瘤。花期 4-5 月，果期 6-7 月。

野生或栽培。全国均产。印度、缅甸、泰国、越南、马来西亚、日本、朝鲜也有分布。果实、根、皮可供药用。

A150. 桑科 Moraceae

5. 水蛇麻
Fatoua villosa (Thunb.) Nakai

一年生草本，高 30-80 cm。枝幼时微被长柔毛。叶膜质，卵圆形至宽卵圆形，长 5-10 cm，宽 3-5 cm，先端急尖，基部心形至楔形，边缘锯齿三角形，两面被粗糙贴伏柔毛，侧脉 3-4；叶片在基部稍下延成叶柄。花单性，聚伞花序腋生，直径约 5 mm；雄花钟形，花被裂片长约 1 mm，雄蕊伸出花被片外；雌花花被片宽舟状。瘦果略扁，具三棱，表面散生细小瘤体。种子 1。花期 5-8 月。

生于荒地、路旁、溪边灌丛。产河北、江苏、浙江、江西、福建、湖北、台湾、广东、海南、广西、云南、贵州。菲律宾、印度尼西亚、巴布亚新几内亚也有分布。

6. 石榕树（牛奶子）
Ficus abelii Miq.

灌木。小枝、叶柄密生灰白色粗短毛。叶纸质，窄椭圆形至倒披针形，长 4-9 cm，宽 1-2 cm，基部楔形，全缘，叶背密生短硬毛和柔毛，侧脉 7-9 对，在表面下陷；叶柄长 4-10 mm；托叶长约 4 mm。雄花散生于榕果内壁，近无柄，花被片 3；瘿花生于同一榕果内，花被合生，先端有 3-4 齿裂。榕果单生叶腋，近梨形，直径 1.5-2 cm，紫黑色或褐红色，密生白色短硬毛，总梗长 7-10 mm；瘦果肾形。花期 5-7 月。

生于海拔 200-550 m 山坡灌丛、路旁。产江西、福建、广东、广西、云南、贵州、四川、湖南。尼泊尔、印度、孟加拉国、缅甸、越南也有分布。

7. 天仙果（假枇杷果）
Ficus erecta Thunb.

落叶小乔木或灌木。小枝密生硬毛。叶厚纸质，倒卵状椭圆形，长 7-20 cm，宽 3-9 cm，基部圆形至浅心形，两面被柔毛，侧脉 5-7 对；叶柄长 1-4 cm，密被短硬毛。雄花和瘿花生于同一榕果内壁，雌花生于另一植株的榕果中；雄花花被片 2-4，雄蕊 2-3；瘿花花被片 3-5，柱头 2 裂；雌花花被片 4-6，宽匙形，柱头 2 裂。榕果单生叶腋，总梗长 1-2 cm，球形或梨形，直径 1.2-2 cm，黄红至紫黑色。花果期 5-6 月。

生于山坡林下、溪边。产广东、广西、贵州、湖北、湖南、江西、福建、浙江、台湾。日本、越南也有分布。茎皮纤维可供造纸。

A150. 桑科 Moraceae

8. 台湾榕（细叶台湾榕）
Ficus formosana Maxim.

灌木。小枝、叶柄、叶脉幼时疏被短柔毛。叶膜质，倒披针形，长 4-11 cm，宽 1.5-3.5 cm，中部以下渐窄，至基部成狭楔形，全缘或在中部以上有疏钝齿裂。雄花散生榕果内壁，花被片 3-4，卵形，雄蕊 2；瘿花花被片 4-5，舟状，子房球形，有柄；雌花花被片 4，花柱长，柱头漏斗形。榕果单生叶腋，卵状球形，直径 6-9 mm，绿带红色，总梗长 2-3 mm；瘦果球形，光滑。花期 4-7 月。

生于溪沟旁湿润处。产台湾、浙江、福建、江西、湖南、广东、海南、广西、贵州。越南也有分布。

9. 冠毛榕
Ficus gasparriniana Miq.

灌木，小枝纤细，节短，幼嫩部分被糙毛，后近于无毛。叶纸质，倒卵状椭圆形至倒披针形，长 6-10 cm，宽 2-3 cm，先端急尖至渐尖，基部楔形，全缘，表面粗糙，具瘤体，背面近无毛，基脉短，侧脉 3-8 对；叶柄长约 1 cm，被柔毛；托叶披针形，长约 10 mm。榕果成对腋生或单生叶腋，具柄，柄长不超过 10 mm，幼时卵状椭圆形，被柔毛，后成椭圆状球形，有白斑，长 10-14 mm，成熟时紫红色，顶生苞片脐状凸起，红色，基生苞片 3，宽卵形。瘦果卵球形，光滑。花期 5-7 月。

生于海拔 100-300 m 的山地或溪边密林下。产云南、贵州、广西、广东、福建、江西、湖北、湖南等。分布于印度、缅甸及越南。

10. 粗叶榕
Ficus hirta Vahl

灌木或小乔木。嫩枝中空，小枝、叶和榕果均被金黄色开展的长硬毛。叶互生，纸质，多型，长椭圆状披针形或广卵形，长 10-25 cm，边缘具细锯齿，全缘或 3-5 深裂，基部圆形、浅心形或宽楔形，叶背被绵毛，基生 3-5 脉；叶柄长 2-8 cm。雄花生于榕果内壁近口部，有柄，花被片 4，红色，雄蕊 2-3；瘿花柱头漏斗形；雌花生雌株榕果内，花被片 4。榕果成对腋生，球形或椭圆球形，近无梗；瘦果椭圆球形，表面光滑。花期 4-6 月。

生于村边旷地、山坡林边。产云南、贵州、广西、广东、海南、湖南、福建、江西。尼泊尔、不丹、印度、越南、缅甸、泰国、马来西亚、印度尼西亚也有分布。根、果药用。

A150. 桑科 Moraceae

11. 对叶榕（牛奶子）
Ficus hispida L.

灌木或小乔木。叶常对生，厚纸质，卵状长椭圆形或倒卵状矩圆形，长 10-25 cm，宽 5-10 cm，全缘或有钝齿，基部圆形或近楔形，表面粗糙，两面被短粗毛，侧脉 6-9 对；叶柄长 1-4 cm；托叶 2，卵状披针形。雄花生于榕果内壁口部，多数，花被片 3，雄蕊 1；瘿花无花被；雌花无花被，柱头被毛。榕果腋生，或生于老茎发出的下垂枝上，陀螺形，黄色，直径 1.5-2.5 cm，散生粗毛。花果期 6-7 月。

生于海拔 100-500 m 沟谷林中。产广东、海南、广西、云南、贵州。尼泊尔、不丹、印度、泰国、越南、马来西亚、澳大利亚也有分布。

12. 榕树
Ficus microcarpa L.

大乔木，高达 25 m。老树常有锈褐色气根。叶薄革质，狭椭圆形，长 4-8 cm，宽 3-4 cm，先端钝尖，基部楔形，全缘，侧脉 3-10 对；叶柄长 5-10 mm。雄花、雌花、瘿花同生于一榕果内，花间有少许短刚毛；雄花散生内壁，花丝与花药等长；雌花与瘿花相似，花被片 3，广卵形，花柱近侧生。榕果成对腋生，黄或微红色，扁球形，直径 6-8 mm，无总梗，基生苞片 3，广卵形，宿存；瘦果卵圆形。花期 5-6 月。

生于林缘、路旁。产台湾、浙江、福建、广东、广西、湖北、贵州、云南。斯里兰卡、印度、缅甸、泰国、越南、马来西亚、菲律宾、日本、巴布亚新几内亚、澳大利亚也有分布。

13. 九丁榕
Ficus nervosa Heyne ex Roth

乔木。叶薄革质，椭圆形至倒卵状披针形，长 6-14 cm，宽 2.5-5 cm，先端短渐尖，有钝头，基部楔形，边缘全缘，散生细小乳突状瘤点；侧脉 7-11 对，在背面突起，脉腋有腺体；叶柄长 1-2 cm。榕果单生或成对腋生于叶腋，球形或近球形，直径 1-1.2 cm，无总梗，果梗长 0.5-1 cm。花期 1-8 月。

生于海拔 200-400 m 山谷疏林中。产台湾、福建、广东、海南、广西、云南、四川、贵州。南亚至东南亚也有分布。

A150. 桑科 Moraceae

14. 琴叶榕
Ficus pandurata Hance

小灌木。小枝、嫩叶被白色柔毛。叶纸质,提琴形或倒卵形,长 4-8 cm,基部圆形至宽楔形,中部缢缩,表面无毛,叶背叶脉有疏毛和小瘤点,侧脉 3-5 对;叶柄疏被糙毛,长 3-5 mm;托叶披针形,迟落。雄花有柄,生榕果内壁口部,花被片 4,雄蕊 3;瘿花花被片 3-4;雌花花被片 3-4,柱头漏斗形。榕果单生叶腋,鲜红色,椭圆形或球形,直径 6-10 mm,顶部脐状突起,基生苞片 3,总梗长 4-5 mm。花期 6-8 月。

生于海拔 200-600 m 山地林下、路旁灌丛。产广东、海南、广西、福建、湖南、湖北、江西、安徽、浙江。越南也有分布。

14a. 全缘琴叶榕
Ficus pandurata var. *holophylla* Migo

与原变种区别为:叶倒卵状披针形或披针形,先端渐尖,中部不收缩;榕果椭圆形,直径 4-6 mm,顶部微脐状。花果期同上。

生于海拔 100-400 m 的山坡疏林或灌丛中。我国东南地区广布。

15. 薜荔（凉粉子）
Ficus pumila L.

攀援或匍匐灌木。叶两型,不结果枝的叶卵状心形,长约 2.5 cm,薄革质,基部稍不对称;结果枝上的叶革质,卵状椭圆形,长 5-10 cm,宽 2-3.5 cm,基部圆形至浅心形,全缘,背面被黄褐色柔毛,侧脉 3-4 对,网脉呈蜂窝状;叶柄长 5-10 mm。榕果单生叶腋,长 4-8 cm,径 3-5 cm,顶部截平,黄绿色或微红,总梗粗短;瘦果近球形,有黏液。花果期 5-8 月。

生于海拔 100-600 m 沟谷林下、溪边石上,常攀援于树上。产福建、江西、浙江、安徽、江苏、台湾、湖南、广东、广西、贵州、云南、四川、陕西。日本、越南也有分布。瘦果可作凉粉,藤叶药用。

A150. 桑科 Moraceae

16a. 珍珠莲
Ficus sarmentosa var. *henryi* (King ex Oliv.) Corner

　　木质攀援匍匐藤状灌木。幼枝密被褐色长柔毛。叶革质，卵状椭圆形，长 8-10 cm，宽 3-4 cm，先端渐尖，基部圆形至楔形，叶面无毛，叶背密被褐色柔毛或长柔毛，基生侧脉延长，侧脉 5-7 对，小脉网结成蜂窝状；叶柄长 5-10 mm，被毛。榕果成对腋生，圆锥形，直径 1-1.5 cm，表面密被褐色长柔毛，后脱落，顶生苞片直立，长约 3 mm，基生苞片卵状披针形，长 3-6 mm。花期 5-7 月。

　　生于阔叶林下、灌丛中。产台湾、浙江、江西、福建、广西、广东、湖南、湖北、贵州、云南、四川、陕西、甘肃。瘦果水洗可制作冰凉粉。

16b. 尾尖爬藤榕
Ficus sarmentosa var. *lacrymans* (Lévl. et Vant.) Corner

　　藤状匍匐灌木。叶薄革质，披针状卵形，长 4-8 cm，宽 2-2.5 cm，先端渐尖至尾尖，基部楔形，两面绿色，侧脉 5-6 对，网脉两面平；叶柄长约 5 mm。榕果成对腋生或生于落叶枝叶腋，球形，直径 5-9 mm，表面无毛或薄被柔毛。花期 4-5，果期 6-7 月。

　　生于海拔 100-400 m 的山地林中或林缘，常攀爬于岩石上。产福建、江西、广东、广西、湖南、湖北、贵州、云南、四川、甘肃。越南北部也有。

17. 竹叶榕（竹叶牛奶子）
Ficus stenophylla Hemsl.

　　小灌木。小枝散生灰白色硬毛，节间短。叶纸质，线状披针形，长 5-13 cm，基部楔形至近圆形，背面有小瘤体，全缘背卷，侧脉 7-17 对；托叶披针形，红色，无毛，长约 8 mm；叶柄长 3-7 mm。雄花和瘿花同生于雄株榕果中；雌花生于另一植株榕果中。榕果椭圆状球形，被柔毛，直径 7-8 mm，深红色，总梗长 20-40 mm；瘦果透镜状，顶部具棱骨。花果期 5-7 月。

　　生于沟旁堤岸边。产福建、台湾、浙江、湖南、湖北、广东、海南、广西、贵州。越南、泰国也有分布。茎药用，清热利尿、止痛。

A150. 桑科 Moraceae

18. 笔管榕
Ficus superba Miq. var. *japonica* Miq.

　　落叶乔木。叶互生或簇生，近纸质，无毛，椭圆形至长圆形，长 10-15 cm，宽 4-6 cm，先端短渐尖，基部圆形，边缘全缘，侧脉 7-9 对；叶柄长 3-7 cm，近无毛；托叶膜质，长约 2 cm，早落。雄花、瘿花、雌花生于同一榕果内；雄花很少，生内壁近口部，无梗，花被片 3。榕果单生、成对生或簇生，扁球形，直径 5-8 mm，紫黑色，顶部微下陷，总梗长 3-4 mm。花期 4-6 月。

　　生于海拔 140-500 m 山坡林中、路旁。产台湾、福建、浙江、海南、云南。中南半岛、马来西亚至琉球群岛也有分布。

19. 变叶榕
Ficus variolosa Lindl. ex Benth.

　　灌木或小乔木。叶薄革质，狭椭圆形至椭圆状披针形，长 5-12 cm，宽 1.5-4 cm，先端钝或钝尖，基部楔形，全缘，侧脉 7-15 对，与中脉略成直角展出；叶柄长 6-10 mm；托叶长三角形，长约 8 mm。瘿花子房球形，花柱短，侧生；雌花生另一植株榕果内壁，花被片 3-4。榕果成对或单生叶腋，球形，直径 10-12 mm，表面有瘤体，总梗长 8-12 mm；瘦果表面有瘤体。花期 12 月至翌年 6 月。

　　生于溪边林下潮湿处。产浙江、江西、福建、广东、广西、湖南、贵州、云南。越南、老挝也有分布。茎、叶、根药用。

20. 构棘（葨芝）
Maclura cochinchinensis (Lour.) Corner

　　直立或攀援状灌木。枝具粗壮弯曲的腋生刺，刺长约 1 cm。叶革质，椭圆状披针形或长圆形，长 3-8 cm，宽 2-2.5 cm，全缘，侧脉 7-10 对；叶柄长约 1 cm。花雌雄异株，均为具苞片的球形头状花序，每花具 2-4 苞片，苞片锥形，内面具 2 个黄色腺体。雄花：花被片 4，不相等，雄蕊 4。雌花序微被毛。聚合果肉质，直径 2-5 cm，橙红色；核果卵圆形，光滑。花期 4-5 月，果期 6-7 月。

　　生于村庄附近、荒野。产东南至西南。斯里兰卡、印度、尼泊尔、不丹、中南半岛、马来西亚、菲律宾、日本、澳大利亚、新喀里多尼亚也有分布。茎皮、根皮药用。

A150. 桑科 Moraceae

21. 柘树
Maclura tricuspidata Carrière

落叶灌木或小乔木。树皮灰褐色，小枝无毛，有棘刺，刺长 5-20 mm。叶卵形或菱状卵形，偶为三裂，长 5-14 cm，宽 3-6 cm，基部楔形至圆形，背面绿白色，侧脉 4-6 对；叶柄长 1-2 cm，被微柔毛。雌雄异株，均为球形头状花序，单生或成对腋生，具短总花梗。雄花：有苞片 2 枚，花被片 4，内面有黄色腺体 2 个，雄蕊 4。雌花序直径 1-1.5 cm。聚花果近球形，直径约 2.5 cm，橘红色。花期 5-6 月，果期 6-7 月。

生于海拔 300-600 m 山地灌丛、林缘。产华北、华东、中南、西南。朝鲜亦有分布。根皮药用。嫩叶可以养幼蚕。果可生食或酿酒。

22. 桑
Morus alba L.

乔木或灌木。树皮灰色，具不规则浅纵裂；冬芽红褐色，芽鳞覆瓦状排列，有细毛。叶卵形，长 5-15 cm，宽 5-12 cm，基部圆形至浅心形，具粗钝齿，偶不规则分裂，脉腋有簇毛；叶柄长 1.5-5.5 cm。花单性，与叶同时生出；雄花序下垂，长 2-3.5 cm，雌花序长 1-2 cm，均被柔毛。聚花果，卵状椭圆形，长 1-2.5 cm，熟时暗紫色。花期 4-5 月，果期 5-8 月。

多生于村边旷地。原产我国，现广植于各地。朝鲜、日本、蒙古、印度、越南、俄罗斯、中亚、欧洲等亦均有栽培。

A151. 荨麻科 Urticaceae

1. 密球苎麻
Boehmeria densiglomerata W. T. Wang

多年生草本。枝上部疏被短糙伏毛。叶对生，草质，心形或圆卵形，长 5-9 cm，宽 5-8 cm，顶端渐尖，边缘具牙齿，两面被短糙伏毛，基出脉 3 条；叶柄长 2.5-6.9 cm。团伞花序，两性花序、雄性花序分枝，雌性花序不分枝，花序长 2.5-5.5 cm。雄花：花被片 4，基部合生，外面疏被短糙伏毛；雄蕊 4，花丝长 1.6 mm；退化雌蕊倒卵球形。雌花：花被长约 0.7 mm，果期长 1-1.3 mm，顶端有 2 小齿。瘦果长 1-1.2 mm，光滑。花期 6-8 月。

生于海拔 100-300 m 的山谷沟边或林中。产云南、四川、湖南、贵州、广西、广东、江西、福建。

A151. 荨麻科 Urticaceae

2. 苎麻
Boehmeria nivea (L.) Gaudich.

亚灌木或灌木。茎上部与叶柄均密被长硬毛和短糙毛。叶互生，草质，圆卵形或宽卵形，长 6-15 cm，宽 4-11 cm，顶端骤尖，基部近截形或宽楔形，边缘具牙齿，叶背密被雪白色毡毛，侧脉约 3 对；叶柄长 2.5-9.5 cm。圆锥花序腋生，雌雄同株；雄花花被片 4，外面有疏柔毛，雄蕊 4，长约 2 mm；雌花花被顶端有 2-3 小齿。瘦果近球形，长约 0.6 mm，光滑。花期 8-10 月。

生于海拔 200-500 m 山谷林边、路旁草坡。产云南、贵州、广西、广东、福建、江西、台湾、浙江、湖北、四川。越南、老挝也有分布。根、叶药用。

3. 华南楼梯草
Elatostema balansae Gagnep.

多年生草本。茎常无毛。叶片草质，斜椭圆形至长圆形，长 6-17 cm，宽 3-6 cm，顶端骤尖或渐尖，尖头具齿，基部狭侧楔形，宽侧宽楔形或圆形，叶背有疏毛，边缘有牙齿，钟乳体明显，极密；半离基三出脉或三出脉；叶柄长 2 mm；托叶长 5-10 mm。花序雌雄异株。雄花序单生叶腋，花序托不规则四边形，长约 7 mm；苞片 6，外面 2 枚较大，扁四边形，内面 4 枚较小，船状倒卵形。雌花序 1-2 个腋生，花序托近方形或椭圆形，长 3-9 mm。瘦果椭圆球形，约有 8 条纵肋。花期 4-6 月。

生于海拔 100-300 m 的山谷林中或沟边阴湿地。产西藏、云南、四川、湖南、贵州、广西、广东。

4. 锐齿楼梯草
Elatostema cyrtandrifolium (Zoll. et Mor.) Miq.

多年生草本。分枝偶被短柔毛。叶片草质或膜质，斜椭圆形或斜狭椭圆形，长 5-12 cm，宽 2-5 cm，顶端长渐尖，尖头全缘，基部狭侧楔形，宽侧宽楔形或圆形，边缘有牙齿，钟乳体稍明显，长 0.2-0.4 mm；具半离基三出脉或三出脉；叶柄长 0.5-2 mm；托叶长约 4 mm。花序雌雄异株。雄花序单生叶腋，有梗，被短毛；花序托直径约 6 mm；苞片宽卵形，长约 2.5 mm。雌花序近无梗，花序托宽椭圆形，长 5-9 mm。瘦果卵球形，有 6 至多条纵肋。花期 4-9 月。

生于海拔 100-300 m 的山谷溪边石上、山洞中、林中。产云南、广西、广东、台湾、福建、江西、湖南、贵州、湖北、四川、甘肃。南亚至东南亚也有分布。

A151. 荨麻科 Urticaceae

5. 狭叶楼梯草
Elatostema lineolatum Wight

　　亚灌木。茎高 50-200 cm，多分枝；小枝密被贴伏或开展的短糙毛。叶草质或纸质，斜倒卵状长圆形或斜长圆形，长 3-8 cm，宽 1.2-3 cm，顶端骤尖，骤尖头全缘，基部斜楔形，边缘有小齿，两面被毛，钟乳体密，长 0.2-0.3 mm，侧脉 4-8；叶柄长约 1 mm。花序雌雄同株，无梗。雄花花梗长达 2 mm，花被片 4，雄蕊 4。雌花序较小，直径 2-4 mm。瘦果椭圆球形，长约 0.6 mm，约有 7 纵肋。花期 1-5 月。

　　生于海拔 150-600 m 山地沟边、林缘、灌丛。产西藏、云南、广西、广东、福建、台湾。尼泊尔、不丹、印度、缅甸、泰国也有分布。

6. 糯米团
Gonostegia hirta (Blume) Miq.

　　多年生草本。茎蔓生、铺地或渐升。叶对生，纸质，宽披针形至狭披针形、狭卵形，长 2-10 cm，宽 1-3 cm，基部浅心形或圆形，全缘，基出 3-5 脉；叶柄长 1-4 mm；托叶长约 2.5 mm。团伞花序腋生，雌雄异株，直径 2-9 mm；雄花花梗长 1-4 mm 花被片 5，分生，长 2-2.5 mm 雄蕊 5；雌花花被菱状狭卵形，长约 1 mm，顶端有 2 小齿，有 10 条纵肋，柱头密被毛。瘦果卵球形，长约 1.5 mm，有光泽。花期 5-9 月。

　　生于海拔 100-600 m 阔叶林中、溪边灌丛、路旁沟边。产西藏东南部、云南、华南至陕西南部及河南南部。亚洲热带和亚热带、澳大利亚广布。全草药用。

7. 毛花点草
Nanocnide lobata Wedd.

　　一年生或多年生草本。茎铺散丛生，多分枝，被向下弯曲的微硬毛。叶膜质，宽卵形至三角状卵形，长 1.5-2 cm，宽 1.3-1.8 cm，基部近截形至宽楔形，边缘具不等大粗齿，两面被短柔毛和散生钟乳体，基出脉 3-5 条；叶柄被向下弯曲的短柔毛；托叶膜质。雄花序常生于上部叶腋，花序梗长 5-12 mm；雌花序近无梗。雄花淡绿色，花被 4 或 5 深裂；雄蕊 4-5，长 2-2.5 mm。雌花花被片绿色，不等 4 深裂。瘦果小，有疣点状突起。花期 4-6 月，果期 6-8 月。

　　生于海拔 50-300 m 的山谷溪旁和石缝、路旁阴湿地区。产西南、华南、华中及华东。也分布于越南。

A151. 荨麻科 Urticaceae

8. 紫麻
Oreocnide frutescens (Thunb.) Miq.

灌木。小枝上部被毛，渐脱落。叶草质，卵形、狭卵形、稀倒卵形，长 3-15 cm，宽 1.5-6 cm，先端渐尖或尾状渐尖，边缘有粗齿，叶背被灰白色毡毛，渐脱落，基出 3 脉；叶柄长 1-7 cm，被粗毛。团伞花序簇生；雄花花被片 3，雄蕊 3，退化雌蕊被白色绵毛；雌花无梗，长 1 mm。瘦果卵球状，长约 1.2 mm；内果皮表面有多数细注点；肉质花托浅盘状，熟时呈壳斗状，包围着果的大部分。花期 3-5 月，果期 6-10 月。

生于海拔 200-500 m 山谷林下、林缘、溪边。产浙江、安徽、江西、福建、广东、广西、湖南、湖北、陕西、甘肃、四川、云南。中南半岛、日本也有分布。根、茎、叶药用。

9. 赤车
Pellionia radicans (Sieb. et Zucc.) Wedd.

多年生草本。茎下部卧地，上部渐升，长 20-60 cm。叶草质，斜狭菱状卵形或披针形，长 2.4-5 cm，宽 0.9-2 cm，顶端短渐尖至长渐尖，基部在狭侧钝，在宽侧耳形，边缘自基部之上有小齿，半离基 3 出脉；叶柄长 1-4 mm。雌雄异株。雄花序聚伞花序，花序梗长 4-35 mm；花被片 5，雄蕊 5。雌花序有短梗；花被片 5。瘦果近椭圆球形，有小瘤状突起。花期 5-10 月。

生于海拔 200-500 m 阔叶林下、灌丛、溪边。产云南、广西、广东、福建、台湾、江西、湖南、贵州、四川、湖北、安徽。越南、朝鲜、日本也有分布。全草药用，消肿、祛瘀、止血。

10. 蔓赤车
Pellionia scabra Benth.

亚灌木。茎基部木质，上部有短糙毛。叶草质，斜狭菱状倒披针形或斜狭长圆形，长 3.2-8.5 cm，宽 1.3-4 cm，边缘上部有小齿，两面被短糙毛，钟乳体密，半离基 3 出脉；叶柄长 0.5-2 mm。雌雄异株。雄花序聚伞花序，长达 4.5 cm，花序梗长 0.3-3.6 cm；花被片 5，3 个较大者顶部有角状突起，雄蕊 5。雌花序梗长 1-4 mm，密被短毛；花被片 4-5，较大者有角状突起。瘦果近椭圆球形，有小瘤状突起。花期春季至夏季。

生于海拔 200-600 m 山谷溪边、林中。产云南、广西、广东、贵州、四川、湖南、江西、安徽、浙江、福建、台湾。越南、日本也有分布。

A151. 荨麻科 Urticaceae

11. 湿生冷水花
Pilea aquarum Dunn

多年生草本。叶膜质，同对的近等大，宽椭圆形或卵状椭圆形，长 1.5-6 cm，宽 1-4 cm，先端钝尖或短渐尖，边缘有钝圆齿，钟乳体极小，基出 3 脉；叶柄长 0.5-3.5 cm；托叶薄膜质，褐色，近心形，长 3-5 mm，宿存。雌雄异株。雄花序圆锥状聚伞花序，花序梗长 1.5-3.5 cm；花被片 4，先端有短角突起，雄蕊 4。雌花序聚伞状花序，无梗；雌花无梗，花被片 3，不等大。瘦果近圆形，表面有细疣点。花期 3-5 月，果期 4-6 月。

生于海拔 250-500 m 山沟水边阴湿处。产福建、江西、广东、湖南、四川。

12. 冷水花（长柄冷水麻）
Pilea notata C. H. Wright

多年生草本。茎密布条形钟乳体。叶纸质，同对的近等大，狭卵形、卵状披针形或卵形，长 4-11 cm，宽 1.5-4.5 cm，先端尾状渐尖，基部圆形，边缘有浅锯齿，两面密布条形钟乳体，基出 3 脉，中脉侧脉 8-13 对；叶柄长 1-7 cm；托叶脱落。花雌雄异株。雄花序聚伞总状，长 2-5 cm；花被片 4 深裂，有短角突，雄蕊 4。雌花序聚伞花序较短而密集。瘦果小，有刺状小疣点；宿存花被片 3 深裂。花期 6-9 月，果期 9-11 月。

生于海拔 200-500 m 山谷、溪旁、林下阴湿处。产广东、广西、湖南、湖北、贵州、四川、甘肃、陕西、河南、安徽、江西、浙江、福建、台湾。日本也有分布。全草药用。

13. 盾叶冷水花
Pilea peltata Hance

肉质草本，无毛。茎高 5-27 cm，不分枝，叶常集生于茎顶端。叶肉质，在同对稍不等大，常盾状着生，近圆形，长 1-6 cm，宽 1-4 cm；叶柄长 0.6-4.5 cm；托叶三角形，长约 1 mm，宿存。雌雄同株或异株；团伞花序由数朵花紧缩而成，数个稀疏着生于单一的序轴上，呈串珠状，雄花序长 3-4 cm，雌花序长 1-2.5 cm。瘦果卵形，果时扁，顶端歪斜，长约 0.6 mm，棕褐色。花期 6-8 月，果期 8-9 月。

常生于海拔 100-500 m 山上石缝或灌丛下阴处。产广东、广西和湖南。越南也有分布。

A151. 荨麻科 Urticaceae

13a. 卵形盾叶冷水花
Pilea peltata var. *ovatifolia* C. J. Chen

与原变种区别为：叶卵形，先端常渐尖，边缘有锐锯齿或锯齿状圆齿；花期 4-7 月，果期 10-11 月。

生于海拔 200-400 m 丘陵山谷灌丛中。产广东中部至北部。

14. 矮冷水花
Pilea peploides (Gaud.-Beau.) Hook. et Arn.
[*Pilea peploides* var. *major* Wedd.]

多年生草本。植物高 5-30 cm；叶菱状扁圆形、菱状圆形、有时近圆形或扇形，长 10-21 mm，宽 11-23 mm，先端圆形或钝，基部钝或近圆形，中部以上有浅牙齿，稀波状或全缘，二级脉在背面较明显。花序几乎无梗，呈簇生状，或花序梗较短，呈伞房状；雌花被片 2。瘦果深褐色，表面有稀疏的细刺状突起。花期 4-5 月，果期 5-7 月。

生于海拔 150-500 m 山坡路边湿处、林下阴湿处石上。产安徽、台湾、福建、浙江、江西、湖北、湖南、贵州、广东、广西。夏威夷群岛、日本、印度尼西亚、越南、缅甸、印度也有分布。全草入药。

15. 厚叶冷水花
Pilea sinocrassifolia C. J. Chen

平卧草本，无毛。茎多分枝，肉质，干时密布杆状钟乳体。叶同对的近等大，肉质，双凸透镜状，近圆形或扇状圆形，长 4-8.5 mm，边缘全缘反卷，钟乳体梭形，仅在上面明显；叶脉不明显；叶柄极短；托叶长约 1 mm，宿存。雌雄同株；雄聚伞花序密集成头状，花序梗长 2-5 mm；苞片明显，长约 0.8 mm。雄花淡黄绿色，具梗，长约 2 mm；花被片 4，倒卵状长圆形，内凹，外面近先端有 2 个明显的囊状突起；雄蕊 4。花期 11 月至翌年 3 月。

生于山坡水边阴处石上。产广东北部、湖南南部和贵州南部。

A151. 荨麻科 Urticaceae

16. 多枝雾水葛
Pouzolzia zeylanica var. *microphylla* (Wedd.) W. T. Wang

多年生草本或亚灌木，常铺地，多分枝，末回小枝常多数，互生。茎下部叶对生，上部叶互生，叶形变化较大，卵形、狭卵形至披针形，顶端小枝叶很小；边缘全缘，两面有疏伏毛；叶柄长 0.3-1.6 cm。团伞花序，常两性。雄花：有短梗，花被片 4，基部稍合生，外面有疏毛；雄蕊 4。雌花：花被长约 0.8 mm，顶端有 2 小齿，外面密被柔毛。瘦果长约 1.2 mm，有光泽。花期秋季。

生于平原或丘陵草地、田边或草坡上。产云南、广西、广东、江西、福建、台湾。亚洲热带地区广布。

17. 藤麻
Procris crenata C. B. Rob.

多年生草本。茎肉质，高 30-80 cm。叶无毛，叶片两侧稍不对称，长椭圆形，长 6-20 cm，宽 2-4.5 cm，边缘中部以上有少数浅齿或波状；叶柄长 1.5-12 mm；退化叶狭长圆形或椭圆形，长 5-17 mm，宽 1.5-7 mm。雄花序通常生于雌花序之下，簇生；雄花 5 基数；雌花序簇生，有短而粗的花序梗，有多数花；雌花无梗，花被片约 4，长约 3.5 mm，无毛。瘦果褐色，狭卵形，扁，长 0.6-0.8 mm。

生于海拔 20-400 m 山地林中石上，有时附生于大树上。产西藏、云南、四川、贵州、广西、广东、福建、台湾。菲律宾、加里曼丹、中南半岛、斯里兰卡、印度、不丹、尼泊尔、非洲也有分布。

目 32. 壳斗目 Fagales

A153. 壳斗科 Fagaceae

1. 米槠
Castanopsis carlesii (Hemsl.) Hayata

乔木，高达 20 m。新生枝及花序轴有稀少的红褐色片状蜡鳞，二及三年生枝黑褐色，多细小皮孔。叶披针形或卵形，长 4-12 cm，基部有时一侧稍偏斜，叶常全缘，侧脉 8-13 条，嫩叶叶背有红褐色或棕黄色稍紧贴的细片状蜡鳞层，成长叶呈银灰色；叶柄基部增粗呈枕状。雄圆锥花序近顶生，壳斗近圆球形或阔卵形，长 10-15 mm，外壁有疣状体，或短刺；坚果近圆球形或阔圆锥形。花期 3-6 月，果翌年 9-11 月成熟。

生于山地或丘陵常绿或落叶阔叶混交林中。产长江以南各地。

A153. 壳斗科 Fagaceae

2. 甜槠（茅丝栗）
Castanopsis eyrei (Champ.) Tutch.

乔木，高达 20 m。树皮纵深裂，块状剥落，枝、叶均无毛。叶革质，长 5-13 cm，宽 1.5-5.5 cm，顶部长渐尖，常向一侧弯斜，基部不对称，全缘或在顶部有少数浅裂齿，中脉稍凸起，侧脉纤细，叶背常银灰色；叶柄长 7-10 mm。雄花序穗状或圆锥状，花序轴无毛。雌花有花柱 3 或 2。果序轴径 2-5 mm；壳斗有 1 坚果，连刺径长 20-30 mm，2-4 瓣开裂，壳斗被微绒毛；坚果阔圆锥形，无毛。花期 4-6 月，果翌年 9-11 月成熟。

生于海拔 300-500 m 丘陵或山地林中。长江以南各地均有，但海南、云南不产。

3. 罗浮锥（罗浮栲）
Castanopsis fabri Hance

乔木，高 8-20 m。叶革质，长 8-18 cm，宽 2.5-5 cm，叶缘有裂齿，中脉明显凹陷，无毛，且被红棕色或棕黄色蜡鳞，叶背常灰白色；叶柄长稀达 1.5 cm。雄花序单穗腋生或多穗排成圆锥花序，花序轴通常被稀疏短毛；雄蕊 12-10。每壳斗有雌花 3 或 2，花柱 3、有时 2。果序长 8-17 cm；壳斗有坚果 2 个，连刺径 20-30 mm，不规则瓣裂，刺很少较短；坚果圆锥形，无毛，横径 8-12 mm。花期 4-5 月，果翌年 9-11 月成熟。

生于海拔 600 m 以下疏或密林中。产长江以南大多数地区。越南、老挝也有分布。

4. 栲
Castanopsis fargesii Franch.

乔木，高可达 30 m。树皮浅纵裂，芽鳞、嫩枝顶部、叶柄、叶背均被脱落性的红锈色细片状蜡鳞。叶片长椭圆形或披针形，稀卵形，长 7-15 cm，宽 2-5 cm，全缘或顶部有少数浅裂齿，侧脉 11-15 条，叶背的蜡鳞层颇厚且呈粉末状，红褐色或黄棕色；叶柄长 1-2 cm。雄花穗状或圆锥花序，单花密生，雄蕊 10 枚；雌花序轴常无蜡鳞，单花散生。壳斗圆球形，具较密的尖刺，每壳斗有 1 坚果；坚果圆锥形。花期 4-6 月，或 8-10 月，果翌年同期成熟。

生于坡地或山脊杂木林中。产长江以南各地。

A153. 壳斗科 Fagaceae

5. 黧蒴锥
Castanopsis fissa (Champ. ex Benth.) Rehd. et Wils.

乔木，高 10-20 m。芽鳞、新生枝顶段及嫩叶背面均被红锈色细片状蜡鳞及棕黄色微柔毛，嫩枝红紫色，纵沟棱明显。雄花序圆锥花序，花序轴无毛。果序长 8-18 cm；壳斗被暗红褐色粉末状蜡鳞，成熟壳斗圆球形或宽椭圆形，不规则的 2-3（-4）瓣裂，裂瓣常卷曲；坚果圆球形或椭圆形，高 13-18 mm，顶部四周有棕红色细伏毛。花期 4-6 月，果 10-12 月成熟。

生于海拔 600 m 以下山地疏林中。产福建、江西、湖南、贵州及华南。

6. 秀丽锥（乌楣秀丽栲）
Castanopsis jucunda Hance

乔木，高达 26 m。新生嫩枝几蜡鳞，枝、叶均无毛。叶纸质，长 10-18 cm，宽 4-8 cm，叶缘有锯齿状裂齿；叶柄长 1-2.5 cm。雄花序穗状或圆锥花序，花序轴无毛；雄蕊通常 10。雌花序单穗腋生；各花部无毛，花柱 3 或 2，长不超过 1 mm。果序长达 15 cm；壳斗近圆球形，基部无柄，3-5 瓣裂，刺及壳斗外壁被灰棕色片状蜡鳞及微柔毛；坚果阔圆锥形，高 11-15 mm，几无毛。花期 4-5 月，果翌年 9-10 月成熟。

生于海拔 600 m 以下山坡疏或密林中。产长江以南多数地区。

7. 苦槠
Castanopsis sclerophylla (Lindl.) Schott.

乔木，高 5-15 m。当年生枝红褐色，略具棱。叶二列，叶片革质，椭圆形，长 7-15 cm，宽 3-6 cm，短尾状，基部圆形或宽楔形，叶缘有锯齿状锐齿，中脉下半段凸起上半段凹陷，支脉明显，叶背淡银灰色；叶柄 1.5-2.5 cm。花序轴无毛，雄穗状花序单穗腋生，雄蕊 12-10。雌花序 15 cm。果序 8-15 cm；壳斗有 1 坚果，圆球形，不规则瓣状爆裂，外壁被黄棕色微柔毛；坚果近圆球形。花期 4-5 月，果 10-11 月成熟。

生于海拔 200-700 m 丘陵或山坡疏或密林中，常与杉、樟混生。产长江以南。种仁可制粉条和豆腐。

A153. 壳斗科 Fagaceae

8. 福建青冈

Cyclobalanopsis chungii (Metc.) Y. C. Hsu et H. W. Jen ex Q. F. Zheng

常绿乔木，高达 15 m。叶薄革质，椭圆形，长 6-12 cm，宽 1.5-4 cm，顶端突尖或短尾状，基部宽楔形，顶端有浅锯齿，叶背中脉、侧脉凸起，叶密生短绒毛；叶柄长 0.5-2 cm，被短绒毛。雌花序长 1.5-2 cm，花 2-6，花序轴及苞片均密被绒毛。果序长 1.5-3 cm；壳斗盘形，被灰褐色绒毛，小苞片合生 6-7 同心环带，除下部 2 环具裂齿外均全缘；坚果扁球形，微有细绒毛，果脐平坦或微凹陷，直径约 1 cm。

生于海拔 200-600 m 的山坡、山谷疏或密林中。产江西、福建、湖南、广东、广西。

9. 青冈

Cyclobalanopsis glauca (Thunb.) Oerst.

常绿乔木，高达 20 m。叶革质椭圆形，长 6-13 cm，宽 2-5.5 cm，叶缘中部以上有疏锯齿，叶背支脉明显，叶背有毛，老脱落；叶柄长 1-3 cm。雄花序长 5-6 cm，花序轴被苍色绒毛。果序长 1.5-3 cm，着生果 2-3 个；壳斗碗形，包着坚果 1/3-1/2，被薄毛，小苞片合生 5-6 同心环带，环带全缘或有细缺刻；坚果长卵形，高 1-1.6 cm，几无毛。花期 4-5 月，果期 10 月。

生于海拔 160-600 m 的山坡或沟谷。产华中、华东、华南、西藏等。种子可作饲料、酿酒、树皮可制栲胶。

10. 雷公青冈

Cyclobalanopsis hui (Chun) Chun ex Y. C. Hsu et H. W. Jen

常绿乔木，高 10-15 m，有时可达 20 m。幼时密被黄色卷曲绒毛，后渐无毛，有细小皮孔。叶薄革质，叶缘反曲，叶背中脉侧脉凸起，叶背初被毛后脱落；叶柄长 1-1.4 cm，幼时有毛。雄花序簇生，长 5-9 cm，被黄棕色绒毛。雌花序长 1-2 cm，花 2-5，聚生于花序轴顶端；花柱 5-6，长约 8 mm。果序长约 1 cm，有 1-2 果；壳斗浅碗形至深盘形，包着坚果基部，密被黄褐色绒毛；坚果扁球形，直柱座凸起，果脐凹陷。花期 4-5 月，果期 10-12 月。

生于海拔 250-600 m 的山地杂木林或湿润密林中。产湖南、广东、广西等。种子可作饲料、酿酒。树皮可制栲胶。

A153. 壳斗科 Fagaceae

11. 小叶青冈
Cyclobalanopsis myrsinaefolia (Blume) Oerst.

常绿乔木，高 20 m。叶披针形，顶端长渐尖或短尾状，基部楔形或近圆形，叶缘中部以上有细锯齿，侧脉不达叶缘，叶面绿色，叶背粉白色；叶柄长 1-2.5 cm。雄花序 4-6 cm。雌花序 1.5-3 cm。壳斗杯形，包着坚果 1/3-1/2，直径 1-1.8 cm，高 5-8 mm，内壁无毛，外壁被灰白色细柔毛，小苞片合生成 6-9 同心环带，环带全缘；坚果卵形或椭圆形，无毛，顶端圆，柱座明显，有 5-6 环纹，果脐平坦。花期 6 月，果期 10 月。

生于海拔 200-600 m 的山谷、阴坡杂木林中。产陕西、河南、福建、台湾、广东、广西、四川、贵州、云南等。

12. 柯（石栎）
Lithocarpus glaber (Thunb.) Nakai

乔木，高 15 m。叶革质，倒卵状椭圆形，叶缘有 2-4 浅裂齿或全缘，中脉微凸起，侧叶背面几无毛，有较厚的蜡鳞层；叶柄长 1-2 cm。雄穗状花序多排成圆锥花序或单穗腋生。雌花序着生少数雄花，雌花 3-5 一簇；花柱 1-1.5 mm。果序轴被短柔毛；壳斗碟状或浅碗状，小苞片三角形，覆瓦状排列或连生成圆环，密被灰色微柔毛；坚果椭圆形，顶端尖，或长卵形，有淡薄的白色粉霜，暗栗褐色。花期 7-11 月，果翌年同期成熟。

生于海拔 500 m 以下坡地杂木林中，阳坡较常见。产秦岭南坡以南，但海南和云南不产。

13. 硬壳柯
Lithocarpus hancei (Benth.) Rehd.

乔木，高小于 15 m，花序轴及壳斗被灰色短柔毛。小枝淡黄灰色或灰色，常有很薄的透明蜡层。叶薄纸质至硬革质，基部通常沿叶柄下延，全缘，或叶缘略背卷，中脉在叶面至少下半段明显凸起，侧脉纤细而密，方格状网脉；叶柄长 0.5-4 cm。雄穗状圆锥花序。壳斗 3-5 一簇，壳斗浅碗状至近于平展的浅碟状，包着坚果不到 1/3，小苞片鳞片状三角形覆瓦状排列或连生成数个圆环；坚果扁圆形，近圆球形。花期 4-6 月，果翌年 9-12 月成熟。

生于海拔 600 m 以下的多种生境中。产秦岭南坡以南。

A153. 壳斗科 Fagaceae

14. 木姜叶柯
Lithocarpus litseifolius (Hance) Chun

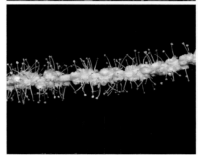

乔木，高达 20 m。小枝、叶柄及叶面干后有淡薄的白色粉霜。叶纸质至近革质，椭圆形，顶部渐尖或短突尖，基部楔形至宽楔形，全缘，中脉在叶面凸起，有紧实鳞秕层；叶柄长 1.5-2.5 cm。雄穗状花序圆锥花序，有时雌雄同序，2-6 穗聚生于枝顶部，花序轴常被短毛。雌花 3-5 一簇。壳斗浅碟状或短漏斗状，小苞片三角形；坚果为顶端锥尖的宽圆锥形或近圆球形，栗褐色或红褐色，有淡薄的白粉。花期 5-9 月，果翌年 6-10 月成熟。

喜阳光，耐旱。产秦岭南坡以南。嫩叶有甜味，嚼烂时为黏胶质；长叶可作茶叶代品，通称甜茶。

15. 栎叶柯
Lithocarpus quercifolius Huang et Y. T. Chang

乔木，高 5-6 m。当年生枝被短柔毛。叶常聚生于枝的上部，硬纸质，长椭圆形，长 4-11 cm，宽 1-3 cm，叶缘有少数锐裂齿，中脉及侧脉在叶面均凹陷，叶背脉腋常有细丛毛；托叶线状，长 2-5 mm；叶柄长 2-5 mm。雄穗状花序长约 5 cm，花序轴被黄灰色短柔毛。壳斗浅碟状，高 2-5 mm，宽 20-25 mm，包着坚果下部；坚果扁圆形，高 12-16 mm，宽 20-24 mm，被细伏毛。花期 4-6 月，果 9-10 月成熟。

生于海拔 200-500 m 山地次生林或灌木丛中。产江西、广东。

16. 紫玉盘柯
Lithocarpus uvariifolius (Hance) Rehd.

乔木，高 10-15 m。叶革质，倒卵形，倒卵状椭圆形，顶部短突尖或短尾状，基部近于圆形，叶缘有齿少全缘，中脉及侧脉凹陷，支脉近于平行，叶背被毛；叶柄长 1-3.5 cm。花序轴粗壮，果序有成熟壳斗 1-4；壳斗深碗状或半圆形，包着坚果一半以上，壳壁厚 2-5 mm，被微柔毛，及糠秕状鳞秕；坚果成熟时多呈菱形或多边形具肋状凸起的纹网，坚果半圆形，密被细伏毛，果脐占坚果面积一半以上，具檐状边缘。花期 5-7 月，果翌年 10-12 月成熟。

生于海拔 600 m 以下的山地常绿阔叶林中。产福建、广东、广西。制作茶叶。木材与烟斗柯同类。

A153. 壳斗科 Fagaceae

17. 乌冈栎

Quercus phillyraeoides A. Gray

常绿灌木或小乔木，高达 10 m。小枝纤细，灰褐色，幼时有短绒毛，后渐无毛。叶革质，倒卵形，顶端钝尖或短渐尖，基部圆形或近心形，叶缘具疏锯齿，老叶两面无毛或仅叶背中脉被疏柔毛；叶柄被疏柔毛。雄花序长 2.5-4 cm，花序轴被毛；柱头 2-5 裂。壳斗杯形，包着坚果 1/2-2/3，小苞片三角形，长约 1 mm，覆瓦状排列紧密，除顶端外被灰白色柔毛；坚果长椭圆形，果脐平坦或微突起，直径 3-4 mm。花期 3-4 月，果期 9-10 月。

生于海拔 300-600 m 的山坡、山顶和山谷密林中，常生于山地岩石上。产陕西、浙江、江西、安徽、福建、河南、湖北、湖南、广东、广西、四川、贵州、云南等。

A154. 杨梅科 Myricaceae

1. 杨梅

Myrica rubra (Lour.) Sieb. et Zucc.

常绿乔木，高可达 15 m 以上。小枝幼嫩时着生的腺体。叶革质，多生于萌发条上者为长椭圆状或楔状披针形，长 16 cm 以上，顶端渐尖或急尖，边缘具锯齿，基部楔形，仅被有稀疏的金黄色腺体，干燥后中脉及侧脉在上下两面均显著，在下面更为隆起；叶柄长 2-10 mm。花雌雄异株。雄花序圆柱状；4-6 雄蕊。雌花序短于雄花序短。核果球状。花期 4 月，果期 6-7 月。

生于海拔 125-600 m 的山坡或山谷林中。产江苏、浙江、台湾、福建、江西、湖南、贵州、四川、云南、广西和广东。树皮富于单宁，可用作赤褐色染料及医药上的收敛剂。

A155. 胡桃科 Juglandaceae

1. 黄杞

Engelhardia roxburghiana Wall.

半常绿乔木，高达 10 m 以上，被有橙黄色盾状着生的圆形腺体；枝条细瘦。偶数羽状复叶长 12-25 cm；叶柄长 3-8 cm；小叶 3-5 对，具小叶柄，叶片革质，全缘，顶端渐尖或短渐尖，基部歪斜。雌雄同株。雄花无柄或近无柄，花被片 4，兜状，雄蕊 10-12，几乎无花丝；雌花有长约 1 mm 的花柄，苞片 3裂而不贴于子房，花被片 4，贴生于子房，子房近球形，无花柱，柱头 4 裂。果序长达 15-25 cm；果实坚果状，球形。花期 5-6 月，果期 8-9 月。

生于海拔 200-700 m 的林中。产台湾、广东、广西、湖南、贵州、四川和云南。树皮可提栲胶。叶制成溶剂能防治农作物病虫害，亦可毒鱼。

A155. 胡桃科 Juglandaceae

2. 少叶黄杞
Engelhardia fenzelii Merr.

小乔木，高 3-10 m。枝条灰白色。偶数羽状复叶长 8-16 cm，小叶 1-2 对，对生或近对生或者明显互生，具长 0.5-1 cm 的小叶柄，叶片椭圆形至长椭圆形，长 5-13 cm，宽 2.5-5 cm，全缘，基部歪斜，顶端短渐尖或急尖，两面有光泽，下面色淡，幼时被稀疏腺体，上面深绿，侧脉 5-7 对，稍成弧状弯曲。雌雄同株或稀异株。雌雄花序常生于枝顶端而成圆锥状或伞形状花序束，顶端 1 条为雌花序，下方数条为雄花序，均为荑葇状，花稀疏散生。雄花无柄，苞片 3 裂，花被 4，兜状，雄蕊 10-12 枚。雌花有不到 1 mm 长的柄，苞片 3 裂，不贴于子房，花被片 4 枚，贴生于子房。果序长 7-12 cm，俯垂。果实球形，直径 3-4 mm，密被橙黄色腺体；苞片托于果实，膜质，3 裂，裂片长矩圆形。花期 7 月，果期 9-10 月。

生于海拔 400-620 m 的林中或山谷。产广东、福建、浙江、江西、湖南和广西。

3. 枫杨
Pterocarya stenoptera C. DC.

乔木，高达 30 m。小枝具灰黄色皮孔；芽具柄，密被腺体。叶多为偶数或稀奇数羽状复叶；叶柄长 2-5 cm，叶轴具翅被毛；小叶 10-16，无小叶柄，对生。雄性荑葇花序，花序轴常有稀疏的星芒状毛；雄花常具 1 花被片，雄蕊 5-12。雌性荑葇花序顶生，花序轴密被星芒状毛及单毛，具 2 长达 5 mm 的不孕性苞片；雌花几乎无梗，苞片及小苞片基部常有细小的星芒状毛，并密被腺体。果序轴有毛；果实长椭圆形，基部有毛；果翅狭，条形或阔条形，具近于平行的脉。花期 4-5 月，果熟期 8-9 月。

生于海拔 500 m 以下的沿溪涧河滩、阴湿山坡地的林中。产华北、东北、华中、华东、华南等。树皮和枝皮提取栲胶。果实可作饲料和酿酒。

目 33. 葫芦目 Cucurbitales
A163. 葫芦科 Cucurbitaceae

1. 盒子草
Actinostemma tenerum Griff.

柔弱草本；枝纤细。叶柄细，长 2-6 cm，叶形变异大，心状戟形、心状狭卵形或披针状三角形，不分裂或 3-5 裂或仅在基部分裂，长 3-12 cm，宽 2-8 cm。卷须细，2 歧。雄花总状，有时圆锥状，罕 1-3 花生于短缩的总梗上，花序轴细弱；花萼裂片线状披针形；花冠裂片披针形，先端尾状钻形，长 3-7 mm；雄蕊 5。雌花单生，双生或雌雄同序；雌花梗具关节，长 4-8 cm。果实绿色，卵形，长 1.6-2.5 cm，疏生暗绿色鳞片状凸起，自近中部盖裂，果盖锥形，具种子 2-4 枚。花期 7-9 月，果期 9-11 月。

多生于水边草丛中。产我国大部分地区。朝鲜、日本、印度、中南半岛也有。

A163. 葫芦科 Cucurbitaceae

2. 绞股蓝
Gynostemma pentaphyllum (Thunb.) Makino

　　草质攀援植物。叶膜质或纸质，鸟足状，具 3-9 小叶；小叶片卵状长圆形，中央小叶长 3-12 cm，宽 1.5-4 cm，两面疏被毛，侧脉 6-8 对，卷须二歧。花雌雄异株。雄花圆锥花序，花序轴长 10-30 cm；花梗长 1-4 mm；花萼筒 5 裂，花冠淡绿色或白色，5 深裂，雄蕊 5，花丝联合成柱。雌花圆锥花序短小；子房 2-3 室，花柱 3，柱头 2 裂。果实肉质，球形，径 5-6 mm，黑色。种子 2，具乳突状凸起。花期 3-11 月，果期 4-12 月。

　　生于海拔 300-600 m 的山谷、山坡疏林、灌丛中或路旁草丛中。产陕西南部和长江以南各省区。本种入药，有消炎解毒、止咳祛痰的功效。

3. 木鳖子
Momordica cochinchinensis (Lour.) Spreng.

　　粗壮大藤本，长达 15 m，具块状根；全株近无毛。叶柄粗壮，长 5-10 cm，在基部或中部有 2-4 个腺体；叶片卵状心形或宽卵状圆形，长、宽均 10-20 cm，3-5 中裂至深裂或不分裂，中间的裂片最大，叶脉掌状。卷须颇粗壮，光滑无毛，不分歧。雌雄异株。雄花：单生于叶腋或有时 3-4 朵着生在极短的总状花序轴上，花梗粗壮，长 3-5 cm，顶端生一大型苞片；苞片无梗，兜状，圆肾形，长 3-5 cm，宽 5-8 cm，顶端微缺，全缘；花冠黄色，裂片卵状长圆形，基部有齿状黄色腺体，外面两枚稍大，内面 3 枚稍小，基部有黑斑；雄蕊 3，2 枚 2 室，1 枚 1 室，药室 1 回折曲。雌花：单生于叶腋，花梗长 5-10 cm，近中部生一苞片；子房卵状长圆形，密生刺状毛。果实卵球形，顶端有一短喙，基部近圆，长达 12-15 cm，成熟时红色，肉质，密生长 3-4 mm 的具刺尖的突起。花期 6-8 月，果期 8-10 月。

　　常生于海拔 100-400 m 的山沟、林缘及路旁。产江苏、安徽、江西、福建、台湾、广东、广西、湖南、四川、贵州、云南和西藏。中南半岛和印度半岛也有。

4. 南赤瓟
Thladiantha nudiflora Hemsl. ex Forbes et Hemsl.

　　全体密生柔毛状硬毛。根块状。茎草质攀援状。叶柄粗壮；叶质硬，卵状心形或近圆心形，长 5-15 cm，宽 4-12 cm。卷须粗壮，密被硬毛，有沟纹，上部 2 歧。雌雄异株。雄花序为总状花序。花萼密生淡黄色长柔毛，筒部宽钟形，裂片卵状披针形 3 脉，花冠黄色，裂片卵状长圆形 5 脉，雄蕊 5，花药卵状长圆形，长 2.5 mm。雌花单生，子房狭长圆形，花柱 3 裂，柱头 2 浅裂，退化雄蕊 5，棒状。种子有网纹，两面稍拱起。春、夏开花，秋季果成熟。

　　生于海拔 300-600 m 的沟边、林缘或山坡灌丛中。产秦岭及长江中下游以南各省区。

A163. 葫芦科 Cucurbitaceae

5. 王瓜
Trichosanthes cucumeroides (Ser.) Maxim.

　　多年生攀援藤本。茎细弱，具纵棱及槽，被短柔毛。叶纸质，轮廓阔卵形，长 5-16 cm，宽 5-14 cm，常 3-5 裂，边缘具细齿，叶基深心形，叶面被短绒毛及疏散短刚毛，叶背密被短茸毛。卷须 2 歧，被短柔毛。花雌雄异株。雄花序为总状花序，总花梗被短茸毛；花冠白色，长 14-18 mm，具极长的丝状流苏。雌花单生，花梗长 0.5-1 cm。果实卵圆形，长 6-7 cm，成熟时橙红色。花期 5-8 月，果期 8-11 月。

　　生于海拔 250-600 m 的山地林中或灌丛中。产华东、华中、华南和西南。日本也有分布。

6. 长萼栝楼
Trichosanthes laceribractea Hayata

　　攀援草本。单叶互生，叶纸质，长 5-19 cm，宽 4-18 cm，3-7 裂，掌状脉 5-7；叶柄 1.5-9 cm，具纵纹。卷须 2-3 歧。花雌雄异株。雄花总状花序；小苞片阔，内凹，花梗长 5-6 mm，花萼筒狭线形，裂片狭的锐尖齿，花冠白色，裂片倒卵形，花药柱长约 12 mm，药隔被淡褐色柔毛。雌花单生，花梗长 1.5-2 cm，花萼筒圆柱状，全缘，花冠同雄花，子房卵形，长约 1 cm，直径约 7 mm，无毛。果实球形橙色。种子灰褐色。花期 7-8 月，果期 9-10 月。

　　生于海拔 200-600 m 的山谷林中或山坡路旁。产台湾、江西、湖北、广西、广东和四川。

7. 全缘栝楼
Trichosanthes pilosa Lour.

　　茎细弱，具纵棱及槽，被短柔毛。叶纸质，卵状心形至近圆心形，长 7-19 cm，宽 7-8 cm，不分裂或具 3 齿裂或 3-5 中裂至深裂，先端渐尖，基部深心形；叶柄长 4-12 cm，具纵条纹，密被短柔毛。卷须 2-3 歧，被短柔毛。花雌雄异株。雄花组成总状花序，或有单花与之并生，总花梗长 10-26 cm，花梗长约 5 mm，直立，密被短柔毛；小苞片披针形或倒披针形，长约 16 mm；萼筒狭长，顶端扩大，长约 5 mm，萼齿三角状卵形，长 7-10 mm，宽 2-3 mm，渐尖，全缘；花冠白色，裂片狭长圆形，长约 15 mm，宽约 3 mm，具长 10-15 mm 的丝状流苏；雌花单生，花梗长 1-3.5 cm。果实卵圆形或纺锤状椭圆形，长 5-7 cm，径 2.5-4 cm，幼时绿色，具条纹，熟时橙红色，平滑无毛，顶端渐尖，具喙。花期 5-9 月，果期 9-12 月。

　　生于海拔 200-500 m 的山谷丛林中、山坡疏林或灌丛中或林缘。产云南、贵州、广东及广西等。分布于亚洲东南部至澳大利亚。

A163. 葫芦科 Cucurbitaceae

8. 中华栝楼
Trichosanthes rosthornii Harms

攀援藤本。块根条状，具瘤状突起。叶纸质，常 5 裂，叶基心形，掌状脉 5-7，叶面凹陷背面突起，侧脉弧曲；叶柄长 2.5-4 cm，具纵条纹，疏被微柔毛。卷须 2-3 歧。花雌雄异株。雄花小苞片菱状倒卵形，长 6-14 mm，宽 5-11 mm，小花梗长 5-8 mm，花萼筒狭喇叭形，花冠白色，花药柱长圆形，长 5 mm，直径 3 mm，花丝长 2 mm，被柔毛；雌花单生，子房椭圆形。果实球形；果梗长 4.5-8 cm。种子具棱线。花期 6-8 月，果期 8-10 月。

生于海拔 400-600 m 的山谷密林中、山坡灌丛中及草丛中。产甘肃、陕西、湖北、四川、贵州、云南等。根和果实均作天花粉和栝楼入药。

9. 钮子瓜
Zehneria bodinieri (Lévl.) W. J. de Wilde et Duyfjes [*Zehneria maysorensis* (Wight et Arn.) Arn.]

草质藤本。茎、枝细弱。叶膜质，基部弯缺半圆形，边缘有齿，脉掌状；叶柄细，长 2-5 cm。卷须丝状。雌雄同株。雄花序梗纤细；雄花梗，极短，花萼筒宽钟状，花冠白色，裂片卵形，雄蕊 3，2 枚 2 室，1 枚 1 室，插生在花萼筒基部，花丝长 2 mm，被短柔毛，花药卵形，长 0.6-0.7 mm。雌花单生，子房卵形。果梗细；果实球状或卵状，直径 1-1.4 cm，浆果状，外面光滑无毛。种子卵状长圆形，边缘稍拱起。花期 4-8 月，果期 8-11 月。

生于海拔 300-500 m 的林边或山坡路旁潮湿处。产四川、贵州、云南、广西、广东、福建、江西。

10. 马㼏儿
Zehneria indica (Lour.) Keraudren

攀援或平卧草本。叶膜质，长 3-5 cm，宽 2-4 cm，脉掌状；叶柄细，长 2.5-3.5 cm。雌雄同株。雄花花序梗短；花梗丝状，花萼宽钟，花冠淡黄色，雄蕊 3，2 枚 2 室，1 枚 1 室，花丝短，长 0.5 mm，花药卵状长圆形或长圆形，有毛，长 1 mm。雌花花梗丝状，花冠阔钟形，子房狭卵形疣状凸起，花柱短，柱头 3 裂。果梗纤细；果实长圆形或狭卵形，橘红色。种子灰白色，卵形。花期 4-7 月，果期 7-10 月。

生于海拔 100-600 m 的林中阴湿处以及路旁和灌丛中。产四川、湖北、安徽、江苏、浙江、福建、江西、湖南、广东、广西、贵州和云南。全草药用，有清热、利尿、消肿之效。

A166. 秋海棠科 Begoniaceae

1. 紫背天葵
Begonia fimbristipula Hance

　　多年生无茎草本。根状茎球状，直径 7-8 mm，具多数纤维状根。叶均基生，卵形，长 6-13 cm，宽 4.8-8.5 cm；具长柄。花葶高 6-18 cm；花粉红色，二至三回二歧聚伞状花序；雄花梗长 1.5-2 cm，花被片 4，雄蕊多数，花药卵长圆形；雌花梗长 1-1.5 cm，花被片 3，子房 3，每室胎座具 2 裂片，具不等 3 翅，花柱 3，长 2.8-3 mm，近离生或 1/2，无毛，柱头增厚，外向扭曲呈环状。种子多，淡褐色，光滑。花期 5 月，果期 6 月开始。

　　生于海拔 300-600 m 山地山顶疏林下石上、悬崖石缝中、山顶林下潮湿岩石上和山坡林下。产浙江、江西、湖南、福建、广西、广东、海南和香港。

2. 红孩儿
Begonia palmata var. *bowringiana* (Champ. ex Benth.) Gold. et Kareg.

　　多年生具茎草本，高 20-50 cm。根状茎长圆柱状，节膨大。茎和叶柄均密被或被锈褐色交织的绒毛。基生叶未见。茎生叶互生，具柄；叶轮廓斜卵形，长 5-16 cm，基部斜心形，边缘有齿，掌状 3-7 浅至中裂，裂片三角形，通常又再浅裂，叶面散生短小硬毛，掌状 5-7 条脉。花玫瑰色或白色，呈二至三回二歧聚伞状花序；雄花花被片 4；雌花花被片 4-5。蒴果倒卵球形，长约 1.5 cm，具不等 3 翅。花期 6 月，果期 7 月开始。

　　生于海拔 100-500 m 河边阴处湿地、山谷阴处岩石上。产广东、香港、海南、台湾、福建、广西、湖南、江西、贵州、四川、云南。

目 34. 卫矛目 Celastrales

A168. 卫矛科 Celastraceae

1. 过山枫
Celastrus aculeatus Merr.

　　落叶攀援灌木。冬芽圆锥状，长 2-3 mm，基部芽鳞宿存，有时坚硬成刺状。叶多椭圆形或长方形，长 5-10 cm，宽 3-6 cm，先端渐尖或窄急尖，基部阔楔稀近圆形，边缘上部具疏浅细锯齿，下部多为全缘，侧脉多为 5 对，两面光滑无毛，或脉上被有棕色短毛。聚伞花序短，腋生或侧生，通常 3 花，花序梗长 2-5 mm，小花梗长 2-3 mm，均被棕色短毛，关节在上部；花瓣长方披针形，长约 4 mm，雄蕊具细长花丝，长 3-4 mm。蒴果近球状，直径 7-8 mm，宿萼明显增大。

　　生于海拔 100-400 m 的山地灌丛或路边疏林中。产浙江、福建、江西、广东、广西及云南。

A168. 卫矛科 Celastraceae

2. 青江藤
Celastrus hindsii Benth.

常绿藤本。小枝紫色。叶长 7-14 cm，宽 3-6 cm，基部楔形或圆形，边缘具疏锯齿，侧脉 5-7 对，侧脉成横格状，两面均突起；叶柄长 6-10 mm。花淡绿色，小花梗长 4-5 mm；花萼裂片近半圆形，覆瓦状排列，长约 1 mm；花瓣长方形，长约 2.5 mm，边缘具细短缘毛；花盘杯状；雄蕊着生花盘边缘，花丝锥状，花药卵圆状；雌蕊瓶状，子房近球状，花柱长约 1 mm。果实近球状。种子 1，阔椭圆状到近球状。花期 5-7 月，果期 7-10 月。

生于海拔 300-600 m 的灌丛或山地林中。产江西、湖北、湖南、贵州、四川、台湾、福建、广东、海南、广西、云南、西藏。

3. 百齿卫矛
Euonymus centidens Levl.

灌木，高 3-6 m。小枝方棱状，常有窄翅棱。叶纸质，长 3-10 cm，宽 1.5-4.5 cm，先端长尾尖，边缘具密的尖锯齿，齿端常具黑色腺点；近无柄。聚伞花序 1-3 花，稀较多；花序梗 4 棱状，长 1-1.5 cm；花 4 数，直径约 6 mm，淡黄色，花瓣长约 3 mm，宽约 2 mm，雄蕊无花丝，子房四棱状锥形，无花柱，柱头细小头状。蒴果 4 深裂。种子长圆锥状，长约 5 mm，假种皮黄红色。花期 6 月，果期 9-10 月。

生于海拔 400-500 m 山坡疏密林中。产云南、四川、安徽、江西、广东、广西、湖南。

4. 棘刺卫矛
Euonymus echinatus Wall. [*Euonymus subsessilis* Sprague]

灌木直立或藤本状，高 2-7.5 m；小枝常方形并有较明显的纵棱。叶椭圆形、窄椭圆形或长方窄卵形，大小变异颇大，长 4-10 cm，宽 2-4.5 cm，先端渐尖或急尖，叶缘有明显锯齿，侧脉明显，老叶并常在叶面呈凹入状；叶无柄或稀有短柄，有柄时，长 2-5 mm。聚伞花序 2-3 次分枝；花序梗和分枝一般全具 4 棱，小花梗则圆柱状，先端稍膨大，并常具细瘤点；花 4 数，黄绿色，直径约 5 mm；花盘方形；雄蕊具细长花丝，长 2-3 mm；子房具细长花柱。蒴果近球状，密被棕红色三角状短尖刺，直径连刺 1-1.2 cm。花期 5-6 月，果期 8 月以后。

生于山中林内、路边、岩石坡地和河边。产浙江、江西、安徽、湖北、湖南、四川、云南、贵州、西藏、广西、广东、福建。分布于尼泊尔、印度。

A168. 卫矛科 Celastraceae

5. 扶芳藤
Euonymus fortunei (Turcz.) Hand.-Mazz.

　　常绿藤本灌木，高1至数米。小枝方棱不明显。叶薄革质，长 3.5-8 cm，宽 1.5-4 cm，先端钝或急尖，基部楔形；叶柄长 3-6 mm。聚伞花序 3-4 次分枝，4-7 花；花序梗长 1.5-3 cm；花白绿色，直径约 6 mm，花盘方形，直径约 2.5 mm，花丝细长，长 2-3 mm，花药圆心形，子房三角锥状，花柱长约 1 mm。蒴果粉红色，光滑近球状，直径 6-12 mm。种子长方椭圆状，棕褐色，假种皮鲜红色。花期6月，果期10月。

　　生于山坡丛林中。产江苏、浙江、安徽、江西、湖北、湖南、四川、陕西等。

6. 疏花卫矛
Euonymus laxiflorus Champ. ex Benth.

　　灌木，高达 4 m。叶纸质，椭圆形，长 5-12 cm，宽 2-6 cm，先端钝渐尖，基部阔楔形或稍圆；叶柄长 3-5 mm。聚伞花序，5-9 花；花序梗长约 1 cm；花紫色 5，直径约 8 mm，萼片边缘常具紫色短睫毛，花瓣长圆形，花盘 5 裂，雄蕊无花丝，花药顶裂，子房无花柱，柱头圆。蒴果紫红色，倒圆锥状，长 7-9 mm，直径约 9 mm。种子长圆状，长 5-9 mm，直径 3-5 mm，种皮枣红色，假种皮橙红色，成浅杯状包围种子基部。花期 3-6 月，果期 7-11 月。

　　生于山上、山腰及路旁密林中。产江西、湖南、广西、贵州、云南、台湾、福建、香港、广东及沿海岛屿。皮部药用，作土杜仲。

7. 中华卫矛
Euonymus nitidus Benth.

　　常绿灌木或小乔木，高 1-5 m。叶革质，长 4-13 cm，宽 2-5.5 cm，先端有长 8 mm 渐尖头，近全缘；叶柄较粗壮。聚伞花序 1-3 分枝，3-15 花；花序梗及分枝均较细长，小花梗长 8-10 mm；花白色或黄绿色，4数，直径 5-8 mm，花瓣基部窄缩成短爪，花盘较小，4 浅裂，雄蕊无花丝。蒴果三角卵圆状，4 裂较浅成圆阔 4 棱；果序梗长 1-3 cm；小果梗长约 1 cm。种子阔椭圆状，棕红色，假种皮橙黄色，全包，上部两侧开裂。花期 3-5 月，果期 6-10 月。

　　生于林内、山坡、路旁等较湿润处为多。产广东、福建和江西。

A168. 卫矛科 Celastraceae

8. 程香仔树
Loeseneriella concinna A. C. Smith

藤本。小枝纤细，无毛，具明显粗糙皮孔。叶纸质，叶面光亮，长圆状椭圆形，长 3-7 cm，宽 1.5-3.5 cm，基部圆形，顶端钝，叶缘具明显疏圆齿；叶柄长 2-4 mm。聚伞花序长与宽均 2-3.5 cm；小枝与总花梗纤细，初时被毛，后无毛，总花梗长 1.5-1.8 cm；花柄长 5-7 mm，被毛，花淡黄色，花瓣薄肉质，长圆状披针形，长 4-5 mm，背部顶端具 1 附属物。蒴果倒卵状椭圆形，长 3-5 cm。种子基部具膜质翅。花期 5-6 月，果期 10-12 月。

生于山谷林中。产广西东南部、广东东部及其沿海岛屿。

9. 福建假卫矛
Microtropis fokienensis Dunn

小乔木或灌木，高 1.5-4 m。小枝略四棱状。叶近革质，倒卵形，长 4-9 cm，宽 1.5-3.5 cm，基部渐窄；叶柄长 2-8 mm。花序短小，3-9 花；花序梗长 1.5-5 mm；小花梗极短，花 4-5 数，萼片半圆形，花瓣阔椭圆形，长约 2 mm，雄蕊短于花冠，子房卵球状，花柱较明显，柱头四浅裂。蒴果椭圆状或倒卵椭圆状，长 1-1.4 cm，直径 5-7 mm。

生于海拔 200-500 m 山坡或沟谷林中。产安徽、浙江、台湾、福建及江西。

10. 密花假卫矛
Microtropis gracilipes Merr. et Metc.

灌木，高 2-5 m；小枝略具棱角。叶近革质，阔倒披针形、长方形、长方倒披针形或长椭圆形，长 5-11 cm，宽 1.5-3.5 cm，先端渐尖或窄渐尖，基部楔形，主脉细，两面凸起，侧脉 7-11 对；叶柄长 3-9 mm。密伞花序或团伞花序腋生或侧生；花序梗长 1-2.5 cm，顶端无分枝或有短分枝，分枝长 1-3 mm；小花无梗，密集近头状；花 5 数，萼片近肾圆形；花瓣略肉质，长方阔椭圆形，长约 4 mm；花盘环形；雄蕊长约 1.5 mm，花丝显著；子房近圆球状或阔卵圆状，花柱长而粗壮，柱头四浅裂或微凹。蒴果阔椭圆状，长 10-18 mm。

生于海拔 400-600 m 山地林中。产湖南、贵州、福建、广东、广西。

目 35. 酢浆草目 Oxalidales

A170. 牛栓藤科 Connaraceae

1. 小叶红叶藤

Rourea microphylla (Hook. et Arn.) Planch.

攀援灌木，高 1-4 m。奇数羽状复叶，小叶 7-17，叶轴长 5-12 cm；小叶片坚纸质至近革质，无毛，叶面光亮，叶背稍带粉绿色，侧脉细，4-7 对，小叶柄短无毛。圆锥花序，长 2.5-5 cm，总梗和花梗均纤细；花芳香，直径 4-5 mm，萼片卵圆形，花瓣椭圆形，雄蕊 10，雌蕊离生，子房长圆形。蓇葖果椭圆形或斜卵形，红色有纵条纹。种子椭圆形，橙黄色，为膜质假种皮所包裹。花期 3-9 月，果期 5 月至翌年 3 月。

生于海拔 100-600 m 的山坡或疏林中。产福建、广东、广西、云南等。茎皮含单宁，可提取栲胶；又可作外敷药用。

A171. 酢浆草科 Oxalidaceae

1. 酢浆草

Oxalis corniculata L.

草本，高 10-35 cm，全株被柔毛。根茎稍肥厚。茎细弱，多分枝，直立或匍匐，匍匐茎节上生根。叶基生或茎上互生；小叶 3，无柄，倒心形；托叶小，长圆形或卵形；叶柄长 1-13 cm，基部具关节。花腋生，总花梗淡红色；小苞片 2，披针形，长 2.5-4 mm，膜质；萼片 5；花瓣 5，黄色，长圆状倒卵形，长 6-8 mm，宽 4-5 mm；雄蕊 10，花丝白色半透明；子房 5，长圆形，被短伏毛，花柱 5。蒴果 5 棱。种子褐色，具网纹。花果期 2-9 月。

生于山坡草池、河谷沿岸、路边、田边、荒地或林下阴湿处等。全国均产。全草入药，能解热利尿，消肿散瘀。

A173. 杜英科 Elaeocarpaceae

1. 中华杜英（华杜英）

Elaeocarpus chinensis (Gardn. et Chanp.) Hook. f. ex Benth.

常绿小乔木，高 3-7 m。叶薄革质，卵状披针形，长 5-8 cm，宽 2-3 cm，叶面绿色有光泽，叶背黑腺点，侧脉 4-6 对，网脉不明显，边缘小钝齿；叶柄纤细，长 1.5-2 cm。总状花序，长 3-4 cm，花序轴有微毛；花柄长 3 mm；花两性或单性；两性花披针形，长 3 mm，内外两面有微毛，花瓣 5，雄蕊 8-10，长 2 mm，花丝极短，子房 2，胚珠 4，生于子房上部；雄花雄蕊 8-10，无退化子房。核果椭圆形。花期 5-6 月。

生于海拔 250-550 m 的常绿林中。产广东、广西、浙江、福建、江西、贵州、云南。

A173. 杜英科 Elaeocarpaceae

2. 杜英
Elaeocarpus decipiens Hemsl.

常绿乔木，高 5-15 m。叶革质，披针形或倒披针形，长 7-12 cm，宽 2-3.5 cm，上面深绿色，下面秃净无毛，先端渐尖，基部楔形，常下延，侧脉 7-9 对，在上面不很明显，在下面稍突起，网脉在上下两面均不明显，边缘有小钝齿；叶柄长 1 cm，初时有微毛，在结实时变秃净。总状花序多生于叶腋及无叶的去年枝条上，长 5-10 cm，花序轴纤细，有微毛；花柄长 4-5 mm；花白色，萼片披针形，长 5.5 mm，宽 1.5 mm，两侧有微毛；花瓣倒卵形，与萼片等长，上半部撕裂，裂片 14-16 条，外侧无毛，内侧近基部有毛；雄蕊 25-30 枚，长 3 mm，花丝极短，花药顶端无附属物。核果椭圆形，长 2-2.5 cm，宽 1.3-2 cm。花期 6-7 月。

生于海拔 400-620 m 的山地或山顶林中。产广东、广西、福建、台湾、浙江、江西、湖南、贵州和云南。日本有分布。

3. 褐毛杜英
Elaeocarpus duclouxii Gagnep.

常绿乔木，高 20 m，胸径 50 cm。叶聚生于枝顶，革质，长圆形，长 6-15 cm，宽 3-6 cm，叶背被褐色茸毛，侧脉 8-10 对；叶柄长 1-1.5 cm，被褐色毛。总状花序长 4-7 cm，纤细，被褐色毛；小苞片 1，生于花柄基部，被毛，花柄长 3-4 mm，被毛，萼片 5，披针形，两面有柔毛，花瓣 5，稍超出萼片，上半部撕裂，裂片 10-12，雄蕊 28-30，花盘 5 裂，被毛，子房 3，胚珠每室 2。核果椭圆形，1 室。种子长 1.4-1.8 cm。花期 6-7 月。

生于海拔 300-500 m 的常绿林里。产云南、贵州、四川、湖南、广西、广东及江西。

4. 日本杜英
Elaeocarpus japonicus Sieb. et Zucc.

乔木。嫩枝秃净无毛；叶芽有发亮绢毛。叶革质，长 6-12 cm，宽 3-6 cm，叶背无毛，有黑腺点，侧脉 5-6 对，网脉两面明显，边缘有锯齿；叶柄长 2-6 cm。总状花序长 3-6 cm，花序轴有短柔毛；花柄长 3-4 mm，被微毛。花两性或单性；两性花萼片 5，花瓣长圆形，两面有毛，雄蕊 15，花盘 10 裂，连合成环，子房 3 室；雄花萼片 5-6，花瓣 5-6，均两面被毛，雄蕊 9-14，退化子房存在或缺。核果椭圆形，1 室。种子 1。花期 4-5 月。

生于海拔 300-600 m 的常绿林中。产长江以南。

A173. 杜英科 Elaeocarpaceae

5. 山杜英

Elaeocarpus sylvestris (Lour.) Poir. [*Elaeocarpus decipiens* Hemsl.]

　　小乔木，高约 10 m。叶纸质，倒卵形或倒披针形，长 4-8 cm，宽 2-4 cm，无毛，侧脉 5-6 对；叶柄长 1-1.5 cm，无毛。总状花序长 4-6 cm，花序轴纤细；花柄长 3-4 mm，萼片 5，披针形，长 4 mm，无毛，花瓣倒卵形，裂片 10-12，外侧基部有毛，雄蕊 13-15，长约 3 mm，花药有微毛，花盘 5 裂，圆球形，完全分开，被白色毛，子房 2-3 被毛，花柱长 2 mm。核果细小，椭圆形，长 1-1.2 cm，内果皮薄骨质，有腹缝沟 3 条。花期 4-5 月。

　　生于海拔 350-600 m 的常绿林里。产广东、海南、广西、福建、浙江、江西、湖南、贵州、四川及云南。

6. 猴欢喜

Sloanea sinensis (Hance) Hemsl.

　　乔木，高 20 m。叶薄革质，长 6-9 cm，最长达 12 cm，宽 3-5 cm，全缘，侧脉 5-7 对；叶柄长 1-4 cm，无毛。花簇生；花柄长 3-6 cm，被灰色毛；萼片 4 片，阔卵形，两侧被柔毛；花瓣 4，长 7-9 mm，白色；雄蕊与花瓣等长；子房被毛，卵形，花柱连合，长 4-6 mm，下半部有微毛。蒴果的大小不一，3-7 裂。种子长 1-1.3 cm，黑色，有光泽，假种皮黄色。花期 9-11 月，果期翌年 6-7 月。

　　生于海拔 300-600 m 的常绿林里。产广东、海南、广西、贵州、湖南、江西、福建、台湾和浙江。

目 36. 金虎尾目 Malpighiales

A183. 藤黄科 Guttiferae

1. 多花山竹子（木竹子）

Garcinia multiflora Champ. ex Benth.

　　乔木，高 3-15 m。叶革质，卵形，长 7-20 cm，宽 3-8 cm，边缘微反卷，侧脉 10-15 对；叶柄长 0.6-1.2 cm。花杂性，同株。雄花圆锥花序，长 5-7 cm；雄花直径 2-3 cm，花梗长 0.8-1.5 cm，萼片 2 大 2 小，花瓣橙黄色，花丝合生成 4 束，花药 2 室，退化雌蕊柱状，盾状柱头，4 裂。雌花序有雌花 1-5；退化雄蕊束短，子房 2，无花柱。果卵圆形至倒卵圆形黄色。种子 1-2，椭圆形，长 2-2.5 cm。花期 6-8 月，果期 11-12 月，同时偶有花果并存。

　　生于海拔 300-600 m 山坡林中，沟谷边缘或次生林或灌丛中。产台湾、福建、江西、湖南、广东、海南、广西、贵州、云南等。树皮入药，可治各种炎症。

A186. 金丝桃科 Hypericaceae

1. 地耳草（小元宝草）
Hypericum japonicum Thunb. ex Murray

草本，高 2-45 cm。茎具 4 纵线棱，散布淡色腺点。叶通常卵形，长 0.2-1.8 cm，宽 0.1-1 cm，基部心形抱茎至截形，全缘，坚纸质，无边缘腺点，全面散布透明腺点；叶无柄。花序二歧状或多少呈单歧状；花直径 4-8 mm，花梗长 2-5 mm，萼片披针形至椭圆形，长 2-5.5 mm，果时直伸，花瓣白色、淡黄至橙黄色，椭圆形，长 2-5 mm，无腺点，宿存。蒴果短圆柱形，长 2.5-6 mm。花期 3-10 月，果期 6-10 月。

生于海拔 150-400 m 田边、沟边、草地上。产辽宁、山东至长江以南。日本、朝鲜、尼泊尔、印度、斯里兰卡、缅甸、印度尼西亚、澳大利亚、新西兰及夏威夷也有。全草入药，清热解毒，止血消肿，治跌打损伤以及疮毒。

2. 金丝桃
Hypericum monogynum L.

灌木，高 0.5-1.3 m。茎红色，幼时具 2（4）纵线棱。叶对生；叶倒披针形至长圆形，长 2-11.2 cm，宽 1-4.1 cm，先端锐尖，基部楔形至圆形，坚纸质，叶腺体小而点状；近无柄。花序近疏松的伞房状；花直径 3-6.5 cm，星状，花瓣金黄色，无红晕，开张，三角状倒卵形，长 2-3.4 cm，无腺体，有侧生的小尖突。蒴果宽卵珠形，长 6-10 mm，宽 4-7 mm。花期 5-8 月，果期 8-9 月。

生于海拔 150-500 m 山坡、路旁或灌丛中。产河北、陕西、山东、江苏、安徽、浙江、江西、福建、台湾、河南、湖北、湖南、广东、广西、四川及贵州等。日本也有引种。果实及根供药用，果作连翘代用品。

3. 元宝草
Hypericum sampsonii Hance

多年生草本，高 0.2-0.8 m，全株无毛。茎上部分枝。叶对生，无柄，基部完全合生为一体而茎贯穿其中心，披针形至长圆形，长 2.5-8 cm，宽 1-3.5 cm，先端钝形或圆形，基部较宽，全缘，上面绿色，下面淡绿色，边缘密生有黑色腺点，中脉直贯叶端，侧脉每边约 4 条，斜上升，与中脉两面明显。花序顶生，多花，伞房状。花直径 6-10 mm；萼片长 3-10 mm，果时直伸。花瓣淡黄色，椭圆状长圆形，长 4-8 mm，宿存，全面散布淡色或稀为黑色腺点和腺条纹。雄蕊 3 束，宿存，每束具雄蕊 10-14 枚。蒴果圆锥形，长 6-9 mm，散布有腺体。花期 5-6 月，果期 7-8 月。

生于海拔 50-300 m 的路旁、山坡、旷野。产陕西至江南。日本、越南、缅甸、印度也有分布。

A200. 堇菜科 Violaceae

1. 如意草

Viola arcuata Bl. [*Viola hamiltoniana* D. Don; *Viola verecunda* A. Gray]

多年生草本，高 5-20 cm。根状茎斜生、横走或垂直，密生多条须根。地上茎通常数条丛生，直立或斜升。基生叶叶片宽心形，长 1.5-3 cm，宽 1.5-3.5 cm，先端圆或微尖，基部宽心形，边缘具向内弯的浅波状圆齿；茎生叶少，疏列，与基生叶相似，但基部的弯缺较深；叶柄长 1.5-7 cm，基生叶之柄较长具翅，茎生叶之柄较短具极狭的翅。花小，白色或淡紫色，生于茎生叶的叶腋，具细弱的花梗；花梗远长于叶片；萼片卵状披针形，长 4-5 mm；上方花瓣长倒卵形，长约 9 mm，侧方花瓣长圆状倒卵形，长约 1 cm，下方花瓣连距长约 1 cm，先端微凹或圆，下部有深紫色条纹；距呈浅囊状，长 1.5-2 mm；柱头 2 裂，裂片稍肥厚而直立。蒴果长圆形或椭圆形，长约 8 mm。花果期 5-10 月。2*n*=24。

生于溪谷潮湿地、沼泽地、灌丛林缘。几遍全国。分布于亚洲东部及南部。

2. 张氏堇菜

Viola changii J. S. Zhou et F. W. Xing

多年生草本。无横生根状茎，花期常具匍匐茎。叶片卵形至卵圆形，长约 1.5 cm，宽约 1.2 cm，基部心形，边缘具圆钝锯齿，叶背深紫色，两面具毛；叶柄长 1-2 cm，密被微柔毛；托叶披针形，边缘具锯齿状纤毛。花白色至淡紫色，长 1.8-2.2 cm，基部花瓣具暗紫色斑纹；总花梗 6-8 cm，被柔毛，苞片 2，生于中部；萼片披针形，边缘具纤毛；花瓣倒卵形。蒴果卵球形，光滑无毛，长 6-7 mm。花期 3-5 月，果期 7-9 月。

生于海拔 100-400 m 的山坡石壁。产广东、江西。

3. 短须毛七星莲

Viola diffusa var. *brevibarbata* C. J. Wang

一年生草本，全体被糙毛或白色柔毛，或近无毛，花期生出地上匍匐枝。基生叶多数，丛生呈莲座状；叶卵形或卵状长圆形，长 1.5-3.5 cm，宽 1-2 cm；叶柄长 2-4.5 cm，具明显的翅。花较小，淡紫色或浅黄色，具长梗；花梗纤细，长 1.5-8.5 cm，苞片 1 对；萼片披针形；侧方花瓣里面基部有明显的短须毛。子房无毛。蒴果长圆形，直径约 3 mm，长约 1 cm，无毛。花期 3-5 月，果期 5-8 月。

生于山地林下、林缘、草坡、溪谷旁、岩石缝隙中。广布东部各省。

A200. 堇菜科 Violaceae

4. 川上氏堇菜（广东省新记录）
Viola formosana var. *kawakamii* (Hayata) C. J. Wang

　　草本，无地上茎，具垂直或斜升的根状茎。匍匐枝伸长，末端具莲座状叶。叶基生；叶片三角状心形，长 1-3 cm，先端急尖或钝圆，基部深心形，边缘具圆齿，两面无毛或疏生短毛，下面通常带淡紫色；叶柄细，长 1-15 cm；托叶仅基部与叶柄合生，离生部分线状披针形，边缘具流苏或撕裂。花冠直径 1.5-2 cm；花梗较长，有时长可达 15 cm；花瓣紫色至近白色，带暗色条纹。蒴果球形或椭圆形。

　　生于海拔 300-600 m 的岩石上。产台湾、广东等。本种可能广布于我国东南部地区。

5. 丹霞堇菜
Viola hybanthoides W. B. Liao et Q. Fan

　　多年生亚灌木，无基生叶。茎高 20-45 cm。叶椭圆状披针形，长 1.8-2.8 mm，宽 0.8-1.4 cm，薄纸质，两面无毛，边缘有粗锯齿；托叶叶状、椭圆状披针形，边缘流苏状；叶柄长 0.6-2 cm，具狭翅。花直径 8-11 mm；花梗长于叶；萼片线状披针形；花瓣白色到淡紫色，上方花瓣长圆形至线状披针形，长 2.5-3 mm，边缘啮蚀状，侧花瓣长圆形，下方花瓣具长爪，基部的距短囊状。蒴果卵球形，长 3-4 mm。花期 3-7 月，果期 4-8 月。

　　生于海拔 200-500 m 的山坡灌丛中。特产广东韶关。

6. 长萼堇菜（湖南堇菜）
Viola inconspicua Blume [*Viola hunanensis* Hand.-Mazz.]

　　多年生草本，无地上茎。叶均基生，呈莲座状；叶三角形、三角状卵形或戟形，长 1.5-7 cm，宽 1-3.5 cm，先端渐尖或尖，基部宽心形；叶柄无毛，长 2-7 cm；托叶 3/4 与叶柄合生。花淡紫色，有暗色条纹；花梗细弱；子房球形，无毛，花柱棍棒状，长约 2 mm，两侧具较宽的缘边，前方具明显的短喙，喙端具向上开口的柱头孔。蒴果长圆形，无毛。种子卵球形，长 1-1.5 mm，直径 0.8 mm，深绿色。花果期 3-11 月。

　　生于山坡草地。产陕西、江苏、安徽、浙江、江西、福建、台湾、湖北、湖南、广东。全草入药，能清热解毒。

A200. 堇菜科 Violaceae

7. 江西堇菜（福建堇菜）
Viola kosanensis Hayata

多年生草本，无地上茎。叶基生或互生于匍匐枝上；叶卵形，长 2-8 cm，宽 1.5-4 cm，叶面暗绿色，叶背粉绿或淡绿色并有腺点；叶柄无毛；托叶离生，边缘具齿。花淡紫色；花瓣沿脉纹有腺点；子房卵球形，有锈色腺点，花柱棍棒状，基部稍膝曲，柱头顶部有乳头状凸起，前方具极短的喙。蒴果近球形或长圆形，无毛，被锈色腺点。种子小，球形，乳黄色。花期春夏两季，果期秋季。

生于海拔 100-400 m 的山地密林下或溪边及林缘。产江西、湖南、广东、海南及广西等。

8. 南岭堇菜
Viola nanlingensis J. S. Zhou et F. W. Xing

草本，高 5-15 cm，无毛或被白色糙毛，部分有地上茎，匍匐茎发达。基生叶莲座状；叶卵圆形到长圆状披针形，长 3-6 cm，宽 2-5 cm，先端钝或短渐尖，基部心形，边缘具有密集的圆齿，两面无毛或被白色糙毛；叶柄长 3-10 cm，具狭翅；托叶三角状披针形，具流苏状齿。花白色到淡粉色，具紫色条纹；基生或腋生，苞片线形；上方及侧方花瓣倒卵形，侧瓣基部具腺毛，并有黄色斑点，下方花瓣船状，具有密集的紫色条状斑纹。蒴果卵圆形。

生于山坡禾草丛或林缘等湿润处。产江西、湖南、福建、广东、浙江、广西。

A204. 杨柳科 Salicaceae

1. 山桂花
Bennettiodendron leprosipes (Clos) Merr.

常绿小乔木，高 8-15 m。叶近革质，倒卵状长圆形，长 4-18 cm，宽 3.5-7 cm，边缘有粗齿和腺齿，两面无毛，中脉凹陷；叶柄长 2-4 cm。圆锥花序顶生，长 5-15 cm，多分枝，幼时被黄棕色毛；花浅灰色或黄绿色，有芳香，花梗长 3-5 mm，苞片早落，萼片卵形，长 3-4 mm，有缘毛；雄花花丝有毛，伸出花冠，花药黄色；雌花花柱通常 3 个。浆果成熟时红色，球形，直径 5-8 mm。花期 2-6 月，果期 4-11 月。

生于海拔 200-550 m 的山坡和山谷混交林或灌丛中。产海南、广东、广西和云南等。印度、缅甸、马来西亚、泰国、印度尼西亚等也有。

A204. 杨柳科 Salicaceae

2. 爪哇脚骨脆（毛叶嘉赐树）
Casearia velutina Blume

　　灌木，高 1.5-2.5 m。小枝棕黄色，密生短柔毛，有棱脊。叶纸质，卵状长圆形，长 5-8 cm，宽 3-4 cm，基部圆形，边缘有锐齿，两面幼时密被短柔毛；叶柄长 4-5 mm，有毛。花小，两性，淡紫色，数朵簇生于叶腋；花梗纤细，长约 2 mm，近无毛；花直径约 3 mm；萼片 5 片，近圆形；花瓣缺；雄蕊 5-6。花期 12 月，果期翌年春季。

　　生于海拔 600 m 的山脚溪边林下。产云南、广东。印度尼西亚、爪哇等也有。

3. 天料木
Homalium cochinchinense (Lour.) Druce

　　小乔木，高 2-10 m。小枝幼时密被带黄色短柔毛，老枝无毛，有明显纵棱。叶纸质，倒卵状长圆形，长 6-15 cm，宽 3-7 cm，边缘有疏钝齿，两面沿中脉和侧脉被短柔毛，中脉凹陷；叶柄长 2-3 mm，被带黄色短柔毛。总状花序长 6-15 cm，被黄色短柔毛；花直径 8-9 mm，萼筒陀螺状，长 2-3 mm，被开展疏柔毛，花瓣匙形，长 3-4 mm，边缘有睫毛，花丝长于花瓣，花柱通常 3。蒴果倒圆锥状，长 5-6 mm。花期全年，果期 9-12 月。

　　生于海拔 200-500 m 的山地阔叶林中。产湖南、江西、福建、台湾、广东、海南、广西。越南也有。

4. 粤柳
Salix mesnyii Hance

　　小乔木。树皮淡黄灰色，片状剥裂。芽大，短圆锥形，微被短柔毛，背面较密。叶革质，长圆形、狭卵形或长圆状披针形，近无毛，幼叶有毛，叶脉明显突起，呈网状，叶缘有粗腺锯齿；叶柄长 1-1.5 cm。雄花序长 4-5 cm；轴有毛；雄蕊 5-6，花药卵圆形，黄色，苞片宽卵圆形，腺体 2。雌花序长 3-6.5 cm；子房卵状圆锥形，花柱短，2 裂，柱头 2 裂，花仅有腹腺，微抱柄。蒴果卵形，无毛。花期 3 月，果期 4 月。

　　生于低山地区的溪流旁。产广东、广西、福建、江西、浙江及江苏南部。

A204. 杨柳科 Salicaceae

5. 柞木
Xylosma congesta (Lour.) Merr.

常绿灌木或小乔木，高 4-15 m。树皮具不规则裂片，裂片向上反卷。幼时有枝刺。叶薄革质，椭圆形，长 4-8 cm，宽 2.5-3.5 cm，边缘有锯齿，两面无毛；叶柄长约 2 mm，有短毛。花小，总状花序腋生，长 1-2 cm；花萼 4-6，卵形，长 2.5-3.5 mm，花瓣缺，雄花花丝细长，雌花的萼片与雄花同。浆果黑色，球形，顶端有宿存花柱，直径 4-5 mm。花期春季，果期冬季。

生于海拔 600 m 以下的林边、丘陵和平原或村边附近灌丛中。产秦岭以南和长江以南。朝鲜、日本也有。叶、刺供药用。种子含油。

6. 南岭柞木
Xylosma controversa Clos

常绿小乔木，高 4-15 m。树皮具不规则裂片，裂片向上反卷。幼时有枝刺。叶薄革质，椭圆形，长 4-8 cm，宽 2.5-3.5 cm，边缘有锯齿，两面无毛；叶柄长约 2 mm，有短毛。花小，总状花序腋生，长 1-2 cm；花萼 4-6，卵形，长 2.5-3.5 mm，花瓣缺，雄花花丝细长，雌花的萼片与雄花同。浆果黑色，球形，顶端有宿存花柱，直径 4-5 mm。花期春季，果期冬季。

生于海拔 600 m 以下的林边、丘陵和平原或村边附近灌丛中。产秦岭以南和长江以南。朝鲜、日本也有。叶、刺供药用。种子含油。

A207. 大戟科 Euphorbiaceae

1. 铁苋菜（海蚌含珠）
Acalypha australis L.

一年生草本，高 0.2-0.5 m。叶膜质，长卵形、近菱状卵形或阔披针形，长 3-9 cm，宽 1-5 cm，基出 3 脉，侧脉 3 对；叶柄长 2-6 cm，具短柔毛；托叶披针形。雌雄花同序，长 1.5-5 cm，花序梗长 0.5-3 cm。雌花苞片 1-4，雌花 1-3；花梗无。雄花穗状或头状；雄花苞片卵形，雄花 5-7，簇生；花梗长 0.5 mm。蒴果直径 4 mm。种子近卵状，长 1.5-2 mm，种皮平滑。花果期 4-12 月。

生于海拔 120-600 m 山坡较湿润耕地和空旷草地，有时生石灰岩山疏林下。除西部高原或干燥地区外，全国大部分地区均产。

A207. 大戟科 Euphorbiaceae

2. 红背山麻杆（红背叶）
Alchornea trewioides (Benth.) Muell. Arg.

　　灌木，高 1-2 m。叶薄纸质，阔卵形，长 8-15 cm，宽 7-13 cm，仅沿脉被微柔毛，基部具斑状腺体 4 个，基出 3 脉；小托叶披针形；叶柄长 7-12 cm。雌雄异株。雄花序穗状，长 7-15 cm，具微柔毛，苞片三角形；花梗长约 2 mm，无毛，中部具关节。雌花序总状，长 5-6 cm；花 5-12，各部均被微柔毛，基部具 2 腺体，小苞片披针形，花梗长 1 mm，子房球形，花柱 3，线状。蒴果球形，具 3 圆棱。种子扁卵状具瘤体。花期 3-5 月，果期 6-8 月。

　　生于海拔 150-600 m 沿海平原或内陆山地矮灌丛中或疏林下或石灰岩山灌丛中。产福建、江西、湖南、华南。枝、叶煎水，外洗治风疹。

3. 棒柄花
Cleidion brevipetiolatum Pax et Hoffm.

　　小乔木，高 5-12 m，叶薄革质，互生或近对生，长 7-21 cm，宽 3.5-7 cm，具斑状腺体数个，侧脉 5-9 对；托叶披针形。雌雄同株。雄花序长 5-9（15-20）cm；雄花 3-7；雄花萼片 3，雄蕊 40-65，花丝长约 1 mm，花药 4，花梗长 1-1.5 mm。雌花，单生，花梗长 2-7 cm，苞片 2-3；雌花萼片 5，3 披针形，2 三角形，子房球形，密生黄色毛。蒴果扁球形，果皮具疏毛；果梗棒状，长 3-7.5 cm。种子近球形，具褐色斑纹。花果期 3-10 月。

　　生于海拔 200-600 m 山地湿润常绿林中。产华南、贵州、云南。

4. 毛果巴豆
Croton lachnocarpus Benth.

　　灌木，高 1-3 m。叶纸质，长 4-13 cm，宽 1.5-5 m，顶端钝、短尖至渐尖，基部近圆形至微心形，边缘有不明显细锯齿，弯缺处有 1 杯状腺体，基出 3 脉，侧脉 4-6 对，叶基部或叶柄顶端有 2 枚具柄杯状腺体。总状花序 1-3，顶生，苞片钻形；雄花萼片卵状三角形，被星状毛，花瓣长圆形，雄蕊 10-12，雌花萼片披针形，被星状柔毛，子房被黄色绒毛，花柱线形，2 裂。蒴果稍扁球形；被毛。种子椭圆状，暗褐色，光滑。花期 4-5 月。

　　生于海拔 100-600 m 山地疏林或灌丛中。产江西、湖南、贵州、华南。

A207. 大戟科 Euphorbiaceae

5. 小巴豆

Croton tiglium var. *xiaopadou* Y. T. Chang et S. Z. Huang

灌木或小乔木，高 2-3 m；嫩枝密被星状柔毛。叶卵状披针形，长 7-12 cm，宽 3-6 cm，顶端渐尖，尖头尾状，基部楔形至阔楔形，边缘有细锯齿；基出脉 3（-5）条，侧脉 3-4 对；基部两侧叶缘上各有 1 枚具柄的杯状腺体；托叶线形，长约 1.5 mm，早落。总状花序，顶生，长 8-15 cm。蒴果近球形，长 1-1.3 cm，直径约 1.1 cm；种子椭圆状，长约 8 mm。花期 5-7 月。

生于海拔 200- 400 m 的疏林中或灌木林中。产湖南南部、广东北部、广西和贵州南部。

6. 丹麻杆

Discocleidion ulmifolium (Muell. Arg.) Pax et K. Hoffm. [*Discocleidion glabrum* Merr.]

灌木，高约 2 m。嫩芽密被黄色长柔毛；小枝紫红色，常具长圆形皮孔。叶纸质，卵形或长圆状卵形，长 8-15 cm，宽 4-9 cm，顶端 = 尖，基部圆形，边缘具锯齿，嫩叶上面常被疏柔毛，成长叶无毛，基出脉 3 条，近基部两侧常具 2-4 褐色斑状腺体；叶柄长 1-6 cm，顶端具 2 披针形小托叶；托叶早落。圆锥花序长 15-20 cm。蒴果扁球形，直径 6-8 mm，无毛。种子球形，直径约 4 mm，灰褐色，具小凸点。花期 4-6 月，果期 8-10 月。

生于海拔 250-500 m 山地灌丛中。产江西、福建和广东。

7. 飞扬草

Euphorbia hirta L.

一年生草本。茎单一，自中部向上分枝或不分枝，高 30-60 cm，被粗硬毛。叶对生，长 1-5 cm，宽 5-13 mm，叶面绿色，叶背灰绿色，具柔毛；叶柄长 1-2 mm。花序多数，总苞钟状，边缘 5 裂，裂片三角状卵形；腺体 4，近于杯状，边缘具白色附属物；雄花多数；雌花 1，子房三棱状，花柱 3，分离，柱头 2 浅裂。蒴果三棱状。种子近圆状四棱，每个棱面有数个纵槽。花果期 6-12 月。

生于路旁、草丛、灌丛及山坡，多见于沙质土。产江西、湖南、福建、台湾、华南、西南。全草入药，可治痢疾、肠炎、皮肤湿疹、皮炎、疮肿等；鲜汁外用治癣类。

A207. 大戟科 Euphorbiaceae

8. 通奶草
Euphorbia hypericifolia L.

一年生草本。叶对生，狭长圆形或倒卵形，长 1-2.5 cm，宽 4-8 mm；托叶三角形，分离或合生。苞叶 2 枚。花序数个簇生，总苞陀螺状，边缘 5 裂，裂片卵状三角形，腺体 4，边缘具白色或淡粉色附属物；雄花多数；雌花 1，子房柄长于总苞，子房三棱状，无毛，花柱 3，分离，柱头 2 浅裂。蒴果三棱状，无毛，成熟时分裂为 3 分果。种子卵棱状，长约 1.2 mm，直径约 0.8 mm，每个棱面具数个皱纹；无种阜。花果期 8-12 月。

生于旷野荒地、路旁、灌丛及田间。产江西、台湾、湖南、华南、西南。全草入药，通奶，故名。

9. 钩腺大戟 （早春大戟）
Euphorbia sieboldiana Morr. et Decne. [*Euphorbia luticola* Hand.-Mazz.]

多年生草本。根状茎较粗壮。茎单一或自基部多分枝，每个分枝向上再分枝，高 40-70 cm。叶互生，椭圆形、倒卵状披针形、长椭圆形，变异较大，长 2-5（6）cm，宽 5-15 mm，先端钝或尖或渐尖，基部渐狭或呈狭楔形，全缘；侧脉羽状；叶柄极短或无；总苞叶 3-5 枚，椭圆形或卵状椭圆形，长 1.5-2.5 cm，宽 4-8 mm；伞幅 3-5，长 2-4 cm；苞叶 2 枚，常呈肾状圆形，变异较大，长 8-14 mm，宽 8-16 mm，先端圆或略呈凸尖，基部近平截或微凹或近圆形。花序单生于二歧分枝的顶端，基部无柄；总苞杯状，高 3-4 mm，边缘 4 裂，腺体 4，两端具角，角尖钝或长刺芒状，变化极不稳定，以黄褐色为主。雄花多数，伸出总苞之外；雌花 1 枚，子房柄伸出总苞边缘；子房光滑无毛；花柱 3，分离；柱头 2 裂。蒴果三棱状球状，直径 4-5 mm，光滑。花果期 4-9 月。

生于林缘、灌丛、路边。全国大部分省区均产。分布于日本、朝鲜、俄罗斯。

10. 千根草
Euphorbia thymifolia L.

一年生草本。根纤细，长约 10 cm，具多数不定根。茎纤细，常呈匍匐状。叶对生，椭圆形、长圆形或倒卵形，长 4-8 mm，宽 2-5 mm；托叶披针形或线形，长 1-1.5 mm，易脱落。花序具短柄，长 1-2 mm，被稀疏柔毛，总苞狭钟状至陀螺状，外部被稀疏的短柔毛，边缘 5 裂，腺体 4，被白色附属物；雄花少数；雌花 1，花柱 3，分离，柱头 2 裂。蒴果卵状三棱形。种子长卵状四棱形，暗红色，每个棱面具 4-5 横沟；无种阜。花果期 6-11 月。

生于路旁、屋旁、草丛、稀疏灌丛等，多见于沙质土，常见。产湖南、江苏、浙江、台湾、江西、福建、广东、广西、海南和云南。全草入药，有清热利湿、收敛止痒的作用。

A207. 大戟科 Euphorbiaceae

11. 白背叶
Mallotus apelta (Lour.) Muell. Arg.

灌木或小乔木，高 1-4 m；小枝、叶柄和花序均密被和腺体。叶互生，卵形或阔卵形，顶端急尖或渐尖，基部截平或稍心形，边缘具齿，基 5 脉，侧脉 6-7 对，基部腺体 2；叶柄长 5-15 cm。花雌雄异株。雄花序 15-30 cm，苞片卵形；雄蕊 50-75。雌花序穗状；雌花花梗极短，花萼裂片 3-5，花柱 3-4。蒴果近球形，密被软刺，黄褐色或浅黄色。种子近球形，直径约 3.5 mm，褐色或黑色，具皱纹。花期 6-9 月，果期 8-11 月。

生于海拔 130-600 m 山坡或山谷灌丛中。产云南、广西、湖南、江西、福建、广东和海南。摞荒地的先锋树种。茎皮可供编织。

12. 东南野桐
Mallotus lianus Croiz

小乔木或灌木，高 2-10 m。叶互生，卵形或心形，有时阔卵形，长 10-18 cm，宽 9-14 cm，顶端渐尖，基部圆形或截平，近全缘，成长叶上面无毛，下面被毛和疏生紫红色颗粒状腺体；基出脉 5 条，侧脉 5-6 对，近叶柄着生处有褐色斑状腺体 2-4 个；叶柄离叶基部 2-10 mm 处盾状着生或基生，长 5-13 cm。花雌雄异株，总状花序或圆锥花序；雄花序长 10-18 cm，被红棕色星状短绒毛；苞腋有雄花 3-8 朵；雌花序长 10-25 cm。蒴果球形，直径 8-10 mm，密被黄色星状毛和橙黄色颗粒状腺体，具长约 6 mm 线形的软刺。花期 8-9 月，果期 11-12 月。

生于海拔 200-400 m 的林中或林缘。产云南、广西、贵州、四川、广东、江西、湖南、福建和浙江。

13. 粗糠柴
Mallotus philippinensis (Lam.) Müll. Arg.

乔木或灌木，高 2-18 m。小枝、嫩叶和花序均密被黄褐色短星状柔毛。叶革质，长 5-22 cm，宽 3-6 cm，全缘，下面被毛，叶脉上具长柔毛和红腺体，基出 3 脉，近基部有腺体 2-4；叶柄长 2-9 cm，两端稍增粗，被星状毛。花雌雄异株；花序总状。雄花序长 5-10 cm，苞片卵形，雄花簇生；雄花长圆形，具腺体，雄蕊 15-30。雌花序长 3-8 cm，苞片卵形；花萼裂片 3-5，卵状披针形。果序长达 16 cm。蒴果扁球形。花期 4-5 月，果期 5-8 月。

生于海拔 300-600 m 山地林中或林缘。产湖北、江西、安徽、江苏、浙江、福建、台湾、湖南、西南、华南。亚洲南部和东南部、大洋洲热带也有。树皮可提取栲胶。

A207. 大戟科 Euphorbiaceae

14. 石岩枫
Mallotus repandus (Willd.) Muell.-Arg.

攀援状灌木。叶互生，纸质，卵形或椭圆状卵形，长 3.5-8 cm，宽 2.5-5 cm，顶端急尖或渐尖，基部楔形或圆形，边全缘或波状，嫩叶两面均被星状柔毛，成长叶仅下面叶脉腋部被毛和散生黄色颗粒状腺体，基出 3 脉，侧脉 4-5 对；叶柄长 2-6 cm。花雌雄异株。雄花序顶生，长 5-15 cm，苞片钻状；雄花萼裂片 3-4，卵状长圆形，外面被绒毛。雌花序顶生，长 5-8 cm，苞片长三角形；花萼裂片 5，卵状披针形。花期 3-5 月，果期 8-9 月。

生于海拔 250-300 m 山地疏林中或林缘。产广西、广东南部、海南和台湾。亚洲东南部和南部也有。茎皮纤维可编绳用。

15. 斑子乌桕
Neoshirakia atrobadiomaculata (F. P. Metualf) Esser et P. T. Li

灌木，高 1-3 m。叶互生，纸质，叶狭椭圆形或披针形，长 3-7 cm，宽 1.5-2.5 cm，顶端短尖至短渐尖，基部阔楔形或钝，全缘，侧脉约 7 对；叶柄纤细，两侧薄，呈狭翅状，顶端 2 腺体。花单性，雌雄同株，聚集成顶生，长 2-4 cm 的总状花序。雄花序苞片基部两侧各具 1 腺体；雄花花梗丝状，长 1-2 mm，花萼杯状，3 裂，雄蕊 2-3，花药球形，花丝极短。雌花序苞片 3，背面具腺体；雌花花梗较粗壮，长 3-5 mm，萼片 3，卵形，子房近球形，柱头 3，外卷。蒴果三棱状球形，直径约 1 cm。种子球形，有雅致的深褐色斑纹。花期 3-5 月。

生于路旁、山坡疏林或山顶灌丛中。产福建、江西、湖南和广东。

16. 山乌桕
Triadica cochinchinensis Lour.

乔木或灌木，高 3-12 m。叶互生，纸质，嫩时呈淡红色，叶椭圆形或长卵形，长 4-10 cm，宽 2.5-5 cm，叶背有数个腺体，中脉两面凸起，侧脉纤细，8-12 对；叶柄长 2-7.5 cm，顶端具 2 毗连的腺体；托叶小易脱落。花单性，雌雄同株，顶生总状花序。雄花花梗丝状，长 1-3 mm，雄蕊 2。雌花花梗粗壮，圆柱形，长约 5 mm，花萼 3 深裂，子房卵形，3 室，花柱粗壮，柱头 3。蒴果黑色，球形。种子近球形。花期 4-6 月。

生于山谷或山坡混交林中。产云南、四川、贵州、湖南、广西、广东、江西、安徽、福建、浙江、台湾等。印度、缅甸、老挝、越南、马来西亚及印度尼西亚也有。木材可制火柴枝和茶箱。根皮及叶药用。种子油可制肥皂。

A207. 大戟科 Euphorbiaceae

17. 乌桕
Triadica sebifera (L.) Small.

乔木，高可达 15 m，具乳状汁液。叶互生，纸质，叶菱状卵形，长 3-8 cm，宽 3-9 cm，顶端具尖头，基部阔楔形或钝，全缘；叶柄纤细，顶端具 2 腺体。花单性，雌雄同株，顶生总状花序。雄花苞片阔卵形，基部具腺体；花梗纤细，花萼杯状，3 浅裂，具不规则的细齿，雄蕊 2。雌花苞片深 3 裂；花梗粗壮，长 3-3.5 mm，花萼 3 深裂，子房 3，卵球形，花柱 3。蒴果梨状球形，黑色。种子扁球形。花期 4-8 月。

生于旷野、塘边或疏林中。产黄河以南，北达陕西、甘肃。日本、越南、印度也有。林中叶为黑色染料，可染衣物。根皮治毒蛇咬伤。

18. 木油桐
Vernicia montana Lour.

落叶乔木，高达 20 m。叶阔卵形，长 8-20 cm，宽 6-18 cm，顶端短尖至渐尖，基部心形至截平，全缘或 2-5 裂，裂缺有杯状腺体，成长叶下面沿脉被短柔毛，掌状脉 5 条；叶柄长 7-17 cm，顶端有 2 枚杯状腺体。花萼长约 1 cm，2-3 裂；花瓣白色或基部紫红色且有紫红色脉纹，倒卵形，长 2-3 cm；雄花丝被毛；雌花子房密被棕褐色柔毛，3 室，花柱 3 枚，2 深裂。核果卵球状，具 3 条纵棱，有 3 种子。种子扁球状，种皮厚。花期 4-5 月。

生于海拔 600 m 以下的疏林中。产浙江、江西、福建、台湾、湖南、广东、海南、广西、贵州、云南等。越南、泰国、缅甸也有。油料植物。果皮可制活性炭或提取碳酸钾。

A209. 粘木科 Ixonanthaceae

1. 粘木
Ixonanthes reticulata Jack [*Ixonanthes chinensis* Champ.]

乔木。高 4-20 m。嫩枝顶端压扁状。单叶互生，纸质，无毛，或长圆形，长 4-16 cm，宽 2-8 cm，叶面亮绿色，中脉凹陷；叶柄长 1-3 cm，有狭边。二至三歧聚伞花序，生于枝近顶部叶腋内；花梗长 5-7 mm，花白色，萼片 5，宿存，花瓣 5，阔圆形。蒴果卵状圆锥形，长 2-3.5 cm，宽 1-1.7 cm。种子长圆形，一端有膜质种翅。花期 5-6 月，果期 6-10 月。

生于海拔 130-550 m 的路旁、山谷、山顶、溪旁、丘陵和林中。产福建、广东、广西、湖南、云南和贵州。越南也有。为我国珍稀濒危植物。由于森林的砍伐，生存正受到严重威胁。

A211. 叶下珠科 Phyllanthaceae

1. 黄毛五月茶
Antidesma fordii Hemsl.

小乔木，高达 7 m；小枝、叶柄、托叶、花序轴被黄色绒毛，其余均被长柔毛或柔毛。叶长圆形，长 7-25 cm，宽 3-10.5 cm，顶端渐尖，基部圆钝；叶柄长 1-3 mm；托叶卵状披针形，长达 1 cm。花序长 8-13 cm。雄花多朵组成分枝的穗状花序；花萼 5 裂，雄蕊 5。雌花总状花序；花梗长 1-3 mm，花萼与雄花的相同，花柱 3，柱头 2 深裂。核果纺锤形，长约 7 mm。花期 3-7 月，果期 7 月至翌年 1 月。

生于海拔 300-600 m 山地密林中。产福建、广东、海南、广西、云南。越南、老挝也有。

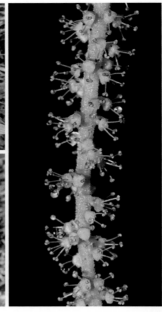

2. 日本五月茶（酸味子）
Antidesma japonicum Sieb. et Zucc.

乔木或灌木，高 2-8 m；小枝初时被短柔毛，后变无毛。叶纸质，长椭圆形，长 3.5-13 cm，宽 1.5-4 cm，顶端常尾状渐尖，除叶脉上被短柔毛外，其余均无毛；叶柄长 5-10 mm；托叶线形，早落。总状花序顶生，长达 10 cm；雄花花梗长约 0.5 mm，被疏微毛至无毛，花萼钟状，长约 0.7 mm，3-5 裂；雌花花梗极短，花萼较小，花柱顶生，柱头 2-3 裂。核果椭圆形，长 5-6 mm。花期 4-6 月，果期 7-9 月。

生于海拔 300-600 m 山地疏林中或山谷湿润地方。产长江以南。日本、越南、泰国、马来西亚等也有。

3. 重阳木
Bischofia polycarpa (Levl.) Airy Shaw

落叶乔木，高达 15 m；树皮纵裂；全株无毛。三出复叶；顶生小叶通常较两侧的大，小叶纸质，卵形，长 5-12 cm，基部圆或浅心形，边缘具钝细锯齿，顶生小叶柄长 1.5-5 cm；叶柄长 9-13.5 cm；托叶小，早落。花雌雄异株，总状花序，花序轴纤细下垂；雄花萼片半圆形，膜质，向外张开；雌花萼片与雄花的相同，花柱 2-3，顶端不分裂。果实浆果状，圆球形，直径 5-7 mm，成熟时褐红色。花期 4-5 月，果期 10-11 月。

生于海拔 600 m 以下山地林中或平原栽培。产秦岭 - 淮河以南至福建和广东的北部。果肉可酿酒。

A211. 叶下珠科 Phyllanthaceae

4. 黑面神（鬼画符）
Breynia fruticosa (L.) Hook. f.

灌木，高 1-3 m。叶革质，卵形、阔卵形或菱状卵形，长 3-7 cm，宽 1.8-3.5 cm，两端钝或急尖，叶面深绿色，叶背粉绿色，干后变黑色，具有小斑点，侧脉每边 3-5；叶柄长 3-4 mm；托叶三角状披针形，长约 2 mm。花小；雄花花梗长 2-3 mm，花萼陀螺状，长约 2 mm，厚，顶端 6 齿裂，雄蕊 3，合生呈柱状；雌花花梗长约 2 mm，花萼钟状，6 浅裂，直径约 4 mm，子房卵状，花柱 3，顶端 2 裂，裂片外弯。蒴果圆球状。花期 4-9 月，果期 5-12 月。

散生于山坡、平地旷野灌木丛中或林缘。产浙江、福建、四川、云南、贵州、华南等。越南也有。根、叶供药用。全株煲水外洗可治疮疖、皮炎等。

5. 喙果黑面神
Breynia rostrata Merr.

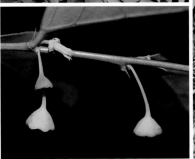

常绿灌木或乔木，高 2-5 m；全株无毛。叶片卵状披针形或长圆状披针形，长 3-7 cm，宽 1.5-3 cm，顶端渐尖，上面绿色，下面灰绿色；侧脉每边 3-5 条；叶柄长 2-3 mm；托叶三角状披针形，稍短于叶柄。单生或 2-3 朵雌花与雄花同簇生于叶腋内；雄花：花梗长约 3 mm，宽卵形；花萼漏斗状，顶端 6 细齿裂，直径 2.5-3 mm；雌花：花梗长约 3 mm；花萼 6 裂，裂片 3 片较大，3 片较小，花后常反折，结果时不增大；子房圆球状，长 2-3 mm，花柱顶端 2 深裂。蒴果圆球状，直径 6-7 mm，顶端具有宿存喙状花柱。花期 3-9 月，果期 6-11 月。

生于海拔 150-400 m 的山地密林中或山坡灌木丛中。产福建、广东、海南、广西和云南等。越南也有。

6. 禾串树（尖叶土蜜树）
Bridelia balansae Tutch. [*Bridelia insulana* Hance]

乔木，高达 17 m。叶近革质，椭圆形，长 5-25 cm，宽 1.5-7.5 cm，顶端渐尖，基部钝，边缘反卷；叶柄长 4-14 mm；托叶线状披针形，长约 3 mm，被黄色柔毛。花雌雄同序；萼片及花瓣被黄色柔毛；雄花直径 3-4 mm，花梗极短，萼片三角形，花瓣匙形；雌花直径 4-5 mm，花梗长约 1 mm，花瓣菱状圆形，子房卵圆形，花柱 2，分离，长约 1.5 mm，顶端 2 裂。核果长卵形，直径约 1 cm，成熟时紫黑色。花期 3-8 月，果期 9-11 月。

生于海拔 200-400 m 山地疏林或山谷密林中。产福建、台湾、四川、云南、贵州、华南等。印度、东南亚等也有。树皮可提取栲胶。

A211. 叶下珠科 Phyllanthaceae

7. 大叶土蜜树
Bridelia fordii Hemsl.

乔木，高达 15 m；苞片两面、花梗和萼片外面被柔毛。叶纸质，倒卵形，长 8-22 cm，宽 4-13 cm，顶端圆或截形，基部钝、圆或浅心形，叶脉在叶背凸起，侧脉 13-19 对；叶柄稍粗壮；托叶早落，有托叶痕。花雌雄异株；花小、黄绿色，花梗长约 1 mm，苞片卵状三角形；雄花萼片长圆形，花瓣倒卵形，顶端有齿，花盘杯状；雌花萼片长圆形，花瓣匙形，雌蕊长 2 mm，子房卵圆形，花柱 2，顶端 2 裂。核果卵形，黑色，2 室。花期 4-9 月，果期 8 月至翌年 1 月。

生于海拔 150-600 m 山地疏林中。产湖南、云南、贵州、华南等。

8. 一叶萩
Flueggea suffruticosa (Pall.) Baill.

灌木，高 1-3 m，多分枝；小枝浅绿色，近圆柱形，全株无毛。叶片椭圆形或长椭圆形，长 1.5-8 cm，宽 1-3 cm，顶端急尖至钝，全缘，下面浅绿色；侧脉每边 5-8 条，两面凸起；叶柄长 2-8 mm；托叶卵状披针形，长 1 mm，宿存。花小，雌雄异株，簇生于叶腋；雄花：3-18 朵簇生；花梗长 2.5-5.5 mm；雄蕊 5，花丝长 1-2.2 mm；雌花：花梗长 2-15 mm；花盘盘状。蒴果三棱状扁球形，直径约 5 mm，成熟时淡红褐色，有网纹，3 片裂；果梗长 2-15 mm，基部常有宿存的萼片。花期 3-8 月，果期 6-11 月。

生于海拔 300-600 m 的山坡灌丛中或山沟、路边。除西北尚未发现外，全国均有分布。蒙古、俄罗斯、日本、朝鲜等也有分布。

9. 白饭树
Flueggea virosa (Roxb. ex Willd.) Voigt

灌木，高 1-6 m；全株无毛。叶纸质，长 2-5 cm，宽 1-3 cm，侧脉 5-8 对；叶柄长 2-9 mm；托叶披针形。花小，淡黄色，雌雄异株，簇生；苞片鳞片状；雄花梗纤细，萼片 5，卵形，雄蕊 5，花丝长 1-3 mm，花药椭圆形，长 0.4-0.7 mm，伸出萼片之外，花盘腺体 5，与雄蕊互生；雌花 3-10，簇生，花梗长 1.5-12 mm，花盘环状，子房卵圆形，3 室，花柱 3。蒴果浆果状，近圆球形，不开裂。种子栗褐色。花期 3-8 月，果期 7-12 月。

生于海拔 100-600 m 山地灌木丛中。产华东、华南及西南。全株供药用，可治风湿关节炎、湿疹、脓疮等。

A211. 叶下珠科 Phyllanthaceae

10. 毛果算盘子（漆大姑）
Glochidion eriocarpum Champ. ex Benth.

灌木，高达 5 m；全株几密被淡黄色的长柔毛。叶纸质，卵形，长 4-8 cm，宽 1.5-3.5 cm，顶端渐尖或急尖，基部钝、截形或圆形，侧脉 4-5 对；叶柄长 1-2 mm；托叶钻状。雄花花梗长 4-6 mm，萼片 6，长倒卵形，雄蕊 3；雌花几无花梗，萼片 6，长圆形，子房 4-5，扁球状，花柱合生呈圆柱状，直立，长约 1.5 mm，顶端 4-5 裂。蒴果扁球状，直径 8-10 mm，具 4-5 纵沟，顶端具圆柱状稍伸长的宿存花柱。花果期几乎全年。

生于海拔 130-600 m 山坡、山谷灌木丛中或林缘。产江苏、福建、台湾、湖南、云南、贵州、华南等。越南也有。全株或根、叶供药用。

11. 算盘子
Glochidion puberum (L.) Hutch.

直立灌木，高 1-5 m；小枝、叶片、萼片、子房和果实均密被短柔毛。叶纸质或近革质，长卵形，长 3-8 cm，宽 1-2.5 cm，叶面灰绿色，仅中脉有毛，叶背粉绿色；叶柄长 1-3 mm；托叶三角形。花小，2-5 簇生；雄花花梗长 4-15 mm，萼片 6，狭长圆形，雄蕊 3，合生呈圆柱状；雌花花梗长约 1 mm，萼片 6，较短而厚，子房 5-10，圆球状，每室有 2 胚珠，花柱合生呈环状。蒴果扁球状，红色。种子近肾形，具三棱，朱红色。花期 4-8 月，果期 7-11 月。

生于海拔 300-600 m 山坡、溪旁灌木丛中或林缘。产四川、云南、贵州、西藏、江苏、安徽、江西、浙江、福建、台湾、华中、华南、西北等。根、茎、叶和果实均可药用。

12. 越南叶下珠
Phyllanthus cochinchinensis (Lour.) Spreng.

灌木，高达 3 m；茎皮黄褐色或灰褐色；小枝具棱。叶互生，革质，长倒卵形，长 1-2 cm，宽 0.6-1.3 cm，顶端钝或圆，基部渐窄；叶柄长 1-2 mm；托叶褐红色，卵状三角形，边缘有睫毛。花雌雄异株；苞片干膜质，黄褐色；雄花单生，花梗长约 3 mm，萼片 6，倒卵形或匙形，雄蕊 3，花丝合生成柱，花药 3，顶部合生；雌花花梗长 2-3 mm，萼片 6，外面 3 为卵形，内面 3 为卵状菱形，花盘近坛状，包围子房约 2/3，子房 3，圆球形，花柱 3。蒴果圆球形，具 3 纵沟，成熟后开裂。种子橙红色。花果期 6-12 月。

生于旷野、山坡灌丛、山谷疏林下或林缘。产福建、四川、云南、西藏、华南等。印度、越南、柬埔寨和老挝等也有。

A211. 叶下珠科 Phyllanthaceae

13. 青灰叶下珠
Phyllanthus glaucus Wall. ex Muell. Arg.

灌木，高达 4 m；枝条圆柱形，小枝细柔；全株无毛。叶膜质，椭圆形或长圆形，长 2.5-5 cm，宽 1.5-2.5 cm，顶端急尖，基部钝至圆，侧脉 8-10 对；叶柄长 2-4 mm；托叶卵状披针形，膜质。花直径约 3 mm，簇生；花梗丝状；雄花花梗长约 8 mm，萼片 6，卵形，花盘腺体 6，雄蕊 5，花丝分离，药室纵裂；雌花花梗长约 9 mm，萼片 6，卵形，花盘环状，子房 3，卵圆形，每室 2 胚珠，花柱 3，基部合生。蒴果浆果状，紫黑色，基部有宿存的萼片。种子黄褐色。花期 4-7 月，果期 7-10 月。

生于海拔 200-600 m 的山地灌木丛中或稀疏林下。产江苏、安徽、浙江、江西、湖北、湖南、广东、广西、四川、贵州、云南和西藏等。印度、不丹、尼泊尔等也有。

14. 小果叶下珠
Phyllanthus reticulatus Poir.

灌木，高达 4 m。叶纸质，椭圆形、卵形至圆形，长 1-5 cm，宽 0.7-3 cm，侧脉 5-7 对；叶柄长 2-5 mm；托叶钻状三角形。雄花直径约 2 mm，雄蕊 5，直立，其中 3 枚较长，花丝合生，2 枚较短而花丝离生，花药三角形，药室纵裂，花盘腺体 5，鳞片状。雌花花梗纤细，萼片 5-6，2 轮，外面被微柔毛，花盘腺体 5-6，长圆形，子房 4-12，圆球形，花柱分离，顶端 2 裂。蒴果呈浆果状，近球形，红色。种子三棱形，褐色。花期 3-6 月，果期 6-10 月。

生于海拔 200-600 m 山地林下或灌木丛中。产江西、福建、台湾、湖南、云南、贵州、四川、华南等。热带西非至印度、斯里兰卡、东南亚和澳大利亚也有。根、叶供药用。

15. 叶下珠
Phyllanthus urinaria L.

一年生草本，高 10-60 cm。叶纸质，长圆形或倒卵形，长 4-10 mm，宽 2-5 mm，侧脉每边 4-5，明显；叶柄极短；托叶卵状披针形。花雌雄同株；雄花 2-4 簇生，花梗长约 0.5 mm，苞片 1-2，萼片 6，倒卵形，雄蕊 3，花粉粒具 5 孔沟，花盘腺体 6，分离；雌花单生，萼片 6，卵状披针形，黄白色，花盘圆盘状，边全缘，子房卵状，有鳞片状凸起，花柱分离，顶端 2 裂，裂片弯卷。蒴果圆球状。种子橙黄色。花期 4-6 月，果期 7-11 月。

生于海拔 500 m 以下旷野平地、旱田、山地路旁或林缘。产河北、山西、陕西、华东、华中、华南、西南等。全株药用。

A211. 叶下珠科 Phyllanthaceae

16. 黄珠子草
Phyllanthus virgatus Forst. f.

一年生草本，通常<u>直立</u>，高达 60 cm；茎基部具窄棱；全株无毛。叶片线状披针形、长圆形或狭椭圆形，长 5-25 mm，宽 2-7 mm，顶端钝或急尖，有小尖头，基部圆而稍偏斜；几无叶柄；托叶膜质，卵状三角形，长约 1 mm，褐红色。通常 2-4 朵雄花和 1 朵雌花同簇生于叶腋；雄花：直径约 1 mm；花梗长约 2 mm；萼片 6，宽卵形或近圆形；雄蕊 3，花丝分离，花药近球形；雌花：花梗长约 5 mm；花萼深 6 裂，裂片卵状长圆形，紫红色，外折。蒴果扁球形，直径 2-3 mm，紫红色，有鳞片状凸起；萼片宿存。花期 4-5 月，果期 6-11 月。

生于草坡、沟边草<u>丛</u>或路旁灌丛中。产河北、山西、陕西、华东、华中、华南和西南等。分布于印度、东南亚到昆士兰和太平洋沿岸。

目 38. 桃金娘目 Myrtales

A214. 使君子科 Combretaceae

1. 风车子（华风车子）
Combretum alfredii Hance

直立或攀援状灌木，高约 5 m；小枝近方形，有纵槽，密被棕黄色的绒毛和橙黄色鳞片，老枝无毛。叶对生或近对生；叶长椭圆形，长 12-18 cm，全缘，脉腋内有丛生的粗毛；叶柄长 1-1.5 cm，有槽，具鳞片或被毛。穗状花序或组成圆锥花序，总轴被棕黄色的绒毛；花长约 9 mm，花瓣长约 2 mm，黄白色，长倒卵形。果椭圆形，有 4 翅，长 1.7-2.5 cm，被黄色鳞片，成熟时红色。花期 5-8 月，果期 9 月开始。

生于海拔 200-600 m 的山林、谷地。产江西、湖南、广东、广西。

A215. 千屈菜科 Lythraceae

1. 尾叶紫薇
Lagerstroemia caudata Chun et How ex S. Lee et L. Lau

乔木，全体无毛，高 4-20 m；树皮光滑，褐色，成片状剥落；小枝圆柱形，褐色，光滑。叶互生，阔椭圆形，稀卵状椭圆形或长椭圆形，长 7-12 cm，宽 3-5.5 cm，顶端尾尖或短尾状渐尖，基部阔楔形至近圆形，稍下延，侧脉 5-7 对，全缘或微波状；叶柄长 6-10 mm。圆锥花序生于主枝及分枝顶端，长 3.5-8 cm；花芽梨形，绿带红色，具小尖头，有 10-12 条脉纹；花萼长约 5 mm，5-6 裂；花瓣 5-6，白色，阔矩圆形，连爪长约 9 mm；雄蕊 18-28；子房近球形，无毛。蒴果矩圆状球形，长 8-11 mm，直径 6-9 mm，成熟时带红褐色。花期 4-5 月，果期 7-10 月。

生林边或疏林中。产广东、广西、江西等。

A215. 千屈菜科 Lythraceae

2. 紫薇
Lagerstroemia indica L.

落叶灌木或小乔木；树皮平滑，灰褐色；枝干多扭曲。叶互生，纸质，顶端短尖或钝形，有时微凹，基部近圆形，近无毛，侧脉 3-7 对；近无柄。花淡红色或紫色、白色，直径 3-4 cm，常组成 7-20 cm 的顶生圆锥花序；花梗中轴及花梗均被柔毛，花萼外面平滑无棱，裂片 6，三角形，直立，无附属体，花瓣 6，皱缩，长 12-20 mm，具长爪，雄蕊 36-42，外面 6 枚着生于花萼上，比其余的长得多，子房无毛。蒴果椭圆状，长 1-1.3 cm。种子有翅，长约 8 mm。花期 6-9 月，果期 9-12 月。

半阴生，喜生于肥沃湿润的土壤上，也能耐旱。产广东、广西、湖南、福建、江西、浙江、江苏、湖北、河南、河北、山东、安徽、陕西、四川、云南、贵州及吉林。原产亚洲。树皮、叶及花为强泻剂。根和树皮煎剂可治咯血、吐血、便血。

3. 节节菜
Rotala indica (Willd.) Koehne

一年生草本，多分枝，茎常略具 4 棱，基部常匍匐。叶对生，倒卵状椭圆形或矩圆状倒卵形，长 4-17 mm，宽 3-8 mm，顶端圆钝而有小尖头，基部楔形；近无柄。花小，通常穗状花序，苞片叶状，倒卵形，长 4-5 mm，小苞片 2，极小，线状披针形；萼筒管状钟形，膜质，半透明，裂片 4，披针状三角形，花瓣 4，极小，倒卵形，宿存，雄蕊 4，子房椭圆形，顶端狭。蒴果椭圆形，稍有棱，常 2 瓣裂。花期 9-10 月，果期 10 月至翌年 4 月。

生于稻田中或湿地上。产广东、广西、湖南、江西、福建、浙江、江苏、安徽、湖北、陕西、四川、贵州、云南等。印度、斯里兰卡、印度尼西亚、菲律宾、中南半岛、日本至俄罗斯也有。嫩苗可食。

4. 圆叶节节菜
Rotala rotundifolia (Buch.-Ham. ex Roxb.) Koehne

一年生草本，各部无毛。根茎细长，匍匐地上；茎单一，丛生，高 5-30 cm，带紫红色。叶对生，近圆形，长 5-20 mm；近无柄。花单生于苞片内，组成顶生穗状花序，花序长 1-4 cm，花极小，几无梗，苞片叶状，卵形，约与花等长，小苞片 2；萼筒阔钟形，裂片 4，三角形，花瓣 4，倒卵形，长约为花萼裂片的 2 倍，子房近梨形，柱头盘状。蒴果椭圆形，3-4 瓣裂。花果期 12 月至翌年 6 月。

生于水田或潮湿的地方。华南极为常见。印度、马来西亚、斯里兰卡、中南半岛及日本也有。我国南部水稻田的主要杂草之一，常用作猪饲料。

A215. 千屈菜科 Lythraceae

5. 越南菱

Trapa bicornis var. *cochinchinensis* (Lour.) H. Gluck ex Steenis

一年生浮水或半挺水草本。根二型。茎圆柱形。叶二型：浮水叶互生，聚生于茎端，在水面形成莲座状菱盘，叶片广菱形，长 3-4.5 cm，边缘中上部具凹形的浅齿，边缘下部全缘，基部广楔形；叶柄长 2-10.5 cm；中上部膨大成海绵质气囊；沉水叶小，早落。花小，单生于叶腋，花梗长 1-1.5 cm；萼筒 4 裂；花瓣 4，白色，着生于上位花盘的边缘；雄蕊；雌蕊 2 心皮，2 室，子房半下位，花柱钻状，柱头头状。果三角形，2 角或 4 角，肩角短细，平展或斜升，刺角先端有长毛，有的腰角钝而下垂，有的细尖下垂，有的角不存在，果梗粗壮有关节，长 1.5-2.5 cm。花期 4-8 月，果期 7-9 月。

生于水塘。中国南北栽培或野生。俄罗斯、越南、印度尼西亚、爪哇、非洲也有栽培或野生。

6. 丘角菱

Trapa japonica Flerow

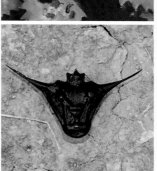

一年生浮水水生草本。根二型。茎圆柱形，柔弱、分枝。叶二型：浮水叶互生，绿色或带紫红色，聚生于主茎和分枝茎顶端，形成菱盘，叶片广菱形或卵状菱形，长 2-4.5 cm，宽 2-6 cm，背面被淡褐色长软毛，叶缘中上部边缘具浅凹锐齿；叶柄中上部膨大成海绵质气囊，被淡褐色短毛；沉水叶小，早落。花小，单生于叶腋，花梗长 2-3 cm，疏被淡褐色软毛；萼 4 深裂，仅一对萼片沿脊被短毛，裂片披针形；花瓣 4，长匙形，白色或微红；雄蕊 4。果三角形或扁菱形，高 1.5-1.8 cm，具 2 刺角，平伸或斜举，连接二肩角间的 2 线弯曲伸展在同一平面上，使果面稍平坦，腰角不存在，其位置通常具小丘状突起，果喙稍明显，果颈高 2-3 mm 或稍低，果冠小，稍明显，径 0.3-0.5 cm。花期 5-10 月，果期 7-11 月。

生于水塘。产黑龙江、吉林、辽宁、内蒙古、河北、河南、山东、安徽、江苏、浙江、江西、福建、湖北、湖南、广东、广西、四川、云南等。俄罗斯、朝鲜、日本也有分布。

A216. 柳叶菜科 Onagraceae

1. 水龙

Ludwigia adscendens (L.) Hara

多年生草本。浮水茎节上常簇生根状浮器，具多数须状根；浮水茎长可达 3 m，直立茎高达 60 cm。叶倒卵形，长 3-6.5 cm，宽 1.2-2.5 cm，侧脉 6-12 对；叶柄长 3-15 mm。花单生于上部叶腋；小苞片生于花柄上部；萼片被短柔毛；花瓣乳白色，基部淡黄色；雄蕊 10；花盘隆起，近花瓣处有蜜腺；花柱下部被毛；柱头近球状，淡绿色；子房被毛。蒴果淡褐色，圆柱状，具 10 纵棱，不规则开裂。种子在每室单列纵向排列，淡褐色，椭圆状。花期 5-8 月，果期 8-11 月。

生于海拔 100-600 m 水田、浅水塘。产福建、江西、湖南、广东、香港、海南、广西、云南。印度、斯里兰卡、孟加拉国、巴基斯坦、中南半岛、新加坡、马来西亚、印度尼西亚、澳大利亚也有。全草入药，清热解毒，利尿消肿，也可治蛇咬伤。

A216. 柳叶菜科 Onagraceae

2. 草龙
Ludwigia hyssopifolia (G. Don) Exell

一年生直立草本。茎高 60-200 cm，常有棱形，多分枝。叶披针形至线形，长 2-10 cm，宽 0.5-1.5 cm，侧脉每侧 9-16，叶背脉上疏被短毛；叶柄长 2-10 mm；托叶三角形。花腋生，萼片 4，常有 3 纵脉，近无毛；雄蕊 8，淡绿黄色，花丝不等长；花盘稍隆起，围绕雄蕊基部有密腺；花柱淡黄绿色，柱头头状，浅 4 裂。蒴果近无梗，被微柔毛。种子在蒴果上部每室排成多列，淡褐色。花果期几乎四季。

生于海拔 50-450 m 田边、水沟、河滩、塘边、湿草地等湿润向阳处。产台湾、广东、香港、海南、广西、云南。印度、斯里兰卡、中南半岛、新加坡、马来西亚、菲律宾、密克罗尼西亚与澳大利亚，西达非洲热带。全草入药。

3. 毛草龙
Ludwigia octovalvis (Jacq.) Raven

多年生草本，或亚灌木状，高 50-200 cm，粗 5-18 mm，多分枝，常被黄褐色粗毛。叶披针形，长 4-12 cm，宽 0.5-2.5 cm，两面被黄褐色粗毛；叶近无柄；托叶小。萼片 4，卵形，两面被粗毛；花瓣黄色，先端钝圆形或微凹，具侧脉 4-5 对；雄蕊 8；子房圆柱状，密被粗毛。蒴果圆柱状，被粗毛；果梗长 3-10 mm。种子每室多列，离生，一侧稍内陷，种脊明显，与种子近等长，表面具横条纹。花期 6-8 月，果期 8-11 月。

生于海拔 100-600 m 田边、湖塘边、沟谷旁及开旷湿润处。产江西、浙江、福建、台湾、广东、香港、海南、广西、云南。亚洲、非洲、大洋洲、南美洲及太平洋岛屿热带与亚热带也有。

4. 丁香蓼
Ludwigia prostrata Roxb. [*Ludwigia epilobiloides* Maxim.]

一年生直立草本。茎高 25-60 cm，下部圆柱状，上部四棱形，近无毛。叶狭椭圆形，长 3-9 cm，宽 1.2-2.8 cm，两面近无毛；叶柄长 5-18 mm。萼片 4，三角状卵形至披针形，近无毛；花瓣黄色，先端近圆形；雄蕊 4，花药扁圆形；柱头近卵状或球状。蒴果四棱形，淡褐色，无毛，熟时迅速不规则室背开裂。种子里生，卵状，顶端稍偏斜，具小尖头，表面有横条排成的棕褐色纵横条纹。花期 6-7 月，果期 8-9 月。

生于海拔 100-600 m 稻田、河滩、溪谷旁湿处。产海南、广西与云南。东至中南半岛，西至印度、尼泊尔、斯里兰卡，南至马来半岛、印度尼西亚与菲律宾。

A218. 桃金娘科 Myrtaceae

1. 岗松

Baeckea frutescens L.

灌木，有时为小乔木；嫩枝纤细，多分枝。叶小，叶片狭线形或线形，长 5-10 mm，叶面有沟，叶背突起，有透明油腺点，干后褐色；几无柄。花小，白色，单生于叶腋内；苞片早落；花梗长 1-1.5 mm；萼管钟状，长约 1.5 mm，萼齿 5，细小三角形，先端急尖；花瓣圆形，分离，长约 1.5 mm，基部狭窄成短柄；雄蕊 10 或稍少，成对与萼齿对生；子房下位，3 室，花柱短，宿存。蒴果小，长约 2 mm。种子扁平，有角。花期夏秋。

生于低丘及荒山草坡与灌丛中，多呈小灌木状。产福建、广东、广西及江西等。东南亚也有。在我国海南岛东南部直至加里曼丹的沼泽地中常形成优势群落。

2. 华夏子楝树

Decaspermum esquirolii (Lévl.) Chang et Miau
[*Decaspermum gracilentum* auct. non (Hance) Merr. et Perry]

灌木；嫩枝被灰色柔毛，圆柱形，纤细；老枝褐色，无毛。叶片薄革质，椭圆形或卵状长圆形，有时为披针形，长 4-7 cm，宽 2-3 cm，先端渐尖，初时上下两面均被柔毛，以后变无毛，两面均有多数细小的腺点，侧脉约 12 对，在上下两面均不明显；叶柄长 3-5 mm。花为腋生单花或 4-6 朵排成聚伞花序；花梗长 7-10 mm，有短柔毛；花白，直径 1 cm，萼管被毛，萼片 4，阔卵形，被微毛，先端圆；花瓣 4，红色，卵形，长约 4 mm，无毛；雄蕊比花瓣略长，花丝红色，无毛；花柱比雄蕊短。浆果球形，直径约 4 mm。

生于海拔 200-400 m 的山坡灌丛或林缘。产广东、广西及贵州南部。

3. 桃金娘（岗棯）

Rhodomyrtus tomentosa (Ait.) Hassk.

灌木，高 1-2 m；嫩枝有灰白色柔毛。叶对生，革质，叶椭圆形或倒卵形，长 3-8 cm，宽 1-4 cm，叶面初时有毛，以后变无毛，发亮，叶背有灰色茸毛，离基三出脉；叶柄长 4-7 mm。花有长梗，常单生，紫红色，直径 2-4 cm；萼管有灰茸毛，萼裂片 5，近圆形；花瓣 5，长 1.3-2 cm；雄蕊红色，长 7-8 mm。浆果卵状壶形，长 1.5-2 cm，熟时紫黑色。种子每室 2 列。花期 4-5 月。

生于丘陵坡地。产台湾、福建、广东、广西、云南、贵州及湖南。中南半岛、菲律宾、日本、印度、斯里兰卡、马来西亚及印度尼西亚等也有。根有治慢性痢疾、风湿、肝炎及降血脂等功效。

A218. 桃金娘科 Myrtaceae

4. 赤楠
Syzygium buxifolium Book. et Arn.

　　灌木或小乔木；嫩枝有棱，干后黑褐色。叶革质，阔椭圆形至椭圆形，长 1.5-3 cm，宽 1-2 cm，叶面干后暗褐色，无光泽，叶背稍浅色，有腺点，侧脉多而密，在叶面不明显，在叶背稍突起；叶柄长 2 mm。聚伞花序顶生，长约 1 cm，有花多数；花梗长 1-2 mm，花蕾长 3 mm，萼管倒圆锥形，长约 2 mm，萼齿浅波状，花瓣 4，分离，长 2 mm，雄蕊长 2.5 mm，花柱与雄蕊同等。果实球形，直径 5-7 mm。花期 6-8 月。

　　生于低山疏林或灌丛。产安徽、浙江、台湾、福建、江西、湖南、广东、广西、贵州等。越南及琉球群岛也有。

5. 轮叶蒲桃
Syzygium grijsii (Hance) Merr. et Perry

　　灌木，高不及 1.5 m；嫩枝纤细，有 4 棱，干后黑褐色。叶片革质，细小，常 3 叶轮生，狭窄长圆形或狭披针形，长 1.5-2 cm，宽 5-7 mm，先端钝或略尖，基部楔形，上面干后暗褐色，无光泽，下面稍浅色，多腺点，侧脉密，以 50 度开角斜行，彼此相隔 1-1.5 mm，在下面比上面明显，边脉极接近边缘；叶柄长 1-2 mm。聚伞花序顶生，长 1-1.5 cm，少花；花梗长 3-4 mm，花白色；萼管长 2 mm，萼齿极短；花瓣 4，分离，近圆形，长约 2 mm；雄蕊长约 5 mm；花柱与雄蕊同长。果实球形，直径 4-5 mm。花期 5-6 月。

　　生于溪边林中。产浙江、江西、福建、广东、广西。

6. 红鳞蒲桃
Syzygium hancei Merr. et Perry

　　乔木，高达 20 m；嫩枝圆形。叶革质，狭椭圆形，长 3-7 cm，宽 1.5-4 cm，叶面有多数细小而下陷的腺点，叶背同色；叶柄长 3-6 mm。圆锥花序腋生，长 1-1.5 cm，多花；无花梗，萼管倒圆锥形，长 1.5 mm，萼齿不明显，花瓣 4，分离，圆形，长 1 mm，花柱与花瓣同长。果实球形，直径 5-6 mm。花期 7-9 月。

　　常见于低海拔疏林中。产福建、广东、广西等。

A218. 桃金娘科 Myrtaceae

7. 红枝蒲桃

Syzygium rehderianum Merr. et Perry

灌木至小乔木；嫩枝红色，圆形，稍压扁，老枝灰褐色。叶片革质，椭圆形至狭椭圆形，长 4-7 cm，宽 2.5-3.5 cm，先端急渐尖，尖尾长 1 cm，尖头钝，基部阔楔形，上面干后灰黑色或黑褐色，不发亮，多细小腺点，下面稍浅色，多腺点，侧脉相隔 2-3.5 mm，在上面不明显，在下面略突起，以 50 度开角斜向边缘，边脉离边缘 1-1.5 mm；叶柄长 7-9 mm。聚伞花序腋生，或生于枝顶叶腋内，长 1-2 cm，通常有 5-6 条分枝，每分枝顶端有无梗的花 3 朵；花蕾长 3.5 mm；萼管倒圆锥形，长 3 mm，上部平截，萼齿不明显；花瓣连成帽状；雄蕊长 3-4 mm；花柱纤细，与雄蕊等长。果实椭圆状卵形，长 1.5-2 cm，宽 1 cm。花期 6-8 月。

生于海拔 150-400 m 的山地密林中。产福建、广东、广西。

A219. 野牡丹科 Melastomataceae

1. 柏拉木

Blastus cochinchinensis Lour.

灌木；全株被黄褐色小腺点。叶纸质，披针形，长 6-18 cm，宽 2-5 cm，近全缘，3 或 5 基出脉；叶柄长 1-3 cm。伞状聚伞花序，总梗近无；花梗长约 3 mm，花萼钟状漏斗形，长约 4 mm，钝四棱形，雄蕊 4(-5)，等长，花丝长约 4 mm，花药长约 4 mm，粉红色，呈膝曲状，子房坛形，顶端具 4 个小突起，被疏小腺点。蒴果椭圆形，4 裂。花期 6-8 月，果期 10-12 月，有时茎上部开花，下部果熟。

生于海拔 200-600 m 的阔叶林内。产云南、广西、广东、福建、台湾。印度至越南均有。全株有拔毒生肌的功效，用于治疮疖。根可止血。

2. 地菍

Melastoma dodecandrum Lour.

小灌木。茎匍匐上升。叶坚纸质，卵形，长 1-4 cm，近全缘，3-5 基出脉，叶面仅边缘被糙伏毛；叶柄长 2-15 mm，被糙伏毛。顶生聚伞花序；花梗长 2-10 mm，被糙伏毛，花萼管长约 5 mm，被糙伏毛，裂片披针形，花瓣红色，上部略偏斜，长 1.2-2 cm，宽 1-1.5 cm，顶端有 1 束刺毛，被疏缘毛，雄蕊长者药隔基部延伸，弯曲，末端具 2 小瘤，短者药隔不伸延，药隔基部具 2 小瘤，子房顶端具刺毛。果坛状球状，肉质，不开裂。花期 5-7 月，果期 7-9 月。

生于海拔 600 m 以下的山坡矮草丛中。产贵州、湖南、广西、广东、江西、浙江、福建。越南也有。果可食。全株供药用。根可解木薯中毒。

A219. 野牡丹科 Melastomataceae

3. 印度野牡丹
Melastoma malabathricum L.

灌木。茎近圆柱形，密被糙伏毛。叶坚纸质，披针形，长 5.4-13 cm，宽 1.6-4.4 cm，全缘，5 基出脉，叶面密被糙伏毛，叶背被糙伏毛及密短柔毛；叶柄密被糙伏毛。伞房花序顶生，近头状；花梗长 3-10 mm，密被糙伏毛，花萼长约 1.6 cm，密被鳞片状糙伏毛，花瓣粉红色至红色，倒卵形，长约 2 cm，仅上部具缘毛，雄蕊长者药隔基部伸长，末端 2 深裂，弯曲，短者药隔不伸长，子房密被糙伏毛，顶端具 1 圈密刚毛。蒴果坛状球形。花期 2-5 月，果期 8-12 月。

生于海拔 300-600 m 的山坡、山谷林下，或灌草丛中。产云南、贵州、广东至台湾以南等。中南半岛至澳大利亚，菲律宾以南等也有。果可食。全草可入药。

4. 展毛野牡丹
Melastoma normale D. Don

灌木。茎近圆柱形，密被平展的长粗毛及短柔毛，毛常为褐紫色。叶坚纸质，卵形，长 4-10.5 cm，全缘，5 基出脉，叶面密被糙伏毛，叶背密被糙伏毛及密短柔毛；叶柄长 5-10 mm，密被糙伏毛。伞房花序；花梗长 2-5 mm，密被糙伏毛，花瓣紫红色，倒卵形，长约 2.7 cm，仅具缘毛，雄蕊长者药隔基部伸长，末端 2 裂，常弯曲，短者药隔不伸长，花药基部两侧各具 1 小瘤，子房密被糙伏毛，顶端具 1 圈密刚毛。蒴果坛状球形。花期春至夏初，果期秋季。

生于海拔 150-500 m 的山坡灌草丛中或疏林下。产西藏、四川、福建至台湾。尼泊尔、印度、缅甸、马来西亚及菲律宾等也有。果可食。全株可入药。

5. 谷木
Memecylon ligustrifolium Champ.

大灌木，高 1.5-6 m。小枝圆柱形或不明显的四棱形。叶革质，椭圆形，顶端渐尖，钝头，基部楔形，长 5.5-8 cm，宽 2.5-3.5 cm，全缘，两面无毛，叶面中脉下凹，侧脉不明显；叶柄长 3-5 mm。聚伞花序腋生，长约 1 cm；花梗基部及节上具髯毛，花萼半球形，长 1.5-3 mm，边缘浅波状 4 齿，花瓣白色、淡黄绿色或紫色，半圆形，长约 3 mm。浆果状核果球形，直径约 1 cm，密布小瘤状突起。花期 5-8 月，果期 12 月至翌年 2 月。

生于海拔 160-540 m 的密林下。产云南、广西、广东、福建。

A219. 野牡丹科 Melastomataceae

6. 金锦香
Osbeckia chinensis L.

直立草本或亚灌木。茎四棱形，具糙伏毛。叶坚纸质，长 2-5 cm，宽 3-15 mm，全缘，两面被糙伏毛，3-5 基出脉；叶柄近无，被糙伏毛。顶生头状花序，有 2-10 花，基部具叶状总苞 2-6，苞片卵形，无花梗；花瓣 4，淡紫红色，倒卵形，长约 1 cm，具缘毛，雄蕊常偏向 1 侧，花丝与花药等长，花药顶部具长喙，喙长为花药的 1/2，药隔基部微膨大呈盘状，子房近球形，顶端有刚毛 16。蒴果紫红色，4 纵裂。花期 7-9 月，果期 9-11 月。

生于海拔 500 m 以下的荒山草坡、路旁、田地边或疏林下。产广西以东、长江流域及其以南。从越南至澳大利亚、日本均有。全草入药。

7. 朝天罐
Osbeckia opipara C. Y. Wu et C. Chen

灌木。茎四棱形，被糙伏毛。叶对生，坚纸质，卵形，长 5.5-11.5 cm，宽 2.3-3 cm，全缘，具缘毛，两面密被糙伏毛外、微柔毛及透明腺点，5 基出脉；叶柄长 0.5-1 cm，密被平贴糙伏毛。顶生圆锥花序；花萼长约 2.3 cm，外面被多轮柄星状毛和微柔毛，花瓣深红，雄蕊 8，花药具长喙，药隔基部微膨大，末端具刺毛 2，子房具 1 圈短刚毛，上半部被疏微柔毛。蒴果长，宿存萼长坛状，被刺毛状有柄星状毛。花果期 7-9 月。

生于海拔 100-450 m 的山坡、山谷、水边、路旁、疏林中或灌木丛中。产长江流域及其以南。越南至泰国也有。

8. 肉穗草
Sarcopyramis bodinieri Lévl. et Van.

小草本，纤细，高 5-12 cm，具匍匐茎，无毛。叶片卵形或椭圆形，长 1.2-3 cm，宽 0.8-2 cm，边缘具疏浅波状齿，齿间具小尖头，3-5 基出脉，叶面被疏糙伏毛，背面通常无毛，有时沿侧脉具极少的糙伏毛。聚伞花序，顶生，有花 1-3 朵，基部具 2 枚叶状苞片，总梗长 0.5-3（-4）cm，花梗长 1-3 mm；花萼长约 3 mm，具四棱，棱上有狭翅，顶端增宽而成垂直的长方形裂片，裂片背部具刺状尖头，有时边缘微羽状分裂；花瓣紫红色至粉红色，宽卵形，略偏斜，长 3-4 mm，顶端急尖；雄蕊内向，花药黄色，药隔基部伸延成短距；子房坛状，顶端具膜质冠，冠檐具波状齿。蒴果通常白绿色，杯形，具四棱，膜质冠长出萼 1 倍。花期 5-7 月，果期 10-12 月或翌年 1 月。

生于海拔 200-350 m 的山谷密林下或溪边阴湿处。产四川、贵州、云南、广东、广西、台湾。

目 39. 缨子木目 Crossosomatales

A226. 省沽油科 Staphyleaceae

1. 野鸦椿
Euscaphis japonica (Thunb.) Dippel

落叶小乔木或灌木，树皮灰褐色，具纵条纹，小枝及芽红紫色。叶对生，长 8-32 cm；小叶厚纸质，长卵形，边缘具疏短锯齿，齿尖有腺体，叶背沿脉有白色小柔毛，小叶柄长 1-2 mm，小托叶线形，有微柔毛。圆锥花序顶生，花梗长达 21 cm；花黄白色，直径 4-5 mm，萼片与花瓣均 5，椭圆形，萼片宿存。蓇葖果长 1-2 cm，每花发育为 1-3 蓇葖，果皮软革质，紫红色，有纵脉纹。种子近圆形。花期 5-6 月，果期 8-9 月。

除西北外，全国均产。日本、朝鲜也有。树皮提烤胶。根及干果入药。

2. 锐尖山香圆
Turpinia arguta (Lindl.) Seem.

落叶灌木，高 1-3 m。单叶对生，厚纸质，椭圆形，长 7-22 cm，宽 2-6 cm，先端具尖尾，基部宽楔形，边缘具疏锯齿，齿尖具硬腺体；叶柄长 1.2-1.8 cm。顶生圆锥花序较叶短，长 4-12 cm；花长 8-12 mm，白色，花梗中部具 2 苞片，萼片 5，三角形，绿色，花瓣白色，无毛。果近球形，干后黑色，直径 7-12 mm，表面粗糙，先端具小尖头，花盘宿存，有 2-3 种子。

产福建、江西、湖南、广东、广西、贵州、四川。叶可作家畜饲料。

A238. 橄榄科 Burseraceae

1. 橄榄
Canarium album (Lour.) Rauesch.

乔木，高 10-35 m。小枝幼部被黄棕色绒毛。小叶纸质，长 6-14 cm，宽 2-5.5 cm，近无毛，全缘；托叶着生于近叶柄基部的枝干上。花序腋生，近无毛；雄花序为聚伞圆锥花序；雌花序总状，长 3-6 cm。花近无毛，雄花长 5.5-8 mm，雌花长约 7 mm；花萼长 2.5-3 mm，雌蕊密被短柔毛。果序长 1.5-15 cm，具 1-6 果；果萼扁平，直径 0.5 cm，萼齿外弯，果卵圆形至纺锤形，无毛，成熟时黄绿色。花期 4-5 月，果 10-12 月成熟。

生于海拔 560 m 以下的沟谷和山坡杂木林中。产福建、台湾、广东、广西、云南。越南也有，日本及马来半岛有栽培。果可生食或渍制；药用治喉头炎、咳血、烦渴、肠炎腹泻。

A239. 漆树科 Anacardiaceae

1. 南酸枣（五眼果）
Choerospondias axillaris (Roxb.) Burtt et Hill

落叶乔木，高 8-20 m；树皮灰褐色，片状剥落，小枝暗紫褐色，具皮孔。小叶 3-6 对，叶轴无毛，小叶膜质，长 4-12 cm，宽 2-4.5 cm，近全缘，两面无毛，小叶柄纤细。雄花序长 4-10 cm，近无毛，苞片小；花萼外面疏被白色微柔毛，边缘具紫红色腺状睫毛；花瓣无毛，具褐色脉纹，雄蕊 10，与花瓣近等长，雄花无不育雌蕊。雌花单生于上部叶腋，较大，子房卵圆形，无毛。核果椭圆形，成熟时黄色，果核长 2-2.5 cm，顶端具 5 个小孔。

生于海拔 300-540 m 的山坡、丘陵或沟谷林中。产西藏、云南、贵州、广西、广东、湖南、湖北、江西、福建、浙江、安徽。印度、中南半岛和日本也有。树皮和叶可提栲胶。果可生食或酿酒。树皮和果入药。

2. 黄连木（黄连茶）
Pistacia chinensis Bunge

落叶乔木，高达 20 余米；树皮呈鳞片状剥落，幼枝疏被微柔毛。奇数羽状复叶互生，小叶 5-6 对，被微柔毛；小叶近对生，纸质，披针形，长 5-10 cm，基部偏斜，全缘，两面沿脉被卷曲微柔毛。花单性异株，先花后叶，圆锥花序腋生，被微柔毛；雄花花被片 2-4，大小不等，长 1-1.5 mm，雄蕊 3-5；雌花花被片 7-9，大小不等，长 0.7-1.5 mm，花柱极短，柱头 3，红色。核果倒卵状球形，直径约 5 mm，成熟时紫红色。

生于海拔 140-550 m 的石山林中。产华北、西北及长江以南。菲律宾也有。木材鲜黄色，可提黄色染料。种子榨油可作润滑油或制皂。幼叶可制茶。

3. 盐肤木
Rhus chinensis Mill.

落叶小乔木或灌木。小枝棕褐色，被锈色柔毛，具圆形小皮孔。奇数羽状复叶，叶轴具宽的叶状翅，叶轴和叶柄密被锈色柔毛；小叶多形，长 6-12 cm，宽 3-7 cm，顶生小叶基部楔形，边缘具锯齿，叶背被柔毛，小叶无柄。圆锥花序宽大，多分枝，雌花序密被锈色柔毛；花梗被微柔毛；花瓣椭圆状卵形，边缘具细睫毛；雄蕊极短；子房卵形，密被白色微柔毛。核果球形，直径 4-5 mm，被毛。花期 8-9 月，果期 10 月。

生于海拔 80-560 m 的向阳山坡、沟谷、溪边的疏林或灌丛中。除黑龙江、吉林、辽宁、内蒙古和新疆外，全国均产。印度、中南半岛、马来西亚、印度尼西亚、日本和朝鲜也有。果泡水代醋用，生食酸咸止渴。根、叶、花及果均可供药用。

A239. 漆树科 Anacardiaceae

4. 白背麸杨
Rhus hypoleuca Champ. ex Benth.

灌木或小乔木。小枝圆柱形，紫褐色，幼枝被灰色微绒毛，疏生棕色小皮孔。奇数羽状复叶长 20-30 cm，叶轴和叶柄被灰色微绒毛；小叶对生，纸质，卵状披针形或披针形，长 5-9.5 cm，宽 2-3.5 cm，近全缘，叶面脉上被灰色微绒毛，叶背密被白色绢状微绒毛，小叶无柄。圆锥花序长达 20 cm，被灰黄色微绒毛；花梗被灰黄色微绒毛，花萼裂片卵形，花瓣倒卵状长圆形，子房球形，被白色长柔毛。核果直径约 4 mm，被白色长柔毛和红色腺毛。

生于海拔 200-500 m 的山坡、旷野疏林中。产广东、湖南、福建、台湾。

5. 岭南酸枣
Spondias lakonensis Pierre

落叶乔木，高 8-15 m。小枝灰褐色，疏被微柔毛。叶互生，奇数羽状复叶长 25-35 cm，小叶 5-11 对，叶轴和叶柄疏被微柔毛；小叶长圆形，长 6-10 cm，宽 1.5-3 cm，全缘，叶背脉上或脉腋被微柔毛，小叶柄短，被微柔毛。圆锥花序腋生，长 15-25 cm，被灰褐色微柔毛；花梗短，近基部有关节，被微柔毛，花萼被微柔毛，长约 0.6 mm，花瓣长圆形，长约 2.5 mm，雄蕊 8-10。核果倒卵形，长 8-10 mm，宽 6-7 mm，成熟时带红色。种子长圆形，种皮膜质。

生于向阳山坡疏林中。产广西、广东、福建。越南、老挝、泰国也有。果酸甜可食，有酒香。

6. 野漆
Toxicodendron succedaneum (L.) O. Kuntze

落叶乔木；小枝无毛，顶芽大，紫褐色。奇数羽状复叶互生，常集生小枝顶端，无毛，长 25-35 cm，有小叶 4-7 对；小叶对生或近对生，长圆状椭圆形至披针形，长 5-16 cm，宽 2-5.5 cm，先端渐尖或长渐尖，全缘，两面无毛，叶背常具白粉，侧脉 15-22 对；小叶柄长 2-5 mm。圆锥花序长 7-15 cm，多分枝，无毛；花黄绿色，径约 2 mm；花瓣长圆形，开花时外卷；雄蕊伸出；花盘 5 裂。核果偏斜，径 7-10 mm，压扁。

生于海拔 100-300 m 的林缘或疏林中。华北至长江以南各省区均产。分布于印度、中南半岛、朝鲜和日本。

A239. 漆树科 Anacardiaceae

7. 木蜡树
Toxicodendron sylvestre (Sieb. et Zucc.) O. Kuntze

落叶乔木，高达 10 m；幼枝、芽、叶轴、叶柄及花序均被黄褐色绒毛，树皮灰褐色。奇数羽状复叶互生，小叶 3-7 对；叶柄长 4-8 cm；小叶对生，纸质，卵形至长圆形，长 4-10 cm，宽 2-4 cm，全缘，叶面中脉密被卷曲微柔毛，其余被平伏微柔毛，叶背密被柔毛，小叶近无柄。圆锥花序长 8-15 cm，总梗长 1.5-3 cm；花黄色，花梗长 1.5 mm，被卷曲微柔毛，花瓣长圆形，长约 1.6 mm，具暗褐色脉纹，雄蕊伸出。核果极偏斜，先端偏于一侧。

生于海拔 140-560 m 的林中。产长江以南。朝鲜和日本亦有。

A240. 无患子科 Sapindaceae

1. 紫果槭
Acer cordatum Pax

常绿乔木，常高 8 m。小枝细瘦，无毛；当年生嫩枝紫色或淡紫绿色。叶近革质，长 6-9 cm，宽 3-4.5 cm，基部近心形，先端具稀疏细齿，其余全缘，两面无毛；叶柄紫色，长约 1 cm。花 3-5，成长 4-5 cm 的顶生伞房花序，总花梗细瘦；花瓣 5，长 2 mm，淡黄白色，花梗长 5-8 mm。翅果嫩时紫色，成熟时黄褐色，小坚果长 4 mm；翅宽 1 cm，连同小坚果长 2 cm，张开成钝角。花期 4 月下旬，果期 9 月。

生于海拔 200-600 m 山谷疏林中。产湖北、四川、贵州、湖南、江西、安徽、浙江、福建、广东、广西。

2. 罗浮槭
Acer fabri Hance

常绿乔木。叶革质，披针形，长 7-11 cm，宽 2-3 cm，全缘，基部楔形或钝形，先端尖，叶面无毛，叶背无毛或脉腋稀被丛毛；叶柄长 1-1.5 cm，细瘦，无毛。花杂性，雄花与两性花同株，呈伞房花序；花瓣 5，白色，倒卵形，略短于萼片，子房无毛，柱头平展翅果嫩时紫色，成熟时黄褐色。小坚果凸起，直径约 5 mm；翅与小坚果长 3-3.4 cm，张开成钝角。花期 3-4 月，果期 9 月。

生于海拔 200-600 m 疏林中。产广东、广西、江西、湖北、湖南、四川。

A240. 无患子科 Sapindaceae

3. 亮叶槭
Acer lucidum Metc.

常绿小乔木。幼枝淡紫绿色，无毛。叶厚革质，基部钝圆，先端尖，全缘，长 6-8.5 cm，宽 2.5-3.5 cm，叶背略被白粉；叶柄细瘦，长 1-1.5 cm。花序伞房状，长 2-3 cm，密被淡黄色绒毛；花梗长 5-10 mm，被绒毛；花杂性，雄花与两性花同株；花瓣 5。翅果嫩时淡紫色，成熟时淡黄色；小坚果凸起，近于卵圆形，长 7 mm，翅宽 9 mm，连同小坚果长 2-2.5 cm，张开成锐角或近直立。花期 3 月下旬至 4 月上旬，果期 8-9 月。

生于海拔 200-600 m 山坡疏林中。产广东、广西、湖南、江西、四川、福建。

4. 龙眼
Dimocarpus longan Lour.

常绿乔木；小枝粗壮，散生苍白色皮孔。叶连柄长 15-30 cm 或更长；小叶 4-5 对，很少 3 或 6 对，长圆状椭圆形至披针形，两侧常不对称，长 6-15 cm，宽 2.5-5 cm，基部极不对称，上侧阔楔形至截平，几与叶轴平行，下侧窄楔尖，背面粉绿色，两面无毛；侧脉 12-15 对，仅在背面凸起；小叶柄长通常不超过 5 mm。花序大型，多分枝，顶生和近枝顶腋生，密被星状毛；花梗短；花瓣乳白色，披针形，与萼片近等长，仅外面被微柔毛；花丝被短硬毛。果近球形，直径 1.2-2.5 cm，通常黄褐色或有时灰黄色，外面稍粗糙，或少有微凸的小瘤体；种子茶褐色，光亮，全部被肉质的假种皮包裹。花期春夏间，果期夏季。

生于山坡杂木林中。我国西南至东南栽培很广；云南、广东、广西有野生或半野生。亚洲南部和东南部也常有栽培。

5. 伞花木
Eurycorymbus cavaleriei (Lévl.) Rehd. et Hand.-Mazz.

落叶乔木，高可达 20 m，树皮灰色；小枝圆柱状，被短绒毛。叶连柄长 15-45 cm，叶轴被皱曲柔毛；小叶 4-10 对，近对生，薄纸质，长圆状披针形或长圆状卵形，长 7-11 cm，宽 2.5-3.5 cm，顶端渐尖；侧脉纤细而密，约 16 对，末端网结。花序半球状，稠密而极多花；花芳香；萼片卵形，外面被短绒毛；花瓣长约 2 mm，外面被长柔毛；子房被绒毛。蒴果的发育果爿长约 8 mm，被绒毛。花期 5-6 月，果期 10 月。

生于海拔 300-1400 m 处的阔叶林中。产云南、贵州、广西、湖南、江西、广东、福建、台湾。

A240. 无患子科 Sapindaceae

6. 全缘叶栾树
Koelreuteria bipinnata var. *integrifoliola* (Merr.) T. Chen

乔木；有皮孔。枝具小疣点。叶平展，二回羽状复叶，长 45-70 cm；叶轴和叶柄有短柔毛；小叶 9-17 片，互生，纸质，长 3.5-7 cm，宽 2-3.5 cm，略偏斜，通常全缘，有时一侧近顶部边缘有锯齿，叶背密被短柔毛，小叶柄近无。圆锥花序长 35-70 cm，被短柔毛；萼 5 裂，有缘毛及腺体，花瓣 4，长圆状披针形，雄蕊 8，长 4-7 mm，花丝被长柔毛，子房三棱状长圆形，被柔毛。蒴果椭圆形，具 3 棱，淡紫红色。种子近球形，直径 5-6 mm。花期 7-9 月，果期 8-10 月。

生于海拔 100-300 m 的山坡疏林。产广东、广西、江西、湖南、湖北、江苏、浙江、安徽、贵州等。

7. 无患子
Sapindus saponaria L.

落叶大乔木，树皮褐色。嫩枝绿色，无毛。叶连柄长 25-45 cm，叶轴稍扁，上面两侧有直槽，近于无毛；小叶 5-8 对，近对生，叶薄纸质，长 7-15 cm，宽 2-5 cm，稍不对称，腹面有光泽，两面无毛，小叶柄长约 5 mm。花序顶生，圆锥形；花梗短，萼片卵形，外面基部被疏柔毛；花瓣 5，披针形，有长爪，长约 2.5 mm，鳞片 2 个，雄蕊 8，伸出，花丝中部以下密被长柔毛，子房无毛。果直径 2-2.5 cm，橙黄色。花期春季，果期夏秋。

各地寺庙、庭园和村边常见栽培。产华东、华南至西南。日本、朝鲜、中南半岛和印度等也常栽培。根和果入药，功能清热解毒、化痰止咳。

A241. 芸香科 Rutaceae

1. 山油柑
Acronychia pedunculata (L.) Miq.

树高 5-15 m，树皮灰白色至灰黄色，平滑。叶有时呈略不整齐对生，单小叶，叶椭圆形，长 7-18 cm，全缘；叶柄长 1-2 cm，基部略增大。花两性，黄白色，直径 1.2-1.6 cm；花瓣狭长椭圆形，盛花时则向背面反卷且略下垂，内面被毛、子房被毛。果序下垂；果淡黄色，半透明，近圆球形而略有棱角，直径 1-1.5 cm，有 4 浅沟纹，富含水分，有 4 小核，每核有 1 种子。种子倒卵形，种皮褐黑色、骨质，胚乳小。花期 4-8 月，果期 8-12 月。

生于较低丘陵坡地杂木林中。产台湾、福建、广东、海南、广西、云南。菲律宾、越南、老挝、泰国、柬埔寨、缅甸、印度、斯里兰卡、马来西亚、印度尼西亚、巴布亚新几内亚也有。

A241. 芸香科 Rutaceae

2. 莽山野橘
Citrus mangshanensis S. W. He et G. F. Liu

小乔木。分枝多，枝扩展或略下垂，刺较少。单身复叶，翼叶通常狭窄，或仅有痕迹，叶片披针形，椭圆形或阔卵形，大小变异较大，顶端常有凹口，叶缘至少上半段通常有钝或圆裂齿，很少全缘。花单生或2-3朵簇生；花瓣通常长1.5 cm以内，雄蕊20-25枚，花柱细长，柱头头状。果近圆球形，果皮甚薄而光滑，淡黄色、朱红色或深红色，甚易或稍易剥离，橘络甚多或较少，呈网状，易分离，通常柔嫩，瓤囊7-14瓣，汁胞通常纺锤形，短而膨大，果肉酸；种子或多或少数，通常卵形。花期4-5月，果期10-12月。

生于海拔200-500 m的向阳山坡。我国南部山区（湖南、江西、广东等地）有野生种群，少见。

3. 齿叶黄皮
Clausena dunniana Lévl.

落叶小乔木，小枝、叶轴、小叶背面中脉及花序轴均有凸起的油点。叶有5-15小叶，卵形至披针形，长4-10 cm，宽2-5 cm，基部两侧不对称，叶边缘有裂齿，两面无毛；小叶柄长4-8 mm。花序顶生；花萼裂片及花瓣均4数，萼裂片宽卵形，花瓣长圆形，长3-4 mm，雄蕊8，花丝中部膝曲状，子房近圆球形，柱头略呈4棱。果近圆球形，直径10-15 mm，初时暗黄色，后变红色，透熟时蓝黑色，有1-2种子。花期6-7月，果期10-11月。

生于海拔300-600 m山地杂木林中。产湖南、广东、广西、贵州、四川及云南。越南东北部也有。

4. 山橘
Fortunella hindsii (Champ. ex Benth.) Swingle

灌木，多枝，刺短小。单小叶或有时兼有少数单叶，叶翼线状或明显，小叶椭圆形，长4-6 cm，宽1.5-3 cm，近顶部的叶缘有细裂齿，稀全缘；叶柄长6-9 mm。花单生及少数簇生于叶腋；花萼5或4浅裂；花瓣5；雄蕊约20，花丝合生成4或5束，比花瓣短，子房3-4。果圆球形或稍呈扁圆形，横径稀超过1 cm，果皮橙黄或朱红色，平滑，果肉味酸，种子3-4，阔卵形。花期4-5月，果期10-12月。

生于低海拔疏林中。产安徽、江西、福建、湖南、广东、广西。根用作草药，味辛、苦，性温，行气，宽中，化痰，下气，治风寒咳嗽、胃气痛等症。

A241. 芸香科 Rutaceae

5. 金柑
Fortunella japonica (Thunb.) Swingle

灌木或小乔木，高 2-5 m，枝有刺。小叶卵状椭圆形或长圆状披针形，长 4-8 cm，宽 1.5-3.5 cm，顶端钝或短尖，基部宽楔形；叶柄长 6-10 mm，稀较长，翼叶狭至明显。花单朵或 2-3 朵簇生，花梗长稀超过 6 mm；花瓣长 6-8 mm，雄蕊 15-25 枚，比花瓣稍短，花丝不同程度合生成数束，间有个别离生，子房圆球形，4-6 室，花柱约与子房等长。果圆球形，横径 1.5-2.5 cm，果皮橙黄至橙红色，厚 1.5-2 mm，味甜，油胞平坦或稍凸起，果肉酸或略甜；种子 2-5 粒，卵形。花期 4-5 月，果期 11 至翌年 2 月。

生于杂木林中。广东、海南有野生种群；秦岭南坡以南各地栽种。

6. 金豆
Fortunella venosa (Champ. ex Benth.) Huang

灌木，高通常不超过 1 m，枝干上的刺长 1-3 cm，花枝上的刺长不及 5 mm。单叶，叶片椭圆形，稀倒卵状椭圆形，通常长 2-4 cm，宽 1-1.5 cm，顶端圆或钝，稀短尖，全缘；叶柄长 1-5 mm。单花腋生，常位于叶柄与刺之间；花瓣白色，长 3-5 mm，卵形，扩展；雄蕊为花瓣数的 2-3 倍，花丝合生呈筒状，少数为两两合生，白色，花药淡黄色，花柱短，柱头不增粗。果圆或椭圆形，横径 6-8 mm，果顶稍浑圆，有短凸柱，果皮透熟时橙红色，味淡或略带苦味，果肉味酸，有种子 2-4 粒。花期 4-5 月，果期 11 至翌年 1 月。

生于杂木林中。产福建、江西、湖南、广东。

7. 小花山小橘
Glycosmis parviflora (Sims) Kurz

灌木。叶有 2-4 小叶，稀 5 或兼有单小叶，小叶椭圆形至披针形，长 5-19 cm，宽 2.5-8 cm，无毛，全缘；小叶柄长 1-5 mm。圆锥花序通常 3-14 cm；花序轴、花梗及萼片常被褐锈色微柔毛；萼裂片卵形，花瓣白色，长约 4 mm，雄蕊 10，花丝略不等长；子房阔卵形至圆球形，油点不凸起，花柱极短，柱头稍增粗。果圆球形，直径 10-15 mm，淡黄白色转淡红色或暗朱红色，半透明油点明显。花期 3-5 月，果期 7-9 月。

生于低海拔缓坡或山地杂木林，路旁树下的灌木丛中亦常见。产台湾、福建、广东、广西、贵州、云南及海南。越南东北部也有。根及叶作草药，根行气消积，化痰止咳。叶有散瘀消肿功效。

A241. 芸香科 Rutaceae

8. 三桠苦

Melicope pteleifolia (Champ. ex Benth.) T. G. Hartley [*Evodia lepta* (Spreng.) Merr.]

乔木，树皮光滑，纵向浅裂，嫩枝的节部常呈压扁状，枝叶无毛。叶有3小叶，小叶长椭圆形，两端尖，长6-20 cm，宽2-8 cm，全缘，油点多；小叶柄甚短。花序腋生，长4-12 cm，花甚多；萼片及花瓣均4，花瓣淡黄或白色，长1.5-2 mm，常有透明油点，雄花的退化雌蕊细垫状凸起，密被白色短毛，柱头头状。分果瓣淡黄或茶褐色，散生透明油点，每分果瓣有1种子。种子长3-4 mm，厚2-3 mm，蓝黑色，有光泽。花期4-6月，果期7-10月。

生于平地至海拔600 m山地。产台湾、福建、江西、广东、海南、广西、贵州及云南。越南、老挝、泰国等也有。根、叶、果都用作草药。味苦。性寒，一说其根有小毒。

9. 千里香

Murraya paniculata (L.) Jack.

小乔木。树干及小枝白灰或淡黄灰色。叶有3-5小叶、稀7，小叶卵形，长3-9 cm，宽1.5-4 cm，略偏斜，边全缘；小叶柄长不足1 cm。花序腋生及顶生，通常有花10以内；萼片卵形，边缘有疏毛，花瓣倒披针形，长达2 cm，散生淡黄色半透明油点，雄蕊10，长短相间，花柱绿色，细长，柱头甚大，子房2。果橙黄至朱红色，狭长椭圆形，长1-2 cm，有甚多油点，种子1-2。花期4-9月，也有秋、冬开花，果期9-12月。

生于低丘陵或海拔高的山地林中。产台湾、福建、广东、海南、湖南、广西、贵州、云南。东自菲律宾，南达印度尼西亚，西至斯里兰卡各地。根、叶用作草药。

10. 楝叶吴萸

Tetradium glabrifolium (Champ. ex Benth.) Hartley

乔木，高达20 m，树皮灰白色，密生皮孔。叶有7-11小叶，小叶斜卵状披针形，通常长6-10 cm，宽2.5-4 cm，两侧不对称，叶缘有细钝齿或全缘，无毛；小叶柄长1-1.5 cm。花序顶生，花甚多；萼片及花瓣均5，花瓣白色，长约3 mm。分果瓣淡紫红色，干后暗灰带紫色，每分果瓣直径约5 mm，有成熟种子1。花期7-9月，果期10-12月。

生于海拔200-500 m常绿阔叶林中。产台湾、福建、广东、海南、广西及云南。鲜叶、树皮及果皮均有臭辣气味。根及果用作草药。

A241. 芸香科 Rutaceae

11. 飞龙掌血
Toddalia asiatica (L.) Lam.

木质攀援藤本；茎枝具皮孔，茎枝及叶轴有甚多向下弯钩的锐刺。小叶无柄；小叶卵形，叶缘有细裂齿。花梗甚短，基部有极小的鳞片状苞片，萼片极短，边缘被短毛，花瓣长 2-3.5 mm；雄花序为伞房状圆锥花序；雌花序呈聚伞圆锥花序。果橙红或朱红色，直径 8-10 mm，有 4-8 纵向浅沟纹。种子长 5-6 mm，种皮褐黑色，有极细小的窝点。花期几乎全年，在五岭以南各地，多于春季开花，沿长江两岸各地，多于夏季开花。果期多在秋冬季。

生于平地至海拔 600 m 山地，较常见于灌木、小乔木的次生林中，攀援于其他树上。产秦岭南坡以南各地，南至海南，东南至台湾，西南至西藏。

12. 椿叶花椒
Zanthoxylum ailanthoides Sied. et. Zucc.

落叶乔木；茎干有鼓钉状、基部宽达 3 cm，长 2-5 mm 的锐刺，当年生枝的髓部甚大，常空心，花序轴及小枝顶部常散生短直刺，各部无毛。叶有小叶 11-27 片或稍多；小叶整齐对生，狭长披针形或位于叶轴基部的近卵形，长 7-18 cm，宽 2-6 cm，顶部渐狭长尖，叶缘有明显裂齿，油点多，肉眼可见，叶背灰绿色或有灰白色粉霜，中脉在叶面凹陷，侧脉每边 11-16 条。花序顶生，多花，几无花梗；萼片及花瓣均 5 片；花瓣淡黄白色，长约 2.5 mm；雄花的雄蕊 5 枚；雌花有心皮 3-4 个，果梗长 1-3 mm；分果瓣淡红褐色，径约 4.5 mm，油点多。花期 8-9 月，果期 10-12 月。

生于海拔 50-300 m 的路边或山地杂木林中。产长江以南各省区。

13. 竹叶花椒
Zanthoxylum armatum DC.

落叶小乔木；茎枝多锐刺，红褐色，小枝上的刺劲直，小叶背面中脉上常有小刺，仅叶背基部中脉两侧有丛状柔毛。叶有 3-9 小叶，翼叶明显，小叶对生，通常披针形，长 3-12 cm，宽 1-3 cm，两端尖，叶缘有裂齿或近全缘；小叶柄甚短。花序近腋生，长 2-5 cm；花被片 6-8，雄花的雄蕊 5-6，雌花背部近顶侧各有 1 油点，花柱斜向背弯。果紫红色，有微凸起少数油点。种子直径 3-4 mm，褐黑色。花期 4-5 月，果期 8-10 月。

生于海拔 200-500 m 山地的多类生境。产山东以南，南至海南，东南至台湾，西南至西藏。日本、朝鲜、越南、老挝、缅甸、印度、尼泊尔也有。根、茎、叶、果及种子均用作草药。祛风散寒，行气止痛。又用作驱虫及醉鱼剂。

A241. 芸香科 Rutaceae

14. 岭南花椒
Zanthoxylum austrosinense C. C. Huang

　　小乔木或灌木；枝褐黑色，具刺，各部无毛。叶有 5-11 小叶，除顶生小叶外，其余几无柄，对生，披针形，长 6-11 cm，宽 3-5 cm，叶缘有裂齿。花序顶生，有花稀超过 30；花梗 5-8 mm，花单性，有时杂性同株，花被片 7-9，长约 1.5 mm，上半部暗紫红色，下半部淡黄绿色；两性花的雄蕊 3-4，心皮 4；雄花有雄蕊 6-8；雌花的心皮 3-4。果梗暗紫红色，长 1-2 cm。花期 3-4 月，果期 8-9 月。

　　生于海拔 200-500 m 坡地疏林或灌木丛中。产江西、湖南、福建、广东、广西。根及茎皮均用作草药。性温，有祛风、解毒、解表、散瘀消肿功效。

15. 簕欓花椒
Zanthoxylum avicennae (Lam.) DC.

　　落叶乔木；树干有鸡爪状刺，有环纹，幼龄树的枝及叶密生刺，各部无毛。叶有 11-21 小叶，小叶通常对生，斜卵形，长 2.5-7 cm，宽 1-3 cm，全缘，或中部以上有疏裂齿，鲜叶的油点肉眼可见。花序顶生；花序轴及花硬有时紫红色；雄花梗长 1-3 mm，萼片及花瓣均 5，萼片宽卵形，花瓣黄白色，长约 2.5 mm，雄花的雄蕊 5；雌花有心皮 2，退化雄蕊极小。果梗长 3-6 mm。种子直径 3.5-4.5 mm。花期 6-8 月，果期 10-12 月。

　　生于低海拔平地、坡地或谷地，多见于次生林中。产台湾、福建、广东、海南、广西、云南。菲律宾、越南北部也有。民间用作草药。有祛风去湿、行气化痰、止痛等功效。

16. 异叶花椒
Zanthoxylum dimorphophyllum Hemsl.
[*Zanthoxylum ovalifolium* Wight]

　　落叶乔木；枝灰黑色，嫩枝及芽常有红锈色短柔毛，枝很少有刺。单小叶，指状 3 小叶，2-5 小叶或 7-11 小叶；小叶卵形、椭圆形，通常长 4-9 cm，宽 2-3.5 cm，两侧对称，叶缘有明显的钝裂齿，或有针状小刺，油点多，被微柔毛。花序顶生；花被片大小不相等，顶端圆；雄花的雄蕊常 6；雌花的退化雄蕊 5 或 4，花柱斜向背弯。分果瓣紫红色，基部有短柄，油点稀少，顶侧有短芒尖。种子直径 5-7 mm。花期 4-6 月，果期 9-11 月。

　　生于海拔 300-600 m 山地林中。产秦岭南坡以南，南至海南，东南至台湾。尼泊尔、印度及缅甸东北部也有。根皮用作草药。味辛，麻辣。

A241. 芸香科 Rutaceae

17. 两面针
Zanthoxylum nitidum (Roxb.) DC.

　　幼龄植株为直立的灌木，成龄植株为攀援于其他树上的木质藤本。茎枝及叶轴均有弯钩锐刺。叶有3-11 小叶，小叶对生，成长叶硬革质，长 3-12 cm，宽 1.5-6 cm，边缘有疏浅裂齿，齿缝处有油点，有时全缘；小叶柄长 2-5 mm。花序腋生；花 4 基数，萼片上部紫绿色，花瓣淡黄绿色，雄蕊长 5-6 mm；雌花的花瓣较宽，子房圆球形，花柱粗而短，柱头头状。果梗长 2-5 mm；果皮红褐色。种子圆珠状，横径 5-6 mm。花期 3-5 月，果期 9-11 月。

　　生于海拔 600 m 以下的山地、丘陵、平地的疏林、灌丛。产台湾、福建、广东、海南、广西、贵州及云南。茎、叶、果皮均用作草药。

18. 花椒簕（花椒藤）
Zanthoxylum scandens Bl.

　　幼龄植株呈直立灌木状，成龄植株攀援于其他树上，枝干有短沟刺，叶轴上的刺较多。叶有 5-25 小叶，小叶基本互生，卵形，长 4-10 cm，宽 1.5-4 cm，两侧不对称，近于全缘。花序腋生或兼有顶生；萼片及花瓣均 4，萼片淡紫绿色，宽卵形，花瓣淡黄绿色，长 2-3 mm；雄花的雄蕊 4，长 3-4 mm，药隔顶部有 1 油点，退化雌蕊半圆形垫状凸起，花柱 2-4 裂；雌花退化雄蕊鳞片状。种子近圆球形，两端微尖，直径4-5 mm。花期 3-5 月，果期 7-8 月。

　　生于沿海低地至海拔 500 m 山坡灌木丛或疏林下。产长江以南。东南亚也有。

A242. 苦木科 Simaroubaceae

1. 岭南臭椿
Ailanthus triphysa (Dennst.) Alston

　　常绿乔木，一般高 15-20 m。羽状复叶长 30-65 cm，有小叶 6-17（-30）对；小叶片卵状披针形或长圆状披针形，长 15-20 cm，宽 2.5-5.5 cm，先端渐尖，基部偏斜；小叶柄被柔毛，长 5-7 mm。圆锥花序腋生，长 25-50 cm；花瓣 5，长约 2.5 mm，镊合状排列；雄蕊 10，着生于花瓣的基部，花丝纤细，下部有伸展的毛；心皮 3，柱头 3 裂，盾状。翅果长 4.5-8 cm，宽1.5-2.5 cm。花期 10-11 月，果期 1-3 月。

　　生于山地密林中。产福建、广东、广西、云南等。分布于印度、斯里兰卡、缅甸、泰国、越南、马来西亚。

A243. 楝科 Meliaceae

1. 四瓣崖摩
Aglaia lawii (Wight) C. J. Saldanha

乔木，高达 20 m；小枝圆柱形，幼时被鳞片，后脱落。叶为奇数或偶数羽状复叶，叶轴和叶柄被鳞片；小叶 6-9 片，互生，革质，长椭圆形，长 8-18 cm，宽 3.5-6.5 cm，下部的稍短，先端渐尖而钝，基部一侧楔形，另一侧阔楔形或稍带圆形，偏斜，叶面通常无毛，或中脉附近疏被鳞片，背面被疏散的鳞片，侧脉 8-14 对，干时上面凹入，背面突起；小叶柄长 5-10 mm，有鳞片。圆锥花序远短于叶，疏散，被鳞片；雄花梗纤细，两性花梗粗壮，与花芽等长或过之，中部具节，被鳞片；花瓣 4 或 3，长圆形或近圆形，长 3-4 mm，凹陷，先端圆形；雄蕊管近球形，无毛。蒴果球形，直径 1-2.5 cm，被鳞片，具宿存花萼。花期夏秋，果期冬季至翌年初夏。

生于山地沟谷密林或疏林中。产广东、广西、贵州和云南。分布于越南。

2. 麻楝
Chukrasia tabularis A. Juss.

乔木；老茎树皮纵裂，幼枝具苍白色的皮孔。偶数羽状复叶长 30-50 cm，小叶 10-16；叶柄长 4.5-7 cm；小叶互生，纸质，卵形至长圆状披针形，长 7-12 cm，宽 3-5 cm；小叶柄长 4-8 mm。圆锥花序顶生，苞片线形；花长 1.2-1.5 cm，花梗短，萼浅杯状，高约 2 mm，花瓣黄色，长圆形，长 1.2-1.5 cm，外面中部以上被短柔毛。蒴果灰黄色，近球形，长 4.5 cm，表面具粗糙小疣点。种子扁平，有膜质翅。花期 4-5 月，果期 7 月至翌年 1 月。

生于海拔 180-500 m 的山地杂木林或疏林中。产广东、广西、云南和西藏。尼泊尔、印度、斯里兰卡、中南半岛、新加坡、马来西亚等。

3. 楝（苦楝）
Melia azedarach L.

落叶乔木，高达 10 余米；树皮灰褐色，纵裂。小枝有叶痕。二至三回奇数羽状复叶，长 20-40 cm；小叶对生，长 3-7 cm，宽 2-3 cm，多少偏斜，边缘有钝锯齿。圆锥花序，花芳香；花萼 5 深裂，外面被微柔毛，花瓣淡紫色，两面均被微柔毛，雄蕊管紫色，长 7-8 mm，子房近球形，无毛，花柱细长，柱头头状。核果球形至椭圆形，长 1-2 cm，宽 8-15 mm，内果皮木质，4-5 室。种子椭圆形。花期 4-5 月，果期 10-12 月。

生于低海拔旷野、路旁或疏林中。产黄河以南，较常见。亚洲热带和亚热带广布，温带也有栽培。用鲜叶可灭钉螺和作农药。

A243. 楝科 Meliaceae

4. 香椿
Toona sinensis (A. Juss.) Roem.

乔木；树皮片状脱落。叶具长柄；偶数羽状复叶，长 30-50 cm；小叶 16-20，纸质，卵状披针形，长 9-15 cm，宽 2.5-4 cm，不对称，近全缘，两面无毛，小叶柄长 5-10 mm。圆锥花序与叶近于等长，小聚伞花序生于短的小枝上；花长 4-5 mm，具短花梗，花萼 5 齿裂或浅波状，外面被柔毛，花瓣 5，白色，长圆形，长 4-5 mm，雄蕊 10，其中 5 枚能育。蒴果狭椭圆形，长 2-3.5 cm，深褐色，有小而苍白色的皮孔。花期 6-8 月，果期 10-12 月。

生于山地杂木林或疏林中。产华北、华东、华中、华南和西南各地。朝鲜也有。幼芽嫩叶供蔬食。根皮及果入药，有收敛止血、去湿止痛之功效。

目 43. 锦葵目 Malvales

A247. 锦葵科 Malvaceae

1. 黄蜀葵（山芙蓉）
Abelmoschus moschatus Medicus

一年生或二年生草本，高 1-2 m，被粗毛。叶掌状 5-7 深裂，直径 6-15 cm，裂片披针形至三角形，具不规则锯齿，两面均疏被硬毛；叶柄长 7-15 cm，疏被硬毛，托叶线形，长 7-8 mm。花单生叶腋；小苞片 8-10，线形，长 10-13 mm；花萼佛焰苞状，长 2-3 cm，5 裂；花黄色，内面基部暗紫色，直径 7-12 cm；雄蕊柱长约 2.5 cm；花柱分枝 5，柱头盘状。蒴果长圆形，长 5-6 cm，被黄色长硬毛。种子肾形，具腺状脉纹。花期 6-10 月。

生于平原、山谷、溪涧旁或山坡灌丛中。台湾、广东、广西、江西、湖南和云南等地栽培或野生。越南、老挝、柬埔寨、泰国和印度也有。种子具麝香味，是名贵的高级调香料；也可入药。

2. 田麻
Corchoropsis crenata Sieb. et Zucc.

一年生草本，高 40-60 cm；分枝有星状短柔毛。叶卵形，长 2.5-6 cm，宽 1-3 cm，边缘有钝牙齿，两面均密生星状短柔毛，基出 3 脉；叶柄长 0.2-2.3 cm；托叶早落。花单生于叶腋，直径 1.5-2 cm；萼片 5，狭窄披针形，长约 5 mm；花瓣 5，黄色，倒卵形；发育雄蕊 15，每 3 枚成一束，退化雄蕊 5；子房被短茸毛。蒴果角状圆筒形，长 1.7-3 cm，有星状柔毛。果期秋季。

生于林缘、路旁、田边。产东北、华北、华东、华中、华南及西南等。朝鲜、日本也有。

A247. 锦葵科 Malvaceae

3. 甜麻
Corchorus aestuans L.

一年生草本，高约 1 m，茎红褐色，稍被淡黄色柔毛。叶卵形，长 4.5-6.5 cm，宽 3-4 cm，基部圆形，两面均有稀疏的长粗毛，边缘有锯齿，基出脉 5-7；叶柄长 0.9-1.6 cm，被淡黄色的长粗毛。花单独或数朵组成聚伞花序，花序柄近无；萼片狭窄长圆形，长约 5 mm，外面紫红色；花瓣 5，与萼片近等长，倒卵形，黄色。蒴果长筒形，长约 2.5 cm，具 6 纵棱，成熟时 3-4 瓣裂，种子多数。花期夏季。

生于荒地、旷野、村旁。产长江以南。热带亚洲、中美洲及非洲也有。纤维可作为黄麻代用品。入药可作清凉解热剂。

4. 丹霞梧桐
Firmiana danxiaensis H. H. Hsue et H. S. Kiu

小乔木，高 5-10 m。叶近圆形，薄革质，两面均无毛，基出脉 5-7，两面凸起。花排成顶生的圆锥花序，长 20-30 cm，具多朵花，密被黄色星状柔；花朵紫红色，有雌雄之分，花萼 5 浅裂，萼片线状长椭圆形，长约 1 cm，子房近球形，密被星状柔毛。果为蓇葖果，在成熟前开裂，卵状披针形，每蓇葖果有种子 2-3。种子圆球形，淡黄褐色。花期 5-6 月，果期 6-8 月。

生于岩壁的石缝中及山谷的浅土层中。产广东韶关及南雄。

5. 扁担杆
Grewia biloba G. Don

灌木，高 1-4 m，多分枝；嫩枝被粗毛。叶薄革质，椭圆形，长 4-9 cm，宽 2.5-4 cm，两面有稀疏星状粗毛，基出 3 脉，边缘有细锯齿；叶柄长 4-8 mm，被粗毛；托叶钻形，长 3-4 mm，聚伞花序腋生，多花，花序柄长不到 1 cm；花柄长 3-6 mm；花瓣长 1-1.5 mm。核果红色，有 2-4 分核。花期 5-7 月。

生于林缘、路旁。产江西、湖南、浙江、广东、台湾，安徽、四川等。

A247. 锦葵科 Malvaceae

6. 黄麻叶扁担杆
Grewia henryi Burret

灌木或小乔木，高 1-6 m；嫩枝被黄褐色星状粗毛。叶薄革质，阔长圆形，长 9-19 cm，宽 3-4.5 cm，先端渐尖，基部阔楔形，有时不等侧钝形，下面浅绿色，被黄绿色星状粗毛，或多或少变秃净，三出脉的两侧脉到达中部或为叶片长度的 1/3，离边缘 3-8 mm，中脉有侧脉 4-6 对，边缘有细锯齿；叶柄长 7-9 mm，被星状粗毛。聚伞花序 1-2 枝腋生，每枝有花 3-4 朵；花序柄长 1-2.5 cm；花柄长 5-11 mm；萼片披针形，长 1-1.3 cm，外面被茸毛，内面无毛；花瓣长卵形，长 4-5 mm；雄蕊长 5-7 mm；子房被毛，4 室，花柱长 6-7 mm，柱头 4 裂。核果 4 裂，有分核 4 颗。

生于海拔 100-400 m 的山坡疏林或灌丛中。产云南、贵州、广西、广东、江西、福建。

7. 山芝麻
Helicteres angustifolia L.

小灌木，高达 1 m；小枝被灰绿色短柔毛。叶狭矩圆形，长 3.5-5 cm，宽 1.51-2.5 cm，顶端钝或急尖，基部圆形，叶面几无毛，叶背被灰白色或淡黄色星状茸毛；叶柄长 5-7 mm。聚伞花序有 2 至数花；萼管状，长 6 mm，被星状短柔毛，5 裂，花瓣 5，不等大，淡红色或紫红色，比萼略长，基部有 2 耳状附属体。蒴果卵状矩圆形，长 12-20 mm，宽 7-8 mm，顶端急尖，密被星状毛及混生长绒毛。花期几乎全年。

山地和丘陵地常见小灌木，常生于草坡上。产湖南、江西、广东、广西、云南、福建和台湾。印度、缅甸、马来西亚、泰国、越南、老挝、柬埔寨、印度尼西亚、菲律宾等也有。茎皮纤维可做混纺原料。根可药用。叶捣烂敷患处可治疮疖。

8. 马松子
Melochia corchorifolia L.

半灌木状草本，高不及 1 m；枝黄褐色，略被星状短柔毛。叶薄纸质，稀不明显 3 浅裂，长 2.5-7 cm，宽 1-1.3 cm，基部圆形或心形，边缘有锯齿，叶面近无毛，叶背略被星状短柔毛，基生脉 5；叶柄长 5-25 mm。密聚伞花序或团伞花序；萼钟状，5 浅裂，长约 2.5 mm，外面被长柔毛和刚毛，裂片三角形，花瓣 5，白色，后变为淡红色，矩圆形，长约 6 mm。蒴果圆球形，有 5 棱，直径 5-6 mm，被长柔毛。花期夏秋。

生于田野间或低丘陵地。产长江以南。亚洲热带也有。茎皮富于纤维，可与黄麻混纺以制麻袋。

A247. 锦葵科 Malvaceae

9. 破布叶
Microcos paniculata L.

小乔木，高 3-12 m；嫩枝有毛。叶薄革质，卵状长圆形，长 8-18 cm，宽 4-8 cm，先端渐尖，基部圆形，两面初时有极稀疏星状柔毛，以后变秃净，基出 3 脉，边缘有细钝齿；叶柄长 1-1.5 cm，被毛。顶生圆锥花序长 4-10 cm，被星状柔毛；花柄短小，萼片长圆形，长 5-8 mm，外面有毛，花瓣长圆形，长 3-4 mm，下半部有毛，腺体长约 2 mm。核果近球形或倒卵形，长约 1 cm；果柄短。花期 6-7 月。

产广东、广西、云南。中南半岛、印度及印度尼西亚也有。叶供药用，味酸，性平无毒，可清热毒，去食积。

10. 翻白叶树（半枫荷）
Pterospermum heterophyllum Hance

乔木；小枝被黄褐色短柔毛。叶二型；生于幼树或萌蘖枝上的叶盾形，直径约 15 cm，掌状 3-5 裂，叶面几无毛，叶背密被黄褐色星状短柔毛，叶柄长 12 cm，被毛；生于壮树上的叶矩圆形，叶柄长 1-2 cm，被毛。花单生或 2-4 组成腋生的聚伞花序；花青白色，萼片 5，条形，长达 28 mm，两面均被柔毛，花瓣 5，倒披针形。蒴果木质，矩圆状卵形，长约 6 cm，被黄褐色绒毛。种子具膜质翅。花期秋季。

产广东、福建、广西。本种在广东通称半枫荷，根可供药用，为治疗风湿性关节炎的药材，可浸酒或煎汤服用。枝皮可剥取以编绳。也可以放养紫胶虫。

11. 白背黄花稔
Sida rhombifolia L.

直立亚灌木，分枝多，枝被星状绵毛。叶菱形或长圆状披针形，长 25-45 mm，宽 6-20 mm，边缘具锯齿，叶背被灰白色星状柔毛；叶柄长 3-5 mm，被星状柔毛；托叶纤细，刺毛状。花单生于叶腋；花梗长 1-2 cm，密被星状柔毛，中部以上有节；萼杯形，长 4-5 mm，被星状短绵毛，裂片 5，三角形；花黄色，直径约 1 cm，花瓣倒卵形，长约 8 mm；雄蕊柱疏被腺状乳突，长约 5 mm；花柱分枝 8-10。果半球形，直径 6-7 mm。花期秋冬季。

常生于山坡灌丛间、旷野和沟谷两岸。产台湾、福建、广东、广西、贵州、云南、四川和湖北等。越南、老挝、柬埔寨和印度等也有。全草入药用，有消炎解毒、祛风除湿、止痛之功。

A247. 锦葵科 Malvaceae

12. 假苹婆
Sterculia lanceolata Cav.

乔木，小枝幼时被毛。叶椭圆状披针形，长 9-20 cm，宽 3.5-8 cm，顶端急尖，基部钝形或近圆形；叶柄长 2.5-3.5 cm。圆锥花序腋生，长 4-10 cm，密集且多分枝；花淡红色，萼片 5，向外开展如星状，顶端钝或略有小短尖突，长 4-6 mm，外面被短柔毛，边缘有缘毛。蓇葖果鲜红色，长椭圆形，长 5-7 cm，宽 2-2.5 cm，顶端有喙，密被短柔毛。种子黑褐色，椭圆状卵形，直径约 1 cm。花期 4-6 月。

生于海拔 150-500 m 山谷溪旁。产广东、广西、云南、贵州和四川。缅甸、泰国、越南、老挝也有。茎皮纤维可作麻袋的原料。种子可食用。

13. 毛刺蒴麻
Triumfetta cana Bl.

亚灌木，高 1-1.5 m；嫩枝被黄褐色星状茸毛。叶卵形或卵状披针形，长 4-8 cm，宽 2-4 cm，先端渐尖，上面有稀疏星状毛，下面密被星状厚茸毛，基出脉 3-5 条，侧脉向上行超过叶片中部，边缘有不整齐锯齿；叶柄长 1-3 cm。聚伞花序 1 至数枝腋生，花序柄长约 3 mm；萼片狭长圆形，长 7 mm，被茸毛；花瓣比萼片略短，长圆形，基部有短柄，柄有睫毛；雄蕊 8-10 枚或稍多；子房有刺毛，4 室，柱头 3-5 裂。蒴果球形，有刺长 5-7 mm，刺弯曲，被柔毛，4 片裂开，每室有种子 2 颗。花期夏秋间。

生于次生林及灌丛中。产西藏、云南、贵州、广西、广东、福建。印度尼西亚、马来西亚、中南半岛、缅甸及印度有分布。

14. 刺蒴麻
Triumfetta rhomboidea Jack.

亚灌木；嫩枝被灰褐色短茸毛。叶纸质，生于茎下部的阔卵圆形，长 3-8 cm，宽 2-6 cm，先端常 3 裂，基部圆形；生于茎上部的长圆形；叶面有疏毛，叶背有星状柔毛，基出脉 3-5，边缘有不规则的粗锯齿；叶柄长 1-5 cm。聚伞花序数枝腋生；萼片狭长圆形，长 5 mm，被长毛，花瓣比萼片略短，黄色，边缘有毛，子房有刺毛。果球形，不开裂，被灰黄色柔毛，具钩针刺长 2 mm，有 2-6 种子。花期夏秋季间。

产云南、广西、广东、福建、台湾。热带亚洲及非洲也有。全株供药用，辛温，消风散毒，治毒疮及肾结石。

A247. 锦葵科 Malvaceae

15. 地桃花（肖梵天花）
Urena lobata L.

　　亚灌木状草本，小枝被星状绒毛。茎下部的叶近圆形，先端浅 3 裂，中上部的叶卵形至披针形，基部叶圆形或近心形，边缘具锯齿；长 4-7 cm，宽 1.5-3 cm，叶面被柔毛，叶背被灰白色星状绒毛；叶柄长 1-4 cm，被灰白色星状毛；托叶线形，长约 2 mm。花腋生，淡红色，直径约 15 mm；花萼杯状，裂片 5，被星状柔毛；花瓣 5，倒卵形，长约 15 mm；雄蕊柱长约 15 mm，无毛；花柱 10，微被长硬毛。果扁球形，直径约 1 cm。花期 7-10 月。

　　喜生于干热的空旷地、草坡或疏林下。产长江以南。越南、柬埔寨、老挝、泰国、缅甸、印度和日本等也有。根作药用，煎水点酒服可治疗白痢。

16. 梵天花
Urena procumbens L.

　　小灌木，高 80 cm，枝平铺，小枝被星状绒毛。茎下部叶为掌状 3-5 深裂，圆形而狭，长 1.5-6 cm，宽 1-4 cm，裂片倒卵形，呈葫芦状，先端钝；基部叶圆形至近心形，具锯齿，两面均被星状短硬毛；叶柄长 4-15 mm，被绒毛；托叶早落。花单生或近簇生，花梗长 2-3 mm；萼卵形，尖头，被星状毛；花冠淡红色，花瓣长 10-15 mm。果球形，直径约 6 mm，具刺和长硬毛，刺端有倒钩。花期 6-9 月。

　　生于海拔 100-600 m 山坡小灌丛中。产广东、台湾、福建、广西、江西、湖南、浙江等。

A249. 瑞香科 Thymelaeaceae

1. 长柱瑞香
Daphne championii Benth.

　　常绿直立灌木，高 0.5-1 m，多分枝；枝纤细，伸长，幼时黄绿色或灰绿色，具黄色或灰色丝状粗毛；冬芽密被丝状绒毛。叶互生，近纸质，椭圆形，长 1.5-4.5 cm，全缘，两面被白色丝状粗毛；叶柄长 1-2 mm，密被白色丝状长粗毛。花白色，通常 3-7 花组成头状花序，花序梗极短，无花梗；花萼筒筒状，长 6-8 mm，裂片 4，外面密被淡白色丝状绒毛，花柱细长，长约 4 mm，柱头头状。果实未见。花期 2-4 月。

　　常生于海拔 200-600 m 的低山或山腰的密林中。产江苏、江西、福建、湖南、广东、广西、贵州等。茎皮纤维为打字蜡纸、复写纸等高级用纸原料。

A249. 瑞香科 Thymelaeaceae

2. 毛瑞香（野梦花）

Daphne kiusiana var. *atrocaulis* (Rehd.) F. Maekawa

常绿直立灌木，高 0.5-1.2 m，二歧状或伞房分枝；枝深紫色。叶互生，有时簇生于枝顶，叶革质，椭圆形或披针形，长 6-12 cm，宽 1.8-3 cm，两端渐尖，基部下延于叶柄，全缘，微反卷；叶柄长 6-8 mm。花白色，有时淡黄白色，簇生于枝顶呈头状花序，花序下具苞片；几无花序梗，花梗极短，密被淡黄绿色粗绒毛；花萼筒外面下部密被淡黄绿色丝状绒毛，裂片 4，无毛。果实红色，椭圆形，长 10 mm。花期 11 月至翌年 2 月，果期 4-5 月。

生于海拔 200-500 m 的林边或疏林中较阴湿处。产江苏、浙江、安徽、江西、福建、台湾、湖北、湖南、广东、广西、四川等。

3. 了哥王（南岭荛花）

Wikstroemia indica (L.) C. A. Mey

灌木，高 0.5-2 m；小枝红褐色，无毛。叶对生，近革质，倒卵形，长 2-5 cm，宽 0.5-1.5 cm，无毛，侧脉细密，极倾斜；叶柄长约 1 mm。数花组成顶生头状总状花序，花序梗长 5-10 mm，无毛；花黄绿色，花梗长 1-2 mm，花萼长 7-12 mm，近无毛，裂片 4，雄蕊 8，子房倒卵形或椭圆形，花柱极短，花盘鳞片通常 2 或 4。果椭圆形，长 7-8 mm，成熟时红色至暗紫色。花果期夏秋间。

生于海拔 600 m 以下。产广东、海南、广西、福建、台湾、湖南、四川、贵州、云南、浙江等。越南、印度、菲律宾也有。全株有毒，可药用。茎皮纤维可作造纸原料。

4. 北江荛花

Wikstroemia monnula Hance

灌木，高 0.5-0.8 m；枝暗绿色，无毛，小枝被短柔毛。叶对生或近对生，纸质，卵状椭圆形，长 1-3.5 cm，宽 0.5-1.5 cm，叶面无毛，叶背在脉上被疏柔毛，侧脉每边 4-5；叶柄长 1-1.5 mm。总状花序顶生，有 8-12 花；花细瘦，黄带紫色或淡红色，花萼外面被白色柔毛，长 0.9-1.1 cm，顶端 4 裂，雄蕊 8，子房具柄，顶端密被柔毛，花柱短，柱头球形，花盘鳞片 1-2。果干燥，卵圆形，基部为宿存花萼所包被。4-8 月开花，随即结果。

喜生于海拔 350-600 m 的山坡、灌丛中或路旁。产广东、广西、贵州、湖南、浙江。韧皮纤维可作人造棉及高级纸的原料。

A249. 瑞香科 Thymelaeaceae

5. 白花荛花
Wikstroemia trichotoma (Thunb.) Makino

常绿灌木，全株无毛，高 0.5-2.5 m；茎粗壮，多分枝，小枝纤弱，光亮，开展，当年生枝微黄，老枝紫红色。叶对生，卵状披针形，长 1.2-3.5 cm，先端尖，基部宽楔形至截形，薄纸质，全缘，叶脉纤细，每边 6-8。穗状花序具 10 多花，组成复合圆锥花序，花序梗长 2.5 cm 或无；小花梗近于无或长 1/2 mm，花萼筒肉质，白色，裂片 5，雄蕊 10，白色，花柱长约 0.5 mm，柱头大，圆形，长 0.5 mm。果卵形，具极短的柄。花期夏季。

常生于海拔 600 m 左右的树阴、疏林下或路旁。产江西、湖南、安徽、浙江、广东。日本也有。

目 44. 十字花目 Brassicales

A268. 山柑科 Capparaceae

1. 独行千里（石钻子）
Capparis acutifolia Sweet

草本或灌木。小枝圆柱形，无刺。叶硬草质，长圆状披针形，长宽变异甚大，长 4-19.5 cm，宽 0.8-6.3 cm，中脉微凹，网状脉两面明显；叶柄长 5-7 mm。花 1-4 排成一短纵列，腋上生；花梗自最下一花到最上一花长为 5-20 mm；萼片长 5-7 mm，宽 3-4 mm；花瓣长圆形，长约 1 cm；雄蕊 19-30；子房卵形。果成熟后鲜红色，近球形，长 1-2.5 cm，顶端有 1-2 mm 的短喙。种子长 7-10 mm，宽 5-6 mm，种皮平滑，黑褐色。花期 4-5 月，果期全年。

生于低海拔的旷野、山坡路旁或石山上。产江西、福建、台湾、湖南、广东等。越南中部沿海也有。根供药用，有毒，有消炎解毒、镇痛、疗肺止咳的功效。

2. 广州山柑（广州槌果藤）
Capparis cantoniensis Lour.

攀援灌木，茎数米。小枝平直，浅灰绿色，幼时有枝角，被淡黄色短柔毛；刺坚硬，长 2-5 mm。叶近革质，长圆形，有时卵形，长 5-12 cm，宽 1.5-4 cm，无毛，基部急尖或钝形，顶端有小凸尖头，中脉凹陷；叶柄长 4-10 mm。圆锥花序顶生，总花梗长 1-3 cm；花梗较细，长 7-12 mm，花白色，花瓣长 4-6 mm，宽 1.5-2.5 mm，雄蕊 20-45，子房近椭圆形，无毛。果球形，直径 10-15 mm。种子近球形，长 6-7 mm。花果期不明显。

生于海拔 600 m 以下的山沟水旁或平地疏林中。产福建、广东、广西、海南、贵州、云南。印度东北部经中南半岛至印度尼西亚及菲律宾都有。根藤入药，性味苦、寒，有清热解毒、镇痛、疗肺止咳的功效。

A269. 白花菜科 Cleomaceae

1. 黄花草（臭矢菜）
Arivela viscosa (L.) Rafin. [*Cleome viscosa* L.]

一年生直立草本，高 0.3-1 m，茎基部常木质化，全株密被黏质腺毛与淡黄色柔毛，有恶臭气味。叶为具 3-5（-7）小叶的掌状复叶；小叶近无柄，倒披针状椭圆形，中央小叶最大，长 1-5 cm，宽 5-15 mm，侧生小叶依次减小，全缘但边缘有腺纤毛，侧脉 3-7 对；叶柄长 2-4 cm。花单生于茎上部逐渐变小与简化的叶腋内，但近顶端则成总状或伞房状花序；花梗纤细，长 1-2 cm；花瓣淡黄色或橘黄色，无毛，有数条明显的纵行脉，倒卵形或匙形，基部楔形至多少有爪，顶端圆形；雄蕊 10-22（-30）。果直立，圆柱形，劲直或稍镰弯，密被腺毛，基部宽阔无柄，顶端渐狭成喙，长 6-9 cm。无明显的花果期，通常 3 月出苗，7 月果熟。

多见于干燥气候条件下的荒地、路旁及田野间。产安徽、浙江、江西、福建、台湾、湖南、广东、广西、海南及云南等。热带地区分布。

A270. 十字花科 Cruciferae

1. 荠（荠菜）
Capsella bursa-pastoris (L.) Medic.

一年或二年生草本，高 7-50 cm，近无毛；茎直立。基生叶丛生呈莲座状，大头羽状分裂，长可达 12 cm，宽可达 2.5 cm，侧裂片 3-8 对；叶柄长 5-40 mm。茎生叶窄披针形，长 5-6.5 mm，基部箭形，抱茎，边缘有缺刻或锯齿。总状花序顶生及腋生；花梗长 3-8 mm；萼片长圆形，长 1.5-2 mm，花瓣白色，卵形，长 2-3 mm，有短爪。短角果倒三角形，长 5-8 mm，扁平；果梗长 5-15 mm。种子 2 行，长椭圆形，浅褐色。花果期 4-6 月。

野生，偶有栽培。生于山坡、田边及路旁。全国均产。世界温带地区广布。全草入药，有利尿、止血、清热、明目、消积功效。茎叶作蔬菜食用。

2. 弯曲碎米荠
Cardamine flexuosa With.

一年或二年生草本。茎自基部多分枝，斜升呈铺散状，表面疏生柔毛。基生叶有叶柄，小叶 3-7 对，顶生小叶卵形，倒卵形或长圆形，长与宽各为 2-5 mm、顶端 3 齿裂，基部宽楔形，有小叶柄，侧生小叶卵形，较顶生的形小，1-3 齿裂，有小叶柄；茎生叶有小叶 3-5 对，小叶多为长卵形或线形，1-3 裂或全缘，小叶柄有或无，全部小叶近于无毛。总状花序多数，生于枝顶，花小，花梗纤细，长 2-4 mm；花瓣白色，倒卵状楔形，长约 3.5 mm。长角果线形，扁平，长 12-20 mm，宽约 1 mm，与果序轴近于平行排列，果序轴左右弯曲，果梗直立开展，长 3-9 mm。花期 3-5 月，果期 4-6 月。

生于田边、路旁及草地。分布几遍全国。朝鲜、日本、欧洲、北美洲均有分布。

A270. 十字花科 Cruciferae

3. 碎米荠
Cardamine hirsuta L.

一年生小草本，高 15-35 cm。茎下部有时淡紫色，被较密柔毛，上部毛渐少。基生叶有小叶 2-5 对，顶生小叶肾形，长 4-10 mm，边缘有 3-5 圆齿，侧生小叶卵形，较小。茎生叶有小叶 3-6 对，生于茎下部的与基生叶相似，生于茎上部的顶生小叶菱状长卵形，顶端 3 齿裂，侧生小叶长卵形至线形。总状花序生于枝顶；花小，直径约 3 mm，花瓣白色，倒卵形，长 3-5 mm。长角果线形，稍扁，无毛，长达 30 mm。花期 2-4 月，果期 4-6 月。

生于海拔 600 m 以下的山坡、路旁及耕地的草丛中。全国均产。世界温带地区广布。全草可作野菜食用；也供药用，能清热去湿。

4. 风花菜
Rorippa globosa (Turcz.) Hayek

一或二年生直立粗壮草本，高 20-80 cm。基部木质化。茎下部叶具柄，上部叶无柄，叶片长圆形至倒卵状披针形。长 5-15 cm，宽 1-2.5 cm，基部渐狭，下延成短耳状而半抱茎，边缘具不整齐粗齿。总状花序多数，呈圆锥花序式排列，果期伸长。花小，黄色，具细梗，长 4-5 mm；花瓣 4，倒卵形，与萼片等长成稍短，基部渐狭成短爪，雄蕊 6，4 强或近于等长。短角果实近球形，径约 2 mm；果梗纤细，呈水平开展或稍向下弯，长 4-6 mm。花期 4-6 月，果期 7-9 月。

生于河岸、湿地、路旁、沟边或草丛中。几遍及全国。俄罗斯也有分布。

5. 蔊菜
Rorippa indica (L.) Hiern

一、二年生直立草本，高 20-40 cm；植株较粗壮，近无毛。茎单一或分枝，表面具纵沟。叶互生，长 4-10 cm，宽 1.5-2.5 cm，倒卵形至卵状披针形，上下部叶形及大小均多变化，下部叶呈大头羽状分裂，侧裂片 1-5 对，边缘具齿，具短柄或基部耳状抱茎。总状花序顶生或侧生，具细花梗；萼片 4，卵状长圆形，长 3-4 mm，花瓣 4，黄色，雄蕊 6，2 枚稍短。长角果线状圆柱形，长 1-2 cm。种子每室 2 行，卵圆形而扁。花期 4-6 月，果期 6-8 月。

生于海拔 230-600 m 路旁、田边、河边及山坡路旁等较潮湿处。产山东、河南、江苏、浙江、福建、台湾、湖南、江西、广东、陕西、甘肃、四川、云南。日本、朝鲜、菲律宾、印度尼西亚、印度等也有。全草入药。

目 46. 檀香目 Santalales

A275. 蛇菰科 Balanophoraceae

1. 红冬蛇菰
Balanophora harlandii Hook. f.

草本，高 2.5-9 cm。根茎苍褐色，近球形，表面密被小斑点，呈脑状皱褶。花茎长 2-5.5 cm，淡红色；鳞苞片 5-10，红色，长圆状卵形。长 1.3-2.5 cm。花雌雄异株（序）；花序近球形。雄花序轴有凹陷的蜂窠状洼穴；雄花 3 数，直径 1.5-3 mm，花被裂片 3，阔三角形，聚药雄蕊有 3 花药。雌花的子房黄色，卵形，通常无子房柄。附属体暗褐色，倒圆锥形，顶端截形或中部凸起，近无柄，长 0.8 mm，宽 0.6 mm。花期 9-11 月。

生于海拔 300-600 m 荫蔽林中较湿润的腐殖质土壤处。产广东、广西、云南。

2. 鸟黐蛇菰
Balanophora tobiracola Makino

草本，高 5-10 cm，全株红黄色；根茎分枝，近球形或扁球形，直径 1.5-2.2 cm，表面粗糙密被小斑点，呈近脑状皱缩，顶端的裂鞘 5 裂；花茎浅黄色，长 1-5.5 cm，直径 4-8 mm；鳞苞片数枚，散生。花雌雄同株（序）；花序圆锥状长圆形、卵状椭圆形或卵形，长 1.8-4 cm，直径 1-2 cm；雄花不规则地散生于雌花丛中，直径 2-3 mm；花被裂片 3，开展，卵圆形或近圆形，内凹；聚药雄蕊有花药 3 枚；雌花的子房卵圆形至椭圆形，或多少呈纺锤形；附属体倒卵形或阔卵圆形，长约 1.5 mm。花期 8-12 月。

生于较湿润的杂木林中。产江西、湖南、广西、广东、台湾。日本也有分布。

A276. 檀香科 Santalaceae

1. 寄生藤
Dendrotrophe varians (Blume) Miq.

木质藤本；枝长 2-8 m，三棱形，扭曲。叶软革质，倒卵形，长 3-7 cm，宽 2-4.5 cm，基部收狭而下延成叶柄，基出 3 脉；叶柄长 0.5-1 cm，扁平。花通常单性，雌雄异株。雄花球形，长约 2 mm，5-6 花集成聚伞状花序；小苞片近离生；花梗长约 1.5 mm，花被 5 裂，裂片三角形，花药室圆形。雌花或两性花通常单生；雌花短圆柱状，柱头不分裂，锥尖形；两性花卵形。核果卵状，带红色，长 1-1.2 cm。花期 1-3 月，果期 6-8 月。

生于海拔 100-300 m 山地灌丛中，常攀援于树上。产福建、广东、广西、云南。越南也有。全株供药用，外敷治跌打刀伤。

A276. 檀香科 Santalaceae

2. 棱枝槲寄生（柿寄生）
Viscum diospyrsicola Hayata

亚灌木，高 0.3-0.5 m，枝交叉对生或二歧分枝，茎中部以下的节间近圆柱状，小枝的节间稍扁平，长 1.5-3 cm，宽 2-2.5 mm。幼苗期具叶 2-3 对，叶片薄革质，椭圆形，长 1-2 cm，宽 3-6 mm，基出 3 脉；成长植株的叶退化呈鳞片状。聚伞花序，1-3 腋生，总花梗几无；总苞舟形，具 1-3 花，3 花时中央 1 花为雌花，侧生的为雄花，通常仅具 1 雌花或雄花。果椭圆状，长 4-5 mm，橙黄色，果皮平滑。花果期 4-12 月。

生于海拔 100-600 m 平原或山地常绿阔叶林中，寄生于柿树、樟树、油桐或壳斗科等多种植物上。产西藏、云南、贵州、四川、甘肃、湖北、湖南、广西、广东、江西、福建、浙江、陕西、台湾。

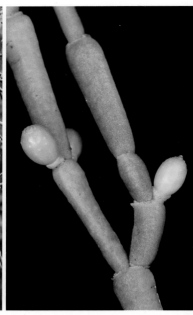

3. 枫香槲寄生
Viscum liquidambaricolum Hayata

灌木，高 0.5-0.7 m，枝和小枝均扁平；枝交叉对生或二歧分枝。叶退化呈鳞片状。聚伞花序，1-3 腋生，总花梗几无；总苞舟形，具 1-3 花，通常仅具 1 雌花或雄花，或中央 1 花为雌花，侧生的为雄花。果椭圆状，长 5-7 mm，直径约 4 mm，有时卵球形，长 6 mm，直径约 5 mm，成熟时橙红色或黄色，果皮平滑。花果期 4-12 月。

生于海拔 200-550 m 山地阔叶林中或常绿阔叶林中，寄生于枫香、油桐、柿树或壳斗科等多种植物上。产西北、华中、华东、华南。尼泊尔、印度、泰国、越南、马来西亚、印度尼西亚也有。全株入药，治风湿性关节疼痛、腰肌劳损。

A279. 桑寄生科 Loranthaceae

1. 油茶离瓣寄生
Helixanthera sampsonii (Hance) Danser

灌木，高约 0.7 m，幼枝、叶密被锈色短星状毛，不久毛全脱落；小枝灰色，具密生皮孔。叶纸质或薄革质，通常对生，黄绿色，卵形、椭圆形或卵状披针形，长 2-5 cm，宽 1-2.5 cm，顶端短钝尖或短渐尖；叶柄长 2-6 mm。总状花序，1-2 个腋生，有时 3 个生于短枝的顶部，具花 2-4（-5）朵，花序梗长 8-15 mm；花梗长 1-2 mm；花红色，被短星状毛，花托坛状，长 1.5-2 mm；副萼环状，近全缘或浅波状；花冠花蕾时柱状，近基部稍膨胀，具 4 钝棱，花瓣 4 枚，披针形，长 7-9 mm，上半部反折。果卵球形，长约 6 mm，顶部骤狭，果皮平滑。花期 4-6 月，果期 8-10 月。

生于海拔 200-400 m 阔叶林中或林缘，常寄生于山茶科、樟科、柿树科等植物上。产云南、广西、广东、福建。越南北部也有分布。

A279. 桑寄生科 Loranthaceae

2. 鞘花

Macrosolen cochinchinensis (Lour.) Van Tiegh.

灌木，高 0.5-1.3 m，全株无毛；小枝灰色，具皮孔。叶革质，阔椭圆形，长 5-10 cm，宽 2.5-6 cm；叶柄长 0.5-1 cm。总状花序，花序梗长 1.5-2 cm，具 4-8 花；苞片阔卵形，长 1-2 mm，小苞片 2，三角形，基部合生；花梗长 4-6 mm，花托椭圆状，长 2-2.5 mm，花冠橙色，长 1-1.5 cm，冠管具六棱，裂片 6，长约 4 mm，反折，花丝长约 2 mm，花柱线状，柱头头状。果近球形，长约 8 mm，橙色，果皮平滑。花期 2-6 月，果期 5-8 月。

生于海拔 20-600 m 平原或山地常绿阔叶林中。产西藏、云南、四川、贵州、广西、广东、福建。尼泊尔、印度东北部、孟加拉国和亚洲东南部均有。全株药用，广东、广西民间以寄生于杉树上的为佳品，称"杉寄生"，有清热、止咳等效。

3. 红花寄生

Scurrula parasitica L.

灌木，高 0.5-1 m；嫩枝、叶密被锈色星状毛，稍后毛全脱落，枝和叶变无毛。叶对生或近对生，卵形至长卵形，长 5-8 cm，宽 2-4 cm，顶端钝；侧脉 5-6 对，两面均明显；叶柄长 5-6 mm。总状花序，1-2 (-3) 个腋生或生于小枝已落叶腋部，各部分均被褐色毛，花序梗和花序轴共长 2-3 mm，具花 3-5 (-6) 朵，花红色，密集；花梗长 2-3 mm；花托陀螺状，长 2-2.5 mm；副萼环状，全缘；花冠花蕾时管状，长 2-2.5 cm，稍弯，下半部膨胀，顶部椭圆状，开花时顶部 4 裂，裂片披针形，长 5-8 mm，反折。果梨形，长约 10 mm，直径约 3 mm，下半部骤狭呈长柄状。花果期 10 月至翌年 1 月。

生于山地常绿阔叶林中，寄生于柚树、橘树、柠檬、黄皮、油茶等植物上。产云南、四川、贵州、广西、广东、湖南、江西、福建、台湾。亚洲东南部分布。

4. 广寄生

Taxillus chinensis (DC.) Danser

灌木，高 0.5-1 m；嫩枝、叶密被锈色星状毛，枝、叶变无毛；小枝灰褐色，具细小皮孔。叶近对生，厚纸质，卵形，长 2.5-6 cm；叶柄长 8-10 mm。伞形花序，花序和花被星状毛，总花梗长 2-4 mm；花褐色，花托椭圆状，长 2 mm，花冠长 2.5-2.7 cm，稍弯，下半部膨胀，顶部卵球形，裂片 4，长约 6 mm，反折，花柱线状，柱头头状。果近球形，果皮密生小瘤体，具疏毛，成熟果浅黄色，长 8-10 mm，果皮变平滑。花果期 4 月至翌年 1 月。

生于海拔 20-400 m 平原或低山常绿阔叶林中。产广西、广东、福建。越南、老挝、柬埔寨、泰国、马来西亚、印度尼西亚、菲律宾也有。全株入药，药材称"广寄生"；寄生于夹竹桃的有毒，不宜药用。

A279. 桑寄生科 Loranthaceae

5. 锈毛钝果寄生
Taxillus levinei (Merr.) H. S. Kiu

灌木，高 0.5-2 m；嫩枝、叶、花序和花均密被锈色；小枝无毛，具散生皮孔。叶近对生，革质，卵形，长 4-10 cm，顶端圆钝，叶面无毛，叶背被绒毛；叶柄长 6-15 mm，被绒毛。伞形花序，总花梗长 2.5-5 mm；花红色，花冠长 1.8-2.2 cm，稍弯，冠管膨胀，顶部卵球形，裂片 4，匙形，长 5-7 mm，反折，花柱线状，柱头头状。果卵球形，长约 6 mm，直径 4 mm，果皮具颗粒状体，被星状毛。花期 9-12 月，果期翌年 4-5 月。

生于海拔 200-600 m 山地或山谷常绿阔叶林中，常寄生于油茶、樟树、板栗或壳斗科植物上。产云南、广西、广东、湖南、湖北、江西、安徽、浙江、福建。全株药用，有祛风除湿功效。

6. 大苞寄生
Tolypanthus maclurei (Merr.) Danser

灌木，高 0.5-1 m；幼枝、叶密被黄褐色或锈色星状毛。叶薄革质，近对生；叶柄长 2-7 mm。密簇聚伞花序，具 3-5 花，总花梗长 7-11 mm；苞片长卵形，淡红色，长 12-22 mm，顶端渐尖，具直出脉 3-7；花红色，副萼杯状，具 5 浅齿，花冠长 2-2.8 cm，具疏生星状毛，冠管上半部膨胀，具 5 纵棱，纵棱之间具横皱纹，裂片狭长圆形，长 6-8 mm，反折。果椭圆状，长 8-10 mm，黄色，具星状毛。花期 4-7 月，果期 8-10 月。

生于海拔 150-600 m 山地、山谷或溪畔常绿阔叶林中，寄生于油茶、檵木、柿、紫薇或杜鹃属、杜英属、冬青属等植物上。产贵州、广西、湖南、江西、广东、福建。

目 47. 石竹目 Caryophyllales

A283. 蓼科 Polygonaceae

1. 何首乌
Fallopia multiflora (Thunb.) Harald.

多年生草本。块根肥厚，长椭圆形，黑褐色。茎缠绕，长 2-4 m，多分枝，具纵棱，无毛。叶卵形，长 3-7 cm，全缘；叶柄长 1.5-3 cm；托叶偏斜，无毛。花序圆锥状，长 10-20 cm，具细纵棱，沿棱密被小突起；苞片具小突起；花梗细弱，下部具关节，花被 5 深裂，白色或淡绿色，花被片大小不相等，外面 3 花被较大，背部具翅，雄蕊 8，花柱 3，极短。瘦果卵形，具 3 棱，长 2.5-3 mm，黑褐色，有光泽。花期 8-9 月，果期 9-10 月。

生于海拔 200-600 m 山谷灌丛、山坡林下、沟边石隙。产陕西、甘肃、四川、云南、贵州及华东、华中、华南。日本也有。块根入药，安神、养血、活络。

A283. 蓼科 Polygonaceae

2. 火炭母
Polygonum chinense L.

　　多年生草本。根状茎粗壮；茎直立，通常无毛，具纵棱。叶卵形，长 4-10 cm，宽 2-4 cm，全缘；叶柄长 1-2 cm，通常基部具叶耳，上部叶近无柄或抱茎；托叶鞘膜质，无毛，长 1.5-2.5 cm，具脉纹，无缘毛。花序头状，顶生或腋生，花序梗被腺毛；苞片宽卵形，每苞内具 1-3 花；花被 5 深裂，白色或淡红色，裂片卵形，蓝黑色，雄蕊 8，比花被短，花柱 3，中下部合生。瘦果宽卵形，具 3 棱，长 3-4 mm。花期 7-9 月，果期 8-10 月。

　　生于海拔 130-600 m 山谷湿地、山坡草地。产陕西、甘肃、华东、华中、华南、西南和喜马拉雅。日本、菲律宾、马来西亚、印度也有。根状茎供药用，清热解毒、散瘀消肿。

3. 水蓼
Polygonum hydropiper L.

　　一年生草本。茎直立，多分枝，无毛。叶披针形，长 4-8 cm，宽 0.5-2.5 cm，全缘，具缘毛，有时沿中脉具短硬伏毛；叶柄长 4-8 mm；托叶鞘筒状，膜质，褐色，长 1-1.5 cm。总状花序呈穗状，顶生或腋生，长 3-8 cm；苞片漏斗状，长 2-3 mm，绿色，每苞内具 3-5 花；花被 5 深裂，绿色，上部白色或淡红色，被黄褐色透明腺点，花被片椭圆形，长 3-3.5 mm，雄蕊 6，花柱 2-3。瘦果卵形，长 2-3 mm，密被小点。花期 5-9 月，果期 6-10 月。

　　生于海拔 150-500 m 河滩、水沟边、山谷湿地。全国均产。朝鲜、日本、印度尼西亚、印度、欧洲及北美也有。全草入药，消肿解毒、利尿、止痢。古代为常用调味剂。

4. 柔茎蓼
Polygonum kawagoeanum Makino [*Polygonum tenellum* var. *micranthum* (Meisn.) C. Y. Wu]

　　一年生草本，茎细弱，通常自基部分枝，高 20-50 cm，下部自节部生根，节间长 2-3 cm。叶线状披针形或狭披针形，长 3-6 cm，宽 0.4-0.8 cm，顶端急尖，基部通常圆形，两面疏被短柔毛或近无毛，沿中脉被硬伏毛，边缘具短缘毛；叶柄极短或近无柄；托叶鞘筒状，膜质，长 8-10 mm，被稀疏的硬伏毛，缘毛长 2-4 mm。总状花序呈穗状，直立，长 2-3 cm，顶生或腋生，花排列紧密；苞片漏斗状，具粗缘毛；每苞内具 2-4 花，花梗长 1-1.5 mm；花被 5 深裂，花被片椭圆形，长 1-1.5 mm；雄蕊 5-6；花柱 2，柱头头状。瘦果卵形，双凸镜状，长 1-1.5 mm，黑色，有光泽，包于宿存花被内。花期 5-9 月，果期 6-10 月。

　　生于海拔 50-300 m 的田边湿地或山谷溪边。产江苏、浙江、安徽、江西、福建、台湾、广东、广西、云南。日本、印度、马来西亚、印度尼西亚也有分布。

A283. 蓼科 Polygonaceae

5. 酸模叶蓼
Polygonum lapathifolium L.

一年生草本，高 40-90 cm。茎直立，具分枝，无毛。叶披针形，长 5-15 cm，宽 1-3 cm，叶面绿色，常有一个斑点，两面沿中脉被短硬伏毛，全缘，边缘具粗缘毛；叶柄短，具短硬伏毛；托叶鞘筒状，长 1.5-3 cm，膜质，淡褐色。总状花序呈穗状，近直立，花序梗被腺体；苞片漏斗状；花被淡红色或白色，花被片椭圆形，脉粗壮。瘦果宽卵形，双凹，长 2-3 mm，黑褐色，有光泽。花期 6-8 月，果期 7-9 月。

生于海拔 100-600 m 田边、路旁、水边、荒地或沟边湿地。全国均产。朝鲜、日本、蒙古、菲律宾、印度、巴基斯坦及欧洲也有。

6. 长鬃蓼
Polygonum longisetum De Br.

一年生草本。茎直立，自基部分枝，高 30-60 cm，节部稍膨大。叶披针形或宽披针形，长 5-13 cm，宽 1-2 cm，顶端急尖或狭尖，下面沿叶脉具短伏毛，边缘具缘毛；叶柄短或近无柄；托叶鞘筒状，长 7-8 mm，疏生柔毛，顶端截形，具缘毛，长 6-7 mm。总状花序呈穗状，顶生或腋生，细弱，下部间断，直立，长 2-4 cm；苞片漏斗状，边缘具长缘毛，每苞内具 5-6 花；花梗长 2-2.5 mm，与苞片近等长；花被 5 深裂，淡红色或紫红色，花被片椭圆形，长 1.5-2 mm；雄蕊 6-8；花柱 3，中下部合生，柱头头状。瘦果宽卵形，具 3 棱，黑色，有光泽，长约 2 mm，包于宿存花被内。花期 6-8 月，果期 7-9 月。

生于海拔 50-300 m 的山谷水边、河边草地。产东北、华北、陕西、甘肃、华东、华中、华南、四川、贵州和云南。日本、朝鲜、菲律宾、马来西亚、印度尼西亚、缅甸、印度也有。

7. 小蓼花
Polygonum muricatum Meisn.

一年生草本，高 80-100 cm。茎具纵棱，棱上有极稀疏的倒生短皮刺。叶卵形，长 2.5-6 cm，宽 1.5-3 cm，基部截形至近心形，叶背疏生短星状毛及短柔毛，边缘密生短缘毛；叶柄长 0.7-2 cm，疏被倒生短皮刺；托叶鞘长 1-2 cm，具长缘毛。总状花序呈短穗状，由数个穗状花序再组成圆锥状，花序梗密被短柔毛及稀疏的腺毛；花被 5 深裂，白色或淡紫红色。瘦果卵形，具 3 棱，黄褐色，长 2-2.5 mm。花期 7-8 月，果期 9-10 月。

生于海拔 150-600 m 山谷水边、田边湿地。产吉林、黑龙江、陕西、四川、贵州、云南及华东、华中、华南。朝鲜、日本、印度、尼泊尔、泰国也有。

A283. 蓼科 Polygonaceae

8. 杠板归
Polygonum perfoliatum L.

一年生草本。茎攀援，多分枝，长 1-2 m，具纵棱，沿棱具稀疏的倒生皮刺。叶三角形，长 3-7 cm，宽 2-5 cm，薄纸质，叶面无毛，叶背沿叶脉疏生皮刺；叶柄具倒生皮刺，盾状着生；托叶绿色，近圆形，穿叶，直径 1.5-3 cm。总状花序呈短穗状，长 1-3 cm；苞片卵圆形；花被 5 深裂，白色或淡红色，雄蕊 8，花柱 3，中上部合生。瘦果球形，直径 3-4 mm，黑色。花期 6-8 月，果期 7-10 月。

生于海拔 100-600 m 田边、路旁、山谷湿地。全国均产。朝鲜、日本、印度尼西亚、菲律宾、印度及俄罗斯也有。

9. 腋花蓼（习见蓼）
Polygonum plebeium R. Br.

一年生草本。茎平卧，自基部分枝，长 10-40 cm。叶狭椭圆形或倒披针形，长 0.5-1.5 cm，宽 2-4 mm，两面无毛；叶柄极短或近无柄；托叶鞘膜质，白色，透明，长 2.5-3 mm，顶端撕裂，花 3-6 朵，簇生于叶腋；花梗中部具关节，比苞片短；花被 5 深裂；花被片长椭圆形，绿色，背部稍隆起，边缘白色或淡红色，长 1-1.5 mm；雄蕊 5，花丝基部稍扩展，比花被短；花柱 3，稀 2，极短，柱头头状。瘦果宽卵形，具 3 锐棱或双凸镜状，长 1.5-2 mm，黑褐色，平滑，有光泽，包于宿存花被内。花期 5-8 月，果期 6-9 月。

生于田边、路旁、水边湿地。除西藏外，分布几遍全国。日本、印度、大洋洲、欧洲及非洲也有。

10. 丛枝蓼
Polygonum posumbu Buch.-Ham. ex D. Don

一年生草本。茎细弱，无毛，具纵棱，下部多分枝，外倾。叶卵状披针形，长 3-8 cm，宽 1-3 cm，纸质，两面近无毛，边缘具缘毛；叶柄长 5-7 mm，具硬伏毛；托叶鞘筒状，薄膜质，长 4-6 mm，具硬伏毛。总状花序呈穗状；苞片漏斗状，无毛，淡绿色，边缘具缘毛；花梗短，花被 5 深裂，淡红色，雄蕊 8，花柱 3，下部合生。瘦果卵形，具 3 棱，长 2-2.5 mm，黑褐色。花期 6-9 月，果期 7-10 月。

生于海拔 150-600 m 山坡林下、山谷水边。产陕西、甘肃、东北、华东、华中、华南及西南。朝鲜、日本、印度尼西亚及印度也有。

A283. 蓼科 Polygonaceae

11. 伏毛蓼
Polygonum pubescens Bl.

一年生草本。茎直立，高 60-90 cm，疏生短硬伏毛，带红色，中上部多分枝。叶卵状披针形或宽披针形，长 5-10 cm，宽 1-2.5 cm，顶端渐尖或急尖，上面绿色，中部具黑褐色斑点，两面密被短硬伏毛，边缘具缘毛。叶柄稍粗壮，长 4-7 mm，密生硬伏毛；托叶鞘筒状，膜质，长 1-1.5 cm，具硬伏毛，顶端截形，具粗壮的长缘毛。总状花序呈穗状，花稀疏，长 7-15 cm，上部下垂，下部间断；苞片漏斗状，具缘毛，每苞内具 3-4 花；花梗细弱，比苞片长；花被 5 深裂，绿色，上部红色，密生淡紫色透明腺点，花被片椭圆形，长 3-4 mm；雄蕊 8，比花被短；花柱 3，中下部合生。瘦果卵形，具 3 棱，黑色，密生小凹点，无光泽，长 2.5-3 mm，包于宿存花被内。花期 8-9 月，果期 8-10 月。

生于海拔 50-400 m 沟边、水旁、田边湿地。产辽宁、陕西、甘肃、华东、华中、华南及西南。朝鲜、日本、印度尼西亚及印度也有。

12. 刺蓼
Polygonum senticosum (Meisn.) Franch. et Sav.

茎攀援，长 1-1.5 m，多分枝，被短柔毛，四棱形，沿棱具倒生皮刺。叶三角形，长 4-8 cm，宽 2-7 cm，两面被短柔毛，叶背沿叶脉具稀疏的倒生皮刺；叶柄粗壮，长 2-7 cm，具倒生皮刺；托叶鞘筒状，边缘具叶状翅，绿色。花序头状，花序梗分枝，密被短腺毛；苞片长卵形，淡绿色；花梗粗壮，花被 5 深裂，淡红色，花被片椭圆形，长 3-4 mm，花柱 3，中下部合生，柱头头状。瘦果近球形，微具 3 棱，黑褐色。花期 6-7 月，果期 7-9 月。

生于海拔 120-600 m 山坡、山谷及林下。产河北、河南、山东、江苏、浙江、安徽、湖南、湖北、台湾、福建、广东、广西、贵州、云南和东北。日本、朝鲜也有。

13. 虎杖
Reynoutria japonica Houtt.

多年生草本。茎直立，高 1-2 m，空心，具明显的纵棱，具小突起，无毛，散生红色斑点。叶卵状椭圆形，长 5-12 cm，宽 4-9 cm，近革质，全缘，疏生小突起；叶柄长 1-2 cm，具小突起；托叶鞘膜质，长 3-5 mm，褐色，无毛。花单性，雌雄异株；花序圆锥状，长 3-8 cm，腋生；花梗中下部具关节，花被 5 深裂，淡绿色，雄蕊 8；雌花花被片外面 3 片背部具翅，花柱 3，柱头流苏状。瘦果卵形，具 3 棱，长 4-5 mm，黑褐色。花期 8-9 月，果期 9-10 月。

生于海拔 140-600 m 山坡灌丛、山谷、路旁、田边湿地。产陕西、甘肃、四川、云南、贵州及华东、华中、华南。朝鲜、日本也有。根状茎药用，有活血散瘀、通经、镇咳等功效。

A283. 蓼科 Polygonaceae

14. 羊蹄
Rumex japonicus Houtt.

多年生草本。茎直立，高 50-100 cm。基生叶长圆形，长 8-25 cm，宽 3-10 cm，边缘微波状；茎上部叶狭长圆形；叶柄长 2-12 cm；托叶鞘膜质，易破裂。花序圆锥状，花两性，多花轮生；花梗细长，中下部具关节；花被片 6，淡绿色，外花被片椭圆形，长 1.5-2 mm，内花被片果时增大，宽心形，长 4-5 mm，边缘具不整齐的小齿，齿长 0.3-0.5 mm，全部具小瘤。瘦果宽卵形，具 3 锐棱，长约 2.5 mm，两端尖，暗褐色，有光泽。花期 5-6 月，果期 6-7 月。

生于田边路旁、河滩、沟边湿地。产陕西、四川、贵州及东北、华北、华东、华中、华南。朝鲜、日本、俄罗斯也有。

15. 长刺酸模
Rumex trisetifer Stokes

一年生草本。茎直立，高 30-80 cm，褐色，具沟槽，分枝开展。茎下部叶长圆形，长 8-20 cm，宽 2-5 cm，边缘波状；茎上部的叶较小，狭披针形；叶柄长 1-5 cm；托叶鞘膜质。花序总状，具叶，再组成大型圆锥状花序；花两性，多花轮生；花梗细长，近基部具关节，花被片 6，2 轮，黄绿色，具小瘤，边缘每侧具 1 个针刺。瘦果椭圆形，具 3 锐棱，两端尖，长 1.5-2 mm，黄褐色。花期 5-6 月，果期 6-7 月。

生于海拔 100-600 m 田边湿地、水边、山坡草地。产陕西、江苏、浙江、安徽、江西、湖南、湖北、四川、台湾、福建、广东、海南、广西、贵州、云南。越南、老挝、泰国、孟加拉国、印度也有。

A284. 茅膏菜科 Droseraceae

1. 茅膏菜
Drosera peltata Sm. ex Willd.

多年生草本，直立，高 9-32 cm，淡绿色，具紫红色汁液。球茎紫色，直径 1-8 mm；茎地下部分长 1-4 cm。基生叶密集成近一轮；退化基生叶线状钻形，长约 2 mm；不退化基生叶扁圆形；叶柄长 2-8 mm。茎生叶稀疏，盾状，互生，叶半圆形，长 2-3 mm，叶缘密具黏腺毛；叶柄长 8-13 mm。聚伞花序具 3-22 花；花梗长 6-20 mm，花萼长约 4 mm，5-7 裂，花瓣楔形；雄蕊 5，子房近球形。蒴果长 2-4 mm，3-6 裂。种子椭圆形。花果期 6-9 月。

生于海拔 200-550 m 的松林和疏林下、草丛或灌丛中、田边、水旁。产云南、四川、贵州和西藏。本变种球茎生食会麻口，过量服食有毒。

A295. 石竹科 Caryophyllaceae

1. 簇生卷耳
Cerastium fontanum subsp. *vulgare* (Hartman) Greuter et Burdet

多年生或一、二年生草本，高 15-30 cm。茎单生或丛生，近直立，被白色短柔毛和腺毛。基生叶叶片近匙形，基部渐狭呈柄状，两面被短柔毛；茎生叶近无柄，叶片卵形、狭卵状长圆形或披针形，长 1-3（4）cm，宽 3-10 mm，两面均被短柔毛，边缘具缘毛。聚伞花序顶生；花梗细，长 5-25 mm，密被长腺毛；萼片 5，长圆状披针形，长 5.5-6.5 mm，外面密被长腺毛；花瓣 5，白色，倒卵状长圆形，等长或微短于萼片，顶端 2 浅裂，基部渐狭，无毛；雄蕊短于花瓣；花柱 5，短线形。蒴果圆柱形，长 8-10 mm，长为宿存萼的 2 倍，顶端 10 齿裂。花期 5-6 月，果期 6-7 月。

生于山地林缘、田边杂草间或疏松沙质土。几遍全国。分布于亚洲东部至南部。

2. 荷莲豆草
Drymaria cordata (L.) Willd. ex Schult.

一年生草本。茎纤细匍匐，丛生，节常生不定根。叶卵状心形，长 1-1.5 cm，宽 1-1.5 cm，具 3-5 基出脉；托叶数片，刚毛状。聚伞花序顶生；花梗细弱，被白色腺毛，萼片披针状卵形，长 2-3.5 mm，被腺柔毛，花瓣白色，倒卵状楔形，长约 2.5 mm，顶端 2 深裂，雄蕊稍短于萼片，花丝基部渐宽，花药圆形，2 室，子房卵圆形，花柱 3，基部合生。蒴果卵形，3 瓣裂。种子近圆球形，表面具小疣。花期 4-10 月，果期 6-12 月。

生于海拔 200-570 m 的山谷、林缘。产华中、华东、华南、西南。日本、印度、斯里兰卡、阿富汗、非洲南部也有。全草入药，有消炎、清热、解毒之效。

3. 鹅肠菜（牛繁缕）
Myosoton aquaticum (L.) Moench

草本，具须根。茎上升，多分枝，长 50-80 cm。叶卵形，长 2.5-5.5 cm，宽 1-3 cm，顶端急尖；叶柄长 5-15 mm。顶生二歧聚伞花序；苞片叶状，边缘具腺毛；花梗细，长 1-2 cm，密被腺毛，萼片长 4-5 mm，花瓣白色，2 深裂至基部，裂片线形或披针状线形，长 3-3.5 mm，宽约 1 mm，雄蕊 10，稍短于花瓣，子房长圆球形。蒴果卵圆球形，稍长于宿萼。种子近肾球形，直径约 1 mm，稍扁，具小疣。花期 5-8 月，果期 6-9 月。

生于海拔 350-600 m 的河边或灌丛林缘和水沟旁。全国均产。北半球温带、亚热带及北非也有。全草供药用，驱风解毒；幼苗可作野菜和饲料。

A295. 石竹科 Caryophyllaceae

4. 漆姑草
Sagina japonica (Sw.) Ohwi

一年生小草本，高 5-20 cm，上部被稀疏腺柔毛。茎丛生。叶线形，长 5-20 mm，宽 0.8-1.5 mm，顶端急尖。花小形，单生枝端；花梗细，长 1-2 cm，被稀疏短柔毛；萼片 5，卵状椭圆形，长约 2 mm，外面疏生短腺柔毛；花瓣 5，狭卵形，稍短于萼片，白色，顶端圆钝，全缘；雄蕊 5，短于花瓣；子房卵圆球形，花柱 5。蒴果卵圆球形，微长于宿萼，5 瓣裂。种子细，圆肾形，微扁，具尖瘤状凸起。花期 3-5 月，果期 5-6 月。

生于海拔 300-600 m 的河岸沙质地、撂荒地或路旁草地。全国均产。俄罗斯、朝鲜、日本、印度、尼泊尔。全草可供药用，有退热解毒之效。

5. 雀舌草
Stellaria alsine Grimm [*Stellaria uliginosa* Murr.]

二年生草本，高 15-35 cm，全株无毛。茎丛生，稍铺散，上升，多分枝。叶无柄，叶片披针形至长圆状披针形，长 5-20 mm，宽 2-4 mm，顶端渐尖，基部楔形，半抱茎，两面微显粉绿色。聚伞花序通常具 3-5 花，顶生或花单生叶腋；花梗细，长 5-20 mm，无毛；萼片 5，披针形，长 2-4 mm；花瓣 5，白色，短于萼片或近等长，2 深裂几达基部；雄蕊 5（-10），有时 6-7，微短于花瓣；子房卵形，花柱 3（有时为 2），短线形。蒴果卵圆形，与宿存萼等长或稍长，6 齿裂，含多数种子。花期 5-6 月，果期 7-8 月。2*n*=24。

生于田间、溪岸或潮湿地。几遍全国。北温带广布，南达印度、越南。

6. 繁缕
Stellaria media (L.) Cyr.

一年生或二年生草本，高 10-30 cm。茎基部分枝，淡紫红色。叶卵形，长 1.5-2.5 cm，宽 1-1.5 cm，全缘；基生叶具长柄。疏聚伞花序顶生；花梗细弱，具 1 列短毛，长 7-14 mm，萼片 5，卵状披针形，长约 4 mm 外面被短腺毛，花瓣白色，长椭圆形，短于萼片，深 2 裂达基部，裂片近线形，雄蕊 3-5，短于花瓣，花柱 3。蒴果卵形，稍长于宿萼。种子卵圆形稍扁，红褐色，直径 1-1.2 mm，具半球形瘤状凸起，脊较显著。花期 6-7 月，果期 7-8 月。

常见田间杂草。全国均产。世界广布。茎、叶及种子供药用。

A297. 苋科 Amaranthaceae

1. 土牛膝
Achyranthes aspera L.

多年生草本，高 20-120 cm。根细长土黄色。茎四棱形，有柔毛，分枝对生。叶纸质，长 1.5-7 cm，宽 0.4-4 cm，顶端圆钝，具突尖；叶柄长 5-15 mm。穗状花序顶生，直立，长 10-30 cm，花后反折，总花梗具棱角，密生白色柔毛，花疏生长 3-4 mm；苞片披针形，长 3-4 mm，小苞片刺状；花被片披针形，长 3.5-5 mm，花后变硬且锐尖，具 1 脉，雄蕊长 2.5-3.5 mm。胞果卵形，长 2.5-3 mm。种子卵球形，长约 2 mm，棕色。花期 6-8 月，果期 10 月。

生于海拔 300-600 m 山坡疏林。产华中、华东、西南。印度、越南、菲律宾、马来西亚也有。根药用，有清热解毒、利尿功效，主治感冒发热，泌尿系统结石，肾炎水肿等症。

2. 牛膝
Achyranthes bidentata Blume

多年生草本，70-120 cm。根土黄色。茎有棱角，绿色，分枝对生。叶椭圆形，长 4.5-12 cm，宽 2-7.5 cm，顶端尾尖，基部楔形，两面有柔毛；叶柄长 5-30 mm，具柔毛。穗状花序顶生及腋生，长 3-5 cm，总花梗长 1-2 cm，有白色柔毛，花多数，密生，长 5 mm；苞片宽卵形，长 2-3 mm，顶端长渐尖；花被片披针形，长 3-5 mm 有 1 中脉，雄蕊长 2-2.5 mm。胞果矩圆形，长 2-2.5 mm，光滑。种子矩圆形，长 1 mm，黄褐色。花期 7-9 月，果期 9-10 月。

生于海拔 200-550 m 山坡林下。除东北外，全国均产。朝鲜、俄罗斯、印度、越南、菲律宾、马来西亚、非洲也有。根入药，治腰膝酸痛。

3. 莲子草
Alternanthera sessilis (L.) DC.

多年生草本，高 10-45 cm。根粗。茎有条纹及纵沟，沟内有柔毛，在节处有一行横生柔毛。叶形状大小有变化，长 1-8 cm，宽 2-20 mm；叶柄长 1-4 mm。头状花序 1-4，腋生，无总花梗，渐成圆柱形，花密生，花轴密生白色柔毛；苞片及小苞片白色；雄蕊 3，花丝长约 0.7 mm，基部连合成杯状，退化雄蕊三角状钻形，比雄蕊短，花柱极短，柱头短裂。胞果倒心形，长 2-2.5 mm，翅状，深棕色。种子卵球形。花期 5-7 月，果期 7-9 月。

生于田边、沼泽、海边潮湿处。产华东、华中、西南、华南。印度、缅甸、越南、马来西亚、菲律宾也有。全株入药，有散瘀消毒、清火退热功效。

A297. 苋科 Amaranthaceae

4. 凹头苋
Amaranthus blitum L. [*Amaranthus lividus* L.]

一年生草本，高 10-30 cm；茎伏卧而上升，从基部分枝。叶片卵形或菱状卵形，长 1.5-4.5 cm，宽 1-3 cm，顶端凹缺；叶柄长 1-3.5 cm。花成腋生花簇，直至下部叶的腋部，生在茎端和枝端者成直立穗状花序或圆锥花序；花被片矩圆形或披针形，长 1.2-1.5 mm，淡绿色；雄蕊比花被片稍短。胞果扁卵形，长 3 mm，不裂，微皱缩而近平滑，超出宿存花被片。花期 7-8 月，果期 8-9 月。

生于荒地。除内蒙古、宁夏、青海、西藏外，全国广泛分布。分布于日本、欧洲、非洲北部及南美。

5. 刺苋
Amaranthus spinosus L.

一年生草本，高 30-100 cm。茎直立，有纵条纹，绿色或紫色。叶卵状披针形，长 3-12 cm，宽 1-5.5 cm，顶端圆钝，基部楔形，全缘；叶柄长 1-8 cm，其旁 2 刺，长 5-10 mm。圆锥花序腋生及顶生，长 3-25 cm；花被片绿色，顶端急尖，边缘透明，在雄花者矩圆形，长 2-2.5 mm，在雌花者矩圆状匙形，长 1.5 mm，花丝略和花被片等长，柱头 3 或 2。胞果矩圆形，长 1-1.2 mm，中部以下不规则横裂，包裹宿存花被片内。种子近球形，黑色。花果期 7-11 月。

旷地的杂草。产华南、华中、华东、西北、西南。日本、印度、中南半岛、马来西亚、菲律宾、美洲也有。全草供药用，有清热解毒、散血消肿的功效。

6. 皱果苋
Amaranthus viridis L.

一年生草本，高 40-80 cm，全体无毛；茎直立，稍有分枝。叶片卵形、卵状矩圆形或卵状椭圆形，长 3-9 cm，宽 2.5-6 cm，顶端尖凹或凹缺；叶柄长 3-6 cm。圆锥花序顶生，长 6-12 cm，宽 1.5-3 cm，有分枝，由穗状花序形成，圆柱形，细长，直立，顶生花穗比侧生者长；花被片矩圆形或宽倒披针形，长 1.2-1.5 mm；雄蕊比花被片短。胞果扁球形，直径约 2 mm，绿色，不裂，极皱缩，超出花被片。花期 6-8 月，果期 8-10 月。

生于荒地、田野、路边。产我国东部至南部各省区。广布于温带、亚热带和热带地区。

A297. 苋科 Amaranthaceae

7. 青葙
Celosia argentea L.

一年生草本，高 0.3-1 m；茎直立，有分枝，绿色或红色，具显明条纹。叶片矩圆披针形，长 5-8 cm，宽 1-3 cm，绿色常带红色。花多数，密生，在茎端或枝端成单一、无分枝的塔状或圆柱状穗状花序，长 3-10 cm；苞片及小苞片披针形，白色，顶端渐尖，延长成细芒；花被片矩圆状披针形，长 6-10 mm，粉红色至白。胞果卵形，包裹在宿存花被片内；种子凸透镜状肾形。花期 5-8 月，果期 6-10 月。

生于平地、田边、丘陵、山坡。分布几遍全国。朝鲜、日本、俄罗斯、印度、越南、缅甸、泰国、菲律宾、马来西亚及非洲热带均有分布。

8. 藜
Chenopodium album L.

一年生草本，高 30-150 cm。茎直立，粗壮，多分枝；枝条斜升或开展。叶片菱状卵形至宽披针形，长 3-6 cm，宽 2.5-5 cm，先端急尖或微钝，基部楔形至宽楔形，上面通常无粉，下面多少有粉，边缘具不整齐锯齿；叶柄与叶片近等长，或为叶片长度的 1/2。花两性，花簇于枝上部排列成或大或小的穗状圆锥状或圆锥状花序；花被裂片 5，宽卵形至椭圆形，背面具纵隆脊，有粉，先端或微凹，边缘膜质；雄蕊 5，花药伸出花被，柱头 2。果皮与种子贴生。种子横生，双凸镜状，直径 1.2-1.5 mm，边缘钝，黑色，有光泽，表面具浅沟纹。花果期 5-10 月。

生于路旁、荒地及田间。全国均产。世界温带及热带广布。

9. 小藜
Chenopodium ficifolium Smith [*Chenopodium serotinum* L.]

一年生草本，高 20-50 cm。茎直立，具条棱及绿色色条。叶片卵状矩圆形，长 2.5-5 cm，宽 1-3.5 cm，通常三浅裂。花两性，数个团集，排列于上部的枝上形成较开展的顶生圆锥状花序；花被近球形，5 深裂，裂片宽卵形，不开展，背面具微纵隆脊并有密粉；雄蕊 5，开花时外伸；柱头 2，丝形。胞果包在花被内，果皮与种子贴生。种子双凸镜状，黑色，有光泽，直径约 1 mm。4-5 月开始开花。

生于荒地、道旁等处。除西藏未见标本外，全国均有分布。世界广布。

A305. 商陆科 Phytolaccaceae

1. 商陆
Phytolacca acinosa Roxb.

　　多年生草本，高 0.5-1.5 m。根肉质。直立茎有纵沟，肉质，多分枝。叶薄纸质，长 10-30 cm，宽 4.5-15 cm，两面散生细小白色斑点（针晶体）；叶柄长 1.5-3 cm，上面有槽，基部稍扁宽。总状花序圆柱状，通常比叶短，花序梗长 1-4 cm；花梗细，基部变粗，花被片 5，长 3-4 mm，宽约 2 mm，雄蕊 8-10，花丝钻形，基部成片状，宿存，花药椭圆形，粉红色，花柱短，柱头不明显。浆果扁球形。种子肾形，长约 3 mm，具 3 棱。花期 5-8 月，果期 6-10 月。

　　生于海拔 200-600 m 的沟谷、山坡林。除东北、内蒙古、青海、新疆外，全国均产。朝鲜、日本及印度也有。根入药，红根有剧毒，仅供外用。

A309. 粟米草科 Molluginaceae

1. 粟米草
Mollugo stricta L.

　　一年生草本，高 10-30 cm。茎有棱角，老茎通常淡红褐色。叶 3-5 片假轮生或对生，叶披针形，长 1.5-4 cm，宽 2-7 mm，顶端急尖，全缘，中脉明显；叶柄短。花极小，成疏松聚伞花序，顶生或与叶对生；花梗长 1.5-6 mm，花被片 5，淡绿色，长 1.5-2 mm，脉达花被片 2/3，边缘膜质，雄蕊常 3，子房 3 近圆形，花柱 3，短，线形。蒴果近球形，与宿存花被等长，3 瓣裂。种子多数，肾形，栗色，具多数颗粒状凸起。花期 6-8 月，果期 8-10 月。

　　生于空旷荒地、农田和海岸沙地。产秦岭、黄河以南，东南至西南。亚洲热带和亚热带也有。全草可供药用，有清热解毒功效，治腹痛泄泻、皮肤热疹、火眼及蛇伤。

A315. 马齿苋科 Portulacaceae

1. 马齿苋
Portulaca oleracea L.

　　一年生草本。茎伏地铺散，圆柱形，长 10-15 cm。扁平叶互生，似马齿状，长 1-3 cm，宽 0.6-1.5 cm，全缘，叶面暗绿色，叶背淡绿色或带暗红色；叶柄粗短。花无梗，常 3-5 花簇生枝端；苞片 2-6，近轮生；萼片 2，对生，绿色，基部合生；花瓣 5，黄色，倒卵形，长 3-5 mm，基部合生；雄蕊常 8，长约 12 mm，花药黄色；花柱比雄蕊稍长。蒴果卵球形，长约 5 mm。种子细小，黑褐色，有光泽，具小疣状凸起。花期 5-8 月，果期 6-9 月。

　　田间常见杂草。全国均产。世界温带和热带广布。全株药用，清热利湿、解毒消肿。种子明目。嫩茎叶可作蔬菜，味酸，也是很好的饲料。

目 48. 山茱萸目 Cornales

A320. 绣球花科 Hydrangeaceae

1. 四川溲疏

Deutzia setchuenensis Franch.

灌木，高约 2 m；树皮常片状脱落。花枝长 8-18 cm，具 4-6 叶，疏被紧贴星状毛。叶纸质，卵状长圆形，长 2-8 cm，宽 1-5 cm，先端渐尖，基部近圆形，边缘具细锯齿，两面被星状毛；叶柄长 3-5 mm，被星状毛。伞房状聚伞花序长 1.5-4 cm，有 6-20 花；花冠直径 1.5-1.8 cm，花瓣白色，卵状长圆形，长 5-8 cm，萼筒杯状，长宽均约 3 mm，密被星状毛。蒴果球形，直径 4-5 mm。花期 4-7 月，果期 6-9 月。

生于海拔 200-600 m 山地灌丛中。产江西、福建、湖北、湖南、广东、广西、贵州、四川和云南。

2. 常山

Dichroa febrifuga Lour.

灌木，高 1-2 m；稍具四棱，常呈紫红色。叶形状大小变异大，长 6-25 cm，宽 2-10 cm，边缘具锯齿或粗齿，侧脉每边 8-10，网脉稀疏；叶柄长 1.5-5 cm。伞房状圆锥花序顶生，直径 3-20 cm；花蓝色或白色，花梗长 3-5 mm，花萼倒圆锥形，4-6 裂，裂片阔三角形，急尖，花瓣长圆状椭圆形，雄蕊 10-20，一半与花瓣对生，花药椭圆形，花柱 4（6），子房 3/4 下位。浆果直径 3-7 mm，蓝色。种子长约 1 mm，具网纹。花期 2-4 月，果期 5-8 月。

生于海拔 200-600 m 阴湿林中。产华南、华东、华中、西北。印度、越南、缅甸、马来西亚、印度尼西亚、菲律宾和琉球群岛也有。根含有常山碱，为抗疟疾要药。

3. 星毛冠盖藤

Pileostegia tomentella Hand.-Mazz.

常绿攀援灌木；嫩枝、叶下面和花序均密被淡褐色或锈色星状柔毛；老枝圆柱形，近无毛。叶长圆形或倒卵状长圆形，长 5-10 cm，宽 2.5-5 cm，基部圆形或近叶柄处稍凹入呈心形，边近全缘或近顶端具三角形粗齿或不规则波状，背卷，下面密被毛，以叶脉上被毛较密，侧脉每边 8-13 条；叶柄长 1.2-1.5 cm。伞房状圆锥花序顶生，长和宽均 10-25 cm；花白色；萼筒杯状，高约 2 mm；花瓣卵形，长约 2 mm，早落；雄蕊 8-10；柱头圆锥状，4-6 裂，被毛。蒴果陀螺状，平顶，直径约 4 mm，被稀疏星状毛，具宿存花柱和柱头。花期 3-8 月，果期 9-12 月。

生于海拔 200-400 m 山谷中。产江西、福建、湖南、广东和广西。

A324. 山茱萸科 Cornaceae

1. 八角枫
Alangium chinense (Lour.) Harms

　　落叶乔木或灌木。小枝略呈之字形。叶纸质，近圆形，基部不对称，一侧微向下扩张，另一侧向上倾斜，长 13-19 cm，不分裂或 3-9 裂，仅脉腋有丛状毛，掌状 3-7 基出脉；叶柄长 2.5-3.5 cm。聚伞花序腋生，被微柔毛，有 7-30 花；花冠圆筒形，长 1-1.5 cm，花萼长 2-3 mm，顶端 5-8 裂，花瓣 6-8，线形，长 1-1.5 cm，花后反卷，柱头头状，常 2-4 裂。核果卵圆形，直径 5-8 mm，黑色。花期 5-7 月和 9-10 月，果期 7-11 月。

　　生于海拔 500 m 以下山地林中。全国均产。东南亚及非洲东部也有。

2. 小花八角枫
Alangium faberi Oliv.

　　落叶灌木。小枝幼时被紧贴粗伏毛。叶薄纸质，不裂或掌状三裂，不分裂者矩圆形或披针形，基部倾斜，近圆形或心脏形，长 7-12 cm，宽 2.5-3.5 cm，幼时被毛；叶柄长 1-2 cm，疏生粗伏毛。聚伞花序纤细，长 2-2.5 cm，被粗伏毛，有 5-10 花；花萼近钟形，外面有粗伏毛，裂片 7，花瓣 5-6，线形，长 5-6 mm，被毛，开花时向外反卷。核果近卵圆形，长 6.5-10 mm，淡紫色。花期 6 月，果期 9 月。

　　生于海拔 500 m 以下疏林中、溪谷。产四川、湖北、湖南、贵州、广东、广西。

3. 毛八角枫
Alangium kurzii Craib

　　落叶小乔木，高 5-10 m。树皮平滑；幼枝被淡黄色绒毛和短柔毛。叶互生，纸质，近圆形，顶端长渐尖，基部不对称，近心形，全缘，长 12-14 cm，宽 7-9 cm，叶背被黄褐色绒毛，主脉 3-5；叶柄长 2.5-4 cm，被微绒毛。聚伞花序，有 5-7 花；花萼漏斗状，顶端 6-8 齿裂，花瓣 6-8，线形，长 2-2.5 cm，上部花时反卷，外面被短柔毛，花柱上部膨大，柱头近球形，4 裂。核果椭圆形，长 1.2-1.5 cm，黑色。花期 5-6 月，果期 9 月。

　　生于海拔 300-600 m 林缘、路旁、村边。产江苏、浙江、安徽、江西、湖南、贵州、广东、广西。缅甸、越南、泰国、马来西亚、印度尼西亚、菲律宾也有。

A324. 山茱萸科 Cornaceae

4. 广西八角枫

Alangium kwangsiense Melch.

落叶攀援灌木，高 1-5 m。当年生枝密生淡黄色细硬毛及淡黄色丝状毛，二年生枝有宿存的毛。叶纸质，矩圆形，顶端锐尖，基部倾斜，长 8-17 cm，宽 4-8 cm，两面密生淡黄色硬毛，主脉 3-5；叶柄长 1-1.5 cm，密生淡黄色硬毛和绒毛。聚伞花序具 5-12 花；花萼杯状，外面密被淡黄色丝状毛及绒毛，花瓣 5，线形，长 1-1.5 cm，上部开花时反卷，外面密被淡黄色硬毛和丝状毛。核果椭圆形，长 8-12 mm。花期 5 月，果期 8 月。

生于海拔 700 m 以下的山地和密林中。产广西、广东。

5. 尖叶四照花

Cornus elliptica (Pojarkova) Q. Y. Xiang et Boufford [*Dendrobenthamia angustata* (Chun) Fang]

常绿小乔木，高 4-12 m；幼枝灰绿色，被白贴生短柔毛。冬芽小，圆锥形，密被白色细毛。叶对生，革质，长圆椭圆形，稀卵状椭圆形或披针形，长 7-12 cm，宽 2.5-5 cm，先端渐尖形，具尖尾，下面灰绿色，密被白色贴生短柔毛，侧脉通常 3-4 对。头状花序球形，直径 8-10 mm；总苞片 4，长卵形至倒卵形，长 2.5-5 cm，宽 9-22 mm，先端渐尖或微突尖形，初为淡黄色，后变为白色，两面微被白色贴生短柔毛；总花梗纤细，长 5.5-8 cm；花萼上部 4 裂；花瓣 4，卵圆形，长 2.8 mm；雄蕊 4，较花瓣短；花柱长约 1 mm，密被白色丝状毛。果序球形，直径 2.5 cm，成熟时红色；果序梗纤细，长 6-11 cm。花期 6-7 月，果期 10-11 月。

生于海拔 300-500 m 的密林中。产陕西、甘肃、浙江、安徽、江西、福建、湖北、湖南、广东、广西、四川、贵州、云南等。

6. 光皮梾木

Cornus wilsoniana Wanger. [*Swida wilsoniana* (Wanger.) Sojak]

落叶乔木，高 5-18 m；树皮灰色，块状剥落；幼枝略具 4 棱，被灰色平贴短柔毛。叶对生，椭圆形或卵状椭圆形，长 6-12 cm，宽 2-5.5 cm，先端渐尖或突尖，边缘波状，微反卷，下面灰绿色，密被短柔毛，侧脉 3-4 对，弓形内弯。顶生圆锥状聚伞花序，宽 6-10 cm；总花梗细圆柱形，长 2-3 cm，被平贴短柔毛；花小，白色，直径约 7 mm；花瓣 4，长披针形，长约 5 mm；雄蕊 4，长 6-9 mm；子房下位，花托倒圆锥形，密被灰色平贴短柔毛。核果球形，直径 6-7 mm，成熟时紫黑色至黑色，被平贴短柔毛或近于无毛。花期 5 月，果期 10-11 月。

生于海拔 300-500 m 的林中。产陕西、甘肃、浙江、江西、福建、河南、湖北、湖南、广东、广西、四川、贵州等。木本油料植物。

目 49. 杜鹃花目 Ericales

A325. 凤仙花科 Balsaminaceae

1. 华凤仙
Impatiens chinensis L.

　　一年生草本，高 30-60 cm。茎下部横卧，有不定根。叶对生，叶硬纸质，长 2-10 cm，宽 0.5-1 cm，基部有腺体，边缘疏生刺状锯齿，叶面被微糙毛。花较大，生于叶腋，无总花梗，紫红色或白色；花梗长 2-4 cm，一侧常被硬糙毛，侧萼线形，唇瓣漏斗状，长约 15 mm，具条纹，基部渐狭成内弯或旋卷的长距，旗瓣圆形，直径约 10 mm，背面中肋具狭翅，顶端具小尖，翼瓣无柄，长 14-15 mm，2 裂，下部裂片小，近圆形，上部裂片宽倒卵形，雄蕊 5，子房稍尖。蒴果椭圆形，中部膨大，顶端喙尖。种子多数，直径约 2 mm，黑色。

　　生于海拔 100-600 m 田边或沼泽地。产华南、西南、华东。印度、缅甸、越南、泰国、马来西亚也有。全草入药，有清热解毒、消肿拔脓、活血散瘀之功效。

2. 瑶山凤仙花
Impatiens macrovexilla var. *yaoshanensis* S. X. Yu, Y. L. Chen et H. N. Qin

　　一年生草本，高 40-60 cm。茎肉质，直立，下部节肿胀。叶膜质，卵形至卵状长圆形，长 6-8 cm，宽 2.5-4.5 cm，基部楔状，具 1-2 对球形腺体，侧脉 6-8 对。花 1-2 朵生于上部叶腋，花梗纤细，长 3-4 cm，中部具线形苞片。花红色，长 4.5-5.5 cm，侧生萼片 2，斜卵形，长 4-5 mm，全缘。旗瓣长 12 mm；翼瓣长 2 cm，背部具明显的小耳；唇瓣窄漏斗形，距细长。蒴果棍棒状，长 2-2.5 cm，种子多数，球形，长 3 mm，褐色，具皱纹。花期 4-6 月，果期 5-7 月。

　　生于山谷，石壁阴湿处。产广东、广西。

3. 丰满凤仙花
Impatiens obesa Hook. f.

　　高大肉质草本，高 30-40 cm，全株无毛。茎直立肥厚，不分枝或稀中部短分枝，下部长裸露。叶互生，具柄，多形，常密集于茎上部，卵形或倒披针形，长 4-15 cm，宽 2.5-3.5 cm，基部两侧具 2 枚无柄的大腺体，侧脉 8-15 对，两面无毛。总花梗生于上部叶腋，极短，长约 2-3 mm，单花或 2 花，花梗细，长 1-2.5 cm，无毛，基部具小苞片。花粉红色，长 2-3 cm，侧生萼片 4，外面 2 枚圆形或椭圆状圆形，直径 8-15 mm，顶端突尖，内面的极小，卵形，长 2 mm，旗瓣宽倒卵形或楔形，长 10-15 mm，顶端 2 裂或截形，背面中肋增厚，具鸡冠状突起，顶端具小尖。翼瓣无柄，长 18-25 mm，2 裂，基部裂片梨形，开展，上部裂片斧形，背部具三角形反折的小耳。唇瓣短囊状或杯状，基部急狭成内弯的短矩。蒴果纺锤形，具柄。花期 6-7 月。

　　生于海拔 100-450 m 的山坡林缘或山谷水旁。产广东、江西、湖南。

A332. 五列木科 Pentaphylacaceae

1. 杨桐（黄瑞木）
Adinandra millettii (Hook. et Arn.) Benth. et Hook.

灌木或小乔木，高 2-10（-16）m。小枝褐色，顶芽被平伏短柔毛。叶互生，革质，长 4.5-9 cm，宽 2-3 cm，边全缘，初时疏被短柔毛；叶柄长 3-5 mm。花单朵腋生，花梗长约 2 cm；萼片 5，卵状披针形，长 7-8 mm，边缘具纤毛和腺点；花瓣 5，白色，卵状长圆形，长约 9 mm，宽 4-5 mm；子房 3，被短柔毛，胚珠每室多数。果圆球形，疏被短柔毛，直径约 1 cm，熟时黑色。种子多数，深褐色，有光泽，表面具网纹。花期 5-7 月，果期 8-10 月。

生于海拔 100-600 m 山坡路旁灌丛中或山地阳坡的林中。产安徽、浙江、江西、福建、湖南、广东、广西、贵州等。

2. 米碎花
Eurya chinensis R. Br.

灌木，高 1-3 m。嫩枝具 2 棱，黄褐色，被短柔毛，小枝稍具 2 棱，几无毛；顶芽披针形，密被黄褐色短柔毛。叶薄革质，倒卵形，长 2-5.5 cm，顶端钝，边缘密生细锯齿，中脉凹下；叶柄长 2-3 mm。花 1-4 簇生于叶腋；雄花萼片卵圆形，长 1.5-2 mm，无毛，花瓣 5，白色，倒卵形，长 3-3.5 mm；雌花花瓣 5，卵形，长 2-2.5 mm，子房无毛，花柱顶端 3 裂。果实圆球形，成熟时紫黑色，直径 3-4 mm。花期 11-12 月，果期翌年 6-7 月。

生于海拔 600 m 以下的山坡灌丛、沟谷中。产江西、福建、台湾、湖南、广东、广西。

3. 岗柃
Eurya groffii Merr.

灌木或小乔木，高 2-7 m；嫩枝圆柱形，密被黄褐色披散柔毛。叶披针形或披针状长圆形，长 4.5-10 cm，宽 1.5-2.2 cm，顶端渐尖或长渐尖，边缘密生细锯齿，下面密被贴伏短柔毛，中脉在上面凹下，下面凸起，侧脉 10-14 对。花 1-9 朵簇生于叶腋，花梗长 1-1.5 mm，密被短柔毛。雄花：萼片 5，卵形，外面密被黄褐色短柔毛；花瓣 5，白色；雄蕊约 20 枚，花药不具分格。雌花：花瓣 5，长圆状披针形；子房卵圆形，3 室，无毛。果实圆球形，直径约 4 mm，成熟时黑色。花期 9-11 月，果期翌年 4-6 月。

生海拔 100-400 m 的山坡路旁林中、林缘及山地灌丛中。产于福建、广东、海南、广西、四川、重庆、贵州及云南等。

A332. 五列木科 Pentaphylacaceae

4. 细齿叶柃
Eurya nitida Korthals

灌木或小乔木，高 2-5 m。树皮平滑，嫩枝具 2 棱，黄绿色；顶芽线状披针形，长 1 cm。叶薄革质，长 4-6 cm，宽 1.5-2.5 cm，边缘密生锯齿。花 1-4 簇生叶腋，花梗长约 3 mm；雄花膜质萼片 5，近圆形，花瓣 5，白色，长 3.5-4 mm，基部稍合生，雄蕊 14-17；雌花瓣 5，长 2-2.5 mm，基部稍合生，子房卵圆球形，花柱顶端 3 浅裂。果实圆球形，直径 3-4 mm，熟时蓝黑色。种子圆肾形，褐色，具网纹。花期 11 月至翌年 1 月，果期翌年 7-9 月。

生于海拔 500 m 以下的山地林中、沟谷溪边林缘中。产东南及西南。越南、缅甸、斯里兰卡、印度、菲律宾、印度尼西亚等也有。

5 锥果厚皮香
Ternstroemia conicocarpa L. K. Ling

小乔木，高 3-12 m。叶互生，革质，常聚生于枝端，椭圆形，长 6-10 cm，宽 2.8-5.3 cm，基部阔楔形，多少下延于叶柄，全缘，中脉凹下；叶柄长 1-2 cm。花单生于叶腋，杂性；雄花萼片圆卵形，长 6-8 mm，无毛，花瓣 5，阔倒卵形，长约 7 mm；两性花未见。果卵形，长 1.5-2 cm，小苞片和萼片宿存。花期 5-6 月，果期 9-10 月。

生于海拔 200-500 m 的山地林中或溪旁。产湖南、广东和广西等。

6. 厚皮香
Ternstroemia gymnanthera (Wight et Arn.)
Beddome

灌木或小乔木，高 1.5-15 m。树皮平滑；嫩枝浅红褐色。叶革质，聚生枝端，假轮生状，长 5.5-9 cm，宽 2-3.5 cm，上半部疏生浅齿，齿尖具黑点；叶柄长 7-13 mm。花常生于叶腋，花梗长约 1 cm；两性花萼片 5，卵圆形，长 4-5 mm，花瓣 5，淡黄白色，雄蕊约 50，长 4-5 mm，子房 2，圆卵形，胚珠每室 2，花柱顶端浅 2 裂。果实圆球形，直径 7-10 mm；果梗长 1-1.2 cm。种子肾形，每室 1，熟时假种皮红色。花期 5-7 月，果期 8-10 月。

生于海拔 200-600 m 的山地林中、林缘路边。产华南、华东、华中、西南。越南、老挝、泰国、柬埔寨、尼泊尔、不丹、印度也有。

A333. 山榄科 Sapotaceae

1. 铁榄
Sinosideroxylon pedunculatum (Hemsl.) H. Chuang

　　乔木，高 5-12 m；小枝圆柱形，被锈色柔毛。叶密聚小枝先端，卵形或卵状披针形，长 7-15 cm，宽 3-4 cm，先端渐尖，基部楔形，侧脉 8-12 对；叶柄长 7-15 mm。花浅黄色，1-3 朵簇生于腋生的花序梗上，组成总状花序，花序梗长 1-3 cm，具纵棱，被锈色微柔毛；花梗长 2-4 mm，被锈色微柔毛；花萼基部联合成钟形，裂片 5，外面被锈色微柔毛；花冠长 4-5 mm，（4）5 裂，裂片卵状长圆形，花开放时下部联合成管；能育雄蕊（4）5，与花冠裂片对生；退化雄蕊（4）5，花瓣状。浆果卵球形，长约 2.5 cm，宽约 1.5 cm。

　　生于海拔 300-600 m 的山坡林中。产湖南、广东、广西、云南。越南也产。

A334. 柿科 Ebenaceae

1. 崖柿
Diospyros chunii Metc. et L. Chen

　　灌木或小乔木，高 4-7 m。小枝无毛，散生小皮孔；幼枝有黄褐色绒毛；冬芽被棕色或黄褐色绒毛。叶薄革质，长圆状椭圆形，长 7-17.5 cm，宽 2-3.3 cm，边缘有睫毛，两面疏被柔毛，叶背的毛较密，中脉在上面密被柔毛，叶背被浅褐色绒毛；叶柄长 5-9 mm，被黄褐色绒毛。花未见。果近球形，直径约 3 cm；宿存萼外面被黄色绒毛，4 深裂；果柄细瘦，长约 4 mm，有黄褐色绒毛。种子长圆形，长约 1.2 cm，褐色，侧扁。果期翌年 2 月。

　　生于常绿阔叶林中或灌丛中湿润处。产广东、海南。

2. 彭华柿（丹霞柿）
Diospyros danxiaensis (R. H. Miao et W. Q. Liu) Y. H. Tong et N. H. Xia

　　常绿灌木，高 2-4 m。小枝无刺，嫩枝密被微柔毛。叶薄革质，倒卵状椭圆形，长 4-13 cm，宽 2-5 cm，叶背沿中脉具短柔毛；叶柄 3-6 mm，被微柔毛。雄花序为聚伞花序，花梗被短柔毛；萼片卵状三角形，花冠淡黄色，两面被短柔毛，4 裂。雌花花梗被短柔毛，萼片卵形，被微柔毛，花冠淡黄色，4 裂。浆果球状，橙黄色，直径 1.4-2 cm，疏生毛；果梗纤细，长 1-3 cm，密被微柔毛。花期 3-5 月，果期 7-11 月。

　　生于海拔 90-300 m 的山地、沟谷林中。广东丹霞山特有种。

A334. 柿科 Ebenaceae

3. 乌材

Diospyros eriantha Champ. ex Benth.

常绿乔木或灌木，高可达 16 m。幼枝、冬芽、叶下面脉上、幼叶叶柄和花序等处有锈色粗伏毛。枝无毛，疏生小皮孔。叶纸质，叶圆状披针形，长 5-12 cm，宽 1.8-4 cm，边缘微背卷，叶面有光泽，深绿色，除中脉外余处无毛；叶柄粗短，长 5-6 mm。花序腋生，聚伞花序式，总梗极短；雄花 1-3 簇生，几无梗，花萼深 4 裂，花冠白色，4 裂；雌花单生，花梗极短，花萼 4 深裂，花冠淡黄色，4 裂。果卵形，长 1.2-1.8 cm；宿存萼增大，4 裂，长约 8 mm。花期 7-8 月，果期 10 月至翌年 1-2 月。

生于海拔 500 m 以下的山地林中或灌丛中。产广东、广西、台湾。越南、老挝、马来西亚、印度尼西亚等也有。

4. 野柿

Diospyros kaki var. *silvestris* Makino

落叶灌木或乔木；小枝密被黄褐色柔毛。叶卵状椭圆形至倒卵形，长 5-15 cm，宽 2.5-8 cm，先端渐尖或钝，基部楔形，下面绿色，有柔毛，侧脉每边 5-7 条；叶柄长 8-20 mm，被黄褐色柔毛。花雌雄异株，聚伞花序腋生；雄花小，长 5-10 mm；花萼钟状，两面有毛，深 4 裂；花冠钟状，不长过花萼的两倍，黄白色，4 裂，雄蕊 16-24 枚。雌花单生叶腋，花萼绿色，深 4 裂；花冠淡黄白色，壶形或近钟形，较花萼短小；退化雄蕊 8 枚；花柱 4 深裂，柱头 2 浅裂。果球形，直径 2-5 cm，熟时橙黄色；宿存萼在花后增大增厚，4 裂。花期 5-6 月，果期 9-10 月。

生于林缘、山地林或灌丛中。产华中、云南、广东、广西北部、江西、福建等。

5. 罗浮柿

Diospyros morrisiana Hance

乔木，高可达 20 m。树皮呈片状剥落，表面黑色。枝散生纵裂皮孔。叶薄革质，长椭圆形，长 5-10 cm；叶柄长约 1 cm。雄花序短小，腋生，聚伞花序式，有锈色绒毛；雄花带白色，花萼钟状，有绒毛，4 裂，花冠近壶形，长约 7 mm，4 裂，花梗长约 2 mm，密生伏柔毛。雌花腋生，单生，花萼浅杯状，4 裂，花冠近壶形，外面无毛，裂片 4，花柱 4。果球形，直径约 1.8 cm，黄色，有光泽，4 室；宿存萼近平展，近方形，4 浅裂。种子近长圆形，栗色。花期 5-6 月，果期 11 月。

生于海拔 300-550 m 山坡、山谷疏林或密林中。产广东、广西、福建、台湾、浙江、江西、湖南、贵州、云南、四川等。越南北部也有。茎皮、叶、果入药，有解毒消炎之效。

A334. 柿科 Ebenaceae

6. 油柿
Diospyros oleifera Cheng

落叶乔木，树干通直；树皮成薄片状剥落，露出白色的内皮。嫩枝、叶的两面、叶柄、雄花序、雄花的花萼和花冠裂片的上部、雌花的花萼、花冠裂片的两面、果柄等处有灰色、灰黄色或灰褐色柔毛。叶纸质，宽椭圆形或长圆状倒卵形，长 7-15 cm，宽 4-10 cm，先端短渐尖，侧脉每边 7-9 条。花雌雄异株或杂性，雄花的聚伞花序生当年生枝下部，腋生，每花序有花 3-5 朵；雄花长约 8 mm，花萼 4 裂；花冠壶形，长约 7 mm，4 裂；雄蕊 16-20 枚；退化子房微小，密生长柔毛；雌花单生叶腋，较雄花大，长约 1.5 cm；花萼钟形，4 裂；花冠壶形或近钟形，多少四棱，长约 1 cm，4 深裂；退化雄蕊 12-14 枚；子房球形或扁球形，多少 4 棱，密被长伏毛，8（10）室。果卵形或球形，长 3-7 cm，有种子 3-8 颗不等。花期 4-5 月，果期 8-10 月。

生于海拔 200-500 m 陡坡杂木林中。产浙江、安徽、江西、福建、湖南、广东、广西。

A335. 报春花科 Primulaceae

1. 五花紫金牛
Ardisia argenticaulis Yuen P. Yang [*Ardisia triflora* Hemsl.]

亚灌木状小灌木，具匍匐茎，近蔓生，直立茎高 10-20 cm，幼时密被锈色鳞片。叶片倒卵形或椭圆状倒卵形，顶端广急尖或渐尖，基部楔形，长 7-12 cm，宽 3-4 cm，全缘或具微波状齿，叶面无毛，中脉微凹，背面具鳞片，边缘脉无或不明显；叶柄长 5-8 mm。亚伞形花序，腋生或侧生，具花 5 朵以上，被锈色鳞片；总梗长 2-4 cm，花梗长约 1 cm；花长约 3 mm，花萼仅基部连合，被疏鳞片，萼片三角状卵形，顶端急尖，长 1-1.5 mm，具缘毛，腺点不明显；花瓣白色，广卵形，顶端急尖，长约 3 mm，无毛，具疏腺点；雄蕊为花瓣长的 3/4，花药披针形，背部无腺点。果球形，直径 5-7 mm，红色，无腺点。花期约 5 月，果期约 1 月。

生于溪边密林下。产广西、广东。

2. 凹脉紫金牛
Ardisia brunnescens Walker

灌木，高 0.5-1 m。小枝略肉质，具皱纹。叶坚纸质，椭圆状卵形，长 8-14 cm，宽 3.5-6 cm，全缘，两面无毛，叶面脉常下凹，叶背中、侧脉隆起；叶柄长 7-1.2 mm。复伞形花序或圆锥状聚伞花序着生于侧生特殊花枝顶端；花梗长约 1 cm，花长约 4 mm，萼片具腺点和极细的缘毛，花瓣粉红色，具腺点，长约 4 mm。果球形，直径 6-7 mm，深红色，具不明显腺点。花期不详，果期 10 至翌年元月。

生于山谷林下或灌木丛中。产广西、广东。根药用。

A335. 报春花科 Primulaceae

3. 朱砂根
Ardisia crenata Sims

　　灌木，高 1-2 m。茎粗壮。除侧生花枝外，无分枝。叶革质，椭圆形至倒披针形，基部楔形，长 7-15 cm，边缘具皱波状或波状齿，具明显的边缘腺点，两面无毛，侧脉 12-18 对；叶柄长约 1 cm。伞形花序或聚伞花序，着生于侧生特殊花枝顶端；花梗长 7-10 mm，几无毛，花长 4-6 mm，萼片两面无毛，具腺点，花瓣白色，稀略带粉红色，具腺点。果球形，直径 6-8 mm，鲜红色，具腺点。花期 5-6 月，果期 10-12 月。

　　生于海拔 150-500 m 的林下阴湿的灌木丛中。产西藏至台湾，湖北至海南等。印度、新加坡、马来西亚、印度尼西亚至日本均有。

4. 郎伞木
Ardisia elegans Andr. [*A. crenata* auct. non Sims; *A. elegantissima* Lévl. ; *A. hanceana* auct. non Mez]

　　灌木，高 1-3 m；茎粗壮，除侧生特殊花枝外，无分枝。叶片椭圆状披针形或稀狭卵形，顶端急尖或渐尖，基部楔形，长 9-12（-15）cm，宽 2.5-4 cm，边缘通常具明显的圆齿，齿间具边缘腺点，或呈皱波状，或近全缘，两面无毛，无腺点，叶面中脉微凹，背面中脉隆起，侧脉 12-15 对，连成不甚明显的边缘脉；叶柄长 0.8-1.5 cm。复伞形花序或由伞房花序组成的圆锥花序，着生于侧生特殊花枝顶端，花枝长 30-50 cm，顶端常下弯，全部散生叶，小花序梗长 2-4 cm；花梗长 1-2 cm；花长 6-7 mm，花萼仅基部连合，萼片无腺点；花瓣粉红色，稀红色或白色，广卵形，仅基部连合，无腺点；雄蕊比花瓣略短；雌蕊与花瓣等长。果球形，直径 8-10（-12）mm，深红色，具明显的腺点。花期 6-7 月，果期 12 月至翌年 3-4 月。

　　生于山谷、山坡密林中。产广东、广西。越南亦有。

5. 走马胎
Ardisia gigantifolia Stapf

　　灌木或亚灌木，高约 1 m。根茎粗厚；直立茎粗壮，通常无分枝。叶常簇生茎顶，叶膜质，椭圆形，基部下延成狭翅，长 25-48 cm，宽 9-17 cm，边缘具密啮蚀状细齿，两面无毛，具疏腺点；叶柄长 2-4 cm，具波状狭翅。由多个亚伞形花序组成的大型圆锥花序，长 20-35 cm；花长 4-5 mm，萼片具腺点，花瓣白色或粉红色，具疏腺点。果球形，直径约 6 mm，红色，无毛，多少具腺点。花期 2-6 月，果期 11-12 月。

　　生于海拔 600 m 以下的山间林下。产云南、广西、广东、江西、福建。越南北部亦有。民间常用的跌打药，根茎及全株用于祛风补血、活血散瘀、消肿止痛，外敷治痈疖溃烂。

A335. 报春花科 Primulaceae

6. 山血丹
Ardisia lindleyana D. Dietr.

小灌木，高 1-2 m。除侧生特殊花枝外，无分枝。叶革质，长圆形，基部楔形，长 10-15 cm，宽 2-3.5 cm，具微波状齿，齿尖具边缘腺点，边缘反卷，叶面无毛，叶背被细微柔毛；叶柄长 1-1.5 cm，被微柔毛。亚伞形花序，单生或稀为复伞形花序；花梗长 8-12 mm，花长约 5 mm，萼片具缘毛或几无毛，具腺点，花瓣白色，具明显的腺点。果球形，直径约 6 mm，深红色，微肉质，具疏腺点。花期 5-7 月，果期 10-12 月。

生于海拔 200-550 m 的山谷、山坡林下。产浙江、江西、福建、湖南、广东、广西。根可调经、通经、活血、祛风、止痛，亦作洗药。

7. 心叶紫金牛
Ardisia maclurei Merr.

亚灌木。具匍匐茎；直立茎高 4-15 cm，幼时密被锈色长柔毛，以后无毛。叶互生，坚纸质，长圆状椭圆形，顶端急尖或钝，基部心形，长 4-6 cm，边缘具不整齐的粗锯齿及缘毛，两面均被疏柔毛；叶柄长 0.5-2.5 cm，被锈色疏柔毛。亚伞形花序近顶生，被锈色长柔毛，有 3-6 花；花梗长 3-6 mm，花萼被锈色长柔毛，无腺点，花瓣淡紫红色，长约 4 mm，无腺点。果球形，直径约 6 mm，暗红色。花期 5-6 月，果期 12 月至翌年 1 月。

生于海拔 230-860 m 的密林下、水旁、石缝间阴湿的地方。产贵州、广西、广东、台湾。

8. 虎舌红
Ardisia mamillata Hance

矮小灌木。具木质根茎；直立茎高不超过 15 cm。叶几簇生于茎顶端，叶坚纸质，长圆状倒披针形，长 7-14 cm，宽 3-5 cm，边缘具不明显的疏圆齿，两面被锈色或紫红色糙伏毛，具腺点；叶柄长 5-15 mm，被毛。伞形花序单一，着生于侧生特殊花枝顶端；花梗长 4-8 mm，被毛，花长 5-7 mm，萼片两面被长柔毛，花瓣粉红色，卵形，具腺点。果球形，直径约 6 mm，鲜红色，多少具腺点。花期 6-7 月，果期 11 月至翌年 1 月。

生于海拔 200-600 m 的山谷密林下。产四川、贵州、云南、湖南、广西、广东、福建。越南亦有。

A335. 报春花科 Primulaceae

9. 九节龙
Ardisia pusilla A. DC.

亚灌木，长 30-40 cm。具匍匐茎，逐节生根；直立茎高不过 10 cm，幼时密被长柔毛。叶对生或近轮生，叶坚纸质，椭圆形，长 2.5-6 cm，宽 1.5-3.5 cm，边缘具锯齿和细齿，具疏腺点，叶面被糙伏毛，叶背被柔毛及长柔毛；叶柄长约 5 mm，被毛。伞形花序被长硬毛或柔毛；花长 3-4 mm，萼片外面被柔毛，具腺点，花瓣白色，长 3-4 mm，广卵形，具腺点。果球形，直径 5 mm，红色，具腺点。花期 5-7 月，果期与花期相近。

生于海拔 200-600 m 的山间密林下、路旁、溪边阴湿的地方。产四川、贵州、湖南、广西、广东、江西、福建、台湾。朝鲜、日本至菲律宾亦有。全草供药用。

10. 罗伞树
Ardisia quinquegona Bl.

灌木，高 2-6 m。小枝细，无毛，有纵纹，嫩时被锈色鳞片。叶坚纸质，长圆状披针形，长 8-16 cm，宽 2-4 cm，全缘；叶柄长 5-10 mm，幼时被鳞片。聚伞花序腋生，长 3-5 cm，花枝长达 8 cm；花长约 3 mm，萼片三角状卵形，顶端急尖，长 1 mm，具疏缘毛及腺点，花瓣白色，广椭圆状卵形，长约 3 mm，具腺点，雌蕊常超出花瓣。果扁球形，具钝 5 棱，直径 5-7 mm，无腺点。花期 5-6 月，果期 12 月或翌年 2-4 月。

生于海拔 200-600 m 的山坡林中。产云南、广西、广东、福建、台湾。从马来半岛至琉球群岛均有。全株入药，有消肿、清热解毒的作用。

11. 酸藤子
Embelia laeta (L.) Mez

攀援灌木，长 1-3 m。幼枝无毛，老枝具皮孔。叶坚纸质，倒卵形，顶端圆钝，基部楔形，长 3-4 cm，宽 1-1.5 cm，全缘，两面无毛，中脉微凹，叶背常被薄白粉；叶柄长 5-8 mm。总状花序，生于前年无叶枝上，长 3-8 mm，被细微柔毛，有 3-8 花；花 4 数，长约 2 mm，萼片无毛，具腺点，花瓣白色或带黄色，卵形，长约 2 mm，具缘毛，里面密被乳头状突起，具腺点。果球形，直径约 5 mm。花期 12 月至翌年 3 月，果期 4-6 月。

生于海拔 100-500 m 的山坡林下、灌木丛中。产云南、广西、广东、江西、福建、台湾。越南、老挝、泰国、柬埔寨均有。根、叶可散瘀止痛、收敛止泻、治跌打肿痛等症。

A335. 报春花科 Primulaceae

12. 多脉酸藤子
Embelia oblongifolia Hemsl.

攀援灌木或藤本；小枝具皮孔。叶片长圆状卵形至椭圆状披针形，顶端急尖或渐尖或钝，基部圆形或微心形，长 6-9 cm，宽 2-2.5 cm，边缘通常上半部具粗疏锯齿，两面无毛，无腺点或极疏，叶面中脉下凹，背面中脉、侧脉隆起，侧脉（10-）15-20 对，常连成不明显的边缘脉，与中脉几成垂直；叶柄长 5-8 mm。总状花序，腋生，长 1-3 cm，被锈色微柔毛；花梗长 2-3 mm，通常与总轴成直角；花 5 数，长 2.5-3 mm，花萼基部连合，萼片广卵形或菱形，长 0.5-0.7 mm，具腺点；花瓣淡绿色或白色，分离，长圆形或椭圆状披针形，顶端圆形，微凹，具腺点；雄蕊在雌花中极短，退化，在雄花中伸出花瓣；雌蕊在雄花中极退化或几无，在雌花中与花瓣几等长。果球形，直径 7-9 mm，红色，多少具腺点，宿存萼反卷。花期 10 月至翌年 2 月，果期 11 月至翌年 3 月。

生于海拔 100-400 m 的山谷、山坡疏、密林中。产贵州、云南、广西、广东。越南亦有。

13. 网脉酸藤子
Embelia rudis Hand.-Mazz.

攀援灌木。枝条无毛，密布皮孔。叶坚纸质，卵形，长 5-10 cm，宽 2-4 cm，边缘具锯齿，两面无毛，中脉下凹，细脉网状，明显隆起；叶柄长 6-8 mm，具狭翅，多少被微柔毛。总状花序腋生，长 1-2 cm，被微柔毛；花 5 数，长 1-2 mm，萼片卵形，长 0.7 mm，具缘毛，花瓣分离，淡绿色或白色，长 1-2 mm，卵形，边缘膜质，具缘毛。果球形，直径 4-5 mm，蓝黑色或带红色，具腺点。花期 10-12 月，果期 4-7 月。

生于海拔 200-600 m 的山坡灌木丛中。产浙江、江西、福建、台湾、湖南、广西、广东、四川、贵州及云南。根、茎可供药用，有清凉解毒、滋阴补肾的作用。

14. 平叶酸藤子
Embelia undulata (Wall.) Mez [*Embelia longifolia* (Benth.) Hemsl.]

攀援灌木或藤本，长 3 m 以上；小枝有明显的皮孔。叶片倒披针形或狭倒卵形，顶端广急尖至渐尖或钝，基部楔形，长 6-12 cm，宽 2-4 cm，全缘，两面无毛，叶面中脉微凹，背面中、侧脉均隆起，侧脉很多，常连成边缘脉，具极少且不明显的腺点或几无；叶柄长 0.8-1 cm。总状花序，腋生或侧生于翌年生无叶小枝上，长约 1 cm；花梗长 3-4 mm；花 4 数，长 2-3 mm，花萼基部连合达 1/3 至 1/2，萼片卵形或披针形，密布腺点；花瓣浅绿色或粉红色至红色，分离，椭圆形或卵形，长约 2 mm，具明显的腺点；雄蕊在雄花中伸出花冠，长约为花瓣长的 1 倍，花药背部密布腺点；雌蕊在雌花中超出花冠或与花冠等长。果球形或扁球形，直径 1-1.5 cm，红色；果梗长约 1 cm。花期 6-8 月，果期 11 月至翌年 1 月。

生于海拔 100-400 m 的山谷、山坡疏、密林中或路边灌丛中。产四川、贵州、云南、广西、广东、江西、福建、香港。印度、尼泊尔亦有。

A335. 报春花科 Primulaceae

15. 广西过路黄

Lysimachia alfredii Hance

茎簇生，高 10-30（-45）cm，被褐色多细胞柔毛。叶对生，上部叶较大，叶卵状披针形，长 3.5-11 cm，宽 1-5.5 cm，被毛，密布黑色腺条和腺点；叶柄被毛。总状花序顶生，近头状，花序轴长 1 cm，苞片密被糙伏毛；花梗密被柔毛，花萼长 6-8 mm，分裂近达基部，裂片狭披针形，背面被毛，有黑色腺条，花冠黄色，长 10-15 mm，基部合生部分长 3-5 mm，裂片密布黑色腺条，花丝下部合生。蒴果近球形，褐色，直径 4-5 mm。花期 4-5 月，果期 6-8 月。

生于海拔 220-600 m 山谷溪边、沟旁湿地、林下和灌丛中。产贵州、广西、广东、湖南、江西、福建。

16. 泽珍珠菜

Lysimachia candida Lindl.

一至二年生草本，全体无毛。基生叶匙形，长 2.5-6 cm；具有狭翅的柄。茎叶互生，叶片倒卵形至线形，长 1-5 cm，宽 2-12 mm，基部下延，全缘或呈皱波状，两面有黑色或带红色的小腺点；近于无柄。总状花序顶生，果时长 5-10 cm；花梗长达 1.5 cm，花萼长 3-5 mm，分裂近达基部，花冠白色，长 6-12 mm，雄蕊稍短于花冠，子房无毛，花柱长约 5 mm。蒴果球形，直径 2-3 mm。花期 3-6 月，果期 4-7 月。

生于海拔 200-500 m 田边、溪边和山坡路旁。产陕西、河南、山东及长江以南。越南、缅甸也有。全草入药。

17. 延叶珍珠菜

Lysimachia decurrens Forst. f.

多年生草本。茎直立，粗壮，高 40-90 cm，有棱角，上部分枝，基部常木质化。叶互生，有时近对生，叶片披针形或椭圆状披针形，长 6-13 cm，宽 1.5-4 cm，先端锐尖或渐尖，基部楔形，下延至叶柄成狭翅，两面均有不规则的黑色腺点，并常连接成条；叶柄长 1-4 cm，基部沿茎下延。总状花序顶生，长 10-25 cm；花梗长 2-9 mm，斜展或下弯，果时伸长达 10-18 mm；花萼分裂近达基部，裂片狭披针形，背面具黑色短腺条；花冠白色或带淡紫色，长 2.5-4 mm，裂片匙状长圆形；雄蕊明显伸出花冠外；花药卵圆形，紫色；子房球形，花柱细长，长约 5 mm。蒴果球形或略扁，直径 3-4 mm。花期 4-5 月，果期 6-7 月。

生于村旁荒地、路边、山谷溪边疏林下及草丛中。产云南、贵州、广西、广东、湖南、江西、福建、台湾。分布于中南半岛及日本、菲律宾。

A335. 报春花科 Primulaceae

18. 大叶过路黄
Lysimachia fordiana Oliv.

根茎粗短，多数纤维状根；茎簇生，直立，高30-50 cm，散布黑色腺点。叶对生，叶长6-18 cm，宽3-10（-12.5）cm，两面密布黑色腺点。花序为近头状的总状花序；苞片卵状披针形，长1-1.5 cm，密布黑色腺点；花萼长6-12 mm，分裂近达基部，花冠黄色，长1.2-1.9 cm，基部合生部分长4-5 mm，裂片长圆状披针形，有黑腺点，花丝下部合生，子房卵珠形，花柱长约7 mm。蒴果近球形，直径3-4 mm，常有黑色腺点。花期5月，果期7月。

生于密林中和山谷溪边湿地，垂直分布上限可达海拔600 m。产云南、广东、广西。

19. 星宿菜
Lysimachia fortunei Maxim.

多年生草本。根状茎横走，紫红色；茎高30-70 cm，有黑色腺点，嫩梢和花序轴具褐色腺体。叶互生，叶狭椭圆形，长4-11 cm，宽1-2.5 cm，两面均有黑色腺点；近于无柄。总状花序顶生，长10-20 cm；花萼长约1.5 mm，分裂近达基部；花冠白色，长约3 mm，基部合生部分长约1.5 mm，有黑色腺点，雄蕊比花冠短，子房卵圆形，花柱长约1 mm。蒴果球形，直径2-2.5 mm。花期6-8月，果期8-11月。

生于沟边、田边等低湿处。产河南、湖南、湖北、华南、华东。朝鲜、日本、越南也有。民间常用草药，功能为清热利湿，活血调经。

20. 广东临时救
Lysimachia kwangtungensis (Hand.-Mazz.) C. M. Hu

茎直立，高20-50 cm，密被多细胞卷曲柔毛。叶对生，茎端近密聚，叶卵状披针形，长4-7 cm，宽1.2-2.2 cm，两面被具节糙伏毛，近边缘有暗红色腺点；叶柄比叶片短2-3倍，基部多少扩展成耳状。总状花序，花2-4集生茎端；花梗极短，花萼长5-8.5 mm，裂片披针形，宽约1.5 mm，背面被疏柔毛，花冠黄色，内面基部紫红色，长9-11 mm，5裂，散生腺点。蒴果球形，直径3-4 mm。花期5-6月，果期7-10月。

生于林下和溪边湿润处。产广东北部和湖南南部。

A335. 报春花科 Primulaceae

21. 巴东过路黄
Lysimachia patungensis Hand.-Mazz.

茎纤细，匍匐伸长，节上生根，长 10-40 cm，密被柔毛；分枝上升，长 3-10 cm。叶对生，茎端的 2 对（其中 1 对常缩小成苞片状）密聚，呈轮生状，叶片阔卵形或近圆形，长 1.3-3.8 cm，宽 8-30 mm，先端钝圆、圆形或有时微凹，两面密布具节糙伏毛，侧脉不明显；叶柄长约为叶片的一半或与叶片近等长，密被柔毛。花 2-4 朵集生于茎和枝的顶端，无苞片；花梗长 6-25 mm，密被铁锈色柔毛；花冠黄色，内面基部橙红色，长 12-14 mm，基部合生部分长 2-3 mm，裂片长圆形，先端圆钝；花丝下部合生成高 2-3 mm 的筒；子房上部被毛，花柱长达 6 mm。蒴果球形，直径 4-5 mm。花期 5-6 月，果期 7-8 月。

生于山谷溪边和林下。产湖北、湖南、广东、江西、安徽、浙江、福建。

22. 杜茎山
Maesa japonica (Thunb.) Moritzi.

直立或攀援灌木。小枝无毛，疏生皮孔。叶薄革质，披针状椭圆形，长 5-15 cm，宽 2-5 cm，几全缘，两面无毛；叶柄长 5-13 mm。总状花序或圆锥花序，腋生，长 1-4 cm，无毛；花梗长 2-3 mm，花萼长约 2 mm，萼片长约 1 mm，卵形，具脉状腺条纹，具细缘毛，花冠白色，长钟形，管长 3.5-4 mm，具腺条纹。果球形，直径 4-5 mm，肉质，具脉状腺条纹，宿存萼包果顶端。花期 1-3 月，果期 10 月或 5 月。

生于海拔 200-600 m 林下、路旁、溪边灌丛。产安徽、福建、广东、广西、贵州、湖北、湖南、江西、四川、台湾、云南、浙江。日本、越南也有。

23. 鲫鱼胆
Maesa perlarius (Lour.) Merr.

小灌木，高 1-3 m。小枝被长硬毛或短柔毛，有时无毛。叶纸质，椭圆形，长 7-11 cm，宽 3-5 cm，边缘从中下部以上具粗锯齿，叶背具长硬毛；叶柄长 7-10 mm，被长硬毛或短柔毛。总状花序或圆锥花序腋生，长 2-4 cm，被长硬毛和短柔毛；花长约 2 mm，萼片广卵形，具脉状腺条纹，花冠白色，钟形，具脉状腺条纹。果球形，直径约 3 mm，无毛，具脉状腺条纹。花期 3-4 月，果期 12 月至翌年 5 月。

生于海拔 150-550 m 的山坡、路边。产四川、贵州至台湾以南沿海各省区。越南、泰国亦有。全株供药用，有消肿去腐、生肌接骨的功效。

A335. 报春花科 Primulaceae

24. 密花树
Myrsine seguinii H. Lév.

小乔木。小枝无毛，具皱纹。叶革质，长圆状倒披针形，顶端急尖或钝，基部下延，长 7-17 cm，宽 1.3-6 cm，全缘，两面无毛，中脉凹陷，侧脉不明显；叶柄长约 1 cm。伞形花序或花簇生，有 3-10 花；花长 2-4 mm，花萼仅基部连合，萼片卵形，花瓣白色或淡绿色，花时反卷，长 3-4 mm，卵形，具腺点，里面和边缘密被乳突。果近卵形，直径 4-5 mm，灰绿色或紫黑色。花期 4-5 月，果期 10-12 月。

生于海拔 250-600 m 混交林中、林缘、路旁灌丛。产安徽、福建、广东、广西、贵州、海南、湖北、湖南、江西、四川、台湾、西藏、云南、浙江。缅甸、越南、日本也有。

25. 光叶铁仔
Myrsine stolonifera (Koidz.) Walker

灌木，高达 2 m，全株无毛。叶近革质，椭圆状披针形，基部楔形，长 6-10 cm，宽 1.5-3 cm，全缘或顶部具齿，两面密布小窝孔，中脉下凹，侧脉不明显，边缘具腺点；叶柄长 5-8 mm。伞形花序或花簇生，腋生，有 3-4 花；花梗长 2-3 mm，花 5 数，长约 2 mm，萼片狭椭圆形，具明显的腺点，花冠里面密被乳突，裂片长圆形，具明显的腺点。果球形，直径约 5 mm，蓝黑色。花期 4-6 月，果期 12 月至翌年 12 月。

生于海拔 250-600 m 林中、沟谷。产浙江、安徽、江西、湖南、四川、贵州、云南、广西、广东、福建、台湾。日本也有。

26. 假婆婆纳
Stimpsonia chamaedryoides Wright ex A. Gray

一年生草本，全体被多细胞腺毛。茎上升，常多条簇生，高 6-18 cm。基生叶阔卵形，长 8-25 mm，边缘有不整齐的钝齿。茎叶互生，卵形，向上渐缩小成苞片状，边缘齿较深且锐尖。花单生于茎上部苞片状的叶腋，成总状花序状；花萼分裂近达基部，花冠白色，筒部长约 2.5 mm，喉部有细柔毛，花药近圆形，长约 0.3 mm，花柱棒状，长约 0.6 mm，下部稍粗，先端钝。蒴果球形，直径约 2.5 mm，比宿存花萼短。花期 4-5 月，果期 6-7 月。

生于海拔 100-500 m 丘陵和低山草坡和林缘。产广西、广东、湖南、江西、安徽、江苏、浙江、福建、台湾。日本亦有。

A336. 山茶科 Theaceae

1. 长尾毛蕊茶（尾叶山茶）
Camellia caudata Wall.

小乔木。嫩枝密被柔毛。叶薄革质，披针形，长5-12 cm，宽1-2 cm，尾长1-2 cm，叶背有长丝毛，边缘有细锯齿；叶柄有柔毛。花腋生及顶生，花柄长3-4 mm，有短柔毛；苞片3-5，宿存；萼片5，杯状，有毛，宿存；花瓣5，长10-14 mm，外侧有短柔毛，基部2-3 mm彼此相连合且和雄蕊连生；雄蕊长10-13 mm；子房有茸毛，花柱长8-13 mm，有灰毛，先端3浅裂。蒴果圆球形，直径1.2-1.5 cm，被毛，1室，种子1。花期10月至翌年3月。

产广东、广西、海南、台湾及浙江。越南、缅甸、印度、不丹及尼泊尔也有。

2. 贵州连蕊茶
Camellia costei Lévl.

灌木或小乔木。嫩枝有短柔毛。叶革质，卵状长圆形，基部阔楔形，长4-7 cm，宽1.3-2.6 cm，边缘有钝锯齿；叶柄有短柔毛。花顶生及腋生，花柄长3-4 mm，有苞片4-5；花萼杯状，长3 mm，萼片5片，卵形，长1.5-2 mm；花冠白色，长1.3-2 cm，花瓣5片，有睫毛，基部与雄蕊连生；雄蕊长10-15 mm；花柱长10-17 mm，先端极短3裂。蒴果圆球形，直径11-15 mm，1室，有种子1，果皮薄；果柄长3-5 mm；宿存萼片最长2 mm。花期1-2月。

产广西、广东西部、湖北、湖南、贵州。

3. 尖连蕊茶
Camellia cuspidata (Kochs) Wright ex Gard

灌木。嫩枝有短柔毛。叶革质，披针形，长4-6 cm，宽1-1.5 cm，先端尾状渐尖，尾长1-1.5 cm，基部楔形，中脉有短柔毛，边缘有相隔1-3 mm的细锯齿；叶柄长1-2 mm，有短柔毛。花顶生，花柄长1-2 mm；苞片5，卵形，先端尖，长1-2 mm；萼片5，仅基部稍连生；花瓣7，白色，基部相连，倒卵形，长8-11 mm；雄蕊长7-9 mm，花丝分离，或基部略连生，花柱长8-12 mm，先端3浅裂。花期3月。

生于海拔100-500 m山坡林中、沟边。产安徽、福建、广东、广西、贵州、湖北、湖南、江西、陕西、四川、云南、浙江。

A336. 山茶科 Theaceae

3a. 钟萼连蕊茶（浙江尖连蕊茶）
Camellia cuspidata (Kochs) Wright var. *chekiangensis* Sealy

灌木，高 3 m。嫩枝无毛。叶革质，长圆形，长 6-9 cm，宽 1.2-2.5 cm，边缘有相隔 2-2.5 mm 的细锯齿；叶柄长 3-4 mm，上部有短毛，下部无毛。花顶生，长 2.2 cm，花柄长 5 mm；苞片 5，有柔毛；花萼钟形，长 8-9 mm，下半部连合，萼齿 5，三角卵形，长 4-5 mm，有柔毛；花冠白色，长 1.8 cm；花瓣 5，仅基部连生，背面有柔毛，革质；雄蕊长 1.5 cm，仅基部 2-3 mm 相连生；花柱长 1.2 cm，完全分裂为 3 条。

生于海拔 250-600 m 的阔叶林。产广东仁化。

4. 毛柄连蕊茶
Camellia fraterna Hance

灌木，高 1-5 m。嫩枝密生柔毛或长丝毛。叶革质，椭圆形，长 4-8 cm，宽 1.5-3.5 cm，先端渐尖而有钝尖头，基部阔楔形，叶背初时有长毛，以后仅在中脉上有毛，边缘具钝锯齿；叶柄长 3-5 mm，有柔毛。花常单生于枝顶；萼杯状，长 4-5 mm，萼片 5，有褐色长丝毛；花冠白色，长 2-2.5 cm，花瓣 5-6；子房无毛，花柱先端 3 浅裂。蒴果圆球形，直径 1.5 cm，1 室，种子 1 个，果壳薄革质。花期 4-5 月。

生于海拔 150-450 m 的山地林中。产广东、浙江、江西、江苏、安徽、福建。嫩枝多褐毛，花萼有长丝毛，常超出萼尖，花瓣有白毛，易于识别。

5. 糙果茶
Camellia furfuracea (Merr.) Coh. St.

灌木至小乔木，高 2-6 m。嫩枝无毛。叶革质，披针形，长 8-15 cm，宽 2.5-4 cm，侧脉 7-8 对，与网脉在下面突起，边缘有密细锯齿；叶柄长 5-7 mm。花 1-2 顶生及腋生，无柄，白色；花瓣 7-8，最外 2-3 花瓣过渡为萼片，花瓣状，内侧 5，背面上部有毛；雄蕊长 1.3-1.5 cm；子房有长丝毛，花柱 3，分离，有毛，长 1-1.7 cm。蒴果球形，直径 2.5-4 cm，3 室，每室有种子 2-4，3 片裂开，果皮厚 2-3 mm，表面多糠秕，中轴三角形。

产广东、广西、湖南、福建、江西。越南北部也有。

A336. 山茶科 Theaceae

6. 油茶
Camellia oleifera Abel.

灌木或小乔木；嫩枝有粗毛。叶椭圆形、长圆形或倒卵形，先端尖而有钝头，长 5-8 cm，宽 2-4 cm，上面深绿色，发亮，中脉有粗毛或柔毛，下面浅绿色，无毛或中脉有长毛，边缘有细锯齿，叶柄长 4-8 mm，有粗毛。花顶生，近于无柄，苞片与萼片约 10 片，由外向内逐渐增大，阔卵形，长 3-12 mm，背面有贴紧柔毛或绢毛，花后脱落，花瓣白色，5-7 片，倒卵形，长 2.5-3 cm，宽 1-2 cm，先端凹入或 2 裂；雄蕊长 1-1.5 cm，外侧雄蕊仅基部略连生；子房有黄长毛，3-5 室，花柱长约 1 cm，无毛，先端不同程度 3 裂。蒴果球形或卵圆形，直径 2-4 cm，3 片或 2 片裂开。花期冬春间。

生于海拔 200-500 m 的山坡疏林中。产长江流域及其以南。是我国主要的木本油料作物，南方各地广泛栽培。

7. 白毛茶
Camellia sinensis var. *pubilimba* Chang

灌木或小乔木，嫩枝密被柔毛。叶革质，长圆形或椭圆形，长 7-15 cm，宽 3-5 cm，先端短渐尖或钝尖，上面发亮，下面密被柔毛，侧脉 5-7 对，边缘有锯齿。花 1-3 朵腋生，白色，花柄长 4-6 mm；萼片 5 片，阔卵形至圆形，长 3-4 mm，背面被柔毛，宿存；花瓣 5-6 片，阔卵形，长 1-1.5 cm，基部略连合，背面无毛，有时有短柔毛；雄蕊长 8-13 mm，基部连生 1-2 mm；子房密生白毛；花柱无毛，先端 3 裂。蒴果 3 球形或 1-2 球形，径 1-1.5 cm。花期 10 月至翌年 2 月。

生山坡密林中。产云南、广东、广西。

8. 棱果毛蕊茶
Camellia trigonocarpa Chang

小乔木，高 4 m，嫩枝有微毛，不久变秃净。叶革质，狭长圆形，长 5.5-8 cm，宽 1.5-3 cm，先端长尾状，尾长 1.5-2 cm，下面无毛，侧脉约 6 对，边缘有疏锯齿，叶柄长 2-4 mm，有柔毛。花腋生及顶生；苞片 5 片，长 0.5-1 mm，有柔毛；花萼浅杯状，长 5 mm，被毛，上半部 5 裂，裂片卵形，先端圆；花瓣 5 片，基部略相连生，外侧有柔毛；雄蕊比花瓣短，花丝基部连合成短管，游离花丝无毛；子房有毛，花柱 3 裂。蒴果三角状长圆形，长 2 cm，被柔毛，1 室，种子 1 粒。花期 10-12 月。

生于海拔 150-300 m 的山坡疏林中。产湖南、广东。

A336. 山茶科 Theaceae

9. 木荷
Schima superba Gardn. et Champ.

大乔木, 高 25 m。嫩枝无毛。叶革质, 椭圆形, 长 7-12 cm, 宽 4-6.5 cm, 侧脉 7-9 对, 两面明显, 边缘有钝齿; 叶柄长 1-2 cm。花生于枝顶叶腋, 常多数排成总状花序, 直径 3 cm, 白色, 花柄长 1-2.5 cm; 萼片半圆形, 长 2-3 mm, 内面有绢毛, 花瓣长 1-1.5 cm, 最外 1 片风帽状, 边缘多少有毛, 子房有毛。蒴果直径 1.5-2 cm。花期 6-8 月。

产浙江、福建、台湾、江西、湖南、广东、海南、广西、贵州。

A337. 山矾科 Symplocaceae

1. 华山矾
Symplocos chinensis (Lour.) Druce [*Symplocos paniculata* auct. non (Thunb.) Miq.]

灌木; 嫩枝、叶柄、叶背均被灰黄色皱曲柔毛。叶纸质, 椭圆形或倒卵形, 长 4-10 cm, 宽 2-5 cm, 先端急尖或短尖, 有时圆, 边缘有细尖锯齿, 叶面有短柔毛; 中脉在叶面凹下, 侧脉每边 4-7 条。圆锥花序顶生或腋生, 长 4-7 cm, 花序轴、苞片、萼外面均密被灰黄色皱曲柔毛; 花冠白色, 芳香, 长约 4 mm, 5 深裂几达基部; 雄蕊 50-60 枚, 花丝基部合生成五体雄蕊; 花盘具 5 凸起的腺点, 无毛; 子房 2 室。核果卵状圆球形, 歪斜, 长 5-7 mm, 被紧贴的柔毛, 熟时蓝色, 顶端宿萼裂片向内伏。花期 4-5 月, 果期 8-9 月。

生于海拔 100-400 m 的丘陵、山坡、杂林中。产浙江、福建、台湾、安徽、江西、湖南、广东、广西、云南、贵州、四川等。

2. 越南山矾
Symplocos cochinchinensis (Lour.) S. Moore

乔木。芽、嫩枝、叶柄、叶背中脉均被红褐色绒毛。叶纸质, 椭圆形, 长 9-27 cm, 宽 3-10 cm, 基部阔楔形, 叶背被柔毛, 毛基部有斑点, 边缘有细锯齿。穗状花序长 6-11 cm, 近基部 3-5 分枝, 花序轴、苞片、萼均被红褐色绒毛; 花萼长 2-3 mm, 花冠白色或淡黄色, 长约 5 mm, 5 深裂, 雄蕊 60-80, 花丝基部联合, 花盘圆柱状。核果圆球形, 直径 5-7 mm, 宿萼成圆锥状, 苞片宿存, 核具 5-8 浅纵棱。花期 8-9 月, 果期 10-11 月。

生于海拔 500 m 以下的溪边、路旁和热带阔叶林中。产西藏、云南、广西、广东、福建、台湾。中南半岛、印度尼西亚、印度也有。

A337. 山矾科 Symplocaceae

2a. 黄牛奶树
Symplocos cochinchinensis var. *laurina* (Retz.) Nooteboom

与原变种区别为：枝、叶片无毛；叶椭圆形，长 4.5-21 cm，宽 2-8 cm，芽被褐色柔毛；萼裂片无毛，但边缘常具纤毛，果期不扩大，不包被子房。

生于海拔 160-600 m 的村边石山上、密林中。产西南、华东、华南。印度、斯里兰卡也有。木材作板料、木尺。种子油作滑润油或制肥皂。树皮药用，治感冒。

3. 密花山矾
Symplocos congesta Benth.

常绿乔木或灌木。幼枝、芽、均被褐色皱曲的柔毛。叶纸质，椭圆形，长 8-10 (-17) cm，宽 2-6 cm，中脉和侧脉明显，侧脉每边 5-10；叶柄长 1-1.5 cm。团伞花序腋生；苞片和小苞片均被褐色柔毛，边缘有腺点；花萼红褐色，长 3-4 mm，有纵条纹，裂片卵形，覆瓦状排列，花冠白色，长 5-6 mm，5 深裂，雄蕊约 50，子房 3。核果熟时紫蓝色，圆柱形，长 8-13 mm，宿萼直立；核约有 10 纵棱。花期 8-11 月，果期翌年 1-2 月。

生于海拔 200-500 m 的密林中。产云南、广西、广东、海南、香港、湖南、江西、福建、台湾。根药用，治跌打。

4. 长毛山矾
Symplocos dolichotricha Merr.

乔木；枝细长，嫩枝、叶面或叶面脉上、叶背、叶柄均被展开的淡褐色长毛。嫩枝上的毛长 3-4 mm。叶纸质，榄绿色，椭圆形、长圆状椭圆形或卵状椭圆形，长 6-13 cm，宽 2-5 cm，先端渐尖，全缘或有稀疏细锯齿；中脉及侧脉在叶面均凹下，侧脉每边 4-7 条；叶柄长 4-6 mm，团伞花序有花 6-8 朵，腋生或腋生于叶脱落后的叶痕上；花冠长约 4 mm，5 深裂几达基部，雄蕊约 30 枚，花丝细长；花盘有灰色柔毛；子房 3 室。花柱粗壮，长 4-6 mm。核果绿色，近球形，直径约 6 mm，顶端宿萼裂片直立。花果期 7-11 月，边开花边结果。

生于海拔 500-600 m 的密林中。产广西、广东。越南也有。

A337. 山矾科 Symplocaceae

5. 光叶山矾
Symplocos lancifolia Sieb. et Zucc.

小乔木。芽、嫩枝、嫩叶背面脉上、花序均被黄褐色柔毛，小枝黑褐色。叶纸质，阔披针形，长3-8 cm，宽1.5-3 cm，基部稍圆，边缘具浅钝锯齿；叶柄长约5 mm。穗状花序长1-4 cm；苞片与小苞片背面均被短柔毛，有缘毛；花萼长1.6-2 mm，5裂，裂片卵形，背面被微柔毛，与萼筒等长，花冠淡黄色，5深裂，裂片椭圆形，雄蕊约25，子房3。核果近球形，直径约4 mm，宿萼直立。花期3-11月，果期6-12月；边开花边结果。

生于海拔600 m以下的林中。产华东、华中、华南、西南。日本也有。叶可作茶。根药用，治跌打。

6. 枝穗山矾
Symplocos multipes Brand

灌木。小枝粗壮，直径3-5 mm，有角棱，呈黄色，无毛。叶革质，干后黄褐色，卵形或椭圆形，长5-8.5 cm，宽2.5-4.5 cm，先端渐尖或尾状渐尖，基部楔形，边缘具尖锯齿；中脉和侧脉在叶面凸起，网脉不明显；侧脉每边4-6条；叶柄长8-10 mm。总状花序长1-3 cm，基部多分枝，密生花（有时在上部的花无柄）；花萼长约2 mm，无毛，裂片圆形，与萼筒等长，有缘毛；花冠长3.5-4 mm，5深裂几达基部；雄蕊约25枚，花丝基部联生成5束，每束4-6枚；花柱无毛，柱头头状；花盘圆锥形，被白色长柔毛。核果近球形，近基部稍狭尖，长5-6 mm，顶端宿萼裂片直立。花期7月，果期8月。

生于海拔100-500 m的灌木丛中。产四川、湖北、广西、广东、福建。

7. 老鼠矢
Symplocos stellaris Brand

常绿乔木，小枝粗，髓心中空；芽、嫩枝、嫩叶柄、苞片和小苞片均被红褐色绒毛。叶厚革质，叶面有光泽，叶背粉褐色，披针状椭圆形或狭长圆状椭圆形，长6-20 cm，宽2-5 cm，先端急尖或短渐尖，通常全缘；中脉在叶面凹下，在叶背明显凸起，侧脉每边9-15条，侧脉和网脉在叶面均凹下，在叶背不明显；叶柄有纵沟，长1.5-2.5 cm。团伞花序着生于二年生枝的叶痕之上；花冠白色，长7-8 mm，5深裂几达基部，裂片椭圆形，顶端有缘毛，雄蕊18-25枚，花丝基部合生成5束；花盘圆柱形，无毛；子房3室；核果狭卵状圆柱形，长约1 cm，顶端宿萼裂片直立；核具6-8条纵棱。花期4-5月，果期6月。

生于海拔约600 m的密林中。产长江以南各省区。

A337. 山矾科 Symplocaceae

8. 山矾
Symplocos sumuntia Buch.-Ham. ex D. Don

乔木。嫩枝褐色。叶薄革质，狭倒卵形，长 3.5-8 cm，宽 1.5-3 cm，边缘具浅锯齿，侧脉和网脉均凸起；叶柄长 0.5-1 cm。总状花序长 2.5-4 cm，被柔毛；苞片与小苞片密被柔毛，早落；花萼长 2-2.5 mm，萼筒倒圆锥形，裂片与萼筒等长，背面有微柔毛，花冠白色，5 深裂，长 4-4.5 mm，裂片背面有微柔毛，雄蕊 25-35，花盘环状，子房 3。核果卵状坛形，长 7-10 mm，外果皮薄而脆，宿萼直立或脱落。花期 2-3 月，果期 6-7 月。

生于海拔 200-500 m 的山林间。产东南、西南。尼泊尔、不丹、印度也有。根、叶、花均药用。叶可作媒染剂。

9. 微毛山矾
Symplocos wikstroemiifolia Hayata

灌木或乔木；嫩枝、叶背和叶柄均被紧贴的细毛。叶纸质或薄革质，椭圆形、阔倒披针形或倒卵形，长 4-12 cm，宽 1.5-4 cm，先端短渐尖、急尖或圆钝，全缘或有不明显的波状浅锯齿；中脉在叶面微凸起或平坦，侧脉每边 6-10 条，在近叶缘处分叉网结；叶柄长 4-7 mm。总状花序长 1-2 cm，有分枝，上部的花无柄，花序轴、苞片和小苞片均被短柔毛；花冠长约 3 mm，5 深裂几达基部，裂片倒卵状长圆形；雄蕊 15-20 枚，花盘环状，被疏柔毛或近无毛，花柱短于花冠。核果卵圆形，长 5-10 mm，顶端宿萼裂片直立，熟时黑色或黑紫色。

生于密林中。产云南、贵州、湖南、广西、广东、福建、台湾、浙江。

A339. 安息香科 Styracaceae

1. 赛山梅
Styrax confusus Hemsl.

小乔木。嫩枝扁，密被星状短柔毛。叶革质，长 4-14 cm，宽 2.5-7 cm，边缘有细锯齿；叶柄上面有深槽，密被星状柔毛。总状花序顶生，花 3-8，下部常有 2-3 花聚生叶腋；花序梗、花梗和小苞片均密被灰黄色星状柔毛；花白色，长 1.3-2.2 cm，花梗长 1-1.5 cm；花萼杯状，密被毛，花冠裂片披针形，长 1.2-2 cm，外面密被白毛，花丝扁平，下部联合成管，其上方密被白毛。果实近球形，直径 8-15 mm，外面密被灰黄色毛。种子褐色。花期 4-6 月，果期 9-11 月。

生于海拔 100-600 m 的丘陵、山地疏林中。产东南、西南。种子油供制润滑油、肥皂和油墨等。

A339. 安息香科 Styracaceae

2. 白花龙
Styrax faberi Perk.

灌木。嫩枝具沟槽，扁圆形，老枝紫红色。叶互生，纸质，长 4-11 cm，宽 3-3.5 cm，边缘具细锯齿；叶柄密被柔毛。总状花序顶生，有 3-5 花，下部常单花腋生；花序梗和花梗均密被短柔毛；花白色，长 1.2-2 cm，花梗长 8-15 cm，花萼杯状，膜质，外面密被短柔毛，萼齿 5，边缘具腺点，花冠裂片披针形，长 5-15 mm，外面密被白色短柔毛，花丝下部联合成管，其上方密被长柔毛，花柱被毛。果实近球形，直径 5-7 mm，外面密被短柔毛。花期 4-6 月，果期 8-10 月。

生于海拔 100-600 m 低山区和丘陵地灌丛中。产安徽、湖北、江苏、浙江、湖南、江西、福建、台湾、广东、广西、贵州和四川等。

3. 栓叶安息香
Styrax suberifolius Hook. et Arn.

乔木，树皮红褐色。嫩枝具槽纹，被锈褐色绒毛。叶互生，革质，长椭圆形，长 5-18 cm，宽 2-7 cm，叶背密被绒毛；叶柄长 1-2 cm，近四棱形，密被绒毛。总状或圆锥花序长 6-12 cm；花序梗和花梗均密被星状柔毛；花白色，长 10-15 mm，花萼杯状，花冠 4(-5) 裂，雄蕊 8-10，较短，花丝扁平，下部联合成管，上部被短柔毛，花柱约与花冠近等长。果实卵状球形，直径 1-1.8 cm，密被褐绒毛，3 瓣开裂。花期 3-5 月，果期 9-11 月。

生于海拔 100-600 m 山地、丘陵地常绿阔叶林中。产长江流域及其以南。越南也有。根和叶可做药用，可祛风、除湿、理气止痛，治风湿关节痛等。

A342. 猕猴桃科 Actinidiaceae

1. 异色猕猴桃
Actinidia callosa Lindl. var. *discolor* C. F. Liang

小枝坚硬，干后灰黄色，洁净无毛；叶坚纸质，干后腹面褐黑色，叶背灰黄色，椭圆形、矩状椭圆形至倒卵形，长 6-12 cm，宽 3.5-6 cm，顶端急尖，基部阔楔形或钝形，边缘有粗钝的或波状的锯齿，通常上端的锯齿更粗大，两面洁净无毛，脉腋也无髯毛，叶脉发达，中脉和侧脉背面极度隆起，呈圆线形；叶柄长度中等，一般 2-3 cm，无毛；花序和萼片两面均无毛；果较小，卵珠形或近球形，长 1.5-2 cm。

生于海拔 600 m 以下的低山和丘陵中的沟谷或山坡。产长江流域及其以南。

A342. 猕猴桃科 Actinidiaceae

2. 黄毛猕猴桃
Actinidia fulvicoma Hance

半常绿藤本。着花小枝长 10-15 cm，密被锈色长硬毛，皮孔稀疏。叶亚革质，卵状长圆形或卵状披针形，长 9-18 cm，宽 4.5-6 cm，基部常浅心形，边缘具睫状小齿，两面密被毛，叶脉显著易见；叶柄长 1-3 cm，密被锈色长硬毛。聚伞花序密被黄褐色绵毛；花序柄 4-10 mm；花白色，直径约 17 mm，萼片 5，外面被绵毛，花瓣 5，长 6-17 mm。果卵珠形，长 1.5-2 cm，具斑点。种子纵径 1 mm。花期 5 月中旬至 6 月下旬，果期 11 月中旬。

生于海拔 130-400 m 山地疏林中或灌丛中。产广东中部至北部、湖南及江西南部。

3. 阔叶猕猴桃
Actinidia latifolia (Gardn. et Champ.) Merr.

落叶藤本。着花小枝蓝绿色；髓白色。叶坚纸质，阔卵形，长 8-13 cm，宽 5-8.5 cm，边缘具疏齿，背面密被绒毛；叶柄长 3-7 cm。花序为三至四歧多花的大型聚伞花序，花序柄长 2.5-8.5 cm；雄花序较雌花序长，被黄褐色短茸毛；花香，直径 14-16 mm，萼片 5，长 4-5 mm，被污黄色短茸毛，花瓣 5-8，白色及橙黄色，子房圆球形，长约 2 mm，密被污黄色茸毛。果暗绿色，圆柱形，长 3-3.5 cm，直径 2-2.5 cm，具斑点。种子纵径 2-2.5 mm。

生于海拔 250-500 m 山地的山谷或山沟地带。产四川、云南、贵州、安徽、浙江、台湾、福建、江西、湖南、广西、广东等。越南、老挝、柬埔寨、马来西亚也有。

4. 美丽猕猴桃
Actinidia melliana Hand.-Mazz.

半常绿藤本。延伸长枝 30-40 cm，密被锈色长硬毛，皮孔显著；髓白色。叶坚纸质，长方披针形，长 6-15 cm，宽 2.5-9 cm，腹面被长硬毛，背面被糙伏毛，背面粉绿，边缘具硬尖小齿，向背面反卷；叶柄长 10-18 mm，被锈色长硬毛。二歧聚伞花序腋生，花序柄长 3-10 mm，10 花，被锈色长硬毛；花白色，萼片 5，长 4-5 mm，花瓣 5，长 8-9 mm。果圆柱形，长 16-22 mm，直径 11-15 mm，有疣状斑点。花期 5-6 月。

生于海拔 200-600 m 的山地树丛中。产广西和广东，南可到海南岛，北可到湖南、江西。

A342. 猕猴桃科 Actinidiaceae

5. 水东哥
Saurauia tristyla DC.

小乔木，高 3-8 m。小枝被爪甲状鳞片或钻状刺毛。叶薄革质，倒卵状椭圆形，长 10-28 cm，宽 4-11 cm，叶缘具刺锯齿，稀为细锯齿，两面中、侧脉具钻状刺毛或爪甲状鳞片；叶柄具钻状刺毛。花序聚伞式，1-4 簇生于叶腋，被毛和鳞片，长 1-5 cm；花粉红色或白色，小，直径 7-16 mm，萼片阔卵形，长 3-4 mm，花瓣卵形，长 8 mm，顶部反卷，花柱 3-5，中部以下合生。果球形，白色，绿色或淡黄色，直径 6-10 mm。

产广西、云南、贵州、广东。印度、马来西亚也有。广西玉林地区民间用根、叶入药，有清热解毒、凉血作用，治无名肿毒、眼翳。

A345. 杜鹃花科 Ericaceae

1. 满山红
Rhododendron mariesii Hemsl. et Wils.

落叶灌木，高 1-4 m。枝轮生。厚纸质叶 2-3 集生枝顶，长 4-7.5 cm，宽 2-4 cm，边缘微反卷；叶柄长 5-7 mm。花芽卵球形，鳞片外面被淡黄棕色柔毛。花 2 顶生，先花后叶，出自同一顶生花芽；花萼 5 浅裂，被黄褐色柔毛；花冠漏斗形，淡紫红色，长 3-3.5 cm，5 深裂，具紫红色斑点；雄蕊 8-10，花药紫红色；子房卵球形，密被淡黄棕色长柔毛，花柱比雄蕊长。蒴果椭圆状卵球形，长 6-9 mm，密被长柔毛。花期 4-5 月，果期 6-11 月。

生于海拔 100-500 m 的山地稀疏灌丛。产河北、陕西、江苏、安徽、浙江、江西、福建、台湾、河南、湖北、湖南、广东、广西、四川和贵州。

2. 马银花
Rhododendron ovatum (Lindl.) Planch. ex Maxim.

常绿灌木。小枝疏被具柄腺体和短柔毛。叶革质，长 3.5-5 cm，宽 1.9-2.5 cm，中脉两面凸出，具柔毛；叶柄具狭翅。花芽圆锥状，鳞片数枚，边缘反卷，具睫毛。花单生枝顶叶腋；花梗长 0.8-1.8 cm，密被腺毛；花萼 5 深裂，长 4-5 mm；辐状花冠淡紫色，5 深裂，裂片长 1.6-2.3 cm，内具斑点，筒内被毛；雄蕊 5；子房卵球形，被腺毛；花柱伸出于花冠外。蒴果阔卵球形，直径 6 mm，被毛和腺体，为宿萼包围。花期 4-5 月，果期 7-10 月。

生于海拔 600 m 以下的灌丛中。产华南、西南、华东。在广西作药用，用根与水、酒、肉同煎，白糖冲服，可治白带下黄浊水。

A345. 杜鹃花科 Ericaceae

3. 杜鹃（映山红）
Rhododendron simsii Planch.

落叶灌木，高 2（-5）m。分枝多而纤细，同叶片、叶柄、花梗、花萼、子房、蒴果被棕褐色糙伏毛。叶革质，集生枝端，长 1.5-5 cm，宽 0.5-3 cm，具细齿，下面淡白色；叶柄长 2-6 mm。花芽卵球形。花 2-3（-6）簇生枝顶；花萼 5 深裂，长 5 mm；花冠阔漏斗形，玫瑰色，长 3.5-4 cm，裂片 5，长 2.5-3 cm，具深红色斑点；雄蕊 10；子房 10，卵球形，花柱伸出花冠外。蒴果卵球形，长达 1 cm，密被糙伏毛，花萼宿存。花期 4-5 月，果期 6-8 月。

生于海拔 200-560 m 的山地疏灌丛或松林下。产江苏、安徽、浙江、江西、福建、台湾、湖北、湖南、广东、广西、四川、贵州和云南。

4. 乌饭树
Vaccinium bracteatum Thunb.

常绿灌木。叶薄革质，披针状椭圆形，长 4-9 cm，宽 2-4 cm，边缘有细锯齿，两面无毛；叶柄长 2-8 mm。总状花序，长 4-10 cm，花序轴密被短柔毛；苞片叶状，披针形，长 0.5-2 cm，边缘有锯齿；花梗长 1-4 mm，萼筒密被短柔毛或茸毛，萼齿短小，花冠白色，筒状，长 5-7 mm，两面有疏柔毛，裂片外折，雄蕊内藏。浆果直径 5-8 mm，紫黑色，常被短柔毛。花期 6-7 月，果期 8-10 月。

生于海拔 200-600 m 山地林内、灌丛。产华东、华中、华南至西南。朝鲜、日本、中南半岛、新加坡、马来西亚、印度尼西亚也有。

5. 短尾越橘
Vaccinium carlesii Dunn

常绿灌木或小乔木，高 1-6 m。叶片卵状披针形或长卵状披针形，长 2-7 cm，宽 1-2.5 cm，顶端渐尖或长尾状渐尖，边缘有疏浅锯齿，除表面沿中脉密被微柔毛外两面不被毛；叶柄长 1-5 mm。总状花序腋生和顶生，长 2-3.5 cm，序轴纤细；苞片披针形，长 2-5（-13）mm，小苞片着生花梗基部，披针形或线形，长 1-3 mm；花梗短而纤细，长约 2 mm；花冠白色，宽钟状，长 3-5 mm，口部张开，5 裂几达中部，裂片卵状三角形，顶端反折；雄蕊内藏，短于花冠，花丝极短，药室背部之上有 2 极短的距，药管约为药室长的 1/2 至 2/3；子房无毛，花柱伸出花冠外。结果期果序长可至 6 cm；浆果球形，直径 5 mm，熟时紫黑色。花期 5-6 月，果期 8-10 月。

生于山地疏林、灌丛或常绿阔叶林内。产安徽、浙江、江西、福建、湖南、广东、广西、贵州等。

目 50. 茶茱萸目 Icacinales

A348. 茶茱萸科 Icacinaceae

1. 定心藤

Mappianthus iodoides Hand.-Mazz.

木质藤本。幼枝具棱，小枝具皮孔、卷须。叶长椭圆形，长 8-17 cm，叶背紫红色，中脉具狭槽；叶柄长 6-14 mm，具窄槽，被糙伏毛。雄花序腋生，长 1-2.5 cm；雄花花萼杯状，微 5 裂，花冠黄色，长 4-6 mm，5 裂，被毛，雄蕊 5。雌花序腋生，长 1-1.5 cm，被糙伏毛；雌花花萼浅杯状，5 裂片，被糙伏毛，宿存，花瓣 5，长 3-4 mm，被毛。核果椭圆形，长 2-3.7 cm，疏被硬伏毛，具下陷网纹及纵槽，种子 1。花期 4-8 月，果期 6-12 月。

生于海拔 200-600 m 的疏林、灌丛及沟谷林内。产湖南、福建、广东、广西、贵州、云南南部及东南部。越南老街。果肉味甜可食。根或老藤药用。

目 53. 龙胆目 Gentianales

A352. 茜草科 Rubiaceae

1. 水团花

Adina pilulifera (Lam.) Franch. ex Drake

常绿灌木至小乔木，高达 5 m。叶对生，厚纸质，椭圆状披针形，长 4-12 cm，宽 1.5-3 cm，叶面无毛，叶背无毛或有时被稀疏短柔毛；叶柄长 2-6 mm；托叶 2 裂，早落。头状花序明显腋生，花序轴单生，不分枝；总花梗长 3-4.5 cm；花萼管基部有毛，上部有疏散的毛，花冠白色，窄漏斗状，花冠管被微柔毛，花冠裂片卵状长圆形。果序直径 8-10 mm；小蒴果楔形，长 2-5 mm。花期 6-7 月。

生于海拔 200-500 m 山谷疏林下、路旁、溪边。产长江以南。日本和越南也有。

2. 细叶水团花

Adina rubella Hance

落叶小灌木，高 1-3 m。小枝具赤褐色微毛，后无毛。叶薄革质，卵状披针形，全缘，长 2.5-4 cm，宽 8-12 mm；叶近无柄；托叶小，早落。头状花序单生，顶生或兼有腋生，总花梗略被柔毛；小苞片线形或线状棒形；花萼管疏被短柔毛；花冠管长 2-3 mm，5 裂，花冠裂片三角状，紫红色。果序直径 8-12 mm；小蒴果长卵状楔形，长 3 mm。花果期 5-12 月。

生于溪边、河边、沙滩等湿润地区。产广东、广西、福建、江苏、浙江、湖南、江西和陕西。朝鲜也有。

A352. 茜草科 Rubiaceae

3. 香楠
Aidia canthioides (Champ. ex Benth.) Masam.

无刺灌木或乔木。枝无毛。叶纸质，对生，长圆状椭圆形至披针形，长 4.5-18.5 cm，宽 2-8 cm，两面无毛，叶背脉腋内常有小窝孔；叶柄 5-18 mm；托叶阔三角形，长 3-8 mm，早落。聚伞花序腋生，长 2-3 cm；总花梗极短；苞片和小苞片卵形，基部合生；花梗 5-16 mm，花萼被紧贴的锈色疏柔毛，萼管陀螺形，顶端 5 裂，花冠高脚碟形，白色或黄白色，长 8-10 mm，花冠裂片 5。浆果球形，直径 5-8 mm。花期 4-6 月，果期 5 月至翌年 2 月。

生于海拔 150-500 m 处的山坡、山谷溪边、丘陵的灌丛中或林中。产福建、台湾、广东、香港、广西、海南、云南。日本和越南也有。

4. 茜树
Aidia cochinchinensis Lour.

灌木或乔木。枝无毛。叶革质或纸质，椭圆状长圆形至狭椭圆形，长 6-20 cm，宽 1.5-8 cm，叶背脉腋内的小窝孔中常簇生短柔毛；叶柄 5-18 mm；托叶 6-10 mm，脱落。聚伞花序 2-7 cm，苞片和小苞片约 2 mm；花梗可达 7 mm，花萼无毛，萼管杯形，3.5-4 mm，顶端 4 裂，花冠黄色或白色，有时红色，喉部密被淡黄色长柔毛，冠管 3-4 mm，花冠裂片 4。浆果球形，近无毛，直径 5-6 mm，紫黑色。花期 3-6 月，果期 5 月至翌年 2 月。

生于海拔 150-600 m 处的丘陵、山坡、山谷溪边的灌丛或林中。产江苏、浙江、江西、福建、台湾、湖北、湖南、广东、广西、海南、四川、贵州、云南。日本南部、亚洲南部和东南部至大洋洲均有。

5. 风箱树
Cephalanthus tetrandrus (Roxb.) Ridsd. et Bakh.

落叶灌木，高 1-5 m。嫩枝近四棱柱形，被短柔毛。叶对生或轮生，近革质，卵状披针形，长 10-15 cm，宽 3-5 cm，基部圆形至近心形，叶背无毛或密被柔毛；叶柄长 5-10 mm；托叶阔卵形，长 3-5 mm。头状花序顶生或腋生；花萼管长 2-3 mm，疏被短柔毛，萼裂片 4，边缘裂口处常有 1 黑色腺体，花冠白色，花冠裂片长圆形，裂口处通常有 1 黑色腺体。果序直径 10-20 mm；坚果长 4-6 mm。花期春末夏初。

生于水沟旁或溪畔。产广东、海南、广西、湖南、福建、江西、浙江、台湾。印度、孟加拉国、缅甸、泰国、老挝和越南也有。

A352. 茜草科 Rubiaceae

6. 岩上珠
Clarkella nana (Endgew.) Hook. f.

矮小草本，高 3-7 cm。块根长球形，长 1-1.5 cm。茎不分枝。叶对生，同对叶一大一小，叶膜质或薄纸质，卵形至阔卵形，长 1-6 cm，近花序的一对小而近无柄，顶端短尖，基部微心形或阔楔尖，全缘，两面近无毛；叶柄 0.5-3 cm。花序梗不超过 1 cm，有 3 至 10 余花；苞片卵形或长圆形，长不超过 5 mm；萼约 3.5 mm，裂片 3 长 2 短短于萼管，花冠白色，被柔毛，长 1.3-1.6 cm。果长 7-8 mm。

生于潮湿岩石上。产云南、贵州、广西和广东。印度、缅甸、泰国也有。

7. 流苏子
Coptosapelta diffusa (Champ. ex Benth.) Van Steenis

藤本或攀援灌木，长 2-5 m。枝幼嫩时密被黄褐色倒伏硬毛，节明显。叶革质，卵形至披针形，长 2-9.5 cm，宽 0.8-3.5 cm，中脉在两面均有疏长硬毛；叶柄 2-5 mm，有硬毛；托叶 3-7 mm，脱落。花单生叶腋，对生；花梗 3-18 mm；花萼长 2.5-3.5 mm，檐部 5 裂；花冠白色或黄色，高脚碟状，外面被绢毛，长 1.2-2 cm，裂片 5。蒴果扁球形，直径 5-8 mm，淡黄色，果皮木质。种子近圆形，边缘流苏状。花期 5-7 月，果期 5-12 月。

生于海拔 100-550 m 处的山地或丘陵的林中或灌丛中。产安徽、浙江、江西、福建、台湾、湖北、湖南、广东、香港、广西、四川、贵州、云南。日本也有。根辛辣，可治皮炎。

8. 狗骨柴
Diplospora dubia (Lindl.) Masam.

灌木。叶革质，卵状长圆形至披针形，长 4-19.5 cm，宽 1.5-8 cm，全缘；叶柄长 4-15 mm；托叶 5-8 mm，下部合生。花腋生密集成束或组成聚伞花序；总花梗短，有短柔毛；花梗约 3 mm，有短柔毛，萼管长约 1 mm，顶部 4 裂，花冠白色或黄色，冠管约 3 mm，花冠裂片与冠管等长。浆果近球形，直径 4-9 mm，成熟时红色，顶部有萼檐残迹。种子近卵形，暗红色，直径 3-4 mm。花期 4-8 月，果期 5 月至翌年 2 月。

生于海拔 140-500 m 处的山坡、山谷沟边、丘陵、旷野的林中或灌丛中。产江苏、安徽、浙江、江西、福建、台湾、湖南、广东、香港、广西、海南、四川、云南。日本、越南也有。根可治黄疸病。

A352. 茜草科 Rubiaceae

9. 四叶葎
Galium bungei Steud.

多年生丛生直立草本，高 5-50 cm，有红色丝状根；茎有 4 棱。叶 4 片轮生，叶形变化较大，常在同一株内上部与下部的叶均不同，卵状长圆形、卵状披针形、披针状长圆形或线状披针形，长 0.6-3.4 cm，宽 2-6 mm，顶端尖或稍钝，基部楔形，中脉和边缘常有刺状硬毛，有时两面亦有糙伏毛，1 脉，近无柄或有短柄。聚伞花序顶生和腋生，稠密或稍疏散，总花梗纤细，常 3 歧分枝，再形成圆锥状花序；花小；花梗纤细，长 1-7 mm；花冠黄绿色或白色，辐状，直径 1.4-2 mm，无毛。果爿近球状，直径 1-2 mm，通常双生，有小疣点、小鳞片或短钩毛。花期 4-9 月，果期 5 月至翌年 1 月。

生于山地、旷野、田间。产我国南北各省区。分布于日本、朝鲜。

9a. 阔叶四叶葎
Galium bungei var. *trachyspermum* (A. Gray) Cuf.

本变种与四叶葎不同的是：叶均为阔椭圆形、倒卵形或阔披针形，长 1-1.8 cm，宽 5-12 mm。花期 4-5 月，果期 4-7 月。

生于山坡或崖壁上。产河北、陕西、山东、江苏、安徽、浙江、江西、福建、湖北、湖南、广东、广西、四川、贵州。分布于日本、朝鲜。

10. 猪殃殃（拉拉藤）
Galium spurium L.

多枝、蔓生或攀援状草本，通常高 30-90 cm。茎 4 棱；棱上、叶缘、叶脉有倒生的小刺毛。叶纸质，6-8 轮生，带状倒披针形，长 1-5.5 cm，宽 1-7 mm，顶端有针状凸尖头，两面常有紧贴的刺状毛；近无柄。聚伞花序腋生或顶生，花小，4 数；有花梗，花萼被钩毛，萼檐近截平，花冠黄绿色或白色，辐状，长不及 1 mm，镊合状排列。果干燥，有 1-2 近球状的分果爿，直径达 5.5 mm，密被钩毛。花期 3-7 月，果期 4-11 月。

生于海拔 200-600 m 的山坡、旷野、沟边、河滩、田中、林缘、草地。除海南及南海诸岛外，全国均产。日本、朝鲜、俄罗斯、印度、尼泊尔、巴基斯坦、欧洲、非洲、美洲北部等均有。全草药用。

A352. 茜草科 Rubiaceae

11. 小叶猪殃殃
Galium trifidum L.

多年生丛生草本，高 15-50 cm。茎纤细，4 棱，近无毛。叶小，纸质，通常 4，倒披针形，长 3-14 mm，宽 1-4 mm，近无毛；近无柄。聚伞花序腋生和顶生，通常长 1-2 cm，有 3 或 4 花；总花梗纤细；花小，直径约 2 mm，花梗 1-8 mm，花冠白色，辐状，花冠裂片 3，卵形，长约 1 mm。果小，果爿近球状，双生或单生，直径 1-2.5 mm，干时黑色，光滑无毛。花果期 3-8 月。

生于海拔 300-540 m 旷野、沟边、山地林下、灌丛。产黑龙江、吉林、辽宁、内蒙古、河北、山西、江苏、安徽、浙江、江西、福建、台湾、湖南、广东、广西、四川、贵州、云南、西藏。日本、朝鲜、欧洲、美洲北部也有。

12. 栀子
Gardenia jasminoides Ellis

灌木，高 0.3-3 m。嫩枝常被短毛。叶对生，革质，少为 3 叶轮生，叶形多样，通常为长圆状披针形，长 3-25 cm，宽 1.5-8 cm，两面常无毛；叶柄长 0.2-1 cm；托叶膜质。花芳香，常单生枝顶；萼管倒圆锥形，长 8-25 mm，有纵棱，顶部 5-8 裂；花冠白色或乳黄色，高脚碟状，顶部 5 至 8 裂。果卵形，黄色或橙红色，长 1.5-7 cm，直径 1.2-2 cm，有 5-9 翅状纵棱。花期 3-7 月，果期 5 月至翌年 2 月。

生于海拔 100-500 m 的路旁、山谷、山坡。产华北、华中、华东、华南、西南。日本、朝鲜、越南、老挝、柬埔寨、印度、尼泊尔、巴基斯坦、太平洋岛屿和美洲北部也有。

13. 爱地草
Geophila herbacea (Jacq.) K. Schum.

多年生、纤弱、匍匐草本，长可达 40 cm 以上。叶膜质，心状圆形至近圆形，直径 1-3 cm，两面近无毛，掌状脉 5-8；叶柄 1-5 cm，被伸展柔毛；托叶约 1-2 mm。花单生或 2-3 花排成顶生的伞形花序，总花梗 1-4 cm；苞片约 3 mm；萼管 2-3 mm，檐部 4 裂，裂片被缘毛，花冠管狭圆筒状，长约 8 mm，外面被短柔毛，冠檐裂片 4，卵形或披针状卵形。核果球形，直径 4-6 mm，光滑，红色，有宿萼裂片。花期 7-9 月，果期 9-12 月。

生于林缘、路旁、溪边等较潮湿地方。产台湾、广东、香港、海南、广西和云南。世界热带。

A352. 茜草科 Rubiaceae

14. 剑叶耳草
Hedyotis caudatifolia Merr. et Metcalf

　　直立灌木，全株无毛，高 30-90 cm，基部木质。叶革质，披针形，长 6-13 cm，宽 1.5-3 cm，顶部尾状渐尖，基部楔形或下延；叶柄 10-15 mm；托叶阔卵形，长 2-3 mm。聚伞花序排成疏散的圆锥花序式；苞片短尖；花 4 数，具短梗，萼管陀螺形，约 3 mm，萼檐裂片与萼等长，花冠白色或粉红色，长 6-10 mm，冠管管形，长 4-8 mm，裂片披针形。蒴果椭圆形，连宿存萼檐裂片长 4 mm，直径约 2 mm，光滑无毛，成熟时开裂为 2 果爿。花期 5-6 月。

　　常生于丛林下比较干旱的沙质土上，有时亦生于黏质土壤的草地上。产广东、广西、福建、江西、浙江、湖南等。

15. 金毛耳草
Hedyotis chrysotricha (Palib.) Merr.

　　多年生披散草本，高约 30 cm，基部木质，被金黄色硬毛。叶薄纸质，具短柄，阔披针形至卵形，长 20-28 mm，叶面疏被短硬毛，叶背被浓密黄色绒毛；叶柄 1-3 mm；托叶短合生。聚伞花序腋生，有 1-3 花，被金黄色疏柔毛，近无梗；花萼被柔毛，萼管近球形，长约 13 mm，萼檐裂片比管长，花冠白或紫色，漏斗形，长 5-6 mm，上部深裂，裂片线状长圆形。果近球形，直径约 2 mm，被扩展硬毛，成熟时不开裂。花期几乎全年。

　　生于山谷杂木林下或山坡灌木丛中，极常见。产广东、广西、福建、江西、江苏、浙江、湖北、湖南、安徽、贵州、云南、台湾等。

16. 伞房花耳草
Hedyotis corymbosa (L.) Lam.

　　一年生柔弱披散草本。茎和枝方柱形，近无毛。叶膜质，线形，长 1-2 cm，宽 1-3 mm，顶端短尖；近无柄；托叶膜质，鞘状，1-1.5 mm，顶端有数条短刺。花 2-4 腋生，伞房花序式排列，总花梗 5-10 mm；花 4 数，花梗 2-5 mm，萼管球形，直径 1-1.2 mm，萼檐裂片约 1 mm，具缘毛，花冠白色或粉红色，长 2.2-2.5 mm，花冠裂片长圆形。蒴果膜质，球形，直径 1.2-1.8 mm，顶部平，成熟时顶部室背开裂。花果期几乎全年。

　　生于水田和田埂或湿润的草地上。产广东、广西、海南、福建、浙江、贵州和四川等。亚洲热带、非洲和美洲等。全草入药。

A352. 茜草科 Rubiaceae

17. 白花蛇舌草
Hedyotis diffusa Willd.

一年生无毛纤细披散草本。叶膜质，线形，长1-3 cm，宽1-3 mm；无柄；托叶1-2 mm，基部合生。花4数，单生或双生叶腋；花梗2-5 mm；萼管球形，长1.5 mm，萼檐裂片1.5-2 mm，具缘毛；花冠白色，长3.5-4 mm，冠管长1.5-2 mm，花冠裂片卵状长圆形，约2 mm。蒴果膜质，扁球形，直径2-2.5 mm，宿存萼檐裂片长1.5-2 mm，成熟时顶部室背开裂。种子每室约10，具棱，干后深褐色，有深而粗的窝孔。花期春季。

多生于水田、田埂和湿润的旷地。产广东、香港、广西、海南、安徽、云南等。热带亚洲、尼泊尔、日本亦有。全草入药，内服治肿瘤、蛇咬伤、小儿疳积；外用主治泡疮、刀伤、跌打等症。

18. 牛白藤
Hedyotis hedyotidea (DC.) Merr.

藤状亚灌木。嫩枝方柱形，被粉末状柔毛，老时圆柱形。叶膜质，卵形，长4-10 cm，宽2.5-4 cm，叶背被柔毛；叶柄3-10 mm；托叶4-6 mm，有4-6刺状毛。花序腋生和顶生，10-20花集聚而成一伞形花序；总花梗长约2.5 cm，被微柔毛；花4数，花梗2 mm，花萼被微柔毛，萼管陀螺形，约1.5 mm，花冠白色，管形，长10-15 mm，裂片4-4.5 mm。蒴果近球形，直径2 mm。种子数粒，微小，具棱。花期4-7月。

生于低海拔至中海拔沟谷灌丛或丘陵坡地。产广东、广西、云南、贵州、福建和台湾等。越南也有。

19. 丹草
Hedyotis herbacea L.

直立草本，高10-40 cm；茎四棱柱形，二歧分枝；枝纤细，节间长。叶对生，无柄，线形或线状披针形，长1-2.5 cm，宽1-3 mm，顶端短尖；中脉在上面平坦；托叶不明显，基部合生，顶部钻形或短刚毛状；花4数，常单生，罕有成对腋生于总花梗上；总花梗线形，长13-15 mm，被粉末状柔毛；萼管近球形，萼檐裂片狭三角形；花冠白色或带红色或浅紫色，管形，长约5 mm，喉部无毛，花冠裂片长圆形，长约2 mm，顶端短尖；雄蕊生于冠管喉部；花柱长5 mm，柱头2裂，裂片线形。蒴果球形，光滑，直径2-2.5 mm，顶部隆起，成熟时顶部室背开裂。花果期3-4月。

生于路边湿润处。产广东、广西、海南、江西等。分布于非洲和亚洲热带地区。

A352. 茜草科 Rubiaceae

20. 长瓣耳草
Hedyotis longipetala Merr.

直立亚灌木。分枝多，无毛；嫩枝方柱形或具 4 狭翅。叶革质，披针形至线状披针形，长 3-8 cm，宽 4-12 mm；叶柄 4-8 mm；托叶革质，卵形至长圆状卵形，长 4-5 mm，全缘。花序腋生和顶生，腋生的有花 1 至多数成束，顶生的密集成扁球形，直径 1.5-2 cm 的头状花序；花较大，4 数，花萼革质，萼管卵形，约 3 mm，萼檐裂片披针形，花冠白色，冠管管形，长 3.5 mm，花冠裂片披针形，长 11 mm。蒴果卵形或椭圆形，长约 4 mm，成熟时开裂为 2 果爿，果爿直裂，种子多数。花期 4-6 月，果期 7-8 月。

生于山顶杂木林下或路旁草地上。产广东、福建等。

21. 疏花耳草
Hedyotis matthewii Dunn

直立分枝草本，高 30-75 cm，除花冠外，全株均无毛，基部微带木质；茎的下部圆柱形，上部和老枝均为方柱形。叶对生，具短梗，纸质，通常长 7 cm，宽 1-3 cm，顶端长渐尖；侧脉每边 3 条，与中脉成锐角向上伸出；托叶卵状三角形，长约 2 mm，顶端通常 3 裂。花序顶生和腋生，为二歧分枝的聚伞花序，略松散，有花数朵；花 4 数，白带紫色；萼管陀螺形或倒卵形；花冠圆筒形，长 7-8 mm，裂片长 3 mm，顶端外反，里面被长绒毛；花柱突出，长 8 mm。蒴果近椭圆形，长 3-4 mm，成熟时开裂为两个果爿。花期 7-11 月。

生于山地密林下或灌丛中。产广东。

22. 粗毛耳草
Hedyotis mellii Tutch.

直立粗壮草本。茎和枝近方柱形，幼时被毛，老时光滑。叶纸质，卵状披针形，长 5-9 cm，两面被疏短毛；托叶被毛。聚伞花序顶生和腋生，多花，稠密，排成圆锥花序式，连总花梗长 3-10 cm；花 4 数，与花梗被短硬毛，萼管杯形，约 3 mm，萼檐裂片卵状披针形，花冠长 6-7 mm，冠管长 2-2.5 mm，花冠裂片 4-4.5 mm，顶端外反。蒴果椭圆形，长约 3 mm，脆壳质，成熟时开裂为两个果爿，果爿腹部直裂。种子多数，具棱，黑色。花期 6-7 月。

生于山地丛林或山坡上。产广东、广西、福建、江西和湖南等。

A352. 茜草科 Rubiaceae

23. 纤花耳草
Hedyotis tenellifloa Bl.

柔弱披散多分枝草本，高 15-40 cm，全株无毛。枝上部方柱形，有 4 锐棱，下部圆柱形。叶薄革质，线形或线状披针形，长 2-5 cm，宽 2-4 mm，叶面密被圆形、透明的小鳞片；无柄；托叶 3-6 mm，基部合生，略被毛，顶部撕裂。花无梗，1-3 花簇生于叶腋；萼管倒卵状，长约 1 mm，萼檐裂片 4；花冠白色，漏斗形，长 3-3.5 mm，裂片 1-1.5 mm。蒴果近球形，直径 1.5-2 mm，宿存萼檐裂片 1 mm。种子每室多数，微小。花期 4-11 月。

生于山谷两旁坡地或田埂上，常见。产广东、广西、海南、江西、浙江和云南等。印度、越南、马来西亚和菲律宾也有。

24. 粗叶耳草
Hedyotis verticillata (L.) Lam.

一年生披散草本，高 25-30 cm。枝上部方柱形，下部近圆柱形，被短硬毛。叶纸质或薄革质，披针形，长 2.5-5 cm，宽 6-20 mm，两面均被短硬毛，无侧脉，1 中脉；近无柄；托叶略被毛，基部与叶柄合生成鞘，顶部分裂成数条刺毛。团伞花序腋生，无总花梗，苞片披针形，长 3-4 mm；花无梗，萼管倒圆锥形，长约 1 mm，被硬毛，萼檐裂片 4，花冠白色，近漏斗形，裂片顶端有髯毛。蒴果卵形，直径 1.5-2 mm，被硬毛。花期 3-11 月。

生于低海拔至中海拔的丘陵草丛或疏林下。产海南、广西、广东、云南、贵州、浙江和香港等。印度、尼泊尔、越南、马来西亚和印度尼西亚也有。全草清热解毒、消肿止痛。

25. 日本粗叶木
Lasianthus japonicus Miq.

灌木。枝和小枝无毛或嫩部被柔毛。叶近革质，长圆形或披针状长圆形，长 9-15 cm，宽 2-3.5 cm，叶背脉上被贴伏的硬毛；叶柄 7-10 mm；托叶小，被硬毛。花无梗，常 2-3 花簇生在一腋生、很短的总梗上；苞片小；萼钟状，长 2-3 mm，被柔毛，萼齿三角形，短于萼管；花冠白色，管状漏斗形，长 8-10 mm，外面无毛，里面被长柔毛，裂片 5，近卵形。核果球形，直径约 5 mm，内含 5 分核。

生于海拔 200-600 m 处的林下。产安徽、浙江、江西、福建、台湾、湖北、湖南、广东、广西、四川和贵州。日本也有。

A352. 茜草科 Rubiaceae

26. 羊角藤
Morinda umbellata subsp. *obovata* Y. Z. Ruan

攀援藤本；嫩枝无毛。叶倒卵状披针形或倒卵状长圆形，长 6-9 cm，宽 2-3.5 cm，顶端渐尖或具小短尖，全缘；中脉通常两面无毛，侧脉每边 4-5 条；托叶筒状，干膜质，长 4-6 mm，顶截平。花序 3-11 伞状排列于枝顶；头状花序直径 6-10 mm，具花 6-12 朵；花 4-5 基数；各花萼下部彼此合生；花冠白色，稍呈钟状，长约 4 mm，檐部 4-5 裂；雄蕊与花冠裂片同数，着生于裂片侧基部；花柱通常不存在，柱头圆锥状，常二裂，子房下部与花萼合生，2-4 室。果序梗长 5-13 mm；聚花核果成熟时红色，近球形或扁球形，直径 7-12 mm。花期 6-7 月，果熟期 10-11 月。

攀援于海拔 200-500 m 的山地林下、路旁。产江苏、安徽、浙江、江西、福建、台湾、湖南、广东、香港、海南、广西等。

27. 玉叶金花
Mussaenda pubescens W. T. Aiton

攀援灌木。嫩枝被贴伏短柔毛。叶对生或轮生，薄纸质，卵状长圆形，长 5-8 cm，宽 2-2.5 cm，叶面近无毛，叶背密被短柔毛；叶柄 3-8 mm，被柔毛；托叶 5-7 mm，深 2 裂。聚伞花序顶生，密花；花萼管陀螺形，3-4 mm，被柔毛，花叶阔椭圆形，长 2.5-5 cm，两面被柔毛，花冠黄色，花冠管约 2 cm，外面被贴伏短柔毛，花冠裂片约 4 mm，内面密生金黄色小疣突。浆果近球形，直径 6-7.5 mm，疏被柔毛；果柄长 4-5 mm，疏被毛。花期 6-7 月。

生于灌丛、溪谷、山坡或村旁。产广东、香港、海南、广西、福建、湖南、江西、浙江和台湾。茎叶味甘、性凉，有清凉消暑、清热疏风的功效，供药用或晒干代茶叶饮用。

28. 华腺萼木
Mycetia sinensis (Hemsl.) Craib

亚灌木，高通常 20-50 cm。嫩枝被皱卷柔毛，老枝无毛。叶近膜质，长圆状披针形或长圆形，同一节上叶不等大，长 8-20 cm，宽 3-5 cm，下面脉上通常疏被柔毛；叶柄长不超过 2 cm，被柔毛；托叶 5-12 mm，有脉纹。聚伞花序顶生，单生或 2-3 簇生，有花多数，总花梗 3.5-6 cm；苞片似托叶，基部穿茎，边缘常条裂；花梗 1-2.5 mm，萼管半球状，约 2 mm，裂片草质，约 2 mm，花冠白色，狭管状，长 7-8 mm，檐部 5 裂。果近球形，径 4-4.5 mm，成熟时白色。花期 7-8 月，果期 9-11 月。

生于密林下的沟溪边或林中路旁。中国特有种。产湖南、江西、福建南部、广西、广东、海南、云南东南部和南部。

A352. 茜草科 Rubiaceae

29. 大桥蛇根草
Ophiorrhiza filibracteolata Lo

草本，高约 20 cm，嫩枝、叶柄、叶背、花梗、花萼和花冠外面均被粉状微柔毛。叶纸质，卵形，长 2.5-5.5 cm，宽 1.5-3.3 cm，全缘；叶柄长 1-5 mm；托叶早落。花序顶生；花二型，花柱异长；长柱花花梗极短；萼管长约 1.4 mm，微有 5 棱，裂片 5，花冠白色，漏斗状近管形，裂片 5，卵状三角形，长约 3 mm，里面密被近膜质鳞片伏毛，背面有狭翅，顶部有角状附属体，花柱长 1-1.1 cm，柱头 2 裂；短柱花未见。果未见。花期 4 月。

生于海拔 200-400 m 林下。中国特有种。产广东。

30. 日本蛇根草
Ophiorrhiza japonica Blume

草本，高 20-40 cm。茎下部匍地生根，上部直立，有二列柔毛。叶纸质，卵形至披针形，长可达 10 cm 以上，宽 1-3 cm；叶柄压扁，可达 3 cm 以上；托叶早落。花序顶生，有花多朵，总梗 1-2 cm，多少被柔毛，分枝螺状；花二型；长柱花萼近无毛，萼管长约 1.3 mm，花冠白色或粉红色，近漏斗形，外面无毛，管长 1-1.3 cm，裂片 5，背面有翅，花柱 9-11 mm，被疏柔毛，柱头 2 裂；短柱花雄蕊生喉部下方，花药不伸出，花柱约 3 mm，柱头裂片披针形，约 3 mm。蒴果近僧帽状，宽 7-9 mm，近无毛。花期冬春，果期春夏。

生于常绿阔叶林下的沟谷沃土上。产陕西、四川、湖北、湖南、安徽、江西、浙江、福建、台湾、贵州、云南、广西和广东。日本、越南北部亦有。

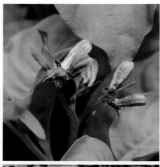

31. 短小蛇根草
Ophiorrhiza pumila Champ. ex Benth.

矮小草本。茎枝被柔毛。叶纸质，卵形至披针形，长 2-5.5 cm，宽 1-2.5 cm，叶背被极密的糙硬毛状柔毛，或仅叶面被毛；叶柄 0.5-1.5 cm，被柔毛；托叶早落。花序顶生，多花，总梗约 1 cm，和螺状的分枝均被短柔毛；花一型，花柱同长；萼小，被短硬毛，管长约 1.2 mm，花冠白色，近管状，全长约 5 mm，外面被短柔毛，花冠裂片 1.2-1.5 mm，花柱长 3.5-4 mm，被硬毛，柱头 2 裂，裂片卵形。蒴果僧帽状，长 2-2.5 mm，被短硬毛。花期早春。

生于林下沟溪边或湿地上阴处。产广西、广东、香港、江西、福建和台湾。越南也有。

A352. 茜草科 Rubiaceae

32. 鸡矢藤
Paederia scandens (Lour.) Merr.

藤本。茎长 3-5 m。叶近革质，形状变化很大，卵形至披针形，长 5-15 cm，宽 1-6 cm，两面近无毛；叶柄 1.5-7 cm；托叶 3-5 mm。圆锥花序式的聚伞花序腋生和顶生；小苞片约 2 mm；萼管陀螺形，1-1.2 mm，萼檐裂片 5，裂片 0.8-1 mm，花冠浅紫色，管长 7-10 mm，外面被粉末状柔毛，顶部 5 裂，裂片 1-2 mm。果球形，成熟时近黄色，有光泽，平滑，直径 5-7 mm，顶冠以宿存的萼檐裂片和花盘；小坚果无翅，浅黑色。花期 5-7 月。

生于海拔 200-600 m 的山坡、林中、林缘、沟谷边灌丛中。全国均产。朝鲜、日本、印度、东南亚也有。主治风湿筋骨痛、外伤性疼痛；外用治皮炎、湿疹、疮疡肿毒。

32a. 毛鸡矢藤
Paederia scandens (Lour.) Merr. var. *tomentosa* (Bl.) Hand.-Mazz.

与原变种区别为：小枝被柔毛或绒毛；叶面被柔毛或无毛，叶背被小绒毛或近无毛；花序常被小柔毛；花冠外面常有海绵状白毛。花期夏秋。

产江西、广东、香港、海南、广西、云南等。

33. 蔓九节
Psychotria serpens L.

多分枝藤本，长可达 6 m。嫩枝稍扁，有细直纹，老枝圆柱形，攀附枝有一列短而密的气根。叶革质，幼株叶卵形，老株叶呈椭圆至倒卵状披针形，长 0.7-9 cm，宽 0.5-3.8 cm；叶柄长 1-10 mm；托叶膜质，脱落。聚伞花序顶生，常三歧分枝，长 1.5-5 cm，总花梗达 3 cm；花梗 0.5-1.5 mm，花萼倒圆锥形，约 2.5 mm，顶端 5 浅裂，花冠白色。浆果状核果近圆形，具纵棱，常呈白色，直径 2.5-6 mm。花期 4-6 月，果期全年。

生于海拔 170-600 m 平地、丘陵、山地、山谷水旁的灌丛或林中。产浙江、福建、台湾、广东、香港、海南、广西。日本、朝鲜、越南、柬埔寨、老挝、泰国也有。全株药用。

A352. 茜草科 Rubiaceae

34. 假九节
Psychotria tutcheri Dunn

　　直立灌木，高 0.5-4 m。叶薄革质，长圆状披针形至长圆形，长 5.5-22 cm，宽 2-6 cm；叶柄 0.5-2 cm；托叶 3-8 mm，刚毛状，2 裂，脱落。伞房花序式的聚伞花序；总花梗、花梗、花萼外面被粉状微柔毛；苞片和小苞片约 2 mm；花梗约 1 mm，花萼倒圆锥形，长 1.5-2.5 mm，萼裂片 4，花冠白色或绿白色，管状，冠管 2-3 mm，花冠裂片 5。核果球形，长 5-7 mm，直径 4-6 mm，成熟时红色，有纵棱，有宿萼；果柄长 1-6 mm。花期 4-7 月，果期 6-12 月。

　　生于海拔 280-600 m 山坡、山谷溪边灌丛或林中。产福建、广东、香港、海南、广西和云南。越南也有。

35. 金剑草
Rubia alata Roxb.

　　草质攀援藤本，长 1-4 m；茎、枝具 4 棱或 4 翅，棱上常有倒生皮刺。叶 4 片轮生，线形、披针状线形或狭披针形，长 3.5-9 cm 或稍过之，宽 0.4-2 cm，顶端渐尖，基部圆至浅心形，边缘反卷，常有短小皮刺，两面均粗糙；基出脉 3 或 5 条；叶柄 2 长 2 短，长的通常 3-7 cm 或更长。花序腋生或顶生，通常比叶长，多回分枝的圆锥花序式，花序轴和分枝均有明显的 4 棱，通常有小皮刺；花梗长 2-3 mm；萼管近球形；花冠白色或淡黄色，冠管长 0.5-1 mm，裂片 5，长 1.2-1.5 mm，顶端尾状渐尖，里面和边缘均有密生微小乳凸状毛；雄蕊 5，生冠管之中部，伸出，花丝长约 0.5 mm；花柱粗壮，顶端 2 裂，柱头球状。浆果成熟时黑色，球形或双球形，长 0.5-0.7 mm。花期夏初至秋初，果期秋冬。

　　生于山坡林缘或灌丛中。产长江流域及其以南各省区。

36. 多花茜草
Rubia wallichiana Decne.

　　草质攀援藤本，长 1-3 m 或更长。茎、枝均有 4 钝棱角，棱上生有乳突状倒生短刺。叶 4 或 6 片轮生，近膜质，披针形，长 2-7 cm，宽 0.5-2.5 cm，边缘通常有微小、齿状短皮刺毛，中脉上常有短小皮刺，基出脉 5；叶柄 1-6 cm，有倒生皮刺。花序由多数小聚伞花序排成圆锥花序式，长 1-5 cm；花梗 3-4 mm，萼管近球形，浅 2 裂，花冠紫红色、绿黄色或白色，辐状，冠管很短，裂片 1.3-1.5 mm。浆果球形，直径 3.5-4 mm，单生或孪生，黑色。

　　生于海拔 300-600 m 林中、林缘和灌丛中，攀于树上，有时亦见于旷野草地上或村边园篱上。产江西、湖南、广东、香港、海南、广西、四川和云南。

A352. 茜草科 Rubiaceae

37. 鸡仔木
Sinoadina racemosa (Sieb. et Zucc.) Ridsd.

半常绿或落叶乔木，高 4-12 m。叶对生，薄革质，宽卵形，长 9-15 cm，宽 5-10 cm，基部心形或钝，有时偏斜，下面无毛或有白色短柔毛，脉腋无毛或有毛；叶柄长 3-6 cm；托叶 2 裂，早落。头状花序常约 10 个排成聚伞状圆锥花序；花萼管密被苍白色长柔毛，花冠淡黄色，长 7 mm，外面密被苍白色微柔毛，花冠裂片三角状。果序直径 11-15 mm；小蒴果倒卵状楔形，长 5 mm。花果期 5-12 月。

生于海拔 200-500 m 的山林中或水边。产四川、云南、贵州、湖南、广东、广西、台湾、浙江、江西、江苏和安徽。日本、泰国和缅甸也有。

38. 丹霞螺序草
Spiradiclis danxiashanensis R. J. Wang

多年生草本。茎匍匐，疏生短柔毛。叶纸质，卵形，长 0.5-3 cm，宽 0.5-2 cm，边缘密具缘毛，叶面疏生具短硬毛，叶背近无毛。叶柄长 4-12 mm，疏生短柔毛；托叶全缘或二裂，裂片线形；聚伞状花序顶生；花近无梗，花冠白色，管长 1-1.5 cm，5 裂，裂片近卵形，长 5-8.7 mm；长柱花花冠筒近无毛，喉部密被短柔毛；短柱花花冠筒疏生短柔毛。蒴果近球形，长 1.3-1.9 mm，具宿萼裂片。花期 3-4 月，果期 4-7 月。

生于海拔 90-300 m 的山坡、山谷、路旁石上等潮湿处。特产广东丹霞山。

39. 白皮乌口树
Tarenna depauperata Hutch.

灌木或小乔木，高 1-6 m；枝淡黄白色或灰白色，光滑。叶椭圆形或近卵形，长 4-15 cm，宽 2-6.5 cm，顶端短渐尖或骤然渐尖，两面无毛；中脉在两面凸起，侧脉 5-11 对，纤细，在两面稍凸起；托叶三角状卵形，长 4-5 mm。伞房状的聚伞花序顶生，总花梗长约 1 cm；花梗长约 3 mm；花萼无毛或被微柔毛；花冠白色，长 7.5-10 mm，外面无毛，内面有长柔毛，裂片 5；花药线状长圆形，长 3-4 mm，伸出；花柱下部有短柔毛，柱头伸出。浆果球形，成熟时黑色，光亮，直径 6-8 mm。花期 4-11 月，果期 4 月至翌年 1 月。

生于山地林中或灌丛中。产江苏、湖南、广东、广西、贵州、云南。分布于越南。

A352. 茜草科 Rubiaceae

40. 白花苦灯笼（密毛乌口树）
Tarenna mollissima (Hook. et Arn.) Rob.

灌木或小乔木，高 1-6 m，全株密被灰色或褐色柔毛或短绒毛。叶纸质，披针形至卵状椭圆形，长 4.5-25 cm，宽 1-10 cm；叶柄 0.4-2.5 cm；托叶 5-8 mm。伞房状的聚伞花序顶生，4-8 cm，多花；花梗 3-6 mm，萼管近钟形，约 2 mm，裂片 5，花冠白色，长约 1.2 cm，喉部密被长柔毛，裂片 4-5。果近球形，直径 5-7 mm，被柔毛，黑色，有种子 7-30。花期 5-7 月，果期 5 月至翌年 2 月。

生于海拔 200-600 m 处的山地、丘陵、沟边的林中或灌丛中。产浙江、江西、福建、湖南、广东、香港、广西、海南、贵州、云南。越南也有。根和叶入药，清热解毒、消肿止痛。

41. 毛钩藤
Uncaria hirsuta Havil.

藤本，嫩枝纤细，圆柱形或略具 4 棱角，被硬毛。叶卵形或椭圆形，长 8-12 cm，宽 5-7 cm，顶端渐尖，下面被稀疏或稠密糙伏毛。侧脉 7-10 对，下面具糙伏毛，脉腋窝陷有黏液毛；叶柄长 3-10 mm，有毛；托叶阔卵形，深 2 裂至少达 2/3。头状花序不计花冠直径 20-25 mm，单生叶腋，总花梗具一节，苞片长 10 mm，或成单聚伞状排列，总花梗腋生，长 2.5-5 cm；花近无梗，花萼管长 2 mm，外面密被短柔毛；花冠淡黄或淡红色，花冠管长 7-10 mm，外面有短柔毛，花冠裂片长圆形，外面有密毛；花柱伸出冠喉外；柱头长圆状棒形。果序直径 45-50 mm；小蒴果纺锤形，长 10-13 mm，有短柔毛。花果期 1-12 月。

生于山谷林下溪畔或灌丛中。产广东、广西、贵州、福建及台湾。

42. 钩藤
Uncaria rhynchophylla (Miq.) Miq. ex Havil.

藤本。嫩枝方柱形或略有 4 棱角。叶纸质，椭圆形，长 5-12 cm，宽 3-7 cm，两面无毛；侧脉 4-8 对，脉腋窝陷有黏液毛；叶柄长 5-15 mm；托叶狭三角形，深 2 裂。头状花序单生叶腋或成单聚伞状排列；花近无梗；花萼管疏被毛，萼裂片近三角形，花冠裂片卵圆形，外面无毛或略被粉状短柔毛，花柱伸出冠喉外。果序直径 10-12 mm；小蒴果长 5-6 mm，被短柔毛，宿存萼裂片近三角形，星状辐射。花果期 5-12 月。

生于海拔 150-600 m 山谷溪边的疏林或灌丛。产广东、广西、云南、贵州、福建、湖南、湖北及江西。日本也有。

A352. 茜草科 Rubiaceae

43. 攀茎钩藤
Uncaria scandens (Smith) Hutchins.

大藤本。嫩枝略有 4 棱角，密被锈色短柔毛。叶纸质，卵状长圆形，长 10-15 cm，宽 5-7 cm，基部钝圆至近心形，全缘，两面被糙伏毛，侧脉 7-20 对，脉腋窝陷有黏液毛；叶柄长 3-6 mm；托叶阔卵形，深 2裂。头状花序单生叶腋或成单聚伞状排列；花近无梗，花萼管密生灰白色硬毛或短柔毛，花冠淡黄色，花冠管纤细，花冠裂片长倒卵形，外被短柔毛。果序直径 20-25 mm；小蒴果长约 11 mm，疏被长柔毛。花期夏季。

生于海拔 200-500 m 山地疏林下。产广东、海南、广西、云南、四川及西藏。

A354. 马钱科 Loganiaceae

1. 水田白
Mitrasacme pygmaea R. Br.

一年生草本，高达 20 cm。茎圆柱形，直立，纤细。叶对生，疏离，在茎基部呈莲座式轮生，叶片卵形、长圆形或线状披针形，长 4-12 mm，宽 1-5 mm。花单生于侧枝的顶端或数朵组成稀疏而不规则的顶生或腋生伞形花序；花梗纤细，长 5-9 mm；花萼钟状，长 1.5-2.8 mm，裂片 4，三角状披针形，与花萼管等长；花冠白色或淡黄色，钟状，长 3-6 mm，花冠管喉部被疏髯毛，花冠裂片 4，近圆形；雄蕊 4，内藏；雌蕊长达 4.5 mm，花柱丝状，基部分离，三分之一以上合生，柱头顶端 2 裂。蒴果近圆球状，直径约 3 mm，基部被宿存的花萼所包藏，顶端宿存的花柱中部以上合生。花期 6-7 月，果期 8-9 月。

生于旷野草地。产江苏、安徽、浙江、江西、福建、台湾、湖南、广东、海南、广西和云南等。分布于澳大利亚、印度尼西亚、菲律宾、马来西亚、越南、泰国、缅甸、尼泊尔、印度、朝鲜和日本等。

2. 大叶度量草（毛叶度量草）
Mitreola pedicellata Benth.

多年生草本，高达 60 cm。茎下部匍匐状；幼枝四棱形；除幼叶下面、幼叶柄和花冠管喉部被短柔毛外，其余无毛。叶薄纸质，长椭圆形至披针形，长 5-15 cm，宽 2-5 cm；叶柄长 1-2 cm；托叶退化。三歧聚伞花序着多花；花序梗长 3-7 cm；花梗长 1-3 mm，花萼 5 深裂，花冠白色，坛状，花冠管长约1.5 mm，花冠裂片 5，卵形，长约 0.5 mm。蒴果近圆球状，直径 2-2.5 mm，顶端有两尖角。花期 3-5 月，果期 6-7 月。

生于海拔 300-600 m 山地林下。产湖北、广东、广西、四川、贵州和云南等。印度也有。

A354. 马钱科 Loganiaceae

3. 华马钱
Strychnos cathayensis Merr.

　　木质藤本。小枝常变态成为成对的螺旋状曲钩。叶片长椭圆形至窄长圆形，长 6-10 cm，宽 2-4 cm。聚伞花序顶生或腋生，长 3-4 cm，着花稠密；花序梗短，与花梗同被微毛；花 5 数，长 8-12 mm；花萼裂片卵形，长约 1 mm；花冠白色，长约 1.2 cm，花冠管远比花冠裂片长，长约 9 mm，花冠裂片长圆形，长达 3.5 mm；雄蕊着生于花冠管喉部，长约 2 mm；子房卵形，长约 1 mm，花柱伸长，长达 1 cm，柱头头状。浆果圆球状，直径 1.5-3 cm，内有种子 2-7 颗；种子圆盘状，宽 2-2.5 cm。花期 4-6 月，果期 6-12 月。

　　生于山地疏林下或山坡灌丛中。产台湾、广东、海南、广西、云南。越南北部也有。

A355. 钩吻科 Gelsemiaceae

1. 钩吻（断肠草）
Gelsemium elegans (Gardn. et Champ.) Benth.

　　常绿木质藤本，长 3-12 m。小枝幼时具纵棱；除苞片边缘和花梗幼时被毛外，全株均无毛。叶膜质，卵形至卵状披针形，长 5-12 cm，宽 2-6 cm；叶柄 6-12 mm。三歧聚伞花序顶生和腋生，花密集；花梗 3-8 mm，花萼 3-4 mm，宿存，花冠黄色，漏斗状，12-19 mm，内面有淡红色斑点，花柱 8-12 mm，柱头 2 裂，裂片顶端再 2 裂。蒴果卵形或椭圆形，直径 6-10 mm，具 2 条纵槽，果皮薄革质。花期 5-11 月，果期 7 月至翌年 3 月。

　　生于海拔 200-600 m 山地路旁灌木丛中或潮湿肥沃的丘陵山坡疏林下。产江西、福建、台湾、湖南、华南、贵州、云南等。印度、缅甸、泰国、老挝、越南、马来西亚和印度尼西亚等也有。全株有大毒，供药用，有消肿止痛、拔毒杀虫之效。

A356. 夹竹桃科 Apocynaceae

1. 海南链珠藤（白骨藤）
Alyxia odorata Wall. ex G. Don

　　攀援灌木，除花序外其余均无毛。叶对生或 3 叶轮生，坚纸质，椭圆形至长圆形，长 4-12 cm，宽 2.5-4.5 cm；叶柄 3-8 mm。花序腋生或近顶生，或集成短圆锥式的聚伞花序，长 1-2 cm；总花梗、花梗、小苞片被灰色短柔毛，花萼裂片被短柔毛，具缘毛，长 1.8 mm，花冠黄绿色，花冠筒圆筒状，长 3.8 mm，裂片 1.8 mm。核果近球形，通常长圆状椭圆形，具 1-3 关节，直径 5-7 mm。花期 8-10 月，果期 12 月至翌年 4 月。

　　生于海拔 250-550 m 山地疏林下或山谷、路旁较阴湿的地方。产广东、广西、四川等。

A356. 夹竹桃科 Apocynaceae

2. 链珠藤
Alyxia sinensis Champ. ex Benth.

藤状灌木，具乳汁，高达 3 m。除花梗、苞片及萼片外，其余无毛。叶革质，对生或 3 轮生，通常圆形，长 1.5-3.5 cm，宽 8-20 mm；叶柄 2 mm。聚伞花序腋生或近顶生；总花梗不到 1.5 cm，被微毛；花小，长 5-6 mm，小苞片与萼片均有微毛，花萼裂片 1.5 mm，花冠先淡红色后退变白色，花冠筒长 2.3 mm，花冠裂片 1.5 cm，雌蕊 1.5 mm，子房具长柔毛。核果卵形，长约 1 cm，直径 0.5 cm，2-3 组成链珠状。花期 4-9 月，果期 5-11 月。

生于矮林或灌木丛中。产浙江、江西、福建、湖南、广东、广西、贵州等。根有小毒，具有解热镇痛、消痈解毒作用。

3. 鳝藤
Anodendron affine (Hook. et Arn.) Druce

攀援灌木，有乳汁。叶长圆状披针形，长 3-10 cm，宽 1.2-2.5 cm；中脉在叶面略为陷入，在叶背略为凸起，侧脉约有 10 对。聚伞花序总状式，顶生，小苞片甚多；花萼裂片经常不等长，长约 3 mm；花冠白色或黄绿色，裂片镰刀状披针形，花冠喉部有疏柔毛。蓇葖椭圆形，长约 13 cm，直径 3 cm；种子棕黑色，有喙。花期 11 月至翌年 4 月，果期翌年 6-8 月。

生于山地杂木林中。产四川、贵州、云南、广西、广东、湖南、湖北、浙江、福建和台湾等省区。日本、越南、印度也有。

4. 刺瓜
Cynanchum corymbosum Wight

多年生草质藤本；茎的幼嫩部分被两列柔毛。叶薄纸质，除脉上被毛外无毛，卵形或卵状长圆形，长 4.5-8 cm，宽 3.5-6 cm，顶端短尖，基部心形，叶面深绿色，叶背苍白色；侧脉约 5 对。伞房状或总状聚伞花序腋外生，着花约 20 朵；花萼被柔毛，5 深裂；花冠绿白色，近辐状；副花冠杯状或高钟状，顶端具 10 齿，5 个圆形齿和 5 个锐尖的齿互生；花粉块每室 1 个，下垂。蓇葖大形，纺锤状，具弯刺，向端部渐尖，中部膨胀，长 9-12 cm，中部直径 2-3 cm；种子卵形，长约 7 mm；种毛白色绢质，长 3 cm。花期 5-10 月，果期 8 月至翌年 1 月。

生山地溪边、疏林潮湿处。产福建、广东、广西、四川和云南等。印度、缅甸、老挝、越南、柬埔寨和马来西亚等也有。

A356. 夹竹桃科 Apocynaceae

5. 山白前
Cynanchum fordii Hemsl.

缠绕性藤本；茎被两列柔毛。叶对生，长圆形或卵状长圆形，长 3.5-4.5 cm，宽 1.5-2 cm，顶端短渐尖，基部截形，稀微心形或圆形，两面均被散生柔毛，脉上较密；侧脉 4-6 对；叶柄 0.5-2 cm，上端有丛生腺体。伞房状聚伞花序腋生，长约 4 cm，着花 5-15 朵，花直径 7 mm；花萼裂片卵状三角形，外面被微柔毛，边缘有毛，花萼内面基部腺体 5 枚；花冠黄白色，无毛，裂片长圆形，长 9 mm，宽 3 mm；花粉块每室 1 个，下垂，卵状长圆形；柱头略凸起，微 2 裂。蓇葖单生，无毛，披针形，长 5-5.5 cm，直径 1 cm。花期 5-8 月，果期 8-12 月。

生于海拔 200-300 m 的山地林缘或山谷疏林下或路边灌木丛中向阳处。产福建、湖南、广东和云南等。

6. 匙羹藤
Gymnema sylvestre (Retz.) Schult.

木质藤本，具乳汁。幼枝被微毛。叶卵状长圆形，长 3-8 cm，宽 1.5-4 cm；叶柄长 3-10 mm，被短柔毛，顶端具丛生腺体。聚伞花序伞形状，腋生；花序梗长 2-5 mm，被短柔毛；花绿白色，长宽约 2 mm，花萼裂片卵圆形，被缘毛，花萼内面基部有 5 腺体，花冠钟状，裂片卵圆形，副花冠厚而成硬条带。蓇葖卵状披针形，长 5-9 cm，基部膨大。种子卵圆形，薄而凹陷；种毛白色绢质，长 3.5 cm。花期 5-9 月，果期 10 月至翌年 1 月。

生于山坡林中或灌木丛中。产云南、广西、广东、福建、浙江和台湾等。印度、越南、印度尼西亚、澳大利亚和热带非洲也有。全株可药用，有小毒，孕妇慎用。

7. 醉魂藤
Heterostemma brownii Hayata

纤细攀援木质藤本，长达 4 m。茎有纵纹及二列柔毛，老时无毛。叶纸质，宽卵形，长 8-15 cm，宽 5-8 cm，基部近圆形，嫩时两面均被微毛，基出脉 3-5；叶柄扁平，长 2-5 cm，被柔毛，顶端具丛生小腺体。伞形状聚伞花序腋生，长 2-6 cm；花冠黄色，花冠筒长 4-5 mm，裂片三角状卵圆形，副花冠 5，星芒状。蓇葖双生，线状披针形，长 10-15 cm。种子宽卵形，长约 1.5 cm，顶端具白色绢质种毛。花期 4-9 月，果期 6 月至翌年 2 月。

生于海拔 600 m 以下山谷水旁林中阴湿处。产四川、贵州、云南、广西和广东等。印度、尼泊尔也有。根可作药用，民间有用作治风湿、胎毒和疟疾等。

A356. 夹竹桃科 Apocynaceae

8. 荷秋藤
Hoya griffithii Hook. f.

附生攀援灌木，无毛；节间长 5-25 cm，生气根。叶披针形至长圆状披针形，长 11-14 cm，宽 2.5-4.5 cm，两端急尖，干后灰白色而缩皱；侧脉少数，张开，不明显，弧曲上升；叶柄粗壮，长 1-3 cm。伞形状聚伞花序腋生；总花梗长 5-7 cm；花白色，直径约 3 cm，花冠裂片宽卵形或略作镰刀形；副花冠裂片肉质，中陷，外角圆形；花粉块每室 1 个，直立；蓇葖狭披针形，长约 15 cm，直径 1 cm；种子顶端具白色绢质种毛。花期 8 月。

生于海拔 200-400 m 的沟谷密林中，附生于岩石上。产云南、广西和广东南部。

9. 蓝叶藤
Marsdenia tinctoria R. Br.

攀援灌木，长达 5 m。叶长圆形，长 5-12 cm，宽 2-5 cm，先端渐尖，基部近心形，鲜时蓝色，干后亦呈蓝色。聚伞圆锥花序近腋生，长 3-7 cm；花黄白色，干时呈蓝黑色，花冠圆筒状钟形，花冠喉部里面有刷毛，副花冠为 5 长圆形的裂片组成。蓇葖具茸毛，圆筒状披针形，长达 10 cm。种毛长 1 cm，黄色绢质。花期 3-5 月，果期 8-12 月。

生于海拔 200-600 m 潮湿杂木林中。产西藏、四川、贵州、云南、广西、广东、湖南、台湾等。斯里兰卡、印度、缅甸、越南、菲律宾、印度尼西亚也有。

10. 帘子藤
Pottsia laxiflora (Bl.) Ktze.

常绿攀援灌木，具乳汁。叶薄纸质，卵圆形至长圆形，长 6-12 cm，宽 3-7 cm；叶柄 1.5-4 cm。总状聚伞花序腋生和顶生，长 8-25 cm；花梗 0.8-1.5 cm，花萼短，裂片外面具短柔毛，花冠紫红色或粉红色，花冠筒长 4-5 mm，花冠裂片向上展开，长约 2 mm。蓇葖双生，线状长圆形，下垂，达 40 cm，直径 3-4 mm，外果皮薄。种子 1.5-2 cm，直径 1.5 mm，顶端具白色绢质种毛；种毛长 2-2.5 cm。花期 4-8 月，果期 8-10 月。

生于海拔 200-600 m 的山地疏林中，或湿润的密林山谷中。贵州、云南、广西、广东、湖南、江西和福建等。印度、马来西亚、印度尼西亚也有。乳汁浸酒可治风湿病。根药用可治贫血。

A356. 夹竹桃科 Apocynaceae

11. 羊角拗
Strophanthus divaricatus (Lour.) Hook. et Arn.

灌木，全株无毛。小枝密被灰白色圆形的皮孔。叶薄纸质，椭圆状长圆形或椭圆形，长 3-10 cm；叶柄 5 mm。聚伞花序顶生，通常着 3 花；总花梗 0.5-1.5 cm；花梗 0.5-1 cm，花黄色，花萼筒长 5 mm，萼片 8-9 mm，花冠漏斗状，花冠筒淡黄色，1.2-1.5 cm，花冠裂片外弯，顶端延长成一长尾带状，长达 10 cm。蓇葖广叉开，木质，椭圆状长圆形，长 10-15 cm。种子纺锤形，扁平，长 1.5-2 cm，轮生着白色绢质种毛。花期 3-7 月，果期 6 月至翌年 2 月。

生于丘陵山地、路旁疏林中或山坡灌木丛中。产贵州、云南、广西、广东和福建等。越南、老挝也有。全株植物含毒，其毒性能刺激心脏，误食致死。药用强心剂。

12. 锈毛弓果藤
Toxocarpus fuscus Tsiang

攀援灌木；小枝暗红色，具皮孔，初时具黄色柔毛，老时毛渐脱落。叶纸质，宽卵状长圆形，长 9-15 cm，顶端急尖或短渐尖，基部圆形，叶面除中脉外无毛，叶背具黄色柔毛；侧脉 5-7 对，弧形上升；叶柄长 2.5 cm，被黄色绒毛。聚伞花序腋生，着花 12-20 朵，长达近叶片的中部，被黄色柔毛；花梗长 5 mm；花蕾长渐尖；花萼裂片披针形，被黄色长柔毛，有缘毛；花冠黄色，两面无毛，裂片长圆状披针形；副花冠裂片卵圆形，顶端急尖，顶端超过花药；花药近四方形；花粉块直立，每室 2 个。花期 5 月。

生于山地疏林中。产广东、广西、云南。

13. 络石
Trachelospermum jasminoides (Lindl.) Lem.

常绿木质藤本，具乳汁。茎有皮孔。小枝被黄色柔毛。叶革质，椭圆形，长 2-10 cm，宽 1-4.5 cm；叶柄短；叶柄内和叶腋外腺体约 1 mm。二歧聚伞花序组成圆锥状，与叶近等长；总花梗 2-5 cm；花白色，花萼 5 深裂，外面被有长柔毛及缘毛，基部具 10 鳞片状腺体，花冠筒长 5-10 mm，花冠裂片 5-10 mm。蓇葖双生，叉开，线状披针形，长 10-20 cm。种子多数，褐色，长 1.5-2 cm，顶端具白色绢质种毛。花期 3-7 月，果期 7-12 月。

生于山野、溪边、路旁、林缘或杂木林中，常缠绕于树上或攀援于墙壁上、岩石上。全国均产。日本、朝鲜和越南也有。根、茎、叶、果实供药用。

A356. 夹竹桃科 Apocynaceae

14. 娃儿藤（白龙须）
Tylophora ovata (Lindl.) Hook. ex Steud.

攀援灌木；茎、叶柄、叶的两面、花序梗、花梗及花萼外面均被锈黄色柔毛。叶卵形，长 2.5-6 cm，宽 2-5.5 cm，顶端急尖，基部浅心形。聚伞花序伞房状；花黄绿色，直径 5 mm，花萼裂片卵形，有缘毛，花冠辐状，裂片两面被微毛，副花冠裂片卵形，贴生于合蕊冠上。蓇葖双生，圆柱状披针形，长 4-7 cm，无毛。种子卵形，长 7 mm，顶端截形，具白色绢质种毛。花期 4-8月，果期 8-12月。

生于海拔 500 m 以下山地灌木丛中。产云南、广西、广东、湖南和台湾。越南、老挝、缅甸、印度也有。根及全株可药用，能祛风、止咳、化痰、催吐、散瘀。

15. 酸叶胶藤
Urceola rosea (Hook. et Arn.) D. J. Middleton

木质大藤本，长达 10 m，具乳汁；茎皮深褐色。叶阔椭圆形，长 3-7 cm，宽 1-4 cm，两面无毛；侧脉每边 4-6 条。聚伞花序圆锥状，宽松展开，多歧，顶生，着花多朵；花小，粉红色；花萼 5 深裂，外面被短柔毛，内面具有 5 枚小腺体；花冠近坛状，花冠筒喉部无副花冠，裂片卵圆形，向右覆盖；雄蕊 5 枚，着生于花冠筒基部，花丝短，花药披针状箭头形，顶端到达花冠筒喉部；子房由 2 枚离生心皮所组成，被短柔毛，花柱丝状，柱头顶端 2 裂。蓇葖 2 枚，叉开成近一直线，圆筒状披针形，长达 15 cm。花期 4-12 月，果期 7 月至翌年 1 月。

生于山地杂木林、山谷中。产长江以南各省区至台湾。越南、印度尼西亚也有分布。

目 54. 紫草目 Boraginales

A357. 紫草科 Boraginaceae

1. 柔弱斑种草
Bothriospermum zeylanicum (J. Jacq.) Druce

一年生草本，高 15-30 cm。茎丛生，被向上贴伏的糙伏毛。叶椭圆形或狭椭圆形，长 1-2.5 cm，宽 0.5-1 cm，两面被向上贴伏的糙伏毛或短硬毛。花序 10-20 cm；苞片长 0.5-1 cm，被伏毛或硬毛；花梗 1-2 mm，花萼长 1-1.5 mm，果期增大，长约 3 mm，外面密生向上的伏毛，裂至近基部，花冠蓝色或淡蓝色，长 1.5-1.8 mm，裂片长宽约 1 mm，喉部有 5 梯形的附属物。小坚果肾形，1-1.2 mm，腹面具纵椭圆形的环状凹陷。花果期 2-10 月。

生于海拔 100-600 m 山坡路边、田间草丛、山坡草地及溪边阴湿处。产东北、华东、华南、西南及陕西、河南。朝鲜、日本、越南、印度、巴基斯坦及俄罗斯中亚也有。

A357. 紫草科 Boraginaceae

2. 厚壳树
Ehretia acuminata (DC.) R. Br.

落叶乔木，高达 15 m。枝有明显的皮孔。叶椭圆形，长 5-13 cm，宽 4-6 cm，先端尖，基部宽楔形，边缘有整齐的锯齿，齿端向上而内弯；叶柄长 1.5-2.5 cm，无毛。聚伞花序圆锥状，长 8-15 cm；花萼长 1.5-2 mm，裂片卵形，具缘毛，花冠钟状，白色，长 3-4 mm，裂片长圆形。核果黄色或橘黄色，直径 3-4 mm。花期 3-5 月，果期 6-8 月。

生于海拔 100-600 m 山坡灌丛及山谷密林。产西南、华南、华东、山东、河南等。日本、越南也有。叶、心材、树枝入药。

3. 粗糠树
Ehretia dicksonii Hance

落叶乔木，树皮灰褐色，纵裂；小枝淡褐色，被柔毛。叶宽椭圆形、椭圆形、卵形或倒卵形，长 8-25 cm，宽 5-15 cm，边缘具开展的锯齿，上面密生具基盘的短硬毛，极粗糙，下面密生短柔毛；叶柄长 1-4 cm，被柔毛。聚伞花序顶生，宽 6-9 cm；花萼长 3.5-4.5 mm，裂至近中部；花冠筒状钟形，白色至淡黄色，芳香，长 8-10 mm，裂片长圆形，长 3-4 mm，比筒部短；雄蕊伸出花冠外；花柱长 6-9 mm，分枝长 1-1.5 mm。核果黄色，近球形，直径 10-15 mm。花期 3-5 月，果期 6-7 月。

生海拔 100-400 m 山坡疏林。产西南、华南、华东、河南、陕西、甘肃南部和青海南部。日本、越南、不丹、尼泊尔有分布。

4. 长花厚壳树
Ehretia longiflora Champ. ex Benth.

乔木，高 5-10 m。叶椭圆形、长圆形，长 8-12 cm，宽 3.5-5 cm，先端急尖，基部楔形，全缘，无毛；叶柄长 1-2 cm，无毛。聚伞花序生侧枝顶端，宽 3-6 cm；花萼长 1.5-2 mm，裂片卵形，花冠白色，筒状钟形，长 10-11 mm，裂片椭圆状卵形，长 2-3 mm。核果淡黄色或红色，直径 8-15 mm，核具棱。花期 4 月，果期 6-7 月。

生于海拔 300-600 m 山地路边、山坡疏林及湿润的山谷密林。产福建、台湾、广西、广东及其沿海岛屿。越南也有。嫩叶可代茶用。

A357. 紫草科 Boraginaceae

5. 盾果草

Thyrocarpus sampsonii Hance

　　一年生草本。茎 1 条至数条，直立或斜升，高 20-45 cm，常自下部分枝，有开展的长硬毛和短糙毛。基生叶丛生，有短柄，匙形，长 3.5-19 cm，宽 1-5 cm，全缘或有疏细锯齿，两面都有具基盘的长硬毛和短糙毛；茎生叶较小，无柄，狭长圆形或倒披针形。花序长 7-20 cm；花梗长 1.5-3 mm；花萼长约 3 mm，裂片狭椭圆形；花冠淡蓝色或白色，显著比萼长，筒部比檐部短 2.5 倍，檐部直径 5-6 mm，裂片近圆形，开展，喉部附属物线形，长约 0.7 mm，肥厚，有乳头突起，先端微缺；雄蕊 5，着生花冠筒中部。小坚果 4，长约 2 mm，碗状突起的外层边缘色较淡，齿长约为碗高的一半，内层碗状突起不向里收缩。花果期 5-7 月。

　　生于山坡草丛或灌丛下。产台湾、浙江、广东、广西、江苏、安徽、江西、湖南、湖北、河南、陕西、四川、贵州、云南。越南也有分布。

6. 附地菜（地胡椒）

Trigonotis peduncularis (Trev.) Benth. ex Baker et Moore

　　一年生或二年生草本。茎丛生，铺散，高 5-30 cm，被短糙伏毛。基生叶莲座状，叶匙形，长 2-5 cm，两面被糙伏毛；有叶柄。茎上部叶长圆形或椭圆形；近无柄。花序顶生，长 5-20 cm，只在基部具 2-3 叶状苞片；花梗长 3-5 mm，花萼长 1-3 mm，花冠淡蓝色或粉色，筒部短，裂片平展，倒卵形，喉部附属物 5，白色或带黄色。小坚果 4，斜三棱锥状四面体形，长 0.8-1 mm，柄长约 1 mm，向一侧弯曲。早春开花，花期甚长。

　　生于平原、丘陵草地、林缘、田间及荒地。产西藏、云南、广西北部、江西、福建至新疆、甘肃、内蒙古、东北等。欧洲东部、亚洲温带的其他地区也有。全草入药，能温中健胃，消肿止痛，止血。嫩叶可供食用。花美观可用以点缀花园。

目 56. 茄目 Solanales

A359. 旋花科 Convolvulaceae

1. 田野菟丝子

Cuscuta campestris Yuncker

　　一年生寄生草本；茎缠绕，黄色，径 0.5-0.8 cm，光滑。花序侧生，4-18 花，近无柄。花萼杯状，包住花冠管，长约 1.5 mm，萼片 5，卵圆形。花冠白色，短钟形，径约 2.5 mm，4-5 裂，裂片宽三角形，顶端钝尖，常反卷。雄蕊短或长于花冠裂片，花药卵形，短于花丝；鳞片分离，卵圆形，约与花冠管等长，边缘具流苏。子房球形。花柱 2，柱头球形。蒴果扁球形，径约 3 mm，基部具萎蔫的花冠，不规则开裂。

　　生于路边灌丛。产广东、福建、新疆。分布于非洲、亚洲、澳大利亚、欧洲、美洲、太平洋群岛。

A359. 旋花科 Convolvulaceae

2. 银丝草
Evolvulus alsinoides var. *decumbens* (R. Br.) v. Ooststr.

多年生草本，茎平卧或上升，细长，具贴生的柔毛。叶披针形至线形，长 5-13 mm，宽（1.5）3-4 mm，先端锐尖或渐尖，基部圆形，或渐狭，两面被贴生疏柔毛，基部的叶有时宽而钝头。总花梗丝状，长 2.5-3.5 cm，被贴生毛；花单 1 或数朵组成聚伞花序，花柄与萼片等长或通常较萼片长；萼片披针形，锐尖或渐尖，长 3-4 mm，被长柔毛；花冠辐状，直径 7-8（-10）mm，蓝色；雄蕊 5，内藏；子房无毛；花柱 2，每 1 花柱 2 尖裂，柱头圆柱形，先端稍棒状。蒴果球形，无毛，直径 3.5-4 mm，4 瓣裂。花期 4-9 月。

生于山坡草地。产江西、湖南、广东、广西、云南。越南、马来西亚、菲律宾、大洋洲及太平洋诸岛均有分布。

3. 毛牵牛
Ipomoea biflora (L.) Pers.

攀援或缠绕草本；茎细长，直径 1.5-4 mm，被灰白色倒向硬毛。叶心形或心状三角形，长 4-9.5 cm，宽 3-7 cm，顶端渐尖，基部心形，全缘或很少为不明显的 3 裂，两面被长硬毛，侧脉 6-7 对。花序腋生，短于叶柄，花序梗长 3-15 mm，通常着生 2 朵花；花梗纤细，长 8-15 mm；萼片 5，外萼片三角状披针形，长 8-10 mm，宽 4-5 mm，基部耳形，外面被灰白色疏长硬毛，具缘毛，内面近于无毛，在内的 2 萼片线状披针形，与外萼片近等长或稍长，萼片于结果时稍增大；花冠白色，狭钟状，长 1.2-1.5（-1.9）cm，冠檐浅裂，裂片圆；雄蕊 5，内藏；子房圆锥状，无毛，花柱棒状，长 3 mm，柱头头状，2 浅裂。蒴果近球形，径约 9 mm。

生于低海拔的山坡、路旁或林下，常见于较干燥处。产台湾、福建、江西、湖南、广东及其沿海岛屿、广西、贵州、云南等。越南也有。

4. 牵牛
Ipomoea nil (L.) Roth

一年生缠绕草本。茎上被短柔毛及杂有长硬毛。叶近圆形，深或浅 3 裂，长 4-15 cm，宽 4.5-14 cm，基部圆，心形，叶面被微硬的柔毛；叶柄 2-15 cm，毛被同茎。花腋生，单一或通常 2 花着生于花序梗顶，花序梗 1.5-18.5 cm；花梗 2-7 mm，小苞片线形，萼片 2-2.5 cm，外面被开展的刚毛，花冠漏斗状，长 5-10 cm，蓝紫色或紫红色，花冠管色淡。蒴果近球形，直径 0.8-1.3 cm，3 瓣裂。种子卵状三棱形，长约 6 mm，黑褐色或米黄色。

生于海拔 100-500 m 的山坡灌丛、干燥河谷路边、园边宅旁、山地路边。我国大部分地区都有分布。广植于热带和亚热带地区。种子为常用中药，有泻水利尿，逐痰，杀虫的功效。

A359. 旋花科 Convolvulaceae

5. 篱栏网
Merremia hederacea (Burm. f.) Hall. f.

缠绕或匍匐草本。茎细长，有细棱。叶心状卵形，长1.5-7.5 cm，宽1-5 cm，两面近无毛；叶柄1-5 cm，具小疣状突起，聚伞花序腋生，有3-5花，花序梗比叶柄粗，长0.8-5 cm；花梗2-5 mm，连同花序梗均具小疣状突起，小苞片早落，外轮2萼片长3.5 mm，内轮3萼片长5 mm，花冠黄色，钟状，长0.8 cm，内面近基部具长柔毛，子房球形，花柱与花冠近等长，柱头球形。蒴果扁球形或宽圆锥形，4瓣裂。

生于海拔130-560 m的灌丛或路旁草丛。产台湾、广东、海南、广西、江西、云南。热带非洲，热带亚洲自印度、斯里兰卡，东经缅甸、泰国、越南、马来西亚，加罗林群岛至澳大利亚均有。全草及种子有消炎的作用。

6. 大果三翅藤
Tridynamia sinensis (Hemsl.) Staples [*Porana sinensis* Hemsl.]

木质藤本，幼枝被短柔毛。叶宽卵形，长5-10 cm，宽4-6.5 cm，先端锐尖或骤尖，基部心形，背面密被污黄色或锈色短柔毛，掌状脉基出，5条，在叶面稍突出，在背面突出，侧脉1-2对；叶柄腹面具槽，稍扁，长2-2.5 cm。花淡蓝色或紫色，2-3朵沿序轴簇生组成腋生单一的总状花序，有时长达30 cm，花柄较花短，长5-6 mm，密被污黄色绒毛；萼片被污黄色绒毛，极不相等，外面2个较大，长圆形，钝，内面3个较短，卵状，渐尖；花冠宽漏斗形，长1.5-2 cm，张开时宽达2.5 cm，管短，长约8 mm，冠簷浅裂，外面被短柔毛；雄蕊近等长，无毛，较花冠短，着生于管中部以下；子房中部以上被疏长柔毛，柱头头状，2浅裂。蒴果球形，成熟时两个外萼片极增大，长圆形，长6.5-7 cm。

生于海拔100-400 m的向阳山坡及山谷。产广东、广西、湖南、湖北、四川、贵州、云南及甘肃南部。

A360. 茄科 Solanaceae

1. 红丝线（十萼茄）
Lycianthes biflora (Lour.) Bitter

亚灌木，高0.5-1.5 m，小枝、叶下面、叶柄、花梗及萼密被淡黄色单毛及分枝绒毛。上部叶假双生，大小不等；大叶椭圆状卵形，长9-15 cm，叶柄2-4 cm；小叶片宽卵形，长2.5-4 cm。花2-3着生于叶腋内；花梗5-8 mm；萼杯状，长约3 mm，萼齿10；花冠淡紫色或白色，星形，直径10-12 mm，深5裂。花柱长约8 mm，柱头头状。浆果球形，直径6-8 mm，成熟果绯红色，宿萼盘形。花期5-8月，果期7-11月。

生于海拔150-600 m荒野阴湿地、林下、路旁、水边及山谷中。产云南、四川、广西、广东、江西、福建、台湾等。印度、马来西亚、印度尼西亚至日本也有。

A360. 茄科 Solanaceae

2. 苦蘵（灯笼草）
Physalis angulata L.

一年生草本，近无毛，高常 30-50 cm。叶卵形至卵状椭圆形，全缘或有不等大的牙齿，两面近无毛，长 3-6 cm，宽 2-4 cm；叶柄 1-5 cm。花梗 5-12 mm，和花萼一样生短柔毛，长 4-5 mm，5 中裂，裂片生缘毛；花冠淡黄色，喉部常有紫色斑纹，长 4-6 mm，直径 6-8 mm；花药蓝紫色或有时黄色，长约 1.5 mm。果萼卵球状，直径 1.5-2.5 cm，薄纸质，浆果直径约 1.2 cm。种子圆盘状，长约 2 mm。花果期 5-12 月。

常生于海拔 200-500 m 的山谷林下及村边路旁。产华东、华中、华南及西南。日本、印度、澳大利亚和美洲亦有。

3. 小酸浆
Physalis minima L.

一年生草本。根细瘦。主轴短缩，分枝披散而卧于地上或斜升，生短柔毛。叶卵形或卵状披针形，长 2-3 cm，宽 1-1.5 cm，基部歪斜楔形，全缘而波状或有少数粗齿，两面脉上有柔毛；叶柄细弱，长 1-1.5 cm。花梗约 5 mm，生短柔毛；花萼钟状，长 2.5-3 mm，外面生短柔毛，裂片缘毛密；花冠黄色，长约 5 mm；花药黄白色，长约 1 mm。果梗细瘦，长不及 1 cm，俯垂；果萼近球状或卵球状，直径 1-1.5 cm；果实球状，直径约 6 mm。

生于海拔 200-600 m 的山坡。产云南、广东、广西及四川。

4. 喀西茄
Solanum aculeatissimum Jacq. [*Solanum khasianum* C. B. Clarke]

直立草本至亚灌木，高 1-2 m，茎、枝、叶及花柄多混生黄白色具节的硬毛、腺毛及直刺。叶阔卵形，长 6-12 cm，宽约与长相等，先端渐尖，基部戟形，5-7 深裂；叶柄粗壮，长约为叶片之半。花序腋外生，单生或 2-4 朵，花梗长约 1 cm；萼钟状，外面具细小的直刺及纤毛；花冠筒淡黄色，隐于萼内；冠檐白色，5 裂，裂片披针形，具脉纹，开放时先端反折；子房球形，被微绒毛。浆果球状，直径 2-2.5 cm，初时绿白色，具绿色花纹，成熟时淡黄色。花期春夏，果熟期冬季。

生于路边灌丛、荒地。产云南、广东、广西。印度也有分布。

A360. 茄科 Solanaceae

5. 少花龙葵
Solanum americanum Mill.

纤弱草本，茎近无毛，高约 1 m。叶薄，卵形至卵状长圆形，长 4-8 cm，宽 2-4 cm，基部下延成翅，叶近全缘，两面均具疏柔毛；叶柄 1-2 cm，具疏柔毛。花序近伞形，腋外生，具微柔毛，着生 1-6 花，总花梗 1-2 cm，花直径约 7 mm；萼绿色，直径约 2 mm，5 裂，花冠白色，筒部隐于萼内，冠檐长约 3.5 mm，5 裂。浆果球状，直径约 5 mm，幼时绿色，成熟后黑色。种子近卵形，两侧压扁，直径 1-1.5 mm。几全年均开花结果。

生于溪边、密林阴湿处或林边荒地。产云南南部、江西、湖南、广西、广东、台湾等。马来群岛均有。叶可供蔬食，有清凉散热之功，并可兼治喉痛。

6. 白英（千年不烂心）
Solanum lyratum Thunb. [*Solanum cathayanum* C. Y. Wu et S. C. Huang]

草质藤本，长 0.5-1 m。茎及小枝均密被具节长柔毛。叶互生，多数为琴形，长 3.5-5.5 cm，宽 2.5-4.8 cm，基部常 3-5 深裂，两面均被白色发亮的长柔毛；叶柄 1-3 cm，毛被同茎枝。聚伞花序疏花，总花梗 2-2.5 cm，被长柔毛；花梗 0.8-1.5 cm，萼环状，直径约 3 mm，萼齿 5，花冠蓝紫色或白色，直径约 1.1 cm，花冠筒隐于萼内，冠檐长约 6.5 mm，5 深裂。浆果球状，成熟时红黑色，直径约 8 mm。花期夏秋，果熟期秋末。

生于海拔 200-550 m 山谷草地或路旁、田边。产甘肃、陕西、山西、河南、山东、江苏、浙江、安徽、江西、福建、台湾、广东、广西、湖南、湖北、四川、云南。日本、朝鲜、中南半岛也有。全草入药，可治小儿惊风。果实能治风火牙痛。

7. 龙葵
Solanum nigrum L.

一年生直立草本，高 0.25-1 m。叶卵形，长 2.5-10 cm，宽 1.5-5.5 cm，全缘或具不规则的波状粗齿；叶柄 1-2 cm。蝎尾状花序腋外生，由 3-10 花组成，总花梗 1-2.5 cm；花梗约 5 mm，近无毛，萼小，浅杯状，直径 1.5-2 mm，齿卵圆形，花冠白色，筒部隐于萼内，冠檐长约 2.5 mm，5 深裂。浆果球形，直径约 8 mm，熟时黑色。种子多数，近卵形，直径 1.5-2 mm，两侧压扁。

生于田边，荒地及村庄附近。全国均产。欧洲、亚洲、美洲的温带至热带均有。全株入药，可散瘀消肿，清热解毒。

A360. 茄科 Solanaceae

8. 水茄
Solanum torvum Swartz

　　小灌木，高 1-3 m，小枝、叶背、叶柄及花序柄均被尘土色星状毛。小枝疏具皮刺，长 2.5-10 mm。叶卵形至椭圆形，长 6-19 cm，宽 4-13 cm，边缘半裂或作波状，裂片通常 5-7；叶柄 2-4 cm。伞房花序腋外生，毛被厚；花白色，萼杯状，长约 4 mm，外面被星状毛及腺毛，端 5 裂，宿存，花冠长约 1.5 mm，冠檐长约 1.5 cm，端 5 裂，外面被星状毛。浆果黄色，圆球形，直径 1-1.5 cm。种子盘状，直径 1.5-2 mm。全年均开花结果。

　　生于海拔 200-550 m 热带地区的路旁、荒地、灌木丛、沟谷及村庄附近等潮湿地方。产云南、广西、广东、台湾。热带印度，东经缅甸、泰国，南至菲律宾、马来西亚，热带美洲均有。果实可明目。叶可治疮毒，嫩果煮熟可供蔬食。

9. 龙珠
Tubocapsicum anomalum (Franch. et Sav.) Makino

　　全体无毛，高达 1.5 m。茎下部直径达 1.5 cm，二歧分枝开展。叶薄纸质，卵形、椭圆形或卵状披针形，长 5-18 cm，宽 3-10 cm，基部歪斜楔形，下延到长 0.8-3 cm 的叶柄。花 1-6 簇生，俯垂；花梗细弱，长 1-2 cm，顶端增大；花萼直径约 3 mm，长约 2 mm，果时稍增大而宿存；花冠直径 6-8 mm，裂片向外反曲，有短缘毛；雄蕊稍伸出花冠；子房直径 2 mm，花柱近等长于雄蕊。浆果直径 8-12 mm，熟后红色。种子淡黄色。花果期 8-10 月。

　　生于山谷、水旁或山坡密林中。产浙江、江西、福建、台湾、广东、广西、贵州和云南。朝鲜、日本亦有。

目 57. 唇形目 Lamiales

A366. 木犀科 Oleaceae

1. 苦枥木
Fraxinus insularis Hemsl.

　　落叶大乔木。嫩枝扁平，皮孔细小，节膨大。羽状复叶长 10-30 cm；叶轴 5-8 cm；小叶 3-7，革质，长圆形或椭圆状披针形，长 6-13 cm，宽 2-4.5 cm，基部两侧不等大，叶缘具浅锯齿，小叶柄 0.5-1.5 cm。圆锥花序生于当年生枝端，长 20-30 cm，多花，叶后开放；花梗约 3 mm，花萼钟状，长 1 mm，花冠白色，裂片匙形，长约 2 mm。翅果红色至褐色，长匙形，长 2-4 cm。花期 4-5 月，果期 7-9 月。

　　适应性强，生于山地、河谷等处，在石灰岩裸坡上常为仅见的大树。产长江以南至西南。日本也有。

A366. 木犀科 Oleaceae

2. 扭肚藤
Jasminum elongatum (Bergius) Willd.

攀援灌木，高 1-7 m。小枝圆柱形，疏被短柔毛至密被黄褐色绒毛。叶对生，卵形或卵状披针形，长 3-11 cm，宽 2-5.5 cm，先端短尖或锐尖，基部圆形或微心形，两面被短柔毛，侧脉 3-5 对。聚伞花序密集，顶生或腋生，有花多朵；花梗短，长 1-4 mm；花微香；花萼内面近边缘处被长柔毛，裂片 6-8 枚，锥形，长 0.5-1 (-1.4) cm，边缘具睫毛；花冠白色，高脚碟状，花冠管长 2-3 cm，裂片 6-9 枚，披针形。果长圆形或卵圆形，长 1-1.2 cm，呈黑色。花期 4-12 月，果期 8 月至翌年 3 月。

生于灌木丛、疏林中。产广东、海南、广西、云南和喜马拉雅。越南、缅甸也有分布。

3. 清香藤
Jasminum lanceolarium Roxb.

大型攀援灌木。叶对生或近对生，三出复叶；叶柄 0.3-4.5 cm；叶面无毛或被短柔毛，叶背光滑或疏被至密被柔毛；小叶椭圆形至披针形，长 3.5-16 cm，宽 1-9 cm，小叶柄 0.5-4.5 cm。复聚伞花序常排列呈圆锥状，顶生或腋生，花密集；苞片 1-5 mm；花萼筒状，果时增大，花冠白色，高脚碟状，花冠管纤细，裂片 4-5，长 5-10 mm，花柱异长。果球形或椭圆形，直径 0.6-1.5 cm，黑色，干时呈橘黄色。花期 4-10 月，果期 6 月至翌年 3 月。

生于海拔 600 m 以下山坡、灌丛、山谷密林中。产长江以南、陕西、甘肃。印度、缅甸、越南等也有。

4. 华素馨
Jasminum sinense Hemsl.

缠绕藤本。小枝密被锈色长柔毛。叶对生，三出复叶；叶柄 0.5-3.5 cm；小叶纸质，卵形至卵状披针形，两面被锈色柔毛；顶生小叶长 3-12.5 cm，宽 2-8 cm，小叶柄 0.8-3 cm；侧生小叶较小，小叶柄 1-6 mm。聚伞花序常呈圆锥状排列；花萼被柔毛，裂片长 0.5-5 mm，果时稍增大，花冠白色或淡黄色，高脚碟状，花冠长 1.5-4 cm，裂片 5，花柱异长。果长圆形或近球形，长 0.8-1.7 cm，黑色。花期 6-10 月，果期 9 月至翌年 5 月。

生于海拔 600 m 以下的山坡、灌丛或林中。产浙江、江西、福建、广东、广西、湖南、湖北、四川、贵州、云南。

A366. 木犀科 Oleaceae

5. 华女贞
Ligustrum lianum Hsu

　　灌木或小乔木。枝散生圆形皮孔，幼枝密被或疏被短柔毛。叶革质，常绿，椭圆形至卵状披针形，长 4-13 cm，宽 1.5-5.5 cm，叶面密出细小腺点，中脉常被柔毛；叶柄 0.5-1.5 cm。圆锥花序顶生，长 4-12 cm；花序基部苞片小叶状；花梗 0.5-2 mm，花萼 1-1.5 mm，具微小波状齿，花冠长 4-5 mm，花冠管长 1.2-3 mm，裂片长 1.5-3 mm。果椭圆形或近球形，直径 5-7 mm，呈黑色、黑褐色或红褐色。花期 4-6 月，果期 7 月至翌年 4 月。

　　生于海拔 300-600 m 山谷疏、密林或灌木丛中，或旷野。产浙江、江西、福建、湖南、广东、海南、广西、贵州。

6. 女贞
Ligustrum lucidum Ait.

　　灌木或乔木。枝疏生皮孔。叶革质，卵形至宽椭圆形，长 6-17 cm，宽 3-8 cm；叶柄 1-3 cm。圆锥花序顶生，长 8-20 cm；花序梗 0-3 cm；花序轴及分枝轴紫色或黄棕色，果时具棱；花序基部苞片常与叶同型；花近无梗，花萼长 1.5-2 mm，花冠长 4-5 mm，花冠管长 1.5-3 mm，裂片长 2-2.5 mm。果肾形或近肾形，长 7-10 mm，直径 4-6 mm，深蓝黑色，成熟时呈红黑色，被白粉。花期 5-7 月，果期 7 月至翌年 5 月。

　　生于海拔 600 m 以下林中。产华南、西南，向西北分布至陕西、甘肃。朝鲜也有。果入药称女贞子，为强壮剂。叶药用，具有解热镇痛的功效。

7. 小蜡
Ligustrum sinense Lour.

　　落叶灌木或小乔木。小枝幼时被淡黄色短柔毛或柔毛。叶纸质或薄革质，卵形至披针形，长 2-9 cm，宽 1-3.5 cm，叶面疏被短柔毛或无毛，叶背疏被短柔毛或无毛；叶柄 2-8 mm，被短柔毛。圆锥花序顶生或腋生，塔形，长 4-11 cm；花序轴被较密淡黄色短柔毛或柔毛以至近无毛；花梗 1-3 mm，花萼长 1-1.5 mm，花冠管长 1.5-2.5 mm，裂片长 2-4 mm。果近球形，直径 5-8 mm。花期 3-6 月，果期 9-12 月。

　　生于海拔 200-600 m 山坡、山谷、溪边林中。产华东、华中、华南、西南。越南也有。树皮和叶入药，具清热降火等功效。

A366. 木犀科 Oleaceae

7a. 光萼小蜡
Ligustrum sinense var. *myrianthum* (Diels) Hofk.

　　与原变种区别为：幼枝、花序轴和叶柄密被锈色或黄棕色柔毛或硬毛，稀为短柔毛；叶革质，长椭圆状披针形至卵状椭圆形，叶面疏被短柔毛，叶背密被锈色或黄棕色柔毛，尤以叶脉为密；花序腋生，基部常无叶。花期 5-6 月，果期 9-12 月。

　　生于海拔 130-2700 m 山坡、山谷、溪边的密林、疏林或灌丛中。产陕西、甘肃、江西、福建、湖北、湖南、广东、广西、四川、贵州、云南。

8. 木犀（桂花）
Osmanthus fragrans (Thunb.) Lour.

　　常绿乔木，高 3-8 m；树皮灰褐色。小枝黄褐色，无毛。叶片革质，椭圆形、长椭圆形或椭圆状披针形，长 7-14.5 cm，宽 2.6-4.5 cm，先端渐尖，全缘或通常上半部具细锯齿，两面无毛，腺点在两面连成小水泡状突起，侧脉 6-8 对，多达 10 对。聚伞花序簇生于叶腋，或近于帚状，每腋内有花多朵；花梗细弱，长 4-10 mm，无毛；花极芳香；花萼长约 1 mm，裂片稍不整齐；花冠黄白色、淡黄色、黄色或橘红色，长 3-4 mm，花冠管仅长 0.5-1 mm；雄蕊着生于花冠管中部，花丝极短。果椭圆形，长 1-1.5 cm，呈紫黑色。花期 9-10 月上旬，果期翌年 3 月。

　　生山坡疏、密林中。原产我国南部，现各地广泛栽培。花为名贵香料，并作食品香料。

A369. 苦苣苔科 Gesneriaceae

1. 旋蒴苣苔
Boea hygrometrica (Bunge) R. Br.

　　多年生草本。叶基生，近圆形至卵形，长 1.8-7 cm，宽 1.2-5.5 cm，两面被贴伏长柔毛，边缘具齿；无柄。聚伞花序伞状；花萼钟状，5 裂，外面被短柔毛，花冠淡蓝紫色，长 8-13 mm，筒长约 5 mm，檐部稍二唇形，雄蕊 2，花丝约 1 mm，着生于距花冠基部 3 mm 处，花药约 2.5 mm，顶端连着，退化雄蕊 3，雌蕊不伸出。蒴果长圆形，螺旋状卷曲，长 3-3.5 cm，外面被短柔毛。花期 7-8 月，果期 9 月。

　　生于海拔 200-520 m 山坡路旁岩石上。产浙江、福建、江西、广东、广西、湖南、湖北、河南、山东、河北、辽宁、山西、陕西、四川及云南。全草药用。

A369. 苦苣苔科 Gesneriaceae

2. 东南长蒴苣苔
Didymocarpus hancei Hemsl.

多年生草本。叶基生，4-16 叶，纸质，长圆形，长 2.2-10 cm，宽 1-3.6 cm，边缘有密小牙齿，两面被短伏毛；叶柄长 1.8-8 cm，有短糙毛。聚伞花序伞状，二至三回分枝，被短柔毛；花序梗长 7-18 cm；苞片对生，长 5-14 mm；花萼长 4.5-7 mm，5 裂达基部，花冠白至粉色，长 1.5-2 cm，上唇 2 中裂，下唇 3 中裂。蒴果线形，长 2-3.4 cm，无毛。花期 4-5 月。

生于海拔 300-550 m 山谷林下、山坡石上。产广东、湖南、江西、福建。

3. 华南半蒴苣苔
Hemiboea follicularis Clarke

多年生草本。茎上升，稍肉质，具 4-8 节，散生紫色小斑点。叶对生，叶稍肉质，卵状披针形至椭圆形，长 3-18 cm，宽 1.8-8 cm，边缘具齿；叶柄 1-10.5 cm。聚伞花序假顶生，具 7-20 余花；总苞球形，直径约 2 cm；花梗 1-5 mm，萼片 5，白色，长 1-1.1 cm，花冠隐藏于总苞中，白色，长 1.5-1.8 cm，筒钟形，上唇长 4-4.5 mm，下唇长 5.5-6 mm，雌蕊长 0.9 cm，柱头头状。蒴果长椭圆状披针形，长 1-1.5 cm。花期 6-8 月，果期 9-11 月。

生于海拔 240-500 m 林下阴湿石上或沟边石缝中。产广东、广西和贵州。全草药用，治咳嗽、肺炎、跌打损伤和骨折等。

4. 长瓣马铃苣苔
Oreocharis auricula (S. Moore) Clarke

多年生草本，全株被毛。叶基生，叶长圆状椭圆形，长 2-8.5 cm，宽 1-5 cm，近全缘，叶面被贴伏短柔毛，叶背侧脉密被褐色绢状绵毛；叶柄 2-4 cm。聚伞花序，具 4-11 花；花序梗 6-12 cm；苞片 2，长约 6 mm；花梗约 1 cm，花萼 5 裂，花冠细筒状，蓝紫色，长 2-2.5 cm，筒长 1.2-1.5 cm，喉部缢缩，上唇 2 裂，下唇 3 裂，裂片长 7-10 mm，雌蕊无毛，子房长 7-10 mm，花柱长 2-3 mm，柱头 1，盘状。蒴果长约 4.5 cm。花期 6-7 月，果期 8 月。

生于海拔 200-600 m 山谷、沟边及林下潮湿岩石上。产广东、广西、江西、湖南、贵州及四川。

A369. 苦苣苔科 Gesneriaceae

5. 大叶石上莲
Oreocharis benthamii Clarke

多年生草本，全株被毛。叶丛生，叶椭圆形，长 6-12 cm，宽 3-8 cm；叶柄 2-8 cm。聚伞花序，具 8-11 花；花序梗 10-22 cm；苞片 2，长 6-8 mm；花梗 9-15 mm，花萼 5 裂，裂片长 3-4 mm，花冠细筒状，长 8-10 mm，淡紫色，筒长 5.5-6 mm，喉部不缢缩，上唇 2 裂，下唇 3 裂，花盘环状，高 0.8 mm，雌蕊无毛，子房长约 5 mm，花柱约 1.7 mm，柱头 1，盘状。蒴果线形或线状长圆形，长 2.2-3.5 cm，外面无毛。花期 8 月，果期 10 月。

生于海拔 200-400 m 岩石上。产广东、广西、江西及湖南。全草供药用。

5a. 石上莲
Oreocharis benthamii var. *reticulata* Dunn

与原变种区别为：叶脉在叶背明显隆起，并结成网状，叶背被短柔毛。

生于海拔 340-600 m 山地岩石上。产广东、广西。全草供药用，治刀伤出血。

6. 丹霞小花苣苔
Primulina danxiaensis (W. B. Liao, S. S. Lin et R. J. Shen) W. B. Liao et K. F. Chung
[*Chiritopsis danxiaensis* W. B. Liao, S. S. Lin et R. J. Shen]

多年生小草本。茎圆柱状，叶草质，两面密布白色短柔毛。聚伞花序 1-3，每花序具 2-3 花；花序梗 3-6 cm，纤细，花序梗、花序分枝和花梗均密布白色短柔毛；苞片 2，对生，倒披针形至披针形，长 7-12 mm，边缘中上部有小锐齿；花萼 5 裂，花冠黄色，外面有较多白色短柔毛，上唇 2 裂几达基部，下唇 3 裂至中部。蒴果长卵圆形，果瓣直，密布白色柔毛。花期 5-6 月，果期 6-7 月。

仅分布于丹霞山的较少区域，为丹霞山特有种，也是丹霞山亟待保护的珍稀濒危种。

A369. 苦苣苔科 Gesneriaceae

7. 短序唇柱苣苔
Primulina depressa (Hook. f.) Mich. Möller et A. Weber [*Chirita depressa* Hook. f.]

低矮多年生草本。根状茎短而粗，生出绿色根出条。叶丛生，叶宽卵形，长约 10 cm，边缘有浅钝齿，两面被白色短柔毛；叶柄短而宽。花序腋生，具短梗；花萼 5 裂达基部，裂片狭线形，外面被短柔毛和短腺毛，花冠紫色，长约 4 cm，外面被短腺毛，上唇 2 裂，下唇 3 裂，裂片圆卵形或近圆形，雌蕊与花冠筒近等长，子房与花柱均被短柔毛和少数腺毛。

产广东北部。

8. 蚂蝗七
Primulina fimbrisepala (Hand.-Mazz.) Yin Z. Wang [*Chirita fimbrisepala* Hand.-Mazz.]

多年生草本，全株被毛。根状茎粗。叶基生，叶草质，卵形至近圆形，长 4-10 cm，宽 3.5-11 cm，基部常偏斜；叶柄 2-8.5 cm。聚伞花序有 1-5 花；花序梗 6-28 cm；苞片 5-11 mm；花梗 0.5-3.8 cm，花萼 5 裂，边缘上部有小齿，花冠淡紫色或紫色，长 3.5-6.4 cm，在内面上唇紫斑处有 2 纵条毛，筒细漏斗状，上唇长 0.7-1.2 cm，下唇长 1.5-2.4 cm。蒴果长 6-8 cm，粗约 2.5 mm。种子纺锤形，长 6-8 mm。花期 3-4 月。

生于海拔 200-600 m 山地林中石上、石崖上，或山谷溪边。产广西、广东、贵州南部、湖南、江西和福建。根状茎治小儿疳积、胃痛、跌打损伤。

9. 黄进报春苣苔
Primulina huangjiniana W. B. Liao, Q. Fan et C. Y. Huang

多年生草本。根状茎圆柱形，长 0.5-2 cm。叶丛生，卵圆形或长椭圆形，长 3-7.5 cm，宽 1.5-4 cm，两面被柔毛，边缘皱波状或具不明显的锯齿，侧脉 3-4 对。聚伞花序 1-5 花，花序梗长 0.5-1.5 cm；苞片 2，对生，长 2.5-6 mm；花梗长 2-5 mm；花萼 5 深裂至基部，萼片长 6-12 mm；花冠长 3.5-4 cm，淡蓝紫色或白色，内面具蓝紫色条纹，内面上部具黄棕色斑块；雄蕊 2，花丝长 8-13 mm；雌蕊长 2.6-3.2 cm，子房锥形，花柱长 2.6-3.2 cm，柱头倒三角形，深二裂，长 4-8 mm，裂片线形。蒴果卵球形至椭圆形，长 4-9 mm，密被柔毛。

生崖壁上。广东丹霞山特有种。

A369. 苦苣苔科 Gesneriaceae

10. 卵圆唇柱苣苔
Primulina rotundifolia (Hemsl.) Mich. Möller et A. Weber [*Chirita rotundifolia* (Hemsl.) Wood]

多年生草本。叶基生，草质，圆卵形，长1.6-4.9 cm，宽1.6-5.3 cm，边缘全缘，两面均被柔毛；叶柄扁，长达4.5 cm，被柔毛。花序1-6，每花序有2-7花；花序梗长4.5-13 cm，被柔毛；苞片对生，外面被短柔毛；花梗长1.7-7 cm，被腺毛及柔毛，花萼5裂，被柔毛，花冠紫色，长2.3-2.6 cm，外面疏被短柔毛，上唇长约5 mm，下唇长约7 mm。蒴果长约3.5 cm，宽约2 mm，被柔毛。

产广东北部。

A370. 车前科 Plantaginaceae

1. 毛麝香
Adenosma glutinosum (L.) Druce

直立草本，密被多细胞长柔毛和腺毛。茎上部四方形，中空。叶对生，上部叶互生，叶披针状卵形至宽卵形，长2-10 cm，宽1-5 cm，形状大小多变，边缘齿，叶背有稠密的黄色腺点；叶柄3-20 mm。花单生叶腋或在茎、枝顶端集成总状花序；苞片叶状，小；花梗5-15 mm，萼5深裂，宿存，花冠紫红色或蓝紫色，长9-28 mm，下唇三裂，花柱向上逐渐变宽而具薄质的翅。蒴果卵形，长5-9.5 mm，宽3-6 mm。花果期7-10月。

生于海拔300-600 m的荒山坡、疏林下湿润处。产江西、福建、广东、广西及云南等。南亚、东南亚及大洋洲也有。全草药用。

2. 球花毛麝香
Adenosma indianum (Lour.) Merr.

一年生草本，高19-60 cm，密被白色多细胞长毛。茎直立，有分枝。叶片卵形至长椭圆形，长1.5-4.5 cm，宽0.5-1.2 cm，钝头，边缘具锯齿；下面仅脉上被多细胞长柔毛，密被腺点。花无梗，排列成紧密的穗状花序；穗状花序球形或圆柱形，长7-20 mm，宽7-11 mm；苞片长卵形，在花序基部的集成总苞状；小苞片条形，长3-4 mm；萼长4-5 mm；花冠淡蓝紫色至深蓝色，长约6 mm，喉部有柔毛；上唇先端微凹或浅二裂；下唇3裂彼此几相等，近圆形，长1 mm；雄蕊前方一对较长，花药仅一室成熟；子房长卵形；花柱顶端扩大，有狭翅，柱头头状。蒴果长卵球形，长约3 mm。花果期9-11月。

生于海拔100-300 m的干燥山坡、溪旁、荒地等处。产广东、广西、云南等。南亚、东南亚也有。

A370. 车前科 Plantaginaceae

3. 沼生水马齿
Callitriche palustris L.

一年生草本，高 10-40 cm，茎纤细，多分枝。叶互生，在茎顶常密集呈莲座状，浮于水面，倒卵形或倒卵状匙形，长 4-6 mm，宽约 3 mm，先端圆形或微钝，基部渐狭，两面疏生褐色细小斑点，具 3 脉；茎生叶匙形或线形，长 6-12 mm，宽 2-5 mm；无柄。花单性，同株，单生叶腋，为两个小苞片所托；雄花；雄蕊 1，花丝细长，长 2-4 mm；雌花；子房倒卵形，长约 0.5 mm，顶端圆形或微凹，花柱 2，纤细。果倒卵状椭圆形，长 1-1.5 mm，仅上部边缘具翅，基部具短柄。

生于静水中或沼泽地水中或湿地。产东北、华东至西南各省区。分布于欧洲、北美洲和亚洲温带地区。

4. 紫苏草
Limnophila aromatica (Lam.) Merr.

一年生或多年生草本，茎简单至多分枝，高 30-70 cm，无毛或被腺毛，基部倾卧而节上生根。叶无柄，对生或三枚轮生，卵状披针形至披针状椭圆形，或披针形，长 1-5 cm，宽 0.3-1.5 cm，具细齿，基部多少抱茎，具羽状脉。花具梗，排列成顶生或腋生的总状花序，或单生叶腋；花梗长 5-20 mm，无毛或被腺；萼长 4-6 mm，无毛至被腺，在果实成熟时具凸起的条纹；花冠白色，蓝紫色或粉红色，长 10-13 mm，外面疏被细腺，内面被白色柔毛；花柱顶端扩大，具 2 枚极短的片状柱头。蒴果卵珠形，长约 6 mm。花果期 3-9 月。

生于旷野、塘边水湿处。产广东、福建、台湾、江西等。日本、南亚、东南亚及澳大利亚也有。

5. 抱茎石龙尾
Limnophila connata (Buch.-Ham. ex D. Don) Hand.-Mazz.

陆生草本；茎直立或上升，高 30-50 cm，无毛，顶部被极短的腺毛。叶无柄，对生，卵状披针形或披针形，全缘或稀具不明显的细齿，长 20-40 mm，宽 3-20 mm，基部半抱茎；叶脉 3-7 条，并行。花无梗或几无梗，在茎或分枝的顶端排列成疏的穗状花序；萼筒状，长约 7 mm，与苞片、小苞片同被极短的腺毛，在果实成熟时不具凸起的条纹；花冠长 11-15 mm，蓝色至紫色，内面被长柔毛，外面疏被短毛；花柱顶端两侧各有 1 枚耳状的凸起，先端略成圆筒状而被细柔毛。蒴果近于球形，两侧扁，长约 3.5 mm，具 2 条凸起的棱，自顶部开裂。花果期 9-11 月。

生于溪旁、草地、水湿处。产广东、广西、福建、江西、湖南、云南、贵州等。印度、尼泊尔、缅甸也有。

A370. 车前科 Plantaginaceae

6. 大叶石龙尾
Limnophila rugosa (Roth) Merr.

多年生草本。具横走而多须根的根茎。叶对生，叶卵形、菱状卵形或椭圆形，长 3-9 cm，宽 1-5 cm，具圆齿，叶面无毛或疏被短硬毛，遍布灰白色泡沫状凸起，叶背脉上被短硬毛；叶柄 1-2 cm，带狭翅。花无梗，无小苞片，聚集成头状，总花梗 2-30 mm，花亦单生叶腋；萼长 6-8 mm，花冠紫红色或蓝色，长可达 16 mm，花柱被短柔毛，稍下两侧具较厚的耳。蒴果卵珠形，两侧扁，长约 5 mm，浅褐色。花果期 8-11 月。

生于水旁、山谷、草地。产广东、福建、台湾、湖南、云南。日本、南亚、东南亚也有。全草药用。

7. 石龙尾
Limnophila sessiliflora (Vahl) Bl.

多年生两栖草本。茎细长，沉水部分无毛或几无毛；气生部分长 6-40 cm，简单或多少分枝，被多细胞短柔毛，稀几无毛。沉水叶长 5-35 mm，多裂；裂片细而扁平或毛发状，无毛；气生叶全部轮生，椭圆状披针形，具圆齿或开裂，长 5-18 mm，宽 3-4 mm，无毛，密被腺点，有脉 1-3 条。花无梗或稀具长不超过 1.5 mm 之梗，单生于气生茎和沉水茎的叶腋；萼长 4-6 mm，被多细胞短柔毛，在果实成熟时不具凸起的条纹；萼齿长 2-4 mm，卵形，长渐尖；花冠长 6-10 mm，紫蓝色或粉红色。蒴果近于球形，两侧扁。花果期 7 月至翌年 1 月。

生于水塘、沼泽、水田或路旁、沟边湿处。产广东、广西、福建、江西、湖南、四川、云南、贵州、浙江、江苏、安徽、河南、辽宁等。朝鲜、日本、印度、尼泊尔、不丹、越南、马来西亚及印度尼西亚亦有。

8. 车前
Plantago asiatica L.

多年生草本。根茎短，稍粗。叶基生呈莲座状；叶纸质，宽椭圆形，长 4-12 cm，宽 2.5-6.5 cm，两面疏生短柔毛；叶柄长 2-27 cm，疏生短柔毛。花序 3-10，直立；花序梗 5-30 cm，疏生白色短柔毛；穗状花序长 3-40 cm；苞片长 2-3 mm；花具短梗，花萼长 2-3 mm，花冠白色，裂片长约 1.5 mm。蒴果纺锤状卵形、卵球形或圆锥状卵形，长 3-4.5 mm，基部上方周裂。花期 4-8 月，果期 6-9 月。

生于海拔 200-600 m 草地、沟边、路旁。全国均产。朝鲜、俄罗斯、日本、尼泊尔、马来西亚、印度尼西亚也有。

A370. 车前科 Plantaginaceae

9. 大车前
Plantago major L.

二年生或多年生草本。叶基生呈莲座状，叶纸质，宽卵形至宽椭圆形，长 3-30 cm，宽 2-21 cm，两面疏生短柔毛；叶柄长 1-26 cm，基部鞘状，被毛。花序 1 至多数；花序梗直立，长 2-45 cm，被短柔毛或柔毛；穗状花序长 1-40 cm；苞片长 1.2-2 mm，近无毛；花萼长 1.5-2.5 mm，边缘膜质，花冠白色，裂片长 1-1.5 mm，花后反折。蒴果近球形、卵球形或宽椭圆球形，长 2-3 mm，于中部或稍低处周裂。花期 6-8 月，果期 7-9 月。

生于海拔 150-600 m 草地、沟边、田边或荒地。全国均产。欧亚大陆温带及寒温带均有。

10. 多枝婆婆纳
Veronica javanica Bl.

一年生或二年生草本，全体多少被多细胞柔毛，无根状茎，植株高 10-30 cm。茎基部多分枝，主茎直立或上升，侧枝常倾卧上升。叶具 1-7 mm 的短柄，叶片卵形至卵状三角形，长 1-4 cm，宽 0.7-3 cm，顶端钝，基部浅心形或截平形，边缘具深刻的钝齿。总状花序有的很短，几乎集成伞房状，有的长，果期可达 10 cm；苞片长 4-6 mm；花梗比苞片短得多；花萼裂片条状长椭圆形，长 2-5 mm；花冠白色、粉色或紫红色，长约 2 mm；雄蕊约为花冠一半长。蒴果倒心形，长 2-3 mm，宽 3-4 mm，顶端凹口很深，深达果长 1/3。花期 2-4 月。

生山坡、路边、溪边的湿草丛中。分布于西藏、四川、云南、贵州、广西、广东、湖南、江西、福建、台湾、浙江和陕西。非洲及亚洲南部广布。

11. 蚊母草
Veronica peregrina L.

草本，高 10-25 cm，通常自基部多分枝，主茎直立，侧枝披散。叶无柄，下部的倒披针形，上部的长矩圆形，长 1-2 cm，宽 2-6 mm，全缘或中上端有三角状锯齿。总状花序长，果期达 20 cm；苞片与叶同形而略小；花梗极短；花萼裂片长矩圆形至宽条形，长 3-4 mm；花冠白色或浅蓝色，长 2 mm，裂片长矩圆形至卵形；雄蕊短于花冠。蒴果倒心形，明显侧扁，长 3-4 mm，宽略过之，边缘生短腺毛，宿存的花柱不超出凹口。种子矩圆形。花期 5-6 月。

生于潮湿的荒地、路边。产东北、华东、华中、西南。朝鲜、日本、俄罗斯、美洲也广泛分布。

A370. 车前科 Plantaginaceae

12. 水苦荬
Veronica undulata Wall.

多年生草本，茎直立或基部倾斜，不分枝或分枝，高 10-50 cm。叶无柄，上部的半抱茎，多为条状披针形，长 2-15 cm，宽 1-1.5 cm，全缘或有疏而小的锯齿。总状花序腋生，长 5-15 cm，多花；花梗长 5 mm；花萼钟形，长约 5 mm，裂片 4，长圆形，长约 3 mm；花冠短于萼，辐状，白色、粉红色或浅紫色，直径 4-5 mm，裂片宽卵形；雄蕊短于花冠。蒴果球形，顶端具宿存花柱。花果期 2-9 月。

生水边及沼地。全国均产。朝鲜、日本、尼泊尔、印度和巴基斯坦也有。

13. 爬岩红
Veronicastrum axillare (Sieb. et Zucc.) Yamazaki

倾卧草本，茎弓曲，顶端着地生根，圆柱形，中上部有条棱。叶互生，叶片纸质，无毛，卵形至卵状披针形，长 5-12 cm，顶端渐尖，边缘具偏斜的三角状锯齿。花序腋生，极少顶生于侧枝上，长 1-3 cm；苞片和花萼裂片条状披针形至钻形，无毛或有疏睫毛；花冠紫色或紫红色，长 4-5 mm，裂片长近 2 mm，狭三角形；雄蕊略伸出至伸出达 2 mm。蒴果卵球状，长约 3 mm。花期 7-9 月。

生于林下、林缘草地及山谷阴湿处。产江苏、安徽、浙江、江西、福建、广东、台湾。日本也有。

A371. 玄参科 Scrophulariaceae

1. 白背枫（驳骨丹）
Buddleja asiatica Lour.

直立灌木，高 1-8 m；幼枝、叶下面、叶柄和花序均密被灰色或淡黄色星状短绒毛。嫩枝条四棱形，老枝圆柱形。叶对生，叶膜质，披针形，长 6-30 cm，宽 1-7 cm，全缘或有小锯齿；叶柄长 2-15 mm。总状花序窄而长，由多个小聚伞花序组成，长 5-25 cm，再排列成圆锥花序；花萼钟状，长 1.5-4.5 mm，外面被星状短柔毛，花冠白色，花冠管圆筒状，长 3-6 mm。蒴果椭圆状，长 3-5 mm。花期 1-10 月，果期 3-12 月。

生于海拔 200-600 m 向阳山坡灌木丛中或疏林缘。产华东、华中、华南、西南等。东南亚也有。根和叶供药用，有驱风化湿、行气活络之功效。

A373. 母草科 Linderniaceae

1. 长蒴母草
Lindernia anagallis (Burm. f.) Pennell

一年生草本，长 10-40 cm；茎始简单，不久即分枝，下部匍匐长蔓，节上生根，并有根状茎，无毛。叶仅下部者有短柄；叶片三角状卵形、卵形或矩圆形，长 4-20 mm，宽 7-12 mm，顶端圆钝或急尖，基部截形或近心形，边缘有不明显的浅圆齿，侧脉 3-4 对，上下两面均无毛。花单生于叶腋，花梗长 6-10 mm，在果中达 2 cm，无毛，萼长约 5 mm，仅基部联合，齿 5，狭披针形，无毛；花冠白色或淡紫色，长 8-12 mm，上唇直立，卵形，2 浅裂，下唇开展，3 裂，裂片近相等，比上唇稍长；雄蕊 4，全育，前面 2 枚的花丝在颈部有短棒状附属物；柱头 2 裂。蒴果条状披针形，比萼长约 2 倍。花期 4-9 月，果期 6-11 月。

生于林边、溪旁及田野的较湿润处。分布于四川、云南、贵州、广西、广东、湖南、江西、福建、台湾等。亚洲东南部也有。

2. 母草
Lindernia crustacea (L.) F. Muell

草本，高 10-20 cm，常铺散成密丛，枝微方形有深沟纹。叶三角状卵形或宽卵形，长 10-20 mm，宽 5-11 mm，边缘有浅钝锯齿，两面近无毛；叶柄长 1-8 mm。花单生叶腋或总状花序顶生；花萼坛状，长 3-5 mm，花冠紫色，长 5-8 mm，上唇直立，有时 2 浅裂，下唇 3 裂，中间裂片较大，雄蕊 4，全育，二强，花柱常早落。蒴果椭圆形，与宿萼近等长。花果期全年。

生于田边、草地、路边等低湿处。产浙江、江苏、安徽、江西、福建、台湾、广东、海南、广西、云南、西藏、四川、贵州、湖南、湖北、河南等。热带和亚热带广布。全草可药用。

3. 长序母草
Lindernia macrobotrys Tsoong

多年生草本，体高 30 cm 以上，亚直立，或基部稍弯曲倾卧，最下几个节上生不定根；茎、枝四方形，角上有明显之狭翅，几无毛。叶有短柄，长 2-6 mm，柄上有狭翅；叶片宽三角形或宽三角状卵形，长 1.6-2.3 cm，宽 1.2-2 cm，顶端急尖，基部截形或宽楔形，边缘有三角状而带尖头的锯齿，上面散生稀疏短硬毛，下面近于无毛。花序总状，长 6-10 cm，而后汇合成大型疏散的圆锥花序，直径可达 10 cm，生有多花；花梗长 1-1.5 cm，无毛；萼仅基部联合，齿 5，条状披针形，长 6-7 mm，顶端渐尖，无毛或散生稀疏的毛，有一条明显的中脉，其中一枚显然较长。蒴果卵状矩圆形或纺锤状卵圆形，比宿萼短。

生山谷或疏林下岩石边。广东特有种。

A373. 母草科 Linderniaceae

4. 旱田草
Lindernia ruellioides (Colsm.) Pennell

一年生草本。节上生根，近无毛。叶矩圆形，长 1-4 cm，宽 0.6-2 cm，边缘密生整齐细锯齿，两面有短毛或近于无毛；叶柄 3-20 mm，前端渐宽而连于叶片，基部抱茎。总状花序顶生，有 2-10 花；萼在花期约 6 mm，果期 10 mm，花冠紫红色，长 10-14 mm，管长 7-9 mm，上唇直立，2 裂，下唇开展，3 裂，前方 2 雄蕊不育，后方 2 能育。蒴果圆柱形，比宿萼长约 2 倍。种子椭圆形，褐色。花期 6-9 月，果期 7-11 月。

生于草地、平原、山谷及林下。产台湾、福建、江西、湖北、湖南、广东、广西、贵州、四川、云南、西藏。印度至印度尼西亚、菲律宾也有。全草可药用。

5. 粘毛母草
Lindernia viscosa (Hornem.) Boldingh

一年生草本，直立或多少铺散，高可达 16 cm，有时分枝极多，茎枝均有条纹，被伸展的粗毛。叶下部者卵状矩圆形，长可达 5 cm，顶端钝或圆，基部下延而成约 10 mm 的宽叶柄，边缘有浅波状齿，两面疏被粗毛。花序总状，稀疏，有花 6-10 朵；苞片小，披针形；总花梗和花梗有粗毛，开花时上升或斜展，花后常反曲，在果时长可达 1 cm；萼长约 3 mm，仅基部联合，齿 5，狭披针形，外被粗毛；花冠白色或微带黄色，长 5-6 mm，上唇长约 2 mm，2 裂，三角状卵形，圆头，下唇长约 3 mm，3 裂，裂片近相等；雄蕊 4，全育。蒴果球形，与宿萼近等长。花期 5-8 月，果期 9-11 月。

生于旷野、林中或岩石旁。产云南、广东、江西、海南。印度尼西亚、菲律宾、缅甸、越南、泰国、新几内亚也有。

6. 单色蝴蝶草
Torenia concolor Lindl.

匍匐草本。茎具 4 棱，节上生根；分枝上升或直立。叶三角状卵形或长卵形，长 1-4 cm，宽 0.8-2.5 cm，边缘具齿；叶柄长 2-10 mm。花梗长 2-3.5 cm，果期梗长达 5 cm；花腋生或顶生；萼长 1.2-1.5 cm，果期达 2.3 cm，具 5 翅，基部下延；萼齿 2，长三角形，果实成熟时裂成 5 小齿；花冠长 2.5-3.9 cm，其超出萼齿部分长 11-21 mm，蓝色或蓝紫色；前方一对花丝各具 1 长 2-4 mm 的线状附属物。花果期 5-11 月。

生于林下、山谷及路旁。产广东、广西、贵州及台湾等。

A373. 母草科 Linderniaceae

7. 紫斑蝴蝶草
Torenia fordii Hook. f.

直立粗壮草本，全体被柔毛。叶片宽卵形至卵状三角形，长 3-5 cm，宽 2.5-4 cm，边缘具齿；叶柄长 1-1.5 cm。总状花序顶生；花梗约 1 cm，果期 2 cm；苞片长 0.5-1 cm，包裹花梗，边缘具缘毛；萼倒卵状纺锤形，长约 1.2 cm，果期达 1.8 cm，具 5 翅，花冠黄色，长 1.5-1.8 cm，上唇长约 4 mm，浅裂或微凹，下唇 3 裂，长约 3 mm，两侧裂片先端蓝色，中裂片先端橙黄色。蒴果圆柱状，两侧扁，具 4 槽，长 9-11 mm。花果期 7-10 月。

生于山边、溪旁或疏林下。产广东、江西、湖南、福建等。

A377. 爵床科 Acanthaceae

1. 钟花草（针刺草）
Codonacanthus pauciflorus (Nees) Nees

纤细草本，多分枝，被短柔毛。叶薄纸质，椭圆状卵形，长 6-9 cm，宽 2-4.5 cm，顶端急尖或渐尖，全缘或不明显浅波状，两面被微柔毛，侧脉每边 5-7；叶柄 5-10 mm。总状花序疏散，花在花序上互生，相对的一侧常为无花的苞片；花梗长 1-3 mm，萼长约 2 mm，花冠管短于花萼裂片，花冠白色或淡紫色，长 7-8 mm，冠檐 5 裂，卵形或长卵形，后裂片稍小，雄蕊 2，内藏，花丝极短，退化雄蕊 2。蒴果长约 1.5 cm。花期 10 月。

生于海拔 300-580 m 的密林下或潮湿山谷。产广东、香港、广西、海南、台湾、福建、贵州和云南。孟加拉国、印度、越南亦有。

2. 水蓑衣
Hygrophila ringens (L.) R. Brown ex Sprengel

草本。茎 4 棱形，幼枝被白色长柔毛，后脱落。叶纸质，长椭圆形至线形，长 4-11.5 cm，宽 0.8-1.5 cm，两面被白色长硬毛。花簇生于叶腋，无梗；花萼圆筒状，长 6-8 mm，被短糙毛，5 裂至中部；花冠淡紫红色，长 1-1.2 cm，被柔毛，上唇卵状三角形，下唇长圆形，喉部具稀疏长柔毛；雄蕊 4，内藏，长者 5 mm，短者 3 mm。蒴果长圆形，0.8-2.2 cm，无毛，种子 12-18。花期 8-10 月，果期 11 月至翌年 2 月。

生于海拔 550 m 以下溪谷阴湿处。产华东、华中、华南和西南。亚洲东南部至东部的琉球群岛亦有。全草入药，健胃消食、清热消肿。

A377. 爵床科 Acanthaceae

3. 华南爵床
Justicia austrosinensis H. S. Lo [*Mananthes austrosinensis* (H. S. Lo) C. Y. Wu et C. C. Hu]

草本，高通常 40-70 cm，茎 4 棱，有槽，槽内交互有白色毛。叶卵形，阔卵形或近椭圆形，稀长圆状披针形，长 5-10 (-15) cm，有粗齿或全缘，上面散生硬毛，背面中脉上被硬毛；侧脉每边约 5 条。穗状花序腋生和顶生，密花或有时间断；苞片扇形，有时阔卵形，长 5-7 mm，宽 6-9 mm，顶端有 1 或 3 个短尖头，有时圆，每苞内常有 1-2 花；花萼 5 裂，裂片长 3.5-4 mm；花冠黄绿色，外被柔毛，长约 10 mm，上唇微凹，下唇 3 裂，有喉凸；雄蕊 2，花药下方一室有距。

生于山地水边、山谷疏林或密林中。产广西、广东、江西、贵州、云南。

4. 圆苞杜根藤
Justicia championii T. Anderson

草本，茎直立或披散状，高达 50 cm。叶椭圆形至矩圆状披针形，长 1-7 cm，宽 1-3 cm，顶端略钝至渐尖。紧缩的聚伞花序具 1 至少数花，生于上部叶腋，似呈簇生；苞片圆形，倒卵状匙形，有短柄，长 6-8 mm，叶状，有羽脉；小苞片无或小，钻形，三角形，被黄色微毛；花萼裂片 5，条状披针形，长约 7 mm，生微毛或小糙毛；花冠白色，外被微毛，长 8-12 mm，2 唇形，下唇具 3 浅裂；雄蕊 2，药室不等高，下方一枚具白色小距。蒴果长约 8 mm，上部具 4 粒种子，下部实心。

生于山坡林下。产安徽、浙江、江西、福建、广东、香港、海南、广西、湖南、湖北、四川、云南。

5. 爵床
Justicia procumbens L.

草本，高 20-50 cm。茎基部匍匐，具短硬毛。叶椭圆形至长圆形，长 1.5-3.5 cm，宽 1.3-2 cm，基部宽楔形或近圆形，两面被短硬毛；叶柄 3-5 mm，被短硬毛。穗状花序顶生或生上部叶腋，长 1-3 cm，宽 6-12 mm；苞片 1，小苞片 2，均为披针形，长 4-5 mm，具缘毛；花萼 4 裂，裂片线形，边缘膜质，具缘毛，花冠粉红色，长 7 mm，2 唇形，下唇 3 浅裂，雄蕊 2，药室不等高，下方 1 室有距。蒴果 4-6 mm，种子 4。

生于海拔 500 m 以下山坡、路旁。产秦岭以南。亚洲南部至澳大利亚广布。全草入药，治腰背痛、创伤等。

A377. 爵床科 Acanthaceae

6. 杜根藤
Justicia quadrifaria (Nees) T. Anderson

草本。叶矩圆形或披针形，基部锐尖，边缘具小齿，背面脉上无毛或被微柔毛，长 2.5-8.5 cm，宽 1-3.5 cm；叶柄 0.4-1.5 cm；花序腋生，苞片卵形或倒卵圆形，长 8 mm，宽 5 mm，具 3-4 mm 柄，两面被疏柔毛；小苞片线形，无毛，长 1 mm，花萼裂片线状披针形，被微柔毛，长 5-6 mm，花冠白色，具红色斑点，被疏柔毛，上唇直立，2 浅裂，下唇 3 深裂，开展，雄蕊 2，花药 2 室，下方药室具距。蒴果无毛，长 8 mm。种子被小瘤。

生于海拔 120-600 m。产湖北、重庆、广西、广东、海南和云南。印度亦有。

7. 拟地皮消（飞来蓝）
Ruellia venusta Hance [*Leptosiphonium venustum* (Hance) E. Hossain]

草本，茎直立，不分枝或少分枝，高达 60 cm。叶矩圆状披针形，披针形或倒披针形，长 5-12 cm，宽 1.5-3 cm，顶端尖，基部楔形，下沿，具短柄，边略呈浅波状。花单生上部叶腋或数朵集生枝端；苞片披针形，长 5-7 mm；花萼长 7-8 mm，5 深裂至中部或中部以下，裂片狭披针形；花冠淡紫色，漏斗状，全长 4-5.5 cm，冠管细长，长 2.2-3.5 cm；冠檐 5 裂，裂片几相等，长 7-17 mm，顶端浅波状；雄蕊 4，2 强，药室纵裂，药隔斧形；子房无毛，花柱疏生短柔毛，柱头 2 裂。

生于溪边林下。产广东、福建、江西。

8. 九头狮子草
Peristrophe japonica (Thunb.) Bremek.

草本，高 20-50 cm。叶卵状矩圆形，长 5-12 cm，宽 2.5-4 cm。花序顶生或腋生上部叶腋，由 2-8 聚伞花序组成，每聚伞花序具 2 总苞片，一大一小，卵形，长 1.5-2.5 cm，宽 5-12 mm，全缘，内有 1 至少数花；花萼裂片 5，长约 3 mm，花冠粉红色，长 2.5-3 cm，外疏生短柔毛，二唇形，下唇 3 裂，雄蕊 2，伸出花冠，花药被长硬毛，2 室叠生，一上一下。蒴果长 1-1.2 cm，疏生短柔毛。种子 4，具疣状突起。

生于海拔 100-600 m 的路旁、草地。产华东、华中、华南和西南。日本亦有。药用可解表发汗。

A377. 爵床科 Acanthaceae

9. 板蓝（马蓝）
Strobilanthes cusia (Nees) Ktze.

多年生草本，高约 1 m，幼枝和花序均被锈色、鳞片状毛。叶纸质，椭圆形或卵形，长 10-25 cm，宽 4-9 cm，两面无毛；叶柄长 1.5-2 cm。穗状花序直立，长 10-30 cm；苞片对生，长 1.5-2.5 cm；花萼 5 裂至基部；花冠蓝紫色，弯曲，长 3.5-5 cm，雄蕊 4，内藏，长的一对约 7 mm，短的一对约 3 mm。蒴果长 2-2.2 cm，无毛。花期 7 月至翌年 2 月。

生于海拔 100-500 m 的林下、沟边阴湿处。产广东、海南、香港、台湾、广西、云南、贵州、四川、福建、浙江和喜马拉雅。孟加拉国、印度至中南半岛。叶含蓝靛可做染料。根、叶入药，有清热解毒、凉血消肿之效。

10. 球花马蓝
Strobilanthes dimorphotricha Hance

草本。茎高达 1 m，近梢部多作之字形曲折。叶不等大，椭圆形，椭圆状披针形，先端长渐尖，基部楔形渐狭，边缘有锯齿，上面深暗绿色，被白色伏贴的微柔毛，背面灰白色，除中脉被硬伏毛外光滑无毛，侧脉 5-6 对，有近平行小脉相连；大叶长 4-15 cm，宽 1.5-4.5 cm，小叶长 1.3-2.5 cm。花序头状，近球形，为苞片所包覆，1-3 个生于一总花梗，每头具 2-3 朵花。花萼裂片 5，条状披针形，长 7-9 mm，结果时增长至 15-17 mm，有腺毛。花冠紫红色，长约 4 cm，稍弯曲，冠檐裂片 5，几相等，顶端微凹。雄蕊无毛，前雄蕊达花冠喉部，后雄蕊达花冠中部。花柱几不伸出。蒴果长圆状棒形，长 14-18 mm，有腺毛。

生山地林下。产长江以南各省区和喜马拉雅。中南半岛也有分布。

11. 薄叶马蓝
Strobilanthes labordei Lévl.

匍匐草本，节上生根，茎铺散和平卧，被白色长柔毛，分枝。叶卵形，长 2-4 cm，宽 1.5-2 cm，顶端渐尖，边缘具具稀疏圆齿，上面绿色，有时具淡紫色斑块，背面灰白色，两面疏被白色长柔毛，侧脉 4-5 对；叶柄长 0.5-1 cm。穗状花序短缩，长约 1 cm，密被具节白色柔毛；苞片叶状，长约 1 cm；花萼 5 深裂至基部，密被白色硬毛；花冠淡蓝色或堇色，长约 2 cm，外面被柔毛；雄蕊 4 枚，2 强。蒴果倒卵状长圆形，长约 6 mm。

生溪边林下。产广东、贵州、湖南、广西。

A377. 爵床科 Acanthaceae

12. 少花马蓝
Strobilanthes oligantha Miquel

　　草本，高 40-50 cm。茎基部节膨大膝曲，上面的 4 棱，具沟槽，疏被白色，有时倒向毛。叶宽卵形，长 4-7-10 cm，宽 2-4 cm，边具疏锯齿；叶柄长 3.5-4 cm。数花集生成头状的穗状花序；苞片叶状；被多节的白色柔毛；花萼 5 裂，裂片条形，花冠管圆柱形，稍弯曲，长 1.5 cm，向上扩大成钟形，长 2.5 cm，冠檐外面疏生短柔毛，冠檐裂片 5，几相等，常约 5 mm。蒴果长约 1 cm，近顶端有短柔毛。种子 4，有微毛。

　　生于林下或阴湿草地。产浙江、安徽、江西、福建、湖南、湖北和四川。日本也有。

13. 四子马蓝
Strobilanthes tetraspermus (Champ. ex Benth.) Druce

　　直立或匍匐草本。叶纸质，近椭圆形，边缘具圆齿，长 2-7 cm，宽 1-2.5 cm；叶柄长 5-25 mm。穗状花序短而紧密，通常仅有数花；苞片叶状被扩展、流苏状缘毛；花萼 5 裂，裂片长 6-7 mm，花冠淡红色或淡紫色，长约 2 cm，外面被短柔毛，冠檐裂片几相等，直径约 3 mm，被缘毛。蒴果长约 10 mm，顶部被柔毛。花期秋季。

　　生于密林中。产四川、重庆、贵州、湖北、湖南、江西、福建、广东、香港、海南和广西。越南北部也有。

A378. 紫葳科 Bignoniaceae

1. 菜豆树
Radermachera sinica (Hance) Hemsl.

　　小乔木。叶二回羽状，稀为三回羽状；叶卵形至卵状披针形，长 4-7 cm，宽 2-3.5 cm，全缘，两面无毛。圆锥花序顶生，长 25-35 cm；总苞片线状披针形，长可达 10 cm，早落；小苞片线形，长 4-6 cm；花冠钟状漏斗形，白色至淡黄色，长 6-8 cm，裂片 5，雄蕊 4，二强，子房 2 室，花柱外露，柱头 2 裂。蒴果细长，圆柱形，弯曲多沟纹，长达 85 cm。种子椭圆形，连翅长约 2 cm。花期 5-9 月，果期 10-12 月。

　　生于山谷疏林中。产台湾、广东、广西、贵州、云南。不丹亦有。

A379. 狸藻科 Lentibulariaceae

1. 黄花狸藻
Utricularia aurea Lour.

　　水生草本。匍匐枝圆柱形，长 15-40 cm，具分枝。叶器 3-4 深裂达基部，末回裂片毛发状，具细刚毛。捕虫囊多数，侧生于叶器裂片上，斜卵球形，长 1-4 mm。花序直立，长 5-20 cm，疏生 3-8 花；花梗丝状，长 4-20 mm；花萼 2 裂达基部，裂片近相等，花冠黄色，长 10-15 mm，上唇近圆形，下唇较大，横椭圆形，距近筒状。蒴果球形，直径 4-5 mm。种子多数，压扁，具 5-6 角和细小的网状突起。花期 6-11 月，果期 7-12 月。

　　生于海拔 50-300 m 以下池塘、沟边、路旁。产江苏、安徽、浙江、江西、福建、台湾、湖北、湖南、广东、广西、云南。印度、尼泊尔、孟加拉国、斯里兰卡、中南半岛、马来西亚、印度尼西亚、菲律宾、日本、澳大利亚亦有。

2. 挖耳草
Utricularia bifida L.

　　陆生小草本。匍匐枝少数，丝状。叶器狭线形，顶端急尖，长 7-30 mm，膜质。捕虫囊生叶器及匍匐枝上，球形，长 0.6-1 mm。花序直立，长 2-40 cm；花序梗圆柱状，下部具 1-5 鳞片；苞片与鳞片相似；花梗长 2-5 mm，丝状，具翅，花萼 2 裂达基部，无毛，花冠黄色，长 6-10 mm，上唇狭长圆形，长 3-4.5 mm，下唇近圆形，长 4-4.5 mm，距钻形，长 3-5 mm。蒴果宽椭圆球形，长 2.5-3 mm，室背开裂。花期 6-12 月，果期 7 月至翌年 1 月。

　　生于海拔 40-350 m 沼泽地、稻田或沟边湿地。产华北、华东、华中、华南和西南。印度、孟加拉国、中南半岛、马来西亚、菲律宾、印度尼西亚、日本和澳大利亚亦有。

3. 圆叶挖耳草（圆叶狸藻）
Utricularia striatula J. Smith

　　陆生小草本。假根少数，不分枝。匍匐枝丝状，具分枝。叶器簇生成莲座状和散生于匍匐枝上，具细长的假叶柄。捕虫囊多数，散生，斜卵球形，长 0.6-0.8 mm。花序直立，长 1-15 cm，疏生 1-10 花；花序梗丝状；苞片、小苞片披针形；花梗长 2-6 mm，花萼 2 裂达基部，裂片极不相等，花冠白色或淡紫红色，长 3-10 mm，上唇细小，下唇近圆形，3-5 浅裂，距长 1-4 mm。蒴果斜倒卵球形。种子少数，梨形或倒卵球形。花期 6-10 月，果期 7-11 月。

　　生于海拔 200-500 m 潮湿的岩石或树干上，常生于苔藓丛中。产安徽、浙江、江西、福建、台湾、湖南、广东、广西、四川、贵州、云南和西藏。热带非洲、印度、斯里兰卡、中南半岛、马来西亚、印度尼西亚和菲律宾亦有。

A382. 马鞭草科 Verbenaceae

1. 过江藤
Phyla nodiflora (L.) Greene

多年生草本，全体有紧贴丁字状短毛。叶匙形至倒披针形，长 1-3 cm，宽 0.5-1.5 cm，顶端钝或近圆形，基部狭楔形，中部以上边缘具锐锯齿；叶近无柄。穗状花序腋生，长 0.5-3 cm，宽约 0.6 cm，有长 1-7 cm 的花序梗；苞片宽倒卵形，宽约 3 mm；花萼膜质，长约 2 mm，花冠白色至紫红色，两面无毛，雄蕊不伸出花冠外，子房无毛。果淡黄色，长约 1.5 mm，内藏于膜质花萼内。花果期 6-10 月。

生于海拔 200-450 m 的山坡、河滩等湿润处。产江苏、江西、湖北、湖南、福建、台湾、广东、四川、贵州、云南、西藏。世界热带和亚热带亦有。全草入药，能破瘀生新，通利小便。

2. 马鞭草
Verbena officinalis L.

多年生草本，高 30-60 cm。茎四方形，节和棱上有硬毛。叶卵圆形或长圆状披针形，长 2-8 cm，宽 1-5 cm；基生叶的边缘有粗锯齿和缺刻；茎生叶 3 深裂，裂片边缘有不整齐锯齿，两面被硬毛。穗状花序顶生和腋生，花小无柄；苞片短于花萼，具硬毛；花萼长约 2 mm，有硬毛，花冠淡紫至蓝色，长 4-8 mm，外面有微毛，裂片 5，雄蕊 4，着生于花冠管的中部，子房无毛。果长圆形，长约 2 mm，成熟时 4 瓣裂。花期 6-8 月，果期 7-10 月。

生于海拔 300 m 以下路边、山坡、林缘阳处。全国均产。世界温带至热带均有。全草药用，性凉，味微葳，有凉血、解毒等功效。

A383. 唇形科 Lamiaceae

1. 金疮小草
Ajuga decumbens Thunb.

一或二年生草本，平卧或斜升，被白色长柔毛。基生叶较大，叶薄纸质，匙形，长 3-6 cm，宽 1.5-2.5 cm，基部下延，边缘具波状圆齿，两面被疏糙伏毛或疏柔毛；叶柄长 1-2.5 cm。轮伞花序多排列成穗状花序；花萼漏斗状，长 5-8 mm，萼齿 5，花冠淡蓝色或淡红紫色，筒状，长 8-10 mm，外面被疏柔毛，冠檐二唇形，上唇圆形，下唇宽大，3 裂。小坚果倒卵状三棱形。花期 3-7 月，果期 5-11 月。

生于海拔 400 m 以下溪边、路旁。产长江以南。朝鲜、日本也有。全草入药，治咽喉炎、肠胃炎、急性结膜炎、毒蛇咬伤及外伤出血等症。

A383. 唇形科 Lamiaceae

2. 紫背金盘
Ajuga nipponensis Makino

一或二年生草本。茎被长柔毛或疏柔毛，四棱形。叶纸质，卵状椭圆形，长 2-4.5 cm，宽 1.5-2.5 cm，基部下延，边缘具不整齐的波状圆齿，两面被疏糙伏毛，下部茎叶背面常紫色。轮伞花序多花；花萼钟形，长 3-5 mm，萼齿 5，花冠淡蓝色或蓝紫色，具深色条纹，筒状，长 8-11 mm，外面疏被短柔毛，冠檐二唇形，上唇短，2 裂或微缺，下唇伸长，3 裂。小坚果卵状三棱形，背部具网状皱纹。花期 4-6 月，果期 5-7 月。

生于海拔 100-350 m 的田边、林缘、路旁。产秦岭以南。日本、朝鲜半岛也有。全草入药，有消炎、镇痛散血之功效。

3. 广防风（防风草）
Anisomeles indica (L.) Kuntze

草本。茎四棱形，密被白色贴生短柔毛。叶阔卵圆形，长 4-9 cm，宽 2.5-6.5 cm，两面被毛。轮伞花序在主茎及侧枝的顶部排列成长穗伏花序；花萼钟形，长约 6 mm，被长硬毛、腺状柔毛及黄色小腺点，花冠淡紫色，长约 1.3 cm，外面无毛，冠檐二唇形，雄蕊伸出，花柱丝状，无毛，先端相等 2 浅裂。小坚果黑色，具光泽，近圆球形，直径约 1.5 mm。花期 8-9 月，果期 9-11 月。

生于海拔 40-500 m 的林缘、路旁、荒地。产华东、华中、华南和西南。印度、东南亚经马来西亚至菲律宾均有。全草入药，治风湿骨痛、感冒发热、呕吐腹痛、毒虫蛟伤等症。

4. 紫珠
Callicarpa bodinieri Levl.

灌木，高约 2 m，小枝、叶柄和花序均被粗糠状星状毛。叶卵状长椭圆形，长 7-18 cm，宽 4-7 cm，边缘有细锯齿，表面有短柔毛，背面灰棕色，密被星状柔毛，两面密生红色细粒状腺点；叶柄长 0.5-1 cm。聚伞花序宽 3-4.5 cm；花柄长约 1 mm，花萼长约 1 mm，外被星状毛和暗红色腺点，花冠紫色，长约 3 mm，被星状柔毛和暗红色腺点，子房有毛。果实球形，熟时紫色，直径约 2 mm。花期 6-7 月，果期 8-11 月。

生于海拔 200-600 m 的林中、林缘及灌丛中。产河南、江苏、安徽、浙江、江西、湖南、湖北、广东、广西、四川、贵州和云南。越南也有。根或全株入药，能通经和血。

A383. 唇形科 Lamiaceae

5. 华紫珠
Callicarpa cathayana H. T. Chang

　　小灌木。叶椭圆形或卵形，长 4-8 cm，宽 1.5-3 cm，两面近无毛，但具显著红色腺点，边缘密生细锯齿；叶柄长 4-8 mm。聚伞花序细弱，3-4 次分歧，有星状毛，花序梗长 4-7 mm；花萼杯状，具星状毛和红色腺点，萼齿钝三角形，花冠紫色，疏生星状毛，有红色腺点，子房无毛，花柱略长于雄蕊。果实球形，紫色，直径约 2 mm。花期 5-7 月，果期 8-11 月。

　　生于海拔 600 m 以下的山坡、山谷和疏林。产河南、江苏、湖北、安徽、浙江、江西、福建、广东、广西和云南。

6. 白棠子树
Callicarpa dichotoma (Lour.) K. Koch

　　小灌木。小枝纤细，被星状毛。叶倒卵形或披针形，长 2-6 cm，宽 1-3 cm，边缘仅上半部具粗锯齿，叶背无毛，密生黄色腺点；叶柄短于 5 mm。聚伞花序着生于叶腋上方，细弱，2-3 次分歧；苞片线形；花萼杯状，无毛，顶端有不明显的 4 齿，花冠紫色，长 1.5-2 mm，无毛。果实球形，紫色，直径约 2 mm。花期 5-6 月，果期 7-11 月。

　　生于海拔 500 m 以下低山、丘陵灌丛中。产华东、华中、华南及贵州。日本、越南也有。全株供药用，治感冒、跌打损伤、气血瘀滞、妇女闭经、外伤肿痛等症。

7. 杜虹花
Callicarpa formosana Rolfe

　　灌木。密被灰黄色星状毛和分枝毛。叶卵状椭圆形，长 6-15 cm，宽 3-8 cm，边缘有细锯齿，叶面被短硬毛，叶背被灰黄色星状毛和黄色腺点，叶脉在叶背隆起；叶柄粗壮，长 1-2.5 cm。聚伞花序 4-5 次分歧，花序梗长 1.5-2.5 cm；花萼杯状，被灰黄色星状毛，萼齿钝三角形，花冠淡紫色，无毛，长约 2.5 mm，雄蕊长约 5 mm，花药椭圆形，药室纵裂，子房无毛。果实近球形，紫色，直径约 2 mm。花期 5-7 月，果期 8-11 月。

　　生于海拔 550 m 以下路旁、山坡及灌丛。产华东、华南和西南。菲律宾亦有。药用植物，有散瘀消肿、止血镇痛的效用。根可治风湿痛、扭挫伤、喉炎、结膜炎等。

A383. 唇形科 Lamiaceae

8. 老鸦糊
Callicarpa giraldii Hesse ex Rehd.

灌木，高 2-5 m。叶纸质，宽椭圆形至披针状长圆形，长 5-15 cm，宽 2-7 cm，边缘有锯齿，叶背淡绿色，疏被星状毛和细小黄色腺点，侧脉 8-10 对。聚伞花序 4-5 次分歧，被星状毛；花萼钟状，长约 1.5 mm，疏被星状毛，具黄色腺点，萼齿钝三角形，花冠紫色，具黄色腺点，长约 3 mm，雄蕊长约 6 mm，药室纵裂，药隔具黄色腺点，子房被毛。果实球形，熟时紫色，无毛，直径 2.5-4 mm。花期 5-6 月，果期 7-11 月。

生于海拔 100-500 m 疏林、灌丛、路旁。产西北、华东、华中、华南、西南。全株入药，有清热、和血、解毒等功效。

9. 全缘叶紫珠
Callicarpa integerrima Champ.

藤本或蔓性灌木，密生黄褐色分枝茸毛。叶宽卵形或椭圆形，长 7-15 cm，宽 4-9 cm，全缘，叶背深绿色，幼时有黄褐色星状毛，后脱落，叶背密生灰黄色厚茸毛，侧脉 7-9 对。聚伞花序 7-9 次分歧；花序梗长 3-5 cm；花柄及萼筒密生星状毛，萼齿截头状，花冠紫色，长约 2 mm，无毛，雄蕊长为花冠的 3 倍，药室纵裂，子房有星状毛。果实近球形，紫色，熟时无毛，直径约 2 mm。花期 6-7 月，果期 8-11 月。

生于海拔 100-500 m 山坡、林下。产浙江南部、江西、福建、广东、广西。

10. 枇杷叶紫珠
Callicarpa kochiana Makino

灌木，密被黄褐色分枝茸毛。叶卵状椭圆形至长椭圆状披针形，长 12-22 cm，宽 4-8 cm，叶背密生黄褐色星状毛和分枝茸毛。聚伞花序 3-5 次分歧；花序梗长 1-2 cm；花近无柄，密集于分枝的顶端，花萼管状，萼齿线形，长 2-2.5 mm，花冠淡红色或紫红色，裂片密被茸毛。果实圆球形，直径约 1.5 mm，包藏于宿存花萼内。花期 7-8 月，果期 9-12 月。

生于海拔 500 m 以下山坡、灌丛、路旁阳处。产台湾、福建、广东、浙江、江西、湖南和河南。越南亦有。根药用治慢性风湿性关节炎。叶可作外伤止血药并治风寒咳嗽、头痛。

A383. 唇形科 Lamiaceae

11. 广东紫珠
Callicarpa kwangtungensis Chun

灌木。幼枝略被星状毛，常带紫色，老枝无毛。叶狭椭圆状披针形，或线状披针形，长15-26 cm，宽3-5 cm，两面通常无毛，叶背密生显著黄色腺点，边缘上半部有细齿。聚伞花序3-4次分歧，具稀疏的星状毛，花序梗长5-8 mm；花萼在花时稍有星状毛，后近无毛，萼齿钝三角形，花冠白色或带紫红色，长约4 mm。果实球形，直径约3 mm。花期6-7月，果期8-10月。

生于海拔300-600 m的山坡、灌丛。产浙江、江西、湖南、湖北、贵州、福建、广东、广西和云南。

12. 长柄紫珠
Callicarpa longipes Dunn

灌木。小枝棕褐色，被多细胞腺毛和单毛。叶倒卵状椭圆形，长6-13 cm，宽2-7 cm，基部心形，稍偏斜，两面被多细胞单毛，叶背有黄色腺点，边缘具三角状粗锯齿，侧脉8-10对。花序3-4次分歧，被毛与小枝同；花序梗长1.8-3 cm；花萼钟状，被腺毛及单毛，萼齿锐三角形状，花冠红色，疏被毛，长约4 mm，雄蕊长为花冠的2倍，花药卵形，药室纵裂，子房无毛。果实球形，紫红色，直径1.5-2 mm。花期6-7月，果期8-12月。

生于海拔300-500 m山坡灌丛、疏林。产安徽、江西、福建和广东。

13. 钩毛紫珠
Callicarpa peichieniana Chun et S. L. Chen

灌木，高约2 m；小枝圆柱形，细弱，密被钩状小糙毛和黄色腺点。叶菱状卵形或卵状椭圆形，长2.5-6 cm，宽1-3 cm，两面无毛，密被黄色腺点，顶端尾尖或渐尖，基部宽楔形或钝圆，侧脉4-5对，边缘上半部疏生小齿；叶柄极短或无柄。聚伞花序单一，有花1-7朵，花序梗纤细，长1-2 cm，被毛同小枝；花柄细弱，长约4 mm；花萼杯状，长约1.5 mm，顶端截头状，被黄色腺点；花冠紫红色，被细毛和黄色腺点；花丝与花冠等长或稍长；子房球形，无毛，具稠密腺点，花柱长于雄蕊。果实球形，径约4 mm，熟时紫红色。花期6-7月，果期8-11月。

生于林中或林边。产广东、广西、湖南。

A383. 唇形科 Lamiaceae

14. 红紫珠
Callicarpa rubella Lindl.

灌木。小枝被黄褐色星状毛并杂有多细胞的腺毛。叶倒卵状椭圆形，长 10-14 cm，宽 4-8 cm，基部心形，微偏斜，边缘具细锯齿或不整齐的粗齿，叶面被多细胞单毛，叶背被星状毛并杂有单毛和腺毛，有黄色腺点；叶柄极短。聚伞花序；花序梗长 1.5-3 cm；花萼被星状毛或腺毛，具黄色腺点，花冠紫红色或白色，长约 3 mm，外被细毛和黄色腺点。果实紫红色，直径约 2 mm。花期 5-7 月，果期 7-11 月。

生于海拔 150-570 m 的山坡、河谷、灌丛。产安徽、浙江、江西、湖南、广东、广西、四川、贵州和云南。印度、缅甸、越南、泰国、印度尼西亚、马来西亚亦有。民间用根墩肉服，可通经和治妇女红、白带症。嫩芽可揉碎擦癣。叶可作止血、接骨药。

15. 兰香草
Caryopteris incana (Thunb.) Miq.

小灌木，高 26-60 cm。叶厚纸质，卵形或长圆形，长 1.5-9 cm，宽 0.8-4 cm，边缘有粗齿，两面有黄色腺点；叶柄被柔毛，长 0.3-1.7 cm。聚伞花序腋生和顶生；花萼杯状，长约 2 mm，外面密被短柔毛，花冠淡紫色，二唇形，外面具短柔毛，花冠管长约 3.5 mm，喉部有毛环，下唇中裂片较大，边缘流苏状，雄蕊 4，与花柱均伸出花冠管外，柱头 2 裂。蒴果倒卵状球形，被粗毛，直径约 2.5 mm，果瓣有宽翅。花果期 6-10 月。

生于海拔 300-600 m 山坡、岩壁等阳处。产华东、华中和华南等。日本、朝鲜也有。全草药用，可疏风解表、祛痰止咳、散瘀止痛。外用治毒蛇咬伤、疮肿、湿疹等症。

16. 灰毛大青
Clerodendrum canescens Wall.

灌木；全株密被平展或倒向灰褐色长柔毛，髓疏松。叶心形或宽卵形，长 10-20 cm，宽 7-15 cm，基部心形至近截形，两面具柔毛；叶柄长 1.5-12 cm。聚伞花序密集成头状，花序梗较粗壮，长 1.5-11 cm；苞片叶状，卵形或椭圆形，长 0.5-2.4 cm；花萼钟状，有 5 棱角，长约 1.3 cm，5 裂至中部，花冠白色或淡红色，外有腺毛或柔毛，花冠管长约 2 cm。核果近球形，直径约 7 mm，成熟时深蓝色，藏于红色增大的宿萼内。花果期 4-10 月。

生于海拔 120-480 m 的山坡路边、疏林。产浙江、江西、湖南、福建、台湾、广东、广西、四川、贵州和云南。广西用全草药用治毒疮、风湿病，有退热止痛的功效。

A383. 唇形科 Lamiaceae

17. 大青
Clerodendrum cyrtophyllum Turcz.

灌木或小乔木。叶椭圆形或长圆形，长 6-20 cm，宽 3-9 cm，全缘，两面无毛或沿脉疏生短柔毛，叶背具腺点；叶柄长 1-8 cm。伞房状聚伞花序生于枝顶；萼片杯状，外面被黄褐色短绒毛和不明显的腺点，长 3-4 mm，顶端 5 裂，花冠白色，外面疏生细毛和腺点，花冠管细长，长约 1 cm，雄蕊与花柱同伸出花冠外。果实球形，直径 5-10 mm，熟时蓝紫色，包裹在红色宿萼内。花果期 6 月至翌年 2 月。

生于海拔 550 m 以下的丘陵、林缘、沟边、路旁。产华东、华中、华南和西南。朝鲜、越南和马来西亚也有。根、叶有清热、泻火、利尿、凉血、解毒的功效。

18. 白花灯笼
Clerodendrum fortunatum L.

灌木。嫩枝密被黄褐色短柔毛。叶纸质，长椭圆形，长 5-17.5 cm，宽 1.5-5 cm，叶面被疏生短柔毛，叶背密生细小黄色腺点；叶柄长 0.5-3 cm，密被黄褐色柔毛。聚伞花序腋生，3-9 花，花序梗长 1-4 cm，密被棕褐色短柔毛；花萼红紫色，具 5 棱，膨大形似灯笼，长 1-1.3 cm，顶端 5 深裂，花冠淡红色或白色，外面被毛，顶端 5 裂，雄蕊与花柱同伸出花冠外。核果近球形，直径约 5 mm，熟时深蓝绿色，藏于宿萼内。花果期 6-11 月。

生于海拔 500 m 以下的山坡、路边、村旁。产江西、福建、广东和广西。根或全株入药，有清热降火、消炎解毒、止咳镇痛的功效。

19. 赪桐
Clerodendrum japonicum (Thunb.) Sweet

灌木，高 1-4 m；小枝四棱形。叶片圆心形，长 8-35 cm，宽 6-27 cm，顶端尖或渐尖，基部心形，边缘有疏短尖齿，背面密具锈黄色盾形腺体。二歧聚伞花序组成顶生，大而开展的圆锥花序，长 15-34 cm，宽 13-35 cm，花序的最后侧枝呈总状花序，长可达 16 cm；花萼红色，外面疏被短柔毛，散生盾形腺体，长 1-1.5 cm，深 5 裂，裂片卵形或卵状披针形，渐尖，长 0.7-1.3 cm，开展，外面有 1-3 条细脉；花冠红色，稀白色，花冠管长 1.7-2.2 cm，顶端 5 裂，裂片长圆形，开展，长 1-1.5 cm；雄蕊长约达花冠管的 3 倍；子房无毛，4 室，柱头 2 浅裂，与雄蕊均长突出于花冠外。果实椭圆状球形，绿色或蓝黑色，径 7-10 mm，常分裂成 2-4 个分核，宿萼增大，初包被果实，后向外反折呈星状。花果期 5-11 月。

生于溪边或村边疏林中。产江苏、浙江、江西、湖南、福建、台湾、广东、广西、四川、贵州、云南。印度、孟加拉国、不丹、中南半岛、马来西亚、日本也有分布。

A383. 唇形科 Lamiaceae

20. 尖齿臭茉莉
Clerodendrum lindleyi Decne. ex Planch.

灌木。叶宽卵形或心形，表面散生短柔毛，叶背有短柔毛，沿脉较密，叶缘有不规则锯齿；叶柄长 2-11 cm，被短柔毛。伞房状聚伞花序密集，顶生；苞片披针形，长 2.5-4 cm，被短柔毛、腺点；花萼钟状，长 1-1.5 cm，密被柔毛和少数盘状腺体，萼齿线状披针形，长 4-10 mm，花冠紫红色或淡红色，花冠管长 2-3 cm，雄蕊与花柱伸出花冠外。核果近球形，直径 5-6 mm，熟时蓝黑色，中下部为宿萼所包。花果期 6-11 月。

生于海拔 600 m 以下的山坡、林缘、路边。产浙江、江苏、安徽、江西、湖南、广东、广西、贵州和云南。全株入药，治月经不调、风湿骨痛、骨折、中耳炎、毒疮、湿疹等。

21. 邻近风轮菜
Clinopodium confine (Hance) O. Ktze.

草本，铺散。茎四棱形，无毛或疏被微柔毛。叶卵圆形，长 9-22 mm，宽 5-17 mm，先端钝，基部圆形或阔楔形，边缘自近基部以上具圆齿状锯齿，每侧 5-7 齿，两面均无毛，侧脉 3-4 对。轮伞花序通常多花密集，近球形，径达 1-1.3 cm，分离；苞叶叶状；苞片极小；花梗长 1-2 mm，被微柔毛。花萼管状，萼筒等宽，基部略狭，花时长约 5 mm。花冠粉红至紫红色，稍超出花萼，长约 4 mm，冠檐二唇形，上唇直伸，长 0.6 mm，下唇 3 裂，中裂片较大，先端微缺。雄蕊 4，内藏，前对能育，后对退化，花药 2 室，室略叉开。花柱先端略增粗，2 浅裂，裂片扁平。子房无毛。小坚果卵球形，长 0.8 mm，褐色，光滑。花期 4-6 月，果期 7-8 月。

生于田边、山坡、草地。产浙江、江苏、安徽、河南、江西、福建、广东、湖南、广西、贵州及四川。日本也有。

22. 细风轮菜
Clinopodium gracile (Benth.) Matsum.

纤细草本。茎柔弱，被倒向的短柔毛。叶圆卵形，长 1.2-3.4 cm，宽 1-2.4 cm，边缘具疏牙齿或圆齿状锯齿，叶面近无毛，叶背脉上被疏短硬毛。轮伞花序分离，或密集于茎端成短总状花序；花梗长 1-3 mm，被微柔毛，花萼管状，花冠白至紫红色，外面被微柔毛，花柱先端略增粗，2 浅裂，子房无毛。小坚果卵球形，光滑。花期 6-8 月，果期 8-10 月。

生于海拔 550 m 以下路旁、林缘。产华东、华中、华南和西南。印度、缅甸、老挝、泰国、越南、马来西亚、印度尼西亚和日本亦有。全草入药，治感冒头痛、中暑腹痛、痢疾等症。

A383. 唇形科 Lamiaceae

23. 齿叶水蜡烛
Dysophylla sampsonii Hance

一年生草本。茎直立或基部匍匐生根，高 15-50 cm，基部常较粗，节间较短，钝四棱形，无毛。叶倒卵状长圆形至倒披针形，长 0.9-6.2 cm，宽 4-8 mm，先端钝或急尖，基部渐狭，边缘自 1/3 处以上具明显小锯齿，基部近全缘，坚纸质，上面榄绿色，下面较淡，密被黑色小腺点，两面均无毛；无叶柄。穗状花序长 1.2-7 cm，宽约 8 mm；总梗被腺柔毛。花萼宽钟形，长宽约 1.4 mm，外面被短柔毛，下部具黄色腺体，常带紫红色，萼齿 5，卵形，长超过萼长 1/3。花冠紫红色，长约 2 mm，冠檐 4 裂，裂片近相等。雄蕊 4，长长地伸出，花丝上的毛茸呈浅紫红色。花柱先端 2 浅裂。花盘平顶。小坚果卵形，长约 0.7 mm，宽约 0.5 mm，深褐色，光亮。花期 9-10 月，果期 10-11 月。

生于沼泽中或水边。产湖南、江西、广东、广西、贵州。

24. 水虎尾（边氏水珍珠菜）
Dysophylla stellata (Lour.) Benth.

一年生草本，中部以上具轮状分枝。叶 4-8 轮生，线形，长 2-7 cm，宽 1.5-4 mm，边缘具疏齿或几无齿。穗状花序长 0.5-4.5 cm，宽 4-6.5 mm，花极密集；苞片披针形，长于花萼；花萼钟形，密被灰色绒毛，长约 1.2 mm，花冠紫红色，长 1.8-2 mm，冠檐 4 裂，裂片近相等，花柱先端 2 浅裂。小坚果倒卵形，棕褐色，光滑。花果期全年。

生于海拔 400 m 以下稻田、水边。产华东、华南和西南。印度至日本，南经马来西亚至澳大利亚也有。

25. 活血丹
Glechoma longituba (Nakai) Kupr

多年生草本，具匍匐茎。茎四棱形。叶草质，上部叶较大，心形，长 1.8-2.6 cm，边缘具齿，两面被毛，叶背常紫色；叶柄长为叶片的 1.5 倍。轮伞花序常 2 花；花萼管状，长 9-11 mm，上唇 3 齿，较长，下唇 2 齿，略短，花冠蓝，下唇具斑点，长筒长 1.7-2.2 cm，短筒者通常藏于花萼内，上唇 2 裂，下唇 3 裂，先端凹入。小坚果深褐色，长圆状卵形，长约 1.5 mm。花期 4-5 月，果期 5-6 月。

生于海拔 150-600 m 林下、草地、溪边等阴湿处。除青海、甘肃、新疆及西藏外，全国均产。俄罗斯远东地区、朝鲜也有。民间广泛用全草入药，治膀胱结石或尿路结石有效。

A383. 唇形科 Lamiaceae

26. 线纹香茶菜
Isodon lophanthoides (Buch.-Ham. ex D. Don) H. Hara

多年生草本，基部匍匐，具球形块根。茎高 15-100 cm，具槽，被短柔毛。茎叶阔卵形，长 1.5-8.8 cm，边缘具圆齿，两面密被毛，叶背满布褐色腺点。圆锥花序长 7-20 cm，由聚伞花序组成；花萼钟形，长约 2 mm，外面下部密布腺点，萼齿 5，二唇形，花冠白色或粉红色，具紫色斑点，长 6-7 mm，冠檐外被黄色腺点，冠筒上唇长 1.6-2 mm，极外反，具 4 深圆裂，下唇稍长于上唇，极阔卵形，宽 2-2.8 mm，伸展。花果期 8-12 月。

生于海拔 200-600 m 沼泽地上或林下潮湿处。产西南、华东、华中、华南。印度、不丹亦有。全草入药，治急性黄疸型肝炎、急性胆囊炎、咽喉炎。

27. 大萼香茶菜
Isodon macrocalyx (Dunn) Kudo

多年生草本。茎直立，高 0.5-1.5 m，常多数自根茎生出，下部近圆柱形，近木质，上部钝四棱形。茎叶对生，卵圆形，长 5-15 cm，宽 2.5-8.5 cm，先端长渐尖，基部宽楔形，骤然渐狭下延，边缘在基部以上有整齐的圆齿状锯齿，下面淡绿色，仅沿脉上被贴生微柔毛，散布淡黄色腺点，侧脉约 4 对；叶柄长 2-3（6.5）cm，上部具狭翅。总状圆锥花序长 6-15 cm，宽约 2.5 cm，顶生及在茎上部叶腋内腋生，整体排列成尖塔形的复合圆锥花序，由（1）3-5 花的聚伞花序组成，聚伞花序具梗，总梗长 2-4 mm。花萼花时宽钟形，长 2.7 mm，宽达 3 mm，外被微柔毛，内面无毛，萼齿 5，果时花萼明显增大，长达 6 mm。花冠浅紫、紫或紫红色，长约 8 mm，外疏被短柔毛及腺点，内面无毛。雄蕊 4，稍露出。花柱稍伸出，先端相等 2 浅裂。成熟小坚果卵球形，长约 1.5 mm。花期 7-8 月，果期 9-10 月。

生于林下、灌丛中、山坡或路旁等处。产湖南、广西、广东、江西、安徽、浙江、江苏、福建、台湾。

28. 南方香简草
Keiskea australis C. Y. Wu et H. W. Li

直立草本。茎高 50-80 cm，钝四棱形，淡红色，疏被短柔毛。叶卵圆形，长 3-11 cm，宽 2-5.5 cm，边缘具圆齿，坚纸质，叶面沿脉被短柔毛，余部被具节微柔毛及尘状毛被，叶背沿脉有极稀的短柔毛，有时全面具腺点；叶柄淡红色，长 1-4 cm，被短柔毛。顶生总状花序长 8-9 cm，花序轴密被具腺短柔毛；花萼钟形，长达 4 mm，3/2 式二唇形，齿 5，花冠深紫色，长达 1.1 cm，花柱丝状，伸出花冠外，子房裂片无毛。花期 10 月。

生于海拔 300-600 m 山谷疏林下。产福建、广东。

A383. 唇形科 Lamiaceae

29. 香薷状香简草
Keiskea elsholtzioides Merr.

草本。茎高约 40 cm，紫红色，幼枝同叶柄被密柔毛。叶卵状长圆形，厚纸质，长 1.5-15 cm，边缘具齿，叶背布凹陷腺点；叶柄背部具条纹。总状花序达 18 cm；苞片宿存；花梗长约 2.5 mm，与花序轴密生柔毛；花萼钟形，长约 3 mm，外被硬毛，萼齿 5，披针形，内面齿间有硬毛，花冠白色，染以紫色，长约 8 mm，内面有髯毛环，上唇长 1.6 mm，2 裂，下唇 3 裂。小坚果近球形，直径约 1.6 mm，紫褐色。花期 6-10 月，果期 10 月以后。

生于海拔约 500 m 红壤丘陵草丛或树丛中。产湖北、湖南、广东、福建、江西、安徽及浙江。

30. 益母草
Leonurus artemisia (Lour.) S. Y. Hu

草本。茎高 30-120 cm，钝四棱形，具糙伏毛。茎下部叶卵形，掌状 3 裂，裂片长 2.5-6 cm，两面具毛，叶背具腺点，叶柄长 2-3 cm，略具翅；茎中部叶菱形，较小。轮伞花序腋生，8-15 花，圆球形，直径 2-2.5 cm；花萼管状钟形，长 6-8 mm，齿 5，花冠粉红，长 1-1.2 cm，冠筒长约 6 mm，上唇长圆形，长约 7 mm，下唇短于上唇，3 裂。小坚果长圆状三棱形，长 2.5 mm，淡褐色，光滑。花期 6-9 月，果期 9-10 月。

多种生境，尤以阳处为多，海拔可高达 560 m。全国均产。俄罗斯、朝鲜、日本、热带亚洲、非洲及美洲均有。全草入药。

31. 小野芝麻
Matsumurella chinense (Benth.) C. Y. Wu
[*Galeobdolon chinense* (Benth.) C. Y. Wu]

一年生草本，根有时具块根。茎高 10-60 cm，四棱形，密被污黄色绒毛。叶卵圆形、卵圆状长圆形至阔披针形，长 1.5-4 cm，宽 1.1-2.2 cm，边缘具圆齿状锯齿，上面密被贴生的纤毛，下面被污黄色绒毛；叶柄长 5-15 mm。轮伞花序 2-4 花；花萼管状钟形，长约 1.5 cm，外面密被绒毛，萼齿披针形，长 4-6 mm，先端渐尖呈芒状。花冠粉红色，长约 2.1 cm，外面被白色长柔毛，尤以上唇为甚，冠筒内面下部有毛环，冠檐二唇形，上唇长 1.1 cm，倒卵圆形，基部渐狭，下唇长约 8 mm，3 裂。花柱丝状，先端不相等的 2 浅裂。小坚果三棱状倒卵圆形，长约 2.1 mm。花期 3-5 月，果期在 6 月以后。

生于海拔 50-300 m 疏林中。产江苏、安徽、浙江、江西、福建、台湾、湖南、广东及广西。

A383. 唇形科 Lamiaceae

32. 冠唇花
Microtoena insuavis (Hance) Prain ex Dunn

直立草本或半灌木。茎高 1-2 m，四棱形，被贴生的短柔毛。叶卵圆形或阔卵圆形，长 6-10 cm，宽 4.5-7.5 cm，先端急尖，基部截状阔楔形，下延至叶柄而成狭翅，两面均被微短柔毛，边缘具锯齿状圆齿，叶柄扁平，长 3-8.5 cm，被贴生的短柔毛。聚伞花序二歧，分枝蝎尾状，在主茎及侧枝上组成开展的顶生圆锥花序。花萼花时钟形，长约 2.5 mm，齿 5，三角状披针形。花冠红色，具紫色的盔，长约 14 mm，冠筒基部直径约 1 mm，向上渐宽，冠檐二唇形，上唇长约 7 mm，盔状，下唇较长，先端 3 裂。雄蕊 4，近等长，包于盔内，花丝丝状，先端极不相等 2 浅裂。小坚果卵圆状，长约 1.2 mm。花期 10-12 月，果期 12 月至翌年 1 月。

生于林下或林缘。产广东、云南及贵州。越南、印度尼西亚也有。

33. 石香薷
Mosla chinensis Maxim.

直立草本。茎高 9-40 cm，被白柔毛。叶线状披针形，长 1.3-2.8 (-3.3) cm，两面均被毛及棕色凹陷腺点；叶柄长 3-5 mm。总状花序头状，长 1-3 cm；苞片叶背具凹陷腺点，具睫毛，基出掌状 5 脉；花萼钟形，长约 3 mm，外被白绵毛及腺体，萼齿 5，花冠紫红、淡红至白色，长约 5 mm，略伸出苞片，雄蕊及雌蕊内藏，花盘呈指状膨大。小坚果球形，直径约 1.2 mm，灰褐色，具深雕纹，无毛。花期 6-9 月，果期 7-11 月。

生于海拔 100-500 m 草坡或林下。产西南、华东、华中、华南。越南北部亦有。民间用全草入药，治中暑发热、感冒恶寒、胃痛呕吐、急性肠胃炎，亦为治毒蛇咬伤要药。

34. 小鱼仙草
Mosla dianthera (Buch.-Ham.) Maxim.

一年生草本。茎高至 1 m，四棱形。叶卵状披针形，纸质，长 1.2-3.5 cm，边缘具锐齿，叶背灰白色，散布凹陷腺点；叶柄长 3-18 mm。总状花序顶生，长 3-15 cm；苞片针状，具肋；花梗长 1 mm，花萼钟形，长约 2 mm，外被硬毛，二唇形，上唇 3 齿反向上，下唇 2 齿直伸，花冠淡紫色，长 4-5 mm，上唇微缺，下唇 3 裂，中裂片较大，雄蕊 4，后对能育，柱头等 2 浅裂。小坚果灰褐色，近球形，直径 1-1.6 mm，具网纹。花果期 5-11 月。

生于海拔 175-500 m 山坡、路旁或水边。产西南、华中、华东、华南。印度、巴基斯坦、尼泊尔、不丹、缅甸、越南、马来西亚和日本亦有。全草入药。

A383. 唇形科 Lamiaceae

35. 石荠苎
Mosla scabra (Thunb.) C. Y. Wu et H. W. Li

一年生草本。茎高 20-100 cm，茎、枝具条纹，密被柔毛。叶卵状披针形，纸质，长 1.5-3.5 cm，边缘锯齿状，叶背灰白，密布凹陷腺点；叶柄长 3-18 mm。总状花序长 2.5-15 cm；苞片卵形；花梗密被柔毛，花萼钟形，长约 2.5 mm，外面被柔毛，二唇形，上唇 3 齿呈卵状披针形，下唇 2 齿，线形，花冠粉红色，长 4-5 mm，上唇微凹，下唇 3 裂，中裂片缘具齿。小坚果黄褐色，球形，直径约 1 mm，具深雕纹。花期 5-11 月，果期 9-11 月。

生于海拔 150-550 m 山坡、路旁或灌丛下。产中国中部、北部、南部、东部。越南北部、日本亦有。全草入药，治感冒、中暑发高烧、痱子、皮肤瘙痒。

36. 小叶假糙苏
Paraphlomis javanica var. *coronata* (Vaniot) C. Y. Wu et H. W. Li

多年生草本，高 50-150 cm；茎钝四棱形，具槽，被倒向平伏毛。叶椭圆形、椭圆状卵形或长圆状卵形，长 3-10 cm，宽 2-6 cm，间或有时长达 30 cm，宽达 14 cm，先端渐尖，基部圆形或近楔形，边缘疏生锯齿或有小尖突的圆齿，齿常不明显或极浅，多少呈肉质，侧脉 5-6 对；叶柄长达 8 cm。轮伞花序多花，轮廓为圆球形，连花冠径约 3 cm；花萼花时明显管状，口部骤然开张，齿 5，三角状钻形，长 3-4 mm。花冠通常黄或淡黄，长约 1.7 cm，冠檐二唇形，上唇长圆形，直伸，下唇 3 裂，中裂片较大。雄蕊 4，前对较长。花柱丝状，略超出雄蕊，先端近相等 2 浅裂。小坚果倒卵状三棱形，顶端钝圆，黑色，无毛。花期 6-8 月，果期 8-12 月。

生于海拔 100-300 m 的密林下。产云南、四川、贵州、广西、广东、湖南、江西及台湾。

37. 野生紫苏
Perilla frutescens var. *purpurascens* (Hayata) H. W. Li
[*Perilla frutescens* var. *acuta* (Thunb.) Kudo]

一年生直立草本。茎高 0.3-2 m，钝四棱形，具四槽，密被疏短柔毛。叶阔卵形，长 4.5-8 cm，宽 3-5 cm，先端短尖或突尖，基部圆形或阔楔形，边缘在基部以上有粗锯齿，两面被疏柔毛，侧脉 7-8 对；叶柄长 3-5 cm。轮伞花序 2 花，组成长 1.5-15 cm、偏向一侧的顶生及腋生总状花序；花梗长 1.5 mm，密被柔毛。花萼钟形，长约 3 mm，结果时增大，长至 6 mm，萼檐二唇形，上唇宽大，3 齿，下唇比上唇稍长，2 齿。花冠白色至紫红色，长 3-4 mm，冠筒短，长 2-2.5 mm，喉部斜钟形，冠檐近二唇形，上唇微缺，下唇 3 裂。雄蕊 4，几不伸出，前对稍长。小坚果近球形，土黄色，直径 1-1.5 mm。花期 8-11 月，果期 8-12 月。

生于山地路旁、村边荒地。产山西、河北、湖北、江西、浙江、江苏、福建、台湾、广东、广西、云南、贵州及四川。日本也有。

A383. 唇形科 Lamiaceae

38. 水珍珠菜
Pogostemon auricularius (L.) Hassk.

一年生草本。茎高 0.4-2 m，基部平卧，上部上升，多分枝，密被黄色平展长硬毛。叶长圆形或卵状长圆形，长 2.5-7 cm，宽 1.5-2.5 cm，先端钝或急尖，边缘具整齐的锯齿，两面被黄色糙硬毛，下面满布凹陷腺点，侧脉 5-6 对；叶柄短，密被黄色糙硬毛。穗状花序长 6-18 cm，花期先端尾状渐尖，直径约 1 cm，连续，有时基部间断。花萼钟形，小，长宽约 1 mm，萼齿 5，短三角形，长约为萼筒 1/4。花冠淡紫至白色，长约为花萼长之 2.5 倍，无毛。雄蕊 4，长长地伸出，伸出部分具髯毛。花柱不超出雄蕊，先端相等 2 浅裂。小坚果近球形，直径约 0.5 mm，褐色，无毛。花果期 4-11 月。

生于疏林下湿润处或溪边近水潮湿处。产江西、福建、台湾、广东、广西及云南。印度、斯里兰卡、缅甸、泰国、老挝、柬埔寨、越南、马来西亚至印度尼西亚及菲律宾也有。

39. 豆腐柴
Premna microphylla Turcz.

直立灌木。幼枝有柔毛，老枝无毛。叶揉之有臭味，卵状披针形，长 3-13 cm，宽 1.5-6 cm，顶端急尖至长渐尖，基部渐狭窄下延至叶柄两侧，全缘至有不规则粗齿，无毛至有短柔毛；叶柄长 0.5-2 cm。聚伞花序组成顶生塔形的圆锥花序；花萼杯状，绿色，有时带紫色，密被毛至几无毛，但边缘常有睫毛，近整齐的 5 浅裂，花冠淡黄色，外有柔毛和腺点，花冠内部有柔毛，以喉部较密。核果紫色，球形至倒卵形。花果期 5-10 月。

生于山坡林下或林缘。产华东、中南、华南以至四川、贵州等。日本也有。叶可制豆腐。根、茎、叶入药，清热解毒，消肿止血，主治毒蛇咬伤、无名肿毒、创伤出血。

40. 夏枯草
Prunella vulgaris L.

多年生草木，根茎匍匐。茎高 20-30 cm，钝四棱形，紫红色。茎叶卵状长圆形，草质，长 1.5-6 cm；叶柄长 0.7-2.5 cm。轮伞花序密集组成顶生穗状花序；苞片宽心形，浅紫；花萼钟形，长约 10 mm，外面疏生刚毛，二唇形，花冠紫、蓝紫或红紫色，冠檐上唇近圆形，直径约 5.5 mm，下唇较短，3 裂，雄蕊 4，均超出上唇片，柱头等 2 裂，外弯。小坚果黄褐色，长圆状卵珠形，长 1.8 mm。花期 4-6 月，果期 7-10 月。

生于海拔高可达 600 m 荒坡、草地、溪边及路旁等湿润地上。除东北外，全国均产。欧洲、北非、亚洲东部均有。全株入药，治口眼歪斜，止筋骨疼。

A383. 唇形科 Lamiaceae

41. 血盆草（红青菜）
Salvia cavaleriei Lévl. var. *simplicifolia* Stib.

一年生草本。茎高 12-32 cm，四棱形，青紫色。叶基出，通常为单叶，稀三出叶；侧生小叶小，叶长 3.5-10.5 cm，具圆齿，叶柄常比叶片长。轮伞花序 2-6 花，成顶生总状花序；花梗长约 2 mm，花萼筒状，长 4.5 mm，上唇半圆状三角形，下唇半裂成 2 齿，花紫红色，长约 8 mm，上唇长圆形，下唇 3 裂。小坚果长椭圆形，长 0.8 mm，黑色。花期 7-9 月。

生于海拔 260-600 m 山坡、林下或沟边。产湖北、湖南、江西、广东、广西、贵州、云南及四川。全草入药，主治吐血、衄血、刀伤出血、血痢。叶又可外敷疮毒。

42. 荔枝草
Salvia plebeia R. Br.

一年生或二年生草本。茎高 15-90 cm，除冠筒外全株被毛。叶椭圆状披针形，长 2-6 cm，边缘具齿，两面具腺点。轮伞花序 6 花，顶生成总状圆锥花序，花序长 10-25 cm；花梗几无，花萼钟形，长约 2.7 mm，外布腺点，二唇形，下唇 2 齿深裂，花冠淡红、紫、蓝紫至蓝色，长 4.5 mm，冠檐上唇长圆形，长约 1.8 mm，下唇长约 1.7 mm，3 裂，能育雄蕊 2，略伸出花冠，花柱先端不等 2 裂。小坚果倒卵圆形，直径 0.4 mm。花期 4-5 月，果期 6-7 月。

生于海拔可至 600 m 山坡、路旁、沟边、田野潮湿的土壤上。除新疆、甘肃、青海及西藏外，全国均产。朝鲜、日本、阿富汗、印度、缅甸、泰国、越南、马来西亚至澳大利亚也有。全草入药，民间广泛用于跌打损伤、流感、咽喉肿痛、哮喘等症。

43. 地埂鼠尾草
Salvia scapiformis Hance

一年生草本。茎细长，高 20-26 cm。叶常为根出叶或近根出叶，稀有茎生叶，根出叶多为单叶；间或有分出一片或一对小叶而成复叶，叶柄长 2.5-9 cm，扁平，叶片心状卵圆形，长 2-4.3 cm，宽 1.3-3.6 cm，尖端钝或急尖，基部心形，边缘具浅波状圆齿，下面除脉上被短柔毛外，其余均无毛，复叶的顶生小叶较大，侧生小叶小或成狭片或近于减退，茎生叶很少，间有 1-2 对，叶柄短或近于无柄，叶片与根出叶者相同，但较小。轮伞花序 6-10 花，疏离，组成长 10-20 cm 的顶生总状或总状圆锥花序；花梗长 1.5 mm。花萼筒形，长 4.5 mm，二唇形。花冠紫色或白色，长约 7 mm，冠筒略伸出萼外，冠檐二唇形，上唇直伸，先端深凹，下唇比上唇长，3 裂。能育雄蕊 2，伸出花冠外。花柱与花冠等长，先端 2 裂，前裂片较长。小坚果长卵圆形，长约 1.5 mm。花期 4-5 月。

生于山谷、林下。产台湾、福建、广东。菲律宾也有。

A383. 唇形科 Lamiaceae

43a. 钟萼地埂鼠尾草
Salvia scapiformis var. *carphocalyx* Stib.

与原变种区别为：叶在茎的下部簇生或茎平卧因而叶在整个茎上着生；轮伞花序密集；果萼长 6-7 mm，钟形，膜质，干时带黄色。

生于林下溪边。产广东、江西、湖南。

43b. 白补药
Salvia scapiformis var. *hirsuta* Stib.

与原变种区别为：根出叶多数及茎生叶 2-4，单叶或具 1-2 对小叶的复叶，心形或卵圆状披针形，先端圆或近锐尖，两面近无毛，叶柄被疏而纤细长 2-3 mm 极开展的多节硬毛。

生于山坡、疏林下。产广东、广西、贵州、浙江、福建。

44. 四棱草（假马鞭草）
Schnabelia oligophylla Hand.-Mazz.

草本，高 60-100 cm。叶对生，叶纸质，三角状卵形，稀掌状三裂，长 1-3 cm，宽 8-17 mm，边缘具锯齿，两面被疏糙伏毛；叶柄长 3-9 mm，被糙伏毛。总梗有 1 花，花梗长 5-7 mm；开花授粉的花花萼钟状，长 6-9 mm，萼齿 5，花冠长 14-18 mm，淡紫蓝色，外面被短柔毛，冠檐二唇形；闭花授粉的花较小，从不开放，早落，冠檐闭合，二唇形。小坚果倒卵珠形，被短柔毛，长 5 mm。花期 4-5 月，果期 5-6 月。

生于海拔 300-500 m 山谷溪旁、河边林下。产福建、江西、湖南、广东、广西和四川。全草入药，有活血通经之效。

A383. 唇形科 Lamiaceae

45. 半枝莲
Scutellaria barbata D. Don

茎高 12-40 cm，四棱形。叶卵圆状披针形，长 1.3-3.2 cm，先端急尖，边缘有浅齿，叶背带紫色，侧脉 2-3 对。花单生；花梗长 1-2 mm，被微柔毛，小苞片针状；花萼长约 2 mm，外被微柔毛；花冠紫蓝色，长 9-13 mm，内外被柔毛；上唇盔状，长 1.5 mm，下唇中裂片梯形，长 2.5 mm；雄蕊 4，前对较长，后对内藏；花柱先端锐尖，微裂；子房 4 裂，等大。小坚果褐色，扁球形，直径约 1 mm，具疣状突起。花果期 4-7 月。

生于海拔 600 m 以下水田边、溪边或湿润草地上。除西藏、西北外，全国均产。印度、尼泊尔、缅甸、老挝、泰国、越南、日本及朝鲜也有。民间用全草药用。

46. 韩信草
Scutellaria indica L.

多年生草本。茎高 12-28 cm，四棱形，带暗紫色，全株被微柔毛。叶近坚纸质，椭圆形，长 1.5-3 cm，边缘密生圆齿；叶柄长 0.4-2 cm。花对生，成顶生总状花序长 4-10 cm；最下苞片叶状；花萼长 2.5 mm，盾片高 1.5 mm，花冠蓝紫色，长 1.4-1.8 cm，冠筒前方基部膝曲，向上渐增大，喉部宽 4.5 mm，冠檐上唇盔状，下唇中裂片圆状卵圆形，具深紫色斑点，雄蕊 4，二强，子房 4 裂。小坚果栗色，卵形，长约 1 mm，具瘤。花果期 2-6 月。

生于海拔 500 m 以下的山地或丘陵地、疏林下。产华南、华东、华中。朝鲜、日本、印度、中南半岛、印度尼西亚亦有。全草入药，平肝消热，治跌打伤，祛风，壮筋骨，散血消肿。

47. 地蚕
Stachys geobombycis C. Y. Wu

多年生草本，高 30-50 cm。茎四棱形，全株被毛。茎叶长圆状卵圆形，长 4.5-8 cm，边缘有圆齿；叶柄长 1-4.5 cm。轮伞花序腋生，4-6 花，成长 5-18 cm 的穗状花序；花梗长约 1 mm，花萼长 5.5 mm，萼筒长 4 mm，齿 5，花冠淡紫或淡红色，长约 1.1 cm，冠筒长约 7 mm，冠檐上唇长圆状卵圆形，长 4 mm，下唇水平开展，3 裂，雄蕊 4，前对稍长，花柱略超出雄蕊，先端等 2 浅裂，子房黑褐色。花期 4-5 月。

生于海拔 170-500 m 荒地、田地及草丛湿地上。产浙江、福建、湖南、江西、广东及广西。肉质的根茎可供食用。全草又可入药，治跌打、疮毒、祛风毒。

A383. 唇形科 Lamiaceae

48. 血见愁

Teucrium viscidum Bl.

多年生草本，具匍匐茎。茎高 30-70 cm，上部具短柔毛。叶卵圆状长圆形，长 3-10 cm，缘齿带重齿；叶柄长 1-3 cm。具 2 花的轮伞花序组成假穗状花序顶生，长 3-7 cm，密被毛；花萼钟形，长 2.8 mm，外密被柔毛，齿 5，三角形，花冠白色，淡红色或淡紫色，长 6.5-7.5 mm，冠筒稍伸出，中裂片正圆形，雄蕊伸出，花柱与雄蕊等长，子房顶端被泡状毛。小坚果扁球形，长 1.3 mm，黄棕色。花期 6 月至 11 月。

生于海拔 120-530 m 山地林下润湿处。产东南、西南、南部。日本、朝鲜、缅甸、印度、印度尼西亚、菲律宾亦有。全草入药，各地广泛用于风湿性关节炎、跌打损伤。

49. 黄荆

Vitex negundo L.

灌木或小乔木。小枝四棱形，被灰白色绒毛。掌状复叶，小叶 5；小叶披针形，中间小叶长 4-13 cm，两侧小叶渐小。聚伞花序排成圆锥花序式，顶生，长 10-27 cm；花序梗密生灰白色绒毛；花萼钟状，顶端有 5 裂齿，外有灰白色绒毛，花冠淡紫色，外有微柔毛，顶端 5 裂，二唇形，雄蕊伸出花冠管外，子房近无毛。核果近球形，直径约 2 mm；宿萼接近果实的长度。花期 4-6 月，果期 7-10 月。

生于山坡路旁或灌木丛中。产长江以南，北达秦岭 - 淮河。非洲东部经马达加斯加、亚洲东南部及南美洲的玻利维亚也有。茎叶治久痢。种子为清凉性镇静、镇痛药。

50. 山牡荆

Vitex quinata (Lour.) Will.

常绿乔木。小枝四棱形，有微柔毛和腺点。掌状复叶，对生，叶柄长 2.5-6 cm，有 3-5 小叶；小叶倒卵形，表面有灰白色小窝点，背面有金黄色腺点，中间小叶长 5-9 cm，小叶柄长 0.5-2 cm。聚伞花序对生于主轴上，成顶生圆锥花序，长 9-18 cm，密被棕黄色微柔毛；花冠淡黄色，长 6-8 mm，5 裂，下唇中间裂片较大，雄蕊 4，伸出花冠，子房顶端有腺点。核果球形，黑色，宿萼圆盘状。花期 5-7 月，果期 8-9 月。

生于海拔 180-600 m 的山坡林中。产浙江、江西、福建、台湾、湖南、广东和广西。日本、印度、马来西亚、菲律宾也有。

A384. 通泉草科 Mazaceae

1. 通泉草

Mazus miquelii Makino [*Mazus japonicus* (Thunb.) O. Ktze.]

一年生草本，高 3-30 cm。体态变化很大，茎 1-5 支，分枝多。基生叶少到多数，成莲座状或早落，卵状倒披针形，膜质至薄纸质，长 2-6 cm，边缘具粗齿，叶柄带翅；茎生叶对生或互生，与基生叶等大。总状花序顶生，3-20 花；花梗长 10 mm；花萼钟状，长约 6 mm，萼片与萼筒近等长，卵形，端急尖，花冠白色、紫色，长约 10 mm，上唇裂片卵状三角形，下唇中裂片较小，稍突出。蒴果球形。种子黄色，种皮有网纹。花果期 4-10 月。

生于海拔 500 m 以下的湿润的草坡、沟边、路旁及林缘。遍布全国，仅内蒙古、宁夏、青海及新疆未见标本。越南、俄罗斯、朝鲜、日本、菲律宾也有。

2. 弹刀子菜

Mazus stachydifolius (Turcz.) Maxim.

多年生草本，高 10-50 cm，全体被多细胞白色长柔毛。茎圆柱形，不分枝或在基部分 2-5 枝。基生叶匙形，有短柄，常早枯萎；茎生叶无柄，长椭圆形至倒卵状披针形，长 2-4（7）cm，边缘具不规则锯齿。总状花序顶生，长 2-20 cm，花稀疏；花萼漏斗状，长 5-10 mm，果时增长达 16 mm，直径超过 1 cm，比花梗长或近等长，萼齿略长于筒部；花冠蓝紫色，长 15-20 mm，花冠筒与唇部近等长，上唇短，顶端 2 裂，下唇宽大，开展，3 裂，中裂较侧裂约小一半，褶襞两条，被黄色斑点同稠密的乳头状腺毛；雄蕊 4 枚，2 强，着生在花冠筒的近基部；子房上部被长硬毛。蒴果扁卵球形，长 2-3.5 mm。花期 4-6 月，果期 7-9 月。

生路旁、草坡及林缘。分布于东北、华北，南至广东、台湾，西至四川、陕西。俄罗斯、蒙古及朝鲜也有。

A386. 泡桐科 Paulowniaceae

1. 白花泡桐

Paulownia fortunei (Seem.) Hemsl.

乔木高达 30 m；幼枝、叶、花序各部和幼果初时均被黄褐色星状绒毛。叶长卵状心形，长达 20 cm，叶背具腺点；叶柄达 12 cm。圆锥花序，长约 25 cm，小聚伞花序有 3-8 花；萼倒圆锥形，长 2-2.5 cm；花冠管状漏斗形，白色，仅背面稍带紫色，长 8-12 cm，管部逐渐向上扩大，内部密布紫色细斑块，雄蕊长 3-3.5 cm，有疏腺，子房有腺。蒴果长圆形，长 6-10 cm；种子连翅长 6-10 mm。花期 3-4 月，果期 7-8 月。

生于海拔 200-600 m 山坡、林中、山谷及荒地。野生或栽培。产安徽、浙江、福建、台湾、江西、湖北、湖南、四川、云南、贵州、广东和广西。越南、老挝也有。

A387. 列当科 Orobanchaceae

1. 野菰
Aeginetia indica L.

　　一年生寄生草本，高 15-50 cm。叶肉红色，卵状披针形，长 5-10 mm，宽 3-4 mm。花单生茎端；花梗 10-40 cm；花萼一侧裂至近基部，长 2.5-6.5 cm，具紫红色条纹；花冠带黏液，下部白色，上部带紫色，长 4-6 cm，不明显二唇形；雄蕊 4，内藏，花丝长 7-9 mm；花柱 1-1.5 cm，柱头盾状膨大，肉质，淡黄色。蒴果圆锥状或长卵球形，长 2-3 cm，2 瓣开裂。种子椭圆形，黄色。花期 4-8 月，果期 8-10 月。

　　喜生于海拔 200-600 m 土层深厚、湿润及枯叶多的地方。产江苏、安徽、浙江、江西、福建、台湾、湖南、广东、广西、四川、贵州和云南。印度、斯里兰卡、缅甸、越南、菲律宾、马来西亚及日本也有。根和花可供药用，清热解毒、消肿。

2. 广东假野菰
Christisonia kwangtungensis (Hu) G. D. Tang, J. F. Liu et W. B. Yu

　　腐生性寄生草本，茎肉质，长 1.5-2.2 cm，常数 10 株簇生，近无毛。茎长 1.5-2.2 cm。鳞片少数，卵形，早落。花 2 至数朵簇生茎顶。苞片无毛。萼筒钟状，长 1.8-2.2 cm，不整齐 4 裂，无毛。花冠筒明显膨大，紫红色至白色，长 3.3-4.0 cm，喉部毛被聚集，花冠裂片长 0.9-1.2 cm，下部中裂片具 1 明显黄斑；雄蕊 4 枚，2 长 2 短，内藏，花丝着生于筒近基部，花药粘合，长雄蕊花药基部伸长。花柱内弯，长 3.3-3.8 cm，柱头盘状，直径 3 mm，有时边缘紫色。蒴果卵球形，无毛，花柱宿存。花期 7-8 月，果期 8-9 月。

　　生于海拔 90-200 m 的竹林下或潮湿处。目前仅见于广东丹霞山。

3. 野地钟萼草
Lindenbergia muraria (Roxb. ex D. Don) Brühl

　　一年生草本，高 10-40 cm，被疏柔毛。叶卵形，近膜质，长 2.5-5 cm，基部楔形，边缘具细圆锯齿，两面被疏毛；叶柄细弱，被柔毛。花单生叶腋；花梗长 1-5 mm，被柔毛；花萼长 4-5 mm，被密毛，萼齿 5，矩圆状卵形；花冠黄色，长 8-9 mm；子房及花柱基部皆密被长纤毛，柱头无毛。蒴果卵圆形，长约 5 mm，密被毛。种子狭矩圆形，长 0.5-0.7 mm，深黄色。花期 7-9 月，果期 10 月。

　　生于海拔 200-500 m 的路旁、河边或山坡上。产西南、华南。阿富汗、斯里兰卡、越南和缅甸也有。

A387. 列当科 Orobanchaceae

4. 沙氏鹿茸草
Monochasma savatieri Franch.

多年生草本，高 15-23 cm，常有残留的隔年枯茎，全体因密被绵毛而呈灰白色。茎多数，丛生，通常不分枝。叶交互对生，下部叶最小，鳞片状，向上则逐渐增大，成长圆状披针形至线状披针形，通常长 12-20 mm，宽 2-3 mm。总状花序顶生；萼筒状，膜质，管长 5-7 mm，萼齿 4，花冠淡紫色，长 15-18 mm，被少量柔毛，瓣片二唇形，上唇 2 裂，下唇 3 裂，雄蕊 4，二强。蒴果长圆形，长约 9 mm。花期 3-4 月。

生于海拔 200-500 m 山坡向阳处杂草中。产浙江、福建和江西等。

5. 腺毛阴行草
Siphonostegia laeta S. Moore

一年生草本，高 30-60 cm，全体密被腺毛。叶对生，膜质，三角状长卵形，长 15-25 mm，宽 8-15 mm，叶下延，边缘亚掌状 3 深裂；叶柄长 6-10 mm。总状花序顶生；苞片叶状；萼管状钟形，管长 10-15 mm，萼齿 5，花冠黄色，盔微带紫色，长 23-27 mm，外面密被腺毛及长毛，花管长 15-17 mm，下唇顶端 3 裂，二强雄蕊。蒴果黑褐色，包于宿萼内，长 12-13 mm。花期 7-9 月，果期 9-10 月。

生于海拔 220-600 m 草丛、灌木林中。产湖南、安徽、广东、福建和江西。

目 58. 冬青目 Aquifoliales

A392. 冬青科 Aquifoliaceae

1. 满树星
Ilex aculeolata Nakai

落叶灌木。长枝被短柔毛，具皮孔，短枝具芽鳞和叶痕。叶长枝上互生，短枝上簇生，叶薄纸质，倒卵形，长 2-6 cm，宽 1-3.5 cm，边缘具锯齿；叶柄 5-11 mm，被短柔毛；托叶宿存。花序腋生；花白色，4-5 基数。雄花序具 1-3 花，总花梗 0.5-2 mm；花萼盘状，4 深裂，花冠辐状，直径约 7 mm，花瓣圆卵形，啮蚀状。雌花单生，花梗 3-4 mm，柱头 4 浅裂。果球形，直径约 7 mm。花期 4-5 月，果期 6-9 月。

生于海拔 100-600 m 山谷、路旁的疏林中或灌丛中。产浙江、江西、福建、湖北、湖南、广东、广西、海南和贵州等。根皮入药，有清热解毒、止咳化痰之功效。

A392. 冬青科 Aquifoliaceae

2. 秤星树
Ilex asprella (Hook. et Arn.) Champ. ex Benth.

落叶灌木。叶膜质，长枝上互生，短枝上簇生，卵状椭圆形，长 3-7 cm，宽 1.5-3.5 cm，边缘具齿，叶面被微柔毛；叶柄 3-8 mm；托叶宿存。雄花序 2-3 花束状或单生叶腋；花梗 4-9 mm，花 4-5 基数，花萼盘状，具缘毛，花冠白色，直径约 6 mm，败育子房中央具短喙。雌花单生，花梗 1-2 cm，花 4-6 基数，子房直径约 1.5 mm，柱头厚盘状。果球形，直径 5-7 mm。花期 3 月，果期 4-10 月。

生于海拔 300-600 m 的山地疏林中或路旁灌丛中。产浙江、江西、福建、台湾、湖南、广东、广西、香港等。菲律宾群岛亦有。根、叶入药，有清热解毒、生津止渴、消肿散瘀之功效。

3. 黄毛冬青
Ilex dasyphylla Merr.

常绿灌木或乔木；小枝、叶柄、叶片、花梗及花萼均密被锈黄色瘤基短硬毛。叶革质，卵形至卵状披针形，长 3-11 cm，宽 1-3.2 cm，全缘或中部以上具稀疏小齿，主脉在叶面凹陷；叶柄长 3-5 mm。聚伞花序单生于叶腋；花红色。雄花序具 3-5 花，假伞形状；花冠辐状，开放时反折。雌花序聚伞状，具 1-3 花。果球形，直径 5-7 mm，成熟时红色，宿存花萼平展，五角形。花期 5 月，果期 8-12 月。

生于海拔 270-600 m 的山地疏林或灌木丛中、路旁。产江西、福建、广东和广西。

4. 厚叶冬青
Ilex elmerrilliana S. Y. Hu

常绿灌木或小乔木，高 2-7 m。叶片厚革质，椭圆形或长圆状椭圆形，长 5-9 cm，宽 2-3.5 cm，先端渐尖，全缘，两面无毛；叶柄长 4-8 mm。花序簇生于二年生枝的叶腋内或当年生枝的鳞片腋内。雄花序：单个分枝具 1-3 花，花梗长 5-10 mm，近基部具小苞片 2 枚；花 5-8 基数，白色；花萼盘状；花冠辐状，直径 6-7 mm，花瓣长圆形，长约 3.5 mm，基部合生；雄蕊与花瓣近等长；退化子房圆锥形。雌花序由具单花的分枝簇生，花梗长 4-6 mm，近基部具小苞片；花萼同雄花；花冠直立，花瓣长圆形，长约 2 mm，基部分离；退化雄蕊长约为花瓣的 1/2；子房近球形。果球形，直径约 5 mm，成熟后红色，果梗长 5-6 mm；宿存花柱明显；分核 6 或 7，长圆形，长约 3.5 mm，宽约 1.5 mm，平滑，背部具 1 纤细的脊，脊的末端稍分枝。花期 4-5 月，果期 7-11 月。

生于阔叶林中、灌丛中或林缘。产安徽、浙江、江西、福建、湖北、湖南、广东、广西、四川和贵州等。

A392. 冬青科 Aquifoliaceae

5. 光叶细刺枸骨
Ilex hylonoma var. *glabra* S. Y. Hu

常绿乔木。叶革质，披针形至椭圆形，长 6-12.5 cm，宽 2.5-4.5 cm，边缘具粗锯齿；叶柄 8-14 mm，上面具微柔毛；托叶长约 1 mm。雄花序 3 花组成聚伞花序簇生 2 年生枝叶腋，总花梗约 1 mm，苞片 1；花梗约 3 mm，小苞片 2，花 4 基数，花萼直径约 1.8 mm，裂片长 0.5 mm，花冠辐状，淡黄色，花瓣长 3-3.5 mm，雄蕊与花瓣互生，花药卵球形。雌花未见。果近球形，直径 10-12 mm，成熟时红色。花期 3-5 月，果期 10-11 月。

生于丘陵、山地杂木林中。产浙江、湖南、广西和广东。

6. 谷木叶冬青
Ilex memecylifolia Champ. ex Benth.

常绿乔木，除花冠和花萼外全株被微柔毛。叶生于 1-2 年生枝上，叶革质，卵状长圆形或倒卵形，长 4-8.5 cm，宽 1.2-3.3 cm；叶柄 5-7 mm；托叶小，宿存。花序簇生于 2 年生枝叶腋；花 4-6 基数，白色，芳香。雄花序的单个分枝为 1-3 花聚伞花序，总花梗 1-3 mm；花梗长 3-6 mm，花萼直径约 2 mm，裂片 5-6，花冠辐状，直径 5-6 mm。雌花序簇单个分枝具 1 花，花梗 6-8 mm。果球形，直径 5-6 mm，成熟时红色。花期 3-4 月，果期 7-12 月。

生于海拔 300-600 m 的山坡密林、疏林、杂木林中或灌丛中、路边。产江西、福建、广东、香港、广西和贵州等。越南北部也有。

7. 毛冬青
Ilex pubescens Hook. et Arn.

常绿灌木；密被长硬毛，顶芽发育不良。叶生于 1-2 年生枝上，叶纸质，椭圆形或长卵形，长 2-6 cm，宽 1-3 cm，近全缘；叶柄 2.5-5 mm。花序簇生于 1-2 年生枝叶腋。雄花序为聚伞花序，具 1-3 花；花梗 1.5-2 mm，小苞片 2，花 4-6 基数，粉红色，花萼被长柔毛，深裂，花冠直径 4-5 mm。雌花序具单花；花梗 2-3 mm，花 6-8 基数，花萼直径约 2.5 mm，深裂，花瓣长约 2 mm。果球形，直径约 4 mm，成熟后红色。花期 4-5 月，果期 8-11 月。

生于海拔 100-600 m 的山坡常绿阔叶林中或林缘、灌木丛中及溪旁、路边。产安徽、浙江、江西、福建、台湾、湖南、广东、海南、香港、广西和贵州。

A392. 冬青科 Aquifoliaceae

8. 铁冬青
Ilex rotunda Thunb.

常绿灌木或乔木。叶薄革质，卵形至椭圆形，长4-9 cm，宽1.8-4 cm；叶柄8-18 mm；托叶早落。聚伞花序或伞形状花序2-13花，单生叶腋；雄花序总花梗3-11 mm；花白色，4基数，花萼被微柔毛，花冠直径约5 mm。雌花序3-7花，总花梗5-13 mm；花白色，5-7基数，花萼直径约2 mm，花冠直径约4 mm。果近球形，直径4-6 mm，成熟时红色。花期4月，果期8-12月。

生于海拔300-600 m的山坡常绿阔叶林中和林缘。产华东、华中、华南、西南等。朝鲜、日本和越南也有。叶和树皮入药，凉血散血，有清热利湿、消炎解毒、消肿镇痛之功效。

9. 三花冬青
Ilex triflora Bl.

常绿灌木或乔木。幼枝近四棱形，密被短柔毛。叶近革质，椭圆形至长圆形，长2.5-10 cm，宽1.5-4 cm，具近波状线齿，背面具腺点，疏被短柔毛；叶柄3-5 mm，密被短柔毛，具狭翅。雄花排成聚伞花序，花序簇生于1-3年生枝叶腋；花4基数，白色或淡红色，花萼4深裂，花冠直径约5 mm。雌花簇生于1-2年生枝的叶腋，花梗4-14 mm，被微柔毛，柱头厚盘状，4浅裂。果球形，直径6-7 mm，成熟后黑色。花期5-7月，果期8-11月。

生于海拔150-600 m的山地阔叶林、杂木林或灌木丛中。产华东、华中、华南及西南等。印度、孟加拉国、越南至印度尼西亚也有。

10. 绿冬青
Ilex viridis Champ. ex Benth.

常绿灌木或小乔木。叶革质，倒卵形至阔椭圆形，长2.5-7 cm，宽1.5-3 cm，具细圆齿状锯齿；叶柄4-6 mm，具狭翅。雄花聚伞花序，单生或簇生，总花梗3-5 mm，花梗约2 mm，花白色，4基数，花萼直径2-3 mm，花冠辐状，直径约7 mm，退化子房先端急尖或具短喙。雌花单生，花梗12-15 mm，花萼直径4-5 mm，花瓣长约2.5 mm，柱头盘状突起。果球形或略扁球形，直径9-11 mm，成熟时黑色。花期5月，果期10-11月。

生于海拔300-600 m的山地和丘陵地区的常绿阔叶林下、疏林及灌木丛中。产安徽、浙江、江西、福建、湖北、广东、广西、海南和贵州等。

目 59. 菊目 Asterales

A394. 桔梗科 Campanulaceae

1. 金钱豹

Campanumoea javanica Bl.

　　草质缠绕藤本，具乳汁，具胡萝卜状根。叶对生，叶心形或心状卵形，边缘有浅锯齿，长 3-11 cm，宽 2-9 cm，无毛或背面疏生长毛；具长柄。花单生叶腋，各部无毛；花萼与子房分离，5 裂至近基部，裂片卵状披针形或披针形，长 1-1.8 cm；花冠上位，白色或黄绿色，内面紫色，钟状，裂至中部；雄蕊 5；柱头 4-5 裂，子房和蒴果 5 室。浆果黑紫色，紫红色，球状。种子不规则，常为短柱状，表面有网状纹饰。

　　生于海拔 600 m 以下的灌丛中及疏林中。果实味甜，可食。根入药，有清热、镇静之效，治神经衰弱等症，也可蔬食。

2. 羊乳

Codonopsis lanceolata (Sieb. et Zucc.) Trautv.
[*Campanumoea lanceolata* Sieb. et Zucc.]

　　全株无毛或茎叶偶疏生柔毛，茎缠绕。叶在主茎上互生，披针形或菱状狭卵形，长 0.8-1.4 cm，宽 3-7 mm；在小枝顶端通常簇生，近对生或轮生状，叶菱状卵形至椭圆形，长 3-10 cm，宽 1.3-4.5 cm；叶柄 1-5 mm。花单生或对生小枝顶端；花梗 1-9 cm；花萼贴生至子房中部，裂片长 1.3-3 cm；花冠阔钟状，长 2-4 cm，浅裂，黄绿色或乳白色内有紫色斑；子房下位。蒴果上部有喙，直径 2-2.5 cm。种子多数，有翼，棕色。花果期 7-8 月。

　　生于山地灌木林下沟边阴湿地区或阔叶林内。产东北、华北、华东和中南。俄罗斯远东地区、朝鲜、日本也有。

3. 半边莲

Lobelia chinensis Lour.

　　多年生草本。茎匍匐，分枝直立，高 6-15 cm，无毛。叶互生，椭圆状披针形，长 8-25 cm，宽 2-6 cm，全缘或顶部有明显的锯齿，无毛；近无柄。通常 1 花，生分枝的上部叶腋；花萼筒倒长锥状，基部渐细，长 3-5 mm，无毛，裂片披针形；花冠粉红色或白色，长 10-15 mm，裂片披针形，全部平展于下方，呈一个平面。蒴果倒锥状，长约 6 mm。花果期 5-10 月。

　　生于水田边、沟边及潮湿草地上。产长江中、下游及以南。印度以东的亚洲其他各国也有。

A394. 桔梗科 Campanulaceae

4. 铜锤玉带草
Lobelia nummularia (Lam.) A. Br. et Aschers.

多年生草本，有白色乳汁。茎平卧，长 12-55 cm，被开展的柔毛。叶互生，叶卵心形，长 0.8-1.6 cm，宽 0.6-1.8 cm，基部斜心形，边缘有牙齿，两面疏生短柔毛；叶柄长 2-7 mm，生开展短柔毛。花萼筒坛状，长 3-4 mm，裂片条状披针形；花冠紫红色、淡紫色、绿色或黄白色，长 6-9 mm，花冠檐部二唇形，上唇 2 裂片条状披针形，下唇裂片披针形。浆果紫红色，椭圆状球形，长 1-1.3 cm。在热带地区整年可开花结果。

生于田边、路旁、丘陵、草坡。产西南、华南、华东、华中。印度、尼泊尔、缅甸至巴布亚新几内亚也有。全草供药用，治风湿、跌打损伤等。

5. 卵叶半边莲
Lobelia zeylanica L.

多汁草本。茎平卧，四棱状。叶螺旋状排列，叶三角状阔卵形，长 1-2.8 cm，宽 0.8-2.2 cm，边缘锯齿状，基部近截形至浅心形；柄长 3-12 mm，生短柔毛。花单生叶腋；花梗长 1-1.5 cm，疏生短柔毛；花萼钟状，长 2-5 mm，被短柔毛，裂片披针状条形；花冠紫色至白色，二唇形，长 5-10 mm，背面裂至基部，上唇裂片倒卵状矩圆形，下唇裂片阔椭圆形。蒴果倒锥状至矩圆状，长 5-7 mm，宽 2-4 mm。全年均可开花结果。

生于海拔 500 m 以下的田边或山谷沟边等阴湿处。产云南、广西、广东、福建和台湾。中南半岛、斯里兰卡、巴布亚新几内亚也有。

6. 蓝花参
Wahlenbergia marginata (Thunb.) A. DC.

多年生草本，有白色乳汁。根细长，外面白色，细胡萝卜状。茎自基部多分枝，直立或上升，长 10-40 cm。叶互生，无柄或具短柄，常在茎下部密集，下部的匙形、倒披针形或椭圆形，上部的条状披针形或椭圆形，长 1-3 cm，宽 2-8 mm，边缘波状或具疏锯齿，或全缘。花梗极长，细而伸直，长可达 15 mm；花萼无毛，筒部倒卵状圆锥形，裂片三角状钻形；花冠钟状，蓝色，长 5-8 mm，分裂达 2/3，裂片倒卵状长圆形。蒴果倒圆锥状或倒卵状圆锥形，有 10 条不甚明显的肋，长 5-7 mm，直径约 3 mm。花果期 2-5 月。

生于低海拔的田边、路边和荒地中，有时生于山坡或沟边。产长江流域及其以南各省区。亚洲热带、亚热带地区广布。

A400. 睡菜科 Menyanthaceae

1. 小荇菜
Nymphoides coreana (Lévl.) H. Hara

多年生水生草本。茎长，丝状，节下生根。叶少数，卵状心形或圆心形，直径 2-6 cm，基部深心形，全缘，叶柄不整齐，长 1-10 cm，具关节，基部向茎下延。花少数至多数，在节上簇生，4 或 5 数；花梗长 1-3 cm；花萼裂片宽披针形，长 3-4 mm，先端急尖；花冠白色，直径约 8 mm，裂片膜质，边缘具睫毛。蒴果椭圆形，长 4-5 mm，稍长于花萼，宿存花柱短，长不及 1 mm；种子有光泽，椭圆形，直径约 1 mm，表面平滑或边缘疏生细齿。

生水塘中。产辽宁、台湾。俄罗斯、朝鲜、日本也有分布。

A403. 菊科 Asteraceae

1. 金钮扣（天文草）
Acmella paniculata (Wall. ex DC.) R. K. Jansen
[*Spilanthes paniculata* Wall. ex DC.]

一年生草本，高 15-75 cm，多分枝，带紫红色。叶宽卵圆形，长 3-5 cm，宽 0.6-2.5 cm，全缘或具波状钝锯齿；叶柄长 3-15 mm。头状花序单生，或圆锥状排列，卵圆形，直径 7-8 mm，有或无舌状花；花序梗长 2.5-6 cm，顶端有疏短毛；花黄色；雌花舌状，舌片长 1-1.5 mm，顶端 3 浅裂；两性花花冠管状，长约 2 mm，有 4-5 裂片。瘦果长圆形，长 1.5-2 mm，暗褐色，有白色的软骨质边缘，顶端有 1-2 细芒。花果期 4-11 月。

生于海拔 300-500 m 田边、沟边、路旁及林缘。产云南、广东、广西及台湾。印度、尼泊尔、缅甸、泰国、越南、老挝、柬埔寨、印度尼西亚、马来西亚、日本也有。全草供药用，但有小毒。

2. 和尚菜
Adenocaulon himalaicum Edgew.

根状茎匍匐，直径 1-1.5 cm。茎直立，高 30-100 cm，中部以上分枝。根生叶或有时下部的茎叶花期凋落；下部茎叶肾形或圆肾形，长 5-8 cm，宽 4-12 cm，基部心形，顶端急尖或钝，边缘有不等形的波状大牙齿，叶上面沿脉被尘状柔毛，下面密被蛛丝状毛，基出三脉，叶柄长 5-17 cm，宽 0.3-1 cm，有翼；中部茎叶三角状圆形，向上的叶渐小，三角状卵形或菱状倒卵形。头状花序排成狭或宽大的圆锥状花序，花梗短，被白色绒毛，花后花梗伸长，密被稠密头状具柄腺毛。总苞半球形，宽 2.5-5 mm；总苞片 5-7 个，果期向外反曲。雌花白色，长 1.5 mm，两性花淡白色，长 2 mm。瘦果棍棒状，长 6-8 mm，被多数头状具柄的腺毛。花果期 6-11 月。

生于河岸、山谷、阴湿密林下，在干燥山坡亦有生长。全国均产。日本、朝鲜、印度、俄罗斯都有分布。

A403. 菊科 Asteraceae

3. 下田菊

Adenostemma lavenia (L.) O. Ktze.

一年生草本，高 30-100 cm。茎直立，单生，通常自上部叉状分枝，被白色短柔毛，中部以下光滑无毛，全株有稀疏的叶。中部的茎叶较大，长椭圆状披针形，长 4-12 cm，宽 2-5 cm，叶两面有稀疏的短柔毛；叶柄有狭翼，长 0.5-4 cm，边缘有圆锯齿。头状花序小，花序分枝粗壮，花序梗被灰白色或锈色短柔毛，总苞片 2 层，近等长，几膜质，绿色；花冠长约 2.5 mm。瘦果倒披针形，长约 4 mm；冠毛约 4，长约 1 mm，棒状。花果期 8-10 月。

生于海拔 200-600 m 水边、路旁、林下及山坡灌丛中。产华东、华南、西南及湖南等。印度、中南半岛、菲律宾、日本、朝鲜及澳大利亚均有。

4. 黄花蒿

Artemisia annua L.

一年生草本，植株有挥发性香气，全株近无毛。茎单生，高可达 2 m，有纵棱，多分枝。叶纸质，宽卵形或三角状卵形，长 3-7 cm，宽 2-6 cm，二至四回羽状深裂，裂片再次分裂，叶柄长 1-2 cm，基部有半抱茎的假托叶；上部叶近无柄。头状花序球形，直径 1.5-2.5 mm，排成总状或复总状花序，总苞片 3-4 层；花深黄色。瘦果小，椭圆状卵形，略扁。花果期 8-11 月。

生境适应性强。全国均产。于欧洲、亚洲的温带和寒温带及亚热带广布，延伸至地中海及非洲北部和北美洲。含挥发油，并含青蒿素，为抗疟的主要有效成分。

5. 奇蒿

Artemisia anomala S. Moore

多年生草本。茎高 80-150 cm。叶纸质，两面近无毛；下部叶几不分裂，叶柄长 3-5 mm；中部叶长 9-14 cm，宽 2.5-5 cm，叶柄长 2-8 mm；上部叶与苞片叶小，无柄。头状花序直径 2-2.5 mm，排成密穗状花序，总苞片 3-4 层；雌花 4-6，花冠狭管状，花柱长，先端 2 叉；两性花 6-8，花冠管状，花柱略长于花冠，先端 2 叉。瘦果倒卵形或长圆状倒卵形。花果期 6-11 月。

生于低海拔地区林缘、路旁、沟边、河岸、灌丛及荒坡等地。产华东、华中、华南、西南等。越南也有。全草入药，东南各省称"刘寄奴"。

A403. 菊科 Asteraceae

6. 南毛蒿
Artemisia chingii Pamp.

多年生草本。茎少数或单生，高 80-140 cm，具纵棱；上部具着生头状花序的分枝，茎、枝密被黏质柔毛及稀疏的腺毛。叶纸质，上面被腺毛，背面除叶脉外密被灰白色或灰黄色蛛丝状平贴绵毛，脉上具淡黄色腺毛；茎下部叶宽卵形或卵形，长 5-6 cm，宽 4-5 cm，一（至二）回羽状深裂或近全裂；中部叶卵形、长卵形或宽卵形，长 3.5-5 cm，宽 2-4 cm，羽状深裂；上部叶小，3-5 深裂。头状花序小，宽卵形或长圆形，直径 1.5-2 mm，有细小线形的小苞叶，在茎上部短的分枝或小枝上排成密穗状花序，并在茎上组成狭窄的圆锥花序；总苞片 3-4 层；雌花 3-5 朵，花冠狭管状；两性花 8-12 朵，花冠管状。瘦果倒卵形或卵形。花果期 8-10 月。

生于路边、山坡、草地。产山西、陕西、甘肃、安徽、浙江、江西、河南、湖北、湖南、广东、广西、四川、贵州、云南。越南及泰国也有。

7. 五月艾
Artemisia indica Willd.

半灌木状草本，植株具浓烈的香气。茎单生或少数，高 80-150 cm，纵棱明显。叶上面初时被灰白色或淡灰黄色绒毛，后渐稀疏或无毛，背面密被灰白色蛛丝状绒毛；基生叶与茎下部叶卵形或长卵形，一至二回羽状分裂或近于大头羽状深裂，或基生叶不分裂，花期均萎谢；中部叶卵形或椭圆形，长 5-8 cm，宽 3-5 cm，一至二回羽状全裂或为大头羽状深裂，每侧裂片 3-4 枚；上部叶羽状全裂，每侧裂片 2-3 枚；苞片叶 3 全裂或不分裂。头状花序多数，直径 2-2.5 mm，在分枝上排成穗状花序式的总状花序或复总状花序，而在茎上再组成开展或中等开展的圆锥花序；总苞片 3-4 层；雌花 4-8 朵，花冠狭管状；两性花 8-12 朵，花冠管状。瘦果长圆形或倒卵形。花果期 8-10 月。

生低海拔的路旁、农田边。产全国大部分省区。亚洲南温带至热带地区的广布种。

8. 牡蒿
Artemisia japonica Thunb.

多年生草本。茎单生或少数，高 50-130 cm，有纵棱，紫褐色或褐色，上半部分枝。叶两面无毛或初时微有短柔毛，后无毛；基生叶与茎下部叶倒卵形或宽匙形，长 4-7 cm，宽 2-3 cm，自叶上端斜向基部羽状深裂或半裂，具短柄，花期凋谢；中部叶匙形，长 2.5-4.5 cm，宽 0.5-2 cm，上端有 3-5 枚斜向基部的浅裂片或为深裂片，叶基部楔形，常有假托叶；上部叶小，上端具 3 浅裂或不分裂；苞片叶长椭圆形、披针形或线状披针形，先端不分裂或偶有浅裂。头状花序多数，卵球形或近球形，直径 1.5-2.5 mm，基部具线形的小苞叶，在分枝上通常排成穗状花序或穗状花序状的总状花序，并在茎上组成狭窄或中等开展的圆锥花序；总苞片 3-4 层；雌花 3-8 朵，花冠狭圆锥状；两性花 5-10 朵，不孕育，花冠管状。瘦果小，倒卵形。花果期 7-10 月。

生于林缘、疏林下、灌丛中、山坡、路旁。产全国大部分省区。日本、朝鲜、阿富汗、印度、不丹、尼泊尔、越南、老挝、泰国、缅甸、菲律宾及俄罗斯也有。

A403. 菊科 Asteraceae

9. 白苞蒿
Artemisia lactiflora Wall. ex DC.

多年生草本。茎高 50-180 cm，纵棱稍明显。叶纸质；基生叶与茎下部叶一至二回羽状全裂，具长叶柄；中部叶长 5.5-14 cm，宽 4.5-10 cm，一至二回羽状全裂，叶柄长 2-5 cm；上部叶与苞片叶略小，羽状深裂。头状花序直径 1.5-3 mm，无梗，基部无小苞叶，排成密穗状花序，总苞片 3-4 层；雌花 3-6，花冠狭管状，檐部具 2 裂齿，花柱细长，先端 2 叉；两性花 4-10，花冠管状，花柱近与花冠等长，先端 2 叉。瘦果倒卵形。花果期 8-11 月。

多生于林下、林缘、灌丛边缘、山谷等地。产秦岭以南。亚洲热带与亚热带广布。全草入药，有清热解毒、止咳消炎、活血散瘀、通经等作用。

10. 猪毛蒿
Artemisia scoparia Waldst. et Kit.

多年生草本。茎通常单生，高 40-130 cm，红褐色或褐色，有纵纹。基生叶与营养枝叶两面被灰白色绢质柔毛。叶近圆形、长卵形，二至三回羽状全裂，具长柄，花期叶凋谢；茎下部叶初时两面密被短柔毛，后毛脱落，叶长卵形或椭圆形，长 1.5-3.5 cm，宽 1-3 cm，二至三回羽状全裂，每侧有裂片 3-4 枚，再次羽状全裂，每侧具小裂片 1-2 枚，小裂片狭线形，长 3-5 mm，宽 0.2-1 mm，不再分裂或具 1-2 枚小裂齿，叶柄长 2-4 cm；中部叶长圆形或长卵形，长 1-2 cm，宽 0.5-1.5 cm，一至二回羽状全裂，每侧具裂片 2-3 枚，小裂片丝线形或为毛发状，长 4-8 mm，宽 0.2-0.5 mm，多少弯曲；茎上部叶与分枝上叶及苞片叶 3-5 全裂或不分裂。头状花序近球形，极多数，直径 1-2 mm，基部有线形的小苞叶，在分枝上偏向外侧生长，并排成复总状或复穗状花序，而在茎上再组成大型、开展的圆锥花序；总苞片 3-4 层；雌花 5-7 朵，花冠狭圆锥状或狭管状，冠檐具 2 裂齿，两性花 4-10 朵，不孕育，花冠管状。瘦果倒卵形或长圆形，褐色。花果期 7-10 月。

生于向阳山坡、山顶。遍及全国。欧亚大陆温带与亚热带地区的广布种。

11. 三脉紫菀
Aster ageratoides Turcz.

多年生草本。茎高 40-100 cm，有棱及沟，被柔毛或粗毛。叶纸质；下部叶急狭成长柄；中部叶长 5-15 cm，宽 1-5 cm，中部以上急狭成柄；上部叶渐小，叶面被短糙毛，叶背被短柔毛，离基三出脉。头状花序径 1.5-2 cm，排列成伞房或圆锥伞房状，总苞片 3 层；舌状花约 10，紫色、浅红色或白色；管状花黄色，长 4.5-5.5 mm，裂片长 1-2 mm。冠毛浅红褐色或污白色，长 3-4 mm。瘦果倒卵状长圆形，灰褐色，长 2-2.5 mm。花果期 7-12 月。

生于海拔 100-550 m 林下、林缘、灌丛及山谷湿地。全国均产。朝鲜、日本及亚洲东北部。

A403. 菊科 Asteraceae

11a. 狭叶三脉紫菀
Aster ageratoides var. *gerlachii* (Hance) Chang

　　茎上部被微糙毛，叶线状披针形，长 5-8 cm，宽 0.7-1 cm，有浅锯齿，两端渐尖，薄纸质，上面被疏粗毛，下面近无毛；总苞片上端绿色。舌状花白色。

　　生境同原变种。产广东、贵州。

12. 马兰
Aster indicus L. [*Kalimeris indica* (L.) Sch.-Bip.]

　　多年生草本。茎直立，高 30-70 cm，上部或从下部起有分枝。基部叶在花期枯萎；茎部叶倒披针形或倒卵状矩圆形，长 3-6 cm，宽 0.8-2 cm，基部渐狭成具翅的长柄，边缘从中部以上具有小尖头的钝或尖齿或有羽状裂片，上部叶小，全缘，基部急狭无柄，全部叶稍薄质，边缘及下面沿脉有短粗毛，中脉在下面凸起。头状花序单生于枝端并排列成疏伞房状。总苞半球形，径 6-9 mm，长 4-5 mm；总苞片 2-3 层，覆瓦状排列。舌状花 1 层，15-20 个，管部长 1.5-1.7 mm；舌片浅紫色，长达 10 mm，宽 1.5-2 mm。瘦果倒卵状矩圆形，极扁，长 1.5-2 mm。冠毛长 0.1-0.8 mm，弱而易脱落，不等长。花期 5-9 月，果期 8-10 月。

　　生于路边、林缘、向阳山坡及荒地。产秦岭以南各省区。广泛分布于亚洲南部及东部。全草药用；幼叶可作蔬菜食用，俗称"马兰头"。

13. 短舌紫菀
Aster sampsonii (Hance.) Hemsl.

　　多年生草本。茎高 50-80 cm，被短粗毛。茎下部叶长 2.5-7 cm，宽 0.5-2 cm，下部渐狭成长柄，顶端钝；中部叶长 3-4 cm，基部渐狭，近无柄；上部叶小，线形；叶面被短糙毛，叶背面被短毛，离基三出脉。头状花序直径 0.8-1.5 cm，疏散伞房状排列，总苞片 4 层；舌状花约 10，舌片白色或浅红色，长 4 mm；管状花花冠长 3.2 mm，花柱附片长 0.5 mm。瘦果长圆形，长 1.5-1.7 mm；冠毛白色，1 层，有多数微糙毛。花果期 7-10 月。

　　生于山坡草地或灌丛中。产广东、湖南等。

A403. 菊科 Asteraceae

14. 鬼针草
Bidens pilosa L.

一年生草本。茎高 30-100 cm，钝四棱形。茎下部叶较小，3 裂或不分裂；中部叶具长 1.5-5 cm 的柄，三出，小叶 3，长 2-4.5 cm，宽 1.5-2.5 cm，具短柄，顶生小叶较大，具长 1-2 cm 的柄；上部叶小，3 裂或不分裂。头状花序直径 8-9 mm，花序梗长 2-8 cm，无舌状花；盘花筒状，长约 4.5 mm，冠檐 5 齿裂。瘦果黑色，条形，略扁，具棱，长 7-13 mm，宽约 1 mm，顶端芒刺 3-4，长 1.5-2.5 mm，具倒刺毛。

生于村旁、路边及荒地中。产华东、华中、华南和西南。亚洲和美洲的热带和亚热带广布。为我国民间常用草药，有清热解毒、散瘀活血的功效。

14a. 三叶鬼针草
Bidens pilosa L. var. *radiata* Sch.-Bip.

与原变种区别为：头状花序边缘具舌状花 5-7，舌片椭圆状倒卵形，白色，长 5-8 mm，宽 3.5-5 mm，先端钝或有缺刻。

生于村旁、路边及荒地中。产华东、华中、华南和西南。亚洲和美洲的热带和亚热带广布。为我国民间常用草药，有清热解毒、散瘀活血的功效。

15. 狼杷草
Bidens tripartita L.

一年生草本；茎高 20-150 cm。叶对生，下部的较小，不分裂，边缘具锯齿，通常于花期枯萎，中部叶具柄，柄长 0.8-2.5 cm，有狭翅；叶片无毛或下面有极稀疏的小硬毛，长 4-13 cm，长椭圆状披针形，近基部浅裂成一对小裂片，通常 3-5 深裂，裂深几达中肋，两侧裂片披针形至狭披针形，顶生裂片较大，披针形或长椭圆状披针形，长 5-11 cm，宽 1.5-3 cm，与侧生裂片边缘均具疏锯齿，上部叶较小，披针形，三裂或不分裂。头状花序单生茎端及枝端，直径 1-3 cm，具较长的花序梗。总苞盘状，外层苞片 5-9 枚，条形或匙状倒披针形，长 1-3.5 cm，叶状，内层苞片长椭圆形或卵状披针形，长 6-9 mm；托片条状披针形，约与瘦果等长。无舌状花，全为筒状两性花，花冠长 4-5 mm，冠檐 4 裂。瘦果扁，楔形或倒卵状楔形，长 6-11 mm，宽 2-3 mm，边缘有倒刺毛，顶端芒刺通常 2 枚。

生于路边荒野及水边湿地。产东北、华北、华东、华中、西南及陕西、甘肃、新疆等。广布于亚洲、欧洲和非洲北部，大洋洲东南部亦有少量分布。

A403. 菊科 Asteraceae

16. 馥芳艾纳香
Blumea aromatica DC.

　　粗壮草本或亚灌木状。茎直立，高 0.5-3 m，被黏绒毛或上部花序轴被开展的密柔毛，杂有腺毛。下部叶近无柄，倒卵形、倒披针形或椭圆形，长 20-22 cm，宽 6-8 cm，边缘有不规则粗细相间的锯齿，下面被糙伏毛，脉上的毛较密，杂有多数腺体，侧脉 10-16 对；中部叶倒卵状长圆形或长椭圆形，长 12-18 cm，宽 4-5 cm；上部叶较小，披针形或卵状披针形。头状花序多数，径 1-1.5 cm，腋生和顶生，排列成疏或密的具叶的大圆锥花序；总苞圆柱形或近钟形，长 0.8-10 mm；总苞片 5-6 层，绿色。花黄色，雌花多数，花冠细管状，长 6-7 mm；两性花花冠管状，长约 10 mm，裂片三角形。瘦果圆柱形，长约 1 mm，被柔毛。冠毛棕红色至淡褐色，糙毛状，长 7-9 mm。花期 10 月一翌年 3 月。

　　生于林缘、荒坡或山谷路旁。产云南、四川、贵州、广西、广东、福建及台湾。也分布于尼泊尔、不丹、印度和中南半岛。

17. 东风草
Blumea megacephala (Randeria) Chang et Tseng

　　攀援藤本。茎长 1-3 m，有明显的沟纹，被疏毛。下部和中部叶有长达 2-5 mm 的柄，叶卵形，长 7-10 cm，宽 2.5-4 cm；小枝上部的叶较小。头状花序疏散，直径 1.5-2 cm，通常排列成总状或近伞房状花序，再排成大型具叶的圆锥花序，花序柄长 1-3 cm，总苞片 5-6 层；花托被白色密长柔毛，花黄色；雌花多数，长约 8 mm；两性花花冠管状，被白色多细胞节毛。瘦果圆柱形，有 10 棱，长约 1.5 mm。冠毛白色，长约 6 mm。花期 8-12 月。

　　生于林缘或灌丛中，或山坡、丘陵阳处，极为常见。产云南、四川、贵州、广西、广东、湖南、江西、福建及台湾等。越南北部也有。

18. 天名精
Carpesium abrotanoides L.

　　多年生粗壮草本。茎高 60-100 cm，上部密被短柔毛。茎下部叶长 8-16 cm，宽 4-7 cm，叶面粗糙，叶背密被短柔毛，叶柄长 5-15 mm，密被短柔毛；茎上部叶较密，无柄或具短柄。头状花序多数，近无梗，成穗状花序式排列，苞片 3 层；雌花狭筒状，长 1.5 mm；两性花筒状，长 2-2.5 mm，向上渐宽，冠檐 5 齿裂。瘦果长约 3.5 mm。

　　生于海拔 100-300 m 村旁、路边荒地、溪边及林缘。产华东、华南、华中、西南及河北、陕西等。朝鲜、日本、越南、缅甸、印度、伊朗和俄罗斯高加索地区均有。据考证，本种的果实即"南鹤虱"。全草供药用，功能清热解毒、祛痰止血。

A403. 菊科 Asteraceae

19. 金挖耳

Carpesium divaricatum Sieb. et Zucc.

多年生草本。茎直立，高 25-150 cm，被白色柔毛，中部以上分枝。基叶于开花前凋萎，下部叶卵形或卵状长圆形，长 5-12 cm，宽 3-7 cm，边缘具粗大具胼胝尖的牙齿；叶柄较叶片短或近等长，与叶片连接处有狭翅；中部叶长椭圆形，先端渐尖，基部楔形，叶柄较短，无翅，上部叶渐变小，长椭圆形或长圆状披针形，两端渐狭，几无柄。头状花序单生茎端及枝端；苞叶 3-5 枚，披针形至椭圆形，其中 2 枚较大，较总苞长 2-5 倍，密被柔毛和腺点。总苞卵状球形，基部宽，上部稍收缩，长 5-6 mm，直径 6-10 mm，苞片 4 层，覆瓦状排列。雌花狭筒状，长 1.5-2 mm，冠檐 4-5 齿裂，两性花筒状，长 3-3.5 mm，冠檐 5 齿裂。瘦果长 3-3.5 mm。

生于路旁及山坡灌丛中。产华东、华南、华中、西南和东北。日本、朝鲜也有分布。

20. 石胡荽

Centipeda minima (L.) A. Br. et Aschers.

一年生小草本。茎高 5-20 cm，匍匐状。叶互生，楔状倒披针形，长 7-18 mm。头状花序小，直径约 3 mm，单生叶腋，花序梗极短，总苞片 2 层；边花雌性，多层，花冠细管状，长约 0.2 mm，淡绿黄色；盘花两性，花冠管状，长约 0.5 mm，淡紫红色，下部有明显的狭管。瘦果椭圆形，长约 1 mm，具 4 棱，棱上有长毛，无冠状冠毛。花果期 6-10 月。

生于路旁、荒野阴湿地。产东北、华北、华中、华东、华南和西南。朝鲜、日本、印度、马来西亚和大洋洲也有。本种即中草药"鹅不食草"。

21. 野菊（山菊花）

Chrysanthemum indicum L.

多年生草本。具匍匐茎；茎枝被稀疏的毛。基生叶和下部叶花期脱落；中部茎叶卵形，长 3-8 cm，宽 2-6 cm，羽状半裂或分裂不明显，叶柄长 1-2 cm，两面有稀疏的短柔毛。头状花序直径 1.5-2.5 cm，排成疏松的伞房圆锥花序，总苞片约 5 层，边缘白色或褐色宽膜质；舌状花黄色，舌片长 10-13 mm，顶端全缘或 2-3 齿。瘦果长 1.5-1.8 mm。花期 6-11 月。

生于山坡草地、灌丛、路旁。东北、华北、华中、华南及西南均产。印度、日本、朝鲜、俄罗斯也有分布。全草入药，味苦、辛、凉，能清热解毒、明目、降血压。

A403. 菊科 Asteraceae

22. 蓟
Cirsium japonicum Fisch. ex DC.

多年生草本。茎高 30-100 cm，有条棱，被多细胞长节毛。基生叶较大，长 8-20 cm，宽 2.5-8 cm，羽状深裂，基部渐狭成柄，具针刺及刺齿，裂片边缘有稀疏小锯齿，齿顶具针刺；自基部向上的叶渐小，无柄，基部扩大半抱茎。头状花序不呈明显的花序式排列，总苞片约 6 层；小花红紫色，长 2.1 cm。瘦果压扁，偏斜楔状倒披针状，长 4 mm；冠毛浅褐色，多层，整体脱落；冠毛刚毛长羽毛状，长达 2 cm。花果期 4-11 月。

生于海拔 300-600 m 山坡林中、林缘、灌丛、草地、荒地、田间、路旁或溪旁。全国均产。日本、朝鲜也有。

23. 藤菊
Cissampelopsis volubilis (Bl.) Miq.

大藤状草本或亚灌木，长 3 m 或更长。茎老时变木质，被疏白色蛛丝状绒毛及有时有疏褐色细刚毛。叶卵形或宽卵形，长达 15 cm，宽达 12 cm，基部心形或有时戟形，边缘具疏细至粗波状齿；叶上面绿色，被疏蛛状毛，后变无毛，下面被灰白色密至疏绵状绒毛及有时沿脉被褐色细刚毛；基生 5-7 掌状脉；叶柄长 3-6 cm；上部及花序枝上叶较小。头状花序盘状，多数，排成较疏至密顶生及腋生复伞房花序，具叉状分枝，花序分枝被疏至密白色绒毛；花序梗细，长 5-15 mm。总苞圆柱形，长 7-8 mm，宽 2-3 mm；总苞片约 8，线状长圆形。小花全部管状，8-10 个，花冠白色，淡黄色或粉色，长 9-10 mm。瘦果圆柱状，长约 4 mm，无毛；冠毛白色，长 8-9 mm。花期 10 月至翌年 1 月。

攀援于林中乔木及灌木上。产贵州、云南、广东、海南、广西。印度、中南半岛及马来西亚也有。

24. 野茼蒿
Crassocephalum crepidioides (Benth.) S. Moore

直立草本，高 20-120 cm。茎有纵条棱。叶膜质，长圆状椭圆形，长 7-12 cm，宽 4-5 cm，边缘有不规则锯齿，或基部羽状裂，两面近无毛；叶柄长 2-2.5 cm。头状花序数个在茎端排成伞房状，总苞钟状，长 1-1.2 cm，基部截形，总苞片 1 层，线状披针形；小花管状，两性，花冠红褐色。瘦果狭圆柱形，赤红色；冠毛极多数，白色，绢毛状。花期 7-12 月。

生于海拔 300-600 m 路旁、溪边、灌丛。产江西、福建、湖南、湖北、广东、广西、贵州、云南、四川和西藏。东南亚和非洲也有。全草入药。

A403. 菊科 Asteraceae

25. 鱼眼草
Dichrocephala auriculata (Thunb.) Druce

一年生草本，高 12-50 cm。茎枝被白色绒毛。叶椭圆形或披针形；边缘具重粗锯齿或缺刻状，叶两面被稀疏的短柔毛；中部叶长 3-12 cm，宽 2-4.5 cm，大头羽裂，柄长 1-3.5 cm；中上部叶渐小。头状花序球形，直径 3-5 mm，排成伞房状花序或伞房状圆锥花序，总苞片 1-2 层，长约 1 mm；外围雌花多层，紫色，花冠线形，长 0.5 mm；中央两性花黄绿色。瘦果压扁，倒披针形，边缘脉状加厚；无冠毛。花果期全年。

生于海拔 200-600 m 林下、荒地、水沟边。产云南、四川、贵州、陕西、湖北、湖南、广东、广西、浙江、福建和台湾。亚洲与非洲的热带和亚热带广布。

26. 羊耳菊
Duhaldea cappa (Buch.-Ham. ex D. Don) Pruski et Anderberg [*Inula cappa* (Buch.-Ham.) DC.]

亚灌木。茎直立，高 70-200 cm，粗壮，被密茸毛。叶多少开展，长圆形或长圆状披针形；中部叶长 10-16 cm，有长约 0.5 cm 的柄，上部叶渐小近无柄；边缘有细齿或浅齿，上面被基部疣状的密糙毛，下面被绢状厚茸毛；侧脉 10-12 对，网脉明显。头状花序倒卵圆形，宽 5-8 mm，多数密集于茎和枝端成聚伞圆锥花序；被绢状密茸毛。总苞近钟形，长 5-7 mm；总苞片约 5 层，线状披针形。小花长 4-5.5 mm；边缘的小花舌片短小；中央的小花管状；冠毛污白色，约与管状花花冠同长。瘦果长圆柱形，长约 1.8 mm，被白色长绢毛。花期 6-10 月，果期 8-12 月。

生于丘陵地、荒地、灌丛或草地。产四川、云南、贵州、广西、广东、江西、福建、浙江等。也分布于越南、缅甸、泰国、马来西亚、印度等。

27. 鳢肠
Eclipta prostrata (L.) L.

一年生草本。茎直立或平卧，高达 60 cm，基部分枝，被贴生糙毛。叶长 3-10 cm，宽 0.5-2.5 cm，两面被密硬糙毛；近无柄。头状花序直径 6-8 mm，花序梗长 2-4 cm，总苞片 2 层；外围的雌花 2 层，舌状，长 2-3 mm；中央的两性花多数，花冠管状，白色，长约 1.5 mm，花柱分枝钝，有乳头状突起。瘦果暗褐色，长 2.8 mm；雌花的瘦果三棱形；两性花的瘦果扁四棱形，顶端截形，边缘具白色的肋。花期 6-9 月。

生于河边、田边或路旁。全国均产。世界热带及亚热带广布。全草入药，有凉血、止血、消肿、强壮之功效。

A403. 菊科 Asteraceae

28. 地胆草
Elephantopus scaber L.

根状茎平卧或斜升。茎高 20-60 cm，密被白色贴生长硬毛。叶面被疏长糙毛，叶背密被长硬毛和腺点；基生叶莲座状，长 5-18 cm，宽 2-4 cm，基部渐狭成短柄，边缘具圆齿状锯齿；茎叶少而小，向上渐小。头状花序多数，束生成复头状花序，基部被 3 叶状苞片所包围；花 4，淡紫色或粉红色，花冠长 7-9 mm。瘦果长圆状线形，长约 4 mm，具棱，被短柔毛；冠毛污白色，具 5-6 硬刚毛，长 4-5 mm。花期 7-11 月。

生于山坡、路旁、林缘。产浙江、江西、福建、台湾、湖南、广东、广西、贵州及云南等。美洲、亚洲、非洲的热带广布。全草入药，有清热解毒、消肿利尿之功效。

29. 白花地胆草
Elephantopus tomentosus L.

根状茎斜升或平卧；茎高 0.8-1 m，被白色开展的长柔毛。叶散生于茎上，叶面皱而具疣状突起，被短柔毛，叶背被密长柔毛和腺点；下部叶长 8-20 cm，宽 3-5 cm，基部渐狭成具翅的柄；上部叶长 7-8 cm，宽 1.5-2 cm，近无柄，最上部叶极小。头状花序密集成团球状复头状花序，基部有 3 叶状苞片；花 4，花冠白色，长 5-6 mm。瘦果长圆状线形，长约 3 mm，被短柔毛；冠毛污白色，具 5 硬刚毛，长约 4 mm。花期 8 月至翌年 5 月。

生于山坡、路边或灌丛中。产福建、台湾和广东沿海地区。世界热带广布。

30. 小一点红
Emilia prenanthoidea DC.

一年生草本。茎高 30-90 cm。基部叶小，倒卵形，基部渐狭成长柄，全缘或具疏齿；中部叶长圆形，长 5-9 cm，宽 1-3 cm，抱茎，边缘具波状齿，叶背有时紫色，无柄；上部叶小线状披针形。头状花序在茎枝端排列成疏伞房状，花序梗细纤，长 3-10 cm，总苞圆柱形，长 8-12 mm，宽 5-10 mm；小花冠紫红色，长 10 mm。瘦果圆柱形，长约 3 mm；冠毛丰富，白色，细软。花果期 5-10 月。

生于海拔 250-600 m 山坡、路旁潮湿处。产云南、贵州、广东、广西、浙江和福建。印度至中南半岛也有。

A403. 菊科 Asteraceae

31. 一点红
Emilia sonchifolia (L.) DC.

一年生草本。茎高 25-40 cm。叶质较厚；下部叶大头羽状分裂，长 5-10 cm，宽 2.5-6.5 cm，叶背常变紫色，两面被短卷毛；中部叶疏生，较小，基部箭状抱茎，全缘或有不规则细齿；上部叶少数，线形。头状花序长 8 mm，在枝端排列成疏伞房状，总苞圆柱形，长 8-14 mm；小花粉红色或紫色，长约 9 mm。瘦果圆柱形，长 3-4 mm；冠毛丰富，白色，细软。花果期 7-10 月。

生于海拔 200-600 m 山坡荒地、田埂、路旁。产云南、贵州、四川、湖北、湖南、江苏、浙江、安徽、广东、海南、福建和台湾。亚洲热带、亚热带和非洲广布。全草药用。

32. 华泽兰（多须公）
Eupatorium chinense L.

多年生草本，高 70-100 cm，高 2-2.5 m。全株多分枝，分枝斜升；全部茎枝被污白色短柔毛。叶对生，无柄或几无柄；中部茎叶卵形、宽卵形，长 4.5-10 cm，宽 3-5 cm，基部圆形，顶端渐尖或钝，羽状脉 3-7 对，叶两面被白色短柔毛及黄色腺点，下面及沿脉的毛较密，自中部向上及向下部的茎叶渐小，全部茎叶边缘有规则的圆锯齿。头状花序多数在茎顶及枝端排成大型疏散的复伞房花序，花序径达 30 cm。总苞钟状，长约 5 mm，有 5 个小花；总苞片 3 层，覆瓦状排列。花白色、粉色或红色；花冠长 5 mm，外面被稀疏黄色腺点。瘦果淡黑褐色，椭圆状，长 3 mm。花果期 6-11 月。

生于林缘、路边灌丛、田边。产我国东南及西南部。

33. 匙叶鼠麴草
Gamochaeta pensylvanica (Willd.) Cabrera
[*Gnaphalium pensylvanicum* Willd.]

一年生草本。茎高 30-45 cm，被白色绵毛。下部叶无柄，长 6-10 cm，宽 1-2 cm，基部下延，全缘或微波状，上面被疏毛，叶背密被灰白色绵毛；中部叶长 2.5-3.5 cm；上部叶小。头状花序多数，长 3-4 mm，数个簇生，再排列成紧密的穗状花序；总苞片 2 层，污黄色或麦秆黄色；雌花多数，花冠丝状，长约 3 mm；两性花少数。瘦果长圆形，长约 0.5 mm，有乳头状突起；冠毛绢毛状，污白色，易脱落，长约 2.5 mm。花期 12 月至翌年 5 月。

常生于篱园或耕地上，耐旱性强。产台湾、浙江、福建、江西、湖南、广东、广西、云南和四川。美洲南部、非洲南部、澳大利亚及亚洲热带均有。

A403. 菊科 Asteraceae

34. 平卧菊三七
Gynura procumbens (Lour.) Merr.

攀援草本，有臭气，茎匍匐，有条棱，有分枝；叶具柄；叶片卵形、卵状长圆形或椭圆形，长 3-8 cm，宽 1.5-3.5 cm，全缘或有波状齿，侧脉 5-7 对，弧状弯，细脉不明显，上面绿色，下面紫色；叶柄长 5-15 mm，无毛，上部茎叶和花序枝上的叶退化，披针形或线状披针形，无柄或近无柄。顶生或腋生伞房花序，每个伞房花序具 3-5 个头状花序；花序梗细长，常有 1-3 线形苞片，被疏短疏毛或无毛。总苞狭钟状或漏斗状，长 15-17 mm，宽 5-10 mm，基部有 5-6 线形小苞片；总苞片 1 层，长圆状披针形，长 15-17 mm，宽 1.5 mm。小花 20-30，橙黄色；花冠长 12-15 mm，管部细；花柱分枝锥状。瘦果圆柱形，长 4-6 mm，具 10 肋；冠毛丰富，白色，细绢毛状。

生于林间溪旁坡地沙质土上，攀援于灌木或乔木上。产广东、海南、贵州、云南。越南、泰国、印度尼西亚和非洲也有。

35. 泥胡菜
Hemisteptia lyrata (Bunge) Fischer et C. A. Meyer

一年生草本，高 30-100 cm。茎单生，被稀疏蛛丝毛。基生叶长椭圆形或倒披针形，花期通常枯萎；中下部茎叶与基生叶同形，长 4-15 cm 或更长，宽 1.5-5 cm 或更宽，全部叶大头羽状深裂或几全裂，侧裂片 2-6 对，向基部的侧裂片渐小，顶裂片大，全部裂片边缘三角形锯齿或重锯齿，侧裂片边缘通常稀锯齿。全部茎叶质地薄，两面异色，上面绿色，无毛，下面灰白色，被绒毛。头状花序在茎枝顶端排成疏松伞房花序，少有植株仅含一个头状花序而单生茎顶的。总苞宽钟状或半球形，直径 1.5-3 cm。总苞片多层，覆瓦状排列。全部苞片质地薄，草质。小花紫色或红色，花冠长 1.4 cm。瘦果小，楔状或偏斜楔形，长 2.2 mm，深褐色，压扁。冠毛异型，白色，两层。花果期 3-8 月。

生于山坡、山谷、草地、荒地、河边、路旁等处。除新疆、西藏外，遍布全国。朝鲜、日本、中南半岛、南亚及澳大利亚普遍分布。

36. 多头苦荬菜（苦荬菜）
Ixeris polycephala Cass.

一年生草本。茎直立，高 10-80 cm，上部伞房花序状分枝，全部茎枝无毛。基生叶花期生存，线形或线状披针形，包括叶柄长 7-12 cm，宽 5-8 mm，基部渐狭成长或短柄；中下部茎叶披针形或线形，长 5-15 cm，宽 1.5-2 cm，基部箭头状半抱茎，向上或最上部的叶渐小，与中下部茎叶同形，基部箭头状半抱茎或长椭圆形，基部收窄，但不成箭头状半抱茎；全部叶两面无毛，边缘全缘。头状花序多数，在茎枝顶端排成伞房状花序，花序梗细。总苞圆柱状，长 5-7 mm，果期扩大成卵球形；总苞片 3 层。舌状小花黄色，极少白色，10-25 枚。瘦果压扁，褐色，长椭圆形，长 2.5 mm，有 10 条高起的尖翅肋，顶端急尖成长 1.5 mm 的喙。冠毛白色，白色。花果期 3-6 月。

生于草地、田野路旁。产陕西、江苏、浙江、福建、安徽、台湾、江西、湖南、广东、广西、贵州、四川、云南。日本、中南半岛、南亚有分布。

A403. 菊科 Asteraceae

37. 翅果菊

Lactuca indica L. [*Pterocypsela indica* (L.) Shih; *Pterocypsela laciniata* (Houtt.) Shih]

一年生或二年生草本。茎直立，单生，高 0.4-2 m。全部茎叶线形、线状长椭圆形，中部茎叶长达 21 cm 或过之，宽 0.5-1 cm，边缘大部全缘或仅基部或中部以下两侧边缘有小尖头或稀疏细锯齿或尖齿，中下部茎叶长 13-22 cm，宽 1.5-3 cm，下部茎叶长 15-20 cm，宽 6-8 cm，边缘有三角形锯齿或偏斜卵状大齿。头状花序果期卵球形，多数沿茎枝顶端排成圆锥花序或总状圆锥花序。总苞长 1.5 cm，宽 9 mm，总苞片 4 层，全部苞片边缘染紫红色。舌状小花 25 枚，黄色。瘦果椭圆形，长 3-5 mm，黑色，压扁，边缘有宽翅，顶端具喙。冠毛 2 层，白色，长 8 mm。花果期 4-11 月。

生于山谷、山坡林缘及林下、灌丛中或水沟边、山坡草地或田间。产东北、华北、华东、西南至华南。俄罗斯远东地区、日本、菲律宾、印度尼西亚与印度有分布。

38. 假福王草

Paraprenanthes sororia (Miq.) Shih

一年生草本，高 50-150 cm。茎枝光滑无毛。中下部茎叶大头羽状分裂，有翼柄，顶裂片长 5.5-15 cm，宽 5.5-15 cm，侧裂片 1-3 对，椭圆形，下方的侧裂片更小，羽轴有翼；上部茎叶小，不裂，几无柄；全部叶两面无毛。头状花序排成圆锥状花序，总苞片 4 层；舌状小花粉红色，约 10。瘦果黑色，纺锤状，淡黄白色，长 4.3-5 mm；冠毛 2 层，白色，长 7 mm。花果期 5-8 月。

生于海拔 200-600 m 山坡、山谷灌丛、林下。产华东、华中、华南和西南等。日本、朝鲜、中南半岛也有。

39. 鼠麴草（拟鼠麴草）

Pseudognaphalium affine (D. Don) Anderberg [*Gnaphalium affine* D. Don]

一年生草本。茎直立或基部发出的枝下部斜升，高 10-40 cm，被白色厚绵毛。叶无柄，匙状倒披针形或倒卵状匙形，长 5-7 cm，宽 11-14 mm，上部叶长 15-20 mm，宽 2-5 mm，基部渐狭，稍下延，两面被白色绵毛，叶脉 1 条。头状花序较多或较少数，径 2-3 mm，近无柄，在枝顶密集成伞房花序，花黄色至淡黄色；总苞钟形，直径 2-3 mm；总苞片 2-3 层，金黄色或柠檬黄色，外层背面基部被绵毛，长约 2 mm。雌花多数，花冠细管状，长约 2 mm。两性花较少，管状，长约 3 mm。瘦果倒卵形或倒卵状圆柱形，长约 0.5 mm，有乳头状突起。冠毛粗糙，污白色，长约 1.5 mm，基部联合成 2 束。花期 1-4 月，8-11 月。

生于低海拔草地上，尤以稻田最常见。产华东、华南、华中、华北、西北及西南。也分布于日本、朝鲜、菲律宾、印度尼西亚、中南半岛及印度。

A403. 菊科 Asteraceae

40. 千里光
Senecio scandens Buch.-Ham. ex D. Don

多年生攀援草本。茎长 2-5 m，多分枝。叶长
2.5-12 cm，宽 2-4.5 cm，有时具细裂或羽状浅裂，
两面被短柔毛至无毛；叶柄长 0.5-1.5 cm；上部叶变
小。头状花序有舌状花，排成顶生复聚伞圆锥花序，
花序梗长 1-2 cm；舌状花 8-10，管部长 4.5 mm，舌
片黄色，长 9-10 mm；管状花多数，花冠黄色，长
7.5 mm。瘦果圆柱形，长 3 mm，被柔毛；冠毛白色，
长 7.5 mm。

生于海拔 150-600 m 森林、灌丛中，攀援于灌木、
岩石上或溪边。产西北、西南、华中、华东、华南等。
印度、尼泊尔、不丹、中南半岛、菲律宾和日本也有。

41. 闽粤千里光
Senecio stauntonii DC.

多年生根状茎草本。茎高 30-60 cm，具棱，无毛。
茎叶多数，无柄，披针形，长 5-12 cm，宽 1-4 cm，
基部具圆耳，半抱茎，疏具细齿，革质，叶面有贴生
短毛，叶背近无毛；上部叶渐小。头状花序排列成顶
生疏伞房花序，花序梗长 1.5-3.5 cm，舌状花 8-13，
管部长 3.5 mm，舌片黄色，长圆形，长 8 mm；管状
花多数，花冠黄色，长 7 mm。瘦果圆柱形，被柔毛。
冠毛长 5.5 mm，白色。花期 10-11 月。

生于海拔 300-600 m 灌丛、疏林中、石灰岩干旱
山坡或河谷。产广东、香港、澳门、湖南和广西。

42. 豨莶
Sigesbeckia orientalis L.

一年生草本。茎直立，高约 30-100 cm。基部叶
花期枯萎；中部叶三角状卵圆形或卵状披针形，长
4-10 cm，宽 1.8-6.5 cm，基部阔楔形，下延成具翼的柄，
顶端渐尖，边缘有规则的浅裂或粗齿，两面被毛，下
面具腺点，三出基脉，侧脉及网脉明显；上部叶渐小，
卵状长圆形，近无柄。头状花序径 15-20 mm，多数聚
生于枝端，排列成具叶的圆锥花序；花梗长 1.5-4 cm，
密生短柔毛；总苞阔钟状；总苞片 2 层，背面被紫褐
色头状具柄的腺毛；外层苞片 5-6 枚，线状匙形或匙
形，开展，长 8-11 mm，宽约 1.2 mm；内层苞片卵状
长圆形或卵圆形，长约 5 mm，宽 1.5-2.2 mm。花黄色；
雌花花冠的管部长 0.7 mm；两性管状花上部钟状。
瘦果倒卵圆形，有 4 棱，顶端有灰褐色环状突起，长
3-3.5 mm。花期 4-9 月，果期 6-11 月。

生于山野、荒草地、灌丛、林缘及林下。产陕西、
甘肃、江苏、浙江、安徽、江西、湖南、四川、贵州、
福建、广东、海南、台湾、广西、云南等。广布欧洲、
俄罗斯、朝鲜、日本、东南亚及北美。

A403. 菊科 Asteraceae

43. 蒲儿根
Sinosenecio oldhamianus (Maxim.) B. Nord.

草本。茎直立，高 40-80 cm，被白色蛛丝状毛及疏长柔毛。基部叶具长柄；下部茎叶长 3-7 cm，宽 3-6 cm，基部心形，边缘具重锯齿，膜质，两面被毛，掌状 5 脉，叶柄长 3-6 cm；上部叶渐小，基部楔形，具短柄。头状花序多数排列成顶生复伞房状花序，花序梗细，长 1.5-3 cm；舌状花约 13，管部长 2-2.5 mm，舌片黄色，长圆形，长 8-9 mm；管状花多数，花冠黄色，长 3-3.5 mm。瘦果圆柱形，长 1.5 mm；冠毛白色，长 3-3.5 mm。花期 1-12 月。

生于海拔 360-600 m 林缘、溪边、潮湿岩石边及草坡、田边。产西北、西南、华中、华东和华南等。缅甸、泰国和越南也有。

44. 一枝黄花
Solidago decurrens Lour.

多年生草本，高 30-100 cm。茎不分枝或中部以上有分枝。中部茎叶椭圆形至宽披针形，长 2-5 cm，宽 1-2 cm，有具翅的柄；中部以上有细齿或全缘，向上叶渐小；叶质地较厚，叶两面及叶缘有短柔毛或叶背无毛。头状花序长 6-8 mm，宽 6-9 mm，多数在茎上部排列成总状花序或伞房圆锥花序，总苞片 4-6 层，披针形或披狭针形；舌状花舌片椭圆形，长 6 mm。瘦果长 3 mm，无毛。花果期 4-11 月。

生于海拔 150-550 m 林下、灌丛中及山坡草地上。产华东、华中、华南、西南及陕西等。全草入药。

45. 苣荬菜
Sonchus arvensis L.

多年生草本。茎高 30-150 cm，茎枝密被腺毛。基生叶与中下部茎叶羽状或倒向羽状分裂，长 6-24 cm，宽 1.5-6 cm，侧裂片 2-5 对，顶裂片稍大；上部茎叶小，披针形或线钻形；全部叶基部渐窄成柄，基部半抱茎，两面光滑无毛。头状花序排成伞房状花序；舌状小花多数，黄色。瘦果稍压扁，长椭圆形，长 3.7-4 mm，宽 0.8-1 mm；冠毛白色，长 1.5 cm，柔软，彼此纠缠，基部连合成环。花果期 1-9 月。

生于海拔 300-600 m 山坡草地、林间草地、潮湿地或近水旁、村边或河边砾石滩。产西北、西南、福建、湖北、湖南和广西等。世界广布。

A403. 菊科 Asteraceae

46. 苦苣菜
Sonchus oleraceus L.

一年生或二年生草本。茎单生，高 40-150 cm。基生叶羽状深裂，轮廓长椭圆形或倒披针形，或大头羽状深裂，或基生叶不裂，基部渐狭成翼柄；中下部茎叶羽状深裂或大头状羽状深裂，长 3-12 cm，宽 2-7 cm，柄基圆耳状抱茎，两面光滑毛，质地薄。总苞宽钟状，长 1.5 cm，总苞片 3-4 层；舌状小花多数，黄色。瘦果褐色，长椭圆形，长 3 mm；冠毛白色。花果期 5-12 月。

生于海拔 170-600 m 山坡或山谷林缘、林下或平地。全国均产。世界广布。

47. 夜香牛
Vernonia cinerea (L.) Less.

草本，高 20-100 cm。茎直立，被灰色贴生短柔毛，具腺。下中部叶具柄，菱状卵形，长 3-6.5 cm，宽 1.5-3 cm，基部楔状狭成具翅的柄，边缘有具小尖的疏锯齿，叶面被疏短毛，叶背被灰黄色短柔毛，叶柄长 10-20 mm；上部叶渐狭。头状花序多数，径 6-8 mm，具 19-23 花，在茎枝端排列成伞房状圆锥花序；花淡红紫色，花冠管状，长 5-6 mm。瘦果圆柱形，长约 2 mm；冠毛白色，2 层，外层多数而短，内层近等长。花期全年。

生于山坡、旷野、荒地、田边及路旁。产华东、华中、华南和西南等。印度至中南半岛、日本、印度尼西亚和非洲也有。全草入药。

48. 毒根斑鸠菊
Vernonia cumingiana Benth.

攀援灌木或藤本，长 3-12 m。枝被锈色或灰褐色密绒毛。叶厚纸质，长 7-21 cm，宽 3-8 cm，全缘或稀具疏浅齿，叶面近无毛，叶背被锈色短柔毛；叶柄 5-15 mm。头状花序较多数，径 8-10 mm 排成顶生或腋生疏圆锥花序；花淡红紫色，花冠管状，长 8-10 mm，向上部稍扩大。瘦果近圆柱形，长 4-4.5 mm，具 10 肋，被短柔毛；冠毛红褐色，易脱落，长 8-10 mm。花期 10 月至翌年 4 月。

生于海拔 300-500 m 河边、溪边、山谷阴处灌丛或疏林中。产西南、华南、福建和台湾。泰国、越南、老挝和柬埔寨也有。根、茎含斑鸠菊碱，有毒。

A403. 菊科 Asteraceae

49. 茄叶斑鸠菊

Vernonia solanifolia Benth.

　　直立灌木，高 8-12 m，枝密被绒毛。叶长 6-16 cm，宽 4-9 cm，多少不等侧，全缘或具疏钝齿，叶面粗糙，叶背被淡黄色密绒毛；叶柄粗壮，长 1-2.5 cm，被密绒毛。头状花序小，径 5-6 mm，排列成具叶宽达 20 cm 的复伞房花序；花约 10，有香气，花冠管状，粉红色或淡紫色，长约 6 mm。瘦果 4-5 棱，长 2-2.5 mm，无毛；冠毛淡黄色，2 层，外层极短，内层糙长约 8 mm。花期 11 月至翌年 4 月。

　　生于海拔 300-500 m 山谷疏林中，或攀援于乔木上。产广东、海南、广西、福建和云南。印度、缅甸、越南、老挝和柬埔寨也有。全草入药，治腹痛、肠炎、疝气等症。

50. 山蟛蜞菊

Wollastonia montana (Bl.) DC. [*Wedelia urticifolia* DC.]

　　多年生草本。茎圆柱形，高 20-100 cm，多分枝，直立或攀援。叶片卵形或卵状披针形，连叶柄长 10-13 cm，宽 3-7 cm，边缘有不规则的锯齿或重齿，上面被有基部为疣状的糙毛，下面的毛较细密，近基出三脉，中脉中部以上常有 1-3 对侧脉；上部叶小，叶片披针形，长 2.5-6 cm，宽 1-2.5 cm。头状花序少数，径达 2-2.5 cm，每两个生叶腋，或单生枝顶；花序梗长 2-3 cm；总苞阔钟形或半球形，径约 15 mm；总苞片 2 层。舌状花 1 层，黄色，舌片卵状长圆形，长约 11 mm。管状花多数，黄色。瘦果倒卵形，背腹略扁，长约 4 mm。冠毛短刺芒状。花期 7-11 月。

　　生于溪畔、谷地、坡地或空旷草丛中。产云南、贵州、广西、湖南、广东及其沿海岛屿。也分布于印度、中南半岛及印度尼西亚。

51. 苍耳

Xanthium sibiricum Patrin ex Widder

　　一年生草本，高 20-90 cm。茎被灰白色糙伏毛。叶三角状卵形，长 4-9 cm，宽 5-10 cm，近全缘或有 3-5 浅裂，边缘有不规则的粗锯齿，有 3 基出脉，脉上密被糙伏毛，叶背苍白色，被糙伏毛；叶柄长 3-11 cm。雄性头状花序球形，径 4-6 mm，雄花多数。雌性头状花序椭圆形，内层总苞片结合成囊状，在瘦果成熟时变坚硬，长 12-15 mm，宽 4-7 mm，外面疏生具钩状直刺；喙坚硬，锥形。瘦果 2，倒卵形。花期 7-8 月，果期 9-10 月。

　　生于平原、丘陵、低山、荒野路边、田边。产东北、华北、华东、华南、西北及西南。俄罗斯、伊朗、印度、朝鲜和日本也有。种子可榨油；果实供药用。

A403. 菊科 Asteraceae

52. 异叶黄鹌菜
Youngia heterophylla (Hemsl.) Babc. et Stebbins

一年生或二年生草本，高 30-100 cm。茎直立，上部伞房花序状分枝。基生叶椭圆形、椭圆形或倒披针状长椭圆形，大头羽状深裂或几全裂，长达 23 cm，宽 6-7 cm，顶裂片戟形、不规则戟形、卵形或披针形，长约 8 cm，宽约 5 cm，侧裂片小，1-8 对，全部基生叶的叶柄长 3.5-11 cm；中下部茎叶多数，与基生叶同形并等样分裂或戟形，不裂；上部茎叶通常大头羽状三全裂或戟形，不裂；最上部茎叶披针形或狭披针形，不分裂；花序梗下部及花序分枝枝杈上的叶小，线钻形；全部叶或仅基生叶下面紫红色，上面绿色。头状花序多数在茎枝顶端排成伞房花序，含 11-25 枚舌状小花。总苞圆柱状，长 6-7 mm；总苞片 4 层，外层及最外层小，全部总苞片外面无毛。舌状小花黄色。瘦果黑褐紫色，纺锤形，长 3 mm，有 14-15 条粗细不等纵肋，肋上有小刺毛。冠毛白色，长 3-4 mm。花果期 4-10 月。

生于溪边密林下、山坡林缘。产陕西、江西、湖南、湖北、四川、贵州、云南。

53. 黄鹌菜
Youngia japonica (L.) DC.

一年生草本，高 10-100 cm。茎单生或簇生。基生叶长 2.5-13 cm，宽 1-4.5 cm，大头羽状深裂，叶柄长 1-7 cm，顶裂片卵形，侧裂片 3-7 对，向下渐小，最下方的侧裂片耳状；茎叶极少；全部叶被皱波状柔毛。头状花序含 10-20 舌状小花，排成伞房花序；舌状小花黄色，花冠管外面有短柔毛。瘦果纺锤形，压扁，褐色，长 1.5-2 mm，顶端无喙；冠毛长 2.5-3.5 mm，糙毛状。花果期 4-10 月。

生于山坡、山谷、林缘、草地、潮湿地、沼泽地及田间。全国均产。日本、中南半岛、印度、菲律宾、新加坡、马来西亚、朝鲜也有。

53a. 卵裂黄鹌菜
Youngia japonica subsp. *elstonii* (Hochr.) Babc. et Stebbins [*Youngia pseudosenecio* (Vaniot) Shih]

一年生草本，高 50-150 cm。茎单生或簇生。基生叶及中下部茎叶倒披针形或长椭圆形，长达 27 cm，宽达 7 cm，羽状深裂或大头羽状深裂，叶柄长 1.5-5 cm，顶裂片椭圆形，侧裂片 3-7 对，较疏离，向下渐小，最下方的侧裂片锯齿状；中上部茎叶侧裂片较少。头状花序排成狭圆锥花序或伞房圆锥花序；舌状小花 20，黄色，外面被白色短柔毛。瘦果褐色，纺锤形，长约 2 mm，无喙；冠毛白色，长 3-3.5 mm，糙毛状。花果期 4-11 月。

生于海拔 250-460 m 山坡草地、沟谷地、水边阴湿处、屋边草丛中。产西北、华中、华东、华南、西南等。

目 63. 川续断目 Dipsacales

A408. 五福花科 Adoxaceae

1. 接骨草
Sambucus javanica Blume Bijdr.

　　高大草本，高 1-2 m。茎有棱条。羽状复叶的托叶叶状或有时退化成蓝色的腺体；小叶 2-3 对，互生或对生，狭卵形，长 6-13 cm，宽 2-3 cm，基部钝圆，两侧不等，边缘具细锯齿；顶生小叶基部楔形。复伞形花序顶生，大而疏散，分枝被黄色疏柔毛；杯形不孕性花不脱落，可孕性花小，萼筒杯状，萼齿三角形，花冠白色。果实红色，近圆形，直径 3-4 mm。花期4-5 月，果熟期 8-9 月。

　　生于海拔 200-500 m 的山坡、林下、沟边和路旁。产华东、华中、华南、西南及陕西、甘肃等。日本也有。

2. 南方荚蒾
Viburnum fordiae Hance

　　灌木或小乔木；幼枝、芽、叶柄、花序、萼和花冠外面均被绒毛。叶厚纸质，长 4-8 cm，初时被簇状或叉状毛，后仅脉上有毛，稍光亮，叶背毛较密，侧脉上面略凹陷；壮枝上的叶带革质，常较大，叶背被绒毛；叶柄长 5-15 mm；无托叶。复伞形式聚伞花序直径 3-8 cm，总花梗长 1-3.5 cm；萼筒倒圆锥形，萼齿钝三角形；花冠白色，直径 4-5 mm，裂片卵形。果实红色，卵圆形，长 6-7 mm。花期4-5 月，果熟期10-11 月。

　　生于海拔 100-500 m 山谷溪涧旁疏林、山坡灌丛中或平原旷野。产安徽、浙江、江西、福建、湖南、广东、广西、贵州及云南。

3. 毛枝台中荚蒾
Viburnum formosanum var. *pubigerum* P. S. Hsu

　　灌木；冬芽卵状披针形，鳞片 2 对，具簇毛及长伏毛；当年生小枝具簇状伏毛。叶椭圆形，长 4-12 cm，顶端稍尾尖，边缘基部除外有开展的锯齿，上面中脉被单伏毛，下面中脉和侧脉被长伏毛，脉腋集聚少数簇状毛，近基部两侧有少数暗色凹陷腺斑，侧脉 7-8 对；叶柄长 5-15 mm；无托叶。复伞形式聚伞花序生于具 1 对叶的侧生短枝之顶，直径 3-4 cm，被毛与小枝同，总花梗长 1-1.5 cm，第一级辐射枝 4-6 条，花生于第二级辐射枝上；萼筒筒状，长约 1.5 mm，萼齿宽卵形，长约 0.5 mm，有微缘毛；花冠白色，辐状，直径约 4.5 mm；雄蕊与花冠等长或略较长，柱头头状。果实红色，长约 9 mm；核长 6-9 mm，扁，有 2 条浅背沟和 3 条浅腹沟。花期5-6 月，果期9-11 月。

　　生于山谷溪涧旁疏林或密林中或林缘灌丛中。产江西、湖南及广东。

A408. 五福花科 Adoxaceae

4. 蝶花荚蒾
Viburnum hanceanum Maxim.

灌木；当年小枝、叶柄和总花梗被绒毛，二年生小枝散生浅色皮孔。叶纸质，长 4-8 cm，顶端圆形而微凸头，基部近圆形，两面被黄褐色簇状短伏毛，侧脉略凹陷；叶柄长 6-15 mm。聚伞花序伞形式，直径 5-7 cm，花稀疏，外围有 2-5 白色、大型不孕花，总花梗长 2-4 cm；萼筒无毛，萼齿卵形；不孕花直径 2-3 cm，不整齐 4-5 裂；可孕花黄白色，直径约 3 mm，裂片卵形。果实红色，稍扁，卵圆形，长 5-6 mm。花期 4-5 月，果熟期 8-9 月。

生于海拔 200-600 m 山谷溪流旁或灌木丛之中。产江西南部、福建、湖南、广东及广西。

5. 披针叶荚蒾
Viburnum lancifolium Hsu

常绿灌木；幼枝、叶背、叶柄、花序和萼筒外面均被黄褐色簇状毛和红褐色微细腺点；当年小枝四角状，二年生小枝圆柱形。叶皮纸质，矩圆状披针形至披针形，长 9-24 cm，叶 1/3 以上疏生尖锯齿，叶面有光泽，侧脉连同中脉凹陷；叶柄长 8-20 mm；托叶不存。复伞形式聚伞花序直径约 4 cm；萼筒筒状，萼齿宽卵形；花冠白色，直径约 4 mm，无毛。果实红色，圆形，直径 7-8 mm。花期 5 月，果熟期 10-11 月。

生于海拔 200-500 m 山坡疏林中、林缘及灌丛中。产浙江、江西、广东及福建。

6. 球核荚蒾
Viburnum propinquum Hemsl.

常绿灌木或小乔木，高 2-4 m，全体无毛；当年小枝红褐色，光亮，具凸起的小皮孔，二年生小枝变灰色。叶卵形、椭圆形至椭圆状矩圆形，长 4-11 cm，顶端渐尖，基部狭窄至近圆形，边缘通常疏生浅锯齿，基部以上两侧各有 1-2 枚腺体，具离基三出脉；叶柄纤细，长 1-2 cm。聚伞花序直径 4-5 cm，果时可达 7 cm，总花梗纤细，长 1.5-4 cm，第一级辐射枝通常 7 条，花生于第三级辐射枝上，有细花梗；萼筒长约 0.6 mm，萼齿宽三角状卵形，长约 0.4 mm；花冠绿白色，辐状，直径约 4 mm，内面基部被长毛，裂片宽卵形，长约 1 mm；雄蕊常稍高出花冠。果实蓝黑色，近圆形或卵圆形，长（3-）5-6 mm；核有 1 条极细的浅腹沟或无沟。

生于山谷林中或灌丛中。产陕西、甘肃、浙江、江西、福建、台湾、湖北、湖南、广东、广西、四川、贵州及云南。菲律宾也有分布。

A408. 五福花科 Adoxaceae

7. 珊瑚树
Viburnum odoratissimum Ker-Gawl.

常绿灌木或小乔木，高达 12 m；枝有凸起的小瘤状皮孔，几无毛。叶革质，近椭圆形，长 7-20 cm，近全缘，两面无毛，脉腋常有集聚簇状毛和趾蹼状小孔；叶柄长 1-3 cm，近无毛。圆锥花序宽尖塔形，长 4-13 cm，宽 4-6 cm，总花梗长可达 10 cm；花芳香，近无梗；萼筒筒状钟形，长 2-2.5 mm，无毛；花冠白色，后变黄白色，直径约 7 mm，裂片反折，圆卵形。果实先红色后变黑色，卵圆形，长约 8 mm。花期 4-5 月，果熟期 7-9 月。

生于海拔 200-600 m 山谷密林中溪涧旁荫蔽处、疏林或平地灌丛中。产福建、湖南、广东、海南和广西。印度、缅甸、泰国和越南也有。根和叶入药。

8. 常绿荚蒾
Viburnum sempervirens K. Koch

常绿灌木；当年小枝四角状，近无毛，二年生小枝近圆柱状。叶革质，长 4-14 cm，近全缘，叶面有光泽，叶背中脉及侧脉常有疏伏毛，多少呈离基 3 出脉状，上面深凹陷；叶柄带红紫色，长 5-15 mm。复伞形式聚伞花序直径 3-5 cm，有红褐色腺点，总花梗几无；萼筒倒圆锥形，长约 1 mm，萼齿宽卵形；花冠白色，直径约 4 mm，裂片近圆形。果实红色，卵圆形，长约 8 mm。花期 5 月，果熟期 10-12 月。

生于海拔 100-600 m 山谷密林或疏林中，溪涧旁或丘陵地灌丛中。产江西、广东和广西。

9. 茶荚蒾
Viburnum setigerum Hance

落叶灌木；当年小枝多少有棱角，无毛。叶纸质，长 7-14 cm，边缘外疏生尖锯齿，叶背中脉及侧脉被贴生长纤毛，侧脉叶面略凹陷；叶柄长 1-2 cm。复伞形式聚伞花序直径 2.5-5 cm，总花梗长 1-3 cm；萼筒长约 1.5 mm，无毛和腺点，萼齿卵形；花冠白色，直径 4-6 mm，无毛，裂片卵形。果序弯垂，果实红色，卵圆形，长 9-11 mm。花期 4-5 月，果熟期 9-10 月。

生于海拔 200-600 m 山谷溪涧旁疏林或山坡灌丛中。产江苏、安徽、浙江、江西、福建、台湾、广东、广西、湖南、贵州、云南、四川、湖北及陕西。

A409. 忍冬科 Caprifoliaceae

1. 糯米条

Abelia chinensis R. Br.

　　落叶灌木，高达 2 m；嫩枝红褐色，被短柔毛。叶有时 3 轮生，长 2-5 cm，宽 1-3.5 cm，边缘有稀疏圆锯齿，叶面近无毛，叶背基部主脉及侧脉密被白色长柔毛。聚伞花序生于小枝上部叶腋，由多数花序集合成一圆锥状花簇；萼筒圆柱形，被短柔毛，萼檐 5 裂，果期变红色；花冠白色至红色，漏斗状，长 1-1.2 cm，裂片 5，圆卵形。果实具略增大的萼裂片。

　　生于海拔 170-500 m 的山地。产长江以南。

2. 菰腺忍冬

Lonicera hypoglauca Miq.

　　落叶藤本；幼枝、叶柄、叶背和叶面中脉及总花梗均密被淡黄褐色短柔毛。叶纸质，长 6-10 cm，有黄色至橘红色蘑菇形腺；叶柄长 5-12 mm。双花单生至多花集生，或集合成总状；萼筒无毛，萼齿三角状披针形；花冠白色，后变黄色，长 3.5-4 cm，唇形；雄蕊与花柱均稍伸出，无毛。果实熟时黑色，近圆形，有时具白粉，直径 7-8 mm。种子淡黑褐色，椭圆形。花期 4-5（-6）月，果熟期 10-11 月。

　　生于海拔 200-600 m 灌丛或疏林中。产安徽、浙江、江西、福建、台湾、湖北、湖南、广东、广西、四川、贵州及云南。日本也有。花蕾供药用。

3. 忍冬（金银花）

Lonicera japonica Thunb.

　　半常绿藤本；幼枝密被黄褐色硬直糙毛、腺毛和短柔毛。叶纸质，长 3-7 cm；叶柄长 4-8 mm，密被短柔毛。总花梗常单生于小枝上部叶腋，密被短柔毛；苞片叶状，长达 2-3 cm；萼筒长约 2 mm，无毛，萼齿卵状三角形；花冠白色，后变黄色，长 2-5 cm，唇形，筒稍长于唇瓣，外被糙毛和长腺毛；雄蕊和花柱均高出花冠。果实圆形，直径 6-7 mm，熟时蓝黑色，有光泽。种子卵圆形或椭圆形，褐色，长约 3 mm。花期 4-6 月，果熟期 10-11 月。

　　生于海拔最高达 600 m 山坡灌丛或疏林中、乱石堆、山足路旁及村庄篱笆边。全国均产。日本和朝鲜也有。即常用中药"金银花"。

A409. 忍冬科 Caprifoliaceae

4. 攀倒甑（白花败酱）
Patrinia villosa (Thunb.) Juss.

多年生草本，高 130 cm；茎密被白色倒生粗毛，有时几无毛。基生叶卵形至长圆状披针形，长 4-20 cm，宽 2-8 cm，边缘具粗钝齿，基部楔形下延，不分裂或大头羽状深裂；茎生叶对生，与基生叶同形，上部叶较窄小，常不分裂，两面被糙伏毛或近无毛；上部叶渐近无柄。由聚伞花序组成顶生圆锥花序或伞房花序；花萼小，萼齿 5，长 0.3-0.5 mm，被短糙毛；花冠钟形，白色，5 深裂，裂片不等形。瘦果倒卵形。花期 8-10 月，果期 9-11 月。

生于海拔 300-500 m 的山地林下、林缘或灌丛。产台湾、江苏、浙江、江西、安徽、河南、湖北、湖南、广东、广西、贵州和四川。日本也有。

目 64. 伞形目 Apiales

A413. 海桐科 Pittosporaceae

1. 褐毛海桐
Pittosporum fulvipilosum Chang et Yan

灌木或小乔木，嫩枝被褐色柔毛，老枝秃净，略有皮孔。叶簇生于枝顶，革质，长 6-9 cm，宽 2.5-3.5 cm，幼嫩时两面均有柔毛，以后变秃净，叶面深绿色，发亮；叶柄长 1-1.5 cm。伞形花序生枝顶，多花，花梗长 1-1.5 cm，有褐毛；萼片分离，卵状披针形，长 2.5 mm，被毛；花瓣长 7-8 mm。蒴果球形，直径约 1 cm，裂为 2，果片木质。果梗长 1-2 cm。

产广东北部。

A414. 五加科 Araliaceae

1. 黄毛楤木
Aralia decaisneana Hance

灌木；新枝密生黄棕色绒毛，有短直刺。二回羽状复叶长达 1.2 m；叶柄长 20-40 cm，疏生细刺和黄棕色绒毛；叶轴和羽片轴密生黄棕色绒毛；小叶 7-13，基部有小叶 1 对；小叶革质，长 7-14 cm，宽 4-10 cm，叶面密生黄棕色绒毛，叶背毛更密，边缘有细尖锯齿。圆锥花序大；分枝长达 60 cm，密生黄棕色绒毛，疏生细刺；花淡绿白色，花瓣长约 2 mm。果实球形，黑色，有 5 棱，直径约 4 mm。花期 10 月至翌年 1 月，果期 12 月至翌年 2 月。

生于海拔 100-600 m 阳坡或疏林中。全国均产。根皮为民间草药，有祛风除湿，散瘀消肿之效。

A414. 五加科 Araliaceae

2. 长刺楤木
Aralia spinifolia Merr.

　　灌木；小枝疏生扁刺，并密生刺毛。二回羽状复叶长 40-70 cm，叶柄、叶轴和羽片轴具刺和刺毛；羽片长 20-30 cm，有小叶 5-9，基部有小叶 1 对；小叶薄纸质，长 7-11 cm，宽 3-6 cm，叶面脉上疏生小刺和刺毛，叶背更密，边缘有锯齿。圆锥花序长达 35 cm，花序轴和总花梗均密生刺和刺毛；花瓣 5，淡绿白色，长约 1.5 mm。果实卵球形，黑褐色，有 5 棱，长 4-5 mm；宿存花柱长约 2 mm。花期 8-10 月，果期 10-12 月。

　　生于海拔约 600 m 以下山坡或林缘阳光充足处。产广西、湖南、江西、福建和广东。

3. 白簕
Eleutherococcus trifoliatus (L.) S. Y. Hu
[*Acanthopanax trifoliatus* (L.) Merr.]

　　灌木；枝软弱铺散，老枝灰白色，新枝黄棕色，疏生下向扁钩刺。叶有小叶 3，叶柄长 2-6 cm，无毛；小叶纸质，长 4-10 cm，宽 3-6.5 cm，两侧小叶基部歪斜，两面无毛，边缘有细锯齿或钝齿，小叶柄长 2-8 mm。多数伞形花序组成顶生复伞形花序或圆锥花序，直径 1.5-3.5 cm；总花梗长 2-7 cm，无毛；花黄绿色；花瓣 5，长约 2 mm，开花时反曲。果实扁球形，直径约 5 mm，黑色。花期 8-11 月，果期 9-12 月。

　　生于海拔 100-600 m 山坡路旁、林缘和灌丛中。产华中和华南。民间常用草药，根有祛风除湿、舒筋活血、消肿解毒之效。

4. 常春藤（爬墙虎）
Hedera nepalensis var. *sinensis* (Tobl.) Rehd.

　　常绿攀援灌木。叶革质，在不育枝上为三角状卵形，长 5-12 cm，宽 3-10 cm，全缘或 3 裂，花枝上的叶片椭圆状卵形至披针形，略歪斜，长 5-16 cm，宽 1.5-10.5 cm，全缘或 1-3 浅裂；叶柄长 2-9 cm；无托叶。伞形花序 1-7 总状排列或伞房状排列成圆锥花序，直径 1.5-2.5 cm；总花梗长 1-3.5 cm；花淡黄白色或淡绿白色，花瓣 5，长 3-3.5 mm。果实球形，红色或黄色，直径 7-13 mm；宿存花柱长 1-1.5 mm。花期 9-11 月，果期翌年 3-5 月。

　　攀援于海拔 150-500 m 林缘树木、林下路旁、岩石和房屋墙壁上。全国均产。越南也有。全株供药用，有舒筋散风之效。

A414. 五加科 Araliaceae

5. 红马蹄草

Hydrocotyle nepalensis Hook.

多年生草本，高 5-45 cm。茎匍匐。叶片硬膜质，长 2-5 cm，宽 3.5-9 cm，边缘通常 5-7 浅裂，裂片有钝锯齿，掌状脉 7-9，疏生短硬毛；叶柄长 4-27 cm，上部密被柔毛。伞形花序多数簇生，花序梗长 0.5-2.5 cm，有柔毛；小伞形花序密集成头状花序；花柄长 0.5-1.5 mm，花瓣卵形，白色。果长 1-1.2 mm，宽 1.5-1.8 mm，基部心形，两侧扁压。花果期 5-11 月。

生于海拔 350-580 m 山坡、路旁、阴湿地、水沟和溪边草丛中。产华东、华中、华南、西南及陕西等。印度、马来西亚、印度尼西亚也有。全草入药，治跌打损伤、感冒、咳嗽痰血。

6. 天胡荽

Hydrocotyle sibthorpioides Lam.

多年生草本，有气味。茎细长而匍匐，平铺地上成片，节上生根。叶片膜质至草质，圆形或肾圆形，长 0.5-1.5 cm，宽 0.8-2.5 cm，基部心形，不分裂或 5-7 裂，裂片阔倒卵形，边缘有钝齿，背面脉上疏被粗伏毛；叶柄长 0.7-9 cm；托叶略呈半圆形。伞形花序与叶对生，单生于节上；花序梗纤细，长 0.5-3.5 cm；小伞形花序有花 5-18，花无柄或有极短的柄，花瓣卵形，长约 1.2 mm，绿白色，有腺点；花丝与花瓣同长或稍超出；花柱长 0.6-1 mm。果实略呈心形，长 1-1.4 mm，宽 1.2-2 mm，两侧扁压，中棱在果熟时极为隆起。花果期 4-9 月。

生于湿润的草地、沟边。产陕西、江苏、安徽、浙江、江西、福建、湖南、湖北、广东、广西、台湾、四川、贵州、云南等。朝鲜、日本、东南亚至印度也有分布。

6a. 破铜钱

Hydrocotyle sibthorpioides var. *batrachium* (Hance) Hand.-Mazz.

与原种的区别为：叶片较小、3-5 深裂几达基部，侧面裂片间有一侧或两侧仅裂达基部 1/3 处，裂片均呈楔形。

生境同原变种。产安徽、浙江、江西、湖南、湖北、台湾、福建、广东、广西、四川等。越南有分布。

A414. 五加科 Araliaceae

7. 鹅掌柴
Schefflera heptaphylla (L.) Frodin [*Schefflera octophy* (Lour.) Harms]

　　乔木或灌木；小枝幼时密生星状短柔毛，后脱落。叶有小叶 6-9；叶柄长 15-30 cm；小叶纸质至革质，长 9-17 cm，宽 3-5 cm，幼时密生星状短柔毛，后渐脱落，全缘，但在幼树时常有锯齿或羽状分裂，小叶柄长 1.5-5 cm，近无毛。圆锥花序顶生，长 20-30 cm；伞形花序有花 10-15；总梗长 1-2 cm；花梗长 4-5 mm，花白色，花瓣 5-6，开花时反曲。果实球形，黑色，直径约 5 mm。花期 11-12 月，果期 12 月。

　　生于海拔 100-600 m 绿阔叶林。产西藏、云南、广西、广东、浙江、福建和台湾。日本、越南和印度也有。南方蜜源植物；叶及根皮民间供药用。

A416. 伞形科 Apiaceae

1. 福参（广东省新记录）
Angelica morii Hayata

　　多年生草本，高 50-100 cm。根圆锥形，稍弯曲，长约至 10 cm，棕褐色。叶柄基部膨大成长管状的叶鞘，抱茎，背面无毛；叶片长 7-20 cm，末回裂片卵形至卵状披针形，常 3 裂至 3 深裂，顶端渐尖，基部楔形，边缘有缺刻状锯齿；顶部叶简化成短管状鞘。复伞形花序，花序梗长 5-10 cm，有短柔毛，总苞无或有 1-2 片，早落；伞辐 10-14（-20）；小总苞片 5-8，线状披针形，有短毛，比花柄长或等长；小伞形花序有花 15-20，花黄白色；萼齿小或不明显；花瓣长卵形，无毛，顶端内折，中脉明显；花柱基短圆锥形。果实长卵形，长 4-5 mm，宽 3-4 mm，无毛，背棱线形，侧棱翅状。花期 4-5 月，果期 5-6 月。

　　生于山坡、山谷溪沟石缝内。产浙江、广东、福建、台湾。

2. 积雪草
Centella asiatica (L.) Urban

　　多年生草本，茎匍匐，节上生根。叶草质，圆形，长 1-2.8 cm，宽 1.5-5 cm，边缘有钝锯齿，基部阔心形，两面无毛；叶柄长 1.5-27 cm。伞形花序梗 2-4，聚生于叶腋，长 0.2-1.5 cm；每一伞形花序有花 3-4，聚集呈头状；花瓣卵形，紫红色或乳白色，膜质，长 1.2-1.5 mm，花柱长约 0.6 mm。果实两侧扁压，圆球形，长 2.1-3 mm。花果期 4-10 月。

　　生于海拔 120-600 m 阴湿的草地或水沟边。产华中、华东、华南、西南及陕西等。印度、斯里兰卡、马来西亚、印度尼西亚、大洋洲群岛、日本、澳大利亚及非洲也有。全草入药，清热利湿、消肿解毒。

A416. 伞形科 Apiaceae

3. 鸭儿芹

Cryptotaenia japonica Hassk.

多年生草本，高 20-100 cm。茎光滑，表面有时略带淡紫色。叶柄长 5-20 cm，叶鞘边缘膜质；叶片长 2-14 cm，宽 3-17 cm，常为 3 小叶；中间小叶长 2-14 cm，宽 1.5-10 cm；两侧小叶长 1.5-13 cm，宽 1-7 cm，近无柄，边缘有不规则的尖锐重锯齿。复伞形花序圆锥状，花序梗不等长；小伞形花序花柄极不等长；花瓣白色，长 1-1.2 mm，花丝短于花瓣。分生果线状长圆形，长 4-6 mm。花期 4-5 月，果期 6-10 月。

生于海拔 200-400 m 的山地、山沟及林下较阴湿的地区。全国均产。朝鲜和日本也有。全草入药，治虚弱，尿闭及肿毒等。

4. 水芹

Oenanthe javanica (Bl.) DC.

多年生草本，高 15-80 cm，茎直立或基部匍匐。基生叶有柄，柄长达 10 cm，基部有叶鞘；叶片轮廓三角形，1-2 回羽状分裂，末回裂片卵形至菱状披针形，长 2-5 cm，宽 1-2 cm，边缘有牙齿或圆齿状锯齿；茎上部叶无柄，裂片和基生叶的裂片相似，较小。复伞形花序顶生，花序梗长 2-16 cm；无总苞；伞辐 6-16，不等长，长 1-3 cm，直立和展开；小总苞片 2-8，线形，长 2-4 mm；小伞形花序有花 20 余朵；萼齿线状披针形，长与花柱基相等；花瓣白色，倒卵形，长 1 mm，有一长而内折的小舌片；花柱基圆锥形，花柱直立或两侧分开，长 2 mm。果实近于四角状椭圆形或筒状长圆形，长 2.5-3 mm，宽 2 mm，侧棱较背棱和中棱隆起。花期 6-7 月，果期 8-9 月。

多生于浅水低洼地方或池沼、水沟旁。全国均产。分布于印度、缅甸、越南、马来西亚、印度尼西亚的爪哇及菲律宾等地。茎叶可作蔬菜食用。

5. 小窃衣（破子草）

Torilis japonica (Houtt.) DC.

一年或多年生草本，高 20-120 cm。茎有纵条纹及刺毛。叶柄长 2-7 cm，下部具膜质鞘；叶片一至二回羽状分裂，两面疏生粗毛，第一回羽片长 2-6 cm，宽 1-2.5 cm，柄长 0.5-2 cm，末回裂片边缘具粗齿至分裂。复伞形花序，花序梗长 3-25 cm，有倒生的刺毛；小伞形花序有花 4-12；花瓣白色、紫红或蓝紫色，倒圆卵形，长 0.8-1.2 mm。果实圆卵形，长 1.5-4 mm，宽 1.5-2.5 mm，通常有内弯或呈钩状的皮刺。花果期 4-10 月。

生于海拔 150-460 m 杂木林下、林缘、路旁、河沟边及溪边草丛。除黑龙江、内蒙古及新疆外，全国均产。欧洲、北非及亚洲的温带地区均有。

5.1 裸子植物部分

G1. 苏铁科 Cycadaceae

1.* 苏铁（铁树）
Cycas revoluta Thunb.

　　树干高约 2 m，稀更高。羽状叶长 75-200 cm，叶柄两侧有齿状刺；羽状裂片 100 对以上，坚硬，长 9-18 cm，边缘向下反卷，先端有刺尖头，基部下侧下延。雄球花圆柱形，长 30-70 cm，径 8-15 cm；小孢子叶窄楔形，长 3.5-6 cm，叶背中肋及顶端密生灰黄色长绒毛；大孢子叶长 14-22 cm，密生淡黄色绒毛，边缘羽状分裂。种子红褐色，卵圆形，稍扁，长 2-4 cm，密生灰黄色短绒毛，后渐脱落，中种皮木质。花期 6-7 月，种子 10 月成熟。

　　产福建、台湾和广东，各地常有栽培。日本、菲律宾和印度尼西亚也有。种子微有毒，供食用和药用，有治痢疾、止咳和止血之效。

G3. 银杏科 Ginkgoaceae

1.* 银杏（白果）
Ginkgo biloba L.

　　乔木，高达 40 m；枝近轮生，斜上伸展。叶扇形，淡绿色，无毛，顶端宽 5-8 cm，波状缺刻或 2 裂，柄长 3-10 cm，叶在一年生长枝上螺旋状散生，在短枝上簇生状。球花雌雄异株，生于短枝顶端；雄球花柔荑状下垂；雌球花具分叉长梗，每叉顶着生一胚珠。种子具长梗，下垂，常为近圆球形，长 2.5-3.5 cm，外种皮肉质，熟时黄色，外被白粉；中种皮白色，骨质；内种皮膜质，淡红褐色。花期 3-4 月，种子 9-10 月成熟。

　　生于海拔 300-600 m。栽培范围甚广，北至沈阳，南达广州，东起华东，西南至贵州、云南。朝鲜、日本及欧美各国均有栽培。

G7. 松科 Pinaceae

1.* 湿地松
Pinus elliottii Engelm.

　　乔木，在原产地高达 30 m；树皮纵裂成鳞片状剥落；小枝粗壮，橙褐色，鳞叶上部披针形，淡褐色，干枯后宿存数年不落；冬芽圆柱形，芽鳞淡灰色。针叶 2-3 针一束并存，长 18-25 cm，刚硬，有气孔线。球果圆锥形，长 6.5-13 cm，径 3-5 cm，有梗；种鳞的鳞盾有锐横脊。种子卵圆形，微具 3 棱，长 6 mm，黑色；种翅长 0.8-3.3 cm，易脱落。

　　原产美国东南部温暖潮湿的低海拔地区。湖北、江西、浙江、江苏、安徽、福建、广东、广西、台湾等有引种栽培。

编者注：在逸生种中文名前标注 #，在栽培种中文名前标注 *

G8. 南洋杉科 Araucariaceae

1.[*] 柱状南洋杉
Araucaria columnaris (G. Forst.) Hook.

常绿乔木。主干树皮灰褐色，粗糙，纸质，呈片状脱落。枝条短而多数，水平，排成轮状。幼态叶锥形，成熟叶披针状卵形至三角形，均顶端内弯，叶片沿小枝紧密覆盖并螺旋状排列。鳞片状。雄球花圆柱状，下垂。雌球花椭球体，直立，生于上部的枝条。卵形，有短尖，具阔而膜质的翅。球果约网球大小，具长硬毛。花期 2 至 3 月。果期 3 至 5 月。

原产新喀里多尼亚岛。华南各地引种栽培，国内园林绿化中常见。

G9. 罗汉松科 Podocarpaceae

1.[*] 竹柏
Nageia nagi (Thunb.) Kuntze

常绿乔木，高达 20 m。树皮近平滑。枝条伸展，形成广圆锥形树冠。叶对生，2 列，厚革质，卵状披针形或披针状椭圆形，长 3.5-9 cm，宽 1.5-2.5 cm，无中脉而有多数并列细脉。雌雄球花单生于叶腋。种子球形，成熟时套被紫黑色，有白粉。花期 3-5 月。种子成熟期 10-11 月。

常散生于低海拔的常绿阔叶林中。习性喜光，耐阴。喜温暖、湿润的环境。产长江流域及其以南。日本也有。

2.[*] 兰屿罗汉松
Podocarpus costalis C. Presl

常绿灌木或小乔木，高 2-5 m。叶丛生枝端，线状披针形，先端钝或圆，硬革质，浓绿富光泽。种子椭圆形。成树为高级庭园树，可修剪成圆形、锥形或整形成盆景。雄球花单生，穗状圆柱形，长约 3 cm。种子椭圆形，假种皮深蓝色，长 9-10 mm，先端圆，有小尖头，种托肉质，圆柱形，成熟时呈深黑色。

产台湾兰屿岛沿岸。菲律宾也有。

3.* 短叶罗汉松

Podocarpus macrophyllus var. *maki* Sieb. et Zucc.

小乔木或成灌木状，枝条向上斜展。叶短而密生，长 2.5-7 cm，宽 3-7 mm，先端钝或圆。花期 4-5 月，果期 8-9 月。

原产日本。江苏、浙江、福建、江西、湖南、湖北、陕西、四川、云南、贵州、广西、广东等均有栽培。作庭园树。

G11. 柏科 Cupressaceae

1.* 柳杉（长叶孔雀松）

Cryptomeria japonica var. *sinensis* Miquel

乔木，高达 40 m；树皮红棕色，裂片长条状脱落。大枝近轮生；小枝细长下垂。叶钻形略向内弯曲，先端内曲，长 1-1.5 cm。雄球花单生叶腋，长椭圆形，长约 7 mm，集生于小枝上部，成短穗状花序状；雌球花顶生于短枝上。球果圆球形，径 1-2-2 cm；种鳞 20 左右，上部有 4-5 短三角形裂齿，能育的种鳞有 2 种子。种子褐色，近椭圆形，扁平，长 4-6.5 mm，边缘有窄翅。花期 4 月，球果 10 月成熟。

生于海拔 600 m 以下。中国特有种。产浙江、福建及江西等；江苏、浙江、安徽、河南、湖北、湖南、四川、贵州、云南、广西及广东等均有栽培。

2.* 杉木

Cunninghamia lanceolata (Lamb.) Hook.

常绿乔木，高达 30 m。树皮灰褐色，裂成长条形，内皮淡红色。幼树树冠塔形至圆锥形。大枝平展，小枝对生或轮生。冬芽近球形。球果卵形。种子长圆形。花期 4 月。果期 10 月。

生于酸性土山地。产秦岭以南至广东中部以北广大地区。中南半岛北部也有。

G11. 柏科 Cupressaceae

3.* 圆柏（桧）

Juniperus chinensis L.

乔木，高达 20 m；树皮纵裂成薄片开裂。小枝近圆柱形或近四棱形。叶二型，即刺叶及鳞叶；刺叶生于幼树，老龄树则全为鳞叶，壮龄树兼有刺叶与鳞叶；鳞叶三叶轮生，紧密，近披针形，长 2.5-5 mm；刺叶三叶交互轮生，疏松，披针形，长 6-12 mm。雌雄异株稀同株；雄球花黄色，椭圆形，长 2.5-3.5 mm。球果近圆球形，径 6-8 mm，两年成熟，熟时暗褐色，被白粉或白粉脱落。种子卵圆形，扁，有棱脊。

生于海拔 100-500 m。全国均产，各地亦多栽培。朝鲜、日本也有。

4.* 侧柏（香柯树）

Platycladus orientalis (L.) Franco

乔木，高达 20 余米；树皮纵裂成条片。小枝细，扁平，排成一平面。叶鳞形，长 1-3 mm，先端微钝。雄球花黄色，卵圆形，长约 2 mm；雌球花近球形，径约 2 mm，蓝绿色，被白粉。球果近卵圆形，长 1.5-2 cm，成熟前近肉质，蓝绿色，被白粉，成熟后木质，开裂，红褐色。种子卵圆形，灰褐色或紫褐色，长 6-8 mm，稍有棱脊。花期 3-4 月，球果 10 月成熟。

生于海拔 200-600 m。全国均产；河北、山西、陕西及云南有天然森林；西藏有栽培。朝鲜也有。

G12. 红豆杉科 Taxaceae

1.* 南方红豆杉

Taxus wallichiana Zucc. var. *mairei* (Lemée et H. Lév.) L. K. Fu et Nan Li

乔木，高达 30 m；树皮成条片脱落。大枝开展；冬芽褐色，有光泽，芽鳞三角状卵形。叶两列，条形，微弯，长 1-3 cm，宽 2-4 mm，叶背有两条气孔带，中脉带上密生角质乳突。雄球花淡黄色。肉质假种皮红色，杯状；种子卵圆形，长 5-7 mm，径 3.5-5 mm，上部常具二钝棱脊，先端有突起的短钝尖头。果期 10-11 月。

生于海拔 100-300 m 混交林中。中国特有种。产甘肃、陕西、四川、云南、贵州、湖北、湖南、江西、广西和安徽。心材橘红色，纹理直，结构细，可供多类用材。

5.2 被子植物部分

A4. 睡莲科 Nymphaeaceae

1.* 睡莲
Nymphaea tetragona Georgi

多年生水生草本。根茎粗短。叶漂浮，心状卵形或卵状椭圆形，长 5-12 cm，宽 3.5-9 cm，基部具深弯缺，全缘，上面深绿色，光亮，下面带红或紫色。叶柄长达 60 cm。花梗细长。萼片 4，宽披针形或窄卵形，长 2-3 cm，宿存。花瓣 8-17，白色，宽披针形，长圆形或倒卵形，长 2-3 cm。雄蕊约 40。柱头辐射状裂片 5-8。浆果球形，径 2-2.5 cm，为宿萼包被。花期 6-8 月，果期 8-10 月。

生于池沼中。在我国广泛分布。俄罗斯、朝鲜、日本、印度、越南、美国均有。

A14. 木兰科 Magnoliaceae

1.* 荷花玉兰 (广玉兰)
Magnolia grandiflora L.

常绿乔木；小枝、芽、叶叶背、叶柄、均密被褐色或灰褐色短绒毛。叶厚革质，椭圆形，长 10-20 cm；叶柄长 1.5-4 cm，无托叶痕，具深沟。花白色，有芳香，直径 15-20 cm；花被片 9-12，厚肉质，倒卵形，长 6-10 cm；雄蕊长约 2 cm，花丝紫色；雌蕊群密被长绒毛。聚合果长圆形，长 7-10 cm，径 4-5 cm，密被褐色或淡灰黄色绒毛；蓇葖背裂。种子近卵形，长约 14 mm，外种皮红色。花期 5-6 月，果期 9-10 月。

原产北美洲。长江以南均有栽培。叶、幼枝和花可提取芳香油；花制浸膏用。

2.* 白兰 (白玉兰)
Micheliaxalba DC.

常绿乔木，高达 17 m；胸径 30 cm；树皮灰色；揉枝叶有芳香。嫩枝及芽密被淡黄白色微柔毛，老时毛渐脱落。叶薄革质，长 10-27 cm，宽 4-9.5 cm，基部楔形，叶面无毛，叶背疏生微柔毛；叶柄长 1.5-2 cm，疏被微柔毛。花白色，极香；花被片 10，披针形，长 3-4 cm，宽 3-5 mm；心皮多数，成熟时形成蓇葖疏生的聚合果；蓇葖熟时鲜红色。花期 4-9 月，夏季盛开，通常不结实。

原产爪哇。福建、广东、广西、云南等栽培极盛，长江流域各省区多盆栽。花洁白清香，为著名的庭园观赏树种。

A14. 木兰科 Magnoliaceae

3.* 乐昌含笑
Michelia chapensis Dandy

常绿大乔木。叶长圆状倒卵形，叶柄无托叶痕。长 6.5-15 cm，宽 3.5-6.5 cm，先端短渐尖，基部楔形。花芳香，花梗被平伏的灰色微柔毛，单生叶腋。花被片 6，淡黄色，外轮 3 枚，内轮 3 枚较狭小。雌蕊群柄密被银灰色平伏微柔毛。聚合果穗状，长约 10 cm。花期 3-4 月。果期 11 月。

生于山地林中。产江西、湖南、广东、广西、云南。华南地区广泛栽培。

4.* 含笑花
Michelia figo (Lour.) DC.

常绿灌木。分枝繁密。芽、嫩枝、叶柄及花梗均密被黄褐色茸毛。叶革质，狭椭圆形或倒卵状椭圆形，长 4-10 cm，宽 1.8-4.5 cm，先端钝短尖，基部楔形或宽楔形。托叶痕达叶柄顶端。花极香。花被片 6，椭圆形，长 1.2-2 cm。雌蕊群无毛，雌蕊群柄被淡黄色茸毛。聚合果穗状，长 2-3.5 cm。花期 3-5 月。果期 8-9 月。

生于山地林中、林缘。原产华南各省区；我国广泛栽培。

5.* 紫玉兰
Yulania liliiflora Desr.

落叶灌木，常丛生，小枝近紫色。叶倒卵形，长 8-18 cm，基部渐狭下延；叶柄长 8-20 mm。花蕾被淡黄色绢毛；花叶同时开放，瓶形，直立于粗壮、被毛的花梗上；花被片 9-12，外轮 3 萼片状，紫绿色，常早落，内两轮肉质，紫红色，椭圆状倒卵形，长 8-10 cm。聚合果深紫褐色，圆柱形，长 7-10 cm；成熟蓇葖近圆球形。花期 3-4 月，果期 8-9 月。

生于海拔 300-600 m 的山坡林缘。产福建、湖北、四川和云南。树皮、叶、花蕾均可入药。

A28. 天南星科 Araceae

1.* 芋

Colocasia esculenta (L.) Schott.

草本，高 30-90 cm。块茎通常卵形，常生多数小块茎，均富含淀粉。叶 2-3 片或更多，片卵状，先端短尖。叶柄长于叶片，20-90 cm。侧脉 4 对，斜伸达叶缘。花序柄常单生，短于叶柄。佛焰苞长短不一，管部绿色，长约 4 cm，长卵形；肉穗花序长约 10 cm，短于佛焰苞。雌花序长圆锥形，长 3-3.5 cm；雄花序圆柱形，长 4-4.5 cm，顶部骤尖；附属器钻形。花期夏、秋季。

原产中国和印度及马来半岛等热带地区。我国南北地区长期以来有栽培。多栽于菜园、田边。

2.# 大藻（大萍叶、水荷莲）

Pistia stratiotes L.

水生飘浮草本。有长而悬垂的根多数。叶簇生成莲座状，叶常因发育阶段不同而形异：倒三角形、倒卵形、扇形，以至倒卵状长楔形，两面被毛，基部尤为浓密，叶脉扇状伸展，背面明显隆起成折皱状。佛焰苞白色，长 0.5-1.2 cm，外被茸毛。花期 5-11 月。

福建、台湾、广东、广西和云南热带地区野生；湖南、湖北、江苏、浙江、安徽、山东和四川等均有栽培。世界热带及亚热带广布。全株作猪饲料。

A45. 薯蓣科 Dioscoreaceae

1.* 参薯

Dioscorea alata L.

缠绕藤本。块茎形状变化较大，掌状、棒状或圆锥形。茎基部四棱形，有翅。叶腋内常生有形状大小不一的零余子。单叶互生，中部以上叶对生，叶卵状心形，顶端尾状，基部宽心形。雄花淡绿色，构成狭的圆锥花序。雌花为简单的穗状花序。蒴果具 3 翅，顶端微凹，基部钝形，翅椭圆形，长 2-2.5 cm，宽 1.5-2 cm。种子扁平，四周围有薄膜状翅。

我国南部地区广泛栽培。

A60. 百合科 Liliaceae

1.* 朱蕉
Cordyline fruticosa (L.) A. Cheval.

灌木状，高 1-3 m。茎粗 1-3 cm。叶聚生于茎上端，矩圆状披针形，长 25-50 cm，宽 5-10 cm，绿色或带紫红色；叶柄长 10-30 cm，基部抱茎。圆锥花序长 30-60 cm；花淡红色、青紫色至黄色，长约 1 cm；花梗很短；花柱细长。花期 11 月至翌年 3 月。

广东、广西、福建、台湾等常见栽培，供观赏。今广泛栽种于亚洲温暖地区。广西民间曾用来治咯血、尿血、菌痢等症。

A61. 兰科 Orchidaceae

1.* 蝴蝶兰
Phalaenopsis aphrodite H. G. Reich.

附生草本。根长而扁。茎不明显。叶基生，质厚，椭圆形至披针形。总状花序侧生于茎的基部，具少数至多数花，花大。萼片 3 枚，近等大。花瓣形似萼片，但较宽。唇瓣基部具爪，顶端 3 裂，侧裂片直立，中裂片伸展。花色有红、黄、粉红、白、紫红、桃红、橙黄等色，有时还有条纹或疏密不等的斑点，因品种不同而异。花期几乎全年。

我国南方地区多栽培。为蝴蝶兰属内杂交或与五唇兰属（*Doritis*）等属间杂交而成的园艺杂交种。

A72. 阿福花科 Asphodelaceae

1.* 芦荟（油葱）
Aloe vera L. var. *chinensis* (Haw.) Berg.

叶近簇生或稍二列，肥厚多汁，条状披针形，粉绿色，长 15-35 cm，基部宽 4-5 cm，顶端有几个小齿，边缘疏生刺状小齿。花葶高 60-90 cm；总状花序具几十花；花点垂，稀疏排列，淡黄色而有红斑；花被长约 2.5 cm，裂片先端稍外弯；花柱明显伸出花被外。

长江以南和温室常见栽培，也有由栽培逸为野生的。

A73. 石蒜科 Amaryllidaceae

1.* 葱
Allium fistulosum L.

鳞茎单生，圆柱状，粗 1-2 cm。叶圆筒状，中空。花葶中空，高 30-50 cm；伞形花序球状，多花；花白色；花被片近卵形；子房倒卵状，腹缝线基部具不明显的蜜穴；花柱细长，伸出花被外。花果期 4-7 月。

全国广泛栽培。国外也有栽培。作蔬菜食用，鳞茎和种子亦入药。

2.* 蒜
Allium sativum L.

鳞茎球状至扁球状，由多数肉质、瓣状的小鳞茎紧密地排列而成。叶宽条形。花葶实心，圆柱状，高可达 60 cm；伞形花序密具珠芽，间有数花；花常为淡红色；花柱不伸出花被外。花期 7 月。

原产亚洲西部或欧洲。全国普遍栽培。幼苗、花葶和鳞茎均供蔬食，鳞茎还可以作药用。

3.* 韭
Allium tuberosum Rottl.

具倾斜的横生根状茎。鳞茎簇生，近圆柱状。叶条形，扁平。花葶常具 2 纵棱，高 25-60 cm；伞形花序半球状或近球状；花白色；花被片常具绿色或黄绿色的中脉；子房倒圆锥状球形，具 3 圆棱，外壁具细的疣状突起。花果期 7-9 月。

原产亚洲东南部；现在世界上已普遍栽培。全国广泛栽培，亦有野生植株。叶、花葶和花均作蔬菜食用；种子入药。

A73. 石蒜科 Amaryllidaceae

4.* 白肋朱顶红
Hippeastrum reticulatum (L'Hér.) Herb.

多年生草本。鳞茎粗大。叶片基生，带状，中肋为白色条纹。花具桃红色线纹。花期夏、秋季。

原产巴西。我国南方有栽培。

A74. 天门冬科 Asparagaceae

1.* 文竹
Asparagus setaceus (Kunth) Jessop

攀援植物，高可达几米。茎的分枝极多，分枝近平滑。叶状枝通常每 10-13 成簇，刚毛状，略具 3 棱，长 4-5 mm；鳞片状叶基部稍具刺状距或距不明显。花通常每 1-3（-4）腋生，白色，有短梗；花被片长约 7 mm。浆果直径 6-7 mm，熟时紫黑色，有 1-3 种子。

原产非洲南部。我国各地常见栽培。

A76. 棕榈科 Arecaceae

1.* 假槟榔
Archontophoenix alexandrae (F. Muell.) H. Wendl. et Drude

乔木。茎干有环纹，单生，挺直。羽状复叶，长1-2 m。小叶细长，簇生顶部，叶背有灰白色糠秕。叶柄基部绕茎一圈，脱落后形成一圈节痕。穗状圆锥花序下垂，乳黄色。果球形，红色。花期 4 月。果期5-7 月。

原产澳大利亚。广东、海南、广西、台湾等地多露地栽培。

A76. 棕榈科 Palmae

2.* 蒲葵
Livistona chinensis (Jacq.) R. Br.

乔木状，高 5-20 m。叶阔肾状扇形，直径达 1 m 余，掌状深裂至中部，2 深裂成长达 50 cm 的丝状下垂的小裂片；叶柄长 1-2 m，下部两侧有下弯的短刺。圆锥花序粗壮，长约 1 m，总梗上有 6-7 佛焰苞，约 6 分枝花序，长达 35 cm。花小，两性，长约 2 mm；花冠裂至中部成 3 裂片；雄蕊 6，突变成钻状。果实椭圆形，长 1.8-2.2 cm，直径 1-1.2 cm，黑褐色。种子椭圆形，长 1.5 cm。花果期 4 月。

原产我国南部。中南半岛亦有。在广东新会栽培较多，用其嫩叶可编制葵扇，老叶制蓑衣等，叶裂片的肋脉可制牙签；果实及根入药。

3.* 林刺葵（野海枣）
Phoenix sylvestris (L.) Roxb.

乔木。茎单生，具宿存的叶柄基部。叶长 3-5 m，羽状全裂，灰绿色，无毛。羽片剑形，长 45-50 cm，成簇排成 2-4 列，下部羽片针刺状，叶柄较短，叶鞘具纤维。果长椭圆形，长 3-3.5 cm，熟时橙黄色。果期 10 月。

原产印度。华南、东南及西南等有引种。

4.* 棕竹
Rhapis excelsa (Thunb.) Henry ex Rehd.

丛生灌木，高 2-3 m。茎圆柱形，径 1.5-3 cm，叶鞘纤维较粗。叶掌状深裂。裂片 5-10 枚，线状披针形，长 25-30 cm，宽 2-5 cm，不均等，顶端有不规则的齿缺。叶柄长 8-20 cm。花雌雄异株。花序长 25-30 cm，分枝多而疏散。雄花淡黄色，雌花较大。花萼杯状，深 3 裂。花冠 3 裂。果倒卵形或近球形，直径 0.8-1 cm。花期 5-7 月。果期 10 月。

产广东、海南、广西、贵州、云南等。

A78. 鸭跖草科 Commelinaceae

1.# 紫竹梅（紫鸭跖草）
Tradescantia pallida (Rose) D. R. Hunt

多年生草本。全株紫红色，枝茎柔软，呈下垂状。叶稍肉质，长圆状披针形，基部抱茎。叶鞘边缘鞘口有睫毛。聚伞花序缩短生枝顶。花淡紫色，生于茎顶，苞片贝壳状。花期夏、秋季。

原产墨西哥；现热带地区广为栽培。我国南方常见栽培。全株颜色绚丽，可栽于公园路旁或作地被栽植，成片种植作地被；也可盆栽悬吊使植株自然下垂。

A80. 雨久花科 Pontederiaceae

1.# 凤眼蓝
Eichhornia crassipes (Mart.) Solme

多年生漂浮植物。根系发达。叶柄远长于叶片，近基部膨大成囊状。叶片圆形、宽卵形或宽菱形，长4.5-14.5 cm，宽 5-14 cm。花淡蓝色，花被 2 轮，外轮 3 片较窄，正中 1 片稍大，上有蓝色斑，斑中有黄眼点，故名"凤眼莲"。花期 7-8 月，果期 8-11 月。

原产巴西。在我国长江流域、黄河流域及华南各省区的水域中广泛分布，危害甚大。

A85. 芭蕉科 Musaceae

1.* 大蕉
Musa × paradisiaca L.

多年生草本。假茎丛生。叶直立或弯曲，长 2-3 m，先端钝，基部圆或不对称，叶鞘上部及叶下面无蜡粉或微被蜡粉。叶柄粗壮，长达 30 cm。花序顶生，下垂。苞片红褐色或紫色；雄花生于花序上部；雌花生于花序下部，雌花在苞片内 10-16 朵，排成 2列，合生花被片长 4-4.5 cm。浆果三棱状长圆形，具3-5 棱，近无柄，肉质。花果期夏秋季。

原产亚洲热带；现世界热带广泛栽培。广东、广西、福建、湖南、台湾和云南有栽培。

A89. 姜科 Zingiberaceae

1.* 姜
Zingiber officinale Rosc.

草本。根茎肥厚，多分枝，有芳香及辛辣味。叶线状披针形，长 15-30 cm，宽 2-2.5 cm，无毛。无柄，叶舌膜质，长 2-4 mm。花序梗长达 25 cm。穗状花序球形，长 4-5 cm。苞片卵形，长约 2.5 cm，淡绿色或边缘淡黄色，先端有小尖头。花萼管长约 1 cm。花冠黄绿色，管长 2-2.5 cm，裂片披针形，长不及 2 cm。唇瓣中裂片长圆状倒卵形，短于花冠裂片，有紫色条纹及淡黄色斑点，侧裂片卵形。雄蕊暗紫色，药隔附属体钻状。花期秋季。

我国中部、东南至西南各省区广为栽培。亚洲热带地区常见栽培。

A98. 莎草科 Cyperaceae

1.# 苏里南莎草
Cyperus surinamensis Rottb.

一年或多年生草本，无根状茎。秆丛生，高 35-80 cm，三棱形具倒刺。叶短于秆，宽 5-8（-12）mm。总苞片 3-8。球形头状花序，直径 1-2 cm，一级辐射枝 4-12，直径 1-6（-9）cm，具倒刺，常具次级辐射枝。颖 10-50，披针形，浅黄或褐色，长 1-1.5 mm，宽 0.5 mm。雄蕊 1。小坚果具柄，棕色到红棕色，长椭圆状。花果期 5-9 月。

原产美洲；现在印尼、中国等地归化。

A103. 禾本科 Gramineae

1.* 黄金间碧竹
Bambusa vulgaris f. *vittata* (Riviere et C. Riviere) T. P. Yi

竿黄色，节间正常，但具宽窄不等的绿色纵条纹，箨鞘在新鲜时为绿色而具宽窄不等的黄色纵条纹。

我国南部地区庭园中有栽培。

A103. 禾本科 Gramineae

2.* 麻竹
Dendrocalamus latiflorus Munro

乔木状，高 20-25 m，直径 15-30 cm。竿丛生。竿箨宽圆铲形，箨耳小，箨舌边缘微齿裂，箨片外翻，卵形至披针形。末级小枝具 7-13 片叶。叶鞘长 19 cm，幼时被黄棕色小刺毛。叶片长椭圆状披针形，长 15-30 cm，宽 2.5-10 cm。

生于山坡、丘陵。产广东、海南、广西、江西、福建、台湾、浙江、四川、贵州、云南。越南、缅甸也有。本种是我国南方栽培最广的竹种，笋味甜美。

3.* 多花黑麦草
Lolium multiflorum Lamk.

一年生，越年生或短期多年生。秆高 0.5-1.3 m。叶鞘疏散，叶片长 10-20 cm，宽 3-8 mm。穗形总状花序长 15-30 cm，宽 5-8 mm。穗轴柔软，节间长 1-1.5 cm，无毛，小穗具 10-15 小花。颖披针形，5-7 脉，具窄膜质边缘，先端钝，通常与第一小花等长。外稃长约 6 mm，5 脉，具芒或上部小花无芒。内稃约与外稃等长。颖果长圆形，长为宽的 3 倍。花果期 7-8 月。

原产非洲、欧洲及亚洲西南部。多作优良牧草普遍引种栽培。

4.* 稻
Oryza sativa L.

一年生水生草本。秆直立，高 0.5-1 m。叶片线状披针形，长约 40 cm，宽约 1 cm，粗糙。圆锥花序大型疏展，长约 30 cm，分枝多，成熟期向下弯垂；小穗含 1 成熟花，两侧甚压扁，长圆状卵形至椭圆形，长约 10 mm，宽 2-4 mm；颖极小，仅在小穗柄先端留下半月形的痕迹，退化外稃 2 枚，锥刺状；孕性花外稃质厚，具 5 脉，中脉成脊；内稃与外稃同质，具 3 脉。颖果长约 5 mm，宽约 2 mm。

原产亚洲热带亚热带地区，是广泛种植的重要谷物。我国南方为主要产稻区，北方各省也有栽种。

A103. 禾本科 Gramineae

5.# 丝毛雀稗
Paspalum urvillei Steud.

多年生草本。秆丛生，高 50-150 cm。叶鞘密生糙毛，鞘口具长柔毛。叶舌长 3-5 mm。叶片长 15-30 cm，宽 5-15 mm。总状花序 10-20 枚，长 8-15 cm，组成大型总状圆锥花序。小穗卵形，顶端尖，稍带紫色，边缘密生丝状柔毛。第二颖与第一外稃等长、同型，具 3 脉。第二外稃椭圆形，平滑。花果期 5-10 月。

生于村旁路边和荒地。原产南美；世界较温暖的地区已归化。

6.* 毛竹（猫头竹）
Phyllostachys heterocycla (Carr.) Mitford

竿高达 20 余米，幼竿密被细柔毛及厚白粉，箨环有毛，老竿无毛；中部节间长达 40 cm 或更长；竿环不明显。末级小枝具 2-4 叶；叶耳不明显；叶舌隆起；叶较小较薄，披针形，长 4-11 cm，宽 0.5-1.2 cm，下表面在沿中脉基部具柔毛。花枝穗状，长 5-7 cm；佛焰苞通常在 10 以上，常偏于一侧；小穗仅有 1 小花。颖果长椭圆形，长 4.5-6 mm。笋期 4 月，花期 5-8 月。

分布于自秦岭、汉江流域至长江流域及其以南各省区。毛竹是我国栽培悠久、面积最广、经济价值也最重要的竹种。

7.* 甘蔗
Saccharum officinarum L.

多年生高大实心草本，高达 6 m。根状茎粗壮、发达，下部粗大，被白粉。叶鞘长于节间。叶舌极短。叶片长达 1 m，宽 4-6 cm，中脉粗壮，白色。圆锥花序大型，长 50 cm。总状花序多数轮生，稠密。小穗线状长圆形，基盘具丝状柔毛。花期全年。

我国南方热带地区广泛种植。世界热带地区的重要经济作物。

A103. 禾本科 Gramineae

8.* 玉蜀黍（玉米）
Zea mays L.

一年生高大草本。秆直立，通常不分枝，高 1-4 m，基部各节具气生支柱根。叶鞘具横脉；叶舌膜质，长约 2 mm；叶扁平宽大，线状披针形，基部圆形呈耳状，无毛或具疣柔毛，中脉粗壮。顶生雄性圆锥花序大型，主轴与总状花序轴及其腋间均被细柔毛；雄性小穗孪生，长达 1 cm，花药橙黄色，长约 5 mm；雌小穗孪生，成 16-30 纵行排列于粗壮之序轴上。颖果球形或扁球形，长 5-10 mm。花果期秋季。

全国均有栽培。世界热带和温带地区广泛种植，为一重要谷物。

9.* 菰（茭白）
Zizania latifolia (Griseb.) Stapf

多年生草本，高 1 m 左右。有根茎。秆直立，粗壮，基部具不定根。叶鞘肥厚，长于节间，基部叶鞘长，具横脉纹。叶舌膜质。叶片长而宽广，扁平，长 50-90 cm，宽 1.5-3.5 cm。圆锥花序大型，长 30-50 cm。下部小穗雄性，上部小穗雌性，中部两者均有。多枝簇生，结果时开展。雄蕊 6 枚。颖果狭圆柱形。花、果期秋季。

常生于湖泊、水塘中。中国各地栽培或野生。俄罗斯西伯利亚和日本也有。

10.* 结缕草
Zoysia japonica Steud.

多年生草本，秆直立，高 15-20 cm。叶扁平或稍内卷，长 2.5-5 cm，宽 2-4 mm，上面疏生柔毛，下面近无毛。总状花序穗状，长 2-4 cm，宽 3-5 mm。小穗柄通常弯曲，长达 5 mm。小穗长 2.5-3.5 mm，卵形，淡黄绿或带紫褐色。第一颖退化，第二颖质硬，1 脉，先端钝头或渐尖，于近先端处背部中脉延伸成小刺芒。外稃膜质，长圆形，长 2.5-3 mm。花柱 2，柱头帚状，花时伸出稃体。颖果卵圆形，长 1.5-2 mm。花果期 5-8 月。

生于平原、山坡或海滨草地上。产东北、河北、山东、江苏、安徽、浙江、福建、台湾。分布于日本、朝鲜。

A113. 莲科 Nelumbonaceae

1.* 莲花（荷花）
Nelumbo nucifera Gaertn.

多年生水生草本。根状茎横生，肥厚，节间膨大，内有多数纵行通气孔道，节部缢缩。叶圆盾状，直径25-90 cm，全缘稍呈波状，叶面具白粉；叶柄粗壮，长 1-2 m，中空，外面散生小刺。花梗长 1-2 m，散生小刺；花直径 10-20 cm；花瓣红色、粉红色或白色，长5-10 cm，宽 3-5 cm，花丝细长；花柱极短；花托直径5-10 cm。坚果近卵形，长 1.8-2.5 cm，果皮革质，坚硬，熟时黑褐色。种子近卵形，长 1.2-1.7 cm。花期 6-8 月，果期 8-10 月。

生于池塘或水田内。全国均产。苏联、朝鲜、日本、印度、越南、亚洲南部和大洋洲均有。根状茎和种子供食用。植株可作药用。叶为茶的代用品，又作包装材料。

A124. 金缕梅科 Hamamelidaceae

1.* 红花檵木
Loropetalum chinense var. *rubrum* Yieh

灌木，全株有星毛。叶革质，卵形，长 2-5 cm，宽 1.5-2.5 cm，叶背被星毛，侧脉约 5 对，全缘；叶柄长 2-5 mm。花 3-8 簇生，有短花梗，紫红色，花序柄长约 1 cm；苞片线形，长 3 mm；萼筒杯状；花瓣4 片，带状，长约 2 cm，先端圆或钝。蒴果卵圆形，长 7-8 mm，被褐色星状绒毛。种子长 4-5 mm，黑色。花期 3-4 月，果期 5-7 月。

常见于庭院、园林栽培。产广西、湖南和广东。

A130. 景天科 Crassulaceae

1.* 落地生根
Bryophyllum pinnatum (L. f.) Oken

多年生草本，高 40-150 cm。羽状复叶，长 10-30 cm，小叶长圆形至椭圆形，长 6-8 cm，宽 3-5 cm，边缘有圆齿，圆齿底部容易生芽，芽长大后落地即成一新植物；小叶柄长 2-4 cm。圆锥花序顶生，长 10-40 cm；花下垂，花萼长 2-4 cm；花冠高脚碟形，裂片4，淡红色或紫红色；雄蕊 8，着生花冠基部，花丝长；鳞片近长方形；心皮 4。蓇葖包在花萼及花冠内。种子小，有条纹。花期 1-3 月。

原产非洲。产云南、广西、广东、福建和台湾；全国栽培，有逸为野生的。全草入药。

A130. 景天科 Crassulaceae

2.* 长寿花
Kalanchoe blossfeldiana Poelln.

多年生肉质草本，高 10-30 cm。株丛紧密，低矮。茎直立。叶对生，椭圆形或卵形，叶片肥厚，深绿色，叶缘有粗齿。聚伞状圆锥花序顶生。花冠管状，小花簇生成团。花色绯红、桃红、橙红和黄色等。花期 1-4 月。

原产非洲马达加斯加；现世界广泛栽培。我国南方地区有栽培。

A136. 葡萄科 Vitaceae

1.# 锦屏藤
Cissus verticillata (L.) Nicolson et C. E. Jarvis

蔓性藤本。枝条纤细，具卷须。叶互生，长心形，叶缘有锯齿，背面有白粉。成株能自茎节处生长红褐色细长气根。花淡绿白色。花果期夏至秋季。

原产北美洲南部、南美洲中北部；现归化于华南低海拔地区。

2.* 葡萄
Vitis vinifera L.

木质藤本。小枝有纵棱纹。卷须二叉分枝。叶卵圆形，显著 3-5 浅裂或中裂，长 7-18 cm，宽 6-16 cm，基部深心形，边缘有 22-27 粗锯齿，基生脉 5 出，中脉有侧脉 4-5 对；叶柄长 4-9 cm；托叶早落。圆锥花序多花，与叶对生，基部分枝发达，长 10-20 cm，花序梗长 2-4 cm；花梗长 1.5-2.5 mm，萼浅碟形，花瓣 5，呈帽状黏合脱落，雄蕊 5；花盘 5 浅裂，雌蕊 1。果实球形或椭圆形，直径 1.5-2 cm。花期 4-5 月，果期 8-9 月。

原产亚洲西部；现世界各地栽培。著名水果，可酿酒；根和藤药用。

A140. 豆科 Fabaceae

1.* 台湾相思
Acacia confusa Merr.

常绿乔木，高 6-15 m。全株无毛。叶退化；叶柄为叶状，革质，披针形，长 6-10 cm，两端渐狭，有 3-8 纵脉。头状花序球形腋生，直径约 1 cm，总花梗长 8-10 mm；花金黄色，有微香；花萼长约为花冠之半；花瓣淡绿色；雄蕊多数，明显超出花冠之外；子房被黄褐色柔毛。荚果扁平，长 4-12 cm，宽 7-10 mm，有光泽，于种子间微缢缩。种子 2-8，压扁。花期 3-10 月，果期 8-12 月。

栽培或逸生。产台湾、福建、广东、广西和云南。菲律宾、印度尼西亚和斐济也有。

2.* 落花生（花生地豆）
Arachis hypogaea L.

一年生草本，全株被柔毛。根部有丰富的根瘤。茎和分枝均有棱。羽状复叶，小叶常 2 对；托叶长 2-4 cm；叶柄基部抱茎，长 5-10 cm；小叶纸质，卵状长圆形至倒卵形，长 2-4 cm，侧脉每边约 10，边缘网结。花单生；苞片 2，萼管细，长 4-6 cm；花冠黄色或金黄色，旗瓣直径 1.7 cm，先端凹入，翼瓣与龙骨瓣分离，龙骨瓣内弯，先端渐狭成喙状。荚果长 2-5 cm，膨胀。花果期 6-8 月。

宜生于沙质土地区。现世界各地广泛栽培。

3.* 首冠藤（深裂叶羊蹄甲）
Bauhinia corymbosa Roxb. ex DC.

木质藤本；嫩枝、花序和卷须的一面被红棕色小粗毛。叶纸质，近圆形，长和宽 2-4 cm，自先端深裂达叶长的 3/4，裂片先端圆，基部近截平；基出脉 7；叶柄纤细，长 1-2 cm。伞房花序式的总状花序长约 5 cm，多花；萼片长约 6 mm，外面被毛，开花时反折；花瓣白色，有粉红色脉纹，长 8-11 mm，外面中部被丝质长柔毛。荚果带状长圆形，扁平，直或弯曲，长 10-20 cm，宽 1.5-2.5 cm。花期 4-6 月。果期 9-12 月。

生于山谷疏林中或山坡阳处。产广东和海南。世界热带、亚热带有栽培供观赏。

A140. 豆科 Fabaceae

4.* 羊蹄甲

Bauhinia purpurea L.

小乔木，高 4-6 m。树皮灰色至暗褐色。叶硬纸质，圆形。顶端 2 裂，深达叶片的 1/3 或 1/2，基部浅心形。总状花序侧生或顶生，少花，花序被褐色绢毛。花萼佛焰苞状。花瓣 5 枚，桃红色，倒披针形，基部狭窄。能育雄蕊 3 枚，退化雄蕊 5-6 枚。荚果带状，扁平，镰刀状。花期 9-10 月。果期 2-3 月。

产我国南部，广泛栽培。中南半岛及印度、斯里兰卡也有。

5.* 洋紫荆

Bauhinia variegata L.

落叶乔木；幼嫩部分常被灰色短柔毛。枝广展，硬而稍呈之字曲折，无毛。叶近革质，广卵形，长 5-9 cm，宽 7-11 cm，基部心形，先端 2 裂达叶长的 1/3；基出脉（9-）13；叶柄长 2.5-3.5 cm。总状花序极短缩，多少呈伞房花序式，被灰色短柔毛；萼佛焰苞状；花瓣倒卵形，长 4-5 cm，紫红色或淡红色，杂以黄绿色及暗紫色的斑纹。荚果带状，扁平，长 15-25 cm，宽 1.5-2 cm；具长柄及喙。花期全年，3 月最盛。

产我国南部。印度和中南半岛也有。根皮用水煎服可治消化不良；花芽、嫩叶和幼果可食。

6.# 含羞草决明（山扁豆）

Chamaecrista mimosoides Standl.

一年生亚灌木，高 30-60 cm。茎直立，多分枝，被微柔毛。羽状复叶，在叶柄的上端，最下面 1 对小叶的下方有圆盘状腺体 1 枚。小叶 20-50 对。托叶线状锥形。花单生或 2 朵至数朵排成短总状花序，腋生。花瓣黄色，略长于萼片，不等大，具短柄。雄蕊 10 枚，5 长 5 短，相间而生。荚果镰刀形，扁平。花果期 8-10 月。

原产美洲热带地区；现广布世界热带和亚热带地区。我国东南部、南部至西南部生坡地或空旷地的灌木丛或草丛中常见。

A140. 豆科 Fabaceae

7.* 降香黄檀（降香、花梨母）
Dalbergia odorifera T. Chen

乔木，高 10-20 m。树皮褐色或浅褐色，有纵列槽纹。奇数羽状复叶有小叶 3-6 对，小叶近革质，卵形或椭圆形，复叶顶端的 1 片小叶最大，往下渐小，基部 1 对长仅为顶小叶的 1/3，先端渐尖或急尖，基部圆或阔楔形。圆锥花序腋生。花乳白色或淡黄色，各瓣近等长。雄蕊 9 枚，单体。荚果舌状长圆形，扁平，有种子的部分隆起。花期 4-6 月。果期 10-12 月。

原产我国海南；华南地区各地有引种栽培。木材为上等的家具良材。

8.* 刺桐
Erythrina variegata L.

大乔木，高可达 20 m。枝有短圆锥形的黑色直刺，髓部疏松，颓废部分成空腔。羽状复叶具 3 小叶；托叶早落；叶柄长 10-15 cm；小叶膜质，宽卵形，长宽 15-30 cm，小叶柄基部有一对腺体状的托叶。总状花序顶生，长 10-16 cm，总花梗木质，长 7-10 cm；花萼佛焰苞状，长 2-3 cm，花冠红色，长 6-7 mm。荚果黑色，肥厚，长 15-30 cm，宽 2-3 cm。花期 3 月，果期 8 月。

常生于路旁或近海溪边，或栽于公园。原产印度至大洋洲海岸林中。产台湾、福建、广东和广西等。马来西亚、印度尼西亚、柬埔寨、老挝和越南亦有。树皮或根皮入药，称海桐皮。

9.* 大豆
Glycine max (L.) Merr.

一年生草本，高 30-90 cm。茎直立，密被褐色长硬毛。叶通常具 3 小叶，叶柄长 2-20 cm，顶生一枚较大，侧生小叶较小。总状花序；花萼长 4-6 mm，密被长硬毛或糙伏毛，常深裂成二唇形，裂片 5；花紫色、淡紫色或白色，长 4.5-8 mm。雄蕊二体，子房基部有不发达的腺体，被毛。荚果肥大，长圆形，稍弯，下垂，长 4-7.5 cm，密被褐黄色长毛，种子 2-5 颗，种皮光滑，种脐明显，椭圆形。花期 6-7 月，果期 7-9 月。

原产中国；全国各地均有栽培，以东北最著名。亦广泛栽培于世界各地。

A140. 豆科 Fabaceae

10.[*] 扁豆

Lablab purpureus (L.) Sweet

多年生缠绕藤本。全株几无毛，常呈淡紫色。羽状复叶具 3 小叶；小叶宽三角状卵形，长 6-10 cm，侧生小叶不等大，基部近截平。总状花序直立，长 15-25 cm，总花梗长 8-14 cm；花萼钟状，长约 6 mm；花冠白色或紫色，旗瓣圆形，基部两侧具 2 长而直立的小附属体，附属体下有 2 耳。荚果长圆状镰形，长 5-7 cm。种子 3-5，扁平，长椭圆形。花期 4-12 月。

可能原产印度；现世界各热带地区均有栽培。全国广泛栽培。白花、种子入药。

11.[#] 光荚含羞草（簕仔树）

Mimosa bimucronata (DC.) O. Kuntze

灌木或小乔木，高 3-6 m。树干有刺。小枝密被黄色茸毛。2 回羽状复叶，羽片 6-7 对。小叶 12-16 对，线形。头状花序球形，花白色。花瓣长圆形，长约 2 cm，仅基部连合。荚果带状，长 3.5-4.5 cm，无刺，无毛，褐色。种子卵形。花期 5-8 月。果期 11 月。

原产美洲热带。我国广东、广西、海南、香港有逸生。

12.[*] 黎豆（狗爪豆）

Mucuna pruriens var. *utilis* (Wall. ex Wight) Baker ex Burck

一年生缠绕藤本。羽状复叶具 3 小叶。小叶长 6-15 cm，宽 4.5-10 cm，顶生小叶小而卵圆形，基部菱形，先端尖，侧生小叶大而极偏斜，两面被白色疏毛。小托叶线状，长 4-5 mm。小叶柄长 4-9 mm，密被长硬毛。总状花序长 12-30 cm，花 10-20。苞片线状披针形。花萼阔钟状被毛，长约 8 mm。花冠深紫色或带白色，旗瓣长 1.6-1.8 cm，翼瓣长 2-3.5 cm，龙骨瓣长 2.8-3.5 (-4) cm。荚果长 8-12 cm，宽 18-20 mm，嫩果绿色，密被毛，成熟黑色。种子 6-8 颗，长圆状，长约 1.5 cm，宽约 1 cm。花期 10 月，果期 11 月。

产广东、海南、广西、四川、贵州、湖北和台湾等地。亚热带地区广泛栽培。

A140. 豆科 Fabaceae

13.* 棉豆
Phaseolus lunatus L.

一年生或多年生缠绕草本。羽状复叶具 3 小叶。基着托叶三角形,长 2-3.5 mm。小叶卵形,长 5-12 cm,先端尖,基部圆,侧生小叶常偏斜。总状花序腋生,花梗长 5-8 mm。小苞片椭圆形。花萼钟状被毛。花冠白、淡黄色或淡红色,旗瓣长 0.7-1 cm,先端微缺,翼瓣倒卵形,龙骨瓣先端旋卷。荚果镰状长圆形,顶端有喙。种子近菱形或肾形,白紫色或其他颜色,种脐白色,凸起。花期春夏间。

原产热带美洲;现广植于热带及温带地区。我国各地有栽培。成熟的种子供蔬食,食前应先用水煮沸,然后换清水浸过。

14.* 豌豆（荷兰豆）
Pisum sativum L.

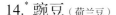

一年生攀援草本。全株绿色,光滑无毛,被粉霜。叶具小叶 4-6;托叶比小叶大,叶状,心形,下缘具细牙齿;小叶卵圆形,长 2-5 cm,宽 1-2.5 cm。单花腋生,或总状花序;花萼钟状,深 5 裂;花冠白色或紫色;雄蕊二体;子房无毛,花柱扁,内面有髯毛。荚果肿胀,长椭圆形,长 2.5-10 cm。种子 2-10。花期 6-7 月,果期 7-9 月。

广泛栽培。种子及嫩荚、嫩苗均可食用;种子可作药用。

15.* 双荚决明
Senna bicapsularis (L.) Roxb.

直立灌木,多分枝,无毛。叶长 7-12 cm,有小叶 3-4 对。叶柄长 2.5-4 cm。小叶倒卵形,膜质,顶端圆钝,基部渐狭偏斜,侧脉纤细,在近边缘处呈网结。最下方一对小叶间有黑褐色线形腺体 1 枚。总状花序生于枝条顶端叶腋,花鲜黄色,直径约 2 cm。雄蕊 10 枚,7 枚能育,3 枚退化,能育雄蕊中 3 枚大而高出于花瓣,4 枚小而短于花瓣。荚果圆柱状,膜质,直或微曲,缝线狭窄。种子二列。花期 10-11 月。果期 11 月至翌年 3 月。

原产美洲热带地区;现广布于世界热带地区。栽培于广东、广西等。

A140. 豆科 Fabaceae

16.[*] 决明
Senna tora (L.) Roxb. [*Cassia tora* L.]

　　一年生亚灌木状草本。羽状复叶，长 4-8 cm；叶轴上每对小叶间有棒状的腺体 1；小叶 3 对，膜质，倒卵形或倒卵状长椭圆形，长 2-6 cm，宽 1.5-2.5 cm，基部渐狭，偏斜，两面被柔毛，小叶柄长 1.5-2 mm。单花腋生；总花梗长 6-10 mm；花梗长 1-1.5 cm；花瓣黄色，长 12-15 mm；能育雄蕊 7 枚，花药四方形，顶孔开裂。荚果纤细，长达 15 cm，宽 3-4 mm。种子约 25，菱形，光亮。花果期 8-11 月。

　　生于山坡、旷野、河滩沙地上。原产美洲热带地区；现世界热带、亚热带广泛分布。产长江以南。种子（决明子）药用。苗叶和嫩果可食。

17.[*] 赤小豆
Vigna umbellata (Thunb.) Ohwi et H. Ohashi

　　一年生草本。茎纤细，长达 1 m。幼时被柔毛，老时无毛。羽状复叶具 3 小叶。托叶盾状着生，披针形，长 1-1.5 cm。小托叶钻形。小叶纸质，卵形或披针形，长 10-13 cm，先端尖，基部钝，全缘或微 3 裂，沿两面脉被疏毛，基出脉 3。总状花序腋生，有 2-3 花。苞片披针形。花梗短，着生处有腺体。花黄色，长约 1.8 cm，龙骨瓣右侧具长角状附属体。荚果线状圆柱形，长 6-10 cm，宽 5-6 mm，无毛。种子 6-10，长椭圆形，径 3-3.5 mm，种脐凹陷。花期 5-8 月。

　　原产亚洲热带地区。我国南部野生或栽培。朝鲜、日本、菲律宾及其他东南亚国家亦有栽培。

18.[*] 长虹豆（豆角）
Vigna unguiculata subsp. *sesquipedalis* (L.) Verdc.

　　一年生攀援植物，茎长 2-4 m。羽状复叶有 3 片小叶，小叶卵状菱形，长 5-15 cm，无毛。总状花序腋生，具长梗，花 2-6 朵聚生于花序的顶端。花冠黄白色而略带青紫，长约 2 cm。荚果长 30-70 cm，下垂，嫩时膨胀。种子肾形，长 8-12 mm。花果期夏季。

　　生于路边或菜地里。中国各地常见栽培。非洲及亚洲的热带及温带地区均有栽培。

A140. 豆科 Fabaceae

19. 紫藤
Wisteria sinensis (Sims) Sweet

落叶藤本。茎左旋，嫩枝被白色柔毛，后秃净；冬芽卵形。奇数羽状复叶长 15-25 cm；托叶早落；小叶 3-6 对，纸质，卵状椭圆形，上部小叶较大，长 5-8 cm，宽 2-4 cm，小叶柄长 3-4 mm，被柔毛，小托叶刺毛状，宿存。总状花序长 15-30 cm，花序轴被白色柔毛；花长 2-2.5 cm，芳香；花萼杯状，长 5-6 mm，密被细绢毛；花冠紫色。荚果倒披针形，长 10-15 cm，密被绒毛，悬垂枝上不脱落。花期 4-5 月，果期 5-8 月。

生于海拔 200-560 m 的阔叶林中。产安徽、福建、广西、湖南、湖北、河南、河北、甘肃、江西、山东和浙江等。

A143. 蔷薇科 Rosaceae

1.* 桃
Amygdalus persica L.

乔木，高 3-8 m；树皮暗红褐色，老时粗糙呈鳞片状；小枝无毛，有光泽，具大量小皮孔；冬芽常 2-3 簇生。叶长 7-15 cm，宽 2-3.5 cm，两面近无毛，叶边具锯齿；叶柄长 1-2 cm，常具腺体。花单生，先于叶开放，直径 2.5-3.5 cm；花梗几无；萼筒绿色而具红色斑点；花瓣粉红色，罕为白色；花药绯红色。果实形态有变异，直径 4-12 cm，外面密被短柔毛，稀无毛，腹缝明显；核大，椭圆形，两侧扁平。花期 3-4 月，果期通常 8-9 月。

原产中国，各省区广泛栽培。世界各地均有栽植。桃树干上分泌的胶质，俗称桃胶，可用作黏合剂等，可食用，也供药用，有破血、和血、益气之效。

2.* 日本晚樱
Cerasus serrulata var. *lannesiana* (Carr.) Makino

乔木，高 3-8 m，树皮灰褐色。小枝灰白色，无毛。叶片卵状椭圆形或倒卵椭圆形，长 5-9 cm，先端渐尖，叶边有渐尖重锯齿，齿端有长芒，两面无毛；叶柄长 1-1.5 cm，先端有 1-3 圆形腺体；托叶线形，长 5-8 mm，边有腺齿，早落。花序伞房总状或近伞形，有花 2-3 朵；花梗长 1.5-2.5 cm；萼筒管状，萼片三角披针形，长约 5 mm；花瓣白色、粉白、深粉至淡黄色，单瓣、半重瓣至重瓣。花期 4-5 月。

我国各地庭园栽培，引自日本，供观赏用。

A143. 蔷薇科 Rosaceae

3.[*]枇杷（卢桔）
Eriobotrya japonica (Thunb.) Lindl.

　　常绿小乔木，高可达 10 m；小枝密生锈色绒毛。叶革质，长 12-30 cm，宽 3-9 cm，基部渐狭成柄，上部具疏锯齿，基部全缘，叶面光亮，叶背密生灰棕色绒毛；托叶钻形，长 1-1.5 cm。圆锥花序顶生，长 10-19 cm；花梗密生锈色绒毛；花直径 12-20 mm；萼筒及萼片外面有锈色绒毛；花瓣白色，被锈色绒毛。果实近球形，直径 2-5 cm，黄色，被锈色柔毛，不久脱落；种子 1-5，扁球形，直径 1-1.5 cm，褐色，光亮。花期 10-12 月，果期 5-6 月。

　　产甘肃、陕西、河南、江苏、安徽、浙江、江西、湖北、湖南、四川、云南、贵州、广西、广东、福建和台湾；各地广泛栽培。日本、印度、越南、缅甸、泰国和印度尼西亚也有栽培。果味甘酸，供生食、蜜饯和酿酒用；叶可供药用，有化痰止咳，和胃降气之效。

4.[*]红叶石楠
Photinia × fraseri Dress

　　常绿灌木或小乔木，高达 4-6 m。幼枝呈棕色，贴生短毛，后呈紫褐色. 最后呈灰色无毛。叶片为革质，互生，长椭圆形或倒卵状椭圆形，长 9-22 cm，宽 3-6.5 cm，边缘有疏生腺齿，无毛。叶端渐尖而有短尖头，叶基楔形，叶缘有带腺的锯齿。花序梗，花柄均贴生短柔毛。叶复伞房花序顶生，花白色，径 6-8 mm。果球形，径 5-6 mm，黄褐色、红色或褐紫色。

　　原产东南亚和北美洲，在中国有广泛种植，是常见的园艺栽培种。

5.[*]李
Prunus salicina Lindl.

　　落叶乔木。小枝与冬芽无毛。叶长圆状倒卵形、长 6-12 cm，先端尖，基部楔形，有圆钝重锯齿，常兼有单锯齿，幼时齿尖带腺，侧脉 6-10 对。叶柄长 1-2 mm，无毛，顶端有 2 腺体，叶基部偶有腺体。花梗长 1-2 cm，无毛。花径 1-5-2.2 cm。萼筒钟状无毛，长圆状卵形，长约 5 mm。花瓣白色，长圆状倒卵形，先端啮蚀状。核果径 3.5-7 cm，顶端微尖，被蜡粉。核卵圆形或长圆形。花期 4 月，果期 7-8 月。

　　华东、华北、西北、华南、西南均产。世界各地均有栽培。

A143. 蔷薇科 Rosaceae

6.* 月季花
Rosa chinensis Jacq.

直立灌木，高 1-2 m；小枝有短粗的钩状皮刺或无刺。小叶 3-5，稀 7，连叶柄长 5-11 cm，小叶片卵状长圆形，长 2.5-6 cm，宽 1-3 cm，边缘有锐锯齿；托叶大部贴生于叶柄，仅顶端分离部分成耳状。几花集生，直径 4-5 cm；花梗长 2.5-6 cm，萼片卵形，先端尾状渐尖；花瓣重瓣至半重瓣，红色、粉红色至白色，倒卵形，先端有凹缺。果卵球形或梨形，长 1-2 cm，红色。花期 4-9 月，果期 6-11 月。

原产中国，各地普遍栽培。园艺品种很多；花、根、叶均入药；花含挥发油等，治月经不调、痛经、痛疖肿毒；叶治跌打损伤。

A147. 鼠李科 Rhamnaceae

1.* 枣
Ziziphus jujuba Mill.

落叶小乔木。枝条呈之字形曲折，具 2 托叶刺，长刺可达 3 cm。叶纸质、卵形、卵状椭圆形，长 3-7 cm，宽 1.5-4 cm，边缘具圆齿状锯齿，基出 3 脉；叶柄长 1-6 mm。单花或聚伞花序腋生；花黄绿色，两性，5 基数；萼片卵状三角形；花瓣倒卵圆形，基部有爪；花盘厚，5 裂；子房 2 室，每室有 1 胚珠，花柱 2 半裂。核果矩圆形或长卵圆形，直径 1.5-2 cm，红紫色。花期 5-7 月，果期 8-9 月。

生于海拔 100-500 m 林缘、路旁。产吉林、辽宁、河北、山东、山西、陕西、河南、甘肃、新疆、安徽、江苏、浙江、江西、福建、广东、广西、湖南、湖北、四川、云南和贵州。广为栽培。

A150. 桑科 Moraceae

1.* 雅榕
Ficus concinna (Miq.) Miq.

乔木，高达 20 m。树皮深灰色。小枝粗，无毛。叶窄卵状椭圆形，长 5-10 cm，全缘，先端短尖或渐尖，基部楔形，两面无毛，侧脉 4-8 对，上面细脉明显。叶柄长 1-2 cm，托叶披针形，无毛，长约 1 cm。榕果成对腋生或 3-4 个簇生于无叶小枝叶腋，球形，径 4-5 mm，雄花、瘿花、雌花同生于榕果内壁，花被片 2，披针形。瘿花似雌花，子房红褐色，花柱短，线形。榕果基部苞片早落，无总柄或总柄长不及 5 mm。花果期 3-6 月。

产福建、广东、广西、贵州及云南。不丹、印度及东南亚。

A150. 桑科 Moraceae

2.* 黄葛树
Ficus virens Aiton

落叶或半落叶乔木，具板根或支柱根，幼时附生。叶薄革质或厚纸质，卵状披针形或椭圆状卵形，长 10-25 cm，先端尖，基部钝，全缘，侧脉 7-10 对，在下面突起。叶柄长 2-5 cm，托叶披针状卵形，长 1 cm。榕果单生、成对或成簇腋生，球形，径 0.7-1.2 cm，熟时紫红色，具刚毛，基生苞片 3，宿存。具总柄。雄花、瘿花、雌花生于同一榕果内。花被片 4-5，披针形，雄蕊 1，花丝短。瘿花具梗，花被片 3-4，花柱侧生，短于子房。雌花似瘿花，子房红褐色，花柱长于子房。瘦果具皱纹。花期 4-8 月。

产华南、西南各省。斯里兰卡、印度、不丹、东南亚及澳大利亚有。

A151. 荨麻科 Urticaceae

1.# 小叶冷水花（透明草、小叶冷水麻）
Pilea microphylla (L.) Liebm.

小草本，高 3-17 cm。茎无毛，细，铺散或直立，多分枝。叶很小，同对的不等大，倒卵形至匙形，先端钝，基部楔形或渐狭，边缘全缘，稍反曲，上面绿色，下面浅绿色。花雌雄同株，有时同序，聚伞花序密集成近头状，具梗，稀近无梗。雄花具梗，花被片卵形，雄蕊 4 枚。雌花更小，花被片 3，退化雄蕊不明显。瘦果卵形，长约 0.4 mm，熟时变褐色，光滑。花期夏、秋季。果期秋季。

常生于路边石缝和墙垣阴湿处。原产南美洲热带地区。广东、广西、福建、江西、浙江和台湾有逸生。

A153. 壳斗科 Fagaceae

1.* 栗（板栗）
Castanea mollissima Bl.

落叶乔木，高达 20 m。叶椭圆形至长圆形，顶部短至渐尖，基部近截平或圆形，或两侧稍向内弯而呈耳垂状，常一侧偏斜而不对称，边缘前部有锯齿，背面被灰白色柔毛。雄花序长 10-20 cm，花 3-5 朵聚生。雌花 1-5 朵。成熟壳斗的锐刺有长有短，有疏有密。花期 4-6 月。果期 8-10 月。

华北和长江以南各省区广泛种植。

A163. 葫芦科 Cucurbitaceae

1.* 冬瓜
Benincasa hispida (Thunb.) Cogn.

一年生蔓生或架生草本；茎被黄褐色硬毛及长柔毛，有棱沟。叶柄粗壮，被黄褐色的硬毛和长柔毛；叶肾状近圆形，5-7 浅裂或卵形，先端急尖，边缘有小齿，基部深心形，弯缺张开，表面深绿色；叶背粗糙，灰白色，有粗硬毛，叶脉在叶背面稍隆起，密被毛。卷须 2-3 歧，被粗硬毛和长柔毛。雌雄同株；花单生。果实长圆柱状或近球状，大型，有硬毛和白霜，长 25-60 cm，径 10-25 cm。种子卵形，白色或淡黄色，压扁，有边缘。

主要分布于亚洲其他热带、亚热带，澳大利亚东部及马达加斯加也有。本种果实除作蔬菜外，也可浸渍为各种糖果；果皮和种子药用，有消炎、利尿、消肿的功效。

2.* 南瓜
Cucurbita moschata (Duch. ex Lam.) Duch. ex Poiret

一年生蔓生草本。茎密被白色短刚毛。叶片宽卵形或圆形，质稍柔软。叶柄粗壮，被短刚毛。雌雄同株异花。雄花花萼筒钟形。花冠金黄色，下部合生，上部 5 裂。瓠果，扁球形、圆柱形等，表面有纵沟或隆起，光滑。果柄有棱槽，顶端膨大成喇叭状。花果期春、夏季。

原产墨西哥到中美洲一带，现世界各地普遍栽培。我国南方广泛栽培。

3.* 葫芦
Lagenaria siceraria (Molina) Standl.

一年生藤本。具攀援性，全株被黏质长柔毛。叶片卵状心形或肾状卵形，顶端 3-5 分裂或不分裂，先端锐尖，基部心形，两面被微柔毛。叶柄纤细，顶端有 1 对腺体。卷须二歧，纤细。花雌雄同株，雄、雌花均单生，花部被毛。花萼筒漏斗状，裂片披针形。花冠黄色，裂片皱波状。嫩果绿色，后变白色或黄色，果形变异大，通常哑铃状。花期夏季。果期秋季。

原产非洲热带。我国各地有栽培。

A163. 葫芦科 Cucurbitaceae

4.* 广东丝瓜（棱角丝瓜）
Luffa acutangula (L.) Roxb.

一年生草质攀援藤本。叶柄粗壮，棱上具柔毛；叶近圆形，膜质 5-7 裂，边缘疏生锯齿，两面脉上有短柔毛。雌雄同株。总状花序，花梗长 1-4 cm，有白色短柔毛；花萼筒钟形有毛，基部瘤状凸起；花冠黄色，具 3 脉，脉上有毛；雄蕊 3，离生，花丝长 4-5 mm，基部有髯毛，花药有短柔毛，药室二回折曲。雌花单生，子房具 10 条纵棱，花柱 3，2 裂。果实棍棒状。种子卵形 2 浅裂。花果期夏、秋季。

我国南部多栽培。果嫩时作菜蔬，成熟后网状纤维即丝瓜络药用，能通经络。

5.* 丝瓜
Luffa cylindrica (L.) Roem.

一年生攀援藤本。叶柄粗糙，有沟，近无毛；叶片三角形或近圆形，掌状 5-7 裂，边缘有齿，基部心形，脉掌状，具白色的短柔毛。雌雄同株。雄花生总状花序上，花序梗粗壮，被柔毛；花梗长 1-2 cm，花萼筒宽钟形 3 脉；花冠黄色，径 5-9 cm，裂片长圆形，3-5 脉，脉上密被短柔毛；雄蕊 5，花丝长 6-8 mm。雌花单生，花梗长 2-10 cm；子房长圆柱状，有毛，柱头 3。果实圆柱状，有纵条纹。种子卵形，边缘狭翼状。花果期夏、秋季。

全国普遍栽培。果为夏季蔬菜，成熟时里面的网状纤维称丝瓜络，可代替海绵用作洗刷灶具及家具；还可供药用，有清凉、利尿、活血、通经、解毒之效。

6.* 苦瓜（凉瓜）
Momordica charantia L.

一年生攀援状柔弱草本。叶卵状肾形，膜质，长、宽均为 4-12 cm，5-7 裂，裂片卵状长圆形，边缘具齿，叶脉掌状。雌雄同株；雄花单生叶腋，花梗纤细，被微柔毛，长 3-7 cm，苞片绿色，肾形；花萼裂片卵状披针形，被柔毛，长 4-6 mm，宽 2-3 mm；花冠黄色，长 1.5-2 cm，宽 0.8-1.2 cm，被柔毛；雄蕊 3，离生；雌花单生，花梗被微柔毛，长 10-12 cm；子房纺锤形瘤状突起 2 裂，柱头 3。果实纺锤形 3 瓣裂。种子刻纹。花果期 5-10 月。

全国普遍栽培。果味甘苦，主作蔬菜，也可糖渍；成熟果肉和假种皮也可食用；根、藤及果实入药，有清热解毒的功效。

A166. 秋海棠科 Begoniaceae

1.* 四季海棠
Begonia cucullata var. *hookeri* (Sweet) L. B. Sm. et B. G. Schub.

多年生草本，高 15-30 cm。有须根。茎直立，光滑，肉质，多由基部分枝。叶卵形或卵圆形，绿色至红褐色，长 7-10 cm，微偏斜，边缘有钝齿及毛。花粉红色、鲜红色、白色。花期全年。

原产巴西；现世界各地普遍栽培。中国各地有栽培。

A171. 酢浆草科 Oxalidaceae

1.# 红花酢浆草
Oxalis corymbosa DC.

多年生直立草本。具球状鳞茎。叶基生，小叶 3，扁圆状倒心形，长 1-4 cm，宽 1.5-6 cm，先端凹缺，基部宽楔形。托叶长圆形。花序梗长 10-40 cm，被毛。花梗具披针形干膜质苞片 2 枚。萼片 5，披针形，顶端具暗红色小腺体 2 枚；花瓣 5，倒心形，长 1.5-2 cm，淡紫或紫红色。花果期 3-12 月。

生于低海拔山地、路边、荒地或水田中。原产南美洲。我国南方各地已逸生野化。

2.* 三角紫叶酢浆草
Oxalis triangularis A. St.-Hil.

多年生常绿草本，株高 20-30 cm，具根状茎，根状茎直立，地下块状根茎粗大呈纺锤形。叶基生，三出复叶，小叶倒三角形，顶端微凹，叶紫色，边全缘。伞房花序，花萼 5，绿色，花瓣 5，花为淡红色或淡紫色，基部绿色。花期春至秋。果实为蒴果。果实成熟后自动开裂。

原产巴西。我国引种栽培。

A173. 杜英科 Elaeocarpaceae

1.* 水石榕
Elaeocarpus hainanensis Oliv.

常绿乔木，高 8 m。叶革质，狭窄倒披针形，先端尖，基部楔形，聚生于枝顶。总状花序腋生，花较大。花瓣白色，先端流苏状撕裂。果纺锤形，两端渐尖。花期 6-7 月，果期 8-9 月。

产海南、广西、云南；岭南地区广泛栽培。越南、泰国也有。

A200. 堇菜科 Violaceae

1.* 三色堇
Viola tricolor L.

草本，高达 30 cm。主根短细，灰白色。茎单一或多分枝。基生叶有长柄，长卵形或披针形。茎生叶柄短，卵形、长圆状圆形或长圆状披针形。花大，两侧对称，有蓝、黄、白三色。果椭圆形。花期 4-7 月。果期 5-8 月。

原产欧洲。中国各地有栽培。

A202. 西番莲科 Passifloraceae

1.* 百香果（鸡蛋果）
Passiflora edulis Sims

藤本，长约 6 m。叶互生，掌状深裂，裂片 3 枚，卵形至椭圆形。聚伞花序退化为 1 朵花与卷须对生，具芳香。花萼 5 枚。花瓣 5 枚，基部绿色，中部紫色，上部白色。果实球形，鸡蛋大小。花期 6 月。果期 11 月。

原产美洲热带，现热带地区广泛栽培。

A207. 大戟科 Euphorbiaceae

1.# 白苞猩猩草
Euphorbia heterophylla L.

一年生草本，高约 1 m。茎直立，有粗壮分枝。下部及中部的茎叶互生，上部常在花序稍下的叶对生，深波状裂或不裂，边缘常有齿。苞叶与茎生叶同形，较小，绿色或基部白色。托叶腺点状。杯状聚伞花序多数生于茎或分枝的顶端。总苞钟形，5 裂，腺体 1 枚。花柱离生，顶端 2 浅裂。蒴果卵球形。花果期 8 月。

原产北美洲。中国长江以南逸为野生。

2.# 匍匐大戟
Euphorbia prostrata Aiton

一年生草本。茎匍匐状，自基部多分枝。叶对生，椭圆形至倒卵形，长 3-7 mm，宽 2-4 mm，先端圆，基部偏斜，不对称。叶面绿色，叶背有时略呈淡红色或红色。叶柄极短或近无。托叶长三角形，易脱落。花序常单生于叶腋，具 2-3 mm 的柄。总苞陀螺状，边缘 5 裂。腺体 4，具极窄的白色附属物。种子卵状四棱形，黄色。花果期 4-10 月。

生于路旁，屋旁和荒地灌丛。原产美洲热带和亚热带；归化于旧大陆的热带和亚热带。产江苏、湖北、福建、台湾、广东、海南和云南。

3.* 木薯
Manihot esculenta Crantz

直立亚灌木，高 1.5-3 m。块根圆柱状，肉质。叶互生，长 10-20 cm，掌状 3-7 深裂或全裂，裂片披针形，全缘，渐尖。叶柄长约 30 cm。花单性，雌雄同株，无花瓣。圆锥花序顶生及腋生。花萼钟状，5 裂，黄白而带紫色。花盘腺体 5 枚。雄花具雄蕊 10，2 轮。雌花子房 3 室。花柱 3，下部合生。蒴果椭圆形，长 1.5 cm，有纵棱 6 条。

原产巴西；现世界热带地区广泛栽种。我国南方也有栽培。

A207. 大戟科 Euphorbiaceae

4.# 蓖麻
Ricinus communis L.

一年生粗壮草本或草质灌木；小枝、叶和花序通常被白霜，茎多液汁。叶近圆形，长和宽达 40 cm 或更大，掌状 7-11 裂，裂片卵状长圆形或披针形，边缘具锯齿；掌状脉 7-11；叶柄粗壮，中空，长可达 40 cm，顶端具 2 盘状腺体，基部具盘状腺体。总状花序或圆锥花序；雄花花萼裂片卵状三角形，长 7-10 mm，雄蕊束众多；雌花萼片卵状披针形，长 5-8 mm。蒴果卵球形或近球形。花期几全年或 6-9 月。

生于海拔 120-500 m 的村旁疏林或河流两岸冲积地，常有逸为野生种。现广布世界热带或栽培于热带至暖温带各国。蓖麻油在工业上用途广；种子具毒。

A212. 牻牛儿苗科 Geraniaceae

1.# 野老鹳草
Geranium carolinianum L.

一年生草本，高 20-50 cm。根细，长达 7 cm。茎直立或斜升，有倒向下的密柔毛，分枝。叶圆肾形，长 2-3 cm，下部的互生，上部的对生，5-7 深裂，每裂又 3-5 裂。小裂片条形，锐尖头，两面有柔毛。下部茎叶有长柄，达 10 cm，上部的柄短，等于或短于叶片。花成对集生于茎端或叶腋，花序柄短或几无柄。花柄长 1-1.5 cm，有腺毛。萼片宽卵形，有长白毛，在果期增大，长 5-7 mm。花瓣淡红色，与萼片等长或略长。蒴果长约 2 cm，顶端有长喙，成熟时裂开，果瓣向上卷曲。

生于荒地、路边、杂草中。原产美洲。广东、江苏、浙江、江西、河南、云南、四川等有逸为野生。

A214. 使君子科 Combretaceae

1.* 使君子
Quisqualis indica L.

攀援状灌木，高 2-8 m；小枝被棕黄色短柔毛。叶对生或近对生；叶膜质，椭圆形，长 5-11 cm，宽 2.5-5.5 cm，基部钝圆，背面有时疏被棕色柔毛；叶柄长 5-8 mm，幼时密生锈色柔毛。顶生穗状花序，组成伞房花序式；萼管长 5-9 cm，被黄色柔毛，萼齿 5；花瓣 5，长 1.8-2.4 cm，先端钝圆，初为白色，后转淡红色。果卵形，短尖，长 2.7-4 cm，无毛，具明显的锐棱角 5，成熟时呈青黑色或栗色。花期初夏，果期秋末。

生于山坡、河边灌丛，也有栽培。产福建、台湾、江西、湖南、广东、广西、四川、云南和贵州。印度、缅甸至菲律宾也有。种子为中药中最有效的驱蛔药之一。

A215. 千屈菜科 Lythraceae

1.* 细叶萼距花（满天星）
Cuphea hyssopifolia Kunth

常绿小灌木，高 20-50 cm。茎多分枝。叶小，对生或近对生，纸质，狭长圆形至披针形，顶端稍钝或略尖，基部钝，稍不等侧，全缘。花单朵，腋外生，紫色或紫红色，花瓣 6 片。蒴果近长圆形，较少结果。

生于草地、田野路旁。原产墨西哥和危地马拉，现热带地区广为栽培。我国南方有栽培。

2.* 大花紫薇（大叶紫薇）
Lagerstroemia speciosa (L.) Pers.

大乔木；树皮灰色，平滑。叶革质，稀披针形，长 10-25 cm，宽 6-12 cm，顶端钝形，基部阔楔形至圆形，两面均无毛。花淡红色，直径 5 cm，顶生圆锥花序长 15-25 cm；花梗长 1-1.5 cm，花轴、花梗及花萼外面均被黄褐色密毡毛；花萼被毛，长约 13 mm，6 裂；花瓣 6，有短爪。蒴果球形，长 2-3.8 cm，直径约 2 cm，褐灰色，6 裂。花期 5-7 月，果期 10-11 月。

广东、广西及福建有栽培。斯里兰卡、印度、马来西亚、越南及菲律宾也有。树皮及叶可作泻药；种子具有麻醉性；根含单宁，可作收敛剂。

3.* 石榴（安石榴）
Punica granatum L.

落叶灌木，高通常 3-5 m，枝顶常成尖锐长刺，幼枝具棱角，无毛。叶通常对生，纸质，矩圆状披针形，长 2-9 cm；叶柄短。花大，1-5 生枝顶；萼筒长 2-3 cm，通常红色或淡黄色，裂片长 8-13 mm；花瓣通常大，红色、黄色或白色，长 1.5-3 cm，宽 1-2 cm，顶端圆形；花柱长超过雄蕊。浆果近球形，直径 5-12 cm，通常为淡黄褐色，稀暗紫色。种子多数，钝角形，红色至乳白色，外种皮肉质。

原产巴尔干半岛至伊朗及其邻近地区；现世界温带和热带都有种植。全国均有栽培。果皮入药，称石榴皮，味酸涩，性温，功能涩肠止血，治慢性下痢及肠痔出血等症。

A218. 桃金娘科 Myrtaceae

1.* 垂枝红千层（串钱柳）
Callistemon viminalis (Soland.) Cheel.

灌木或小乔木，高 1-5 m。树皮褐色，厚而纵裂。枝条细长，下垂。叶互生，披针形或狭线形，长 6-8 cm，宽约 0.7 cm。花顶生，圆柱形穗状花序。花期春至秋季。穗状花序顶生，圆柱形，长达 11.5 cm；花瓣膜质，近圆形。雄蕊数量很多，花丝长，颜色鲜艳，排列稠密。

原产大洋洲。我国华南地区有栽培。

2.* 柠檬桉
Eucalyptus citriodora Hook. f.

大乔木，树干挺直；树皮光滑，灰白色，大片状脱落。幼叶披针形，有腺毛，基部圆形，叶柄盾状着生；成熟叶狭披针形，宽约 1 cm，长 10-15 cm，稍弯曲，两面有黑腺点，揉之有浓厚的柠檬气味，叶柄长1.5-2 cm。圆锥花序腋生；花梗长 3-4 mm，有 2 棱；花蕾长倒卵形，长 6-7 mm；帽状体长 1.5 mm，比萼管稍宽，先端圆，有 1 小尖突；雄蕊长 6-7 mm，排成 2 列，花药椭圆形。蒴果壶形，长 1-1.2 cm，宽8-10 mm。花期 4-9 月。

原产澳大利亚。广东、广西及福建南部有栽种。多作行道树，喜湿热和肥沃土壤；木材纹理较直，易加工，是造船的好木材；叶可蒸提桉油，供香料用。

3.* 大叶桉
Eucalyptus robusta Smith

密荫大乔木，高 20 m；树皮深褐色，有不规则斜裂沟；嫩枝有棱。幼叶对生，叶厚革质，卵形，长11 cm，宽达 7 cm，有柄；成熟叶卵状披针形，厚革质，不等侧，长 8-17 cm，宽 3-7 cm，两面均有腺点，叶柄长 1.5-2.5 cm。伞形花序粗大；花梗短，粗而扁平；雄蕊长 1-1.2 cm，花药椭圆形，纵裂。蒴果卵状壶形，长 1-1.5 cm，果瓣 3-4。花期 4-9 月。

华南栽种生长不良，但在四川、云南个别生境则生长较好。叶供药用，有驱风镇痛功效。

A218. 桃金娘科 Myrtaceae

4.* 番石榴
Psidium guajava L.

乔木；树皮平滑，灰色，片状剥落；嫩枝有棱，被毛。叶革质，长圆形至椭圆形，长 6-12 cm，宽 3.5-6 cm，叶面稍粗糙，叶背有毛，侧脉 12-15 对，常下陷，网脉明显；叶柄长 5 mm。花单生或 2-3 花排成聚伞花序；萼管有毛，萼帽近圆形，长 7-8 mm，不规则裂开；花瓣长 1-1.4 cm，白色；雄蕊长 6-9 mm。浆果球形、卵圆形或梨形，长 3-8 cm，顶端有宿存萼片，果肉白色及黄色，胎座肥大。种子多数。

华南各地栽培，常见有逸为野生。果供食用；叶供药用，有止痢、止血、健胃等功效；叶经煮沸去掉鞣质，晒干作茶叶用，味甘，有清热作用。

A219. 野牡丹科 Melastomataceae

1.* 巴西野牡丹
Tibouchina semidecandra (Mart. et Schrank ex DC.) Cogn.

灌木或小乔木，高 0.3-0.6 m。嫩枝密被长柔毛，方形，红褐色。叶对生，长椭圆形至披针形，长 4-12 cm，宽 2-5 cm，上面具毛，全缘。3 出脉。花序顶生，长 8-15 cm。苞片 2 片，早落。花瓣 5 枚，深紫蓝色。中心雄蕊白色，长 25-40 mm，宽 20-40 mm。果长 14-15 mm。花期夏、秋季。

原产巴西；现热带、亚热带温暖地区广泛栽培。我国华南地区有栽培。

A240. 无患子科 Sapindaceae

1.* 鸡爪槭
Acer palmatum Thunb.

落叶小乔木。树皮深灰色。小枝细瘦，紫色或灰紫色。叶对生，近圆形，薄纸质，直径 7-10 cm，基部心形，掌状深裂至叶片的 1/2 或 1/3。裂片 7，长卵形或披针形，边缘具紧贴的锐锯齿，背面仅脉腋有白色丛毛。叶柄长 4-6 cm，无毛。伞房花序，无毛。花紫色，雄花与两性花同株。翅果幼时紫红色，成熟后为棕黄色，张开成钝角。

广布于长江流域，北达山东，南至浙江。朝鲜、日本也有。

A241. 芸香科 Rutaceae

1.* 柠檬（洋柠檬）
Citrus × limon (L.) Osbeck

多年生常绿植物，高 3-5 m。枝干多刺，树皮灰色。嫩梢紫色。叶尖卵形或菱形，质厚，淡绿色。叶柄短。花单生，芳香，淡黄绿色微带浅紫色。果实长卵圆形，两端尖，有乳状凸体，果皮稍厚，淡黄绿色，果肉淡灰黄色，果汁多，酸味强。花果期较长。

原产印度。中国长江以南有栽培。

2.* 柚
Citrus maxima (Burm.) Merr.

小乔木，高 5-10 m。小枝具棱，有长而硬的刺。叶阔卵形至椭圆形，边缘具明显的圆裂齿。翼叶倒圆锥形至狭三角状圆锥形。总状花序，花白色。果梨形或球形，大，淡黄色或黄绿色。花期 4-6 月。果期 9-12 月。

原产亚洲东南部亚热带和热带地区。中国秦岭以南各地均有栽培。

3.* 柑橘
Citrus reticulata Blanco

小乔木。分枝多，刺较少。单身复叶，翼叶通常狭窄，叶大小变异较大，叶缘上半段通常有钝或圆裂齿，很少全缘。花单生或 2-3 花簇生；花萼不规则浅裂；花瓣通常长 1.5 cm 以内；雄蕊 20-25，花柱细长，柱头头状。果通常扁圆形至近圆球形，果肉酸或甜，或有苦味，或另有特异气味。种子多或少数，稀无籽，通常卵形。花期 4-5 月，果期 10-12 月。

广泛栽培，很少半野生。产秦岭南坡以南，向东南至台湾，南至海南岛，西南至西藏东南部海拔较低地区。偏北部地区栽种的都属橘类，以红橘和朱橘为主。

A241. 芸香科 Rutaceae

4.* 九里香
Murraya exotica L. Mant.

灌木或小乔木。枝白灰或淡黄灰色。叶有小叶 3-7 片，小叶倒卵形，两侧常不对称，长 1-6 cm，宽 0.5-3 cm，顶端圆钝，有时微凹；小叶柄甚短。花序 为短缩的圆锥状聚伞花序；花白色，芳香；萼片卵形，长约 1.5 cm；花瓣 5 片，长椭圆形，长 10-15 mm，盛花时反折；雄蕊 10 枚，长短不等，比花瓣略短，花丝白色；柱头黄色，粗大。果橙黄至朱红色，阔卵形或椭圆形，顶部短尖。花期 4-8 月，果期 9-12 月。

产台湾、福建、广东、海南、广西。南部地区多用作围篱材料，或作花圃及宾馆的点缀品，亦作盆景材料。

5.* 胡椒木
Zanthoxylum 'Odorum'

常绿灌木，高约 90 cm。奇数羽状复叶，叶基有短刺 2 枚，叶轴有狭翼。小叶对生，倒卵形，长约 1 cm，叶面浓绿富光泽，全叶密生腺体。花雌雄异株，雄花黄色，雌花橘红色。果实椭圆形，绿褐色。

原产日本、韩国。中国长江以南各省区有栽培。

A243. 楝科 Meliaceae

1.* 米仔兰
Aglaia odorata Lour.

灌木或小乔木；幼枝顶部被星状锈色的鳞片。叶长 5-12 cm，叶轴和叶柄具狭翅，有小叶 3-5 片；小叶对生，厚纸质，长 2-7 cm，顶端 1 片最大，先端钝，基部楔形，两面均无毛。圆锥花序腋生，长 5-10 cm，稍疏散无毛；花芳香，直径约 2 mm；花萼 5 裂，裂片圆形；花瓣 5，黄色，长圆形或近圆形，长 1.5-2 mm，顶端圆而截平；雄蕊管略短于花瓣，顶端全缘或有圆齿，花药 5，卵形，内藏；子房卵形，密被黄色粗毛。果为浆果，卵形或近球形，长 10-12 mm。花期 5-12 月，果期 7 月至翌年 3 月。

产广东、广西；我国南部有栽培。分布于东南亚。

A247. 锦葵科 Malvaceae

1.* 箭叶秋葵
Abelmoschus sagittifolius (Kurz) Merr.

多年生草本，高约 1 m。具萝卜状肉质根。小枝被硬毛。叶形多样，箭形至掌状深裂，裂片阔卵形至阔披针形，基部心形，两面被硬毛。花单生叶腋。花萼佛焰苞状，密被细茸毛。花瓣红色或黄色。蒴果椭圆形，被刺毛。花期 5-9 月。

常见于旷地、稀疏林下或干燥的贫瘠地。产华南及西南地区。亚洲热带至澳大利亚也有。

2.* 红萼苘麻
Abutilon megapotamicum (Spreng.) A. St.-Hil.
et Naudin

常绿蔓性灌木。枝条细长柔垂，多分枝。叶互生，绿色，长 5-10 cm，心形，叶端尖，叶缘有钝锯齿，有时分裂，叶柄细长。花单生于叶腋，具长梗，下垂。花萼红色，半套着大约 4 cm 长的黄色花瓣，花萼钟状，裂片 5。花瓣 5 瓣，花瓣 5，黄色，花蕊深棕色，伸出花瓣。蒴果近球形，灯笼状，分果爿 8-20。全年开花。

原产巴西等热带地区。我国南方部分省区引入作观赏栽培。

3.# 黄麻
Corchorus capsularis L.

直立木质草本，高 1-2 m，无毛。叶纸质，卵状披针形，长 5-12 cm，宽 2-5 cm，先端渐尖，基部圆形，两面无毛，基三出脉，边缘有粗锯齿；叶柄长约 2 cm，有柔毛。花单生或数花排成腋生聚伞花序，有短的花序柄及花柄；萼片 4-5 片，长 3-4 mm；花瓣黄色，倒卵形，与萼片约等长。蒴果球形，直径约 1 cm，顶端无角，表面有直行钝棱，5 爿裂开。花期夏季，果秋后成熟。

原产亚洲热带；现热带亦广为栽培。长江以南广泛栽培，亦有见于荒野呈野生状态。本种茎皮富含纤维；经加工处理，可织制麻布及地毯等。

A247. 锦葵科 Malvaceae

4.* 木芙蓉（芙蓉花）
Hibiscus mutabilis L.

　　落叶灌木或小乔木；小枝、叶柄、花梗和花萼均密被星状毛与直毛。叶宽卵形至心形，直径 10-15 cm，常 5-7 裂，叶面疏被星状细毛和点，叶背密被星状细绒毛；叶柄长 5-20 cm。花单生于枝端叶腋间，花梗长 5-8 cm；小苞片 8，线形，密被星状绵毛；萼钟形，长 2.5-3 cm，裂片 5，卵形；花初开时白色或淡红色，后变深红色，直径约 8 cm，花瓣近圆形。蒴果扁球形，直径约 2.5 cm，被淡黄色刚毛和绵毛。种子肾形，背面被长柔毛。花期 8-10 月。

　　原产湖南；全国均有栽培。日本和东南亚各国也有栽培。花叶供药用，有清肺、凉血、散热和解毒之功效。

5.* 朱槿
Hibiscus rosa-sinensis L.

　　常绿灌木，高 1-3 m。小枝圆柱形，疏被星状柔毛。叶阔卵形或狭卵形，长 4-9 cm，宽 2-5 cm，先端渐尖，边缘具粗齿或缺刻。花单生于上部叶腋间，常下垂，花梗长 3-7 cm。苞片 6-7 片，线形，长 8-15 mm。花萼钟形，长约 2 cm。花冠漏斗形，直径 6-10 cm，玫瑰红或淡红、淡黄等色。蒴果卵形，平滑无毛，有喙。花期全年。

　　广东、广西、福建、台湾、四川、云南等广泛栽培。

6.# 赛葵
Malvastrum coromandelianum (L.) Gurcke

　　多年生亚灌木状草本，高达 1 m。茎直立，疏被单毛和星状粗毛。叶卵状披针形或卵形，长 3-6 cm，宽 1-3 cm，先端钝尖，基部宽楔形至圆形，边缘具粗锯齿，两面均被长毛。花单生于叶腋，黄色。花瓣 5 枚。果肾形。花果期几乎全年。

　　常生于荒地、路边草地、灌丛。原产美洲。在我国台湾、福建、广东、广西和云南等省区归化。

A247. 锦葵科 Malvaceae

7.* 苹婆
Sterculia monosperma Ventenat

常绿乔木，高 5-10 m。树皮黑褐色。叶近革质，长圆形或椭圆形，长 8-25 cm。圆锥花序顶生或腋生，长达 20 cm，花杂性。花萼钟形，初时乳白色，后变为淡红色，5 枚裂片在顶端互相黏合。无花瓣。蓇葖果鲜红色，矩圆状卵形。花期 4-5 月。

产广东、广西、福建、台湾、云南等；多为人工栽培。印度、越南、印度尼西亚也有。

A257. 番木瓜科 Caricaceae

1.* 番木瓜（万寿果）
Carica papaya L.

小乔木，高达 8 m。软木性，植物体有乳汁。茎不分枝或可在损伤处发生新枝。有螺旋状排列的粗大叶痕。叶大，生茎顶，近圆形，常 7-9 深裂，直径可达 60 cm，裂片羽状分裂。花单性，雌雄异株。雄花排成长达 1 m 的下垂状圆锥花序，花冠乳黄色，下半部合生成筒状。雌花单生或数朵排成伞房花序，花瓣 5 枚，分离，乳黄色或黄白色，柱头流苏状。浆果大，矩圆形，长可达 30 cm，熟时橙黄色，肉厚籽少，有桂花香味。花期夏、秋季。果期几乎全年。

原产美洲热带地区；现广植于世界热带地区。我国南方有栽培。

A270. 十字花科 Cruciferae

1.* 青菜
Brassica rapa var. *chinensis* (L.) Kitamura

一年或二年生草本，高 25-70 cm，无毛，带粉霜。基生叶倒卵形或宽倒卵形，长 20-30 cm，深绿色，有光泽，基部渐狭成宽柄，近全缘，中脉白色，宽达 1.5 cm；叶柄长 3-5 cm；下部茎生叶和基生叶相似；上部茎生叶倒卵形或椭圆形，长 3-7 cm，宽 1-3.5 cm，基部抱茎，两侧有垂耳，全缘。总状花序顶生，呈圆锥状；花浅黄色；萼片长圆形，长 3-4 mm；花瓣长圆形。长角果线形，长 2-6 cm，坚硬；果梗长 8-30 mm。花期 4 月，果期 5 月。

原产亚洲。全国均有栽培。嫩叶供蔬菜用，为我国最普遍蔬菜之一。

A282. 白花丹科 Plumbaginaceae

1.* 蓝花丹
Plumbago auriculata Lam.

常绿亚灌木，高约 1 m。叶薄，卵形或椭圆形，长 3-6 cm。上部叶的叶柄基部常耳状。穗形总状花序具 18-30 花，花序梗连同枝条上部密被绒毛。花冠淡蓝色，花冠筒长 3.2-3.4 cm，冠檐径 2.5-3.2 cm，裂片倒卵形。雄蕊稍伸出，花药蓝色。花期 12 月至翌年 4 月和 6-9 月。

原产南非南部。我国常见栽培，供观赏。

A295. 石竹科 Caryophyllaceae

1.* 蓝灰石竹
Dianthus gratianopolitanus Vill

全株灰色，密集丛生，无毛，具匍匐营养枝及若干直立花茎。线状叶全缘，手感粗糙。花粉红色，花径 20-30 mm，单生。花萼狭窄管状，顶端具三角形锯齿 5，基生短鳞苞 2 且仅及花萼 1/4 长。花瓣基部具锯齿瓣片及窄长瓣爪。蒴果顶端 4 裂，内有细小种子多数。

生于岩石地带，尤常见于裂缝和岩屑堆，喜石灰岩。原产欧洲。我国有引种。

2.* 麦蓝菜（王不留行）
Vaccaria hispanica (Miller) Rauschert

一年生草本，高达 70 cm。叶披针形，长 3-9 cm，具 3 脉，被白粉。伞房状聚伞花序。花梗细。苞片披针形，中脉绿色。花萼具 5 棱，后期膨大呈球形，萼齿三角形；花瓣淡红色，瓣片窄倒卵形，微凹缺。雄蕊内藏。花柱线形，微伸出。蒴果宽卵球形。种子近球形。花期 4-7 月，果期 5-8 月。

生于草坡、麦田或撂荒地，为麦田常见杂草。产华北、西北、华东、西南、华中等。欧洲及亚洲广布。

A297. 苋科 Amaranthaceae

1.# 空心莲子草
Alternanthera philoxeroides (Mart.) Griseb.

　　多年生草本。茎基匍匐，上部上升，管状，长55-120 cm。叶矩圆形、矩圆状倒卵形，长 2.5-5 cm，宽 7-20 mm，全缘，叶背有颗粒状突起；叶柄长3-10 mm。花密生，成具总花梗的头状花序，单生在叶腋，球形；苞片及小苞片白色，顶端渐尖，具 1 脉；花被片矩圆形，长 5-6 mm，白色，光亮；花丝长 2.5-3 mm，基部连合成杯状。果实未见。花期 5-10 月。

　　生于池沼、水沟内。原产巴西。我国引种于北京、江苏、浙江、江西、湖南和福建，后逸为野生。全草入药，有清热利水、凉血解毒作用；可作饲料。

2.* 千日红
Gomphrena globosa L.

　　一年生直立草本，高 20-60 cm。茎有分枝，有灰色糙毛，部稍膨大。叶纸质，长 3.5-13 cm，宽 1.5-5 cm，基部渐狭，边缘波状；叶柄长 1-1.5 cm，有灰色长柔毛。花密生，成矩圆形头状花序，常紫红色；总苞为 2 绿色对生叶状苞片而成，苞片卵形顶端紫红色；花被片披针形，长 5-6 mm，不展开；花丝连合成管状，花药生在裂片内面；花柱条形，比雄蕊管短，柱头 2。胞果近球形，直径 2-2.5 mm。种子肾形，棕色，光亮。花果期 6-9 月。

　　原产美洲热带。全国均有栽培，供观赏。花序入药，有止咳定喘、平肝明目功效，主治支气管哮喘、急慢性支气管炎、百日咳、肺结核咯血等症。

A305. 商陆科 Phytolaccaceae

1.# 垂序商陆
Phytolacca americana L.

　　多年生草本，高 1-2 m。茎带紫红色。叶片椭圆状卵形或卵状披针形，长 9-18 cm，顶端急尖，基部楔形。总状花序顶生或侧生。花白色微带红晕。花被片 5。果序下垂。浆果扁球形，熟时紫黑。种子肾圆形。花期 6-8 月。果期 8-10 月。

　　生于山地路边。原产北美洲。我国南方地区逸为野生。

A308. 紫茉莉科 Nyctaginaceae

1.* 光叶子花（宝巾）
Bougainvillea glabra Choisy

　　藤状灌木。茎粗壮，枝下垂；刺腋生，长 5-15 mm。叶纸质，卵状披针形，长 5-13 cm，宽 3-6 cm，叶面无毛，叶背被微柔毛；叶柄长 1 cm。花顶生枝端的 3 苞片内，花梗与苞片中脉贴生，每苞片上生 1 花；苞片叶状，紫色或洋红色，长圆形或椭圆形，长 2.5-3.5 cm，宽约 2 cm；花被管长约 2 cm，淡绿色，疏生柔毛；雄蕊 6-8；花柱侧生，边缘扩展成薄片状；花盘基部合生。花期冬春间（广州、海南、昆明），北方温室栽培 3-7 月开花。

　　原产巴西。全国均有栽培。花入药，调和气血，治白带、调经。

A314. 土人参科 Talinaceae

1.* 土人参（茶花）
Talinum paniculatum (Jacq.) Gaertn.

　　草本，全株无毛，高 30-100 cm。主根粗壮，皮黑褐色，断面乳白色。茎直立，肉质。叶互生或近对生；近无柄；叶稍肉质，倒卵形，长 5-10 cm，宽 2.5-5 cm，全缘。圆锥花序较大形，常二叉状分枝，具长花序梗；花直径约 6 mm；总苞片绿色或近红色，圆形，长 3-4 mm；苞片 2；萼片紫红色，早落；花瓣淡紫红色，长椭圆形，长 6-12 mm。蒴果近球形，直径约 4 mm，3 瓣裂。种子多数。花期 6-8 月，果期 9-11 月。

　　生于阴湿地。原产热带美洲。我国中部和南部均有栽植，有的逸为野生。根为滋补强壮药，补中益气，润肺生津；叶消肿解毒，治疗疮疖肿。

A315. 马齿苋科 Portulacaceae

1.* 大花马齿苋（松叶牡丹）
Portulaca grandiflora Hook.

　　一年生草本，高 10-30 cm。茎紫红色，节上丛生毛。叶密集枝端，不规则互生，叶细圆柱形，长 1-2.5 cm，直径 2-3 mm，顶端圆钝；叶腋常生一撮白色长柔毛。花直径 2.5-4 cm；总苞 8-9，具白色长柔毛；萼片 2，淡黄绿色，长 5-7 mm，顶端急尖；花瓣，倒卵形，长 12-30 mm；雄蕊多数，长 5-8 mm 花丝紫色，基部合生；线形花柱与雄蕊近等长。蒴果近椭圆形，盖裂。种子细小，圆肾形，有光泽，表面有小瘤状凸起。花期 6-9 月，果期 8-11 月。

　　原产巴西。全国常有栽培。全草可供药用，有散瘀止痛、清热、解毒消肿功效。

A317. 仙人掌科 Cactaceae

1.* 火龙果（量天尺）
Hylocereus undatus (Haw.) Britt. et Rose

　　附生型多浆植物，高可达 5 m 以上。茎深绿色，三棱柱形，长而分节，有气生根，具攀援性。夜间开芳香型花，花大，漏斗状，外瓣黄绿色，内瓣白色。红色果较大，果肉可食。花期 5-9 月。

　　原产墨西哥及西印度群岛。华南地区有栽培。

A325. 凤仙花科 Balsaminaceae

1.* 凤仙花（指甲花）
Impatiens balsamina L.

　　一年生草本，高 60-100 cm。茎肉质，具多数纤维状根，下部节常膨大。叶互生；叶长 4-12 cm、宽 1.5-3 cm，边缘有锐锯齿及黑色腺体；叶柄长 1-3 cm，有浅沟及腺体。花生于叶腋，花梗长 2-2.5 cm，密被柔毛；侧萼卵形，唇瓣深舟状，长 13-19 mm，被柔毛，基部急尖成长 1-2.5 cm 内弯的距；旗瓣圆形，兜状，翼瓣具短柄，长 23-35 mm，2 裂。蒴果宽纺锤形，长 10-20 mm，密被柔毛。黑褐色种子多数，圆球形，径 1.5-3 mm。花期 7-10 月。

　　我国各地庭园广泛栽培。民间常用其花及叶染指甲；茎及种子入药；茎称"凤仙透骨草"，种子称"急性子"，有软坚、消积之效。

A336. 山茶科 Theaceae

1.* 张氏红山茶（杜鹃红山茶、假大头茶）
Camellia changii C. X. Ye [*Camellia azalea* C. F. Wei]

　　常绿灌木。小枝常灰白色。当年生枝红褐色，无毛。叶互生，狭倒卵形至倒披针形，革质，叶面绿色，叶背浅绿色，两面光滑无毛。中脉两面凸起。花红色，单生枝顶，或 2-5 朵聚生于小枝顶端，直径 8-10 cm。花瓣 6-9 枚。蒴果卵球形，3 室。果皮厚，表面光滑。花期 10-12 月。果期 8-9 月。

　　特产中国广东阳春。华东至华南广为栽培，多为嫁接。

A336. 山茶科 Theaceae

2.* 红山茶（茶花）
Camellia japonica L.

　　小乔木，嫩枝无毛。叶革质，椭圆形，长 5-10 cm，宽 2.5-5 cm，边缘有相隔 2-3.5 cm 的细锯齿；叶柄长 8-15 mm。花顶生，红色，无柄；苞片及萼片约 10，组成长 2.5-3 cm 的杯状苞被，外面有绢毛；花瓣 6-7，长 2-4.5 cm，花柱长 2.5 cm，先端 3 裂。蒴果圆球形，直径 2.5-3 cm，2-3 室，每室有种子 1-2，3 裂开果皮厚木质。花期 1-4 月。

　　四川、台湾、山东和江西等有野生种；全国广泛栽培，品种繁多，花大多数为红色或淡红色，亦有白色，多为重瓣。花有止血功效；种子榨油，供工业用。

3.* 南山茶（广宁油茶）
Camellia semiserrata Chi

　　小乔木，嫩枝无毛。叶革质，长圆形，长 9-15 cm，宽 3-6 cm，先端急尖，基部阔楔形，两面无毛，上半部有疏而锐利的锯齿；叶柄长 1-1.7 mm，粗大。花顶生，红色，无柄，直径 7-9 cm；花瓣 6-7，红色，阔倒卵圆形，长 4-5 cm；子房被毛，花柱长 4 cm，顶端 3-5 浅裂。蒴果卵球形，直径 4-8 cm，3-5 室，每室有种子 1-3，果皮厚木质，表面红色，平滑。

　　生于海拔 200-350 m 山地。产广东及广西。本种是我国栽培的红花油茶种类中果实最大、果壳最厚的种类。

A342. 猕猴桃科 Actinidiaceae

1.* 中华猕猴桃
Actinidia chinensis Planch.

　　落叶藤本，茎长可达 8 m 以上。幼枝密生棕黄色柔毛。叶纸质，圆形或长圆形，边缘有细锯齿，叶背苍绿色，密被灰白色或淡褐色星状柔毛。花乳白色至黄色，有香气，3-6 朵形成聚伞花序。浆果卵形至半圆形，黄褐色，被茸毛。花期 3-5 月。果期 9 月。

　　产长江流域及其以南地区，北到河南及西北地区；我国亚热带地区广为栽培。

A241. 芸香科 Rutaceae

1.* 黄皮
Clausena lansium (Lour.) Skeels

小乔木。小枝、叶轴、花序轴、小叶背脉上散生甚多明显凸起的细油点且密被短直毛。叶有小叶 5-11；小叶卵形，常一侧偏斜，长 6-14 cm，宽 3-6 cm，边缘波浪状或具浅的圆裂齿，小叶柄长 4-8 mm。圆锥花序顶生；花萼裂片阔卵形，外面被短柔毛，花瓣长圆形，长约 5 mm；雄蕊 10，长短相间；子房密被直长毛。果圆形至阔卵形，长 1.5-3 cm，宽 1-2 cm，淡黄至暗黄色，被细毛，果肉乳白色，有种子 1-4。花期 4-5 月，果期 7-8 月。

原产中国南部。世界热带及亚热带有引种。果可鲜食亦可盐渍或糖渍成凉果，有消食、顺气、除暑热功效。

A345. 杜鹃花科 Ericaceae

1.* 杂种杜鹃
Rhododendron hybrida Hort.

矮小灌木，盆栽高 15-50 cm。叶互生，披针形，叶面具褐色柔毛。花顶生于枝端，总状排列，花色有玫瑰红、粉红、橙红、白色等多种颜色。花期 2-4 月。

原产日本南部和印度。华南、华中、华东至华北均有引种栽培。

2.* 锦绣杜鹃
Rhododendron pulchrum Sweet

半常绿灌木；枝被淡棕色糙伏毛。薄革质叶长 2-6 cm，宽 1-2.5 cm，边缘反卷，中脉和侧脉在叶背凸出；叶柄长 3-6 mm。花芽卵球形。伞形花序顶生，花 1-5；花梗被长柔毛；花萼 5 深裂，长约 1.2 cm，被毛；花冠玫瑰紫色，阔漏斗形，长 4.8-5.2 cm，裂片 5，阔卵形，长约 3.3 cm，具深红色斑点；雄蕊 10；子房卵球形，径 2 mm，被毛，花柱长约 5 cm。蒴果长圆状卵球形，长 0.8-1 cm，被毛，花萼宿存。花期 4-5 月，果期 9-10 月。

产江苏、浙江、江西、福建、湖北、湖南、广东和广西。著名栽培种，据说产我国，但至今未见野生，栽培变种和品种繁多，不予列出。

A352. 茜草科 Rubiaceae

1.* 白蟾
Gardenia jasminoides var. *fortuniana* (Lindl.) Hara

灌木；嫩枝常被短毛。叶革质，叶形多样，长圆状披针形至椭圆形，长 3-25 cm，宽 1.5-8 cm；叶柄 0.2-1 cm；托叶膜质。花重瓣，芳香，常单生枝顶，花梗 3-5 mm；萼管长 8-25 mm，萼檐管形，常 6 裂，结果时增长；花冠白色或乳黄色，高脚碟状，冠管狭圆筒形，长 3-5 cm，常 6 裂。果近球形至长圆形，黄色或橙红色，直径 1.2-2 cm，有翅状纵棱 5-9。种子多数，扁，近圆形而稍有棱角，长约 3.5 mm。花期 3-7 月，果期 5 月至翌年 2 月。

原产中国和日本。长江以南有栽培，多见于大中城市。

2.* 龙船花（山丹花）
Ixora chinensis Lam.

常绿灌木，高 0.8-2 m。全株无毛。叶对生，有时由于节间距离极短几成 4 片轮生，披针形或矩圆状倒卵形，长 6-13 cm，顶端钝或圆形，基部短尖或圆形，叶片革质。花序顶生，多花，总花梗长 5-15 mm，与分枝均呈红色。花冠鲜红色或橙黄色，盛开时长 2.5-3 cm，顶部 4 裂。果近球形，双生，成熟时红黑色。种子长、宽均为 4-4.5 mm，上面凸，下面凹。花期 5-7 月。果期秋季。

产广东、广西、福建、台湾；我国南部广泛栽培。越南、菲律宾、马来西亚也有。

A356. 夹竹桃科 Apocynaceae

1.* 马利筋
Asclepias curassavica L.

多年生直立草本，灌木状，高 60-120 cm。全株有白色乳汁。叶对生或 3 叶轮生，披针形，长 6-14 cm，宽 1-4 cm。伞形花序腋生或顶生。花冠 5 深裂，紫红色，向后反卷。副花冠生于花丝筒上，5 枚，金黄色。蓇葖果长圆形，具长喙。种子灰黑色，顶生 1 束茸毛。花期几乎全年。果期 8-12 月。

原产热带美洲；现广布于世界热带区域。中国南北各地常见栽培。

A356. 夹竹桃科 Apocynaceae

2.* 长春花
Catharanthus roseus (L.) G. Don

半灌木，全株近无毛。茎近方形，有条纹；节间 1-3.5 cm。叶膜质，倒卵状长圆形，长 3-4 cm，宽 1.5-2.5 cm，先端浑圆，有短尖头。聚伞花序腋生或顶生，有花 2-3；花萼 5 深裂，萼片约 3 mm；花冠红色，高脚碟状，花冠筒约 2.6 cm；花冠裂片长和宽约 1.5 cm。蓇葖双生，直立，长约 2.5 cm；外果皮厚纸质，有条纹，被柔毛。花期、果期几乎全年。

原产非洲东部；我国栽培于西南、中南及华东等。现栽培于热带和亚热带。植株含长春花碱，可药用，有降低血压之效；在国外有用来治白血病、淋巴肿瘤、肺癌、绒毛膜上皮癌、血癌和子宫癌等。

3.* 夹竹桃
Nerium oleander L.

常绿灌木；嫩枝被微毛。叶 3-4 轮生，下枝为对生，窄披针形，长 11-15 cm，宽 2-2.5 cm，叶背有多数洼点；叶柄扁平，长 5-8 mm，叶柄内具腺体。聚伞花序顶生，着数花；总花梗约 3 cm；花萼 5 深裂，红色；花冠深红色或粉红色，花冠为单瓣呈 5 裂时，其花冠为漏斗状，长和直径约 3 cm，内面被长柔毛；花冠为重瓣呈 15-18 时，裂片组成三轮。蓇葖 2，离生，直径 6-10 mm。花期几乎全年，果期一般在冬春季。

野生于伊朗、印度、尼泊尔；现广植于世界热带。全国均有栽培。常作观赏；毒性极强，人、畜误食能致死；叶、茎皮可提制强心剂，但有毒，用时需慎重。

4.* 黄花夹竹桃
Thevetia peruviana (Pers.) K. Schum.

乔木，高达 5 m，全株无毛；小枝下垂；全株具丰富乳汁。叶互生，近革质，无柄，线状披针形，长 10-15 cm，宽 5-12 mm。花大，黄色，顶生聚伞花序，长 5-9 cm；花梗 2-4 cm；花萼绿色，5 裂；花冠漏斗状，花冠筒喉部具 5 被毛的鳞片，花冠裂片比花冠筒长；子房 2 裂。核果扁三角状球形，直径 2.5-4 cm。花期 5-12 月，果期 8 月至翌年春季。

生于干热地区，路旁、池边、山坡疏林下。原产美洲热带。台湾、福建、广东、广西和云南等均有栽培；有时野生。绿化植物。树液和种子有毒，误食可致命。

A359. 旋花科 Convolvulaceae

1.* 番薯
Ipomoea batatas (L.) Lam.

一年生草本。地下部分具圆形至纺锤形的块根。茎平卧或上升，茎节易生不定根。叶常宽卵形，长 4-13 cm，宽 3-13 cm，全缘或 3-7 裂，两面近无毛；叶柄 2.5-20 cm。聚伞花序腋生，有 1-7 花聚集成伞形，花序梗 2-10.5 cm，近无毛；花梗 2-10 mm；花冠粉红色、白色、淡紫色或紫色，钟状或漏斗状，长 3-4 cm。蒴果卵形或扁圆形。种子 1-4，无毛。

原产南美洲；现已广泛栽培于世界热带及亚热带地区。我国大多数地区都普遍栽培。块根除作主粮外，也是食品加工、淀粉和乙醇制造工业的重要原料。

2.# 三裂叶薯
Ipomoea triloba L.

一年生草本。茎柔弱，缠绕或有时平卧。叶阔卵形，全缘或稍 3 裂，基部阔心形草质。花序腋生，花序梗粗壮，1 朵或少数至数朵花成伞形聚伞花序。花冠漏斗状，淡红色或淡紫红色。蒴果近球形，4 瓣裂。种子长 3.5 mm。

原产热带美洲；现已成为热带地区的杂草。生于丘陵路旁、荒地或田野。

A360. 茄科 Solanaceae

1.* 舞春花
Calibrachoa hybrids

草本，一年生或二年生。株高 15-80 cm，也有丛生和匍匐类型。叶椭圆或卵圆形。播种后当年可开花，花期长达数月，花冠喇叭状。花形有单瓣、重瓣、瓣缘皱褶或呈不规则锯齿等。花色有红、白、粉、紫及各种带斑点、网纹、条纹等。花期春季。

Calibrachoa 属植物原产南非和南美洲巴西、智利等地。舞春花作为园艺品种引进中国。

A360. 茄科 Solanaceae

2.* 辣椒
Capsicum annuum L.

　　一年生或有限多年生植物，高 40-80 cm。茎近无毛，分枝稍之字形折曲。叶互生，枝顶端节不伸长而成双生或簇生状，矩圆状卵形、卵形或卵状披针形，长 4-13 cm，宽 1.5-4 cm，全缘；叶柄长 4-7 cm。花单生，俯垂；花萼杯状，不显著 5 齿；花冠白色，裂片卵形；果实长指状，未成熟时绿色，成熟后成红色、橙色或紫红色，味辣。花果期 5-11 月。

　　世界各国普遍栽培，为重要的蔬菜和调味品，种子油可食用。

2a.* 朝天椒
Capsicum annuum var. *conoides* (Mill.) Irish

　　植物体多二歧分枝。叶长 4-7 cm，卵形。花常单生于二分叉间，花梗直立，花稍俯垂，花冠白色或带紫色。果梗及果实均直立，果实较小，圆锥状，长约 1.5（-3）cm，成熟后红色或紫色，味极辣。

　　我国南北均栽培，可作为盆景栽培。

3.* 小米辣
Capsicum frutescens L.

　　灌木或亚灌木；分枝稍之字形曲折。叶柄短缩，叶片卵形，长 3-7 cm，中部之下较宽，顶端渐尖，中脉在背面隆起。花在每个开花节上通常双生，有时三至数朵。花萼边缘近截形；花冠绿白色。果梗及果直立生，向顶端渐增粗；果实纺锤状，长 7-1.4 cm，绿色变红色，味极辣。

　　广东、海南、云南等有栽培。印度、南美、欧洲也有栽培。由于味极辣，通常作调味品。

A360. 茄科 Solanaceae

4.* 枸杞
Lycium chinense Mill.

落叶灌木，高 1-2 m。枝条细长，多分枝，拱形或匍匐状生长，有刺或刺状短枝。叶互生或簇生，卵形或卵状披针形，长 1.5-5 cm，夏季开淡紫色花，花小，在长枝上单生或双生于叶腋。花冠漏斗状，长 9-12 mm，淡紫色。浆果卵形或长椭圆形，长 7-15 mm，熟时红色。种子扁肾形，黄色。花果期 6-11 月。

产我国大部分省区。朝鲜、日本及欧洲有栽培或逸为野生。

5.* 番茄（西红柿）
Lycopersicon esculentum Mill.

草本，高 0.6-2 m，全体生黏质腺毛，有强烈气味。茎易倒伏。叶羽状复叶或羽状深裂，长 10-40 cm，小叶极不规则，常 5-9，卵形或矩圆形，长 5-7 cm，边缘有不规则锯齿或裂片。花序总梗长 2-5 cm，常 3-7花；花萼辐状，果时宿存；花冠辐状，直径约 2 cm，黄色。浆果扁球状或近球状，肉质而多汁液，橘黄色或鲜红色，光滑。种子黄色。花果期夏秋季。

原产南美洲。全国广泛栽培。果实为盛夏的蔬菜和水果。

6.# 假酸浆
Nicandra physalodes (L.) Gaertner

一年生直立草本，高 0.4-1.5 m。主根长锥形。茎粗壮，有棱沟，上部叉状分枝。叶互生，卵形或椭圆形，长 4-12 cm，宽 2-8 cm，顶端急尖或短渐尖，基部楔形，缘有不规则锯齿或浅裂，叶面有疏毛。花淡紫色，单生，俯垂，直径 3-4 cm。花萼 5 深裂，果时膀胱状膨大，裂片顶端锐尖，基部心形，有尖锐的耳片。花冠宽钟状，5 浅裂。雄蕊 5。子房 3-5 室。浆果球状，直径 1.5-2 cm，被膨大的宿萼所包围。种子淡褐色。

生于田边、荒地或住宅区。原产南美洲。我国有栽培或逸为野生。

A360. 茄科 Solanaceae

7.[#] 烟草
Nicotiana tabacum L.

一年生或有限多年生草本，全体被腺毛。茎高 0.7-2 m，基部稍木质化。叶矩圆状披针形至卵形，基部渐狭至茎成耳状而半抱茎，长 10-70 cm，宽 8-30 cm；柄不明显或成翅状柄。花序顶生，圆锥状，多花；花梗 5-20 mm；花萼筒状或筒状钟形，长 20-25 mm，裂片长短不等；花冠漏斗状，淡红色，长 3.5-5 cm，檐部宽 1-1.5 cm，裂片急尖。蒴果卵状或矩圆状，长约等于宿存萼。种子圆形或宽矩圆形，径约 0.5 mm，褐色。夏秋季开花结果。

原产南美洲。全国广为栽培。作烟草工业的原料；全株也可作农药杀虫剂；亦可药用，作麻醉、发汗、镇静和催吐剂。

8.[*] 碧冬茄
Petunia × hybrida (Hook.) Regel

多年生草本，作一年生栽培，高 20-60 cm。全株有黏毛。叶卵形，长 3-8 cm，全缘，互生。花单生叶腋或枝端。花萼 5 裂。花冠漏斗形，长 5-7 cm，先端具波状浅裂。栽培品种极多，有单瓣、重瓣、瓣边呈波皱状。花有白、堇、深紫、红或红白相间等色及复色，并具各种斑纹。蒴果圆锥状，长约 1 cm。花期 4-10 月。

原产南美洲；现世界各地多有栽培。全国均有栽培。

9.[*] 茄
Solanum melongena L.

草本或亚灌木，高可达 1 m。全株被细茸毛。茎直立，分枝小，枝多为紫色。叶互生，卵形至长圆状卵形，长 8-18 cm，先端钝，基部不相等，边缘浅波状或深波状。能孕花单生，不孕花蝎尾状与能孕花并出。花冠辐射状，花冠管长约 2 mm 裂片三角形。花、果的形状大小变异极大。花果期春、夏季。

原产亚洲热带。全国均有栽培。

A366. 木犀科 Oleaceae

1.* 茉莉花
Jasminum sambac (L.) Ait.

直立或攀援灌木。小枝疏被柔毛。叶对生，单叶，叶纸质，圆形、椭圆形至倒卵形，长 4-12.5 cm，宽 2-7.5 cm，叶背脉腋间常具簇毛；叶柄 2-6 mm，被短柔毛，具关节。聚伞花序顶生，常有 3 花；花序梗 1-4.5 cm，被短柔毛；花梗 0.3-2 cm；花极芳香；花萼裂片长 5-7 mm；花冠白色，花冠管长 0.7-1.5 cm，裂片长圆形至近圆形。果球形，径约 1 cm，呈紫黑色。花期 5-8 月，果期 7-9 月。

原产印度。中国南方和世界各地广泛栽培。本种的花极香，为著名的花茶原料及重要的香精原料；花、叶药用治目赤肿痛，并有止咳化痰之效。

A370. 车前科 Plantaginaceae

1.# 黄花过长沙舅（伏胁花、黄花假马齿苋）
Mecardonia procumbens Small

多年生草本，平卧或铺散，多分枝，全株无毛，茎四棱形。叶对生，无柄或基部渐狭而具带翅的柄，叶卵形，两面无毛，叶缘具锯齿，侧脉显著。花单生于叶腋，苞片 2，狭倒披针形。萼片 5，完全分离，覆瓦状排列，外侧 3 枚宽卵形，其中最外面的 1 枚略大于其他 2 枚，全缘，内侧的 2 枚萼片线状披针形。花冠筒状，黄色，略长于萼片，二唇形。雄蕊 4 枚，2 强。蒴果椭圆状，黄褐色。种子圆柱状，黑色。花果期 3-12 月。

原产热带美洲及美国南部；在印尼爪哇岛和我国东南部已归化。

2.# 野甘草
Scoparia dulcis L.

直立草本或为半灌木状，枝有棱角及狭翅。叶对生或轮生，菱状卵形至菱状披针形，长达 35 mm，宽达 15 mm，枝上部叶小而多，前半部有齿，两面无毛。花单生或更多成对生于叶腋，花长 5-10 mm；萼分生，齿 4，长约 2 mm，具睫毛；花冠小，白色，直径约 4 mm，喉部生有密毛，瓣片 4。蒴果卵圆形至球形，直径 2-3 mm，室间室背均开裂。

喜生于荒地、路旁，亦偶见于山坡。原产美洲热带；现世界热带广布。产广东、广西、云南、福建。

A376. 胡麻科 Pedaliaceae

1.* 芝麻
Sesamum indicum L.

一生年草本，高 60-150 cm，茎直立，分枝或不分枝，中空或具白色髓部。叶矩圆形或卵形，长 3-10 cm，下部叶常掌状 3 裂。中部叶有齿缺。上部叶近全缘。花单生或 2-3 朵同生于叶腋内。花萼片披针形。花冠管状，白色而常有紫红色或黄色的彩晕。蒴果矩圆形，有纵棱。种子有黑白之分。花期夏末秋初。果期秋末。

原产印度。中国广泛栽培。

A378. 紫葳科 Bignoniaceae

1.* 厚萼凌霄
Campsis radicans (L.) Seem.

落叶藤本，长可达 10 m 或更长。具气生根。羽状复叶对生。小叶 9-11 片，椭圆形至卵状椭圆形，顶端尾状渐尖，基部楔形，边缘具齿。顶生圆锥花序。花密集，大型。花冠筒细长，漏斗状，橙红色至鲜红色，长约为花萼长的 3 倍。蒴果长圆柱形，顶端具喙尖，沿缝线具龙骨状凸体。花期夏、秋季。

原产美洲。我国各地栽培作庭园观赏植物。越南、印度、巴基斯坦也有栽培。

2.* 蒜香藤
Mansoa alliacea (Lam.) A. H. Gentry

常绿藤本，长达 6 m，枝条披垂，具肿大的节部；揉搓有蒜香味。复叶对生，具 2 枚小叶，矩圆状卵形，长 8-12 cm，宽 4-6 cm，革质而有光泽，基部歪斜；顶生小叶变成卷须。聚伞花序腋生和顶生，花密集，花冠漏斗状，鲜紫色或带紫红，凋落时变白色。多次开花，以 9-10 月为盛花期。

原产南美洲。华南有引种栽培。

A378. 紫葳科 Bignoniaceae

3.* 炮仗花
Pyrostegia venusta (Ker-Gawl.) Miers

藤本，具 3 叉丝状卷须。叶对生；小叶 2-3，卵形，长 4-10 cm，宽 3-5 cm，叶背具极细小腺穴；小叶柄 5-20 mm。圆锥花序生侧枝顶端，长 10-12 cm；花萼钟状，有 5 小齿，花冠筒状，内面中部有一毛环，橙红色，裂片 5，花开放后反折，边缘具白色短柔毛。果瓣革质，内有种子多列。种子具翅，薄膜质。花期 1-6 月。

原产巴西；现热带亚洲已广泛作为庭园观赏藤架植物栽培。广东、海南、广西、福建、台湾和云南等有栽培。

4.* 硬骨凌霄
Tecoma capensis (Thunb.) Lindl.

半藤状或近直立灌木。枝带绿褐色，常有上痂状凸起。叶对生，奇数羽状复叶；总叶柄长 3-6 cm；小叶多为 7，卵形至阔椭圆形，长 1-2.5 cm，边缘有不甚规则的锯齿，秃净或于背脉腋内有绵毛。总状花序顶生；萼钟状，5 齿裂；花冠漏斗状，略弯曲，橙红色至鲜红色，长约 4 cm，上唇凹入。蒴果线形，长 2.5-5 cm，略扁。花期春季和秋季。

原产南非西南部。华南和西南各地多有栽培。

A382. 马鞭草科 Verbenaceae

1.* 假连翘
Duranta erecta L.

灌木，高 1.5-3 m；枝条有皮刺，幼枝有柔毛。叶对生，少有轮生，叶卵状椭圆形，长 2-6.5 cm，宽 1.5-3.5 cm，纸质，全缘或中部以上有锯齿，有柔毛；叶柄长约 1 cm，有柔毛。总状花序常排成圆锥状；花萼管状，有毛，长约 5 mm，5 裂；花冠通常蓝紫色，长约 8 mm，5 裂。核果球形，直径约 5 mm，熟时红黄色，有增大宿存花萼包围。花果期 5-10 月。

原产热带美洲。我国南部常见栽培。广西用根、叶止痛、止渴。福建用果治疟疾和跌打胸痛，叶治痛肿初起和脚底挫伤瘀血或脓肿。

A382. 马鞭草科 Verbenaceae

2.* 美女樱
Glandularia × hybrida (Groenland et Rümpler) G. L. Nesom et Pruski

多年生宿根草本，高 20-50 cm。全株有灰色柔毛。茎四棱形，匍匐状，横展。叶对生，长圆形或卵圆形，边缘有缺刻状粗齿，近基部有分裂。穗状花序顶生。花小而密集，开花时呈伞房状排列。花萼细长筒状，先端 5 裂。花冠管状，长于花萼 2 倍，先端 5 裂，裂片顶端微凹，花冠中央有明显的白色或浅色的圆形"眼"，花有蓝、紫、粉红、大红、白等色，略有芳香。蒴果。花期 6-9 月。

为种间杂交种。原产南美洲。全国广泛栽培。

3.# 马缨丹（五色梅）
Lantana camara L.

直立或藤状灌木；茎枝均呈四方形，具倒钩状刺；植株具刺激性气味。叶卵形至卵状长圆形，长 3-8.5 cm，宽 1.5-5 cm，边缘具钝齿，表面有粗糙的皱纹和短柔毛。伞形花序直径 1.5-2.5 cm；花萼管状，长 1.5 mm，顶端有短齿；花冠黄色或橙黄色，开后转为深红色，花冠管长约 1 cm，两面具细短毛，直径 4-6 mm。果圆球形，直径约 4 mm，成熟时紫黑色。全年开花。

生于海拔 80-200 m 路旁及空旷地区。原产美洲热带地区。台湾、福建、广东、广西常见有逸生。世界热带均有分布。

A383. 唇形科 Lamiaceae

1.* 留兰香
Mentha spicata L.

多年生草本。茎直立，钝四棱形，具槽及条纹，不育枝贴地生。叶卵状长圆形或长圆状披针形，长 3-7 cm，先端锐尖，基部宽楔形至近圆形，边缘具齿，草质。轮伞花序生于茎及分枝的顶端，呈间断但向上密集的圆柱形穗状花序。花冠淡紫色。花期 7-9 月。

原产欧洲。全国广泛栽培。

A383. 唇形科 Lamiaceae

2.* 紫苏
Perilla frutescens (L.) Britt.

一年生直立草本。茎高 0.3-2 m，同叶绿或紫色，钝四棱形，密被长柔毛。叶阔卵形，草质，长 7-13 cm，边缘有粗齿；叶柄长 3-5 cm。轮伞花序 2 花，组成顶生及腋生总状花序；花梗长 1.5 mm；花萼钟形，长约 3 mm，有黄腺点，萼檐上唇宽大，3 齿，下唇 2 齿；花冠白色至紫红色，长 3-4 mm，冠筒长 2-2.5 mm，冠檐近二唇形，上唇微缺，下唇 3 裂。小坚果近球形，灰褐色，径约 1.5 mm。花期 8-11 月，果期 8-12 月。

全国广泛栽培。不丹，印度，中南半岛，南至印度尼西亚，东至日本，朝鲜也有。供药用和香料用。

3.* 一串红
Salvia splendens Ker-Gawl.

亚灌木状草本。茎钝四棱形。叶三角状卵圆形，长 2.5-7 cm，边缘具齿，叶背具腺点。轮伞花序 2-6 花，成顶生总状花序，花序长于 20 cm；苞片卵圆形，红色；花梗长 4-7 mm，密被红毛；花萼钟形，红色，长 1.6 cm，外被红毛，二唇形；花冠红色，长 4-4.2 cm，冠筒直伸，冠檐上唇略内弯，长 8-9 mm，下唇 3 裂。小坚果椭圆形，长约 3.5 mm，暗褐色，顶端具皱褶突起，边缘具狭翅。花期 3-10 月。

原产巴西。全国庭园中广泛栽培，作观赏用，本种为一美丽的盆栽花卉，花有各种颜色，由大红至紫，甚至有白色的。

A403. 菊科 Asteraceae

1.# 藿香蓟 (胜红蓟)
Ageratum conyzoides L.

一年生草本，高 50-100 cm。茎粗壮，被白色短柔毛或稠密开展的长绒毛。叶对生，有时互生；叶卵形至长圆形，长 3-8 cm，宽 2-5 cm，基出三脉或不明显五出脉，边缘圆锯齿，两面被稀疏短柔毛且有黄色腺点；叶柄长 1-3 cm，被白色长柔毛。头状花序排成伞房状花序，花序径 1.5-3 cm；花梗长 0.5-1.5 cm；总苞 2 层，长 3-4 mm；花冠长 1.5-2.5 mm，淡紫色。瘦果黑褐色，5 棱，长 1.2-1.7 mm；冠毛膜片 5 或 6。花果期全年。

生于海拔 100-550 m 林下或林缘、河边或田边。原产南美洲中部。广东、广西、云南、贵州、四川、江西、福建等有栽培或归化。非洲、印度、印度尼西亚、老挝、柬埔寨、越南等也有。在非洲、美洲居民中，用该植物全草可作清热解毒用和消炎止血用。

A403. 菊科 Asteraceae

2.# 豚草
Ambrosia artemisiifolia L.

一年生草本，高 20-150 cm，被糙毛。上部叶互生，羽裂，下部叶对生，2 回羽裂，被短糙毛。雄头状花序具细短梗，排成总状花序。总苞碟形，直径约 2-5 mm，无肋，具波状圆齿，稍被糙伏毛。雌头状花序无梗，在雄头状花序下面或上部叶腋单生或 2-3 聚生，各有一个无花被的雌花。瘦果倒卵形，长 4-5 mm，顶端具尖嘴，近顶部具 4-6 尖刺。花柱丝状，2 深裂，伸出总苞的嘴外。

原产北美洲。在我国中南部地区逸生，为外来入侵植物。

3.# 白花鬼针草
Bidens alba (L.) DC.

多年生草本，高 30-100 cm。全株无毛。茎绿色，直立，方形，分枝多，节处常带浅紫色。叶为羽状复叶，对生。头状花序呈伞房状排列，顶生或腋生，直径可达 4 cm 以上，具长梗。总苞绿色，基部有细毛。舌状花白色，长 1-2 cm，4-8 朵。管状花两性，黄色，5 裂。果实黑褐色，具有钩刺，可附着人、畜传播。花期 6-11 月。

原产南美洲。在我国南部已归化，喜生于向阳的路边草丛、荒地。

4.* 大花金鸡菊（大花波斯菊）
Coreopsis grandiflora Hogg.

多年生草本，高 20-100 cm。茎直立，下部常有稀疏的糙毛，上部有分枝。叶对生；披针形或匙形，基部叶有长柄；下部叶羽状全裂，裂片长圆形；中部及上部叶 3-5 深裂，两面及边缘有细毛。头状花序单生于枝端，径 4-5 cm，具长花序梗；总苞片外层较短，披针形，内层卵状披针形，长 10-13 mm，舌状花 6-10，舌片宽大，黄色，长 1.5-2.5 cm；管状花长 5 mm，两性。瘦果近圆形，长 2.5-3 mm，边缘具膜质宽翅。花期 5-9 月。

原产美洲的观赏植物。全国均有栽培，有时归化逸为野生。

A403. 菊科 Asteraceae

5.* 秋英（大波斯菊）
Cosmos bipinnatus Cavanilles

一年生或多年生草本，高 1-2 m。茎直立，多分枝。叶 2 回羽状全裂，裂片线形。头状花序顶生或腋生，径 3-6 cm。中盘管状花黄色，长 6-8 mm。边缘舌状花花色有粉红、紫红、白、黄色或复色，舌片椭圆状倒卵形，长 2-3 cm。瘦果黑紫色，长 8-12 mm。花期 6-8 月。果期 9-10 月。

原产墨西哥。全国广泛栽培。

6.# 小蓬草（加拿大蓬）
Erigeron canadensis L. [*Conyza canadensis* (L.) Cronq.]

一年生草本，茎高 50-100 cm，被疏长硬毛，上部多分枝。下部叶倒披针形，长 6-10 cm，基部渐狭成柄，边缘具疏锯齿或全缘；中上部叶较小，近无柄，两面被疏短毛。头状花序径 3-4 mm，排列成顶生多分枝的大圆锥花序，总苞片 2-3 层，淡绿色，线状披针形或线形；雌花多数，白色，长 2.5-3.5 mm，舌片小；两性花淡黄色。瘦果线状披针形，长 1.2-1.5 mm，稍扁压，被贴微毛；冠毛污白色。花期 5-9 月。

生于旷野、荒地、田边、路旁。原产北美洲。全国均有逸生。

7.# 牛膝菊
Galinsoga parviflora Cavanilles

一年生草本。茎多分枝，枝斜升，全部被毛。叶对生，卵形或长椭圆状卵形，长 2.5-5.5 cm，基部 3 出脉或不明显 5 出脉，向上及花序下部的叶渐小。头状花序半球形。总苞半球形或宽钟形，1-2 层。舌状花白色，外面密被白色短柔毛。管状花黄色，下部密被白色短柔毛。瘦果长 1-1.5 mm，3 棱或中央的瘦果 4-5 棱，黑色或黑褐色，被白色微毛。花果期 7-10 月。

生于林下、河谷地、荒野、河边、田间、溪边及路旁。原产美洲热带。我国南部已逸为野生。

A403. 菊科 Asteraceae

8.* 非洲菊
Gerbera jamesonii Bolus

多年生草本。叶基生，莲座状，亮绿色，矩圆状匙形或波状深裂，长 10-14 cm，顶端短尖或略钝，边缘不规则羽状浅裂或深裂，叶背被白色茸毛。花葶单生，或稀有数个丛生，长 25-60 cm，头状花序单生于花葶之顶。瘦果圆柱形，长 4-5 mm。园艺品种极多，花型有单瓣、重瓣或半重瓣。花色变化丰富，有红、粉红、橙红、玫瑰红、黄、金黄、白等。花期 11 月至翌年 4 月。

原产南非；现世界各地广泛栽培。我国南方也常见栽培。

9.* 茼蒿
Glebionis coronaria (L.) Cassini ex Spach

一年生草本。茎高达 70 cm，不分枝或自中上部分枝。基生叶花期枯萎。中下部茎叶长椭圆形或长椭圆状倒卵形，长 8-10 cm，无柄，二回羽状分裂。一回为深裂或几全裂，侧裂片 4-10 对。二回为浅裂、半裂或深裂，裂片卵形或线形。头状花序单生茎顶或少数生茎枝顶端，但并不形成明显的伞房花序，花梗长 15-20 cm。总苞径 1.5-3 cm。总苞片 4 层。舌片长 1.5-2.5 cm。舌状花瘦果有 3 条突起的狭翅肋。管状花瘦果有 1-2 条椭圆形突起的肋，及不明显的间肋。花果期 6-8 月。

我国各地有栽培。

10.* 向日葵（丈菊）
Helianthus annuus L.

一年生高大草本。茎直立，高 1-3 m，粗壮，被白色粗硬毛。叶互生，心状卵圆形，有三基出脉，边缘有粗锯齿，两面被短糙毛；有长柄。头状花序极大，径 10-30 cm，单生于茎端或枝端；舌状花多数，黄色，舌片开展，长圆状卵形；管状花极多数，棕色或紫色，有披针形裂片。瘦果倒卵形，稍扁压，长 10-15 mm。花期 7-9 月，果期 8-9 月。

原产北美；现世界各国均有栽培。种子含油量很高，味香可口，供食用。花穗也供药用。

A403. 菊科 Asteraceae

11.# 假臭草
Praxelis clematidea Cassini

草本，高 0.4-1 m。全株被长柔毛。茎直立，多分枝。叶对生，卵圆形至菱形，具腺点，边缘齿状，先端急尖，基部圆楔形，具 3 脉。叶柄长 0.3-1.6 cm。头状花序生于茎、枝端。总苞钟形。小花 25-30 朵，蓝紫色。瘦果黑色。冠毛白色。花果期全年。

生于山坡荒地、路边、草地及灌丛中。原产南美洲。华南地区逸为野生。

12.* 黑心金光菊
Rudbeckia hirta L.

一年生或二年生草本。全株被刺毛。茎下部叶长卵圆形、长圆形或匙形，长 8-12 cm，基部楔形下延，3 出脉，边缘有细锯齿，叶柄具翅；上部叶长圆状披针形，长 3-5 cm，无柄或具短柄。头状花序径 5-7 cm，花序梗长。总苞片外层长圆形，长 1.2-1.7 cm，内层披针状线形，被白色刺毛。舌状花鲜黄色，舌片长圆形，10-14 个，长 2-4 cm，先端有 2-3 不整齐短齿。管状花褐紫或黑紫色。瘦果四棱形，黑褐色，无冠毛。

原产北美。全国各地庭园常见栽培，供观赏。

13.# 裸柱菊
Soliva anthemifolia (Juss.) R. Br.

一年生或多年生草本，植株极矮小。茎短于叶，平卧。叶互生，具柄，长 5-15 cm，2-3 回羽状分裂，裂片线形，再 3 裂或不裂，被长柔毛或有时近于无毛。头状花序无梗，集生于贴近地面的茎顶部，近球形，直径 6-12 mm。总苞片 2 层，长圆形或披针形，边缘干膜质。边缘雌花多数，无花冠，结果，花柱宿存。中央花两性，少数，黄色。花冠管状，常不结果。瘦果倒披针形，扁平，有厚翅，顶端圆钝，有长柔毛。花果期全年。

生于林缘、山坡草地及路旁。原产南美洲；现世界温暖地区归化。我国南部地区有分布。

A403. 菊科 Asteraceae

14.# 南美蟛蜞菊
Sphagneticola trilobata (L.) Pruski

　　多年生宿根性草本植物。茎匍匐而后斜上生长，节处容易生根。叶对生，常 3 裂，有羽状缺刻，有全缘或锯齿叶缘，叶面富光泽。花黄色，径可达 32 mm，单生于枝条顶端，常具柄，呈鲜黄色单瓣型。瘦果倒卵形，常有卵骨质的翼。花期 4-12 月，以 6-9 月为盛。

　　原产美洲热带。华南地区广泛栽植和逸生。

15.# 钻形紫菀（钻叶紫菀）
Symphyotrichum subulatum (Michx.) G. L. Nesom

　　一年生草本，高 25-100 cm。茎无毛而富肉质，上部稍有分枝。基生叶倒披针形，花后凋落。茎中部叶线状披针形，先端尖或钝，有时具钻形尖头，全缘，无柄，无毛。头状花序小，排成圆锥状。总苞钟形，总苞片 3-4 层，外层较短，内层较长，线状钻形，无毛。舌状花细狭，淡红色，长与冠毛相等或稍长。管状花多数，短于冠毛。瘦果长圆形或椭圆形，长 1.5-2.5 mm，有 5 纵棱，冠毛淡褐色。果果期 9-11 月。

　　生于山坡灌丛、草地及路边。原产北美洲；现广布世界温暖地区。我国各地逸生。

16.# 金腰箭
Synedrella nodiflora (L.) Gaertn.

　　一年生草本，高 0.5-1 m。茎直立。叶连叶柄长 7-12 cm，宽 3.5-6.5 cm，基部下延成柄，两面被糙毛，近基三出主脉。头状花序径 4-5 mm，常 2-6 簇生于叶腋；小花黄色；舌状花连管部长约 10 mm；管状花向上渐扩大，长约 10 mm。雌花瘦果倒卵状长圆形，扁平，深黑色，长约 5 mm，边缘有增厚、污白色宽翅，翅缘具长硬尖刺；两性花瘦果倒锥形，长 4-5 mm，宽约 1 mm，黑色，有纵棱，腹面压扁。花期 6-10 月。

　　生于旷野、耕地、路旁及宅旁，繁殖力极强。原产美洲；现广布世界热带和亚热带。产东南至西南，东起台湾，西至云南。

A403. 菊科 Asteraceae

17.* 万寿菊
Tagetes erecta L.

一年生草本，高 50-150 cm。茎直立，粗壮，具纵细条棱。叶羽状分裂，长 5-10 cm，宽 4-8 cm，裂片边缘具锐锯齿。头状花序单生，径 5-8 cm，花序梗顶端棍棒状膨大；总苞长 1.8-2 cm，宽 1-1.5 cm，杯状，顶端具齿尖；舌状花黄色或暗橙色，长 2.9 cm，舌片倒卵形，长 1.4 cm，宽 1.2 cm；管状花花冠黄色，长约 9 mm，顶端具 5 齿裂。瘦果线形，黑色或褐色，长 8-11 mm，被短微毛；冠毛有 1-2 长芒和 2-3 短而钝的鳞片。花期 7-9 月。

原产墨西哥。全国均有栽培；广东和云南已归化。

18.* 蒲公英
Taraxacum mongolicum Hand.-Mazz.

多年生草本。茎、叶有白色乳汁。叶莲座状平展，倒卵状披针形、倒披针形或长圆状披针形，长 4-20 cm，边缘有时具波状齿或羽状深裂，有时倒向羽状深裂或大头羽状深裂。头状花序直径 2-4 cm。总苞钟状，淡绿色。舌状花黄色，舌片长约 8 mm，边缘花舌片背面具紫红色条纹。瘦果倒卵状披针形，暗褐色，长 4-5 mm。花期 4-9 月。果期 5-10 月。

生于山坡草地、路边、田野及河滩。我国广布；岭南地区偶见栽培。朝鲜、蒙古及俄罗斯有。

19.* 扁桃斑鸠菊（南非叶）
Vernonia amygdalina Delile

多年生直立小灌木，嫩枝有明显的皮孔，密被白色短柔毛，后脱落。具叶柄，柄长 1-3.5 cm，叶片倒卵形，叶缘呈疏锯齿状，长 4.5-12 cm，宽 3-8 cm，基部渐狭。顶端尖，上表面被粉状短柔，成熟即光滑，背面无毛或沿中脉被疏毛，头状花序径 0.3-0.5 cm，在茎枝顶组成伞房状。花白色至淡粉白色，花序梗纤细，长 0.3-0.5 cm，被白色短柔毛。瘦果，圆柱形，褐色，果顶具冠毛。

原产非洲；广泛分布于撒哈拉沙漠以南的赤道非洲地区。我国有引种栽培。

A403. 菊科 Asteraceae

20.* 百日菊
Zinnia elegans Jacq.

一年生草本。茎被糙毛或硬毛。叶宽卵圆形或长圆状椭圆形，长 5-10 cm，基部稍心形抱茎，两面粗糙，下面密被糙毛，基脉 3。头状花序径 5-6.5 cm，单生枝端，花序梗不肥壮；总苞宽钟状，总苞片多层，宽卵形或卵状椭圆形；舌状花深红、玫瑰、紫堇或白色，舌片倒卵圆形，先端 2-3 齿裂或全缘，上面被短毛，下面被长柔毛；管状花黄或橙色，顶端裂片卵状披针形，上面被黄褐色密茸毛。花期 6-9 月，果期 7-10 月。

原产墨西哥，著名的观赏植物。在中国各地栽培很广。

A413. 海桐科 Pittosporaceae

1.* 海桐
Pittosporum tobira (Thunb.) Ait.

乔木或灌木，高 2-6 m。枝条近轮生。叶聚生枝端，革质，狭倒卵形，长 5-12 cm，宽 1-4 cm，顶端圆形或微凹，边缘全缘。叶柄长 3-7 mm。花序近伞形，多少密生短柔毛。花有香气，白色或带淡黄绿色。花梗长 8-14 mm。萼片 5，卵形，长约 5 mm。花瓣 5，长约 1.2 cm。蒴果近球形，长约 1.5 cm，裂为 3 片，果皮木质。种子长 3-7 mm，暗红色。

产广东、福建、浙江、江苏。朝鲜、日本也有。多为栽培植物。

A414. 五加科 Araliaceae

1.* 幌伞枫
Heteropanax fragrans (Roxb.) Seem.

乔木，高 8-20 m。叶为多回羽状复叶，宽达 0.5-1 m。小叶纸质，对生，椭圆形，长 6-12 cm，宽 3-6 cm，先端短渐尖，基部楔形，全缘。侧脉 6-10 对。叶柄长 15-30 cm，小叶柄长 1 cm。圆锥花序顶生，大型，被锈色星状茸毛，后渐脱落。苞片小，卵形。伞形花序具多花，几为密头状，直径 1-1.2 cm。花瓣 5 枚，卵形。果微侧扁。种子椭圆形而扁。花期 1-12 月。果期翌年 2-3 月。

生于疏林中。产广东、海南、广西及云南；华南地区广泛栽培。南亚至东南亚也有。

A414. 五加科 Araliaceae

2.* 鹅掌藤
Schefflera arboricola (Hayata) Merr.

　　常绿灌木，高 2-3 m。枝条紧密，多分枝。掌状复叶有小叶 7-9 片，浓绿有光泽。圆锥花序顶生，花冠淡黄色。浆果圆球形，熟后红色。花期 7 月。果期 8 月。

　　生于林中，通常攀爬于大树上。产台湾、广西、海南。

A416. 伞形科 Apiaceae

1.* 南美天胡荽
Hydrocotyle verticillata Thunb.

　　多年生水生草本，高 20-100 cm。地下横走茎发达。叶具长柄，圆伞形，叶缘有钝圆锯齿，叶面油绿富光泽。伞形花序，黄绿色。花期春至夏季。

　　原产温带地区。中国有引种栽培。

主要参考文献

黄翠莹，孟开开，郭剑强，陈昉，廖文波，凡强 . 2020. 广东报春苣苔属一新种——黄进报春苣苔 . 广西植物 , 40(3): 1429-1437.

黄进 . 2010. 丹霞山地貌 . 北京：科学出版社 : 1-239.

刘逸嵘，郭剑强，刘忠成，赵万义，廖文波 . 2020. 广东省兰科新记录 . 亚热带植物科学 , 49(1): 65-68.

彭华 . 2020. 丹霞地貌学 . 北京：科学出版社 : 1-200.

彭少麟，廖文波，李贞，贾凤龙，王英永，常弘，曾曙才，金建华，辛国荣，陈宝明，侯荣丰 . 2011. 广东丹霞山动植物资源综合科学考察 . 北京：科学出版社 : 1-235.

深圳市仙湖植物园 . 2010-2017. 深圳植物志 . 第 1-4 卷 . 北京：中国林业出版社 .

童毅华，夏念和 . 2019. 丹霞柿，广东柿属（柿科）一新组合及其一新异名 . 热带亚热带植物学报 , 27(3): 346-348.

王瑞江 . 2017. 广东维管植物多样性编目 . 广州：广东科技出版社 : 1-372.

王瑞江 . 2019. 广东重点保护野生植物 . 广州：广东科技出版社 : 1-344.

王妍，赵万义，陈再雄，李绪杰，廖文波，凡强 . 2021. 广东省种子植物分布新资料 . 亚热带植物科学 , 50(3): 227-230.

叶华谷，彭少麟 . 2006. 广东植物多样性编目 . 广州：世界图书出版公司 : 1-657.

叶华谷，邢福武，廖文波，邹滨，吴林芳 . 2018. 广东植物图鉴（上下册）. 武汉：华中科技大学出版社 : 1-1218.

渔农自然护理署香港植物标本室，中国科学院华南植物园，2007-2011. 香港植物志 . 第 1-4 卷 . 香港：香港特别行政区渔农自然护理署 .

赵万义，凡强，陈昉，黄翠莹，陈再雄，侯荣丰，廖文波 . 2018. 广东丹霞山柿树科一新种——彭华柿 . 中山大学学报（自然科学版），57(5): 98-103.

中国科学院华南植物园 . 1987-2011. 广东植物志 . 第 1-10 卷 . 广州：广东科技出版社 .

中国科学院植物研究所 . 1972-1976. 中国高等植物图鉴 . 第 1-5 册 . 北京：科学出版社 .

中国科学院植物研究所 . 1982-1983. 中国高等植物图鉴补编 . 第 1-2 册 . 北京：科学出版社 .

中国科学院中国植物志编辑委员会 . 1959-2004. 中国植物志 . 第 1-80 卷 . 北京：科学出版社 .

Fan Q., Chen S. F., Wang L. Y., Chen Z. X., Liao W. B. 2015. A new species and new section of *Viola* (Violaceae) from Guangdong, China. Phytotaxa, 197: 15-26.

Peng H. 2020. China Danxia. Beijing: Higher Education Press, 1-391.

Shang H., Ma Q. X., Yan Y. H. 2015. *Dryopteris shiakeana* (Dryopteridaceae): a new fern from Danxiashan in Guangdong, China. Phytotaxa, 218 (2): 156-162.

Shen R. J., Lin S. S., Yu Y., Cui D. F., Liao W. B. 2010. *Chiritopsis danxiaensis* sp. nov. (Gesneriaceae) from Mount Danxiashan, South China. Nordic Journal of Botany, 28: 728-732.

Tang G. D., Liu J. F., Huang L., Zhu C. M., Liu L. H., Randle C. P., Yu W. B. 2019. Molecular and Morphological Analyses Support the Transfer of *Gleadovia kwangtungensis* to *Christisonia* (Orobanchaceae). Systematic Botany, 44: 74-82.

Wang R. J., Wen H. Z., Deng S. J., Zhou L. X. 2015. *Spiradiclis danxiashanensis* (Rubiaceae), a new species from South China. Phytotaxa, 206 (1): 30-36.

Wu Z. Y., Raven P. H., Hong D. Y. 1994-2013. Flora of China. Vol. 1-25. Beijing: Science Press; St. Louis: Missouri Botanical Garden Press.

Zhai J. W., Zhang G. Q., Chen L. J., Xiao X. J., Liu K. W., Tsai W. C., Hsiao Y. Y., Tian H. Z., Zhu J. Q., Wang F. G., Xing F. W., Liu Z. J. 2013. A new orchid genus, *Danxiaorchis*, and phylogenetic analysis of the Tribe Calypsoeae. PLoS ONE, 8(4): e60371.

Zhao W. Y., Jiang K. W., Chen Z. X., Tian B., Fan Q. 2021. *Lespedeza danxiaensis* (Fabaceae), a new species from Guangdong, China, based on molecular and morphological data. PhytoKeys, 185: 43-53.

Zheng X. R., Tong Y. H., Ni J. B., Chen Z. X., Xian N. H. 2019. *Phyllostachys danxiashanensis* (Poaceae: Bambusoideae), a new species from South China. Phytotaxa 388 (2): 201-206.

Zhou J. J., Huang Z. P., Li J. H., Hodges S., Deng W. S., Wu L., Zhang Q. 2019. *Semiaquilegia danxiashanensis* (Ranunculaceae), a new species from Danxia Shan in Guangdong, Southern China. Phytotaxa, 405 (1): 1-14.

中文名索引

拉丁名索引